Stahlbetonbau-Praxis – Band 1

Jetzt diesen Titel zusätzlich als E-Book downloaden und 70 % sparen!

Als Käufer dieses Buchtitels haben Sie Anspruch auf ein besonderes Kombi-Angebot: Sie können den Titel zusätzlich zum Ihnen vorliegenden gedruckten Exemplar für nur 30 % des Normalpreises als E-Book beziehen.

Der BESONDERE VORTEIL: Im E-Book recherchieren Sie in Sekundenschnelle die gewünschten Themen und Textpassagen. Denn die E-Book-Variante ist mit einer komfortablen Volltextsuche ausgestattet!

Deshalb: Zögern Sie nicht. Laden Sie sich am besten gleich Ihre persönliche E-Book-Ausgabe dieses Titels herunter.

In 3 einfachen Schritten zum E-Book:

❶ Rufen Sie die Website **www.beuth.de/e-book** auf.

❷ Geben Sie hier Ihren persönlichen, nur einmal verwendbaren E-Book-Code ein:

31293889C7C4KD6

❸ Klicken Sie das „Download-Feld“ an und gehen dann weiter zum Warenkorb. Führen Sie den normalen Bestellprozess aus.

Hinweis: Der E-Book-Code wurde individuell für Sie als Erwerber dieses Buches erzeugt und darf nicht an Dritte weitergegeben werden. Mit Zurückziehung dieses Buches wird auch der damit verbundene E-Book-Code für den Download ungültig.

Stahlbetonbau-Praxis nach Eurocode 2

Band 1

Prof. Dr.-Ing. Alfons Goris
Prof. Dr.-Ing. Michél Bender

Stahlbetonbau-Praxis

nach Eurocode 2

Band 1

Grundlagen
Schnittgrößen
Grenzzustände der Tragfähigkeit
Grenzzustände der Gebrauchstauglichkeit
Beispiele

7., überarbeitete und erweiterte Auflage

Beuth Verlag GmbH · Berlin · Wien · Zürich

Bauwerk
© 2023 Beuth Verlag GmbH
Berlin · Wien · Zürich
Am DIN-Platz
Burggrafenstraße 6
10787 Berlin

Telefon: +49 30 588 857 00-00
Internet: www.beuth.de
E-Mail: kundenservice@beuth.de

Maßgebend für das Anwenden jeder in diesem Werk erläuterten oder zitierten Norm ist deren Fassung mit dem neuesten Ausgabedatum. Den aktuellen Stand zu jeder DIN-Norm können Sie im Webshop des Beuth Verlags unter www.beuth.de abfragen. Dort finden Sie insbesondere etwaige Berichtigungen und Warnvermerke, welche bei der Anwendung der jeweiligen Norm unbedingt zu beachten sind.

Druck und Bindung: Drukarnia Skleniarz, Kraków
Gedruckt auf säurefreiem, alterungsbeständigem Papier nach DIN EN ISO 9706.

ISBN 978-3-410-31293-2
ISBN (E-Book) 978-3-410-31294-9

Vorwort zur 7. Auflage

Die insgesamt dreibändige Ausgabe von „Stahlbetonbau-Praxis“ befasst sich kompakt und übersichtlich mit der Bemessung und konstruktiven Durchbildung von Stahlbetontragwerken einschließlich der Tragwerksplanung im Bestand. Das bewährte Standardwerk wurde unter Berücksichtigung des aktuellen Stands der Technik umfassend überarbeitet und um praxisrelevante Themen erweitert.

Band 1 beinhaltet die Grundlagen des Sicherheitskonzepts, der Baustoffe und der Dauerhaftigkeit sowie der Schnittgrößenermittlung. Darüber hinaus bildet insbesondere die Bemessung von Stahlbetonbauteilen in den Grenzzuständen der Tragfähigkeit und der Gebrauchstauglichkeit den Schwerpunkt des Bandes 1. Die 7. Auflage wurde hierbei unter Berücksichtigung der in den Jahren 2018 und 2019 erschienenen DAfStb-Hefte 630 und 631 (als vollständig überarbeitete Neuauflagen der bekannten Hefte 220 und 240 des Deutschen Ausschusses für Stahlbetonbau) aktualisiert.

Derzeit gilt noch die **erste Normengeneration des Eurocode 2** (DIN EN 1992-1-1:2011 in Verbindung mit einem Nationalen Anhang und Änderungen der Jahre 2013 und 2015), sodass diese nach wie vor die Basis der 7. Auflage im Band 1 und 2 bildet. Um den Leser bereits frühzeitig auf den **Eurocode 2 der zweiten Generation** und auf die zu erwartenden, wesentlichen Änderungen vorzubereiten, ist am Ende eines jeden Kapitels nun jeweils ein neuer Abschnitt „Ausblick: Eurocode 2 der 2. Generation“ ergänzt. Die Ergänzungen dieser Auflage basieren auf dem aktuell publizierten Normentwurf prEN 1992-1-1:2021.

Band 1 beinhaltet damit das gebündelte Basiswissen zur Berechnung und Bemessung von Stahlbetonbauteilen. Die Nachweise werden anschaulich erläutert und mit zahlreichen Beispielen ergänzt. Ein Beilagenheft mit häufig benötigten Bemessungs- und Konstruktionsdetails rundet das Buch ab.

Themen wie Gebäudeaussteifung, bauliche Durchbildung der Bauteile, Brandbemessung und besondere Bauweisen und erweiterte Berechnungsverfahren sind die Schwerpunkte des Bandes 2, der zeitgleich überarbeitet und aktualisiert wurde. Band 2 beinhaltet zudem in bewährter Form eine Vielzahl von typischen Projektbeispielen des Hochbaus, die den Gesamtzusammenhang von der Bemessung bis zur Konstruktion mit der abschließenden Bewehrungszeichnung aufzeigen.

Um die Abstimmung zwischen Planung, Baustoffen und Bauausführung im Bauprozess zu optimieren und zu strukturieren, wurde aktuell ein neues Konzept der BetonBauQualitätsklassen (BBQ) erarbeitet. Das BBQ-Konzept sieht ein verbindliches Kommunikationsregime für komplexere Bauaufgaben vor. Im August 2023 sind DIN 1045-1000, DIN 1045-1, DIN 1045-2, DIN 1045-3 und DIN 1045-4 sowie die Teile 40 und 41 unter dem allgemeinen Titel „Tragwerke aus Beton, Stahlbeton und Spannbeton“ neu erschienen. Teil 1000 ist die neue Rahmennorm, die die BBQ-Zusammenhänge herstellt, Teil 1 enthält Festlegungen zu Planungsklassen, die Teile 2 und 3 beschreiben den Baustoff Beton und die Bauausführung und Teil 4 legt Regelungen für Betonfertigteile fest. Im BBQ-Konzept werden in Abhängigkeit von Planungsklassen (PK), Betonklassen (BK) und Ausführungsklassen (AK) *normale (N)*, *erhöhte (E)* und *speziell festzulegende (S)* Anforderungen an Kommunikation, Planung, Bauausführung und Baustoffe formuliert.

Für Tragwerke des ‚normalen' Hochbaus nach EC 2-1-1 gilt i. Allg. die Planungsklasse PK-N ohne besondere Anforderungen. Für Bauwerke/Bauteile, die empfindlich auf Abweichungen bestimmter Betoneigenschaften reagieren (z. B. Entwicklung der Zugfestigkeit) oder für besondere Bauteile (WU-Bauwerke, Bauteile aus Faser-/Carbonbeton) ist jedoch von Planungsklasse PK-E auszugehen (Fachgespräche im Zuge von Planung und Ausführung erforderlich).

Auf das BBQ-Konzept und die Anforderungen an die Koordination zwischen Planung und Bauausführung wird im Band 2, Kap. 9 kurz eingegangen, es wird auf die Norm verwiesen.

Das vorliegende Buch soll Studierende mit der Theorie, Berechnung und Bemessung im Stahlbetonbau vertraut machen. Für den in der Praxis tätigen Ingenieur werden insbesondere die grundlegenden Erläuterungen der einzelnen Nachweise mit zahlreichen Beispielen hilfreich sein.

Den Lesern danken wir für die gute Annahme des Buches und für positive Anregungen zur Weiterentwicklung. Dem Beuth Verlag möchten wir für die stets gute und kooperative Zusammenarbeit danken.

Siegen, Trier im August 2023

Alfons Goris
Michél Bender

Aus dem Vorwort zur 1. Auflage

Gegenwärtig sind die Vorschriften zur Bemessung und Konstruktion von Stahlbetontragwerken in einem erheblichen Wandel begriffen. Noch gilt die DIN 1045 in der Fassung von 1988, der Übergang zu einer neuen Normengeneration ist jedoch schon eingeleitet. Aufbauend auf den Eurocode wurde im Juli 2001 die neue DIN 1045 „Tragwerke aus Beton, Stahlbeton und Spannbeton" veröffentlicht, die schon bald die „alte" DIN 1045 ersetzen soll. Damit steht dem praktisch tätigen Ingenieur eine wesentliche Umstellung bevor, an den Hochschulen müssen sich die Studierenden mit der neuen Vorschrift in der Ausbildung auseinandersetzen. Das vorliegende Buch soll hierzu eine Hilfe bieten.

Siegen, im Dezember 2001

Alfons Goris

Bemessungstafeln für Stahlbetonbauteile aus Normalbeton bis C50/60 nach

DIN EN 1992-1-1:2011-01 und DIN EN 1992-1-1/NA:2013-04

und mitgeltenden Vorschriften (auszugsweise Bearbeitung)

1 Einwirkungskombinationen, Sicherheitsbeiwerte, Kombinationsfaktoren

Einwirkungskombination E_d im Grenzzustand der Tragfähigkeit

Ständige und vorübergehende Bemessungssituation $\sum_{j\geq 1} \gamma_{G,j} \cdot G_{k,j}$ „+" $\gamma_{Q,1} \cdot Q_{k,1}$ „+" $\sum_{i>1} \gamma_{Q,i} \cdot \psi_{0,i} \cdot Q_{k,i}$

Außergewöhnliche Bemessungssituation $\sum_{j\geq 1} \gamma_{GA,j} \cdot G_{k,j}$ „+" A_d „+" $\psi_{1,1} \cdot Q_{k,1}$ „+" $\sum_{i>1} \psi_{2,i} \cdot Q_{k,i}$

$\gamma_{G,j}$; γ_Q Teilsicherheitsbeiwerte für ständige Einwirkungen, für veränderliche Einwirkungen (s. u.)
$\gamma_{GA,j}$ Teilsicherheitsbeiwert der ständigen Einwirkung in der außergewöhnlichen Kombination (i. Allg. 1,0)
$G_{k,j}$; $Q_{k,1}$; $Q_{k,i}$ charakteristische Werte der ständigen, der ersten und weiterer veränderlicher Einwirkungen
A_d Bemessungswert einer außergewöhnlichen Einwirkung
ψ_0, ψ_1, ψ_2 Beiwerte für Kombinationswerte, häufige und quasi-ständige Werte der veränderlichen Einwirkungen

Einwirkungskombination E_d im Grenzzustand der Gebrauchstauglichkeit

Seltene Kombination $\sum_{j\geq 1} G_{k,j}$ „+" $Q_{k,1}$ „+" $\sum_{i>1} \psi_{0,i} \cdot Q_{k,i}$

Häufige Kombination $\sum_{j\geq 1} G_{k,j}$ „+" $\psi_{1,1} \cdot Q_{k,1}$ „+" $\sum_{i>1} \psi_{2,i} \cdot Q_{k,i}$

Quasi-ständige Kombination $\sum_{j\geq 1} G_{k,j}$ „+" $\sum_{i\geq 1} \psi_{2,i} \cdot Q_{k,i}$

Teilsicherheitsbeiwerte γ_F für Einwirkungen im Grenzzustand der Tragfähigkeit

Einwirkung ⇨ / Bemessungssituation ⇩		ständige Einwirkungen (G_k) γ_G [1]	veränderliche Einwirkungen (Q_k) γ_Q
ständig u. vorübergehend:	günstig / ungünstig	1,00 / 1,35	0 / 1,50 [2]
außergewöhnlich:	günstig / ungünstig	1,00 / 1,00	0 / 1,00

[1] Müssen günstige und ungünstige Anteile von ständigen Einwirkungen als eigenständige Anteile betrachtet werden (Nachweis der Lagesicherheit u. a.), sind i. d. R. die ungünstigen mit $\gamma_{G,sup} = 1,1$ zu erhöhen, die günstigen mit $\gamma_{G,inf} = 0,9$ abzumindern.
[2] Für Zwang gilt bei linearer Schnittgrößenermittlung mit der Steifigkeit des Zustands I $\gamma_Q = 1,0$.

Teilsicherheitsbeiwert γ_M für Baustoffeigenschaften im Grenzzustand der Tragfähigkeit

Baustoff ⇨ / Bemessungssituation ⇩	Beton γ_C	Betonstahl γ_S
ständig und vorübergehend	1,50	1,15
außergewöhnlich	1,30	1,00

Kombinationsbeiwerte ψ für Hochbauten (EC 0)

Einwirkung			Kombinationsbeiwerte ψ_0	ψ_1	ψ_2
Nutzlasten:	Kategorie A, B:	Wohn-, Aufenthalts-, Büroräume	0,7	0,5	0,3
	Kategorie C, D:	Versammlungs-, Verkaufsräume	0,7	0,7	0,6
	Kategorie E:	Lagerräume	1,0	0,9	0,8
Verkehrslasten:	Kategorie F:	Fahrzeuglast ≤ 30 kN	0,7	0,7	0,6
	Kategorie G:	30 kN ≤ Fahrzeuglast ≤ 160 kN	0,7	0,5	0,3
	Kategorie H:	Dächer	0	0	0
Windlasten			0,6	0,2	0,0
Schneelasten	Orte bis zu	NN + 1000	0,5	0,2	0,0
	Orte über	NN + 1000	0,7	0,5	0,2
Temperatureinwirkungen (nicht Brand)			0,6	0,5	0,0
Baugrundsetzungen			1,0	1,0	1,0
Sonstige veränderliche Einwirkungen			0,8	0,7	0,5

Alfons Goris
Stahlbetonbau-Praxis *nach Eurocode 2*, 7. Auflage 2023
Buchbeilage

2 Bemessung für Biegung mit Längskraft ohne Druckbewehrung (B500)

$$\mu_{Eds} = \frac{M_{Eds}}{b \cdot d^2 \cdot f_{cd}}$$

$M_{Eds} = M_{Ed} - N_{Ed} \cdot z_{s1}$

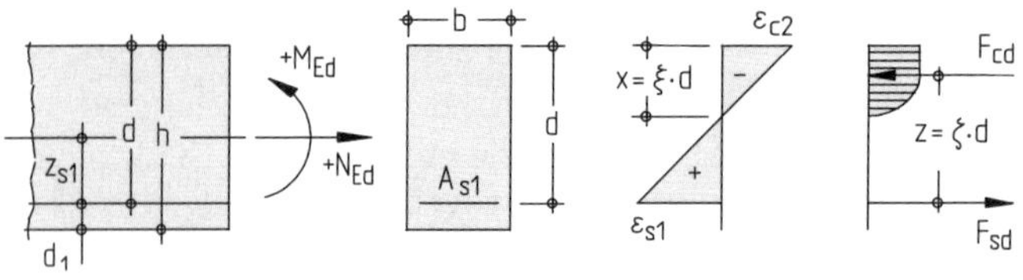

Tabelle gilt ohne Verfestigung des Betonstahls (horizontaler Ast der Spannungs-Dehnungs-Linie)

μ_{Eds}	ω	$\xi = \frac{x}{d}$	$\zeta = \frac{z}{d}$	$-\varepsilon_{c2}$ [‰]	ε_{s1} [‰]	Anmerkung
0,01	0,010	0,030	0,99	0,77	25,00	
0,02	0,020	0,044	0,99	1,15	25,00	
0,03	0,031	0,055	0,98	1,46	25,00	
0,04	0,041	0,066	0,98	1,76	25,00	
0,05	0,052	0,076	0,97	2,06	25,00	
0,06	0,062	0,086	0,97	2,37	25,00	
0,07	0,073	0,097	0,96	2,68	25,00	
0,08	0,084	0,107	0,96	3,01	25,00	
0,09	0,095	0,118	0,95	3,35	25,00	
0,10	0,106	0,131	0,95	3,50	23,29	
0,11	0,117	0,145	0,94	3,50	20,71	
0,12	0,129	0,159	0,93	3,50	18,55	
0,13	0,140	0,173	0,93	3,50	16,73	
0,14	0,152	0,188	0,92	3,50	15,16	
0,15	0,164	0,202	0,92	3,50	13,80	
0,16	0,176	0,217	0,91	3,50	12,61	
0,17	0,188	0,232	0,90	3,50	11,56	
0,18	0,201	0,248	0,90	3,50	10,62	
0,181	0,202	0,250	0,90	3,50	10,50	← Grenzwert für Platten, die nach der Plastizitätstheorie berechnet werden
0,19	0,213	0,264	0,89	3,50	9,78	
0,20	0,226	0,280	0,88	3,50	9,02	
0,21	0,240	0,296	0,88	3,50	8,33	
0,22	0,253	0,312	0,87	3,50	7,71	
0,23	0,267	0,329	0,86	3,50	7,13	
0,24	0,280	0,346	0,86	3,50	6,60	
0,25	0,295	0,364	0,85	3,50	6,12	
0,26	0,309	0,382	0,84	3,50	5,67	
0,27	0,324	0,400	0,83	3,50	5,25	
0,28	0,339	0,419	0,83	3,50	4,86	
0,29	0,355	0,438	0,82	3,50	4,49	
0,296	0,365	0,450	0,81	3,50	4,28	← Grenzwert zur Gewährleistung der Rotationsfähigkeit
0,30	0,371	0,458	0,81	3,50	4,15	
0,31	0,387	0,478	0,80	3,50	3,82	
0,32	0,404	0,499	0,79	3,50	3,52	
0,33	0,421	0,520	0,78	3,50	3,23	
0,34	0,439	0,542	0,77	3,50	2,95	
0,35	0,458	0,565	0,77	3,50	2,69	
0,36	0,477	0,589	0,76	3,50	2,44	
0,37	0,497	0,614	0,75	3,50	2,20	
0,372	0,502	0,617	0,74	3,50	2,17	← Für $\mu_{Eds} > 0{,}372$ Bemessung mit Druckbewehrung

$$A_s = \frac{\omega}{f_{yd}/f_{cd}} \cdot b \cdot d + \frac{N_{Ed}}{f_{yd}}$$

Bemessungswerte f_{cd} und Verhältniswert f_{yd}/f_{cd}

Betonfestigkeitsklasse C	12/15	16/20	20/25	25/30	30/37	35/45	40/50	45/55	50/60
f_{cd} [MN/m²]	6,80	9,07	11,3	14,2	17,0	19,8	22,7	25,5	28,3
f_{yd}/f_{cd}	63,9	48,0	38,4	30,7	25,6	21,9	19,2	17,1	15,3

3 Begrenzung der Rissbreiten

Für Platten mit einer Gesamtdicke $h \leq 20$ cm, beansprucht durch Biegung (ohne Längszug), sind in der Expositionsklasse XC 1 keine Nachweise zur Rissbreitenbegrenzung erforderlich, soweit keine strengeren Anforderungen gelten.

Mindestbewehrung bei Zwangbeanspruchung

$$A_s = k_c \cdot k \cdot A_{ct} \cdot \frac{f_{ct,eff}}{\sigma_s}$$

A_{ct} Betonquerschnitt oder -teilquerschnitt der Zugzone im Zustand I
σ_s zulässige Betonstahlspannung zur Begrenzung der Rissbreite
$f_{ct,eff}$ Zugfestigkeit des Betons; $f_{ct,eff} = f_{ctm} = 0{,}30\, f_{ck}^{2/3}$, mind. 3 N/mm² (bei Rissbildung im frühen Betonalter gilt $f_{ct,eff} = 0{,}5 f_{ctm}$)
$k_c = 1{,}0$ bei zentrischem Zwang
$0{,}4$ bei Biegezwang von Rechteckquerschnitten, Stegen
$k = 1{,}00$ bei Zugspannungen infolge äußerem Zwang (z. B. Setzung)
$k = 0{,}80$ bei Zugspannungen infolge innerem Zwang für $h \leq 30$ cm
$k = 0{,}50$ bei Zugspannungen infolge innerem Zwang für $h \geq 80$ cm

(Wegen der Besonderheiten bei Zuggurten von Plattenbalken, bei "dicken" Bauteilen u. Ä. s. Bd. 1, Abschn. 7.3.5.)

Rissbreitenbegrenzung durch Einhaltung von Konstruktionsregeln

Der Nachweis erfolgt für die Stahlspannung unter der quasi-ständigen Einwirkungskombination, bei Zwang für die gewählte Stahlspannung. Für die Umweltklasse XC 1 gilt $w_k = 0{,}4$ mm, in anderen Fällen $w_k = 0{,}3$ mm (bei besonderen Anforderungen auch strengere Werte). Der Nachweis erfolgt durch Begrenzung von ∅ und/oder s_l und zwar bei

- *Zwangbeanspruchung* $\varnothing = \varnothing^* \cdot \dfrac{k_c \cdot k \cdot h_t}{4 \cdot (h-d)} \cdot \dfrac{f_{ct,eff}}{2{,}9} \geq \varnothing^* \cdot \dfrac{f_{ct,eff}}{2{,}9}$ (bei zentrischem Zwang ist h_t durch $h_t/2$ zu ersetzen)
- *Lastbeanspruchung* $\varnothing = \varnothing^* \cdot \dfrac{\sigma_s \cdot A_s}{4 \cdot (h-d) \cdot b \cdot 2{,}9} \geq \varnothing^* \cdot \dfrac{f_{ct,eff}}{2{,}9}$ <u>oder</u> $s_l = \lim s_l$

Grenzdurchmesser ∅* in mm für Betonrippenstähle

Betonstahlspannung σ_s in N/mm²		160	200	240	280	320	360	400	450
$w_k = 0{,}3$ mm	∅* in mm	41	26	18	13	10	8	7	5
$w_k = 0{,}4$ mm	∅* in mm	54	35	24	18	14	11	9	7

Grenzstababstände lim s_l in mm für Betonrippenstähle

Betonstahlspannung σ_s in N/mm²		160	200	240	280	320	360
$w_k = 0{,}3$ mm	s_l in mm	300	250	200	150	100	50
$w_k = 0{,}4$ mm	s_l in mm	300	300	250	200	150	100

Für ∅ gilt:
- bei unterschiedlichen Durchmessern: der mittlere Durchmesser $\varnothing_m = \Sigma\varnothing_i^2/\Sigma\varnothing_i$
- bei Stabbündeln (n-Stäbe): der Vergleichsdurchmesser $\varnothing_n = \varnothing \cdot \sqrt{n}$
- bei Betonstahlmatten: der Durchmesser des Einzelstabes (auch bei Doppelstäben)

4 Begrenzung der Verformungen

Nachweis durch Begrenzung der Biegeschlankheit

$l/d \leq K \cdot k_i \cdot B_{l/d}$ (zusätzlich sind die Mindestwerte – s. u. – zu beachten)

mit $B_{l/d}$ als Basiswert gem. Tafel (s. u.). Für l ist bei liniengelagerten Platten die kleinere Stützweite, bei punktförmig gestützten die größere maßgebend; bei 3seitig gelagerten Platten gilt die Länge parallel zum freien Rand

Systembeiwert K	Einfeldträger	Endfeld (Durchlaufträger)	Innenfeld (Durchlaufträger)	Kragträger	Flachdecke
	$K = 1{,}0$	$K = 1{,}3$	$K = 1{,}5$	$K = 0{,}4$	$K = 1{,}2$

Korrekturwerte $k_1 = 310/\sigma_s$ falls die Stahlspannung unter der maßg. Bemessungslast im GZG $\sigma_s \neq 310$ N/mm²
$k_2 = 0{,}8$ bei gegliederten Querschnitten (Plattenbalken u. Ä.) mit $b_{eff}/b_w > 3$
$k_3 = 7{,}0/l$ bei $l > 7{,}0$ m für erhöhte Anforderungen (bei Flachdecken gilt $k_3 = 8{,}5/l$ bei $l > 8{,}5$ m)

Mindestwert a) generell: $l/d \leq K \cdot 35$ b) bei erhöhten Anforderungen: $l/d \leq K^2 \cdot 150/l$

Basiswerte der Biegeschlankheit $B_{l/d}$ (für Bauteile ohne Druckbewehrung)

ρ (in %)	0,1	0,2	0,3	0,4	0,5	0,6	0,7	0,8	0,9	1,0	1,1	1,2	1,3	1,4	1,5
C20/25	Mindest-		26	19	17	16	15	15	14	14	14	14	13	13	13
C30/37	werte maßgebend			26	21	19	17	17	16	16	15	15	15	14	14
C40/50					26	21	20	19	18	17	17	16	16	15	15

5 Mindestbewehrung (Duktilitätsbewehrung)

Die Mindestbewehrung zur Sicherstellung eines duktilen Bauteilverhaltens ist für das Rissmoment M_{cr} mit dem Mittelwert der Zugfestigkeit des Betons f_{ctm} und einer Stahlspannung $\sigma_s = f_{yk}$ zu berechnen. Bei Biegebeanspruchung (ohne Längskraft) erhält man

$$A_{s,min} = M_{cr} / (z_{II} \cdot f_{yk})$$

$$M_{cr} = f_{ctm} \cdot I_I / z_{I,c1}$$

z_{II} Hebelarm der inneren Kräfte nach Rissbildung im Zustand II (häufig genügend genau $z_{II} = 0{,}9d$)

I_I Flächenmoment 2. Grades (Trägheitsmoment) vor Rissbildung im Zustand I (s. Tabelle unten)

$z_{I,c1}$ Abstand von der Schwerachse bis zum Zugrand vor Rissbildung im Zustand I (s. Tabelle unten)

f_{ctm} Mittelwert der Betonzugfestigkeit

Mittelwert der Betonzugfestigkeit f_{ctm} (in N/mm²)

Charakteristische Betondruckfestigkeit f_{ck} in N/mm²	12	16	20	25	30	35	40	45	50
Betonzugfestigkeit f_{ctm} in N/mm²	1,6	1,9	2,2	2,6	2,9	3,2	3,5	3,8	4,1

Flächenmoment 2. Grades I_I und Schwerpunktabstand z_I im Zustand I (ohne Berücksichtigung der Bewehrung)

h_f/h_0 \ b_{eff}/b_w		1	2	3	4	5	6	7	8	9	10
0,025	b_i/b_{eff}	1,000	0,535	0,378	0,300	0,252	0,219	0,191	0,178	0,164	0,152
	z_u/h_0	0,500	0,511	0,523	0,534	0,544	0,554	0,563	0,572	0,581	0,589
0,050	b_i/b_{eff}	1,000	0,565	0,415	0,338	0,290	0,257	0,232	0,213	0,197	0,184
	z_u/h_0	0,500	0,522	0,543	0,561	0,579	0,595	0,609	0,623	0,635	0,647
0,075	b_i/b_{eff}	1,000	0,590	0,445	0,368	0,319	0,284	0,257	0,236	0,218	0,204
	z_u/h_0	0,500	0,532	0,560	0,584	0,606	0,626	0,643	0,659	0,673	0,686
0,100	b_i/b_{eff}	1,000	0,611	0,469	0,391	0,340	0,303	0,274	0,257	0,232	0,216
	z_u/h_0	0,500	0,540	0,575	0,603	0,628	0,650	0,668	0,686	0,700	0,713
0,125	b_i/b_{eff}	1,000	0,629	0,488	0,408	0,355	0,316	0,285	0,261	0,240	0,223
	z_u/h_0	0,500	0,548	0,587	0,619	0,645	0,668	0,687	0,704	0,718	0,731
0,150	b_i/b_{eff}	1,000	0,643	0,502	0,421	0,365	0,324	0,292	0,267	0,245	0,228
	z_u/h_0	0,500	0,555	0,598	0,631	0,659	0,682	0,701	0,717	0,731	0,744
0,175	b_i/b_{eff}	1,000	0,655	0,513	0,429	0,372	0,330	0,297	0,270	0,248	0,230
	z_u/h_0	0,500	0,561	0,606	0,642	0,669	0,692	0,711	0,727	0,740	0,752
0,200	b_i/b_{eff}	1,000	0,664	0,521	0,436	0,377	0,333	0,299	0,272	0,249	0,231
	z_u/h_0	0,500	0,566	0,614	0,650	0,677	0,700	0,718	0,733	0,746	0,757
0,225	b_i/b_{eff}	1,000	0,671	0,527	0,440	0,380	0,335	0,301	0,273	0,250	0,231
	z_u/h_0	0,500	0,571	0,620	0,656	0,683	0,705	0,722	0,737	0,749	0,759
0,250	b_i/b_{eff}	1,000	0,677	0,531	0,443	0,381	0,336	0,301	0,273	0,250	0,231
	z_u/h_0	0,500	0,575	0,625	0,660	0,687	0,708	0,724	0,739	0,750	0,760
0,275	b_i/b_{eff}	1,000	0,680	0,534	0,444	0,382	0,336	0,301	0,273	0,250	0,231
	z_u/h_0	0,500	0,578	0,628	0,663	0,689	0,709	0,726	0,739	0,749	0,758
0,300	b_i/b_{eff}	1,000	0,683	0,535	0,444	0,382	0,336	0,301	0,273	0,250	0,232
	z_u/h_0	0,500	0,580	0,631	0,665	0,690	0,710	0,725	0,737	0,747	0,755

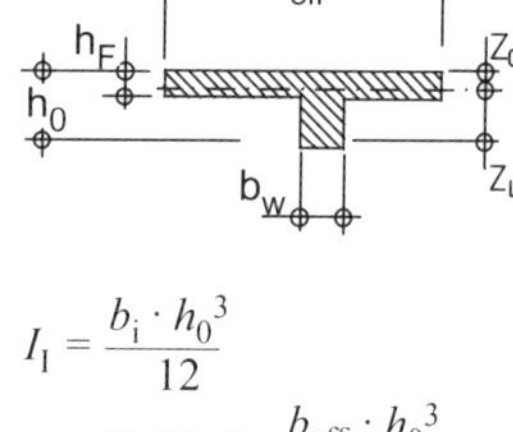

$$I_I = \frac{b_i \cdot h_0^3}{12} = (b_i / b_{eff}) \cdot \frac{b_{eff} \cdot h_0^3}{12}$$

$$z_u = (z_u / h_0) \cdot h_0$$

$$z_o = (1 - z_u / h_0) \cdot h_0$$

Anordnung der Mindestbewehrung

Die Mindestbewehrung ist gleichmäßig über die Zugzonenbreite sowie anteilmäßig über die Höhe der Zugzone zu verteilen. Stöße sind für die volle Zugkraft auszubilden. Für die Bewehrungsführung gilt:

- Feldbewehrung: Die im Feld erforderliche untere Mindestbewehrung muss zwischen den Auflagern durchlaufen. Sie ist mit der Mindestverankerungslänge an den Auflagern zu verankern.
- Stützbewehrung: Über den Innenauflagern ist die obere Mindestbewehrung in beiden anschließenden Feldern über eine Länge von mindestens einem Viertel der Stützweite einzulegen.
- Kragarme: Bei Kragarmen muss die Mindestbewehrung über die gesamte Kraglänge durchlaufen.

6 Bemessung für Querkraft

Einwirkende Querkraft V_{Ed}

Maßgebende Querkraft für den *Druckstrebennachweis* — V_{Ed} ungünstigste Querkaft (ohne Abminderungen)

Maßgebende Querkraft für die *Querkraftbewehrung*

- bei direkter Lagerung, gleichmäßig verteilte Last: V_{Ed} im Abstand d vom Auflagerrand
- bei indirekter Lagerung: V_{Ed} am Auflagerrand

Querkrafttragfähigkeit V_{Rd}

Bauteile ohne Querkraftbewehrung

Bemessungswiderstand $V_{Rd,c}$

$$V_{Rd,c} = [(0{,}15/\gamma_C) \cdot k \cdot (100 \cdot \rho_l \cdot f_{ck})^{1/3} + 0{,}12 \cdot \sigma_{cp}] \cdot b_w \cdot d \geq [(\kappa_1/\gamma_C) \cdot (k^3 \cdot f_{ck})^{0{,}5} + 0{,}12\, \sigma_{cp}] \cdot b_w \cdot d$$

k = $1 + \sqrt{200/d} \leq 2$; Beiwert für den Einfluss der Nutzhöhe d (mit d in mm)
κ_1 für $d \leq 60$ cm: $\kappa_1 = 0{,}0525$; für $d \geq 80$ cm: $\kappa_1 = 0{,}0375$ (Zwischenwerte interpolieren)
ρ_l Längsbewehrungsgrad $\rho_l = A_{sl} / (b_w \cdot d) \leq 0{,}02$ (A_{sl} muss ab der Nachweisstelle mit $d + l_{bd}$ verankert sein)
f_{ck} charakteristische Betondruckspannung in N/mm²
σ_{cp} = $N_{Ed}/A_c < 0{,}2 f_{cd}$ mit N_{Ed} als Längskraft infolge von Last oder Vorspannung (Druck positiv)
b_w kleinste Querschnittsbreite innerhalb der Zugzone in mm

Bauteile mit lotrechter Querkraftbewehrung

Bemessungswiderstand $V_{Rd,s}$

$$V_{Rd,s} = a_{sw} \cdot f_{yd} \cdot z \cdot \cot\theta$$

a_{sw} Querschnitt der Querkraftbewehrung je Längeneinheit ($a_{sw} = A_{sw}/s_w$)
f_{ywd} Bemessungswert der Betonstahlspannung
z i. Allg. $z = 0{,}9 \cdot d$, höchstens jedoch $z = d - 2c_{v,l} \geq d - c_{v,l} - 30$ [mm]
θ Neigungswinkel der Druckstrebe (s.u.)

Bemessungswiderstand $V_{Rd,max}$

$$V_{Rd,max} = \frac{\nu_1 \cdot f_{cd} \cdot b_w \cdot z}{(\tan\theta + \cot\theta)}$$

ν_1 Abminderungsbeiwert für die Druckstrebenfestigkeit ($\nu_1 = 0{,}75$)
(weitere Formelzeichen wie vorher)

Druckstrebenneigung $\cot\theta$

Näherungsweise: bei reiner Biegung und Biegung mit Längsdruck $\cot\theta = 1{,}2$
bei Biegung und Längszug $\cot\theta = 1{,}0$

Genauer, $\sigma_{cp} = 0$: $1{,}00^{*)} \leq \cot\theta \leq \dfrac{1{,}2}{1 - V_{Rd,cc}/V_{Ed}} \leq 3{,}00$ mit $V_{Rd,cc} = 0{,}24 \cdot f_{ck}^{1/3} \cdot b_w \cdot z$

Genauer, $\sigma_{cp} \neq 0$: $1{,}00^{*)} \leq \cot\theta \leq \dfrac{1{,}2 + 1{,}4 \cdot (\sigma_{cp}/f_{cd})}{1 - V_{Rd,cc}/V_{Ed}} \leq 3{,}00$ mit $V_{Rd,cc} = 0{,}24 \cdot f_{ck}^{1/3} \cdot [1 - 1{,}2 \cdot (\sigma_{cp}/f_{cd})] \cdot b_w \cdot z$

*) Bei geneigter Querkraftbewehrung ist $0{,}58 \leq \cot\theta \leq 3{,}0$ zulässig.

Bauteile mit geneigter Querkraftbewehrung

Bemessungswiderstand $V_{Rd,s}$

$$V_{Rd,s} = a_{sw} \cdot f_{yd} \cdot z \cdot (\cot\theta + \cot\alpha) \cdot \sin\alpha$$

α Neigung der Schubbewehrung
(weitere Formelzeichen wie vorher)

Bemessungswiderstand $V_{Rd,max}$

$$V_{Rd,max} = \nu_1 \cdot f_{cd} \cdot b_w \cdot z \cdot \frac{(\cot\theta + \cot\alpha)}{(1 + \cot^2\theta)}$$

Mindestquerkraftbewehrung min a_{sw}

$$\min a_{sw} \geq \rho_w \cdot b_w \cdot \sin\alpha$$

ρ_w:

f_{ck}	12	16	20	25	30	35	40	45	50
ρ_w [‰]	0,51	0,61	0,70	0,83	0,93	1,02	1,12	1,21	1,31

Bewehrungsgrad ρ_w

Balken ($b/h < 4$): ... → $1{,}0\rho_w$

Platten:		$b/h > 5$	$5 \geq b/h \geq 4$
mit rechnerisch erf. Schubbewehrung	→	$0{,}6\rho_w$	$0{,}6\rho_w$ bis $1{,}0\rho_w$ (Interpolation)
ohne rechnerisch erf. Schubbewehrung	→	–	$0{,}0\rho_w$ bis $1{,}0\rho_w$ (Interpolation)

7 Torsion

Nachweis für Torsion

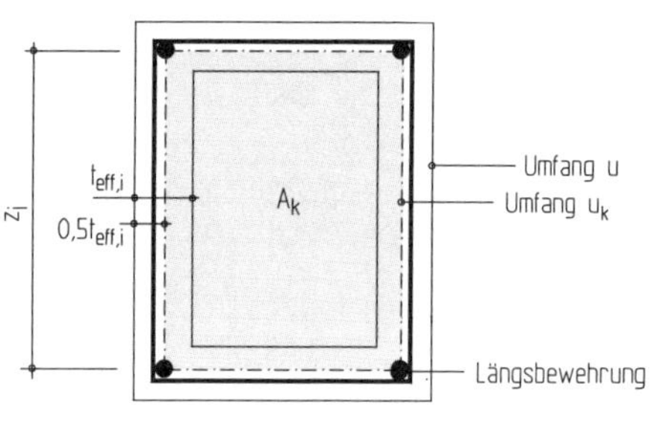

Nachweis am (Ersatz-)Hohlquerschnitt mit der Wanddicke

$t_{\text{eff}} = 2d_1$
$\leq$ tatsächliche Wanddicke (bei Hohlkästen)

d_1 Schwerpunktabstand der Längsbewehrung in den Ecken

Nachweis im Grenzzustand der Tragfähigkeit

$T_{\text{Ed}} \leq T_{\text{Rd,max}}$ und $T_{\text{Ed}} \leq T_{\text{Rd,s}}$

Druckstrebennachweis

$T_{\text{Rd,max}} = \nu \cdot f_{\text{cd}} \cdot 2\,A_{\text{k}} \cdot t_{\text{eff}} / (\cot\theta + \tan\theta)$

ν = 0,525 (EC2-1-1/NA, 6.2.2)

A_{k} Fläche, die durch die Mittellinie u_{k} eingeschlossen ist

θ Druckstrebenneigung; für Torsion darf vereinfachend $\theta = 45°$ angenommen werden

Zugstrebennachweis

$T_{\text{Rd,sw}} = 2\,A_{\text{k}} \cdot (A_{\text{sw}}/s_{\text{w}}) \cdot f_{\text{yd}} \cdot \cot\theta$ (Bügelbewehrung)
$T_{\text{Rd,sl}} = 2\,A_{\text{k}} \cdot (A_{\text{sl}}/u_{\text{k}}) \cdot f_{\text{yd}} \cdot \tan\theta$ (Längsbewehrung)

A_{sw}; A_{sl} Querschnittsfläche der Bügelbewehrung, der Torsionslängsbewehrung
s_{w}; u_{k} Abstand der Bügel in Trägerlängsrichtung; Umfang der Fläche A_{k}

Kombinierte Beanspruchung

Druckstrebentragfähigkeit $(T_{\text{Ed}}/T_{\text{Rd,max}})^2 + (V_{\text{Ed}}/V_{\text{Rd,max}})^2 \leq 1$ (für Kompaktquerschnitte)
$(T_{\text{Ed}}/T_{\text{Rd,max}}) + (V_{\text{Ed}}/V_{\text{Rd,max}}) \leq 1$ (für Kastenquerschnitte)

Bewehrung getrennte Ermittlung der Bewehrung und Addition der Anteile

8 Durchstanzen

Bemessungswert v_{Ed} der Einwirkung

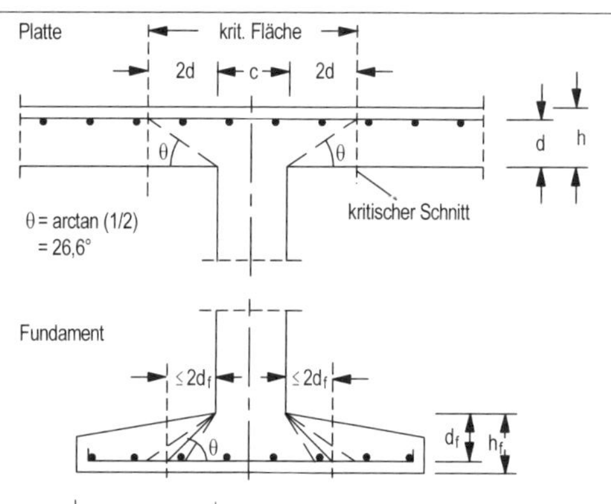

$$v_{\text{Ed}} = \beta \cdot V_{\text{Ed}} / (u_1 \cdot d)$$

V_{Ed} Bemessungswert der aufzunehmenden Querkraft

β Beiwert; für regelmäßige, unverschiebliche Systeme:
$\beta = 1{,}10 / 1{,}40 / 1{,}50$ bei Innen- / bei Rand- / bei Eckstützen
$\beta = 1{,}35 / 1{,}20$ bei Wandenden / bei Wandecken

u_1 Rundschnitt im Abstand $a_{\text{crit}} = 2{,}0\,d$ von der Stütze

Bei ***Fundamenten*** darf V_{Ed} reduziert werden, sodass gilt

$V_{\text{Ed,red}} = V_{\text{Ed}} - \Delta V_{\text{Ed}}$

ΔV_{Ed} Res. Bodenpressung innerhalb der kritischen Fläche

u_1 Rundschnitt im Abstand $a_{\text{crit}} \leq 2{,}0\,d_{\text{f}}$, iterativ ungünstigst (bei $a > 2d_{\text{f}}$ darf $a_{\text{crit}} = d_{\text{f}}$ gewählt werden, in dem Fall darf ΔV_{Ed} allerdings nur zur Hälfte berücksichtigt werden)

Lasteinleitungsfläche und kritischer Rundschnitt

Es gelten folgende Formen von Lasteinleitungsflächen:

- rechteckige (oder vergleichbare) mit einem Umfang $\leq 12\,d$ und mit einem Verhältnis von Länge zu Breite ≤ 2
- kreisförmige mit einem Umfang $\leq 12d$

Bei Auflagerung auf Wänden oder Stützen dürfen nur reduzierte Rundschnitte angesetzt werden. Für Lasteinleitungsflächen in der Nähe von freien Rändern oder von Öffnungen (Abstand $\leq 6d$) gilt ein reduzierter Rundschnitt, sofern dieser einen kleineren Umfang ergibt. Die kritischen Rundschnitte dürfen sich nicht überschneiden.

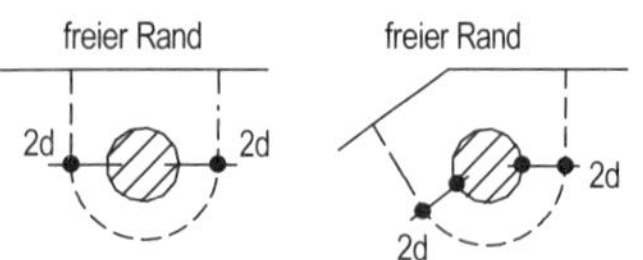

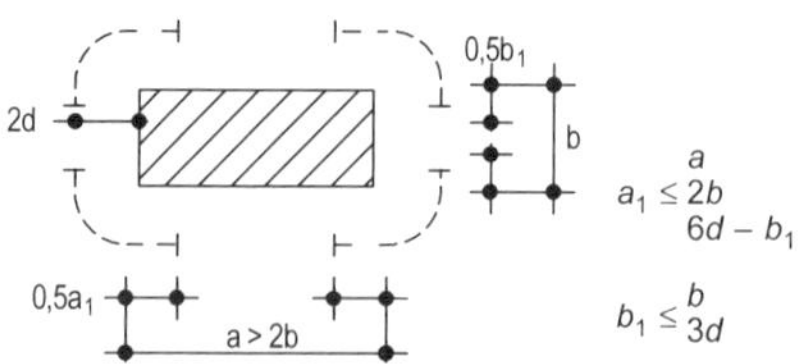

≤ 6d $\ell_1 \leq \ell_2$ *) 2d ℓ_2 Öffnung

*) für $l_1 > l_2$ ist l_2 zu ersetzen durch $(l_1 \cdot l_2)^{0{,}5}$

Punktförmig gestützte Platten oder Fundamente ohne Durchstanzbewehrung bei $v_{Ed} \leq v_{Rd,c}$

Bemessungswiderstand $v_{Rd,c}$

$$v_{Rd,c} = [C_{Rdc} \cdot k \cdot (100 \cdot \rho_l \cdot f_{ck})^{1/3} + 0{,}10 \cdot \sigma_{pd}] \geq [(\kappa_1/\gamma_C) \cdot (k^3 \cdot f_{ck})^{0,5} + 0{,}10\ \sigma_{cp}]$$

$C_{Rdc} = 0{,}18/\gamma_C$	bei Flachdecken
$C_{Rdc} = 0{,}18/\gamma_C \cdot (0{,}1 u_0/d + 0{,}6)$	bei Flachdecken für Innenstützen mit $u_0/d < 4$
k, κ_1	s. Querkraft (Pkt. 6)
$\sigma_{cp} = 0{,}5 \cdot (\sigma_{cx} + \sigma_{cy})$	Betonlängsspannung (in N/mm²) im betrachteten Rundschnitt (Druck positiv)
$\rho_l = \sqrt{\rho_{lx} \cdot \rho_{ly}}$ $\leq 0{,}02$; $\leq 0{,}50 \cdot f_{cd}/f_{yd}$	ρ_{lx}, ρ_{ly} Bewehrungsgrad der Zugbewehrung in x-, y-Richtung im betrachteten Rundschnitt, die außerhalb des Rundschnitts verankert ist
$d = 0{,}5 \cdot (d_x + d_y)$	mittlere Nutzhöhe mit d_x und d_y als Nutzhöhen in x- und y-Richtung

Bei ***Fundamenten*** und ***Bodenplatten*** gilt

$$v_{Rd,c} = (0{,}15/\gamma_C) \cdot k \cdot (100 \cdot \rho_l \cdot f_{ck})^{1/3} \cdot (2d_f/a_{crit}) \geq (\kappa_1/\gamma_C) \cdot (k^3 \cdot f_{ck})^{0,5} \cdot (2d_f/a_{crit})$$

Platten mit Durchstanzbewehrung bei $v_{Ed} > v_{Rd,c}$

Querkrafttragfähigkeit $v_{Rd,max}$

$$v_{Rd,max} = 1{,}4 \cdot v_{Rd,c}$$

Querkrafttragfähigkeit $v_{Rd,cs}$

Durchstanzbewehrung ist wie folgt zu ermitteln

$$A_{sw} = \kappa_{sw,i} \cdot 2/3 \cdot (v_{Ed} - 0{,}75 v_{Rd,c}) \cdot d \cdot u_1 / [(d/s_r) \cdot f_{ywd,ef} \cdot \sin\alpha]$$

$u_{i,1}$ $u_{i,2}$ $u_{i,...}$ $u_{i,n}$ u_{out} d h s_r s_r s_r 1,5d 0,3d-0,5d r_{out} c r_{out} θ = 26,6°

A_{sw} Durchstanzbewehrung je Reihe
u_1 Umfang des kritischen Rundschnitts

$f_{ywd,ef} = 250 + 0{,}25d \leq f_{ywd}$ Wirksame Stahlspannung der Durchstanzbewehrung (d in mm)
s_r radialer Abstand der Bewehrungsreihe nach Abb. mit $s_r \leq 0{,}75d$
$\kappa_{sw,i}$ Erhöhungsfaktor: für die erste Reihe: 2,5; für die zweite Reihe: 1,4; für weitere Reihen: 1,0

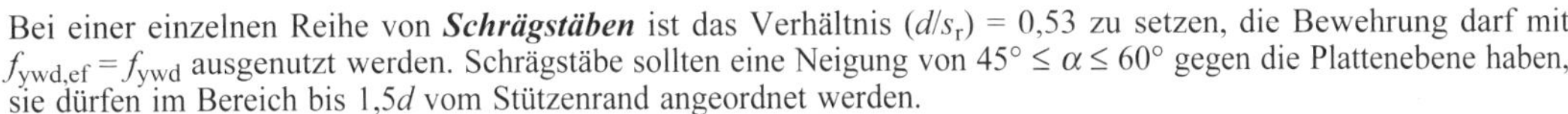

Bei einer einzelnen Reihe von ***Schrägstäben*** ist das Verhältnis $(d/s_r) = 0{,}53$ zu setzen, die Bewehrung darf mit $f_{ywd,ef} = f_{ywd}$ ausgenutzt werden. Schrägstäbe sollten eine Neigung von $45° \leq \alpha \leq 60°$ gegen die Plattenebene haben, sie dürfen im Bereich bis 1,5d vom Stützenrand angeordnet werden.

Bei ***Fundamenten*** darf in den ersten beiden Reihen der Betontraganteil $v_{Rd,c}$ nicht berücksichtigt werden, die Bewehrung wird gleichmäßig auf beide Reihen verteilt (Abstand 0,3d und 0,8d); bei weiteren Reihen ist 33 % von $A_{sw,1+2}$ anzuordnen. Der Abzug der Bodenpressungen erfolgt mit der Fläche innerhalb der betrachteten Bewehrungsreihe.

Querkrafttragfähigkeit $v_{Rd,c,out}$

Längs des äußeren Rundschnitts – Abstand 1,5 d von der letzten Bewehrungsreihe – ist nachzuweisen:

$$v_{Ed} = \beta \cdot V_{Ed} / (u_{out} \cdot d) \leq v_{Rd,c,out} \text{ mit } v_{Rd,c,out} = v_{Rd,c}, \text{ jedoch mit } C_{Rdc} = 0{,}15/\gamma_C$$

Mindestschubbewehrung

$$A_{sw,min} = A_s \cdot \sin\alpha = s_r \cdot s_t \cdot 0{,}08 f_{ck}^{0,5} / (1{,}5 \cdot f_{yk}) \qquad \text{(je Bügelschenkel)}$$

Mindestmomente für Platten-Stützen-Verbindungen bei ausmittiger Belastung

$m_{Edx} \geq \eta \cdot V_{Ed}$ bzw. $m_{Edy} \geq \eta \cdot V_{Ed}$ (V_{Ed} aufzunehmende Querkraft; η Beiwert nach Tabelle)

Lage der Stütze	η für m_{Edx}: Zug an Platten-oberseite[1)]	η für m_{Edx}: Zug an Platten-unterseite[1)]	anzusetzende Breite	η für m_{Edy}: Zug an Platten-oberseite[1)]	η für m_{Edy}: Zug an Platten-unterseite[1)]	anzusetzende Breite
Innenstütze	0,125	0	$0{,}30 \cdot l_y$	0,125	0	$0{,}3 \cdot l_x$
Randstütze, Rand parallel zu x	0,25	0	$0{,}15 \cdot l_y$	0,125	0,125	lfd. m/m
Randstütze, Rand parallel zu y	0,125	0,125	lfd. m/m	0,25	0	$0{,}15 \cdot l_x$
Eckstütze	0,50	0,50	lfd. m/m	0,50	0,50	lfd. m/m

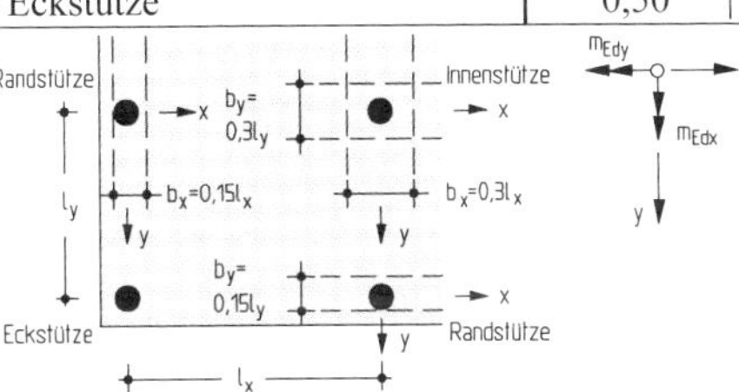

1) Oberseite bezeichnet die der Lasteinleitungsfläche entgegenliegende Seite, Unterseite die andere Seite.

Mindest-Biegemomente in Platten-Stützen-Verbindungen bei ausmittiger Belastung und mitwirkende Plattenbreite

Die Mindestmomente sollten jeweils in einem Bereich mit der in der Tabelle angegebenen Breite angesetzt werden (siehe Skizze).

9 Expositionsklasse und Mindestbetonfestigkeit

		Expositionsklasse	Beschreibung der Umgebung	Beispiele für die Zuordnung (weitere Beispiele und Erläuterungen s. EC2-1-1)	Mindestfestigkeitsklasse
1	Kein Korrosions- od. Angriffsrisiko	X 0	Unbewehrter Beton (außer Expo.-klasse XF, XA, XM) Sehr trockener bew. Beton	Fundamente ohne Bewehrung ohne Frost; Innenbauteile ohne Bewehrung; Innenbauteile mit sehr geringer Luftfeuchte (RH ≤ 30 %)	C12/15
2	Bewehrungskorrosion, ausgelöst durch Karbonatisierung[a]	XC 1	Trocken oder ständig nass	Beton in Innenräumen mit üblicher Luftfeuchte; Beton, der ständig in Wasser getaucht ist	C16/20
		XC 2	Nass, selten trocken	Teile von Wasserbehältern; Gründungsbauteile	C16/20
		XC 3	Mäßige Feuchte	Offene Hallen; Innenräume mit hoher Feuchte	C20/25
		XC 4	Wechselnd nass und trocken	Außenbauteile mit direkter Beregnung	C25/30
3	Bewehrungskorrosion, ausgelöst durch Chloride (außer Meerwasser)	XD 1	Mäßige Feuchte	Bauteile im Sprühnebelbereich von Verkehrsflächen; Einzelgaragen	C30/37[c]
		XD 2	Nass, selten trocken	Solebäder; Chloridhaltigen Industriewässern ausgesetzter Beton	C35/45[c od. f]
		XD 3	Wechselnd nass und trocken	Teile von Brücken mit häufiger Spritzwasserbeanspr.; Fahrbahndecken; direkt befahrene Parkdecks[b]	C35/45[c]
4	Bewehrungskorrosion, inf. Chloride aus Meerwasser	XS 1	Salzhaltige Luft	Außenbauteile in Küstennähe	C30/37[c]
		XS 2	Unter Wasser	Bauteile in Hafenanlagen, die ständig unter Wasser sind	C35/45[c od. f]
		XS 3	Tidebereiche, Spritzwasser- und Sprühnebelbereiche	Kaimauern in Hafenanlagen	C35/45[c]
5	Betonangriff durch Frost mit und ohne Taumittel	XF 1	Mäßige Wassersättigung ohne Taumittel	Außenbauteile	C25/30
		XF 2	Mäßige Wassersättigung mit Taumittel oder Meerwasser	Sprühnebel- od. Spritzwasserbereich von taumittelbehandelten Verkehrsflächen (soweit nicht XF 4); Sprühnebelbereich von Meerwasser	C25/30(LP)[e] C35/45[f]
		XF 3	Hohe Wassersättigung ohne Taumittel	Offene Wasserbehälter; Wasserwechselzone von Süßwasser	C25/30(LP)[e] C35/45[f]
		XF 4	Hohe Wassersättigung mit Taumittel oder Meerwasser	Taumittelbehandelte Verkehrsflächen und horiz. Bauteile im Spritzwasser von taumittelbeh. Verkehrsflächen; Meeresbauteile in Wechselzonen; Räumerlaufbahnen	C30/37[e, g, i] (LP)
6	Betonangriff durch chemischen Angriff der Umgebung[c]	XA 1	Chemisch schwach angreifende Umgebung	Behälter von Kläranlagen; Güllebehälter	C25/30
		XA 2	Chemisch mäßig angreifende Umgebung; Meeresbauwerke	Bauteile in betonangreifenden Böden; Meerwasserberührung	C35/45[c od. f]
		XA 3	Chemisch stark angreifende Umgebung	Industrieabwasseranlagen mit chemisch angreifenden Abwässern; Kühltürme	C35/45[c]
7	Betonangriff durch Verschleißbeanspruchung	XM 1	Mäßige Verschleißbeanspruchung	Industrieböden mit Beanspruchung durch luftbereifte Fahrzeuge	C30/37[c]
		XM 2	Schwere Verschleißbeanspruchung	Industrieböden mit Beanspruchung durch luft- oder vollgummibereiften Gabelstaplerverkehr	C30/37[c, h] C35/45[c]
		XM 3	Extreme Verschleißbeanspruchung	Industrieböden mit elastomer- oder stahlrollenbereiften Gabelstaplern, Kettenfahrzeugen; Tosbecken	C35/45[c]
8	Betonkorrosion inf. Alkali-Kieselsäure-Reaktion	W0	Weitgehend trockener Beton	Innenbauteile des Hochbaus; Bauteile, auf die Außenluft einwirken kann (außer Niederschlag, Bodenfeuchte, Einwirkung mit RH > 80 %)	
		WF	Häufig feuchter Beton	Ungeschützte Außenbauteile; Feuchträume (RH > 80 %); häufige Taupunktunterschreitung (Schornsteine u. Ä.), massige Bauteile (> 80 cm)	
		WA	Wie WF mit häufigem oder langzeitigem Alkalieintrag	Meerwassereinwirkung; Tausalzeinwirkung ohne hohe dyn. Beanspr.; Industriebauten u. landw. Bauten unter Alkalisalzeinwirkungen	
		WS	Beton unter hoher dynamischer Beanspruchung	Bauteile unter Tausalzeinwirkung mit zusätzlicher hoher dynamischer Beanspruchung (z. B. Betonfahrbahnen) u. Alkalieintrag	

[a] Feuchteangaben für die Betondeckung der Bewehrung, i. Allg. = Umgebungsbedingung (Ausnahme: z. B. Sperrschicht auf dem Beton)
[b] Ausführung nur mit zusätzlichen Maßnahmen (z. B. rissüberbrückende Beschichtung).
[c] Eine Festigkeitsklasse niedriger, sofern Luftporenbeton z. B. wegen zusätzlich zutreffender Expositionsklasse XF verwendet wird.
[d] Grenzwerte für die Expositionsklassen bei chemischem Angriff siehe DIN EN 206-1 und DIN 1045-2.
[e] Mindestdruckfestigkeit gilt für Luftporenbeton.
[f] Bei langsam und sehr langsam erhärtendem Beton eine Festigkeitsklasse niedriger.
[g] Erdfeuchter Beton mit $w/z \le 0{,}40$ auch ohne Luftporen.
[h] Bei Oberflächenbehandlung (z. B. Vakuumieren und Flügelglätten des Betons) C30/37.
[i] Bei Verwendung von Beton ohne Luftporen für Räumerlaufbahnen mindestens C40/50.

10 Betondeckung der Bewehrung

Mindestmaße c_{min}

- zur Sicherung des Korrosionschutzes der Bewehrung

	karbonatisierungsinduzierte Korrosion				chloridinduzierte Korrosion [4]			chloridinduzierte Korrosion aus Meerwasser		
Expositionsklasse	XC 1	XC 2	XC 3	XC 4	XD 1	XD 2	XD 3	XS 1	XS 2	XS 3
c_{min} in mm [1) 2) 3)]	10	20		25	40			40		

[1)] Wird Ortbeton kraftschlüssig mit einem Fertigteil verbunden, dürfen die Werte für die der Fuge zugewandten Ränder auf 5 mm im Fertigteil und 10 mm im Ortbeton reduziert werden; die Bedingungen zur Sicherstellung des Verbundes sind jedoch einzuhalten, wenn die Bewehrung im Bauzustand berücksichtigt wird (weitere Hinweise s. Bd. 1, Abschn. 5.2.5).
[2)] Verminderung um 5 mm bei Bauteilen, deren Festigkeitsklasse um 2 Klassen höher liegt als erforderlich (außer für XC 1).
[3)] Erhöhung um 5 mm für XM 1, um 10 mm für XM 2 und um 15 mm für XM 3, sofern nicht zusätzliche Anforderungen an die Betonzuschläge nach DIN 1045-2 berücksichtigt werden.
[4)] Bei dauerhaft rissüberbrückender Beschichtung ggf. Reduzierung um 10 mm zulässig.

- zur Sicherung des Verbundes der Bewehrung

c_{min}	$\geq \varnothing$	(Stabdurchmesser des Betonstahls)
	$\geq \varnothing_n$	(Vergleichsdurchmesser $\varnothing_n = \varnothing \cdot \sqrt{n}$)

Vorhaltemaße Δc_{dev}

	karbonatisierungsinduzierte Korrosion				chloridinduzierte Korrosion			chloridinduzierte Korrosion aus Meerwasser		
Expositionsklasse	XC 1	XC 2	XC 3	XC 4	XD 1	XD 2	XD 3	XS 1	XS 2	XS 3
Δc_{dev} [1) 2) 3)]	10	15		15	15			15		

[1)] *Vergrößerung des Vorhaltemaßes* Δc_{dev}
- Schüttung des Betons gegen unebene Oberflächen: Δc_{dev} + 20 mm
- Schüttung gegen Erdreich: Δc_{dev} + 50 mm
- Oberflächen mit architektonischer Gestaltung (strukturierte Oberflächen, Waschbeton u. a.)

[2)] *Verminderung des Vorhaltemaßes* Δc um 5 mm nur in Ausnahmefällen und bei entsprechender Qualitätskontrolle (genauere Angaben hierzu enthalten die DBV-Merkblätter „Betondeckung und Bewehrung" und „Abstandhalter")
[3)] Falls Verbundbedingung maßgebend, genügt generell Δc = 10 mm

Nennmaß der Betondeckung c_{nom} und Verlegemaß c_v

Das Nennmaß der Betondeckung ergibt sich zu

Nennmaß: $c_{nom} = c_{min} + \Delta c_{dev}$

Das Verlegemaß c_v der Bewehrung ergibt sich daraus, dass c_{nom} für jedes einzelne Bewehrungselement eingehalten ist (s. Abbildung). Das Verlegemaß c_v ist der statischen Berechnung zugrunde zu legen und auf der Konstruktionszeichnung anzugeben (außerdem das Vorhaltemaß Δc_{dev}).

Verlegemaß: $c_v \geq \begin{cases} c_{nom,w} \\ c_{nom,l} - \varnothing_w \end{cases}$

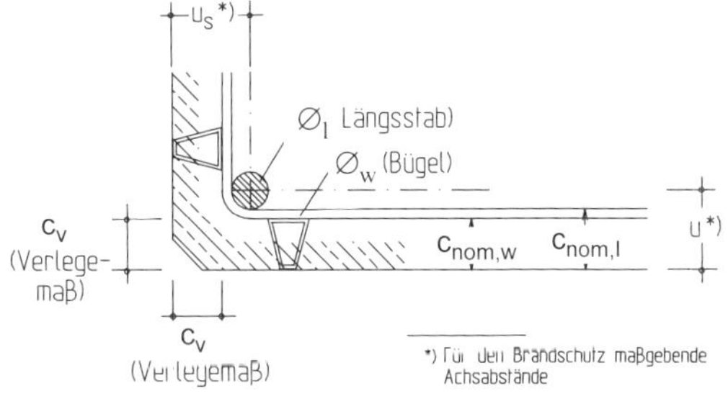

11 Stababstände

Mindestwert des gegenseitigen lichten Stababstands s_n paralleler Einzelstäbe

Betonstahl	allgemein	$s_n \geq \begin{cases} \varnothing \\ 20\ \text{mm} \end{cases}$	d_g Größtkorndurchmesser
	Größtkorndurchmesser d_g > 16 mm	$s_n \geq d_g + 5$ mm	

12 Betonstahlmatten B500

Lagermatten Lieferprogramm

Die Kurzzeichnung der Mattentypen erfolgt durch
- Art der Lagermatten (R- oder Q-Matte)
- Angabe des Stahlquerschnitts in mm²/m
- Angabe der Duktilitätsklasse (A: normalduktil)

Länge / Breite	Randeinsparung (Längsrichtung)	Mattenbezeichnung	Mattenaufbau in Längsrichtung / Querrichtung: Stababstände	Stabdurchmesser Innenbereich	Stabdurchmesser Randbereich	Anzahl der Längsrandstäbe links	Anzahl der Längsrandstäbe rechts	Querschnitte längs / quer	Gewicht je Matte	Gewicht je m²	
m			mm	mm	mm			cm²/m	kg	kg	
6,00 / 2,30	ohne	**Q 188 A**	150 150	6,0 6,0				1,88 1,88	41,7	3,02	Q-Matten
6,00 / 2,30	ohne	**Q 257 A**	150 150	7,0 7,0				2,57 2,57	56,8	4,12	Q-Matten
6,00 / 2,30	ohne	**Q 335 A**	150 150	8,0 8,0				3,35 3,35	74,3	5,38	Q-Matten
6,00 / 2,30	mit	**Q 424 A**	150 150	9,0 9,0	7,0	4	4	4,24 4,24	84,4	6,12	Q-Matten
6,00 / 2,30	mit	**Q 524 A**	150 150	10,0 10,0	7,0	4	4	5,24 5,24	100,9	7,31	Q-Matten
6,00 / 2,35	mit	**Q 636 A**	100 125	9,0 10,0	7,0	4	4	6,36 6,28	132,0	9,36	Q-Matten
6,00 / 2,30	ohne	**R 188 A**	150 250	6,0 6,0				1,88 1,13	33,6	2,43	R-Matten
6,00 / 2,30	ohne	**R 257 A**	150 250	7,0 6,0				2,57 1,13	41,2	2,99	R-Matten
6,00 / 2,30	ohne	**R 335 A**	150 250	8,0 6,0				3,35 1,13	50,2	3,64	R-Matten
6,00 / 2,30	mit	**R 424 A**	150 250	9,0 8,0	8,0	2	2	4,24 2,01	67,2	4,87	R-Matten
6,00 / 2,30	mit	**R 524 A**	150 250	10,0 8,0	8,0	2	2	5,24 2,01	75,7	5,49	R-Matten

Der Gewichtsermittlung der Lagermatten liegen folgende Überstände zugrunde:

Q188 A – Q524 A: Überstände längs: 75,0/75,0 mm Überstände quer: 25/25 mm
Q636 A: Überstände längs: 62,5/62,5 mm Überstände quer: 25/25 mm
R188 A – R524 A: Überstände längs: 125/125 mm Überstände quer: 25/25 mm

Randausbildung der Lagermatten „dick" / „dünn"

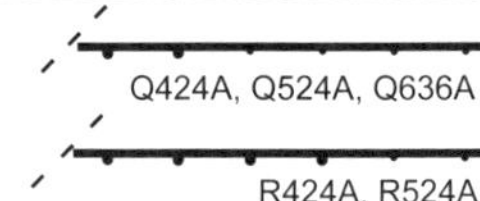

13 Abmessungen und Gewichte; Betonstabstahl B500

Nenndurchmesser ∅ in mm	6	8	10	12	14	16	20	25	28
Nennquerschnitt A_s in cm²	0,283	0,503	0,785	1,13	1,54	2,01	3,14	4,91	6,16
Nenngewicht G in kg/m	0,222	0,395	0,617	0,888	1,21	1,58	2,47	3,85	4,83

14 Querschnitte von Flächenbewehrungen ∅ in cm²/m

Stababstand	∅ in mm 6	8	10	12	14	16	20	25	Stäbe 28	s in cm pro m
5,0	5,65	10,05	15,71	22,62	30,79	40,21	62,83	98,17		20,00
5,5	5,14	9,14	14,28	20,56	27,99	36,56	57,12	89,25		18,18
6,0	4,71	8,38	13,09	18,85	25,66	33,51	52,36	81,81	102,63	16,67
6,5	4,35	7,73	12,08	17,40	23,68	30,93	48,33	75,52	94,73	15,38
7,0	4,04	7,18	11,22	16,16	21,99	28,72	44,88	70,12	87,96	14,29
7,5	3,77	6,70	10,47	15,08	20,53	26,81	41,89	65,45	82,10	13,33
8,0	3,53	6,28	9,82	14,14	19,24	25,13	39,27	61,36	76,97	12,50
8,5	3,33	5,91	9,24	13,31	18,11	23,65	36,96	57,75	72,44	11,76
9,0	3,14	5,59	8,73	12,57	17,10	22,34	34,91	54,54	68,42	11,11
9,5	2,98	5,29	8,27	11,90	16,20	21,16	33,07	51,67	64,82	10,53
10,0	2,83	5,03	7,85	11,31	15,39	20,11	31,42	49,09	61,58	10,00
11,0	2,57	4,57	7,14	10,28	13,99	18,28	28,56	44,62	55,98	9,09
12,0	2,36	4,19	6,54	9,42	12,83	16,76	26,18	40,91	51,31	8,33
13,0	2,17	3,87	6,04	8,70	11,84	15,47	24,17	37,76	47,37	7,69
14,0	2,02	3,59	5,61	8,08	11,00	14,36	22,44	35,06	43,98	7,14
15,0	1,88	3,35	5,24	7,54	10,26	13,40	20,94	32,72	41,05	6,67
16,0	1,77	3,14	4,91	7,07	9,62	12,57	19,63	30,68	38,48	6,25
17,0	1,66	2,96	4,62	6,65	9,06	11,83	18,48	28,87	36,22	5,88
18,0	1,57	2,79	4,36	6,28	8,55	11,17	17,45	27,27	34,21	5,56
19,0	1,49	2,65	4,13	5,95	8,10	10,58	16,53	25,84	32,41	5,26
20,0	1,41	2,51	3,93	5,65	7,70	10,05	15,71	24,54	30,79	5,00
21,0	1,35	2,39	3,74	5,39	7,33	9,57	14,96	23,37	29,32	4,76
22,0	1,29	2,28	3,57	5,14	7,00	9,14	14,28	22,31	27,99	4,55
23,0	1,23	2,19	3,41	4,92	6,69	8,74	13,66	21,34	26,77	4,35
24,0	1,18	2,09	3,27	4,71	6,41	8,38	13,09	20,45	25,66	4,17
25,0	1,13	2,01	3,14	4,52	6,16	8,04	12,57	19,63	24,63	4,00

15 Querschnitte von Balkenbewehrungen A_s in cm²

Stabdurchmesser ∅ in mm	Anzahl der Stäbe 1	2	3	4	5	6	7	8	9	10
6	0,28	0,57	0,85	1,13	1,41	1,70	1,98	2,26	2,54	2,83
8	0,50	1,01	1,51	2,01	2,51	3,02	3,52	4,02	4,52	5,03
10	0,79	1,57	2,36	3,14	3,93	4,71	5,50	6,28	7,07	7,85
12	1,13	2,26	3,39	4,52	5,65	6,79	7,92	9,05	10,18	11,31
14	1,54	3,08	4,62	6,16	7,70	9,24	10,78	12,32	13,85	15,39
16	2,01	4,02	6,03	8,04	10,05	12,06	14,07	16,09	18,10	20,11
20	3,14	6,28	9,42	12,57	15,71	18,85	21,99	25,13	28,27	31,42
25	4,91	9,82	14,73	19,64	24,54	29,45	34,36	39,27	44,18	49,09
28	6,16	12,32	18,47	24,63	30,79	36,95	43,10	49,26	55,42	61,58

16 Größte Anzahl von Stäben in einer Lage bei Balken

Balkenbreite b in cm	Durchmesser ∅ in mm 10	12	14	16	20	25	28
10	1	1	1	1	1	1	–
15	3	3	3	(3)	2	2	1
20	5	4	4	4	3	3	2
25	6	6	6	5	5	4	3
30	8	(8)	7	7	6	5	4
35	10	9	(9)	8	7	6	5
40	11	11	10	9	8	7	6
45	13	12	(12)	11	10	8	7
50	15	14	13	12	11	9	(8)
55	16	15	14	14	12	10	8
60	18	17	16	15	13	11	9
Bügeldurchmesser $\varnothing_w$	≤ 8 mm				≤ 10 mm	≤ 12 mm	≤ 16 mm

(Tabelle gilt für $c_{nom} = 2{,}5$ cm, bei den Werten in ( ) werden die geforderten Abstände geringfügig unterschritten)

17 Mindestbiegerollendurchmesser D_{min}[1)]

Haken, Winkelhaken, Schlaufen und Bügel	Stabdurchmesser		
	∅ < 20 mm	∅ ≥ 20 mm	
	4 ∅	7 ∅	
Schrägstäbe oder andere gekrümmte Stäbe	**Mindestwert der Betondeckung rechtwinklig zur Krümmungsebene**		
	> 100 mm und > 7 ∅	> 50 mm und > 3 ∅	≤ 50 mm oder ≤ 3 ∅
	10 ∅	15 ∅	20 ∅

[1)] Bei vorwiegend ruhender Belastung gelten für geschweißte Bewehrung und bei Betonstahlmatten obige Werte, wenn die Schweißung außerhalb des Biegebereichs und der Abstand zwischen Krümmungsbeginn und Schweißstelle ≥4∅ ist, andernfalls gilt D_{min} ≥20∅ (nicht ruhende Belastung s. EC2-1-1).

18 Verankerungen

Verbundbedingungen

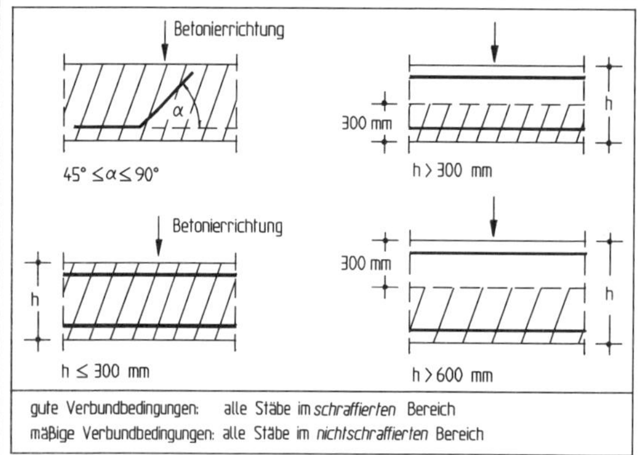

Verbundspannungen f_{bd} in N/mm²

(für Rippenstäbe mit ∅ ≤ 32 mm)

Betonfestigkeitsklasse	Verbundspannung f_{bd} in N/mm² guter Verbund	mäßiger Verbund
C12/15	1,65	1,16
C16/20	2,00	1,40
C20/25	2,32	1,62
C25/30	2,69	1,88
C30/37	3,04	2,13
C35/45	3,37	2,36
C40/50	3,68	2,58
C45/55	3,99	2,79
C50/60	4,28	3,00

Basiswert der Verankerungslänge $l_{b,rqd,y}$ in cm mit $l_{b,rqd,y} = (\varnothing/4) \cdot (f_{yd}/f_{bd})$

Betonfestigkeitsklasse	Verbundbedingung	Stabdurchmesser ∅ in mm 6	8	10	12	14	16	20	25	28
C12/15	gut	40	53	66	79	92	105	132	165	184
	mäßig	56	75	94	113	132	150	188	235	263
C16/20	gut	33	43	54	65	76	87	109	136	152
	mäßig	47	62	78	93	109	124	155	194	217
C20/25	gut	28	37	47	56	66	75	94	117	131
	mäßig	40	54	67	80	94	107	134	167	187
C25/30	gut	24	32	40	48	57	65	81	101	113
	mäßig	35	46	58	69	81	92	115	144	161
C30/37	gut	21	29	36	43	50	57	71	89	100
	mäßig	31	41	51	61	71	82	102	128	143
C35/45	gut	19	26	32	39	45	52	64	81	90
	mäßig	28	37	46	55	64	74	92	115	129
C40/50	gut	18	24	30	35	41	47	59	74	83
	mäßig	25	34	42	51	59	67	84	105	118
C45/55	gut	16	22	27	33	38	44	55	68	76
	mäßig	23	31	39	47	55	62	78	97	109
C50/60	gut	15	20	25	31	36	41	51	64	71
	mäßig	22	29	36	44	51	58	73	91	102

Verankerungslängen

Verankerungslänge $l_{bd} = \alpha_i \cdot l_{b,rqd,y} \cdot (A_{s,req}/A_{s,prov}) \geq l_{b,min}$ ($l_{b,rqd,y}$: Basiswert; s. vorher)

Beiwerte α_i: α_1, α_4 (weitere Werte s. EC2-1-1)	Art und Ausbildung der Verankerung		Beiwerte α_1, α_4 Zugstab	Beiwerte α_1, α_4 Druckstab
	gerades Stabende		$\alpha_1 = 1,0$	$\alpha_1 = 1,0$
	Haken, Winkelhaken und Schlaufen	Betondeckung rechtwinklig zur Krümmungsebene $\geq 3\varnothing$ (andernfalls $\alpha_1 = 1,0$)	$\alpha_1 = 0,7$[1]	–
	gerades Stabende mit einem angeschweißten Stab[2]	angeschw. Querstab innerhalb von l_{bd}	$\alpha_1 = 0,7$	$\alpha_1 = 0,7$
	Haken, Winkelhaken und Schlaufen mit einem angeschw. Querstab[2]	Querstab innerhalb von l_{bd} vor Krümmungsbeginn; Betondeckung rechtwinklig zur Krümmung $\geq 3\varnothing$ (andernfalls $\alpha_1 = 0,7$)	$\alpha_1 \cdot \alpha_4 = 0,5$	–
	gerades Stabende mit zwei angeschweißten Stäben[2]	innerhalb von l_{bd}, gegenseitiger Abstand $s < 10$ cm und $\geq 5\varnothing$ und ≥ 5 cm	$\alpha_4 = 0,5$	$\alpha_4 = 0,5$

[1] Bei Schlaufen mit $D_{min} \geq 15\varnothing$ darf α_1 auf 0,5 reduziert werden..
[2] Für angeschweißte Querstäbe gilt $\varnothing_{quer}/\varnothing_l \geq 0,6$

Mindestmaße der Verankerungslänge	für Zugstäbe $l_{b,min} = 0,3 \cdot \alpha_1 \cdot l_{b,rqd,y} \geq 10\varnothing$ für Druckstäbe $l_{b,min} = 0,6 \cdot l_{b,rqd,y} \geq 10\varnothing$		
Verankerung außerh. von Auflagern	l_{bd} E		$l = l_{bd}$
Verankerung am Endauflager	$l_{bd,dir}$	direkte Auflagerung	$l_{bd,dir} = 2/3\ l_{bd} \geq 6,7\varnothing$
	$l_{bd,ind}$	indirekte Auflagerung	$l_{bd,ind} = l_{bd} \geq 10\varnothing$
Verankerung am Zwischenauflager			$l = 6 \cdot \varnothing$ Zusätzlich wird empfohlen, die Bewehrung durchlaufend auszuführen, um positive Momente infolge außergewöhnlicher Beanspruchung aufnehmen zu können.

19 Größtabstände für Bügel, Schubzulagen und Schrägstäbe (in Balken)

Schubbeanspruchung	Bügel und Schubzulagen Längsabstand	Bügel und Schubzulagen Querabstand	Schrägstäbe Längsabstand	Schrägstäbe Querabstand
$V_{Ed} \leq 0,3\,V_{Rd,max}$	s_{max} $\leq 0,70h$ ≤ 30 cm	s_{max} $\leq 1,0h$ ≤ 80 cm	$s_{max} \leq 0,5h \cdot (1+\cot\alpha)$	wie Bügel
$0,30\,V_{Rd,max} < V_{Ed} \leq 0,6\,V_{Rd,max}$	s_{max} $\leq 0,50h$ ≤ 30 cm	s_{max} $\leq 1,0h$ ≤ 60 cm		
$0,60\,V_{Rd,max} < V_{Ed} \leq 1,0\,V_{Rd,max}$	s_{max} $\leq 0,25h$ ≤ 20 cm	s_{max} $\leq 1,0h$ ≤ 60 cm		

20 Übergreifungsstöße von Stäben

Übergreifungslänge l_s

$$l_0 = \alpha_6 \cdot (\alpha_1 \cdot l_{b,rqd}) \geq l_{0,min}$$

Mindestwert

$$l_{0,min} \geq 0{,}3 \cdot \alpha_6 \cdot (\alpha_1 \cdot l_{b,rqd,y}) \geq \begin{cases} 15\,\varnothing \\ 200\,\text{mm} \end{cases}$$

Beiwert α_6

Stoßanteil			≤ 33 %	> 33 %
Zugstöße	$\varnothing < 16$ mm	$a \geq 8\varnothing$ und $c_1 \geq 4\varnothing$	1,0	1,0
		$a < 8\varnothing$ oder $c_1 < 4\varnothing$	1,2	1,4
	$\varnothing \geq 16$ mm	$a \geq 8\varnothing$ und $c_1 \geq 4\varnothing$	1,0	1,4
		$a < 8\varnothing$ oder $c_1 < 4\varnothing$	1,4	2,0
Druckstöße			1,0	

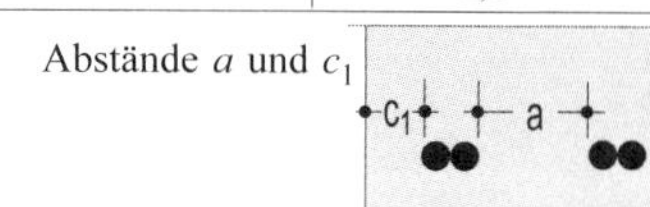

Längsversatz und Querabstand

Stöße gelten als längsversetzt, wenn der Abstand der Stoßmitten mindestens die 1,3-fache Übergreifungslänge beträgt. Für den lichten Querabstand[1] gelten die dargestellten Werte.

[1] Falls der Querabstand größer als 4∅ bzw. 5 cm ist, muss die Übergreifungslänge um den Betrag erhöht werden, um den der Abstand von 4 ∅ bzw. 5 cm überschritten ist.

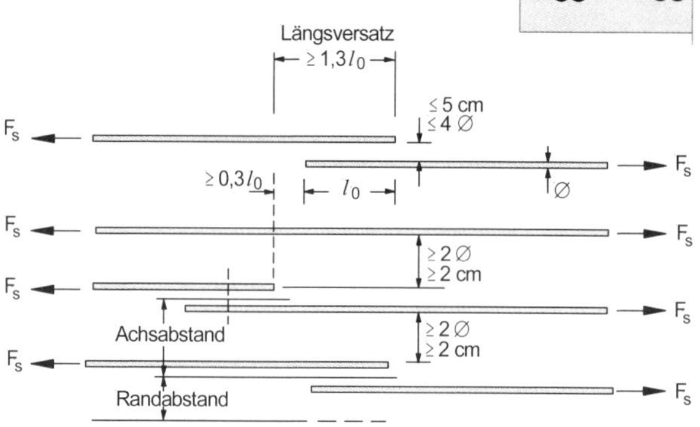

Querbewehrung im Übergreifungsbereich

Im Bereich der Stoßenden ($l_0/3$) ist zur Aufnahme von örtlichen Querzugspannungen eine Querbewehrung A_{st} anzuordnen. Beim Druckstoß ist diese Querbewehrung auch über die Stoßenden hinaus einzulegen.

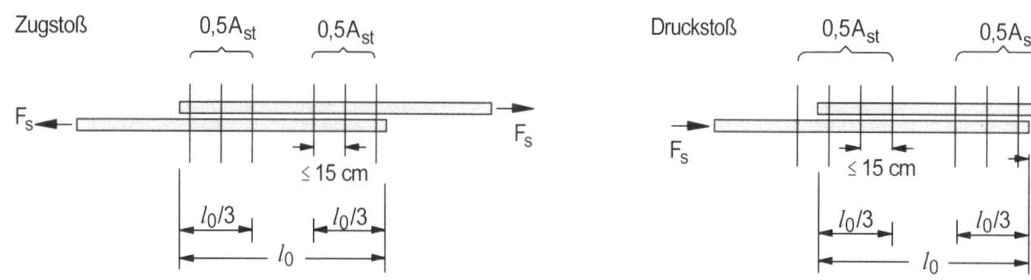

Erforderliche Querbewehrung A_{st} in vorwiegend biegebeanspruchten Bauteilen

Stabdurchmesser ∅ [mm]	Stoßanteil [%]	Abstand s benachbarter Stöße	Querbewehrung A_{st}[1] Bemessung für	Querbewehrung A_{st}[1] Anordnung
< 20	beliebig		konstruktiv; (Querbewehrung nach EC2-1-1)	
≥ 20	< 25		konstruktiv; (Querbewehrung nach EC2-1-1)	
≥ 20	≥ 25	> 10 ∅	Querschnittsfläche eines gestoßenen Stabes	außen
≥ 20	≥ 25	≤ 10 ∅[3]	Querschnittsfläche eines gestoßenen Stabes	bügelartiges Umfassen[2)3)]

[1] Werden bei mehrlagiger Bewehrung mehr als 50 % des Querschnitts der einzelnen Lagen in einem Schnitt gestoßen, sind die Stöße durch Bügel zu umschließen, die für die Kraft aller gestoßenen Stäbe zu bemessen sind.

[2] Bügelartiges Umfassen gilt für einen Stoßanteil > 50 %; hierauf darf verzichtet werden, falls bei geraden Stäben der Längsversatz ca. 0,5 l_0 beträgt.

[3] Bei *flächenartigen* Bauteilen ≤ 5∅; auf ein bügelartiges Umfassen darf verzichtet werden, falls l_0 um 30 % erhöht wird.

21 Übergreifungsstöße von Matten

Die Angaben der Übergreifungslängen gelten ohne Berücksichtigung einer ggf. vorhandenen Randeinsparung, die zusätzlich – Gewährleistung der Tragfähigkeit – zu beachten ist. Außerdem wird nur der übliche "Zwei-Ebenen-Stoß" (s. Skizze) behandelt.

Zwei-Ebenen-Stoß

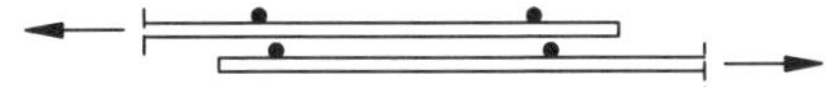

Hauptbewehrung

Grundsätzliches

Stöße sollten nicht in hoch beanspruchten Bereichen liegen. Werden Betonstahlmatten mit $a_s \geq 6$ cm²/m gestoßen, ist der Nachweis zur Begrenzung der Rissbreite mit einer um 25 % erhöhten Stahlspannung zu führen.

Stoßanteil und Längsversatz

Der zulässige Stoßanteil der Hauptbewehrung, bezogen auf den gesamten Stahlquerschnitt, beträgt in einem Schnitt

- 100 % bei einem Mattenquerschnitt $a_s \leq 12$ cm²/m
- 60 % bei einem Mattenquerschnitt $a_s > 12$ cm²/m; der Stoß ist nur in der inneren Lage mehrlagiger Bewehrung zulässig

Stöße von mehreren Bewehrungslagen sind um $1{,}3\,l_s$ in Längsrichtung zu versetzen.

Querbewehrung

Eine zusätzliche Querbewehrung ist im Übergreifungsbereich im Allgemeinen nicht erforderlich.

Übergreifungslänge l_0

$$\boldsymbol{l_0 = \alpha_7 \cdot (a_{s,req}/a_{s,prov}) \cdot l_{b,rqd,y} \geq l_{0,min}}$$

Beiwert α_7

allgemein	$\alpha_7 = 0{,}4 + (a_{s,prov}/8) \begin{cases} \geq 1 \\ \leq 2 \end{cases}$ ($a_{s,prov}$: Mattenquerschnitt in cm²/m)				
Lagermatten	Q188 – Q424	Q 524	Q 636	R 188 – R 424	R 524
α_7	1,00	1,06	1,20	1,00	1,06

Mindestwert $l_{0,min}$

$$l_{0,min} = 0{,}3 \cdot \alpha_7 \cdot l_{b,rqd,y} \geq \begin{cases} 200\,\text{mm} \\ s_q \text{ (mit } s_q \text{ als Abstand der angeschweißten Querstäbe)} \end{cases}$$

Querbewehrung

Anordnung und Ausbildung

Die gesamte Querbewehrung darf an einer Stelle gestoßen werden. Wenigstens 2 Stäbe (eine Masche bzw. zwei sich abstützende Stäbe der Längsbewehrung mit einem Abstand ≥5∅ bzw. 5 cm) sollten innerhalb eines Übergreifungsstoßes liegen.

Übergreifungslänge $l_{0,q}$

Für die Mindestwerte der Übergreifungslänge $l_{0,q}$ von Matten aus gerippten Betonstählen gilt die folgende Tabelle.

Erforderliche Übergreifungslänge				
Stabdurchmesser der Querbewehrung $\varnothing_q$ [mm]	≤ 6	> 6 > 12,0	> 8,5 ≤ 8,5	≤ 12
Übergreifungslänge $l_{0,q}$	≥ 1 Masche ≥ 150 mm	≥ 2 Maschen ≥ 250 mm	≥ 2 Maschen ≥ 350 mm	≥ 2 Maschen ≥ 500 mm

22 Durchlaufträger mit gleichen Stützweiten über 2 bis 4 Felder

Momente = Tafelwert · $f \cdot l^2$
Auflager-, Querkräfte = Tafelwert · $f \cdot l$

Lastfall	Kraftgrößen	f
A 1 B 2 C l l	M_1 M_b A B V_{bl}	0,070 -0,125 0,375 1,250 -0,625
A 1 B 2 C	M_1 M_b A C	0,096 -0,063 0,438 -0,063
A 1 B 2 C 3 D l l l	M_1 M_2 M_b A B V_{bl} V_{br}	0,080 0,025 -0,100 0,400 1,100 -0,600 0,500
A 1 B 2 C 3 D	M_1 M_2 M_b A	0,101 -0,050 -0,050 0,450
A 1 B 2 C 3 D	M_2 M_b A	0,075 -0,050 -0,050
A 1 B 2 C 3 D	M_b M_c B V_{bl} V_{br}	-0,117 -0,033 1,200 -0,617 0,583
A 1 B 2 C 3 D	M_b M_c V_{bl} V_{br}	0,017 -0,067 0,017 -0,083

Lastfall	Kraftgrößen	f
A 1 B 2 C 3 D 4 E l l l l	M_1 M_2 M_b M_c A B C V_{bl} V_{cl}	0,077 0,036 -0,107 -0,071 0,393 1,143 0,929 -0,607 -0,464
A 1 B 2 C 3 D 4 E	M_1 M_b M_c A	0,100 -0,054 -0,036 0,446
A 1 B 2 C 3 D 4 E	M_2 M_b M_c A	0,080 -0,054 -0,036 -0,054
A 1 B 2 C 3 D 4 E	M_b M_c M_d B V_{bl}	-0,121 -0,018 -0,058 1,223 -0,621
A 1 B 2 C 3 D 4 E	M_b M_c M_d B V_{bl}	0,013 -0,054 -0,049 -0,080 0,013
A 1 B 2 C 3 D 4 E	M_b M_c C V_{cl}	-0,036 -0,107 1,143 -0,571
A 1 B 2 C 3 D 4 E	M_b M_c C V_{cl}	-0,071 0,036 -0,214 0,107

23 Statische Größen für Durchlaufträger

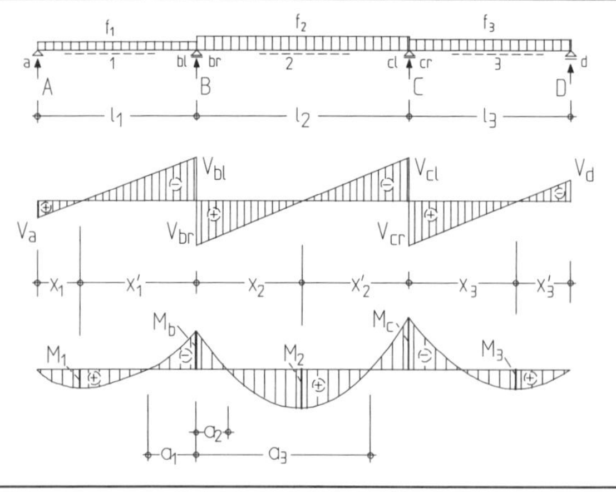

$$A = V_a = f_1 \cdot l_1/2 + M_b/l_1$$
$$x_1 = A/f_1 \quad | \quad x_1' = -V_{bl}/f_1$$
$$M_1 = A^2/2f_1 = A \cdot x_1/2$$
$$V_{bl} = -f_1 \cdot l_1/2 + M_b/l_1$$

$$V_{br} = f_2 \cdot l_2/2 + (M_c - M_b)/l_2$$
$$x_2 = V_{br}/f_2 \quad | \quad x_2' = -V_{cl}/f_2$$
$$M_2 = V_{br}^2/2f_2 + M_b$$
$$V_{cl} = -f_2 \cdot l_2/2 + (M_c - M_b)/l_2$$

$$V_{cr} = f_3 \cdot l_3/2 - M_c/l_3$$
$$x_3 = V_{cr}/f_3 \quad | \quad x_3' = D/f_3$$
$$M_3 = V_{cr}^2/2f_3 + M_c$$
$$D = -V_d = f_3 \cdot l_3/2 + M_c/l_3$$

$$a_1 = l_1 - 2A/f_1 = -2M_b/(f_1 \cdot l_1)$$
$$a_{2,3} = V_{br}/f_2 \mp (2M_2/f_2)^{0,5}$$

Inhaltsverzeichnis

1 Einführung

1.1 Grundsätzliche Erläuterungen zum Tragverhalten

Stahlbeton und Spannbeton sind Verbundbaustoffe, die aus den Komponenten Beton, Betonstahl und Spannstahl bestehen. Diese Komponenten haben unterschiedliche Eigenschaften in Bezug auf ihr Materialverhalten, ihre Verarbeitung und ihre Kosten.

Beton hat eine relativ hohe Druckfestigkeit, die im Hochbau für übliche Betonfestigkeitsklassen bei etwa 15 N/mm² bis 35 N/mm² liegt, beim hochfesten Beton aber durchaus Werte von 100 N/mm² und mehr erreichen kann. Die Zugfestigkeit ist allerdings gering und erreicht im Durchschnitt nur Werte von ca. 10 % der Druckfestigkeit. Beton ist sehr preisgünstig und hat den Vorteil, dass er leicht formbar ist (Beton passt sich jeder Schalung an).

Stahl hat dagegen eine sehr hohe Zug- und Druckfestigkeit, die für den heute auf dem Markt befindlichen und eingesetzten Betonstahl etwa 500 N/mm² beträgt (der genannte Wert gibt die sog. Streckgrenze wieder), also etwa 20-fache Festigkeitswerte im Verhältnis zur Druckfestigkeit des Betons aufweist. Im Vergleich zum Beton ist der Betonstahl sehr teuer und außerdem nur werksmäßig herstellbar.

Aus den in Kurzform dargestellten Eigenschaften ergibt sich, wo Beton wirtschaftlich sinnvoll als Baustoff eingesetzt wird:

- bei auf Druck beanspruchten Bauteilen wie Stützen, Wänden, Bögen u. a.,
- bei Biegeträgern in der Druckzone des Verbundbaustoffs Stahlbeton, während in der Zugzone wegen der nur geringen Betonzugfestigkeit Stahlbewehrung zur Aufnahme der Zugspannungen erforderlich ist.

Als *Vorteile* der Stahlbetonbauweise – im Vergleich zum Stahlbau und Holzbau – können genannt werden:

- Formbarkeit:
  - leichte Formgebung durch Schalung
  - beliebige architektonische Form (Tragwerksform, Oberflächenprofilierungen)
  - Anpassung an Beanspruchung (Vouten etc.)
- Wirtschaftlichkeit:
  - optimaler Materialeinsatz (teurer Stahl wird nur in der Zugzone benötigt)
  - geringe Unterhaltungsarbeiten (Anstriche sind bei Beton mit dichtem Gefüge i. Allg. nicht erforderlich)
  - guter Schallschutz (wegen ausreichender Masse)
- Widerstandsfähigkeit:
  - widerstandsfähig gegen Feuer, mechanische Abnutzung, Witterungseinflüsse und chemische Einflüsse

Als *Nachteile* wirken sich insbesondere aus, dass die Herstellung abhängig von Witterungseinflüssen ist (gilt nicht für Fertigteile), die i. Allg. geringeren Schlankheiten bzw. großen Gewichte und die schwierige Demontierbarkeit.

Erläuterungen des Tragverhaltens

Das Tragverhalten von Beton-, Stahlbeton- und Spannbetontragwerken soll zunächst am Beispiel eines einfeldrigen Biegeträgers erläutert werden.

Hierfür erhält man unter Gleichstreckenlast den dargestellten parabelförmigen Momentenverlauf. Bei linearelastischem Materialverhalten ergeben sich über die Querschnittshöhe linear verlaufende Spannungen, die nach der Elastizitätstheorie als Randspannungen ermittelt werden können aus $\sigma = M / W$ (bei einem Rechteckquerschnitt sind die Biegezug- und Biegedruckspannungen gleich groß).

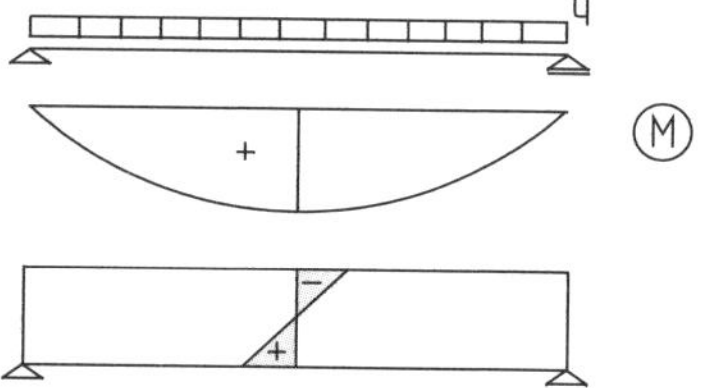

Die Annahme eines linearen Materialverhaltens ist jedoch für den Werkstoff Beton nicht zutreffend. Zum einen weist der Beton unterschiedliches Verhalten auf Druck und Zug auf (die Zugfestigkeit ist im Vergleich zur Druckfestigkeit sehr gering), zum anderen ist der Zusammenhang zwischen den Dehnungen und Spannungen im Druckbereich nichtlinear (mit steigenden Dehnungen wachsen die Druckspannungen nicht proportional an).

Für den *unbewehrten* Betonbalken tritt unter geringer Belastung – in der Regel schon im Gebrauchszustand – Tragwerksversagen auf. Wenn die Zugfestigkeit des Betons erreicht bzw. überschritten wird, ist ein Gleichgewichtszustand im Querschnitt nicht mehr möglich.

Unbewehrter Beton

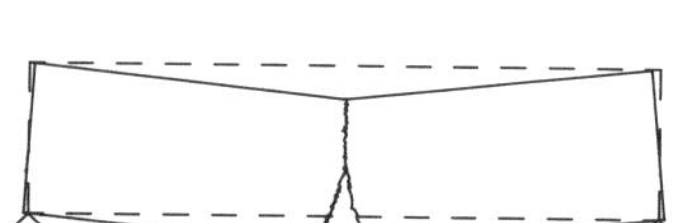

Bei einem *Stahlbeton*-Tragwerk kommt es ebenfalls zu einem Versagen des Betons in der Zugzone (gerissene Betonzugzone). Allerdings können die Zugspannungen durch die im Verbund liegende Bewehrung aufgenommen werden. Es ist somit im Querschnitt ein Gleichgewichtszustand möglich. Die Rissbildung muss jedoch im Gebrauchszustand so weit begrenzt werden, dass die einwandfreie Gebrauchstauglichkeit und die Dauerhaftigkeit (Bewehrungskorrosion) gewährleistet sind.

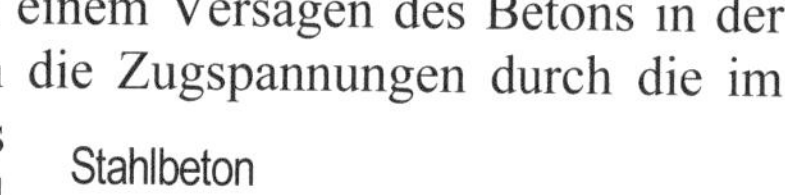

Stahlbeton

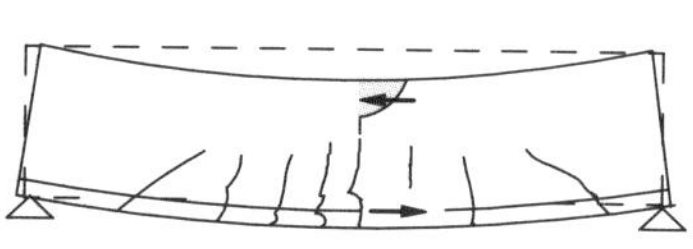

Im *Spannbeton* erhält ein Tragwerk durch „Vorspannung" eine zusätzliche (Druck-)Längskraft. Außerdem wird bei entsprechender Spanngliedführung ein Vorverformungs- und Spannungszustand hervorgerufen, der dem aus äußeren Lasten entgegenwirkt (die in der Abbildung dargestellten sog. Umlenkkräfte *u* heben die äußeren Belastungen teilweise oder ganz auf). Bei geeigneter Wahl einer Vorspannung entstehen unter Gebrauchslasten keine oder nur noch geringe Zugspannungen; das Tragwerk ist weitgehend rissefrei und weist nur geringe Verformungen auf. Bei Laststeigerung über die Gebrauchslast hinaus stellt sich ein ähnliches Tragverhalten wie im Stahlbeton ein. Tragwerke werden insbesondere bei größeren Stützweiten und höheren Lasten vorgespannt; die Vorspannung wird jedoch auch zur Verminderung einer Rissbildung oder zur Reduzierung von Verformung angewendet.

Spannbeton

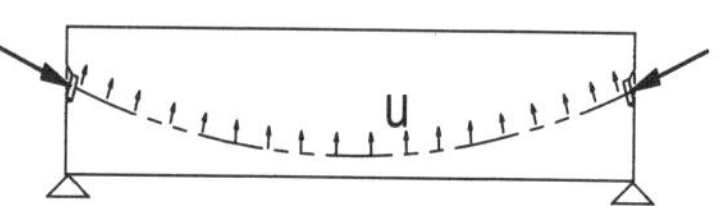

1.2 Geschichtliche Entwicklung

Die Bauweise mit Beton lässt sich bis zur Römerzeit zurückverfolgen; Stahlbeton ist jedoch erst seit ca. 150 Jahren bekannt. Nachfolgend ist eine kurze Übersicht gezeigt (s. a. Abb. 1.1).

120 v. Chr.: Ältestes röm. Gussmauerwerk mit „hydraulischem Bindemittel“ (Opus Caementitum)
26 v. Chr.: Kuppel des Pantheons in Rom in Leichtmörtel und Gussmauerwerk
1824: Erste Portlandzementfabrik von *Aspin* bei London
1867: *Moniers* erstes Patent für stahlbewehrte Betonkübel
1886: *Jackson* (USA) macht erste Vorschläge, Beton vorzuspannen
1902: Erste theoretische Untersuchungen und Ansätze zur Bemessung von *Mörsch* („Der Eisenbetonbau, seine Anwendung und Theorie“)
1904: Preußischer Erlass „Vorläufige Leitsätze für Vorbereitung, Ausführung und Prüfung von Eisenbetonbauten“ (Vorläufer der DIN 1045)
1906: Erste Versuche mit in gespanntem Zustand einbetonierter Bewehrung (*Koenen*)
1907: Deutscher Ausschuss für Stahlbeton
1928: *Freyssinet* (Frankreich) entwickelt Verfahren mit hochfesten Stählen
1932: Erstausgabe der DIN 1045: Bestimmungen und Ausführung von Bauwerken aus Eisenbeton
1934: *Dischinger* erhält Patent für Vorspannung ohne Verbund
1938: Erste Spannbetonbrücke in Deutschland (bei Oelde)
1949: Erste im Verbund vorgespannte Durchlaufträgerbrücke (*Leonhardt/Baur*)
1953: Erstausgabe der DIN 4227: Richtlinie für die Bemessung und Ausführung von Spannbeton
1972: Neue DIN 1045 (überarbeitet: 1978, 1988)
1973: Neue DIN 4227 Spannbetonrichtlinie (überarbeitet 1979, 1988)
1992: Neue Europäische Stahlbeton- und Spannbetonnorm (Eurocode 2)
2001: DIN 1045-1: Tragwerke aus Beton, Stahlbeton und Spannbeton
2008: DIN 1045-1: Neufassung/Überarbeitung der Ausg. 2001
2011: Eurocode 2 mit NA, konsolidierte Neufassung 2011
2021: Eurocode 2 der 2. Generation – Entwurf /Vornorm prEN 1992-1-1:2021

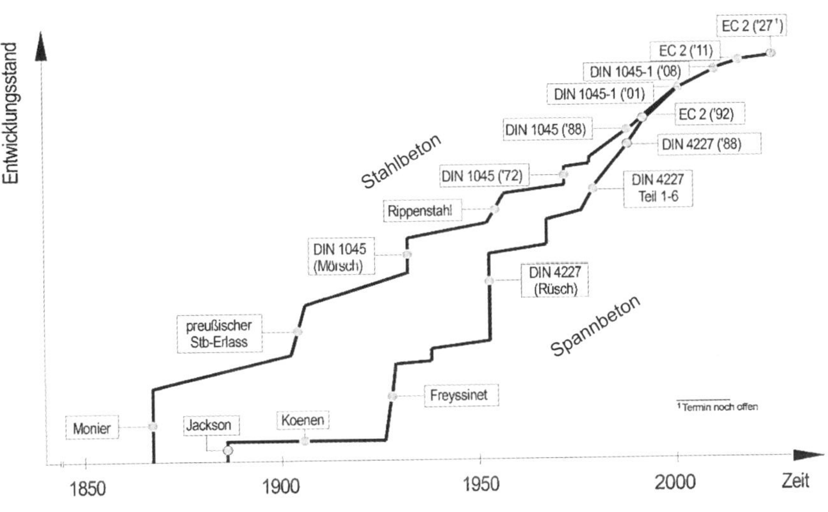

Abb. 1.1 Entwicklungsstufen der deutschen Stahlbeton- und Spannbetonnormen (nach [Litzner – 96])

1.3 Ausblick: Eurocode 2 der 2. Generation

Nach der bauaufsichtlichen Einführung des aktuellen Eurocodes 2 im Jahr 2011 erhielt das Europäische Komitee für Normung (CEN) im Jahr 2015 das Mandat zur Weiterentwicklung und Erweiterung des Anwendungsbereichs der Eurocodes mit folgenden Hauptzielen:

- Weiterentwicklung nach aktuellem Stand von Technik und Wissenschaft
- Erleichterung der praktischen Umsetzung (auch in Verbindung mit harmonisierten Bauprodukten) und Verbesserung der Anwenderfreundlichkeit
- größere Vereinheitlichung durch Reduzierung der national festgelegten Parameter (NDPs)

Für den Eurocode 2 wurde der europäische Entwurf prEN 1992-1-1:2021 vom CEN unter Einbezug von Praxis und Wissenschaft Ende 2021 fertiggestellt und publiziert. Die finale Entwurfsfassung des Eurocode 2 ging im April 2023 in die finale CEN-Abstimmung (formal vote). Nach Erarbeitung der Nationalen Anhänge ist mit der DIN-Veröffentlichung ab 2026 zu rechnen. Vor der Zurückziehung aller aktuellen Eurocodes soll im Jahr 2028 die bauaufsichtliche Einführung der nächsten Eurocode-Generation erfolgen.

Bis dahin hat die **aktuelle, 1. Normengeneration des Eurocode 2** (DIN EN 1992-1-1:2011, nachfolgend kurz mit EC 2-1-1 bezeichnet) in Deutschland in Verbindung mit Nationalem Anhang und Änderungen der Jahre 2013 und 2015 die alleinige bauaufsichtliche Zulassung und Gültigkeit, so dass diese weiterhin die **Basis der 7. Auflage von „Stahlbetonbau-Praxis nach Eurocode 2“** (Band 1 und 2) bildet. Darüber hinaus sind an einigen Stellen der beiden Bände jeweils Abschnitte **„Ausblick: Eurocode 2 der 2. Generation“** ergänzt, um den Leser bereits jetzt auf zu erwartende, wesentliche Änderungen der künftigen Normengeneration (prEN 1992-1-1:2021, nachfolgend kurz mit prEC 2-1-1:2021 bezeichnet) vorzubereiten.

1.4 Begriffe, Formel- und Kurzzeichen

1.4.1 Begriffe

Für die Anwendung von EC 2-1-1 ist zunächst zu unterscheiden zwischen Prinzipien und Anwendungsregeln. **Prinzipien** enthalten allgemeine Festlegungen, Definitionen und Angaben, die einzuhalten sind; als Prinzipien sind Anforderungen und Rechenmodelle formuliert, für die keine Abweichungen erlaubt sind. Prinzipien sind in EC 2-1-1 durch den Buchstaben P gekennzeichnet. **Anwendungsregeln** sind dagegen allgemein anerkannte Regeln, die den Prinzipien folgen und deren Anforderungen erfüllen. Abweichende Regeln sind zulässig, wenn sie mit den Prinzipien übereinstimmen und hinsichtlich der sicherzustellenden Tragfähigkeit, Gebrauchstauglichkeit und Dauerhaftigkeit gleichwertig sind. Die Anwendungsregeln sind in EC 2-1-1 nicht besonders gekennzeichnet.

EC 2-1-1 wird durch einen **Nationalen Anhang** (DIN EN 1992-1-1/NA; nachfolgend kurz als EC 2-1-1/NA bezeichnet) ergänzt, der im jeweiligen Land verbindlich anzuwenden ist. Der Nationale Anhang enthält zwei unterschiedliche Arten von Festlegungen bzw. Ergänzungen:

- National festzulegende Parameter (**NDP** – national determined parameter)
- National ergänzende nicht widersprechende Informationen (**NCI** – non-contradictory complementary information)

Die NDPs enthalten Hinweise und Festlegungen zu Parametern, die im Eurocode für nationale Entscheidungen offen gelassen wurden; sie umfassen beispielsweise Zahlenwerte oder Klassen, bei denen der Eurocode Alternativen eröffnet und oder nur Symbole angibt (im EC 2-1-1 insgesamt an 121 Stellen). Die NCIs dagegen enthalten Ergänzungen, die nicht im Widerspruch zum Eurocode 2 stehen, teilweise mit Verweisen auf weiterführende Literatur.

Für die Anwendung von EC 2-1-1 gelten die Festlegungen und Begriffe nach EC0. Nachfolgend sind einige wesentliche Begriffe zusammengestellt (s. a. die nachfolgenden Abschnitte).

Mit *Bauwerk* wird alles bezeichnet, was baulich erstellt oder von Bauarbeiten herrührt.

Ein *Tragwerk* besteht aus einer planmäßigen Anordnung miteinander verbundener Bauteile, die so entworfen sind, dass sie ein bestimmtes Maß an Tragfähigkeit und Steifigkeit aufweisen.

Grenzzustand bezeichnet einen Zustand, bei dessen Überschreitung die festgelegten Entwurfsanforderungen und Bedingungen nicht mehr erfüllt sind; es werden Grenzzustände der Tragfähigkeit und der Gebrauchstauglichkeit unterschieden.

Tragfähigkeit bezeichnet eine mechanische Eigenschaft eines Bauteils oder eines Querschnitts im Hinblick auf Versagensformen (z. B. Biegewiderstand, Querkraftwiderstand).

Gebrauchstauglichkeitskriterien sind Entwurfskriterien für den Grenzzustand der Gebrauchstauglichkeit (z. B. eine zulässige Rissbreite, Verformung).

Zuverlässigkeit ist die Fähigkeit eines Tragwerks oder eines Bauteils, die festgelegten Anforderungen innerhalb der geplanten Nutzungszeit zu erfüllen. Die Zuverlässigkeit wird i. d. R. mit probabilistischen Größen ausgedrückt. Zuverlässigkeit gilt für die Tragsicherheit, Gebrauchstauglichkeit und Dauerhaftigkeit.

Einwirkungen E sind auf ein Tragwerk einwirkende Kräfte, Lasten u. a. (direkte Einwirkung), und eingeprägte Verformungen wie Temperatur, Setzungen (indirekte Einwirkung); sie werden eingeteilt in

- ständige Einwirkung: z. B. Eigenlast der Konstruktion
- veränderliche Einwirkung: z. B. Nutzlast, Wind, Schnee, Temperatur
- außergewöhnliche Einwirkungen: z. B. Explosion, Anprall von Fahrzeugen
- Erdbebeneinwirkungen
- vorübergehende Einwirkungen: z. B. Bauzustände, Montagelasten

- *Charakteristische Werte* der Einwirkungen (F_k) werden i. Allg. in Lastnormen festgelegt, und zwar:
  - ständige Einwirkung i. Allg. als ein einzelner Wert (G_k), ggf. jedoch auch als oberer ($G_{k,sup}$) und unterer ($G_{k,inf}$) Grenzwert
  - veränderliche Einwirkung (Q_k) als oberer/unterer Wert oder als festgelegter Sollwert
  - außergewöhnliche Einwirkung (A_k) i. Allg. als festgelegter (deterministischer) Wert
- *Kombinationen von veränderlichen Einwirkungen* ergeben sich als
  - Kombinationswert (er wird aus $\psi_0 \cdot Q_k$ – mit $\psi_0 \leq 1$ – bestimmt)
  - häufiger Wert (ermittelt aus $\psi_1 \cdot Q_k$ mit $\psi_1 \leq 1$)
  - quasi-ständiger Wert (der sich zu $\psi_2 \cdot Q_k$ mit $\psi_2 \leq 1$ ergibt)

  Für die Beiwerte ψ gilt $\psi_0 \geq \psi_1 \geq \psi_2$.

- *Bemessungswerte* der Einwirkung (F_d) ergeben sich aus $F_d = \gamma_F F_k$ mit γ_F als Teilsicherheitsbeiwert für die betrachtete Einwirkung; der Beiwert γ_F kann mit einem oberen ($\gamma_{F,sup}$) und einem unteren Wert ($\gamma_{F,inf}$) angegeben werden (s. Abschnitte 3 und 4).

Widerstand R bezeichnet die durch Materialeigenschaften (Beton, Betonstahl, Spannstahl) sich ergebenden aufnehmbaren Beanspruchungen.

- *Charakteristische Werte der Baustoffe (X_k)* werden in Baustoff- und Bemessungsnormen als Quantile einer statistischen Verteilung festgelegt, ggf. mit oberen und unteren Werten
- *Bemessungswert einer Baustoffeigenschaft* ergibt sich aus $X_d = X_k/\gamma_M$ mit γ_M als Teilsicherheitsbeiwert für die Baustoffeigenschaften (Beiwerte γ_M s. Abschnitte 3 und 5).

Geometrische Größen a können als charakteristische Werte a_k oder als Bemessungswert a_d angegeben werden. (Im Allgemeinen entspricht der Bemessungswert dem charakteristischen Wert.)

Ergänzend zum EC0 sind in EC 2-1-1 Begriffe genannt, die für den Anwendungsbereich von Eurocode 2 gelten. Für Stahlbetonkonstruktionen sind von besonderer Bedeutung:

Leichtbeton ist ein Beton mit einer Trockenrohdichte von 800 kg/m³ $\leq \rho \leq$ 2200 kg/m³.
Normalbeton ist ein Beton mit einer Trockenrohdichte von 2200 kg/m³ $< \rho \leq$ 2600 kg/m³.
Schwerbeton ist ein Beton mit einer Trockenrohdichte von $\rho >$ 2600 kg/m³.

Unbewehrte oder *gering bewehrte Bauteile* sind Bauteile ohne Bewehrung oder mit Bewehrung, die unterhalb der jeweils geforderten Mindestbewehrung liegt.

Ein *vorwiegend auf Biegung beanspruchtes Bauteil* ist ein Bauteil mit einer Lastausmitte im Grenzzustand der Tragfähigkeit von $e_d/h \geq 3{,}5$ (bei $e_d/h < 3{,}5$ handelt es sich um ein *Druckglied*).
Von besonderer Bedeutung für eine Berechnung und Konstruktion nach EC 2-1-1 ist auch der Begriff ***üblicher Hochbau***. Darunter wird ein Hochbau verstanden, der für vorwiegend ruhende, gleichmäßig verteilte Nutzlasten bis 5,0 kN/m², ggf. für Einzellasten bis 7,0 kN und für Personenkraftwagen zu bemessen ist.

Als ***vorwiegend ruhende Einwirkung*** gilt eine statische oder eine nicht ruhende, die jedoch für die Tragwerksplanung als ruhend betrachtet werden darf (z. B. entsprechende normative Festlegungen für Nutzlasten in Parkhäusern, Werkstätten, Fabriken). Eine ***nicht vorwiegend ruhende Einwirkung*** ist eine stoßende oder sich häufig wiederholende Einwirkung, die eine vielfache Beanspruchungsänderung während der Nutzungsdauer des Tragwerks hervorruft und die für die Tragwerksplanung nicht als ruhend angesehen werden darf (z. B. Kran-, Kranbahn-, Gabelstaplerlasten, Verkehrslasten auf Brücken).

1.4.2 Geltungsbereich

EC 2-1-1 gilt für die Bemessung und Konstruktion von Tragwerken des Hoch- und Ingenieurbaus aus unbewehrtem Beton, Stahlbeton und Spannbeton mit Normal- und Leichtzuschlägen, und zwar:

- C12/15 bis C100/115 als Normalbeton
- LC12/13 bis LC60/66 als Leichtbeton

In diesem Buch wird überwiegend die Bemessung und Konstruktion von Stahlbetontragwerken mit *Normalbeton C12/15 bis C50/60* behandelt und damit der übliche Anwendungsbereich weitestgehend abgedeckt. Auf die besonderen Anforderungen für *hochfesten Normalbeton C55/67 bis C110/115*[1)] und für *Leichtbeton LC12/13 bis LC60/66* – ebenso von vorgespannten Tragwerken – wird nur am Rande eingegangen.

EC 2-1-1 behandelt ausschließlich Anforderungen an die Tragfähigkeit, die Gebrauchstauglichkeit und die Dauerhaftigkeit von Tragwerken. Gebrauchstauglichkeitsnachweise sichern zum einen die Nutzung, zum anderen die Dauerhaftigkeit der Konstruktion. Grenzwerte zur Sicherung der Dauerhaftigkeit sind verbindlich formuliert, Grenzwerte zur Sicherung der Nutzung sind als Richtwerte angegeben.

Die Norm behandelt nicht

- bauphysikalische Anforderungen (Wärme- und Schallschutz),
- Bauteile aus Beton mit haufwerksporigem Gefüge und Porenbeton sowie Bauteile aus Schwerzuschlägen oder mit mittragendem Baustahl,
- besondere Bauformen (z. B. Schächte im Bergbau).

Für die Bemessung von bestimmten Bauteilen (z. B. Brücken, Dämme, Druckbehälter, Flüssigkeitsbehälter, Offshore-Plattformen) sind i. d. R. zusätzliche Anforderungen zu berücksichtigen.

Für die Bemessung im Brandfall gilt EC 2-1-2. Hierauf wird ausführlicher im Band 2 von „Stahlbetonbau-Praxis nach Eurocode 2“ eingegangen.

1) Normalbeton der Festigkeitsklassen C55/67 bis C100/115 wird als hochfester Normalbeton bezeichnet. Die Anwendung von C90/105 und C100/115 bedarf weiterer, auf den Verwendungszweck abgestimmter Nachweise.

1.4.3 Formelzeichen (Auswahl)

Lateinische Großbuchstaben

A	Fläche	(area)
E	Elastizitätsmodul	(modulus of elasticity)
E	Einwirkung, Beanspruchung	(internal forces and moments)
F	Kraft	(force)
G	ständige Einwirkung	(permanent action)
I	Flächenmoment 2. Grades	(second moment of area)
M	Biegemoment	(bending moment)
N	Längskraft	(axial force)
P	Vorspannkraft	(prestressing force)
Q	Verkehrslast	(variable action)
R	Tragwiderstand, Tragfähigkeit	(resistance)
T	Torsionsmoment	(torsional moment)
V	Querkraft	(shear force)

Lateinische Kleinbuchstaben

b	Breite	(width)
c	Betondeckung	(concrete cover)
d	Nutzhöhe	(effective depth)
f	Festigkeit eines Materials	(strength of a material)
g	verteilte ständige Last	(distributed permanent load)
h	Querschnittshöhe	(overall depth)
i	Trägheitsradius	(radius of gyration)
l	Länge; Stützweite, Spannweite	(length; span)
q	verteilte veränderliche Last	(distributed variable load)
t	Dicke	(thickness)
w	Rissbreite	(crack width)
x	Druckzonenhöhe	(neutral axis depth)
z	Hebelarm der inneren Kräfte	(lever arm of internal force)

Griechische Kleinbuchstaben

γ	Teilsicherheitsbeiwert	(partial safety factor)
ε	Dehnung	(strain)
λ	Schlankheitsgrad	(slenderness ratio)
μ	bezogenes Biegemoment	(reduced bending moment)
ν	bezogene Längskraft	(reduced axial force)
ν	Querdehnzahl	(Poisson's ratio)
ρ	geometrischer Bewehrungsgrad	(geometrical reinforcement ratio)
σ	Längsspannung	(axial stress)
τ	Schubspannung	(shear stress)
ω	mechanischer Bewehrungsgrad	(mechanical reinforcement ratio)

Fußzeiger

b	Verbund	(bond)
c	Beton; Druck; Kriechen	(concrete; compression; creep)
cal	Rechenwert	(calculatet value)
col	Stütze	(column)
d	Bemessungswert	(design value)
dir	unmittelbar	(direct)
E	Beanspruchung	(internal forces and moments)
eff	effektiv, wirksam	(effective)
f	Flansch, Gurt	(flange)
fat	Ermüdungswert	(fatigue value)
g, G	ständige Einwirkung	(permanent action)
ind	mittelbar	(indirect)
inf	unterer, niedriger	(inferior)
k	charakteristischer Wert	(characteristic value)
nom	Nennwert	(nominal value)
p, P	Vorspannung; Spannstahl	(prestressing force; prestressing steel)
q, Q	veränderliche Einwirkung, Verkehrslast	(variable action)
R	Systemwiderstand	(resistance)
s	Betonstahl; Schwinden	(reinforcing steel; shrinkage)
sup	ober, oberer	(superior)
surf	Oberfläche	(surface)
t	Zug	(tension)
y	Fließ-, Streckgrenze	(yield)
I	ungerissener Zustand (Zustand I)	(uncracked concrete)
II	gerissener Zustand (Zustand II)	(cracked concrete)

Zusammengesetzte Formelzeichen

A_c	Gesamtfläche des Betonquerschnitts
A_s	Querschittsfläche des Betonstahls
E_{cm}	mittlerer Elastizitätsmodul
E_d	Bemessungswert einer Beanspruchung, Schnittgröße, Spannung ...
d_s	= Stabdurchmesser der Bewehrung
f_{ck}	charakteristischer Wert der Beton-druckfcstigkcit
f_{cd}	Bemessungswert der Betondruckfestigkeit
f_{ct}	Zugfestigkeit des Betons
f_{yk}	charakteristischer Wert der Stahl-streckgrenze
f_{yd}	Bemessungswert der Stahlstreckgrenze
M_{Ed}	einwirkendes Bemessungsmoment
M_{Eds}	einwirkendes, auf die Zugbewehrung bezogenes Bemessungsmoment
N_{Ed}	einwirkende Bemessungslängskraft
R_d	Bemessungswert des Tragwiderstands
V_{Ed}	einwirkende Bemessungsquerkraft
V_{Rd}	aufnehmbare Querkraft
γ_C	Teilsicherheitsbeiwert für Beton
γ_S	Teilsicherheitsbeiwert für Stahl
γ_G	Teilsicherheitsbeiwert für eine ständige Einwirkung
γ_Q	Teilsicherheitsbeiwert für eine verän-derliche Einwirkung
μ_{Ed}	bezogenes Bemessungsmoment
μ_{Eds}	bezogenes, auf die Biegezugbewehrung „versetztes“ Bemessungsmoment
ν_{Ed}	bezogene Bemessungslängskraft
σ_c	Spannung im Beton
σ_s	Spannung im Stahl

2 Baustoffe

2.1 Beton

Die Einteilung des Betons kann nach folgenden Gesichtspunkten erfolgen:

– Trockenrohdichte:	Leichtbeton LC:	$1{,}0\ \text{kg/dm}^3 < \rho \leq 2{,}0\ \text{kg/dm}^3$
	Normalbeton C:	$2{,}0\ \text{kg/dm}^3 < \rho \leq 2{,}6\ \text{kg/dm}^3$
	Schwerbeton HC:	$2{,}6\ \text{kg/dm}^3 < \rho$
– Betonzusammensetzung:	Bimsbeton, Splittbeton etc.	
– Betongefüge:	Porenbeton, Schaumbeton etc.	
– Verarbeitung:	Pumpbeton, Spritzbeton	
– Ort der Herstellung:	Baustellenbeton, Transportbeton, Ortbeton	
– Erhärtungszustand:	Frischbeton, Festbeton	
– Festigkeitsklassen:	C12/15, C16/20, C20/25, …, C100/115 (Normalbeton)	
	LC12/13, LC16/18, …, LC60/66 (Leichtbeton)	

Betondruckfestigkeit

Die Festigkeitsklasse ist die für die Bemessung wesentlichste Eigenschaft. Die Einteilung erfolgt nach der Druckfestigkeit f_{ck}, die im Alter von 28 Tagen an

- Zylindern mit $d = 150$ mm und $h = 300$ mm (erster Wert) oder
- Würfeln mit 150 mm Kantenlänge (zweiter Wert)

gemessen wird. Die Bezeichnung der Festigkeitsklassen erfolgt nach EC 2-1-1, Tab. 3.1 (für Leichtbeton Tab. 11.3.1). Ein Beton C30/37 ist beispielsweise ein Normalbeton (Zeichen „C") mit einer charakteristischen Zylinderdruckfestigkeit $f_{ck,cyl} = 30\ \text{N/mm}^2$ (1. Zahlenwert) und einer charakteristischen Würfeldruckfestigkeit $f_{ck,cube} = 37\ \text{N/mm}^2$ (2. Zahlenwert).

Für die Tragwerksbemessung wird die Zylinderdruckfestigkeit benötigt, während in der Baustoffprüfung in Deutschland üblicherweise die Würfeldruckfestigkeit gemessen wird. Der Würfel liefert jedoch eine überhöhte Festigkeit, weil die Stahlplatten der Prüfpresse über Reibung die Querdehnung des Betons behindern und damit eine festigkeitssteigernde Wirkung ausüben. Die tatsächliche Festigkeit im Tragwerk entspricht eher der Zylinderdruckfestigkeit (s. Abb. 2.1).

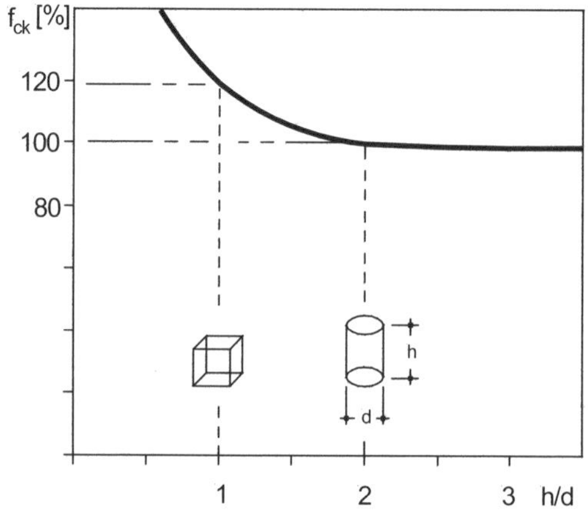

Abb. 2.1 Qualitative Darstellung der Betondruckfestigkeit in Abhängigkeit von der Prüfkörpergeometrie

Die im Versuch gemessene Festigkeit weicht von der im Tragwerk aufnehmbaren ab; dies ist begründet durch Langzeitauswirkungen und durch Abweichungen der im Labor festgestellten Zylinderdruckfestigkeit von der tatsächlichen, einaxialen Festigkeit. Nach EC 2-1-1/NA beträgt dieser Abminderungsfaktor für Normalbeton $\alpha_{cc} = 0{,}85$[2].

Als charakteristischer Wert f_{ck} wird die Zylinderdruckfestigkeit im Alter von 28 Tagen angegeben. Beton im jungen Alter hat eine niedrigere Festigkeit (dies ist ggf. bei der Bemessung von Bauzuständen zu berücksichtigen!) und im reiferen Alter eine geringfügig höhere Festigkeit; der letztgenannte Einfluss darf bei der Bemessung jedoch nicht berücksichtigt werden. Für Normalbeton kann man bei der Verwendung von Portlandzement von der in Abb. 2.2 dargestellten Festigkeitsentwicklung ausgehen.

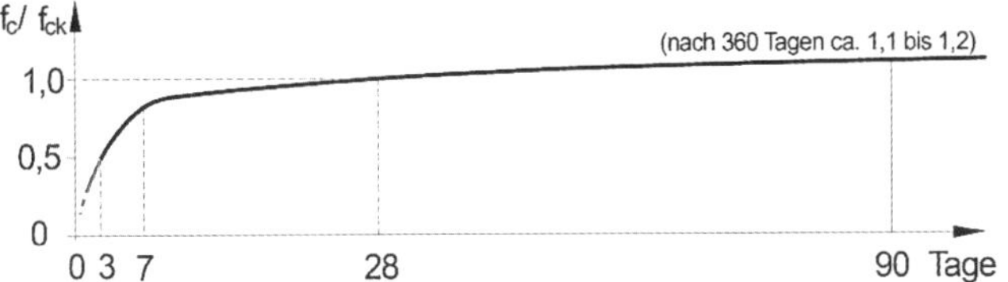

Abb. 2.2 Qualitative Darstellung der Festigkeitsentwicklung von Normalbeton

Die Spannungs-Dehnungs-Linien des Betons sind durch die unterschiedlichen Betonzusammensetzungen bzw. Festigkeiten geprägt. Während bei normalfestem Beton der Spannungsverlauf schon relativ früh – etwa ab 40 % der Druckfestigkeit – in einen parabelförmig gekrümmten Verlauf übergeht, verlaufen die Spannungs-Dehnungs-Linien bei hochfesten Betonen in einem großen Bereich nahezu linear. Der abfallende Ast nach Erreichen der Höchstgrenzen ist bei hochfesten Betonen wesentlich steiler als bei normalfesten. Hochfeste Betone verhalten sich insgesamt deutlich spröder. Dieses Verhalten ist qualitativ in Abb. 2.3 dargestellt (die sich hieraus ergebenden rechnerischen Spannungs-Dehnungs-Linien werden im Abschnitt 5 erläutert).

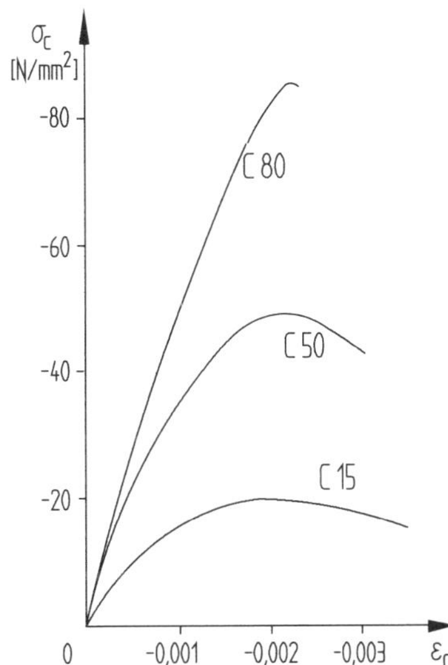

Abb. 2.3 Spannungs-Dehnungs-Linie bei unterschiedlichen Betonfestigkeitsklassen (qualitativ)

[2] Nach EC 2-1-1 beträgt der Wert $\alpha_{cc} = 1{,}00$.

2.2 Betonstahl

Betonstahl wird in Deutschland fast ausschließlich mit einer charakteristischen Festigkeit beim Erreichen der Streckgrenze von 500 N/mm² hergestellt. Er steht in folgenden Lieferformen zur Verfügung

- Betonstabstahl,
- Betonstahlmatten,
- Bewehrungsstahl in Ringen.

Betonstabstahl wird als *warmverformter* Stabstahl, Betonstahlmatten als fertige Matten aus *kaltverformtem* Stabstahl und Betonstahl in Ringen als warm- oder kaltverformter Stabstahl in Rollen mit Außendurchmessern zwischen 50 und 120 cm geliefert. Die Spannungs-Dehnungs-Linien unterscheiden sich je nach Herstellungsart deutlich. Der warmgewalzte Stahl weist ein eindeutiges Fließplateau bei Erreichen der Fließgrenze auf, und das Verformungsvermögen ist deutlich größer. Der kaltverformte Stahl zeigt dagegen keine ausgeprägte Streckgrenze; sie wird daher als 0,2-%-Dehngrenze (s. Abb. 2.4) definiert.

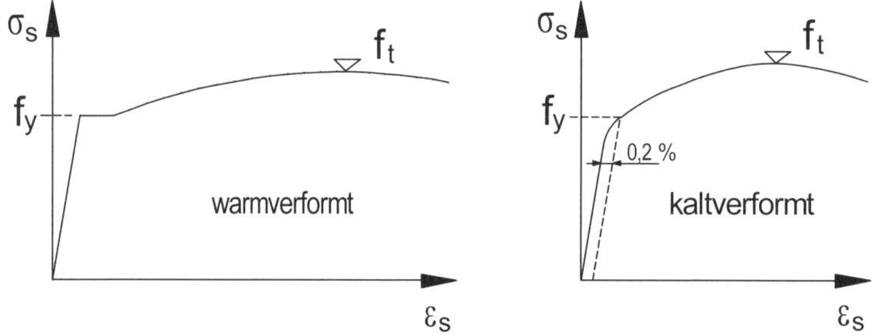

Abb. 2.4 Typische Spannungs-Dehnungs-Linien des warm- und kaltverformten Betonstahls

Zur Beurteilung der Eigenschaften von Betonstahl werden im Allgemeinen folgende kennzeichnende Größen benötigt:

- Streckgrenze (Fließgrenze) f_y bzw. $f_{0,2k}$ und Zugfestigkeit f_t
- Verhältnis zwischen Zugfestigkeit und Streckgrenze (f_t / f_y)
- Elastizitätsmodul E_s
- Gleichmaßdehnung ε_{uk} und Bruchdehnung
- bezogene Rippenfläche f_R
- Eignung zum Schweißen

Über die Verformungen bis zum Erreichen der Zugfestigkeit und über das Verhältnis von Zugfestigkeit f_t zur Streckgrenze f_y werden die sog. *Duktilitätsklassen* der Betonstähle definiert. Nach EC 2-1-1/NA bzw. DIN 488 gilt hierfür:

- Klasse A bzw. normalduktil: $(f_t/f_y) \geq 1{,}05$ und $\varepsilon_{uk} \geq 25$ ‰
- Klasse B bzw. hochduktil: $(f_t/f_y) \geq 1{,}08$ und $\varepsilon_{uk} \geq 50$ ‰

Die Duktilitätsklassen müssen insbesondere bei Nachweisen, bei denen die Verformungsfähigkeit von Bedeutung ist, beachtet werden (beispielsweise bei der Umlagerung von Schnittgrößen), für die Querschnittsbemessung ist der Einfluss gering und kann daher i. Allg. vernachlässigt werden.

Als *Lieferformen* sind für Betonstabstahl Durchmesser von 6, 8, 10, 12, 14, 16, 20, 25 und 28 sowie 32 und 40 mm vorhanden, Betonstahlmatten werden mit Durchmessern von 6 bis 12 mm geliefert, wobei zum einen die Querschnittsfläche pro Meter, zum anderen das Verhältnis zwischen Längs- ($a_{s,l}$) und Querbewehrung ($a_{s,q}$) variiert wird. Sogenannte Lagermatten haben als R-Matten ein Verhältnis $a_{s,q} / a_{s,l} \geq 0{,}2$, bei Q-Matten beträgt es 1,0. Betonstabstahl vom Ring wird bis zu einem Durchmesser von 12 mm (kaltgerippt) bzw. 16 mm (warmgewalzt) bezogen (s. a. **Buchbeilage**).

Für *weitere Produkte* aus Betonstahl (Listenmatten, Gitterträger, Schubleitern u. a.) wird auf Band 2 verwiesen.

Die *Oberfläche* von Betonstahl im Regelungsbereich von EC 2-1-1 ist gerippt. Durch die Rippen wird der Verbund des Betonstahls mit dem umgebenden Beton günstig beeinflusst (s. Abschnitt 2.3). Die Rippen werden beim kalt- und warmverformten Stahl aufgerollt bzw. gewalzt.

Betonstähle mit zwei oder vier Schrägrippen gehören zur Duktilitätsklasse B (hochduktil); vgl. Abb. 2.5a1, a2 und b. Gerippter Betonstahl mit drei Schrägrippen (sowie glatter und profilierter Bewehrungsdraht) ist der Duktilitätsklasse A (normalduktil) zuzuordnen; Abb. 2.5c.

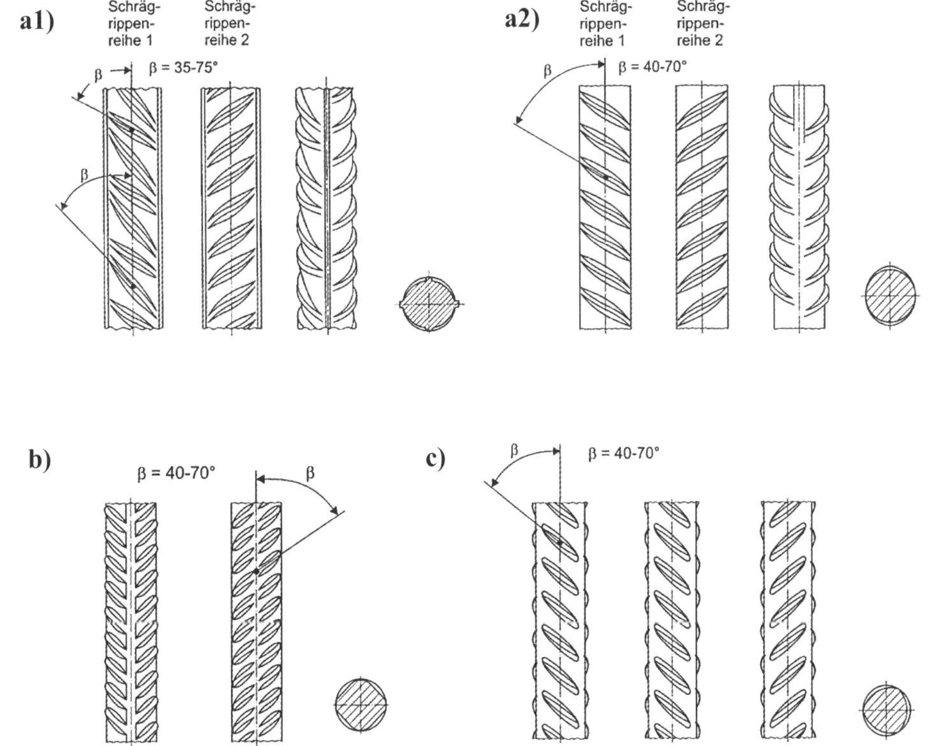

Abb. 2.5 Kennzeichnung und Rippenanordnung von Betonstählen (vgl. [Raupach/Leissner – 13])
a1) Betonstabstahl mit zwei Schrägrippenreihen und alternierendem Schrägrippenwinkel
a2) Betonstabstahl mit zwei Schrägrippenreihen und parallelem Schrägrippenwinkel
b) Betonstahl in Ringen mit vier Schrägrippenreihen
c) Betonstahl in Ringen mit drei Schrägrippenreihen

2.3 Verbund

2.3.1 Zusammenwirkung von Beton und Stahl

Die günstige Eigenschaft des Stahlbetons beruht auf der schubfesten Verbindung zwischen dem Beton und den eingelegten Stahlstäben; diese schubfeste Verbindung wird als Verbund bezeichnet und stellt eine wesentliche Grundlage und Voraussetzung für die Bemessung im Stahlbetonbau dar. Bei Annahme eines sog. vollkommenen Verbundes sind die Dehnungen ε der Bewehrung und der benachbarten Betonfasern gleich. Bei kleinen Dehnungen bleibt der Beton zunächst ungerissen (Zustand I); bei Betondehnungen ε_{ct} von 0,15 ‰ bis 0,25 ‰ reißt der Beton und geht in den Zustand II über.

Begriffe

Zustand I: Beton ist nicht gerissen und trägt auf Zug mit.
Zustand II: Beton auf Zug gerissen, die Zugkräfte werden von der Bewehrung aufgenommen.

Zusammenwirken von Stahl und Beton am Zugstab im Zustand I

Die Zugkraft F wird im Krafteinleitungsbereich vom Bewehrungsstahl in den umgebenden Beton eingeleitet. Aus der Betrachtung am Stabelement der Länge dx ergibt sich:

$$dF_s = F_{s2} - F_{s1} = d\sigma_s \cdot A_s$$
$$= \tau_1(x) \cdot u \cdot dx = dF_c = d\sigma_c \cdot A_{cn}$$
$u = \pi \cdot d_s$ Umfang des Bewehrungsstabes
$A_{cn} = A_c - A_s$ Nettofläche des Betonquerschnitts

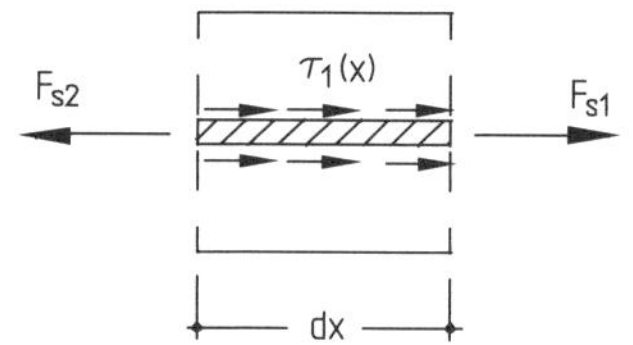

Die gesamte auf den Beton übertragene Kraft beträgt am Ende der „Einleitungslänge“ l_e (s. Abb. 2.6):

$$F_c = \tau_{1m} \cdot u \cdot l_e = \sigma_c \cdot A_{cn}$$

mit τ_{1m} als mittlere konstante Verbundspannung über die Länge l_e. Zwischen den Eintragungsbereichen ergibt sich aus Gleichgewichtsgründen:

$$F = F_s + F_c = \sigma_s \cdot A_s + \sigma_c \cdot A_{cn} \quad (2.1)$$

Bei Annahme eines vollkommenen Verbundes müssen die Stahl- und Betondehnungen gleich sein, d. h., es gilt $\varepsilon_s = \varepsilon_c$ und mit dem Elastizitätsgesetz von *Hooke*

$$\sigma_s / E_s = \sigma_c / E_c$$
$$\sigma_s = (E_s / E_c) \cdot \sigma_c = \alpha_e \cdot \sigma_c \quad (2.2)$$

mit $\alpha_e = E_s / E_c$ als Verhältnis der E-Moduln der beiden Baustoffe (α_e liegt etwa zwischen 6 und 10). Aus Gln. (2.1) und (2.2) ergibt sich

$$F = \alpha_e \cdot \sigma_c \cdot A_s + \sigma_c \cdot A_{cn} = \sigma_c \cdot (A_{cn} + \alpha_e \cdot A_s)$$
$$\sigma_c = F / (A_{cn} + \alpha_e \cdot A_s) = F / A_i$$

mit A_i als „ideeller“ Querschnitt, der sich ergibt aus $A_i = A_{cn} + \alpha_e \cdot A_s$.

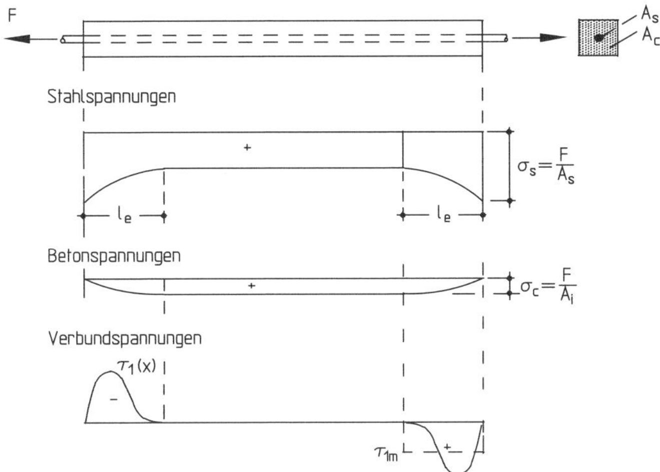

Abb. 2.6 Verlauf der Stahl-, Beton- und Verbundspannungen im Zustand I

Zusammenwirken von Stahl und Beton im Zustand II

Die bisherigen Betrachtungen galten nur für den Zustand I; bei weiterer Laststeigerung wird die Zugfestigkeit des Betons f_{ct} überschritten, es kommt zum Riss (Übergang in den Zustand II). Im Riss ist nur der Bewehrungsstahl wirksam; die Stahlspannung beträgt dann

$$\sigma_s = F / A_s$$

Vom Riss aus wird innerhalb der Einleitungslänge l_e die Kraft erneut in den Beton eingeleitet, bis die Betonspannung

$$\sigma_c = F / A_i = f_{ct}$$

wieder erreicht und überschritten wird. An dieser Stelle, d. h. nach der Einleitungslänge l_e, kann die zum weiteren Reißen des Betons führende Betonzugkraft Z_{cr} frühestens wieder erreicht sein. Daraus folgt unmittelbar, dass der Rissabstand von der Eintragungslänge l_e bzw. von der Verbundfestigkeit abhängig ist. Je besser der Verbund ist, desto kleiner wird der Rissabstand. Zur Beschränkung der Rissbreite wird ein Rissbild angestrebt mit vielen Rissen in engem Abstand (bei kleiner Einzelrissbreite). Ein abgeschlossenes Rissbild ist erreicht, wenn die am Riss eingeleitete Zugkraft die Betonzugfestigkeit nicht mehr erreicht.[3)]

Die am Zugstab hergeleiteten Beziehungen gelten sinngemäß auch für die Zugzone eines Biegeträgers.

[3)]Auf die Beschränkung der Rissbreite wird im Abschnitt 7.3 ausführlich eingegangen.

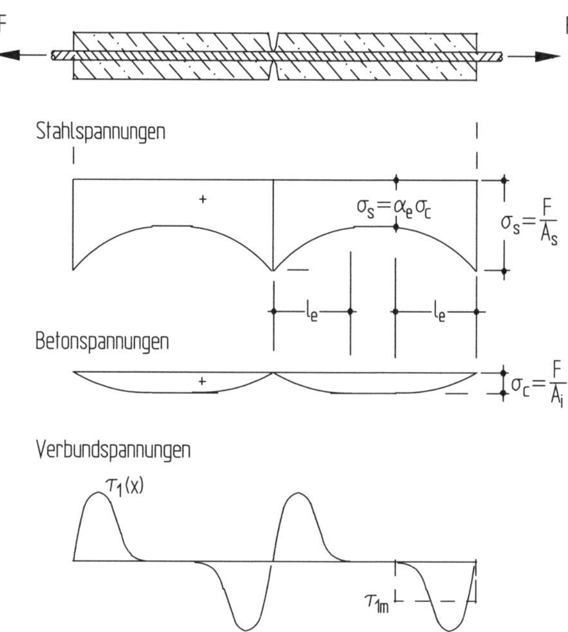

Abb. 2.7 Verlauf der Stahl-, Beton- und Verbundspannungen im Zustand II

2.3.2 Verbundwirkung

Die Verbundwirkungen zwischen Betonstahl und Bewehrung lassen sich über drei unterschiedliche Mechanismen beschreiben:

- Haftverbund (Klebewirkung zwischen Stahl und Zementstein)
- Reibungsverbund (nur bei Querdruck möglich, z. B. bei direkten Endauflagern)
- Scherverbund (Verzahnung von Stahloberfläche und Beton)

Der Scherverbund ist die wirksamste Verbundwirkung; dabei stützt sich die Stahlzugkraft über die Rippen der Stäbe auf Beton-„konsolen“ ab (s. nebenstehende Skizze).

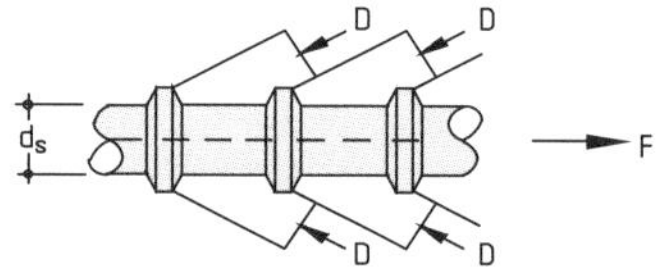

Bestimmung der Verbundspannungen

Die Verbundfestigkeit wird in den meisten Fällen mit Hilfe von sog. Pullout-Körpern bestimmt; als Standardkörper dient der Körper nach RILEM (s. Abb. 2.8). Aus der aufnehmbaren Kraft F und der definierten Verbundlänge $l_b = 5\ d_s$ sowie dem Stabumfang u wird die mittlere Verbundspannung τ_{1m} bestimmt

$$\tau_{1m} = F \,/\, (\,l_b \cdot u)$$

wobei als charakteristischer Wert der Verbundspannung f_{bk} der Wert festgelegt wird, der bei einer Verschiebung von $\Delta l = 0{,}1$ mm aufgenommen wird, d. h., es gilt:

$$f_{bk} = F\,(\Delta l = 0{,}1 \text{ mm}) \,/\, (u \cdot l_b)$$

Abb. 2.8 RILEM-Körper

2.4 Ausblick: Eurocode 2 der 2. Generation

Beton

Die Definitionen der Festigkeitsklassen und der charakteristischen Materialkennwerte für Normalbeton bleiben nach prEC 2-1-1:2021 grundsätzlich identisch. Hierbei bildet die charakteristische Zylinderdruckfestigkeit bei einem Betonalter t_{ref} = 28 Tage weiterhin die Referenzfestigkeit der Klassifizierung.

Eine wesentliche Änderung stellt jedoch die Ermittlung des Bemessungswertes der Betondruckfestigkeit dar. Es wird ein Abminderungsfaktor, welcher festigkeitsabhängig abweichende Druckfestigkeiten des Betons im realen Bauteil im Vergleich zum zylindrischen Probekörper berücksichtigt, eingeführt. Zudem erlaubt die Norm künftig auch Betone höheren Prüfalters (28 Tage < t_{ref} < 91 Tage) zu klassifizieren, wobei in diesem Fall die charakteristischen Werte der Betonfestigkeiten im Rahmen der Bemessung abzumindern sind. Detaillierte Erläuterungen zu der Ermittlung des Bemessungswertes der Betondruckfestigkeit enthält Abschnitt 5.4.

Neu ergänzt sind in den Anhängen von prEC 2-1-1:2021 neben Leichtbetonen nun auch besondere Anforderungen an Stahlfaserbetone.

Betonstahl

Für Betonstahl sind neben den in Deutschland üblichen Betonstählen B500 der Duktilitätsklassen A und B weitere Festigkeits- (B400 bis B700) sowie Duktilitätsklassen (A, B und C) aufgenommen, wobei Nationale Anhänge einzelne Festigkeitsklassen ausschließen dürfen. Auswirkungen auf die Bemessung sind in Abschnitt 5.4 beschrieben.

Neben konventionellem Stabstahl und Matten sind im Anhang künftig auch Anforderungen an Sonderformen, wie nichtrostende Betonstähle, Kopfstäbe (z. B. Kopfbolzen als Durchstanzbewehrung), nachträglich eingemörtelte Bewehrungsanschlüsse und carbonfaserverstärkte Bewehrung, definiert.

Verbund

Selbstverständlich behalten die mechanischen Prinzipien des Verbundes auch nach der künftigen Normengeneration ihre Gültigkeit. Abweichend von der aktuellen Norm wird jedoch in der künftigen Norm auf eine Definition der Verbundfestigkeit zwischen Betonstahl und Normalbeton verzichtet. Einflussgrößen der Verbundwirkung sind nun unmittelbar in den Regeln zur Konstruktion und Bewehrungsführung enthalten.

3 Grundlagen der Tragwerksplanung und des Sicherheitsnachweises

3.1 Ziel der Tragwerksplanung

3.1.1 Grundsätzliche Nachweisform

Die tragende Konstruktion eines Bauwerks muss so bemessen und konstruiert werden, dass ein Tragwerk oder seine Tragwerksteile

- mit ausreichender Sicherheit allen Einwirkungen während der Nutzung standhält,
- mit annehmbarer Wahrscheinlichkeit die geforderte Gebrauchstauglichkeit behält,
- eine angemessene Dauerhaftigkeit aufweist.

Diese Forderungen werden durch Nachweise in *Grenzzuständen* erfüllt; damit werden Zustände beschrieben, bei denen ein Tragwerk die Entwurfsanforderungen, d. h. die geplante Nutzung, gerade noch erfüllt. Zu unterscheiden sind Grenzzustände der Tragfähigkeit, der Gebrauchstauglichkeit und der Dauerhaftigkeit.

Für diese Nachweise sind zunächst die Einwirkungen auf das Tragwerk zu ermitteln. Hierzu müssen die Bauteilabmessungen und die Funktion bzw. die Nutzungsanforderung bekannt sein. Mit diesen Größen werden geeignete statische Systeme („Tragwerksidealisierung“) und die zugehörigen Lasten („Eigenlasten“, „Nutzlasten“ ...) formuliert, so dass sich die Einwirkungen als Schnittgrößen, Spannungen o. Ä. berechnen lassen. Die einwirkenden Größen werden den aufnehmbaren gegenübergestellt, wobei zwischen diesen Werten je nach Gefährdung für Menschenleben und/oder nach wirtschaftlichen Folgen ein angemessener Sicherheitsabstand vorhanden sein muss.

3.1.2 Grenzzustände

Grenzzustände der Tragfähigkeit

Im Grenzzustand der Tragfähigkeit ist nachzuweisen, dass der Bemessungswert einer Beanspruchung E_d den einer Beanspruchbarkeit R_d nicht überschreitet:

$$\boldsymbol{E_d \leq R_d} \quad \text{mit} \quad E_d = E\,(\gamma_F \cdot E_k) \qquad (3.1)$$
$$R_d = E\,(X_k / \gamma_M)$$

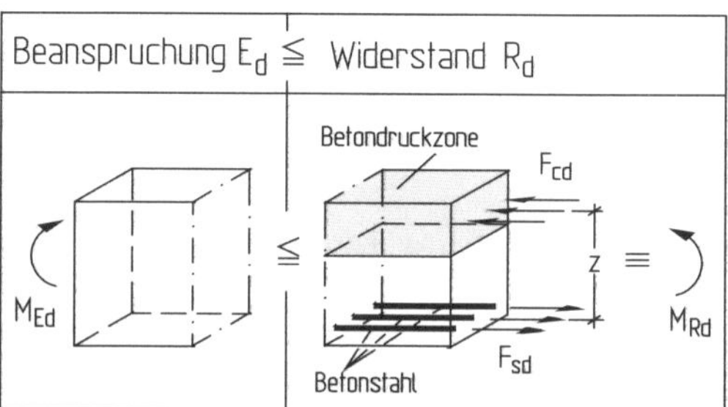

Abb. 3.1 Grundsätzliche Darstellung des Tragfähigkeitsnachweises

Die Beanspruchung E_d erhält man durch Multiplikation von charakteristischen Werten F_k (Lasten, Schnittgrößen ...) mit lastartabhängigen Teilsicherheitsbeiwerten γ_F. Die Tragfähigkeit R_d ergibt sich durch Verminderung der charakteristischen Baustofffestigkeiten X_k um materialabhängige Teilsicherheitsbeiwerte γ_M.

Grenzzustände der Gebrauchstauglichkeit

Unter einer festgelegten Einwirkungskombination (das sind die charakteristischen Werte der Eigenlasten G_k und der anteilmäßigen veränderlichen Last $\psi_i \cdot Q_k$) ist nachzuweisen, dass der Nennwert einer Bauteileigenschaft (eine zulässige Durchbiegung, eine Rissbreite o. Ä.) nicht überschritten wird.

Dauerhaftigkeit

Eine ausreichende Dauerhaftigkeit wird in Abhängigkeit von den Umweltbedingungen bzw. Expositionsklassen durch geeignete Baustoffe und durch eine entsprechende bauliche Durchbildung (Betondeckung etc.) nachgewiesen.

	Grenzzustände	Beispiel
①	Grenzzustände der Tragfähigkeit - Biegung und Längskraft - Querkraft, Torsion, Durchstanzen - Verformungsbeeinflusste Grenzzustände der Tragfähigkeit (Knicken)	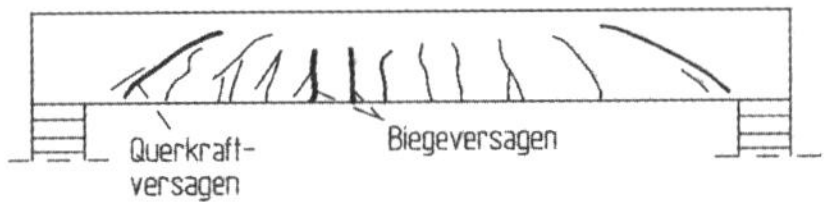 Querkraft-versagen Biegeversagen Biege-/Querkraftversagen bei zu schwacher Bewehrung (und/oder zu gering dimensioniertem Betonquerschnitt)
②	Grenzzustände der Gebrauchstauglichkeit - Spannungsbegrenzung - Begrenzung der Rissbreite - Begrenzung der Verformungen	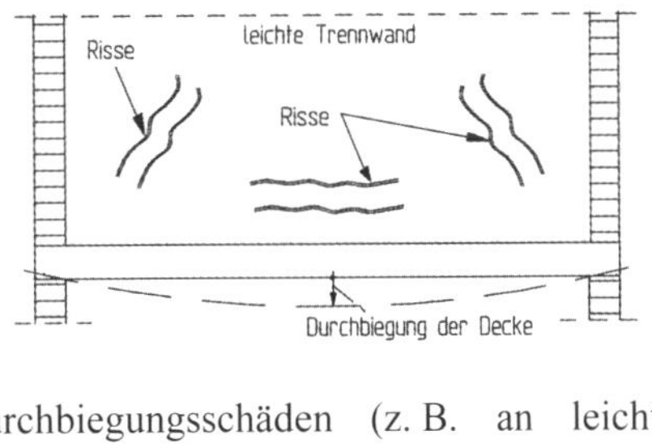 leichte Trennwand Risse Risse Durchbiegung der Decke Durchbiegungsschäden (z. B. an leichten Trennwänden)
③	Dauerhaftigkeit, z. B. - Betonzusammensetzung - Betonverarbeitung - Betondeckung der Bewehrung	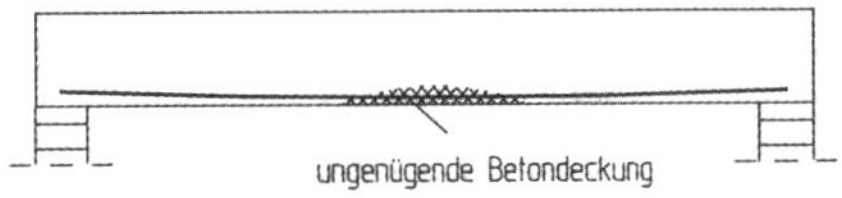 ungenügende Betondeckung Betonabplatzungen (durch Korrosion der Bewehrung bei ungenügender Betondeckung)

Abb. 3.2 Exemplarische Darstellung von Grenzzuständen

3.1.3 Erläuterndes Beispiel

Die dargestellte Decke einer Warenhauserweiterung ist zu bemessen und konstruktiv zu bearbeiten.

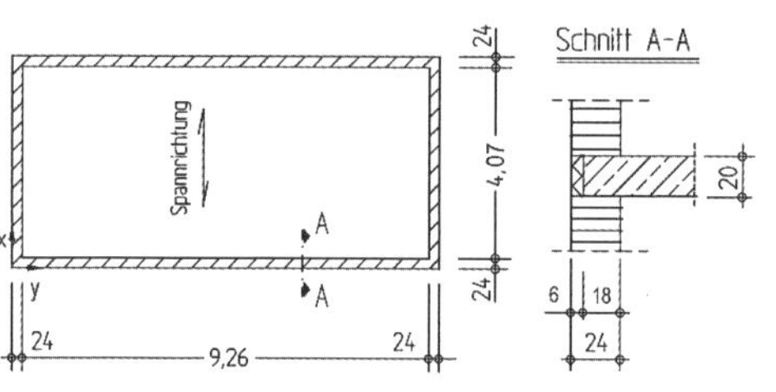

Baustoffe: Beton C20/25
Betonstahl B500

Belastung:
- Eigenlast g_{k1}
- Zusatzeigenlast $g_{k2} = 1{,}00$ kN/m²
- Nutzlast $q_k = 5{,}00$ kN/m²

Umgebungsbedingung:
- Trockene Innenräume

Tragwerksidealisierung

Die Platte kann wegen überwiegender Lastabtragung in einer Richtung als einachsig, in Richtung der kürzere Stützweite gespannt, gerechnet werden. Als Ersatzsystem wird dabei ein *Plattenstreifen mit einer Breite von einem Meter* angenommen. Die Stützweite wird ermittelt als Abstand der Auflagerschwerpunkte:

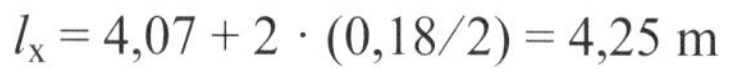

$l_x = 4{,}07 + 2 \cdot (0{,}18/2) = 4{,}25$ m

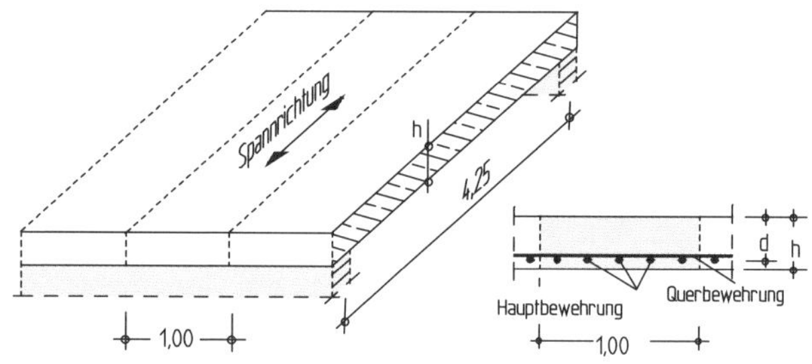

Belastung

Konstruktionseigenlast:	$0{,}20 \cdot 25{,}0 = 5{,}00$ kN/m²	$g_{k1} = 5{,}00$ kN/m²
Zusatzeigenlast (Estrich, Belag, Putz ...)		$g_{k2} = 1{,}00$ kN/m²
	Σ ständige Lasten:	$g_k = 6{,}00$ kN/m²
Nutzlast in Warenhäusern	Σ veränderliche Lasten:	$q_k = 5{,}00$ kN/m²

Nachweise im Grenzzustand der Tragfähigkeit

Im Rahmen des einführenden Beispiels wird nur die Tragfähigkeit auf Biegung betrachtet (zusätzlich ist noch die Tragfähigkeit auf Querkraft zu untersuchen).

Einwirkungen

Im Grenzzustand der Tragfähigkeit müssen die Einwirkungen mit Sicherheitsbeiwerten erhöht werden, um einen ausreichenden Sicherheitsabstand gegen Versagen zu erreichen. Wie im Abschnitt 5 noch ausführlich dargelegt, betragen die (Teil-)Sicherheitsbeiwerte für die Eigenlast $\gamma_G = 1{,}35$ und für die Nutzlast $\gamma_Q = 1{,}50$, wenn diese Lasten „ungünstig" wirken, d. h. die Tragfähigkeit herabsetzen (dieser Fall liegt hier erkennbar vor). Damit erhält man:

Bemessungslasten:

$$f_d = (\gamma_G \cdot g_k + \gamma_Q \cdot q_k)$$
$$= 1{,}35 \cdot 6{,}00 + 1{,}50 \cdot 5{,}00$$
$$= 15{,}6 \text{ kN/m}^2$$

Bemessungsmoment:

$$M_{Ed} = 0{,}125 \cdot f_d \cdot l_x^2$$
$$= 0{,}125 \cdot 15{,}6 \cdot 4{,}25^2$$
$$= 35{,}2 \text{ kNm/m}$$

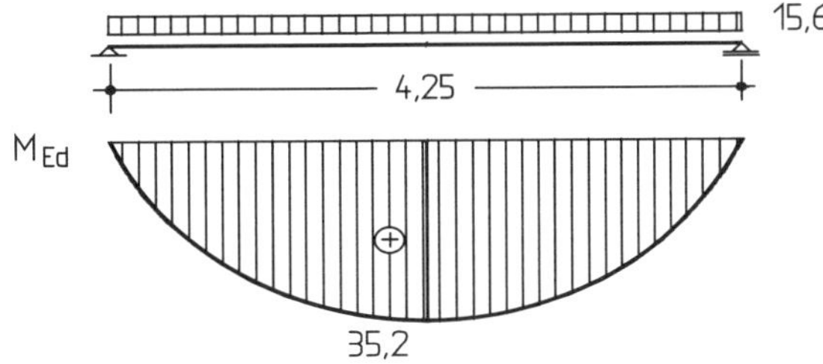

Widerstand (Tragfähigkeit)

Für den Nachweis der Tragfähigkeit wird das Biegemoment in ein Kräftepaar umgewandelt, bestehend aus der Stahlzugkraft F_{sd} und der Betondruckkraft F_{cd} (s. Abb. 3.1). Die Stahlkraft wirkt in Höhe der Bewehrung; es wird ein Abstand $d_1 = 2{,}5$ cm vom Zugrand angenommen, so dass sich eine für die Bemessung nutzbare Höhe (= Nutzhöhe) $d = 17{,}5$ cm ergibt.

Der Abstand zwischen F_{sd} und F_{cd} – Hebelarm z der inneren Kräfte – wird im Rahmen des Beispiels zu 0,9 d abgeschätzt (auf eine genauere Ermittlung wird an dieser Stelle verzichtet; s. hierzu Abschnitt 6.1).

$$F_{sd} = F_{cd} = M_{Ed} / z$$
$$F_{sd} = 35{,}2 / (0{,}90 \cdot 0{,}175) = 223 \text{ kN/m}$$

Die Querschnittsfläche der Bewehrung erhält man durch Division der Stahlzugkraft durch die (Bemessungs-)Stahlfestigkeit. Die Stahlfestigkeit des hier gewählten Betonstahls B500 beträgt an der Streckgrenze f_{yk} = 500 N/mm². Im Grenzzustand der Tragfähigkeit muss gegenüber Materialversagen ein Sicherheitsabstand γ_S = 1,15 eingehalten werden, d. h., für die Bemessung darf Stahl nur mit

$$f_{yd} = f_{yk} / \gamma_S = 500 / 1{,}15 = 435 \text{ N/mm}^2 = 43{,}5 \text{ kN/cm}^2$$

berücksichtigt werden. Man erhält damit die gesuchte Bewehrung.

$$A_s = F_{sd} / f_{yd} = 223 / 43{,}5 = 5{,}13 \text{ cm}^2\text{/m}$$

gew.: R524A (= 5,24 cm²/m)

Im Weiteren ist noch nachzuweisen, dass die Betondruckkraft F_{cd} vom Beton aufgenommen werden kann (im Rahmen des Beispiels nicht gezeigt).

Nachweise im Grenzzustand der Gebrauchstauglichkeit

Für Platten bis 20 cm Dicke ohne nennenswerte Zwangsbeanspruchung ist i. d. R. nur ein Nachweis zur Begrenzung der Verformungen erforderlich. Der Nachweis wird normalerweise nicht über einen rechnerischen Nachweis der Durchbiegungen geführt, der im Stahlbetonbau relativ aufwändig ist. Stattdessen begnügt man sich bei Stahlbetonplatten des Hochbaus mit einer Begrenzung der sog. Biegeschlankheit (vgl. Abschnitt 7.4). Die Plattendicke wird hier nach Literaturempfehlungen abgeschätzt (z. B. mit [Krüger/Mertsch – 03], s. Abschnitt 7.4):

$$l / d \leq 28 \quad \rightarrow \quad 4{,}25 \text{ [m]} / 0{,}175 \text{ [m]} = 24 < 28$$

Die Verformung kann damit voraussichtlich ausreichend begrenzt werden.

Nachweise der Dauerhaftigkeit

Eine ausreichende Dauerhaftigkeit wird durch Wahl eines geeigneten Betons und einer ausreichenden Betondeckung der Bewehrung erreicht. Für die hier vorliegende Expositionsklasse XC 1 („Innenraum mit normaler Luftfeuchte") ist das Angriffsrisiko für Beton und Bewehrung gering. Es sind zu wählen (s. Abschnitt 5.2.4 und 5.2.5):

Beton	Mindestfestigkeitsklasse C16/20		
Betondeckung der Bewehrung	Mindestmaß $c_{\min}$	$= 1{,}0$ cm	(für $d_s \leq 10$ mm)
	Vorhaltemaß Δc_{dev}	$= 1{,}0$ cm	
	Nennmaß c_{nom}	$= 2{,}0$ cm	(hier gleich Verlegemaß c_v)

Der gewählte Beton (C20/25) erfüllt die Mindestanforderungen; ebenso wird mit der zu wählenden Betondeckung der Bewehrung die Annahme über die Nutzhöhe eingehalten.

Bewehrungsführung und Bewehrungszeichnung

Auf Nachweise zur Bewehrungsführung wird hier nicht eingegangen; die Bewehrung wird entsprechend nachfolgender Skizze geführt (die obere Bewehrung wurde im Rahmen des Beispiels nicht behandelt). Auf der Bewehrungszeichnung sind anzugeben (EC 2-1-1/NA, 2.8):

- Festigkeitsklasse des Betons, Betonstahlsorte, Expositionsklasse
- Maßnahmen zur Lagesicherung der Betonstahlbewehrung sowie Anordnung, Maße und Ausführung der Unterstützungen für die obere Bewehrung (hier *nicht* dargestellt)
- Verlegmaß c_v der Bewehrung sowie das Vorhaltemaß Δc

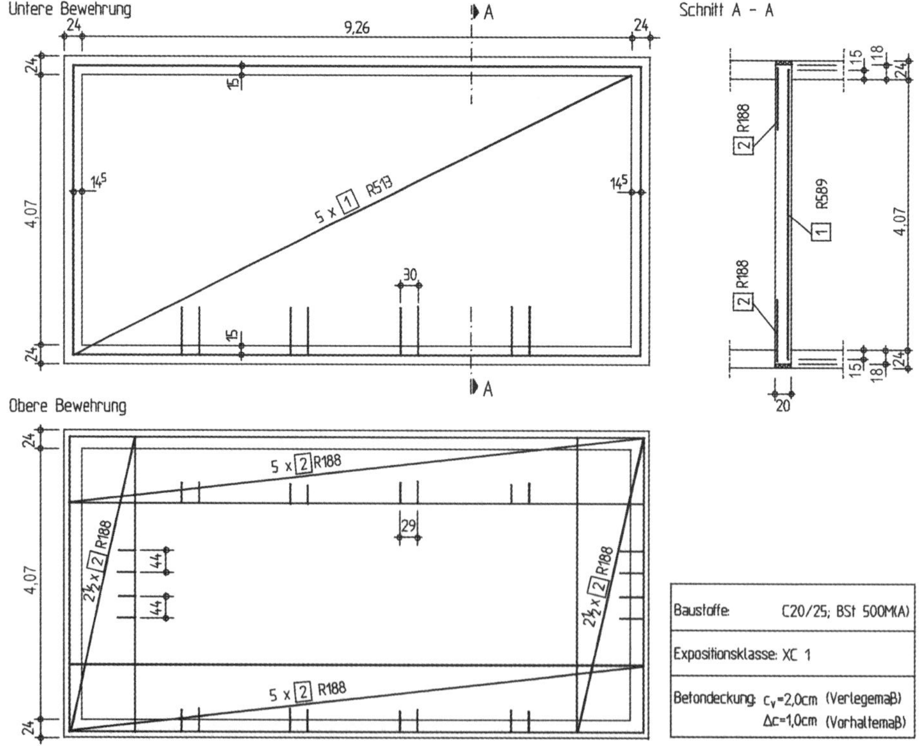

3.2 Grundlagen des Sicherheitsnachweises

Die nachfolgend in vereinfachter Form dargestellten sicherheitstheoretischen Betrachtungen bilden die Grundlage für eine Bemessung im Stahlbetonbau. Für eine ausführliche Darstellung wird auf die einschlägige Literatur verwiesen (z. B. [Grünberg – 01]).

3.2.1 Grundsätzliche Anforderungen an die Bemessung

Die Bemessung der tragenden Konstruktion eines Bauwerks muss sicherstellen, dass ein Tragwerk

- unter Berücksichtigung der vorgesehenen Nutzungsdauer und seiner Erstellungskosten mit annehmbarer Wahrscheinlichkeit die geforderten Gebrauchseigenschaften behält,
- mit angemessener Zuverlässigkeit den Einwirkungen und Einflüssen standhält, die während seiner Ausführung und seiner Nutzung auftreten können,
- eine angemessene Dauerhaftigkeit im Verhältnis zu seinen Unterhaltungskosten aufweist,
- durch Ereignisse wie Explosionen, Aufprall oder Folgen menschlichen Versagens nur in einem Ausmaß geschädigt wird, das einer vorgesehenen Schadensbegrenzung entspricht.

Diese grundlegende Anforderung nach EC 0 gilt für alle Tragwerke, unabhängig von der Bauweise und den verwendeten Baustoffen.

Grundsätzlich sind zu unterscheiden:

- Grenzzustände der Tragfähigkeit (EC 2-1-1, 6)
- Grenzzustände der Gebrauchstauglichkeit (EC 2-1-1, 7)
- Anforderungen an die Dauerhaftigkeit (vgl. EC 2-1-1, 4)

In den **Grenzzuständen der Tragfähigkeit** sind die Zustände zu untersuchen, die im Zusammenhang mit dem Tragwerksversagen stehen. Solche können entstehen

- durch Bruch,
- durch Überschreitung der Grenzdehnungen

eines Tragwerks oder eines seiner Teile (einschl. von Lagern und Fundamenten). Für den Nachweis der Lagesicherheit gelten die Regelungen in EC 0.

Die **Grenzzustände der Gebrauchstauglichkeit** sind Zustände, bei deren Überschreitung festgelegte Kriterien der Gebrauchstauglichkeit nicht mehr erfüllt sind. Sie umfassen Nachweise der

- Spannungsbegrenzungen,
- Begrenzung der Rissbreite und
- Begrenzung von Verformungen.

Andere Grenzzustände (wie z. B. Erschütterungen, Schwingungen) können von Bedeutung sein, werden jedoch nicht im Rahmen von EC 2-1-1 behandelt (vgl. EC 2-1-1, 1).

Eine **Bemessung auf Dauerhaftigkeit** ist in den derzeitig gültigen Normen nicht direkt, sondern nur in Form von Konstruktionsregeln enthalten. Im Wesentlichen erstrecken sich diese Regeln auf Grenzwerte für Betondeckung, Betonzusammensetzung (w/z-Werte, Mindestzementgehalt u. a.) und Betonverarbeitung (Einbringen und Nachbehandeln des Betons etc.). Über Konzepte einer Bemessung im Hinblick auf die Dauerhaftigkeit mit Ansätzen, die mit der Lastbemessung vergleichbar sind, wird in [Schießl – 97] berichtet.

3.2.2 Allgemeine sicherheitstheoretische Betrachtungen
(Einführung)

Einflussgrößen, die beim Nachweis einer angemessenen Zuverlässigkeit bzw. beim Nachweis der Sicherheit berücksichtigt werden müssen, sind auf der einen Seite die Einwirkungen als Kräfte (Lasten), Zwang (aufgezwungene Verformungen) und Einflüsse aus der Umgebung (chemischer und physikalischer Art), auf der anderen Seite die Widerstände als Eigenschaften von Baustoffen, Verbindungsmitteln und Bauteilen. Zusätzlich kann es außerdem erforderlich sein, Unsicherheiten von geometrischen Größen auf der Seite der Einwirkungen und/oder auf der Seite der Widerstände zu berücksichtigen. Das Bemessungsziel ist erreicht, wenn im Grenzzustand der Tragfähigkeit und im Grenzzustand der Gebrauchstauglichkeit zwischen den Beanspruchungen und der Beanspruchbarkeit oder der Tragfähigkeit ein ausreichend großer Abstand vorhanden ist. Die Dauerhaftigkeit wird durch vorgegebene konstruktive Regeln gewährleistet.

Auf der Beanspruchungsseite ist detaillierter und differenzierter zu unterscheiden zwischen den Einwirkungsgruppen:

– ständige Einwirkungen	Eigenlasten, feste Einbauten, Vorspannung
– veränderliche Einwirkungen	Verkehrslasten, Wind- und Schneelasten, Temperatureinwirkung, Erddruck und Wasserdruck, Baugrundsetzung
– außergewöhnliche Einwirkungen	Anpralllasten, Explosionslasten, Bergsenkung
– vorübergehende Einwirkungen	Bauzustände, Montagelasten, Ablagerungen

Die Einwirkungen lassen sich nur mit gewissen Unsicherheiten vorhersagen und unterliegen Streuungen, die sich in Häufigkeitsverteilungen darstellen lassen (s. Abb. 3.3). Dabei sind die Abweichungen von einem statistischen Mittelwert für die verschiedenen Einwirkungsarten –

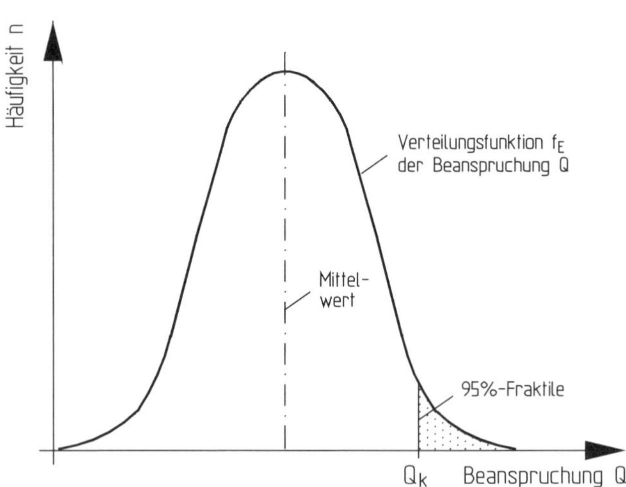

Abb. 3.3 Qualitative Darstellung der Häufigkeitsverteilung einer veränderlichen Einwirkung *Q* und Kennzeichnung des charakteristischen Wertes als 95-%-Quantilwert

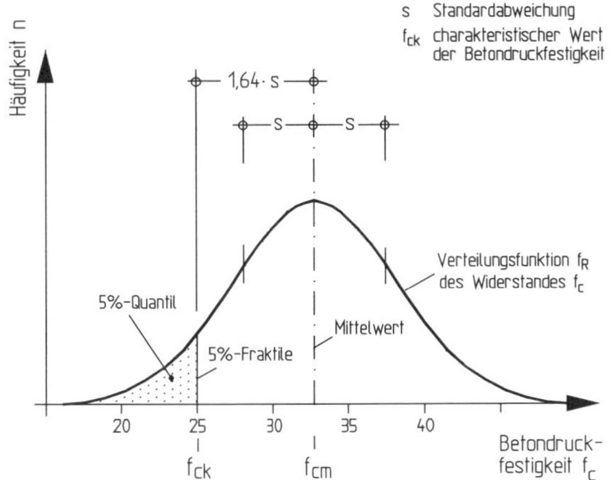

Abb. 3.4
Charakteristischer Wert der Betondruckfestigkeit als 5-%-Quantilwert der Grundgesamtheit

ständige oder veränderliche – wiederum unterschiedlich, d. h., man erhält für jede Einwirkungsart eine eigene Häufigkeitsverteilung. Die in entsprechenden Lastnormen festgelegten Werte, die der statischen Berechnung zugrunde gelegt werden, entsprechen im Allgemeinen Fraktilwerten dieser Verteilung, die auch als charakteristische Werte oder Nennwerte bezeichnet werden (beispielsweise als 95-%-Fraktilwerte, die nur in 5 % aller Fälle erreicht bzw. überschritten werden; vgl. Abb. 3.3, s. a. EC 0).

Bei den ständigen Einwirkungen ist im Allgemeinen ein einziger charakteristischer Wert ausreichend; nur in Ausnahmefällen – bei besonders großen Streuungen einer ständigen Last oder bei Nachweisen, die besonders empfindlich in der Veränderung einer ständigen Einwirkung sind – kann es jedoch auch erforderlich sein, einen oberen und einen unteren charakteristischen Wert anzugeben. Bei örtlich und zeitlich veränderlichen Lasten ist im Allgemeinen nur ein oberer charakteristischer Wert festgelegt, der untere Wert ist dann wegzulassen bzw. zu null zu setzen.

Auf der Seite der Widerstände bzw. der Tragfähigkeit sind als maßgebende Größen die Festigkeitseigenschaften von Beton, Betonstahl und Spannstahl in Verbindung mit ihren Abmessungen und Querschnitten zu nennen (ggf. auch Abweichungen der Abmessungen von den Sollmaßen). Auch diese Größen sind mit Streuungen behaftet, die wiederum für die verschiedenen Materialien unterschiedlich und beispielsweise bei den Festigkeitswerten des Betons deutlich größer als bei denjenigen von Betonstahl sind. Die Streuungen lassen sich mathematisch in Form von Häufigkeitsverteilungen darstellen. In Abb. 3.4 ist hierfür exemplarisch die Häufigkeitsverteilung für die Druckfestigkeit eines Betons gezeigt. Hierfür sind kennzeichnende Größen

- der Mittelwert der Betondruckfestigkeit f_{cm},
- der 5-%-Quantilwert $f_{ck;0,05}$,
- der 95-%-Quantilwert $f_{ck;0,95}$.

Ebenso wie bei den Lastannahmen entsprechen die in den Stoffnormen angegebenen Rechenwerte oder auch charakteristischen Werte Fraktilwerten einer solchen Häufigkeitsverteilung. Beispielsweise beruht die Einteilung nach Betonfestigkeitsklassen in den jeweiligen Betonnormen, aus der die Betondruckfestigkeit hergeleitet wird, auf dem 5-%-Quantilwert (das ist diejenige Druckspannung, die von 5 % aller Proben nicht erreicht bzw. von 95 % aller Proben

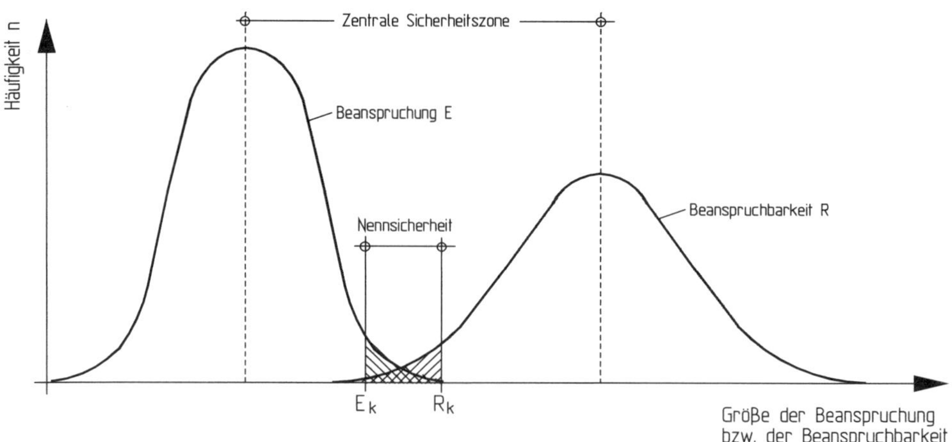

Abb. 3.5 Häufigkeitsverteilung der Beanspruchungen und der Beanspruchbarkeit; Nennsicherheit γ

erreicht und überschritten wird). In analoger Weise lassen sich die kennzeichnenden Werte für Betonstahl und Spannstahl angeben.

Die Häufigkeitskurve der Einwirkungen bzw. der Beanspruchungen E wird den Widerständen bzw. der Beanspruchbarkeit R gegenübergestellt. Dabei ergeben sich sowohl für die Beanspruchung E als auch für die Beanspruchbarkeit R unterschiedliche last- und materialabhängige Verteilungsfunktionen. In Abb. 3.5 sind diese auf der Einwirkungs- und Widerstandsseite als Resultat der einzelnen lastart- und materialabhängigen Verteilungsfunktionen zusammengefasst. Der Abstand zwischen den Fraktilwerten der Verteilungsfunktionen für die Beanspruchung und für die Beanspruchbarkeit ist ein Maß für die Nennsicherheit γ, die tatsächliche Sicherheit ist im Mittel höher, sie kann sogar über die zentrale Sicherheitszone hinausreichen.

Bei den Einflussgrößen E und R werden streuende Größen gegenübergestellt, die nur die Verteilung einer Wahrscheinlichkeit wiedergeben. Dementsprechend lässt sich auch nur die *Wahrscheinlichkeit* für eine ausreichende Tragfähigkeit angeben, eine absolute Sicherheit gibt es nicht. Aus der Differenz zwischen den Widerständen und Einwirkungen ($R - E$) lässt sich eine Aussage über eine Versagenswahrscheinlichkeit treffen. In Abb. 3.6 ist diese Differenz als Dichtefunktion $f_Z(x)$ dargestellt. Als Versagenswahrscheinlichkeit p_f eines Tragwerks wird das Verhältnis des im Bereich von $x < 0$ liegenden Flächenanteils – in Abb. 3.6 schraffiert – zur Ge-

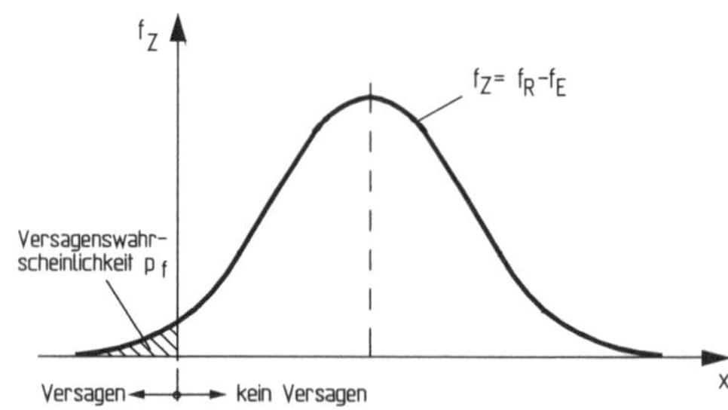

Abb. 3.6 Erläuterung des Begriffs Versagenswahrscheinlichkeit p_f

Tafel 3.1 Versagenswahrscheinlichkeit p_f im Grenzzustand der Tragfähigkeit für den Bezugszeitraum eines Jahres

Zuverlässigkeitsklasse	Versagenswahrscheinlichkeit p_f	Erläuterung
RC 1	10^{-5}	Niedrige Folgen für Menschenleben *und* geringe wirtschaftliche, soziale oder umweltbeeinträchtigende Folgen (z. B. Scheunen)
RC 2	10^{-6}	Mittlere Folgen für Menschenleben und große wirtschaftliche, soziale oder umweltbeeinträchtigende Folgen (z. B. Bürogebäude)
RC 3	10^{-7}	Hohe Folgen für Menschenleben *oder* sehr große wirtschaftlliche, soziale oder umweltbeeinträchtigende Folgen (z. B. Konzerthallen)

samtfläche bezeichnet. Die Wahrscheinlichkeit p_f wird in Abhängigkeit von den möglichen Versagensfolgen für die öffentliche Sicherheit (Gefahr für Menschenleben) und im Hinblick auf wirtschaftliche Folgen festgelegt. Der Wert p_f muss umso kleiner sein, je größer die Wahrscheinlichkeit einer Gefährdung für Menschenleben und je bedeutender die wirtschaftlichen Folgen im Versagensfall sind.

Zulässige Werte einer Versagenswahrscheinlichkeit werden in EC0 in Abhängigkeit von Zuverlässigkeitsklassen angegeben, wobei drei Klassen definiert sind. In Tafel 3.1 sind diese Klassen mit ihrer jeweiligen Versagenswahrscheinlichkeit p_f wiedergegeben. Bauwerke des üblichen Hochbaus sind der Zuverlässigkeitsklasse 2 zuzuordnen.

Die zuvor dargestellten Zusammenhänge gelten in erster Linie für den Grenzzustand der Tragfähigkeit. Für einen Nachweis im Grenzzustand der Gebrauchstauglichkeit gelten diese Ausführungen jedoch sinngemäß. Allerdings kann der Sicherheitsindex niedriger bzw. die operative „Versagens"wahrscheinlichkeit höher festgelegt werden, da die Folgen weniger eine Gefährdung für Menschenleben darstellen, sondern in erster Linie wirtschaftlicher Art sind.

Abschließend sei noch darauf hingewiesen, dass die zuvor erläuterten Zusammenhänge mit einem Vergleich von einwirkenden und ertragbaren Lasten sich – will man konsistent bleiben – auf System- und nicht auf Querschnittsebene beziehen müssten. Die Annahme eines Querschnittsversagens führt bei äußerlich oder innerlich statisch unbestimmten Systemen nicht unbedingt zum Kollaps bzw. Systemversagen, wie am Beispiel von Durchlaufträgern, Platten u. a. leicht zu zeigen ist. Ein lokales, eng begrenztes Querschnittsversagen in einer Platte führt beispielsweise kaum zu einer Beeinträchtigung der Gesamttragfähigkeit, da die Schnittgrößen um diese Schwachstelle herumgeleitet werden können (vgl. [Eibl/Schmidt-Hurtienne – 95]).

3.2.3 Normative Festlegungen

Eine wahrscheinlichkeitstheoretische Anwendung des Sicherheitsnachweises ist für eine praktische Berechnung zu aufwändig und daher unbrauchbar. Sie bildet jedoch die Grundlage für entsprechende normative Festlegungen. Hierfür sollen zwei Varianten vorgestellt werden:

a) Verfahren mit einem globalen Sicherheitsbeiwert
b) Verfahren mit differenzierten Teilsicherheitsbeiwerten

Stellvertretend für Verfahren nach a) wird das Sicherheitskonzept der alten DIN 1045 (1972 bis 2001) – nachfolgend „DIN 1045:1988" bezeichnet – und für Verfahren nach b) das nach EC0 bzw. EC 2-1-1 – bezeichnet mit „EC 2" – dargestellt. Die Ausführungen beziehen sich auf den Nachweis gegen Tragwerksversagen.

3.2.3.1 Sicherheitskonzept mit globalem Sicherheitsbeiwert

Die Sicherheit eines Tragwerks bzw. eines seiner Teile gegen Versagen wird durch einen einzigen globalen Sicherheitsbeiwert nachgewiesen, indem ein vorgegebener Abstand zwischen einem festgelegten charakteristischen Wert E_k der Beanspruchung und dem charakteristischen Wert R_k der Beanspruchbarkeit festgelegt wird. Die in entsprechenden Normen festgelegten charakteristischen Werte E_k und R_k entsprechen dabei einem oberen Fraktilwert auf der Seite der Beanspruchung und einem unteren Fraktilwert auf der Seite der Beanspruchbarkeit (s. vorher). Dieser Zusammenhang lässt sich wie folgt darstellen:

$$\gamma_{\text{Global}} \cdot E_k \leq R_k \quad \textit{oder} \quad E_k \leq R_k / \gamma_{\text{Global}} \tag{3.2}$$

Diese Vorgehensweise entspricht der in den älteren Normen (z. B. DIN 1045:1988) praktizierten. Sämtliche Unsicherheiten auf der Einwirkungs- und Widerstandsseite werden dabei also durch einen einzigen globalen Sicherheitsfaktor γ berücksichtigt. Dieser Faktor γ ist in DIN 1045:1988 mit $\gamma = 1{,}75$ festgelegt, nur im Falle eines Versagens des Betons auf Druck gilt $\gamma = 2{,}10$. Die Erhöhung des Sicherheitsfaktors bei Betonversagen wird mit einem Bruch „ohne Vorankündigung" begründet, er lässt sich jedoch auch im Sinne des Konzeptes mit Teilsicherheitsbeiwerten (s. nachfolgend) auch als zusätzlicher Teilsicherheitsfaktor für die größeren Streuungsbreiten der Festigkeitseigenschaften von Beton gegenüber denen von Stahl beschreiben. In DIN 4227:1988 entfällt die Unterscheidung zwischen Beton- und Stahlversagen, da der Rechenwert der Betonfestigkeit $\beta_R = 0{,}60\ \beta_{WN}$ niedriger als nach DIN 1045 angesetzt ist und bereits Unsicherheiten bzw. eine größere Streuungsbreite der Betonfestigkeit berücksichtigt [4)].

Eine genauere Analyse der zuvor dargestellten sicherheitstheoretischen Zusammenhänge zeigt jedoch, dass mit einem einzigen globalen Sicherheitsfaktor eine Versagenswahrscheinlichkeit p_f nur unzureichend beschrieben werden kann, da die verschiedenen Einflussparameter E und R auf der Einwirkungs- und Widerstandsseite unterschiedlich stark streuen und sich zum Teil nichtlinear beeinflussen. So kann beispielsweise bei einer Stütze die Erhöhung einer Drucklängskraft auf der Einwirkungsseite durch einen globalen „Sicherheitsfaktor" durchaus auf der unsicheren Seite liegen (s. hierzu Abb. 3.9), da die Längsdruckkräfte die Beanspruchung am Zugrand abmindern und entsprechend zu kleineren Zugkräften mit einer geringeren Zugbewehrung führen. Eine Steigerung der Drucklängskraft durch einen globalen Sicherheitsfaktor, wie es bei einem Verfahren mit globalen Sicherheitsbeiwerten erfolgt (z. B. in DIN 1045:1988), führt daher nicht immer zu einem befriedigenden Ergebnis bzw. nicht zu der erforderlichen Zuverlässigkeit.

3.2.3.2 Sicherheitskonzept mit Teilsicherheitsbeiwerten

Im Allgemeinen erhält man ein ausgeglicheneres Zuverlässigkeits- bzw. Sicherheitsniveau durch die Anwendung von Teilsicherheitsbeiwerten. Der in Gl. (3.2) beschriebene Zusammenhang

[4)] Formal ergibt sich nach DIN 1045:1988 zwar für die Betonfestigkeitsklassen B45 und B55 (entspricht etwa einem C35/45 bzw. C45/55) derselbe oder sogar noch ein kleinerer Rechenwert β_R der Betonfestigkeit, der aber nur als „Angstwert" zu interpretieren ist, weil man zum Zeitpunkt der ersten Neufassung der DIN 1045 im Jahre 1972 mit den „höheren" Betonfestigkeitsklassen wenig Erfahrung hatte und daher die Rechenwerte bewusst niedrig angesetzt hatte.

zwischen den Beanspruchungen und der Beanspruchbarkeit lässt sich mit dem Konzept der Teilsicherheitsbeiwerte wie folgt darstellen (nachfolgende Gleichungen gelten für die sog. Grundkombination; s. Abschnitt 5.1.1):

$$E_d \leq R_d \tag{3.3}$$

Hierbei ergibt sich der Bemessungswert E_d der Einwirkungen aus (ohne Vorspannung)

$$E_d = E\,[\Sigma\,(\gamma_{G,j} \cdot G_{k,j})\ „+“\ \gamma_{Q,1} \cdot Q_{k,1}\ „+“\ \underset{i>1}{\Sigma}\,(\gamma_{Q,i} \cdot \psi_{0,i} \cdot Q_{k,i})] \tag{3.4a}$$

In Gl. (3.4a) sind

$\gamma_{G,j}$ Teilsicherheitsbeiwert einer unabhängigen ständigen Einwirkung $G_{k,j}$
$\gamma_{Q,1}$; $\gamma_{Q,i}$ Teilsicherheitsbeiwert für die vorherrschende, für andere veränderliche Einwirkungen
$G_{k,j}$ charakteristischer Wert einer unabhängigen ständigen Einwirkung
$Q_{k,1}$; $Q_{k,i}$ charakteristischer Wert der vorherrschenden, der anderen veränderlichen Einwirkungen
$\psi_{0,i}$ Kombinationsbeiwert der anderen veränderlichen Einwirkungen

Den Bemessungswert R_d des Widerstands bzw. der Tragfähigkeit erhält man für Stahlbeton aus

$$R_d = R\,(\alpha_{cc} \cdot f_{ck} / \gamma_C;\ f_{yk} / \gamma_S) \tag{3.4b}$$

γ_C; γ_S Teilsicherheitsbeiwert für die Beton- und die Betonstahlfestigkeit
f_{ck}; f_{yk} charakteristischer Wert der Beton- und der Betonstahlfestigkeit

Die Sicherheitsbeiwerte für Einwirkungen werden bei *ungünstiger* Wirkung, d. h., wenn sie die Tragfähigkeit vermindern, zu γ_G = 1,35 und γ_Q = 1,50 gesetzt, die Materialsicherheitsbeiwerte auf der Widerstandsseite sind im Allgemeinen mit γ_C = 1,50 und γ_S = 1,15 festgelegt. (Wegen weiterer konkreter Zahlenwerte bzgl. der Teilsicherheitsbeiwerte γ_i, des Kombinationsfaktors ψ_0 etc. wird auf Abschnitt 5.1.1 verwiesen.)

Durch das Konzept der Teilsicherheitsbeiwerte ist es möglich, die unterschiedlichen Verteilungsdichten auf der Seite der Einwirkungen und Widerstände genauer und differenzierter zu berücksichtigen und im Allgemeinen zu einer ausgeglicheneren tatsächlichen Zuverlässigkeit zu gelangen. So kann beispielsweise auf der Lastseite der Teilsicherheitsbeiwert für eine ständige Einwirkung wegen der größeren Vorhersagegenauigkeit etwas geringer festgelegt werden als für eine veränderliche Einwirkung mit einer entsprechend größeren Streuungsbreite. Ebenso ist auf der Seite der Widerstände die Verteilungsdichte der Festigkeiten von Beton und Betonstahl unterschiedlich, was mit dem Konzept der Teilsicherheitsbeiwerte konsequent durch einen größeren Beiwert für Beton gegenüber Stahl berücksichtigt werden kann.

Die Anwendung des Sicherheitskonzepts mit Teilsicherheitsbeiwerten – wie in EC 2-1-1 verwendet – führt häufig zu wirtschaftlicheren Ergebnissen als eine Berechnung mit einem globalen Sicherheitsbeiwert. Allerdings ist der Aufwand für den entwerfenden Ingenieur in der Regel größer, da oft eine größere Anzahl von Lastfallkombinationen untersucht werden muss.

3.2.3.3 Auswirkungen unterschiedlicher Sicherheitskonzepte auf das Bemessungsergebnis

Die Auswirkungen von unterschiedlichen Sicherheitskonzepten – globaler Sicherheitsbeiwert (Verfahren nach DIN 1045:1988) auf der einen Seite und Teilsicherheitsbeiwerte (Anwendung in EC 2) auf der anderen Seite – sollen zunächst für den zentrisch auf Zug beanspruchten Querschnitt gezeigt werden. In diesem Fall ist von einem gerissenen Betonquerschnitt auszugehen, so dass auf der Tragfähigkeitsseite nur die Bewehrung A_s wirksam ist.

Für die Einwirkungsseite wird unterstellt, dass nur *eine* veränderliche Last bzw. Nutzlast vorhanden ist, Kombinationswerte $\psi_{0,i}$ (s. Abschnitt 5.1) sind also nicht zu berücksichtigen. In Abb. 3.7 ist hierfür in Abhängigkeit von der einwirkenden Zugkraft, die im Verhältnis Eigenlast zu Nutzlast variiert wird, der erforderliche Stahlbedarf als bezogene Größe ($A_s \cdot f_{yk} / F_{ges}$) dargestellt. Diese Größe ist dabei identisch mit einem Gesamtsicherheitsfaktor, der sich ergibt

- bei einem Konzept mit Teilsicherheitsbeiwerten (z. B. nach EC 2):

  $F_G/F_{ges} = 0 \quad \rightarrow \quad \gamma_S \cdot \gamma_Q = 1{,}725$

  $F_G/F_{ges} = 1 \quad \rightarrow \quad \gamma_S \cdot \gamma_G = 1{,}553$

- nach DIN 1045:1988:

  $F_G/F_{ges} = \text{beliebig} \rightarrow \gamma_{Global} = 1{,}75$

Die Berechnung mit Teilsicherheitsbeiwerten nach neueren Normenkonzepten kann also gegenüber einem Nachweis mit einem globalen Sicherheitsfaktor (nach DIN 1045:1988) zu einer Bewehrungsreduzierung um bis zu ca. 12 % führen. Aus Abb. 3.7 ist außerdem die differenzierte Betrachtungsweise eines Konzepts mit Teilsicherheitsbeiwerten für die ständigen und die veränderlichen Einwirkungen zu erkennen, während bei einem globalen Sicherheitsbeiwert beide Einwirkungsarten gleich (ungünstig) bewertet werden.

Die Auswirkungen des Konzepts der Teilsicherheitsbeiwerte im Vergleich zu einem globalen Sicherheitsbeiwert auf der Einwirkungs- *und* Widerstandsseite sind bei dem zentrisch gedrückten Querschnitt besonders deutlich zu sehen. In Abb. 3.8 ist ein Vergleich der aufnehmbaren bezogenen Längskräfte in Abhängigkeit vom Bewehrungsgrad dargestellt. Der Vergleich bezieht sich auf einen C20/25 und einen B 25, die näherungsweise die gleiche Festigkeit aufweisen. Die Darstellung gilt außerdem nur für bewehrten Beton, der Grenzwert $\rho_l = 0$ ist daher nur theoretischer Art. Außerdem sind die Anforderungen einer Mindestbewehrung nicht berücksichtigt.

Wie man sieht, ist nach EC 2 wiederum je nach Lastart zu unterscheiden, ob die Beanspruchung aus Eigenlasten ($\gamma_F = \gamma_G = 1{,}35$) oder aus Verkehrslasten ($\gamma_F = \gamma_Q = 1{,}50$) resultiert, während

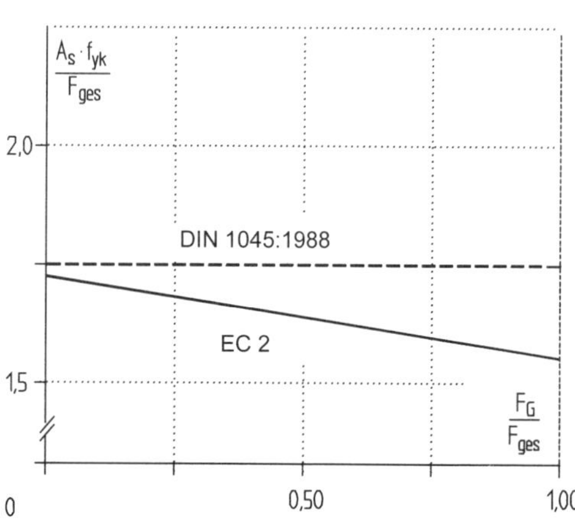

Abb. 3.7 Bezogener Bewehrungsquerschnitt in Abhängigkeit vom Verhältnis der Zugkräfte infolge von Eigenlasten F_G zu Gesamtlasten F_{ges} bei nur einer Verkehrslast

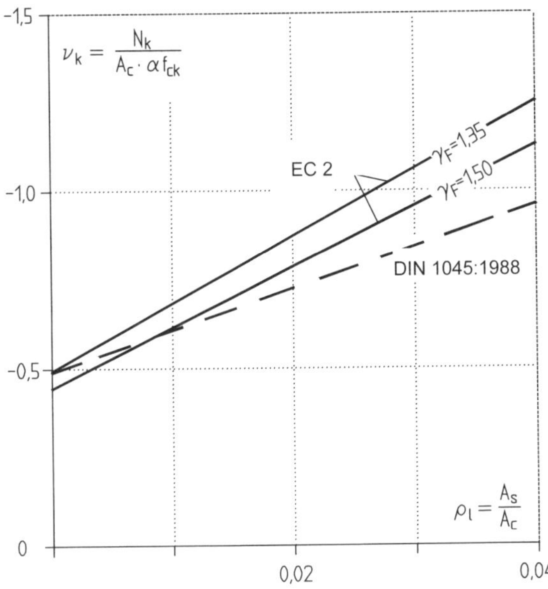

Abb. 3.8 Bezogene zulässige Längskraft ν_k für den zentrisch beanspruchten Stahlbetonquerschnitt für einen Beton B 25 bzw. C20/25 und einen Betonstahl B500

bei einer Berechnung mit einem globalen Sicherheitsbeiwert nach DIN 1045:1988 die Lastart keine Rolle spielt. Zusätzlich ist jedoch auch der Einfluss von Teilsicherheitsbeiwerten auf der Widerstandsseite zu erkennen. Die Tragfähigkeit des Betonquerschnitts ist zunächst für den theoretischen Bewehrungsgrad $\rho_l = 0$ % bei einer Berechnung nach EC 2 und DIN 1045:1988 fast identisch. Mit zunehmendem Bewehrungsgrad wirkt sich jedoch bei einer Berechnung nach EC 2 günstig aus, dass wegen des kleineren Teilsicherheitsbeiwertes für Betonstahl mit γ_S = 1,15 (im Vergleich zum Beton mit γ_C = 1,5) der Bewehrungsanteil deutlich günstiger als nach DIN 1045:1988 beurteilt wird; in DIN 1045 wird nämlich pauschal Beton und Stahl mit ein und demselben globalen Sicherheitsfaktor belegt, der wegen Betonversagens γ_{Global} = 2,1 beträgt.

Aus den bisherigen Überlegungen geht hervor, dass bei einer differenzierteren Betrachtungsweise der Einwirkungs- und Widerstandsseite, wie es in EC 2 geschieht, häufig wirtschaftlichere Ergebnisse erzielt werden und eine Berechnung mit einem globalen Sicherheitsbeiwert im Allgemeinen auf der sicheren Seite liegt. Dies gilt jedoch insbesondere bei auf Biegung mit Längsdruck beanspruchten Querschnitten – beispielsweise bei Stützen – nur noch mit Einschränkungen. Eine Längsdruckkraft kann hier auch günstig wirken und eine Erhöhung der Druckkraft durchaus die erforderliche Bewehrung verringern. Dies soll an der in Abb. 3.9 dargestellten Stütze gezeigt werden. Die Stütze sei durch eine zentrisch wirkende Druckkraft infolge Eigenlasten beansprucht, während eine davon unabhängige veränderliche Last ein Biegemoment hervorruft. Zunächst einmal ist festzustellen, dass bei einer Berechnung mit Teilsicherheitsbeiwerten entsprechend EC 2 zwei Lastfälle zu betrachten sind, nämlich jeweils das größte Biegemoment infolge der veränderlichen Last, einmal in Kombination mit dem unteren Wert der Längsdruckkraft infolge von Eigenlasten ($\gamma_{G,inf}$ = 1,00), zum anderen mit dem oberen ($\gamma_{G,sup}$ = 1,35). Bei einem globalen Sicherheitsbeiwert entsprechend DIN 1045:1988 ist dagegen nur eine Beanspruchungskombination zu untersuchen, wobei dabei jedoch – auf der unsicheren Seite liegend (!) – Längsdruckkräfte auch dann mit diesem globalen „Sicherheitsfaktor" vergrößert werden, wenn sie günstig wirken, d. h. die Bewehrung reduzieren.

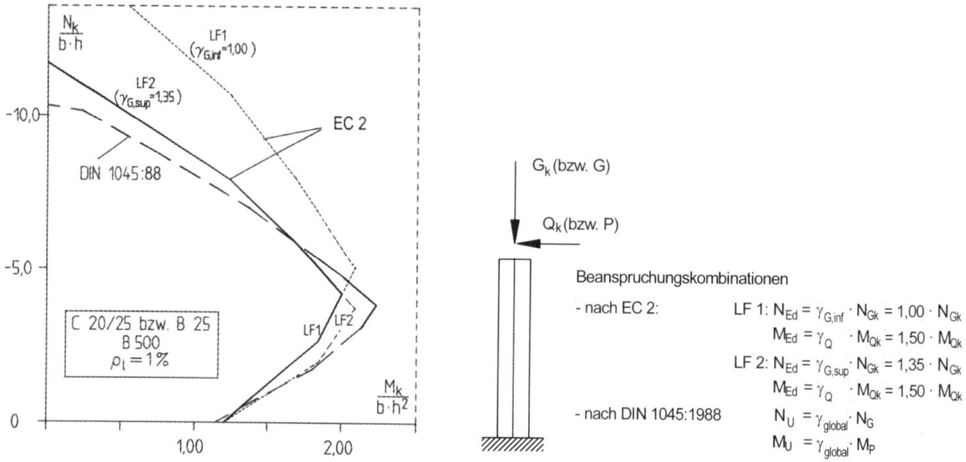

Abb. 3.9 Beanspruchung aus Eigenlast und veränderlicher Last und Tragfähigkeit (Gebrauchszustand)

Diese Aussage ist anhand der Tragfähigkeitskurven in Abb. 3.9 dargestellt, die für einen Rechteckquerschnitt mit einem Bewehrungsgrad von 1 % als Interaktion zwischen der bezogenen Längsdruckkraft und dem bezogenen Biegemoment dargestellt sind. Wie man sieht, ist bei einer Berechnung nach EC 2 bei geringen Längsdruckkräften $\gamma_{G,inf} = 1,0$ (LF. 1) maßgebend, da dann das zugehörige aufnehmbare Biegemoment kleiner als für $\gamma_{G,sup} = 1,35$ ist. Es ist auch zu sehen, dass in diesem Bereich die Tragfähigkeit nach DIN 1045 rechnerisch größer ist und überschätzt wird.

Neben diesen hier im Querschnitt dargestellten Unterschieden ergeben sich weitere systembedingte Abweichungen. So ändert sich beispielsweise die Lage von Momentennullpunkten durch die unterschiedliche Gewichtung der einzelnen Lastarten. In Abb. 3.10 ist dies für den Verlauf der Biegemomente eines Einfeldträgers mit Kragarm dargestellt, wobei nach DIN 1045:1988 mit Gebrauchslasten gerechnet ist (mit Bruchlasten ergibt sich dieselbe Lage des Momentennullpunktes) und nach DIN 1045-1 die Teilsicherheitsbeiwerte jeweils ungünstigst berücksichtigt sind. In dem Beispiel ist allerdings insofern ein Sonderfall dargestellt, als hier auch die Eigenlast mit zwei verschiedenen Sicherheitsbeiwerten ($\gamma_{G,inf} = 0,9$ und $\gamma_{G,sup} = 1,1$) berücksichtigt wurde, wie dies in EC0 für Nachweise gefordert ist, die sehr empfindlich gegenüber der Größe der ständigen Einwirkung sind (z. B. der Nachweis der Lagesicherheit).

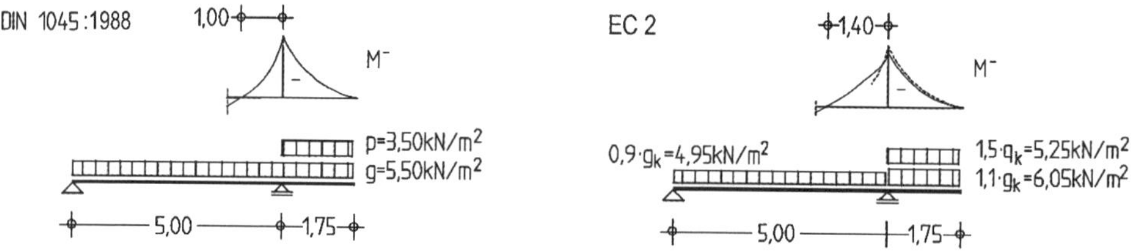

Abb. 3.10 Lage der Momentennullpunkte für eine Berechnung nach DIN 1045:1988 und nach EC 2

3.3 Ausblick: Eurocode 2 der 2. Generation

Das Sicherheitskonzept nach prEC 2-1-1:2021 basiert auch künftig auf dem aktuellen Verfahren mit Teilsicherheitsbeiwerten.

Gemäß Entwurf des EC 0:2021 erfolgt die sicherheitsrelevante Einteilung von Hochbauten künftig nach Versagensfolgeklassen (CC0–CC4), welche die aktuellen Zuverlässigkeitsklassen (RC) ersetzen werden. Übliche Hochbauten, wie z. B. Wohn- und Bürogebäude, werden in die Versagensfolgeklasse CC2 (aktuell RC2) eingeordnet. Hieraus sind für übliche Hochbauten mit einer geplanten Nutzungsdauer von 50 Jahren keine wesentlichen Änderungen in der Definition der Teilsicherheitsbeiwerte auf der Einwirkungs- und Widerstandsseite zu erwarten (s. a. Abschnitt 5.4.1).

Neben den Anforderungen an das Tragwerk im Hinblick auf die Tragfähigkeit, Gebrauchstauglichkeit und Dauerhaftigkeit, werden künftig zudem erhöhte Anforderungen an die Robustheit (Schadensbild im vertretbaren Ausmaß in Bezug auf die Schadensursache infolge eines unvorhergesehenen, unerwünschten Ereignisses) und an die Nachhaltigkeit (Begrenzung der nachteiligen Auswirkungen auf nicht erneuerbare Umweltressourcen) gestellt.

4 Schnittgrößenermittlung

4.1 Allgemeine Grundlagen

In der Tragwerksplanung werden zunächst die tragenden Bauteile des Gesamtbauwerkes definiert, es wird das *Tragwerk* festgelegt. Anschließend wird das Tragwerk in Tragelemente zerlegt. Man unterscheidet zwischen eindimensionalen Stabtragwerken (z. B. Balken, Stützen), zweidimensionalen Flächentragwerken wie Platten, Wände, Scheiben und dreidimensionalen Schalentragwerken bei Behältern, Kuppeln usw. (s. Abb. 4.1).

Die Querschnitte von Tragwerken oder Tragwerksteilen müssen für die ungünstigsten Beanspruchungen im Grenzzustand der Tragfähigkeit und der Gebrauchstauglichkeit bemessen werden. Die ungünstigsten Beanspruchungen eines Querschnitts sind von der Größe und der Verteilung der Einwirkungen abhängig. Zur Ermittlung der *maßgebenden Einwirkungskombination* ist eine ausreichende Anzahl von Lastfällen – Kombinationen von Einwirkungsgrößen und ihre Verteilungsmöglichkeiten – zu untersuchen.

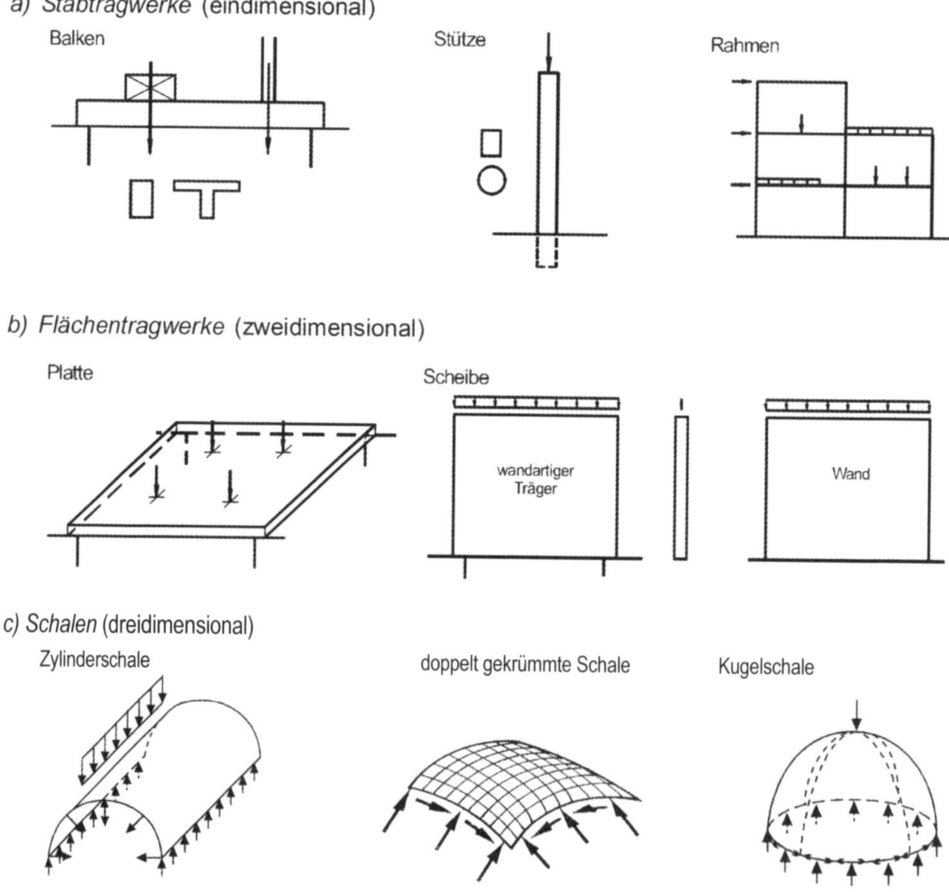

Abb. 4.1 Einteilung der Tragelemente

Bei der Schnittgrößenermittlung wird eine Idealisierung sowohl der Geometrie als auch des Tragverhaltens vorgenommen.

Die *Idealisierung der Geometrie* beinhaltet eine Einteilung und Unterteilung in:

- stabförmige Bauteile
- ebene Flächentragwerke
- Schalen
- dreidimensionale Tragwerke

Diese Unterscheidung hat Auswirkungen auf die Schnittgrößenermittlung, aber auch auf die konstruktive Durchbildung. Die Abgrenzung zwischen den einzelnen Tragwerkstypen erfolgt – soweit nicht zweifelsfrei bekannt – in Abhängigkeit von den Abmessungen der Bauteile (vgl. hierzu Abschnitt 4.2.1).

Bei der *Idealisierung des Trag- und Materialverhaltens* wird unterschieden nach (vgl. hierzu Abschnitt 4.6.):

- linear-elastischem Verhalten
- linear-elastischem Verhalten mit begrenzter Umlagerung
- plastischem Verhalten
- nichtlinearem Verhalten

Zusätzliche Untersuchungen können z. B. an Auflagern, Lasteinleitungsbereichen, bei sprunghaften Querschnittsänderungen erforderlich sein. Diese Betrachtungen erfolgen häufig mit Hilfe von Stabwerksmodellen, die den plastischen Verfahren zuzuordnen sind (s. Band 2, Kapitel 5).

Regelfall der Schnittgrößenermittlung ist eine Berechnung nach dem linear-elastischen Verfahren mit den Querschnittswerten des Zustandes I (ungerissener Beton), i. d. R. auf den „reinen“ Betonquerschnitt bezogen. Neben der einfachen Handhabbarkeit bietet das lineare Verfahren den großen Vorteil, dass das Superpositionsprinzip gültig ist, d. h., dass Schnittgrößen lastfallweise berechnet und für die einzelnen Nachweise überlagert werden dürfen.

Mit Rissbildung (Übergang in den Zustand II) liefern linear-elastische Verfahren nur noch bedingt wirklichkeitsnahe Aussagen, insbesondere über Verformungen. Nach EC 2-1-1 ist dieses Verfahren daher nicht mehr für die Ermittlung von Verformungen und von Schnittgrößen, die von den Verformungen abhängen (Stabilitätsfälle, die nach Theorie II. Ordnung zu berechnen sind), zugelassen.

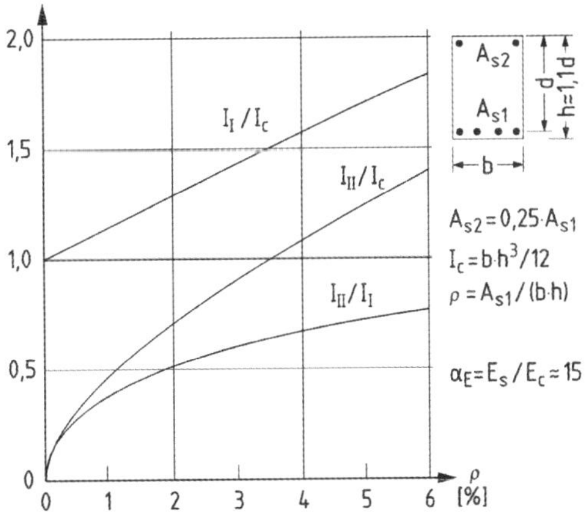

Abb. 4.2 Relative Steifigkeit eines Stahlbetonquerschnitts ([Franz – 83]; entnommen aus [Schmitz – 12])

Die Berücksichtigung der Bewehrung führt einerseits zu einer Vergrößerung der Querschnittswerte, andererseits ergibt sich durch Rissbildung ein Steifigkeitsabfall. Dieser Zusammenhang ist beispielhaft in Abb. 4.2 für einen Stahlbetonquerschnitt dargestellt; wie zu sehen ist, sind die Abweichungen von den Querschnittswerten des Zustandes I insbesondere bei niedrig bewehrten Querschnitten teilweise erheblich.

In Auflagernähe, im Bereich von Momentennullpunkten (d. h., im Bereich geringer Beanspruchung) tritt zunächst noch keine Rissbildung auf; bei höherer Beanspruchung ist jedoch schon im Gebrauchszustand mit planmäßiger Rissbildung zu rechnen. Zudem ist der Bewehrungsgrad i. d. R. nicht konstant, sondern wird der jeweiligen Beanspruchung angepasst. Auch bei äußerlich konstanter Querschnittsform stellt sich also längs eines Stahlbetontragwerks eine veränderliche Steifigkeitsverteilung dar.

In statisch bestimmten Systemen hat die tatsächliche Steifigkeit keinen Einfluss auf die Schnittgrößen (allerdings sehr wohl auf die Verformungen; s. vorher). Bei statisch unbestimmten Systemen werden jedoch auch die Schnittgrößen durch die Steifigkeitsverteilung längs der Trägerachse beeinflusst. In Abb. 4.3 ist dies beispielhaft für einen Zweifeldträger dargestellt, bei dem das Verhältnis der Steifigkeiten zwischen 0,5 und 2,0 variiert wird. Dabei werden vereinfachend die jeweiligen Steifigkeiten im Stütz- und Feldbereich konstant angenommen (vgl. [Schmitz – 12]).

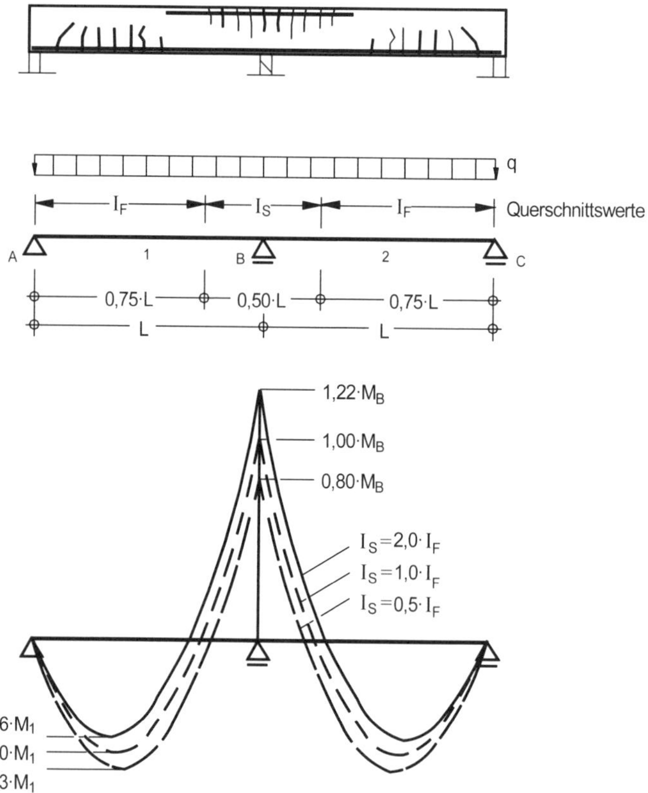

Abb. 4.3 Biegemomente bei abschnittsweise unterschiedlichen Querschnittssteifigkeiten

Wie Abb. 4.3 zu entnehmen ist, weichen die Schnittgrößen unter den dargestellten Voraussetzungen je nach Steifigkeitsverteilung um bis zu 22 % gegenüber den Werten bei konstanter Steifigkeit ab. Zu beachten ist, dass beispielsweise eine Abminderung von Stützmomenten zu einer Erhöhung der zugehörigen Feldmomente führt, damit Gleichgewicht gegeben ist.

Die Steifigkeit ist neben den äußeren Abmessungen und der Rissbildung insbesondere auch von der vorhandenen Bewehrung abhängig. Eine Umlagerung von Schnittgrößen kann damit durch eine entsprechende Bewehrungswahl bewusst herbeigeführt werden. Verfahren, die dies ausnutzen, sind linear-elastische Berechnungen mit begrenzter Umlagerung der Schnittgrößen (s. Abschnitt 4.6.2) und plastische Verfahren (s. Abschnitt 4.6.3). Allerdings ist dabei eine ausreichende Verformungsfähigkeit in kritischen Bereichen (Rotationsfähigkeit) sicherzustellen und außerdem die Gebrauchstauglichkeit der Konstruktion zu gewährleisten; Umlagerung von Schnittgrößen ist daher immer nur innerhalb bestimmter Grenzen zulässig und möglich.

4.2 Idealisierung der Tragwerksgeometrie

4.2.1 Definitionen

Zur Abgrenzung zwischen den verschiedenen Tragelementen bedarf es eindeutiger Definitionen. Nach EC 2-1-1 gelten in Abhängigkeit von den Querschnittsabmessungen (b, h), der Stützweite (l) und den Lagerungsbedingungen Bauteile als

– *Balken, Platte* bei	$l / h \geq 3$	l	Stützweite, kürzere Stützweite
– *Scheibe, wandartiger Träger* bei	$l / h < 3$	h	Bauhöhe
– *Platte* bei	$b / h \geq 5$		
– *Balken* bei	$b / h < 5$	b, h	Querschnittsseiten ($b \geq h$)
– *Stützen*	$b / h \leq 4$		
– *Wände*	$b / h > 4$		

Diese Unterscheidung ist für die Bemessung und Konstruktion von Bedeutung. Bei Balken darf von einer linearen Dehnungsverteilung im Querschnitt ausgegangen werden, bei Scheiben hingegen nicht. Ebenso sind Platten und Balken sowie Stützen und Wände wegen unterschiedlicher Tragwirkung statisch und konstruktiv zu unterscheiden.

Bei Platten ist eine zusätzliche Definition sinnvoll. Je nach Lastabtragung liegt überwiegend einachsige oder zweiachsige Tragwirkung vor. Platten dürfen rechnerisch *einachsig gespannt* betrachtet werden bei gleichmäßig verteilten Lasten und

- bei zwei freien ungelagerten, gegenüberliegenden und parallelen Rändern *oder*
- bei einem Verhältnis der größeren zur kleineren Stützweite von $l_{max} / l_{min} \geq 2$.

In allen anderen Fällen ist in der Regel die zweiachsige Lastabtragung zu berücksichtigen und eine Berechnung als zweiachsig gespannte Platte erforderlich.

Rippen- und Kassettendecken dürfen bei einer linear-elastischen Schnittgrößenermittlung als Vollplatten betrachtet werden, falls die nebenstehenden Bedingungen erfüllt sind.

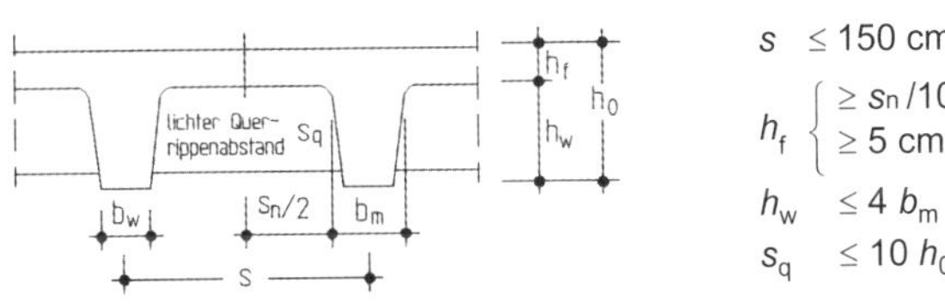

4.2.2 Auflagerungen und Stützweiten

Die Auflagertiefe eines Bauteils ist so zu wählen, dass die zulässigen Auflagerpressungen nicht überschritten werden und die erforderliche Verankerungslänge der Bewehrung untergebracht werden kann. Als Stützweite eines Bauteils wird der Abstand der theoretischen Auflagerlinien bezeichnet. Allgemein gilt (EC 2-1-1, 5.3.2.2):

$$L_{eff} = L_n + a_1 + a_2 \tag{4.1}$$

mit a_1 und a_2 als Abstand vom Auflagerrand bis zur rechnerischen Auflagerlinie. Ist die Auflagerlinie nicht schon eindeutig durch die Art der Lagerung (z. B. Punkt- oder Linienlager) vorgegeben, so wird jeweils der Schwerpunkt der Auflagerpressungen als Auflagerlinie angenommen, i. Allg. also die Auflagermitte. Bei im Verhältnis zur Bauteildicke h größeren Auflagertiefen darf jedoch insbesondere bei Endauflagern die theoretische Auflagerlinie im Abstand 0,5 h vom Rand angenommen werden, da dann die Auflagerpressungen im Wesentlichen auf die vorderen Bereiche konzentriert sind. (Bei durchlaufenden Tragwerken wird i. d. R. die Mitte der Auflagerung ($a_i = {}^1/_2\ t$) als Auflagerschwerpunkt angenommen; das ist schon aus Gründen der einwandfreien Lastweiterleitung sinnvoll). In analoger Weise ergeben sich die theoretischen Auflagerlinien in anderen Fällen. Eine zusammenfassende Darstellung baupraktischer Fälle ist in Tafel 4.1 enthalten.

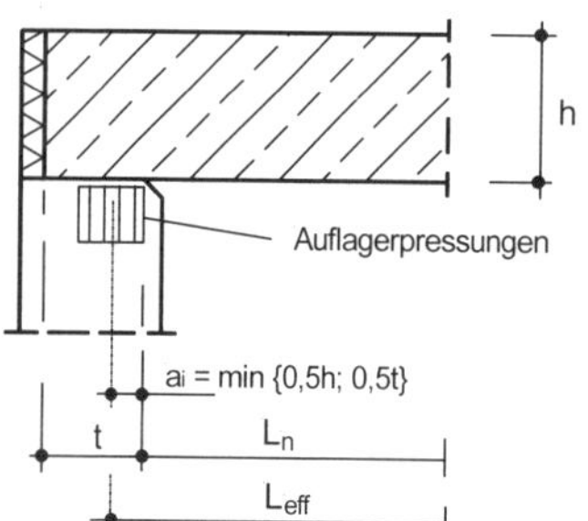

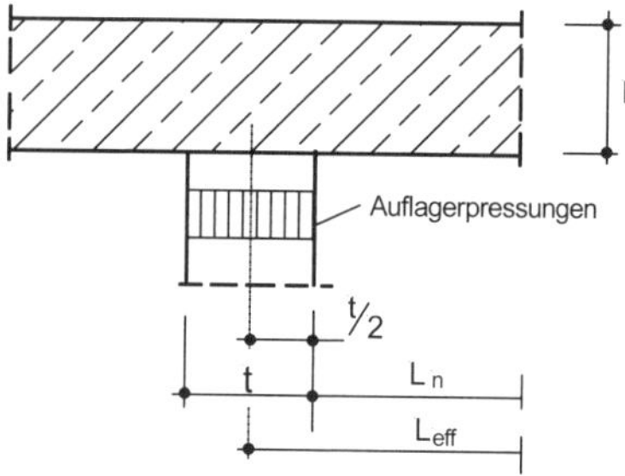

Abb. 4.4 Auflagertiefen für ein End- und Innenauflager

Direkte Lagerung – Indirekte Lagerung

Durch die Lagerungsart wird die Beanspruchung und Bemessung im Auflagerbereich beeinflusst. Bei direkter Lagerung wird die Auflagerkraft des gestützten Bauteils durch Druckspannungen am unteren Querschnittsrand des Bauteils aufgenommen (z. B. bei Auflagerung auf Stützen, Wände). Dies darf auch bei monolithischer Verbindung angenommen werden, wenn der Abstand der Unterkante des gestützten Bauteils zur Unterkante des stützenden Bauteils größer ist als die Höhe des gestützten Bauteils. Andernfalls ist von einer indirekten Lagerung auszugehen (Abb. 4.5).

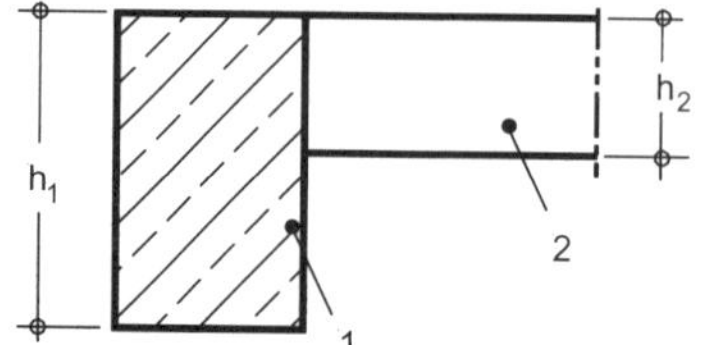

$(h_1 - h_2) \geq h_2$ direkte Lagerung
$(h_1 - h_2) < h_2$ indirekte Lagerung

1 stützendes Bauteil
2 gestütztes Bauteil

Abb. 4.5 Definition der direkten und indirekten Lagerung

Tafel 4.1 Auflagertiefe a_i

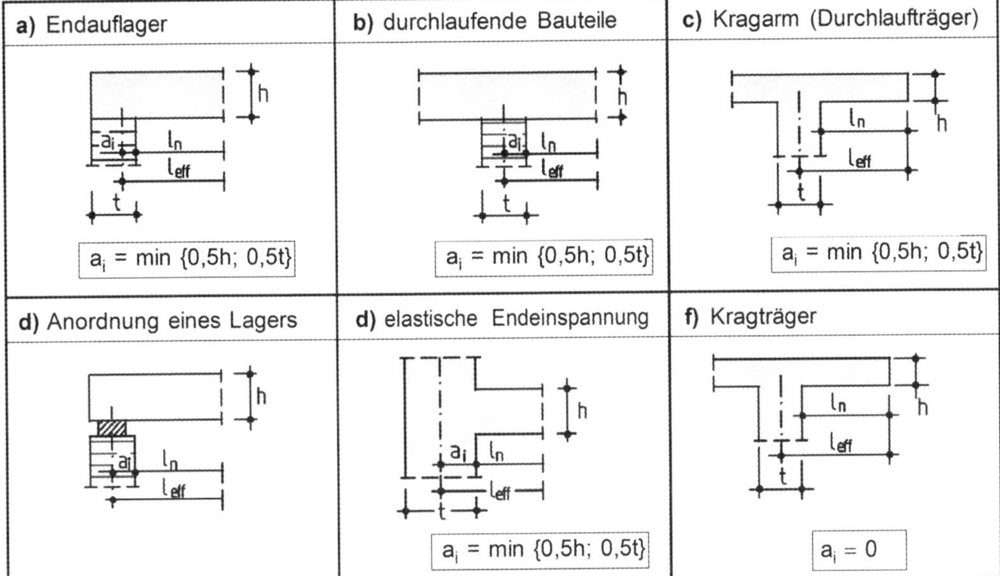

4.2.3 Mitwirkende Plattenbreite

Die Definition der mittragenden Breite von Plattenbalken wird im Abschnitt 6.1.3.3 erläutert. An dieser Stelle folgen einige Ergänzungen für die Schnittgrößenermittlung.

Die mitwirkende Breite b_{eff} darf für *Biegebeanspruchung* infolge annähernd gleichmäßig verteilter Einwirkungen für die Nachweise in den Grenzzuständen der Tragfähigkeit und der Gebrauchstauglichkeit nach EC 2-1-1, 5.3.2.1 (s. jedoch auch [Zilch/Rogge – 04]) angenommen werden zu (vgl. Abb. 4.6a):

$$b_{eff} = b_w + \Sigma\, b_{eff,i} \quad \leq b \tag{4.2a}$$

$$\text{mit} \quad b_{eff,i} = 0{,}2 \cdot b_i + 0{,}1 \cdot l_0 \ \leq 0{,}2 \cdot l_0 \quad \leq b_i \tag{4.2b}$$

Bei Platten mit veränderlicher Dicke darf die Stegbreite b_w um das Maß b_v erhöht werden, das dem Maß der Plattenverstärkung mit den Randbedingungen nach Abb. 4.6b (entnommen aus DIN 1045-1:2008, Bild 5) entspricht.

Der Abstand der Momentennullpunkte l_0 darf, wenn das Verhältnis der Stützweiten benachbarter Felder $l_{eff,i}/l_{eff,i+1} \geq 0{,}8$ ist und Gleichstreckenlast vorhanden ist, Abb. 4.6a entnommen werden.

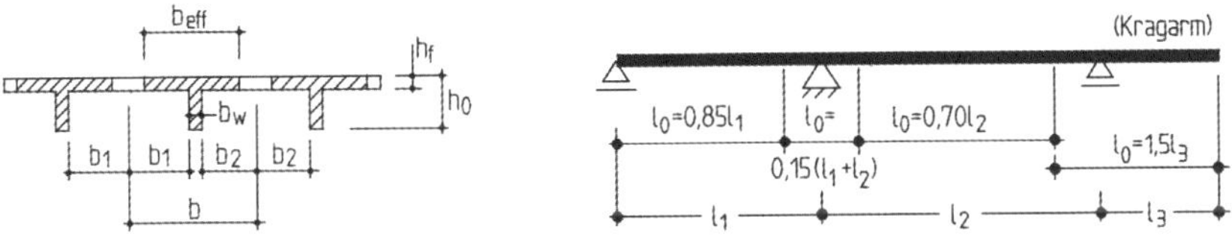

Abb. 4.6a Mitwirkende Plattenbreite und angenäherte wirksame Stützweiten l_0

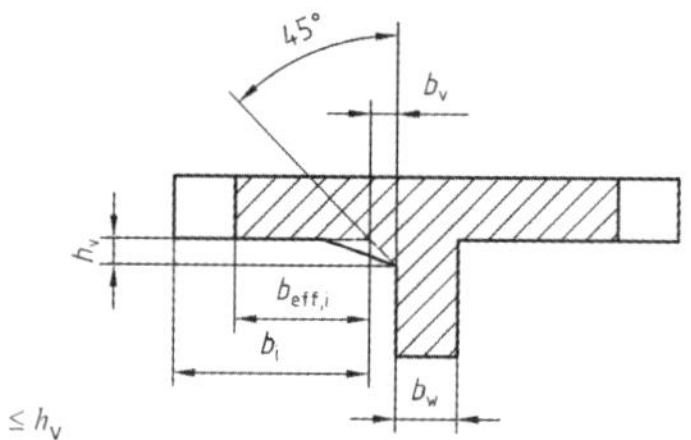

Abb. 4.6b Stegbreite b_w bei Gurtplatten mit Vouten

Bei Einzellasten ist l_0 als Abstand der Momentennullpunkte aus dem zugehörigen Momentenverlauf beiderseits der Einzellast zu bestimmen.

Die trilineare Beziehung nach Gl. (4.2) nähert den „exakten" Verlauf der mittragenden Breite recht genau an. In Abb. 4.7 ist ein Vergleich von Gl. (4.2) mit dem genaueren Verlauf (s. [DAfStb-H240 – 91]) für einen Feldquerschnitt dargestellt.

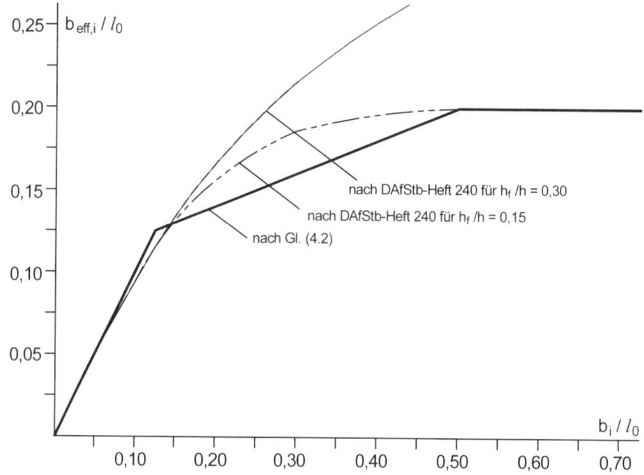

Abb. 4.7 Mitwirkende Plattenbreite nach Gl. (4.2) und Vergleich mit [DAfStb-H240 – 91]

Die angegebene mitwirkende Plattenbreite gilt für ungerissene Druckgurte, die schubfest durch Querbewehrung an den Balkensteg angeschlossen werden. Die Ansätze dürfen näherungsweise auch für ungerissene Zuggurte verwendet werden. Bei gerissenen Zuggurten sollte die mitwirkende Plattenbreite jedoch nicht größer als die Verteilungsbreite der ausgelagerten Zugbewehrung sein (vgl. a. Band 2, Abschnitt 4.2.1).

An den Unterstützungen von durchlaufenden Tragwerken erfährt die mittragende Breite eine Einschnürung (vgl. Definition von l_0 nach Abb. 4.6a). Für die Feld- und Stützbereiche von Durchlaufträgern erhält man dementsprechend unterschiedliche mittragende Breiten. Für die Schnittgrößenermittlung ist es jedoch nach [DAfStb-H525 – 10] i. Allg. ausreichend, die mittragende Breite konstant über die Feldlänge anzusetzen.

Gleichung (4.2) kann auch für einseitige oder unsymmetrische Plattenbalken angewendet werden, soweit die Platte seitlich gehalten ist und eine Nulllinie parallel zur Plattenmittelfläche erzwungen wird.

4.3 Belastungsanordnung; Lastfälle

Die Größen der Einwirkungen werden i. Allg. durch ihre charakteristischen Werte dargestellt. Es gelten die Kombinationsregeln nach EC0 im Grenzzustand der Tragfähigkeit (vgl. Abschnitt 5.1.1) und im Grenzzustand der Gebrauchstauglichkeit (Abschnitt 5.1.2). Die für eine Bemessung „ungünstigen" Einwirkungen sind mit ihrem oberen, die „günstig wirkenden" mit ihrem unteren Bemessungswert zu berücksichtigen.

Im Grenzzustand der Tragfähigkeit sind die *ständigen Einwirkungen* mit $\gamma_G = 1{,}35$ zu multiplizieren, wenn sie das Bemessungsergebnis ungünstig beeinflussen; wenn die Eigenlast günstig ist, darf sie jedoch nur mit $\gamma_G = 1{,}0$ vervielfacht werden. Die Eigenlasten dürfen jeweils im Tragwerk konstant mit ihrem oberen oder unteren Wert angesetzt werden. *Veränderliche Einwirkungen* (Verkehrslasten) werden mit dem oberen Bemessungswert mit $\gamma_Q = 1{,}50$ berücksichtigt, wenn sie ungünstig wirken; bei günstiger Wirkung müssen sie unberücksichtigt bleiben.

Für den Grenzzustand der Gebrauchstauglichkeit gilt dies prinzipiell ebenfalls, allerdings dürfen die Lasten mit $\gamma_F = 1{,}00$, d. h. mit ihren repräsentativen Werten, berücksichtigt werden. Die veränderlichen Lasten sind i. d. R. feldweise ungünstig mit ihren jeweiligen Kombinationswerten anzusetzen. In der quasi-ständigen Kombination genügt es jedoch nach [DBV-BspHB – 05], nur den Lastfall Volllast zu untersuchen.

Beispiel

Für die dargestellte zweifeldrige Platte sind die maßgebenden Biegemomente im Grenzzustand der Tragfähigkeit gesucht. Als ständige Einwirkung ist $g_k = 6{,}50$ kN/m² (inkl. Zusatzeigenlast) und als veränderliche $q_k = 3{,}25$ kN/m² vorhanden.

Stützweite (vgl. Abschnitt 4.2.2)

$L = L_n + a_1 + a_2$ $\quad a_1 = h/2 = 0{,}20/2 = 0{,}10$ m (Fall (a) nach Tafel 4.1)

$= 4{,}65 + 0{,}10 + 0{,}15 = 4{,}90$ m $\quad a_2 = t/2 = 0{,}30/2 = 0{,}15$ m[5] (Fall (b) nach Tafel 4.1)

Belastung

Im Beispiel werden nur die Biegemomente im Grenzzustand der Tragfähigkeit gesucht; es wird daher direkt mit Bemessungslasten gerechnet. Man erhält:

$g_{d,sup} = \gamma_{G,sup} \cdot g_k = 1{,}35 \cdot 6{,}50 = 8{,}78$ kN/m² $\quad$ konstant in beiden Feldern; alternativ

$g_{d,inf} = \gamma_{G,inf} \cdot g_k = 1{,}00 \cdot 6{,}50 = 6{,}50$ kN/m² $\quad$ s. nächste Seite

$q_d = \gamma_q \cdot q_k = 1{,}50 \cdot 3{,}25 = 4{,}88$ kN/m² $\quad$ feldweise ungünstig

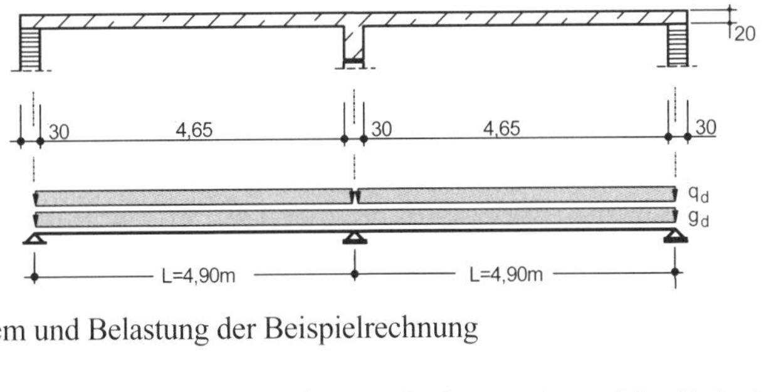

Abb. 4.8 System und Belastung der Beispielrechnung

[5] Ungünstige Annahme (nach EC 2-1-1 ist wie am Endauflager auch $a_2 = h/2$ zulässig; hiervon wird abgeraten).

Schnittgrößenermittlung

Die Schnittgrößenermittlung erfolgt nachfolgend tabellarisch (s. Tafel 4.2), die untersuchten Lastanordnungen sind schematisch skizziert. Die sich hieraus ergebenden Momentenlinien sind in Abb. 4.9 dargestellt, die in den jeweiligen Schnitten für eine Bemessung maßgebenden Momente (= Momentengrenzlinie) sind durch eine verstärkte Linie gekennzeichnet.

Tafel 4.2 Tabellarische Ermittlung der Schnittgrößen

Lastanordnung	Belastung [kN/m²]	$M_{Ed,b}$ [kNm/m]	$M_{Ed,1}$ [kNm/m]	x_1 [m]	x_0 [m]	$V_{Ed,a}$ [kN/m]	$V_{Ed,bl}$ [kN/m]
1a	g_d = 8,78	-41,00	23,06	1,84	3,67	25,10	-41,83
1b	q_d = 4,88	-33,67	25,89	1,95	3,89	26,60	-40,34
1c		-33,67	12,20	1,67	3,33	14,64	-28,38
2a*)	g_d = 6,50	-34,15	19,21	1,84	3,67	20,91	-34,85
2b*)	q_d = 4,88	-26,93	22,06	1,97	3,94	22,39	-33,38
2c*)		-26,83	8,40	1,61	3,22	10,45	-21,40

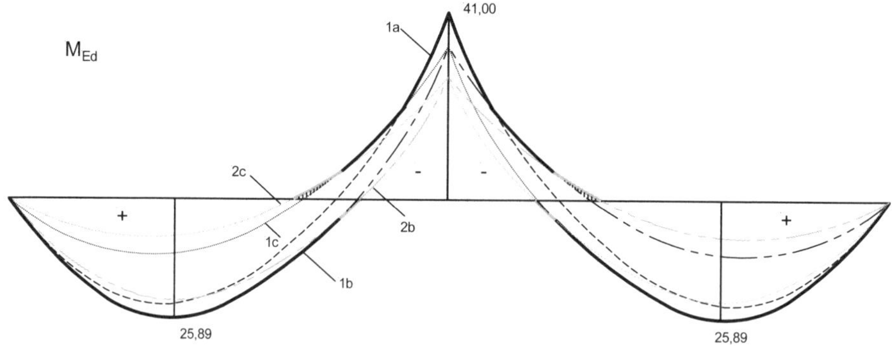

Abb. 4.9 Momentenlinien und Momentengrenzlinie

Wie zu sehen ist, sind die Lastfallkombinationen 2a bis 2c – „günstige" Auswirkungen einer ständigen Einwirkung mit $\gamma_{G,inf} = 1{,}0$ – nahezu im gesamten Bereich nicht maßgebend; ausgenommen hiervon sind lediglich Bereiche mit geringer Momentenbeanspruchung (schraffierter Bereich in Abb. 4.9). Diese Beanspruchung ist i. Allg. durch die Mindestbewehrung und durch eine konstruktive Bewehrung abgedeckt. Für nicht vorgespannte Durchlaufträger und -platten des üblichen Hochbaus darf daher auf eine Untersuchung der Bemessungssituation mit günstigen ständigen Einwirkungen verzichtet werden (s. Anm.[6]).

Bezüglich der günstigen Auswirkung einer ständigen Einwirkung liegt jedoch beispielsweise bei Stützen eine andere Situation vor. Hier kann eine ständige Einwirkung sich durchaus günstig

[6] Die LF-Komb. 2a bis 2c (Bemessungssituationen mit günstigen ständigen Einwirkungen) brauchen bei nicht vorgespannten Durchlaufträgern und -platten des üblichen Hochbaus nicht berücksichtigt zu werden, wenn die Konstruktionsregeln für die Mindestbewehrung eingehalten werden.

auswirken, d. h. zu einer Reduzierung der erforderlichen Bewehrung führen, sodass zusätzliche Lastfallkombinationen mit $\gamma_{G,inf} = 1{,}0$ zu untersuchen sind (vgl. Abb. 3.9 und Abschnitt 5.1.1.1, Beispiel 3). Die Ausnahmeregelung, auf diese Untersuchungen zu verzichten, gilt daher nur für den beschriebenen Fall.

In Ausnahmefällen, wenn die Ergebnisse eines Nachweises im hohen Maß anfällig gegen Schwankungen in der Größe einer ständigen Einwirkung sind, müssen darüber hinaus die günstigen und ungünstigen Anteile der Einwirkung als eigenständige Einwirkung mit $\gamma_{G,inf} = 0{,}9$ und $\gamma_{G,sup} = 1{,}1$ betrachtet werden. Das gilt z. B. beim Nachweis der Lagesicherheit nach EC 0 (vgl. Abschnitt 5.1.1.3).

Weitere Beispiele enthalten die Abschnitte 5.1.1 und 5.1.2.

Ungünstige Laststellungen

Wie aus dem zuvor dargestellten Beispiel eines Zweifeldträgers zu sehen ist, sind für die Ermittlung der ungünstigen Beanspruchungen mehrere Lastfälle zu untersuchen; für Durchlaufträger über viele Felder kann die Anzahl beträchtlich werden. Beispielhaft ist dies in Tafel 4.3 für einen Fünffeldträger dargestellt; für die Biegebemessung in den Feldern und an den Stützen sind die dargestellten vier Lastfälle zu untersuchen, die die maximalen Feld- und minimalen Stützmomente ergeben. Weitere Lastfälle sind zu untersuchen, wenn beispielsweise auch die maximalen Stützmomente, sämtliche Querkräfte u. a. m. gesucht sind (siehe z. B. [Schneider – 22], Kapitel „Statik“).

Tafel 4.3 Lastanordnungen für die Größtwerte der Biegemomente

Laststellung	Maßgebendes Biegemoment
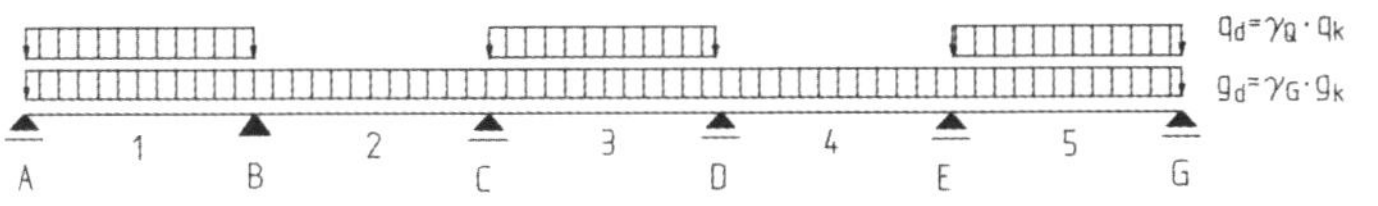 $q_d = \gamma_Q \cdot q_k$; $g_d = \gamma_G \cdot g_k$; A 1 B 2 C 3 D 4 E 5 G	max M_1, M_3, M_5
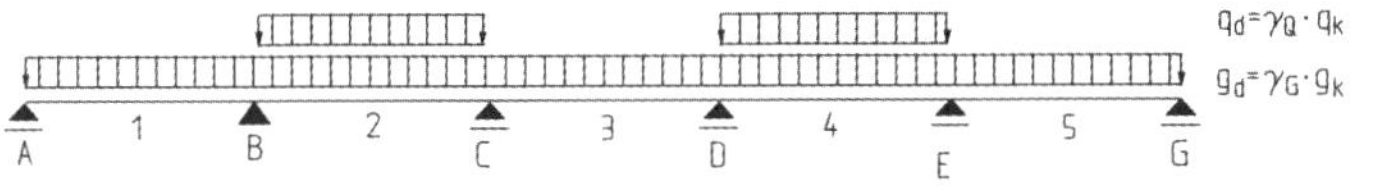 $q_d = \gamma_Q \cdot q_k$; $g_d = \gamma_G \cdot g_k$; A 1 B 2 C 3 D 4 E 5 G	max M_2, M_4
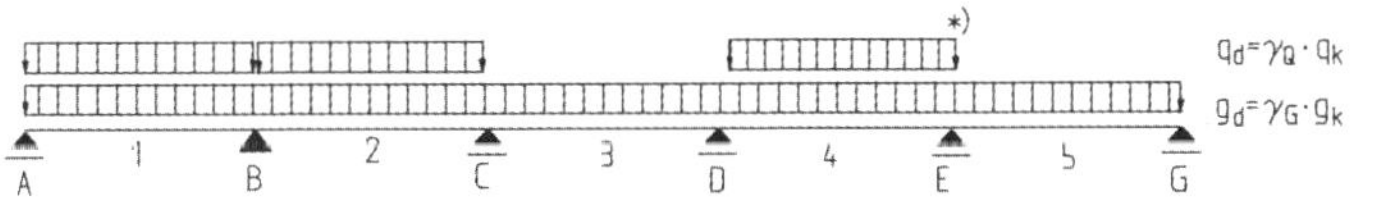 *) $q_d = \gamma_Q \cdot q_k$; $g_d = \gamma_G \cdot g_k$; A 1 B 2 C 3 D 4 E 5 G	min M_B
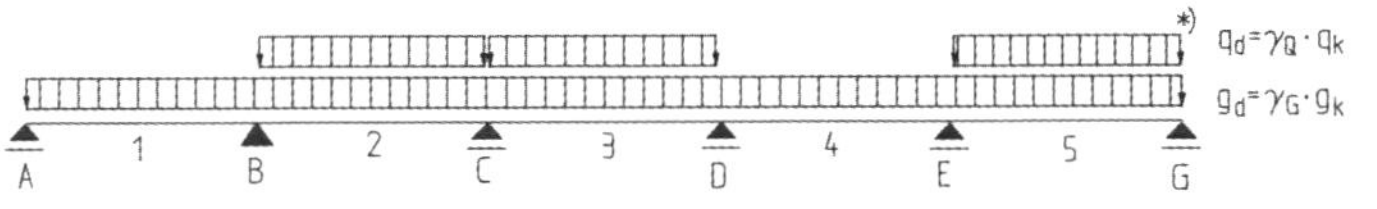 *) $q_d = \gamma_Q \cdot q_k$; $g_d = \gamma_G \cdot g_k$; A 1 B 2 C 3 D 4 E 5 G	max M_C

*) Die veränderliche Last im Feld 4 bzw. 5 hat bei Durchlaufträgern mit annähernd gleichen Stützweiten keinen großen Einfluss auf das Stützmoment an der Stelle B bzw. C.

4.4 Vereinfachungen

4.4.1 Grundsätzliches

Für Regelfälle, insbesondere für Tragwerke des üblichen Hochbaus, sind einige Vereinfachungen zulässig, wodurch die große Anzahl von Schnittgrößenkombinationen deutlich reduziert und außerdem die statischen Systeme vereinfacht werden können. Diese Vereinfachungen sind – zumindest teilweise – explizit in EC 2-1-1 genannt (s. a. DIN 1045-1:2008). Nachfolgend ist eine kurze Übersicht dargestellt.

Die Eigenlast braucht bei nicht vorgespannten Durchlaufträgern und -platten des üblichen Hochbaus nur mit γ_G = 1,35 konstant in allen Feldern berücksichtigt zu werden, wenn die Konstruktionsregeln für die Mindestbewehrung eingehalten sind. Eine Beanspruchung mit dem unteren Wert (γ_G = 1,00) wird bei üblichen Durchlaufträgern nur im Bereich kleiner Momente maßgebend, die jedoch durch die Mindestbewehrung abgedeckt sind (vgl. hierzu Abschnitt 4.3, Beispiel). Bezüglich der Mindestbewehrung ist ergänzend hinzuzufügen, dass sie nicht nur im Querschnitt mit Mindestwerten vorgegeben, sondern auch in einer (Mindest-) Länge geregelt ist (z. B. muss sie als obere Bewehrung mindestens um $^1/_4\ l$ in das Feld hineinreichen).

Die Schnittgrößen sind i. d. R. unter Berücksichtigung einer Durchlaufwirkung zu ermitteln. Die maßgebenden *Querkräfte* dürfen bei Tragwerken des üblichen Hochbaus für eine Vollbelastung aller Felder ermittelt werden, wenn das Stützweitenverhältnis benachbarter Felder im Bereich $0{,}5 < l_1 / l_2 < 2{,}0$ liegt. Die Größe der Querkräfte ergibt sich hierbei in erster Linie aus der Belastung der unmittelbar benachbarten Felder, so dass auf eine genauere Berechnung mit feldweise ungünstiger Verkehrslastanordnung i. d. R. verzichtet werden kann. Die *Stützkräfte* von einachsig gespannten Platten, Rippendecken, Balken und Plattenbalken dürfen unter Vernachlässigung der Durchlaufwirkung ermittelt werden; an der ersten Innenstütze und an Auflagern, bei denen das Stützweitenverhältnis benachbarter Felder außerhalb des Bereichs $0{,}5 < l_1 / l_2 < 2{,}0$ liegt, sollte die Durchlaufwirkung jedoch stets berücksichtigt werden.

Die *Querdehnzahl* ν liegt für ungerissenen Beton festigkeitsabhängig zwischen 0,14 und 0,26 und beträgt im Mittel ca. $\nu = 0{,}2$. Für den gerissenen Beton ist sie naturgemäß 0. Bei üblichen Biegetragwerken mit gerissener Biegezugzone und Biegedruckzone müsste man theoretisch zwischen $\nu = 0{,}2$ in ungerissenen und $\nu = 0$ in gerissenen Bereichen unterscheiden. Zur Vereinfachung des Rechengangs darf jedoch bei der Bemessung überwiegend biegebeanspruchter Stahlbetonplatten $\nu = 0$ oder alternativ $\nu = 0{,}2$ angesetzt werden [DAfStb-H631 – 19], wobei die Konstruktionsregeln für Stahlbetonplatten stets zu beachten sind.

Bei der Schnittgrößenermittlung von stabförmigen Tragwerken und Platten in Gebäuden dürfen die *Längskraft- und Querkraftverformungen* vernachlässigt werden, sofern der Einfluss weniger als 10 % beträgt. Hiervon kann in vielen Fällen ausgegangen werden; eine Ausnahme können jedoch beispielsweise gedrungene Bauteile bilden, bei denen es erforderlich sein kann, Einflüsse aus der Querkraftverformung zu berücksichtigen.

Auswirkungen nach *Theorie II. Ordnung* dürfen unberücksichtigt bleiben, wenn sie die Gesamtstabilität oder das Erreichen des Grenzzustands der Tragfähigkeit in kritischen Querschnitten nicht nennenswert beeinflussen. Hiervon ist auszugehen, wenn diese Auswirkungen die Tragfähigkeit um weniger als 10 % verringern. Diese zunächst wenig praktikable Regelung wird dann im Zusammenhang mit der Schnittgrößenermittlung für Stützen (Nachweis nach Theorie II. Ordnung) weitergehender erläutert. Danach kann auf einen Nachweis nach Theorie II. Ordnung verzichtet werden, wenn eine Stütze als wenig schlank gilt, d. h. die Schlankheit λ einen vorgegebenen Grenzwert nicht überschreitet (vgl. hierzu die ausführlichen Erläuterungen im Abschnitt 6.5).

4.4.2 Besonderheiten bei unverschieblichen Rahmentragwerken

Bei durchlaufenden Platten und Balken als Rahmenriegel von ausreichend ausgesteiften Rahmenkonstruktionen des Hochbaus gilt:

- Bei den Innenstützen dürfen die Biegemomente aus Rahmenwirkung infolge von lotrechter Belastung vernachlässigt werden.
- Randstützen müssen für Eckmomente bemessen werden.

Das sich daraus ergebende Ersatzsystem ist in Abb. 4.10 dargestellt. Für „Von-Hand-Rechnungen" werden dabei die Einspannmomente der Randstützen gemäß Abb. 4.10b mit dem sog. c_o-c_u-Verfahren ermittelt, das im [DAfStb-H240 – 91] näher beschrieben ist. Danach erhält man im Grenzzustand der Tragfähigkeit für eine Belastung aus Eigenlast g und veränderlicher Last q nachfolgend angegebene Randmomente.

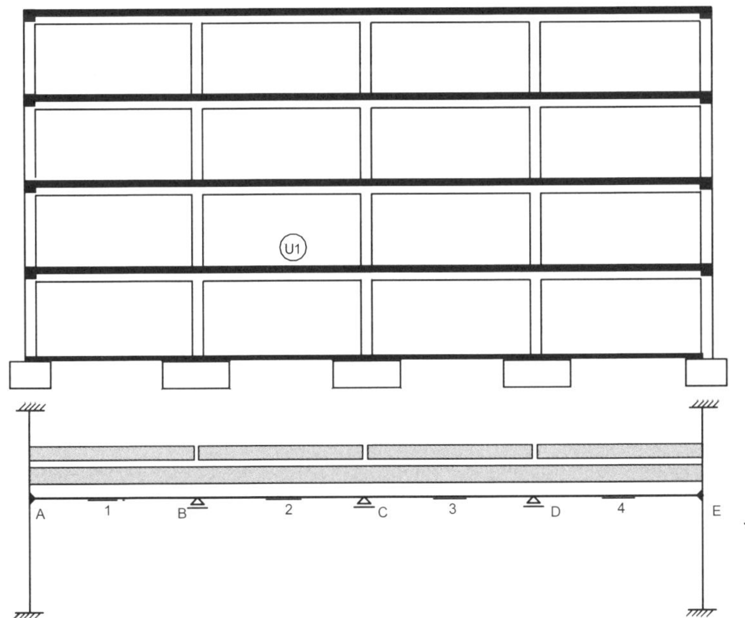

Abb. 4.10 Schnittgrößenermittlung bei unverschieblichen Rahmen
a) tatsächliches System
b) Ersatzsystem für den Unterzug U1

Näherungsweise Ermittlung der Momente in rahmenartigen Tragwerken

$$M_b = \frac{c_o + c_u}{3 \cdot (c_o + c_u) + 2{,}5} \cdot \left(3 + \frac{q}{g+q}\right) \cdot M_b^{(0)}$$

$$M_{col,o} = \frac{-c_o}{3 \cdot (c_o + c_u) + 2{,}5} \cdot \left(3 + \frac{q}{g+q}\right) \cdot M_b^{(0)}$$

$$M_{col,u} = \frac{c_u}{3 \cdot (c_o + c_u) + 2{,}5} \cdot \left(3 + \frac{q}{g+q}\right) \cdot M_b^{(0)}$$

$$c_o = \frac{I_{col,o}}{I_b} \cdot \frac{l_{eff}}{l_{col,o}}$$

$$c_u = \frac{I_{col,u}}{I_b} \cdot \frac{l_{eff}}{l_{col,u}}$$

Es sind:

$M_b^{(0)}$ Stützmoment des Endfeldes für eine beidseitige Volleinspannung unter Volllast $(g+q)$

M_b Stützmoment des Riegels am Endauflager

$M_{col,o/u}$ Einspannmoment des oberen (o)/ unteren (u) Rahmenstiels am Riegelanschnitt

g, q Eigenlast, veränderliche Last (für die maßg. Bemessungssituation)

I_b Flächenmoment 2. Grades des Rahmenriegels

$c_{o/u}$ Steifigkeitsbeiwert der oberen (o) / unteren (u) Stütze

$I_{col,o/u}$ Flächenmoment 2. Grades der oberen (o) / unteren (u) Randstütze

(Bei Rahmenriegeln als Plattenbalken ist das Flächenmoment unter Berücksichtigung der mitwirkenden Plattenbreite zu bestimmen.)

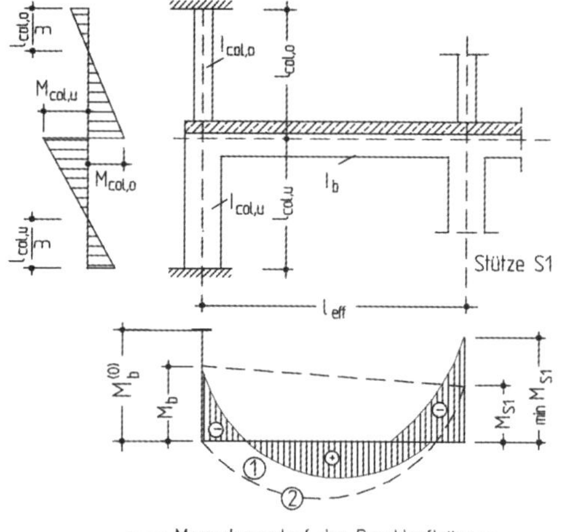

Die Genauigkeit des c_o-c_u-Verfahrens nimmt ab, sofern sich die Riegelstützweiten sehr stark unterscheiden. Um die Ungenauigkeit des Verfahrens zu kompensieren, kann auf eine Verringerung des Feldmomentes verzichtet werden (Randmoment M_b in Kombination mit Linie 2 in der Darstellung oben).Das Verfahren darf auch auf die Verbindung von Stahlbetonwänden mit Stahlbetonplatten angewandt werden. Die Verwendung der Formeln ist außerdem – bei Angleichung des Momentenverlaufs in den Stielen – auch bei *gelenkiger* Lagerung der abliegenden Stützenenden erlaubt. Auf eine Verminderung der Stielsteifigkeit, z. B. auf 0,75 · (I_{col} / l_{col}), darf dabei verzichtet werden.

Alternativ zu dem vorgestellten c_o-c_u-Verfahren darf ein Verfahren aus dem Mauerwerksbau (gemäß EC 6, Anhang NA.C) verwendet werden, welches bei der Ermittlung der Einspannmomente, zusätzlich zu den vertikalen Streckenlasten auf die Riegel, auch die Berücksichtigung gleichmäßig verteilter Horizontallasten auf die Stützen erlaubt (siehe hierzu [DAfStb-H631 – 19]).

Beispiel

Rahmenriegel eines dreifeldrigen unverschieblichen Stockwerkrahmens (s. Abb. 4.12); gesucht sind die Momentengrenzlinien im Grenzzustand der Tragfähigkeit.

Steifigkeiten: $I_b = 3{,}0 \cdot 7{,}0^3/12 = 85{,}75\ \text{dm}^4$

$I_{col,o} = I_{col,u} = 3{,}0 \cdot 3{,}0^3/12 = 6{,}75\ \text{dm}^4$

Belastung: $g_d = \gamma_G \cdot g_k = 1{,}35 \cdot 42{,}8 = 57{,}8\ \text{kN/m}$ Annahme: $g_k = 42{,}8\ \text{kN/m}$

$q_d = \gamma_Q \cdot q_k = 1{,}50 \cdot 19{,}9 = 29{,}9\ \text{kN/m}$ $q_k = 19{,}9\ \text{kN/m}$

Im Rahmen des Beispiels wird die Ermittlung der Biegemomente für das Randfeld einschließlich der ersten Innenstütze gezeigt.

Moment an der ersten Innenstütze

Die Ermittlung ***ohne*** Berücksichtigung der Rahmenwirkung am Dreifeldträger. Eigenlast über alle drei Felder, Verkehrslast in den Feldern 1 und 2

$$M_{Ed,s1} = -(0{,}100 \cdot 57{,}8 + 0{,}117 \cdot 29{,}9) \cdot 7{,}0^2 = -454{,}6\ \text{kNm}$$

Moment an der Randstütze und im Randfeld

Ermittlung unter Berücksichtigung der Rahmenwirkung. Eigenlast über alle drei Felder, Verkehrslast in den Feldern 1 und 3:

Volleinspannung $M_b^{(0)} = -(57{,}8 + 29{,}9) \cdot 7{,}0^2 / 12 = -358{,}1\ \text{kNm}$

Hilfswerte: $c_o = (6{,}75/35{,}0) / (85{,}75/70{,}0) = 0{,}157$

$c_u = (6{,}75/45{,}0) / (85{,}75/70{,}0) = 0{,}122$

$3\,(c_o + c_u) + 2{,}5 = 3{,}337$

$[3 + q_d / (g_d + q_d)] \cdot M_b^{(0)} = -1196\ \text{kNm}$

Eckmomente: $M_b = (0{,}157 + 0{,}122) \cdot (-1\,196) / 3{,}337 = -100{,}0\ \text{kNm}$

$M_{col,o} = -0{,}157 \cdot (-1196) / 3{,}337 = +56{,}3\ \text{kNm}$

$M_{col,u} = 0{,}122 \cdot (-1196) / 3{,}337 = -43{,}7\ \text{kNm}$

zug $M_{Ed,s1} = -(0{,}100 \cdot 57{,}8 + 0{,}050 \cdot 29{,}9) \cdot 7{,}0^2 = -356{,}5\ \text{kNm}$ (ohne Rahmenwirkung)

zug $V_{Ed,b} = (57{,}8 + 29{,}9) \cdot 7{,}0/2 + (-356{,}5 + 100{,}0) / 7{,}0 = 270{,}3\ \text{kN}$

max $M_{Ed,1} = -100{,}0 + 270{,}3^2 / [2 \cdot (57{,}8 + 29{,}9)] = 316{,}5\ \text{kNm}$

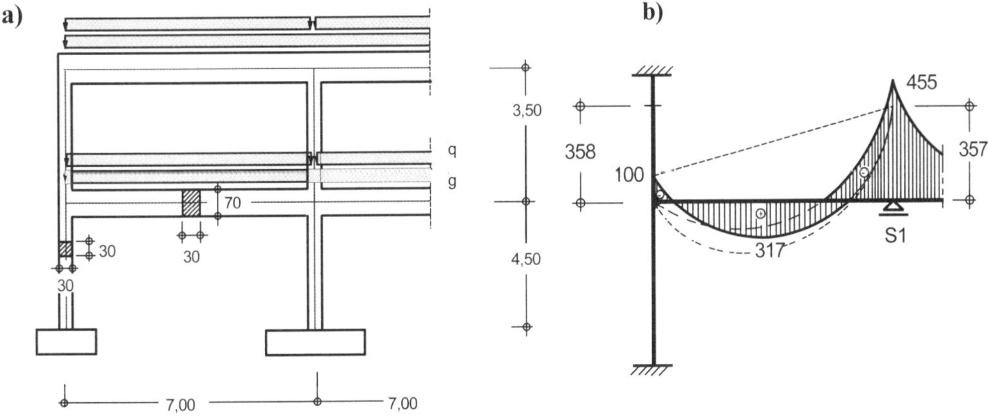

Abb. 4.12 Berechnungsbeispiel; Ausgangsgrößen (a) und Momentengrenzlinie im Feld 1 (b)

4.5 Momentenausrundung

Nicht biegesteifer Anschluss

Bei nicht biegesteifer Verbindung mit der Unterstützung (z. B. Auflagerung auf Mauerwerk) darf das Stützmoment über die Breite der Unterstützung ausgerundet werden; das Bemessungsmoment ergibt sich zu (vgl. Abb. 4.13):

$$| M'_{\text{Ed}} | = | M_{\text{Ed}} | - | C_{\text{Ed}} | \cdot a / 8 \quad (4.3)$$

C_{Ed} Bemessungswert der Auflagerreaktion
a Auflagerbreite

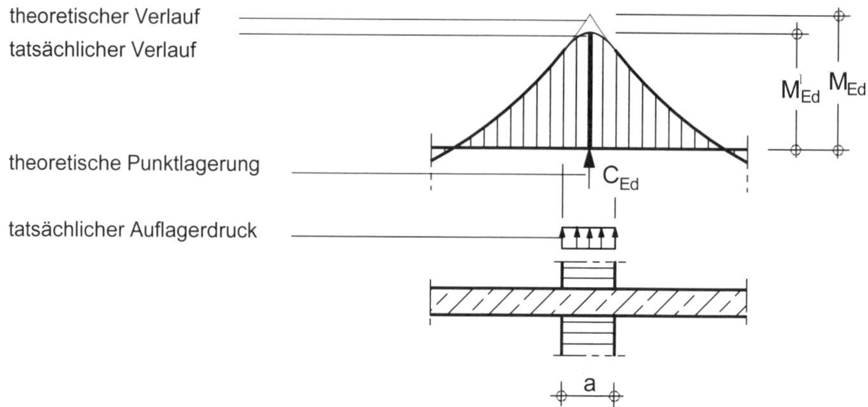

Abb. 4.13 Momentenausrundung bei frei drehbarer Lagerung

Durch die Momentenausrundung wird berücksichtigt, dass das in der Berechnung ermittelte Spitzenmoment tatsächlich wegen der über die Auflagerbreite verteilten Pressungen – in der statischen Berechnung ist ein punktförmiges Auflager angenommen – nicht auftreten kann. Die mit obiger Gleichung ermittelte Ausrundung geht von einer gleichmäßig verteilten rechteckigen Auflagerpressung aus.

Biegesteifer Anschluss

Wenn eine Platte oder ein Balken biegesteif mit der Unterstützung verbunden ist, gilt zunächst das zuvor Gesagte, d. h., es darf eine Momentenausrundung vorgenommen werden. Darüber hinaus darf bei der Bemessung berücksichtigt werden, dass die Nutzhöhe d bzw. der Hebelarm z der inneren Kräfte zur Auflagermitte hin – bedingt durch die monolithische Verbindung – größer wird und das Bemessungsergebnis günstig beeinflusst. Nach EC 2-1-1 darf als Bemessungsmoment das Moment am Rand der Unterstützung zugrunde gelegt werden, Mindestmomente sind jedoch zu beachten (s. nachfolgend). Als Bemessungsmoment erhält man (näherungsweise wird auf der Länge $a/2$ die Belastung des Trägers vernachlässigt):

$$| M_{\text{Ed,I}} | = | M_{\text{Ed}} | - | V_{\text{Ed,li}} | \cdot a/2 \quad (4.4a)$$
$$| M_{\text{Ed,II}} | = | M_{\text{Ed}} | - | V_{\text{Ed,re}} | \cdot a/2 \quad (4.4b)$$

$V_{\text{Ed,li}}$ Bemessungsquerkraft links von der Unterstützung
$V_{\text{Ed,re}}$ Bemessungsquerkraft rechts von der Unterstützung

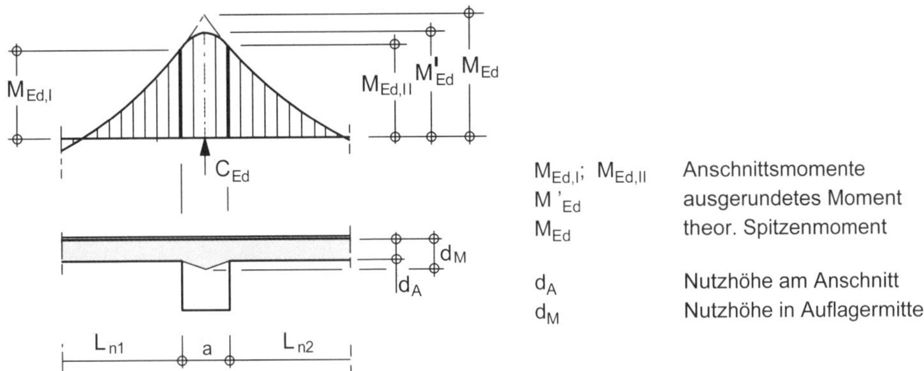

Abb. 4.14 Momentenausrundung und Anschnittsmomente bei monolithischem Anschluss

Es wird damit ohne genaueren Nachweis unterstellt, dass eine Bemessung für das Mittenmoment M'_{Ed} mit der Nutzhöhe d_M – sie ergibt sich im Bereich der biegesteif angeschlossenen Unterstützung aus einer Nutzhöhenvergrößerung unter einem Winkel von ca. 1 : 3 [DAfStb-H.600 – 12] – nicht maßgebend wird, sondern das Moment $M_{Ed,I}$ bzw. $M_{Ed,II}$ mit der Nutzhöhe d_A am Anschnitt bemessungsrelevant ist.

Bei einer indirekten Lagerung (z. B. Lagerung auf einem Unterzug) ist eine Bemessung für das Randmoment nur zulässig, sofern eine Vergrößerung der Nutzhöhe mit der Neigung von mindestens 1 : 3 auch möglich ist [DAfStb-H.631 – 19] (nach Abb. 4.14 ist in Auflagermitte eine Mindestnutzhöhe von $d_M = d_A + a/6$ bzw. eine Unterzughöhe $\geq a/6$ erforderlich). Bei einer sehr geringen Unterzughöhe oder bei deckengleichen Unterzügen darf diese Regelung daher nicht angewendet werden.

Eine Bemessung nur für das Mittenmoment unter Berücksichtigung einer Momentenausrundung und einer Nutzhöhenvergrößerung ist in vielen Fällen als nicht ausreichend anzusehen, wie Abb. 4.15 anschaulich zeigt. Dargestellt ist die von der Bewehrung aufzunehmende Biegezugkraft $F'_{sd} = F_{sd} /(f_d \cdot l)$ – mit f_d als maßgebende Bemessungslast – an der Innenstütze eines symmetrischen Zweifeldträgers, und zwar in Abhängigkeit vom Verhältnis der Auflagerbreite zur Spannweite a / l. Der Hebelarm z der inneren Kräfte wird konstant zu $z = 0{,}85\ d$ bzw. $z = 0{,}85\ d_A$ angenommen.

Für Abb. 4.15a gilt eine Bauteilschlankheit $l / d = 25$, wie sie etwa bei Platten anzutreffen ist; eine mögliche Momentenumlagerung ist mit 15 % ($\delta = 0{,}85$) und mit 30 % ($\delta = 0{,}70$) berücksichtigt. Es ist zu erkennen, dass bei üblichen Verhältnissen die Anschnittsmomente maßgebend sind, die Mittenmomente sind fast durchgängig günstiger. Bei großen Umlagerungen sind allerdings die Mindestmomente in weiten Bereichen maßgebend.

In analoger Weise gilt die Darstellung in Abb. 4.15b für Bauteilschlankheit $l / d = 10$. In diesem Fall kann jedoch das Mittenmoment maßgebend sein, so dass zumindest bei größeren Verhältnissen a / l eine zusätzliche Überprüfung angeraten wird.

Mindestbemessungsmoment

Zur Berücksichtigung von Idealisierungen und unbeabsichtigten Abweichungen ist als Mindestbemessungsmoment min $|M_{Ed}|$ am Auflagerrand mindestens 65 % des Moments bei An-

a) Biegeschlankheit ***l/d* = 25**

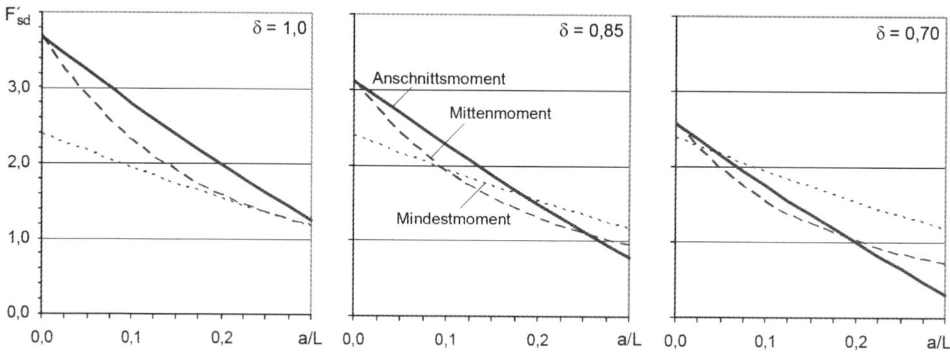

b) Biegeschlankheit ***l/d* = 10**

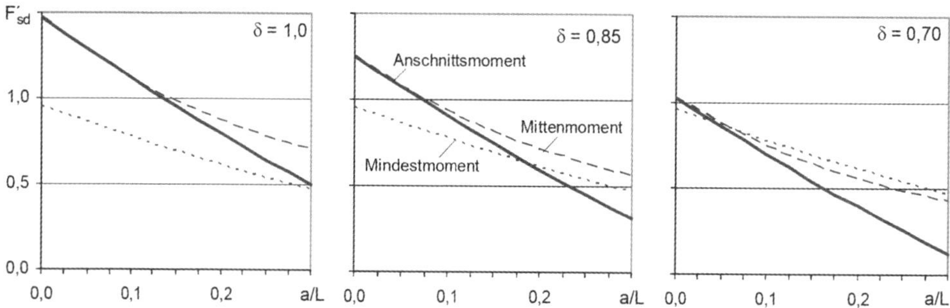

Abb. 4.15 Biegezugkraft an der Innenstütze eines Zweifeldträgers

nahme einer vollen Randeinspannung zu berücksichtigen. Für eine gleichmäßig verteilte Belastung erhält man

$\min \mid M_{Ed} \mid \approx (1/12) \cdot f_d \cdot l_n^2$	an der ersten Innenstütze im Randfeld (einseitige Einspannung)
$\min \mid M_{Ed} \mid \approx (1/18) \cdot f_d \cdot l_n^2$	an den übrigen Innenstützen in Innenfeldern (beidseitige Einspannung)

mit f_d als gleichmäßig verteilte Bemessungslast und l_n als lichte Weite zwischen den Auflagern.

Beispiel (Fortsetzung des Beispiels im Abschnitt 4.3)

Für eine zweifeldrige Platte soll das maßgebende Stützmoment bestimmt werden. Die Platte ist monolithisch mit dem Unterzug (Unterstützung) verbunden.

$$\mid M_{Ed,I} \mid = \mid M_{Ed} \mid - \mid V_{Ed,li} \mid \cdot a/2$$

$$= 41{,}00 - 41{,}83 \cdot 0{,}15 = 34{,}73 \text{ kNm/m}$$

$$\mid M_{Ed,II} \mid = \mid M_{Ed,I} \mid \quad \text{(wegen Symmetrie)}$$

Überprüfung des Mindestmoments

$$\min \mid M_{Ed} \mid \approx (1/12) \cdot F_d \cdot l_n^2 = (1/12) \cdot (8{,}78 + 4{,}88) \cdot 4{,}75^2 = 25{,}68 \text{ kNm/m}$$

Das Mindestmoment wird nicht maßgebend.

4.6 Schnittgrößen von durchlaufenden (Platten-)Balken und Rahmentragwerken

4.6.1 Linear-elastische Verfahren ohne Umlagerungen

Das übliche Berechnungsverfahren ist das linear-elastische Verfahren mit den Steifigkeiten des Zustandes I. Wegen Rissbildung des Betons in der Zugzone gibt dieses Rechenverfahren das tatsächliche Tragverhalten allerdings nur bedingt wieder (vgl. Abschnitt 4.1). Dennoch liefert eine auf dieser Basis geführte Bemessung nach dem ersten Grenzwertsatz der Plastizitätstheorie ein sicheres Ergebnis, wenn

a) ein statischer Gleichgewichtszustand vorliegt,
b) die Fließmomente an keiner Stelle überschritten werden,
c) eine hinreichende Verformungsfähigkeit gegeben ist;

(vgl. [DAStb-H.425 – 92]).

Bei einer linear-elastischen Berechnung sind Gleichgewichtsbedingungen grundsätzlich einzuhalten; sofern von Umlagerungen Gebrauch gemacht wird (s. nachfolgend), muss Gleichgewicht grundsätzlich beachtet werden. Die Bedingung a) ist daher bei diesen Berechnungsverfahren sichergestellt. Die Bedingung b), dass die Fließmomente an keiner Stelle überschritten werden, wird im Rahmen einer Bemessung selbst berücksichtigt, da die Querschnittstragfähigkeit unter Einhaltung von Grenzdehnungen und -spannungen zu bestimmen ist.

Eine hinreichende Verformungsfähigkeit in kritischen Abschnitten (Rotationsfähigkeit) gemäß Bedingung c) muss jedoch zusätzlich gewährleistet sein; sie wird entscheidend durch das Fließen der Bewehrung bestimmt. Sehr hohe Bewehrungsgrade sind daher zu vermeiden, und die Mindestbewehrung ist einzuhalten.

Neben den konstruktiven Regelungen zur Mindestbewehrung ist nach EC 2-1-1, 5.5 von den verschiedenen Einflüssen auf die Rotationsfähigkeit des Querschnitts das vorzeitige Versagen der Biegedruckzone bei hohen Bewehrungsgraden zu überprüfen. Dieser Nachweis gilt als erfüllt, wenn für Normalbeton bis zum C50/60 die Druckzonenhöhe auf $x_u/d \leq 0{,}45$ begrenzt wird (alternativ kommt ggf. auch eine enge Verbügelung infrage; vgl. DIN 1045-1:2008). Diese vereinfachende Regelung ist allerdings auf „regelmäßige“ Systeme begrenzt, d. h. auf durchlaufende Tragwerke – das sind in Querrichtung kontinuierlich gestützte Platten, Balken, Riegel in unverschieblichen Rahmen und andere überwiegend auf Biegung beanspruchte Bauteile – mit einem Stützweitenverhältnis der benachbarten Felder $0{,}5 < l_1 / l_2 < 2{,}0$.

Wegen der großen praktischen Vorteile des linear-elastischen Verfahrens – übliche Rechenprogramme und Tabellenwerke gehen von der linear-elastischen Theorie aus und können daher angewendet werden, die Schnittgrößen können lastfallweise ermittelt und anschließend superponiert werden – ist es die überwiegend zur Anwendung kommende Berechnungsmethode (vgl. hierzu Abschnitt 4.3, Beispiel). Aus wirtschaftlichen und konstruktiven Gründen kann es jedoch bei statisch unbestimmten Systemen sinnvoll sein, im begrenzten Maße von den so ermittelten Schnittgrößen abzuweichen, d. h. eine Umlagerung zuzulassen (s. Abschnitt 4.6.2). Die Zulässigkeit dieses Vorgehens ist begründet durch von den rechnerischen Annahmen abweichenden Querschnittssteifigkeiten, durch nichtlineares Materialverhalten und vor allem durch die örtliche Ausbildung von Fließgelenken.

4.6.2 Linear-elastische Berechnung mit Umlagerungen

Die linear-elastisch ermittelten Momente dürfen unter Einhaltung der Gleichgewichtsbedingungen umgelagert werden. Eine Umlagerung darf jedoch nur vorgenommen werden, wenn das Rotationsvermögen bzw. eine ausreichende Verformbarkeit mit Sicherheit vorausgesetzt werden kann, d. h. die zur Umlagerung benötigten plastischen Verdrehungen θ im angenommenen Fließgelenk dürfen die zulässigen bzw. möglichen Verdrehungen des Querschnitts nicht überschreiten. Der Nachweis wird beim linear-elastischen Verfahren mit begrenzter Umlagerung in vereinfachter Form geführt.

Bei einer Momentenumlagerung werden i. d. R. zweckmäßigerweise die Stützmomente verringert, wodurch sich im betrachteten Lastfall die Feldmomente vergrößern. Daraus können sich folgende Vorteile ergeben:

- Eine übermäßige Bewehrungskonzentration im Stützbereich wird vermieden.
- Beim Plattenbalken mit obenliegender Platte werden Feld- und Stützmomente besser entsprechend den tatsächlichen Steifigkeiten ausgenutzt.
- Durch lastfallweise unterschiedliche Umlagerungen wird man zu wirtschaftlichen Konstruktionen kommen, wenn man nur die für die Stützmomente maßgebenden Lastfälle von der Stütze zum Feld umlagert, die Schnittgrößen der für die Feldmomente maßgebenden Lastfälle unverändert lässt. Bei Systemen mit großen Verkehrslastanteilen können auf diese Weise die obere und untere Momentengrenzlinie sich einander annähern.

Allerdings hat eine Umlagerung – abgesehen vom erhöhten Rechenaufwand – auch Nachteile, dass es nämlich zu größeren Verformungen im Tragwerk und zu einer verstärkten Rissbildung im Fließgelenk kommt.

Der Nachweis einer ausreichenden Verdrehungsfähigkeit in kritischen Schnitten wird für „Regelfälle“ in vereinfachter Form geführt. Generell gilt jedoch zunächst, dass für verschiebliche Rahmen, in den Ecken vorgespannter Rahmen, bei großer Zwangbeanspruchung eine Umlagerung nicht zulässig ist (ebenso für Leichtbetonkonstruktionen, die hier nicht behandelt werden). Für Durchlaufträger – das sind in Querrichtung kontinuierlich gestützte Platten, Balken, Riegel in unverschieblichen Rahmen und andere überwiegend auf Biegung beanspruchte Bauteile – mit einem Stützweitenverhältnis der benachbarten Felder $0{,}5 < l_1 / l_2 < 2{,}0$ wird der Nachweis in der Form geführt, dass der Umlagerungsfaktor $\delta (= M_{\text{mit Uml.}} / M_{\text{ohne Uml.}})$ zu begrenzen ist auf

$\delta \geq 0{,}64 + 0{,}80 \cdot x_u/d$ für Betonfestigkeitsklassen $C \leq C50/60$ (4.5)

$\delta \geq 0{,}70$ für hochduktilen Stahl (4.6a)

$\delta \geq 0{,}85$ für normalduktilen Stahl (4.6b)

mit x_u / d als Verhältnis der Druckzonenhöhe x zur Nutzhöhe d nach Umlagerung. Für die Eckknoten unverschieblicher Rahmen sollte außerdem die Umlagerung auf $\delta = 0{,}9$ begrenzt werden. Für hochfesten Beton (C > C50/60) gelten verschärfte Bedingungen (s. EC 2-1-1).

Eine Umlagerung ist damit nicht zulässig (d. h. $\delta = 1$), wenn das Verhältnis x_u/d den Wert 0,45 erreicht. Dieser Wert ist generell einzuhalten, wenn keine geeigneten konstruktiven Maßnahmen (z. B. enge Verbügelung) getroffen werden (s. Abschnitt 4.6.1).

Generell gilt zudem, dass eine Umlagerung nur im Grenzzustand der Tragfähigkeit zulässig ist.

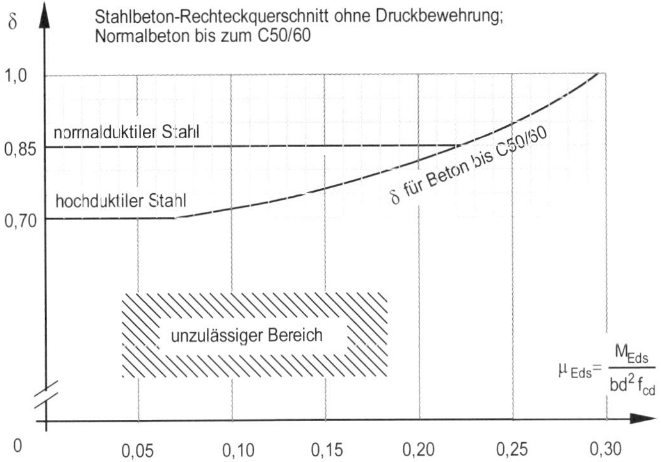

Abb. 4.16 Zulässiger Umlagerungsfaktor δ

Die Einhaltung der Bedingungen nach Gln. (4.5) und (4.6) erfordert im Regelfall eine Iteration, da der Faktor δ mit der bezogenen Druckzonenhöhe x_u/d nach Umlagerung zu ermitteln ist. Der zulässige Umlagerungsfaktor kann jedoch auch unmittelbar mit dem Diagramm in Abb. 4.16 bestimmt werden; bei der Aufstellung des Diagramms wurde für den Beton das Parabel-Rechteck-Diagramm der Querschnittsbemessung berücksichtigt. Eingangswert für das Diagramm ist das auf die Bewehrung bezogene Moment μ_{Eds} *vor* Umlagerung. Es kann dann unmittelbar in Abhängigkeit von der Duktilität des Stahls der zulässige Umlagerungsfaktor δ abgelesen werden. Wie zu sehen ist, können für den hochduktilen Stahl die größtmöglichen Umlagerungen nur bei geringer Beanspruchung ausgenutzt werden.

Beispiel

Für einen Zweifeldträger mit den Querschnittsabmessungen $b/h/d$ = 30/75/70 cm (Abb. 4.17a) und den charakteristischen Lasten g_k = 40 kN/m und q_k = 20 kN/m soll die Momentengrenzlinie unter Ausnutzung der größtmöglichen Umlagerung des Stützmoments bestimmt werden.

Bemessungslasten: $g_d = \gamma_G \cdot g_k = 1{,}35 \cdot 40 = 54$ kN/m
$q_d = \gamma_Q \cdot q_k = 1{,}50 \cdot 20 = 30$ kN/m

Baustoffe: Beton C30/37;
Stahl B500 (B) (hochduktil)

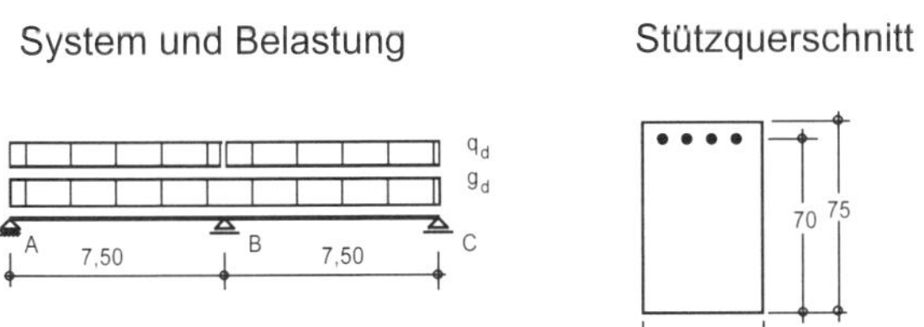

Abb. 4.17a Zweifeldträger mit Stützquerschnitt

Linear-elastische Berechnung

Für die Ermittlung der Momentengrenzlinie müssen drei Lastfälle untersucht werden:

- Eigenlast g_d in beiden Feldern, Verkehrslast q_d in beiden Feldern
- Eigenlast g_d in beiden Feldern, Verkehrslast q_d im linken Feld
- Eigenlast g_d in beiden Feldern, Verkehrslast q_d im rechten Feld

Man erhält

$M_{Ed,b} = -0{,}125 \cdot (54 + 30) \cdot 7{,}50^2 = -591$ kNm (q_d im Feld 1 und 2)

zug $M_{Ed,b} = -(0{,}125 \cdot 54 + 0{,}063 \cdot 30) \cdot 7{,}50^2 = -485$ kNm (q_d im Feld 1)

zug $V_{Ed,a} = 0{,}5 \cdot (54 + 30) \cdot 7{,}50 - 485 / 7{,}50 = 250$ kN (q_d im Feld 1)

max $M_{Ed,1} = 250^2 / [2 \cdot (54+30)] = 373$ kNm (q_d im Feld 1)

Lineare Berechnung mit begrenzter Umlagerung

Es wird zunächst mit Hilfe von Abb. 4.16 der zulässige Umlagerungsfaktor bestimmt. Eingangswert ist das bezogene Moment **vor** Umlagerung.

$\mu_{Eds} = 0{,}591 / [0{,}30 \cdot 0{,}70^2 \cdot (0{,}85 \cdot 30/1{,}5)] = 0{,}236$

$\Rightarrow$ zul $\delta = 0{,}87$ (hier unabhängig von der Duktilität des Stahls; s. Abb. 4.16)

$M_{Ed,b;\,\delta = 0,87} = 0{,}87 \cdot (-591) = \mathbf{-\,514}$ kNm

Zur Kontrolle wird der zulässige Umlagerungsfaktor mit Gl. (4.5) bestimmt. Es wird die Druckzonenhöhe **nach** Umlagerung benötigt.

$\mu_{Eds} = 0{,}514 / [0{,}30 \cdot 0{,}70^2 \cdot (0{,}85 \cdot 30/1{,}5)] = 0{,}206$ (M_{Ed} s. o)

$\Rightarrow$ $\xi = 0{,}29$ (s. μ_s-Tafeln; Tafel 6.3a)

$\delta = 0{,}64 + 0{,}80 \cdot x_d/d = 0{,}64 + 0{,}80 \cdot 0{,}29 = 0{,}87 \geq 0{,}70$

Das Stützmoment $|M_{Ed}| = 514$ kNm nach Umlagerung in der Lastfallkombination „Volllast" (g_d und q_d in beiden Feldern) ist noch größer als das zugehörige Stützmoment $|M_{Ed}| = 485$ kNm in der Lastfallkombination „einseitige Verkehrslast". Für das Feldmoment bleibt damit das in der linear-elastischen Berechnung ermittelte Moment max $M_{Ed,1} = 373$ kNm maßgebend. Die für die Bemessung maßgebende Momentengrenzlinie ist in Abb. 4.17b dargestellt.

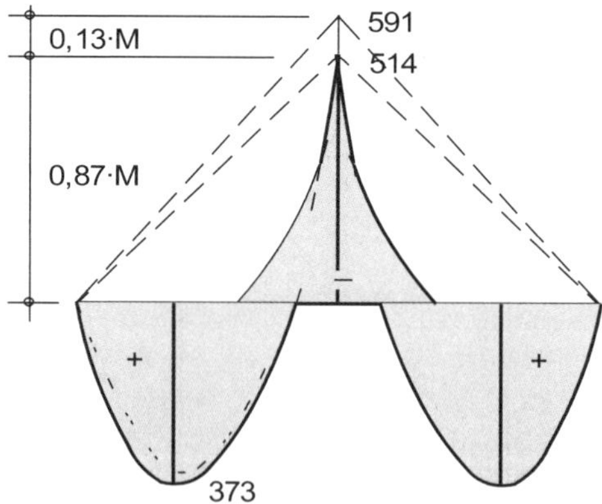

Abb. 4.17b Momentengrenzlinie nach umgelagertem Stützmoment

4.6.3 Verfahren nach der Plastizitätstheorie / nichtlineare Verfahren (Allgemeine Grundlagen)

Bei nichtlinearen Berechnungsverfahren wird für die Schnittgrößenermittlung (Querschnittswerte bzw. -steifigkeit) und die Bemessung dasselbe Materialgesetz verwendet. Damit entfällt der im Abschnitt 4.6.2 beschriebene Widerspruch, und das tatsächliche Tragwerksverhalten kann zutreffender beschrieben werden.

Um die Beanspruchungen und Schnittgrößenverteilungen eines Tragwerks zu ermitteln, muss zur Bestimmung der Querschnittswerte zunächst die Bewehrung geschätzt werden. In einer Berechnung wird dann das Verhalten unter schrittweiser Laststeigerung verfolgt und so die Traglast bestimmt. Ist mit der so ermittelten Tragfähigkeit die tatsächlich vorhandene Beanspruchung nicht aufnehmbar, muss eine erneute Berechnung mit veränderter Bewehrung durchgeführt werden. Für die Berechnung selbst sind neben der schrittweisen Laststeigerung auch räumlich feine Unterteilungen zu wählen (vgl. a. [Schmitz – 12]).

Wenn neben dieser physikalischen Nichtlinearität zusätzlich das Gleichgewicht bei jedem Berechnungsschritt auch am verformten System formuliert und damit die geometrische Nichtlinearität berücksichtigt wird, eignen sich derartige genaue allgemeingültige Berechnungsverfahren für einen direkten Nachweis nach Theorie II. Ordnung und für Stabilitätsnachweise.

Eine Superposition von Schnittgrößen und Verformungen ist bei nichtlinearen Verfahren nicht zulässig, jede Lastfallkombination muss daher völlig separat betrachtet werden. Als Spannungs-Dehnungs-Linie ist für Beton das Parabeldiagramm gemäß Abb. 4.18, für Betonstahl ein bilineares Diagramm mit ansteigendem oberen Ast zu verwenden (Abb. 4.19).

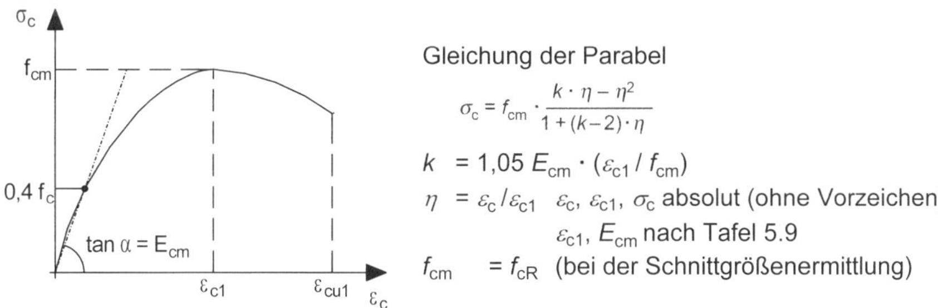

Abb. 4.18 Spannungs-Dehnungs-Linie des Betons für die Schnittgrößenermittlung

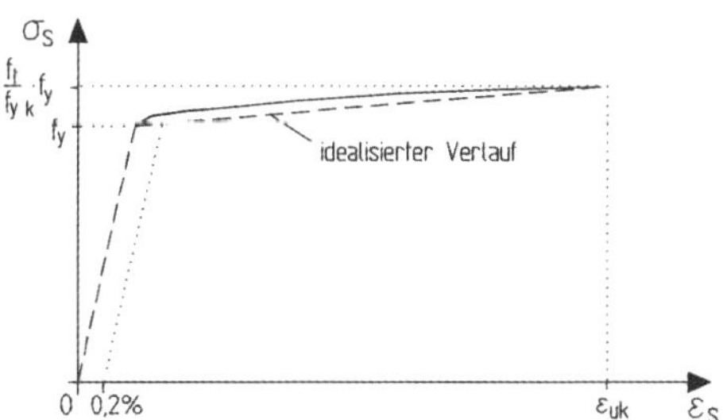

Abb. 4.19 Spannungs-Dehnungs-Linie des Betonstahls für die Schnittgrößenermittlung

Eine auf diesen Ansätzen beruhende nichtlineare Berechnung mit wirklichkeitsnaher Berücksichtigung des Materialverhaltens unter Einbeziehung des Rotationsvermögens ist wegen des hohen Aufwands im Allgemeinen nur EDV-gestützt durchzuführen.

Einen Sonderfall der nichtlinearen Berechnung stellen Verfahren nach der Plastizitätstheorie dar. Verfahren nach der Plastizitätstheorie dürfen nur für Nachweise im Grenzzustand der Tragfähigkeit verwendet werden (s. EC 2-1-1, 5.6.1). Anwendungsvoraussetzungen sind Betonstahl hoher Duktilität und die Verwendung von Normalbeton.

Tragwerksberechnungen nach der Elastizitätstheorie gehen von Systemversagen aus, wenn an einer beliebigen Stelle die Tragfähigkeit überschritten wird. Bei statisch unbestimmten Tragwerken kann sich jedoch noch ein stabiler Gleichgewichtszustand einstellen, wenn sich an dieser Stelle ein plastisches Gelenk ausbildet. Das plastische Gelenk bildet sich dabei in einem plastischen Bereich auf einer Länge L_{pl} aus (s. Skizze).

Erst wenn sich im Tragwerk eine kinematische Kette gebildet hat, d. h. ein instabiles System entstanden ist, ist die Systemtraglast erreicht (vgl. Abb. 4.20). Für eine plastische Berechnung ist zu beachten, dass eine Fließgelenkkette zu wählen ist, die zur niedrigsten Traglast führt. Eine beliebig gewählte Fließgelenkkette liefert i. d. R. keine sichere Lösung. Voraussetzung für die Ausbildung von Fließgelenken ist eine ausreichende Duktilität des Tragwerks bzw. eine ausreichende Rotationsfähigkeit der plastischen Gelenke. Das Rotationsvermögen wird im Wesentlichen durch die Materialeigenschaften, die Belastungen und Systemeinflüsse beeinflusst.

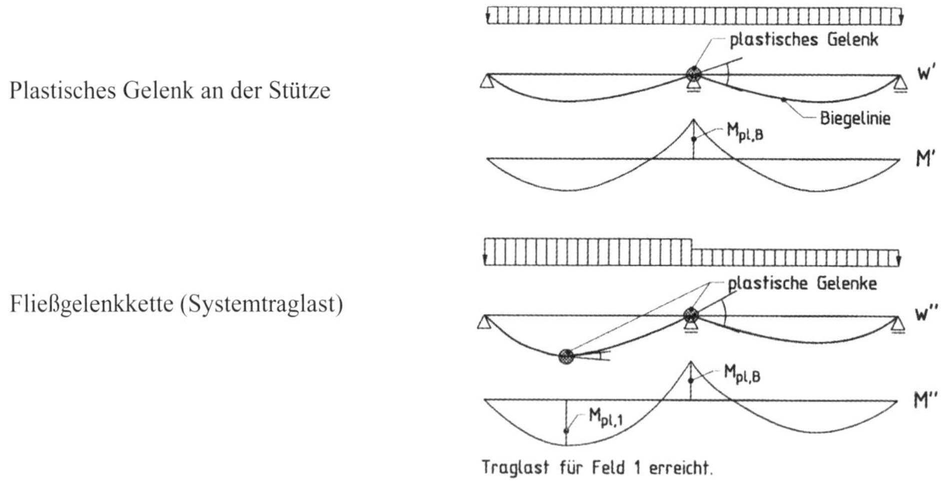

Abb. 4.20 Ausbildung eines plastischen Gelenks bei ausreichend duktilem Tragwerk [Schmitz – 12]

Eine ausführliche Darstellung der Verfahren erfolgt im Band 2, Abschnitt 8. An dieser Stelle wird daher auf weitere Erläuterungen verzichtet.

4.7 Schnittgrößenermittlung bei Platten

4.7.1 Allgemeines

Bei Platten erfolgt eine Schnittgrößenermittlung bei „Von-Hand-Rechnungen" i. d. R. nur an ausgewählten Stellen und für regelmäßige Systeme. Andere Bereiche und „Unregelmäßigkeiten" werden häufig konstruktiv und durch Näherungsverfahren erfasst. Hierzu gehören insbesondere

- ungewollte (rechnerisch nicht berücksichtigte) Einspannungen,
- Öffnungen,
- punkt- oder linienförmige Lasten,
- unterbrochene Stützungen,
- freie Ränder.

In diesem Abschnitt erfolgt daher nur eine kurze grundsätzliche Einführung zur Schnittgrößenermittlung. Weitere und detailliertere Hinweise zu üblichen Näherungsverfahren und zur Bewehrungsführung sind im Band 2, Abschnitt 4.1 wiedergegeben.

4.7.2 Einachsig gespannte Platten

Bei Platten unter *Gleichflächenlasten* liegt in folgenden Fällen eine einachsige Tragwirkung vor (vgl. a. Abschnitt 4.2.1):

- Die Platte ist nur an den zwei gegenüberliegenden parallelen Rändern gelagert, die Haupttragrichtung ist dann parallel zum freien Rand (bzw. Stützweite ist der Abstand der aufgelagerten Ränder).
- Eine vierseitig gelagerte Platte weist ein Stützweitenverhältnis $l_{max} / l_{min} \geq 2$ auf, es liegt überwiegend einachsiges Tragverhalten in Richtung der kürzeren Spannweite vor.
- Nach [Leonhardt-T3 – 77] können außerdem dreiseitig gelagerte Platten, deren ungestützter Rand kürzer als 2/3 der dazu senkrechten Seitenlänge ist, als einachsig gespannt betrachtet werden mit einer zum freien Rand parallelen Richtung als Hauptspannrichtung.

In diesen Fällen sind die infolge Querdehnung oder unregelmäßiger Lastverteilung auftretenden Querbiegemomente durch die konstruktive Querbewehrung (nach EC 2-1-1, mindestens 20 % der Hauptbewehrung) abgedeckt. Die Schnittgrößenermittlung einachsig gespannter Platten erfolgt nach den Grundsätzen der Balkenstatik (s. Abschnitt 4.6). Auf weitere Erläuterungen zu den Berechnungsverfahren kann daher an dieser Stelle verzichtet werden.

Für die Bemessung und Konstruktion sind jedoch teilweise abweichende Vorschriften und Regelungen zu beachten. Diese gelten bei Bauteilen mit

$b \geq 5h$ (andernfalls handelt es sich um einen Balken)

$l_{min} \geq 3h$ (andernfalls gilt das Bauteil als Scheibe)

mit b als Breite, h als Bauhöhe und l_{min} als kürzere Stützweite der Platte.

Auf die Besonderheiten der Bewehrungsführung und baulichen Durchbildung, insbesondere auch unter Einschluss der im Abschnitt 4.7.1 genannten Sonderfälle, wird im Band 2, Abschnitt 4.1 eingegangen.

4.7.3 Schnittgrößenermittlung bei zweiachsig gespannten Platten

4.7.3.1 Einführung

Bei zweiachsig gespannten Platten erfolgt die Lastabtragung über zwei Richtungen. Dieses zweidimensionale Tragverhalten ist schon bei der Schnittgrößenermittlung zu berücksichtigen. Zweiachsig gespannt gelten Platten dann, wenn das Verhältnis der längeren Stützweite zur kürzeren kleiner als 2 ist (s. a. Abschnitt 4.7.2).

Für die Schnittgrößenermittlung stehen verschiedene Tabellenwerke zur Verfügung. In der Regel werden allerdings nur die üblichen Grundfälle der einfeldrigen Platte behandelt. Davon ausgehend wurden Verfahren zur Anwendung auf durchlaufende Platten entwickelt (vgl. Abschnitte 4.7.3.2 und 4.7.3.3).

Von Bedeutung ist bei Plattentragwerken insbesondere, inwieweit eine ausreichende Drillsteifigkeit oder Drilltragfähigkeit gegeben ist. Eine zweiachsig gespannte Platte verformt sich mulden- oder schüsselförmig. Infolge dieser „Schüsselbildung“ neigen die Plattenecken zum Abheben (vgl. Abb. 4.21). Nur wenn dieses Abheben durch Auflasten und/oder Verankerungen verhindert wird, ist eine volle Drilltragfähigkeit gegeben.

Die Drillmomente müssen dabei selbstverständlich durch eine entsprechende Bewehrung aufgenommen werden. Die daraus resultierenden Spannungen sind etwa in Richtung der Diagonale bzw. unter 45° (Oberseite) und senkrecht dazu (Unterseite) gerichtet. Das wird anschaulich direkt einsichtig, wenn man die Ecken der in Abb. 4.21 dargestellten „schüsselnden“ Platte belastet und damit wieder nach unten drückt. Aus baupraktischen Gründen wird man für die Drillmomente allerdings i. Allg. ein orthogonales Bewehrungsnetz wählen, das dann an Ober- und Unterseite vorhanden sein muss (vgl. Band 2, Abschnitt 4.1).

Entsprechend der zweiachsigen Beanspruchung erhält man eine statisch erforderliche Bewehrung in beiden Richtungen. Bei Ortbetonkonstruktionen liegen diese Bewehrungen i. d. R. direkt übereinander, so dass nahezu gleiche Nutzhöhen und damit dieselben Steifigkeiten in beiden Richtungen vorliegen. Insbesondere bei Deckenkonstruktionen mit Teilfertigung können die beiden Bewehrungslagen jedoch relativ weit voneinander entfernt liegen. Berechnungsansätze mit gleicher Steifigkeit in beiden Richtungen gelten nur, wenn die Längsbewehrung und die Querbewehrung in der Höhe max. 50 mm bzw. $d/10$ (der größere Wert ist maßgebend) auseinanderliegen.

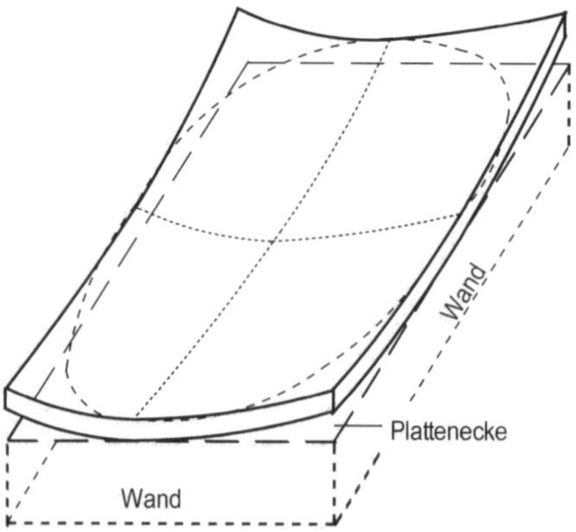

Abb. 4.21 „Schüsselbildung“ einer Platte, deren Ecken nicht gegen Abheben gesichert sind

Für die Berechnung von **einfeldrigen Platten** stehen umfangreiche Tabellenwerke zur Verfügung. Dabei werden i. d. R. sechs unterschiedliche Lagerungsarten der Ränder berücksichtigt (vgl. Abb. 4.22), die sich aus den unterschiedlichen Kombinationen von gelenkiger Lagerung und Einspannung und – bei zwei- oder dreiseitig gelagerten Platten – von ungestützten Rändern ergeben. Bei den in Abb. 4.22 dargestellten Lagerungsarten 2, 3 und 5 ist zusätzlich zu beachten, ob jeweils ein längerer oder kürzerer Rand eingespannt ist.

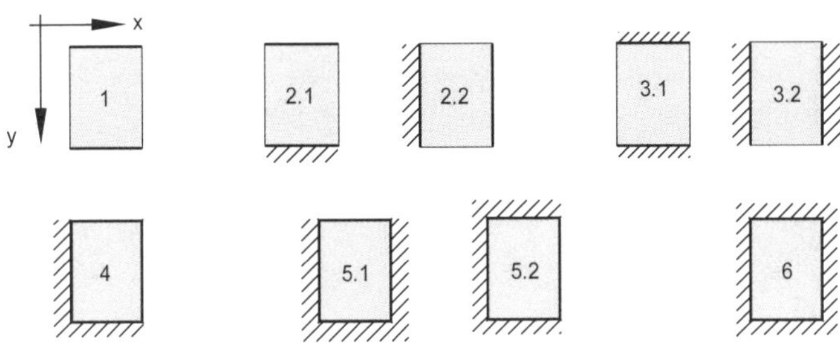

Abb. 4.22 Grundfälle der Lagerungen bei vierseitig gelagerten Platten

Durchlaufende Plattensysteme sind ebenso wie Balken unter Berücksichtigung der jeweils ungünstigen Anordnung einer veränderlichen Last zu berechnen. Für die Feldmomente ist die Verkehrslast schachbrettartig aufzubringen, wobei das betrachtete Feld selbst ebenfalls belastet ist. Bei den Stützmomenten sind die Verkehrslasten auf den beiden der betrachteten Stützung benachbarten Felder aufzubringen und die weiteren Felder dann ebenfalls schachbrettartig weiter zu belasten (vgl. Abb. 4.23).

Die Schnittgrößenermittlung von durchlaufenden Platten erfolgt häufig mit EDV-Programmen (FE-Methode), es wird auf Band 2, Abschnitt 8.3 und die einschlägige Literatur verwiesen. Bei „Von-Hand-Rechnungen“ stehen prinzipiell zwei (Näherungs-)Verfahren zur Verfügung, die mit vertretbarem Aufwand genügend genaue Ergebnisse liefern:

- das Lastumordnungsverfahren nach [DIN 1045 – 88] bzw. [DAfStb-H240 – 91]
- das Einspanngradverfahren (insbesondere das Verfahren nach [Pieper/Martens – 66])

Beide Verfahren beruhen darauf, dass nicht das Gesamtsystem, sondern jeweils Vergleichseinfeldplatten betrachtet werden.

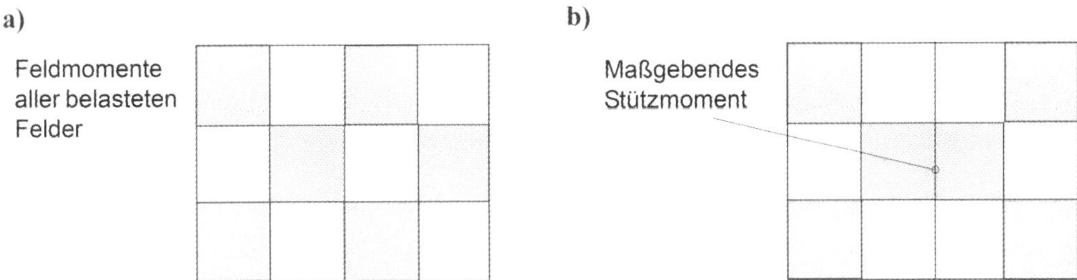

Abb. 4.23 Belastungsanordnung bei durchlaufenden Platten
a) für die Feldmomente
b) für die Stützmomente

4.7.3.2 Lastumordnungsverfahren

Beim Lastumordnungsverfahren wird die Berechnung am einfeldrigen Ersatzsystem durchgeführt. Die *Stützmomente* werden für die Gesamtlast – Eigenlasten und veränderliche Lasten – unter der Annahme einer starren Einspannung über den Stützen ermittelt. Bei der Ermittlung der *Feldmomente* gilt für die Eigenlast und für die halbe Verkehrslast wie vorher eine volle Einspannung, für die andere Hälfte der Verkehrslast jedoch eine freie Drehbarkeit über den Stützen, d. h., es wird für die veränderliche Last eine 50%ige Einspannung unterstellt. Das Lastumordnungsverfahren ist auf Fälle mit $l_{min} / l_{max} \geq 0{,}75$ beschränkt.

Bei diesem Verfahren werden Symmetriebedingungen ausgenutzt; es ist daher nur exakt, wenn diese auch tatsächlich vorliegen (vgl. hierzu die Erläuterungen in Abb. 4.24).

(Beispiel zur Berechnung s. Abschnitt 4.7.3.5)

a) Ermittlung des Stützmomentes

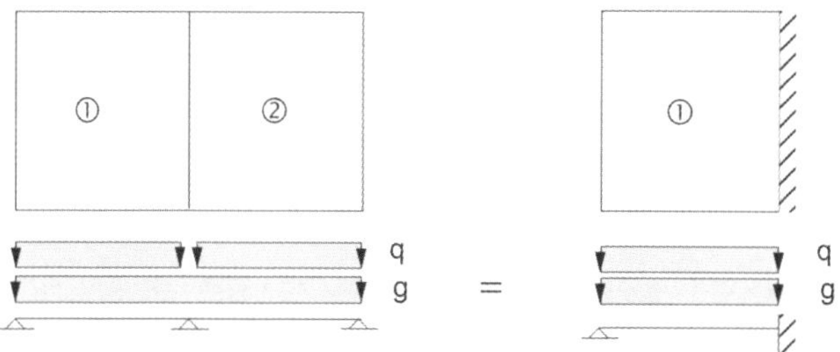

b) Ermittlung des Feldmomentes

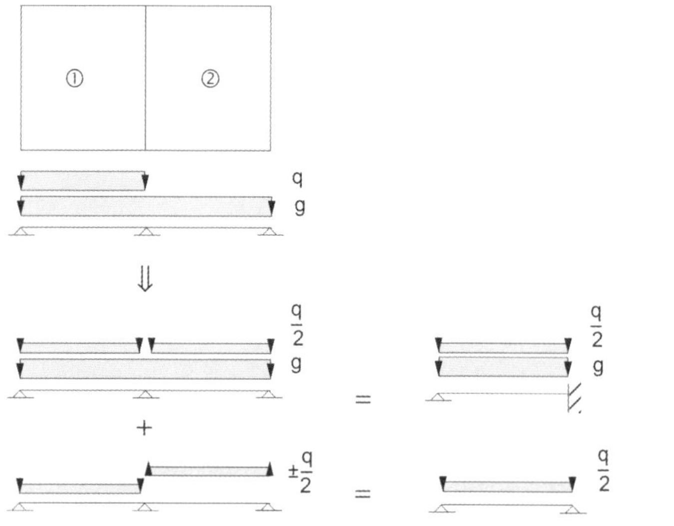

Abb. 4.24 Lastumordnungsverfahren; Ausnutzung von Symmetriebedingungen (dargestellt für eine zweifeldrige Platte)
a) für das Stützmoment
b) für das Feldmoment im Feld 1

Die nachfolgenden Tafeln gehen – anders als die im Abschnitt 4.7.3.3 wiedergegebene Tafel nach [Pieper/Martens – 66] – exakt von den dargestellten Lagerungsbedingungen aus. Soweit infolge Durchlaufwirkung eine nur teilweise Einspannung vorliegt, sind beispielsweise die entsprechenden Feldmomente nach dem zuvor dargestellten Lastumlagerungsverfahren zu ermitteln. Bei den Tafelwerten wird eine volle Drillsteifigkeit unterstellt und angenommen, dass die Ecken gegen Abheben gesichert sind (z. B. durch Auflasten).

Weitere Erläuterungen am Beispiel (s. Abschnitt 4.7.3.5).

Tafel 4.4 Tafeln für gleichmäßig vollbelastete vierseitig gelagerte Rechteckplatten
(Auszug*) aus [Czerny – 96])

Einspannungsfreie Lagerung der vier Ränder

1 (x, y)		Stützweitenverhältnis l_y / l_x ($l_x = l_{min}$)										
		1,0	1,1	1,2	1,3	1,4	1,5	1,6	1,7	1,8	1,9	2,0
m_{xm} =	$q \cdot l_x^2$:	27,2	22,4	19,1	16,8	15,0	13,7	12,7	11,9	11,3	10,8	10,4
m_{ymax} =	$q \cdot l_x^2$:	27,2	27,9	29,1	30,9	32,8	34,7	36,1	37,3	38,5	39,4	40,3
m_{xye} = ±	$q \cdot l_x^2$:	21,6	19,7	18,4	17,5	16,8	16,3	15,9	15,6	15,4	15,3	15,1

Starre Lagerung des kurzen Randes und einspannungsfreie Lagerung der drei anderen Ränder

2.1		Stützweitenverhältnis l_y / l_x ($l_x = l_{min}$)										
		1,0	1,1	1,2	1,3	1,4	1,5	1,6	1,7	1,8	1,9	2,0
m_{xm} =	$q \cdot l_x^2$:	41,2	31,9	25,9	21,7	18,8	16,6	15,0	13,8	12,8	12,0	11,4
m_{ymax} =	$q \cdot l_x^2$:	29,4	28,8	28,9	29,7	30,8	32,3	33,6	34,9	36,2	37,5	38,8
m_{yerm} = –	$q \cdot l_x^2$:	11,9	10,9	10,1	9,6	9,2	8,9	8,7	8,5	8,4	8,3	8,2
m_{xye} = ±	$q \cdot l_x^2$:	26,2	23,2	21,0	19,4	18,3	17,4	16,8	16,3	15,9	15,6	15,4

Starre Lagerung des langen Randes und einspannungsfreie Lagerung der drei anderen Ränder

2.2		Stützweitenverhältnis l_y / l_x ($l_x = l_{min}$)										
		1,0	1,1	1,2	1,3	1,4	1,5	1,6	1,7	1,8	1,9	2,0
m_{xm} =	$q \cdot l_x^2$:	31,4	27,3	24,5	22,4	21,0	19,8	19,0	18,3	17,8	17,4	17,1
m_{xerm} = –	$q \cdot l_x^2$:	11,9	10,9	10,2	9,7	9,3	9,0	8,8	8,6	8,4	8,3	8,3
m_{ymax} =	$q \cdot l_x^2$:	41,2	45,1	48,8	51,8	54,3	55,6	56,8	57,8	58,6	59,0	59,2
m_{xye} = ±	$q \cdot l_x^2$:	26,2	24,9	24,0	23,5	23,0	22,8	22,6	22,5	22,4	22,4	22,4

Erläuterungen

m_{xm}, m_{ym} — Feldmomente in Plattenmitte

m_{xmax}, m_{ymax} — größte Feldmomente im Plattenmittenschnitt

m_{xerm}, m_{yerm} — Einspannmomente im Randmittelpunkt des starr eingespannten Plattenrandes

m_{xye} — Drillmomente in der Plattenecke, in der zwei frei drehbar gelagerte Ränder zusammentreffen

*) Die Tafeln sind hier nur so weit wiedergegeben, wie es zur Erläuterung des Beispiels im Abschnitt 4.7.3.5 (s. nachfolgend) erforderlich ist. Bezüglich weiterer Lagerungsfälle und Schnittgrößen (Querkräfte u. a.) wird auf [Czerny – 96] verwiesen.

4.7.3.3 Verfahren nach *Pieper/Martens*

Das Verfahren nach *Pieper/Martens* [Pieper/Martens – 66] ist – auch für komplexe Systeme – einfach von der Handhabung her und liefert ausreichend zutreffende Ergebnisse. Es geht von folgenden Annahmen aus:

- Für die Stützmomente wird eine starre Einspannung an dem jeweils betrachteten Rand angenommen; unterschiedliche Stützmomente zweier benachbarter Platten für denselben Plattenrand werden gemittelt, jedoch sind mindestens immer 75 % des größeren Momentes zu berücksichtigen.
- Die Feldmomente werden für Volllast bei Annahme einer 50%igen Einspannung am durchlaufenden Plattenrand ermittelt. Diese Annahme liegt insbesondere bei Systemen mit gleichen Stützweiten auf der sicheren Seite, da dann tatsächlich für die Eigenlast allein eine 100%ige Einspannung – mit entsprechend kleineren Feldmomenten – vorliegt (vgl. Abb. 4.24).

Das Berechnungsverfahren nach [Pieper/Martens – 66] geht von gleicher Steifigkeit in Längs- und Querrichtung aus. Es gelten folgende Belastungsgrenzen:

$$q \le 2 \cdot (g+q)/3 \quad \text{bzw.} \quad q \le 2 \cdot g$$

Die *Feldmomente* werden im Regelfall (Sonderfälle s. nachfolgend) wie folgt ermittelt

Platten mit voller Drilltragfähigkeit: $m_{fx} = (g+q) \cdot l_x^2 / f_x \qquad m_{fy} = (g+q) \cdot l_x^2 / f_y$

Platten mit begrenzter Drilltragfähigkeit: $m_{fx} = (g+q) \cdot l_x^2 / f_x^0 \qquad m_{fy} = (g+q) \cdot l_x^2 / f_y^0$

Für die *Stützmomente* gilt: $m_{s0,x} = -(g+q) \cdot l_x^2 / s_x \quad m_{s0,y} = -(g+q \cdot l_x^2 / s_y$

Bei unterschiedlichen Einspannmomenten von zusammenstoßenden Plattenrändern werden die Momente m_{s0} gemittelt (nicht zu mitteln sind Kragmomente und Einspannmomente in sehr steifen Bauteilen; s. u.):

$$\text{Stützweitenverhältnis } l_1 : l_2 < 5 : 1 \rightarrow m_s \ge \begin{cases} |\,0{,}5 \cdot (m_{s0,1} + m_{s0,2})\,| \\ 0{,}75 \cdot \max(|m_{s0,1}|\,;\,|m_{s0,2}|) \end{cases}$$

$$\text{Stützweitenverhältnis } l_1 : l_2 > 5 : 1 \rightarrow m_s \ge \max(\,|m_{s0,1}|\,;\,|m_{s0,2}|\,)$$

Die so gemittelten Stützmomente gelten direkt als Bemessungswerte (s. [DAfStb-H240 – 91]).

Kragarme oder einspannende Systeme gelten hinsichtlich der Stützungsart des angrenzenden Feldes dann als einspannend, wenn das Kragmoment aus Eigenlast größer ist als das halbe Volleinspannmoment des Feldes bei Belastung durch $(g+q)$. Bei angrenzenden anderen einspannenden Systemen, z. B. dreiseitig gelagerten Platten, ist sinngemäß zu verfahren.

Das Verfahren muss jedoch modifiziert werden, wenn besondere Stützweitenverhältnisse vorliegen. Wenn zwei kurze Felder auf ein langes Feld folgen, kann das Stützmoment zwischen den beiden kurzen Feldern positiv werden (vgl. Abb. 4.25); die Feldmomente der kurzen Felder – und natürlich auch das Stützmoment zwischen den beiden kurzen Feldern – werden dann mit den Tafelwerten nicht mehr zutreffend ermittelt. Für diesen Sonderfall werden in [Pieper/ Martens – 66] ausführliche Diagramme bereitgestellt (abgedruckt auch in [Schneider – 22]). Näherungsweise können jedoch nach [Schriever – 79] folgende Momente als Mindestwerte angesetzt werden:

Tafel 4.5 Momentenbeiwerte für eine Berechnung nach [Pieper/ Martens – 66]

Stützungs-art	Bei-wert	Stützweitenverhältnis l_y / l_x bzw. l_y' / l_x' (l_x bzw. $l_x' = l_{min}$)											
		1,0	1,1	1,2	1,3	1,4	1,5	1,6	1,7	1,8	1,9	2,0	→ ∞
1	f_x	27,2	22,4	19,1	16,8	15,0	13,7	12,7	11,9	11,3	10,8	10,4	8,0
	f_y	27,2	27,9	29,1	30,9	32,8	34,7	36,1	37,3	38,5	39,4	40,3	*
	f_x^0	20,0	16,6	14,5	13,0	11,9	11,1	10,6	10,2	9,8	9,5	9,3	8,0
	f_y^0	20,0	20,7	22,1	24,0	26,2	28,3	30,2	31,9	33,4	34,7	35,9	*
2.1	f_x	32,8	26,3	22,0	18,9	16,7	15,0	13,7	12,8	12,0	11,4	10,9	8,0
	f_y	29,1	29,2	29,8	30,6	31,8	33,5	34,8	36,1	37,3	38,4	39,5	*
	s_y	11,9	10,9	10,1	9,6	9,2	8,9	8,7	8,5	8,4	8,3	8,2	8,0
	f_x^0	26,4	21,4	18,2	15,9	14,3	13,0	12,1	11,5	10,9	10,4	10,1	8,0
	f_y^0	22,4	22,8	23,9	25,1	26,7	28,6	30,4	32,0	33,4	34,8	36,2	*
2.2	f_x	29,1	24,6	21,5	19,2	17,5	16,2	15,2	14,4	13,8	13,3	12,9	10,2
	f_y	32,8	34,5	36,8	38,8	40,9	42,7	44,1	45,3	46,5	47,2	47,9	*
	s_x	11,9	10,9	10,2	9,7	9,3	9,0	8,8	8,6	8,4	8,3	8,3	8,0
	f_x^0	22,4	19,2	17,2	15,7	14,7	13,9	13,2	12,7	12,3	12,0	11,8	10,2
	f_y^0	26,4	28,1	30,3	32,7	35,1	37,3	39,1	40,7	42,2	43,3	44,8	*
3.1	f_x	38,0	30,2	24,8	21,1	18,4	16,4	14,8	13,6	12,7	12,0	11,4	8,0
	f_y	30,6	30,2	30,3	31,0	32,2	33,8	35,9	38,3	41,1	44,9	46,3	*
	s_y	14,3	12,7	11,5	10,7	10,0	9,5	9,2	8,9	8,7	8,5	8,4	8,0
3.2	f_x	30,6	26,3	23,2	20,9	19,2	17,9	16,9	16,1	15,4	14,9	14,5	12,0
	f_y	38,0	39,5	41,4	43,5	45,6	47,6	49,1	50,3	51,3	52,1	52,9	*
	s_x	14,3	13,5	13,0	12,6	12,3	12,2	12,0	12,0	12,0	12,0	12,0	12,0
4	f_x	33,2	27,3	23,3	20,6	18,5	16,9	15,8	14,9	14,2	13,6	13,1	10,2
	f_y	33,2	34,1	35,5	37,7	39,9	41,9	43,5	44,9	46,2	47,2	48,3	*
	s_x	14,3	12,7	11,5	10,7	10,0	9,6	9,2	8,9	8,7	8,5	8,4	8,0
	s_y	14,3	13,6	13,1	12,8	12,6	12,4	12,3	12,2	12,2	12,2	12,2	11,2
	f_x^0	26,7	22,1	19,2	17,2	15,7	14,6	13,8	13,2	12,7	12,3	12,0	10,2
	f_y^0	26,7	27,6	29,2	31,4	33,8	36,2	38,1	39,8	41,4	42,8	44,2	*
5.1	f_x	33,6	28,2	24,4	21,8	19,8	18,3	17,2	16,3	15,6	15,0	14,6	12,0
	f_y	37,3	38,7	40,4	42,7	45,1	47,5	49,5	51,4	53,3	55,1	58,9	*
	s_x	16,2	14,8	13,9	13,2	12,7	12,5	12,3	12,2	12,1	12,0	12,0	12,0
	s_y	18,3	17,7	17,5	17,5	17,5	17,5	17,5	17,5	17,5	17,5	17,5	17,5
5.2	f_x	37,3	30,3	25,3	22,0	19,5	17,7	16,4	15,4	14,6	13,9	13,4	10,2
	f_y	33,6	34,1	35,1	37,3	39,8	43,1	46,6	52,3	55,5	60,5	66,1	*
	s_x	18,3	15,4	13,5	12,2	11,2	10,6	10,1	9,7	9,4	9,0	8,9	8,0
	s_y	16,2	14,8	13,9	13,3	13,0	12,7	12,6	12,5	12,4	12,3	12,3	11,2
6	f_x	36,8	30,2	25,7	22,7	20,4	18,7	17,5	16,5	15,7	15,1	14,7	12,0
	f_y	36,8	38,1	40,4	43,5	47,1	50,6	52,8	54,5	56,1	57,3	58,3	*
	s_x	19,4	17,1	15,5	14,5	13,7	13,2	12,8	12,5	12,3	12,1	12,0	12,0
	s_y	19,4	18,4	17,9	17,6	17,5	17,5	17,5	17,5	17,5	17,5	17,5	17,5

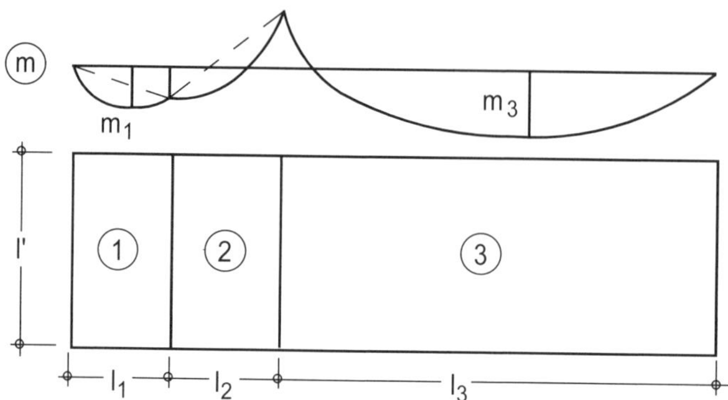

Abb. 4.25 Auf zwei kurze Felder folgt ein langes Feld

$$l'/l_3 \geq 1{,}00 \quad \rightarrow \quad m_1 \geq 0{,}6\, m_3$$
$$1{,}00 > l'/l_3 \geq 0{,}77 \quad \rightarrow \quad m_1 \geq 0{,}5\, m_3$$
$$0{,}77 > l'/l_3 \quad \rightarrow \quad m_1 \geq 0{,}3\, m_3$$

Zusätzlich sind die Momente nach dem „Regel"-Verfahren (s. vorher) zu ermitteln, der ungünstigere Wert ist maßgebend.

Das positive Stützmoment und das Feldmoment im Feld 2 werden konstruktiv abgedeckt, indem die für das Feld 1 ermittelte Bewehrung über beide Felder durchgeführt wird. Die obere Bewehrung über der Stütze zwischen den Feldern 1 und 2 ist nach dem Verfahren für normale Stützweitenverhältnisse zu bestimmen und entsprechend anzuordnen.

4.7.3.4 Momentenverläufe; Auflager-, Querkräfte und Eckabhebekräfte

Vereinfachte *Momentenverläufe* für zweiachsig gespannte Platten sind in [Czerny – 96] enthalten und in Tafel 4.6 für ein Stützweitenverhältnis $l_y / l_x = 1{,}5$ wiedergegeben. Sie können als Grundlage für eine Bewehrungsführung herangezogen werden.

Die *Auflagerkräfte* können näherungsweise nach Tafel 4.7 bestimmt werden. Für Balken (Unterzüge) als Auflager von zweiachsig gespannten, gleichmäßig belasteten Platten werden die Lastbilder näherungsweise berechnet aus der Zerlegung der Grundrissfläche der Platte in Trapeze und Dreiecke [DAfStb-H240 – 91]. Für den Zerlegungswinkel gilt in Ecken mit zwei Rändern gleichartiger Stützung 45°, in Ecken mit einem eingespannten und einem frei drehbar gelagerten Rand 60° zum eingespannten Rand hin. Bei Platten mit teilweiser Einspannung darf der Zerlegungswinkel zwischen 45° und 60° angenommen werden.

Aus der Zerlegung der Last F_d unter 45° und 60° ergeben sich die dargestellten Ersatzlastbilder. Werden die Eckabhebekräfte R (Berechnung s. unten) in den Plattenecken nicht gesondert erfasst, wird in [DAfStb-H240 – 91] empfohlen, eine *rechteckförmige* Ersatzlast mit dem angegebenen Maximalwert als Lastordinate anzusetzen.

Die *Eckabhebekräfte* werden aus den Drillmomenten berechnet. Es können die Werte nach Tafel 4.7 angesetzt werden. Die Platten sind in den Ecken entsprechend gegen Abheben zu sichern (entsprechende Auflasten oder Verankerungen). Soweit die Ecken nicht gegen Abheben gesichert werden, können sie nicht als drillsteif angesehen werden. Falls die Biegemomente dennoch z. B. mit Tafel 4.4 oder 4.5 ermittelt werden, sind sie angemessen zu erhöhen (Erhöhungsfaktoren s. z. B. [DAfStb-H240 – 91]).

Tafel 4.6 Vereinfachte Momentengrenzlinien für Einfeldplatten mit $l_y / l_x = 1{,}5$

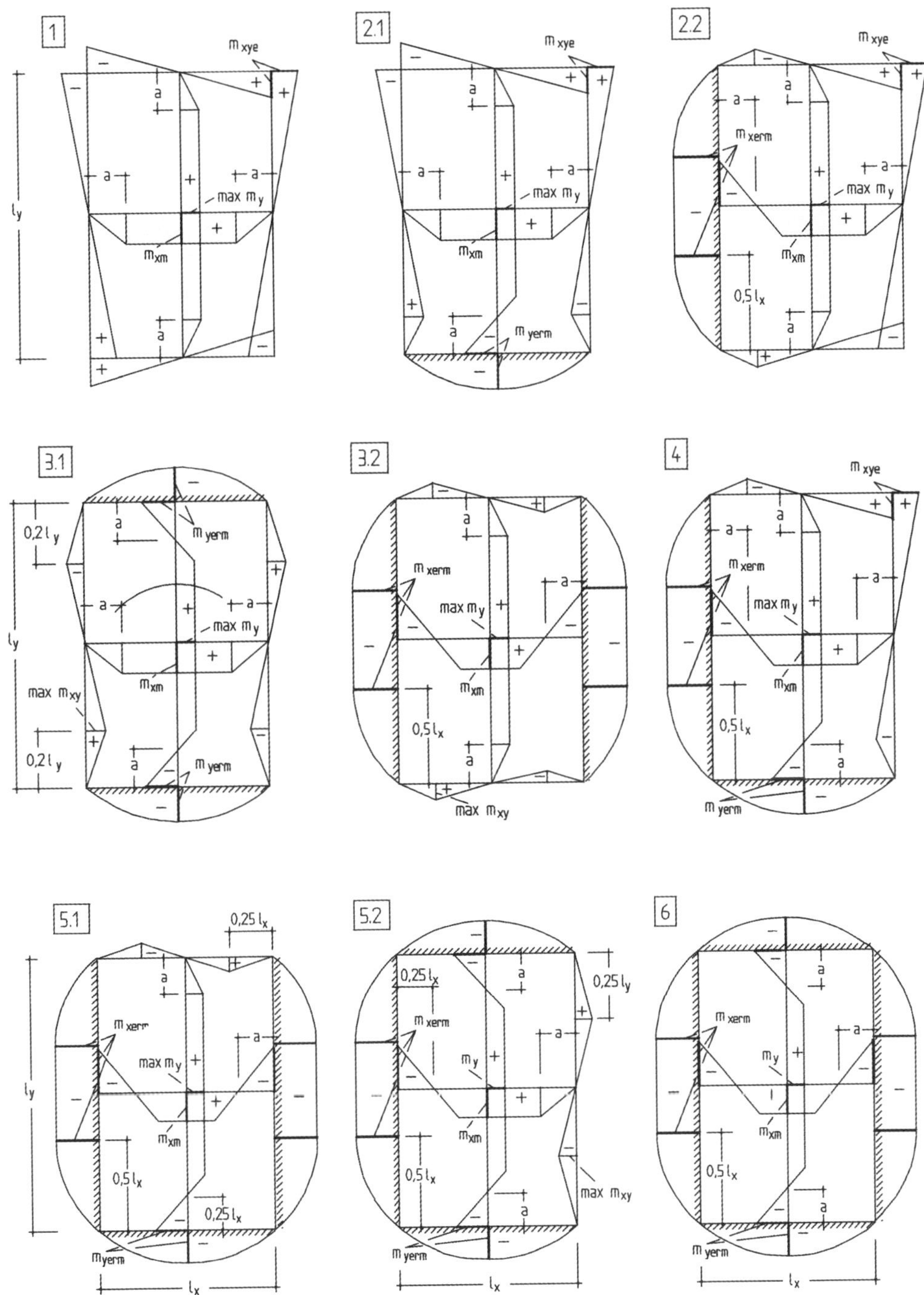

Tafel 4.7 Auflagerkräfte vierseitig gelagerter Platten

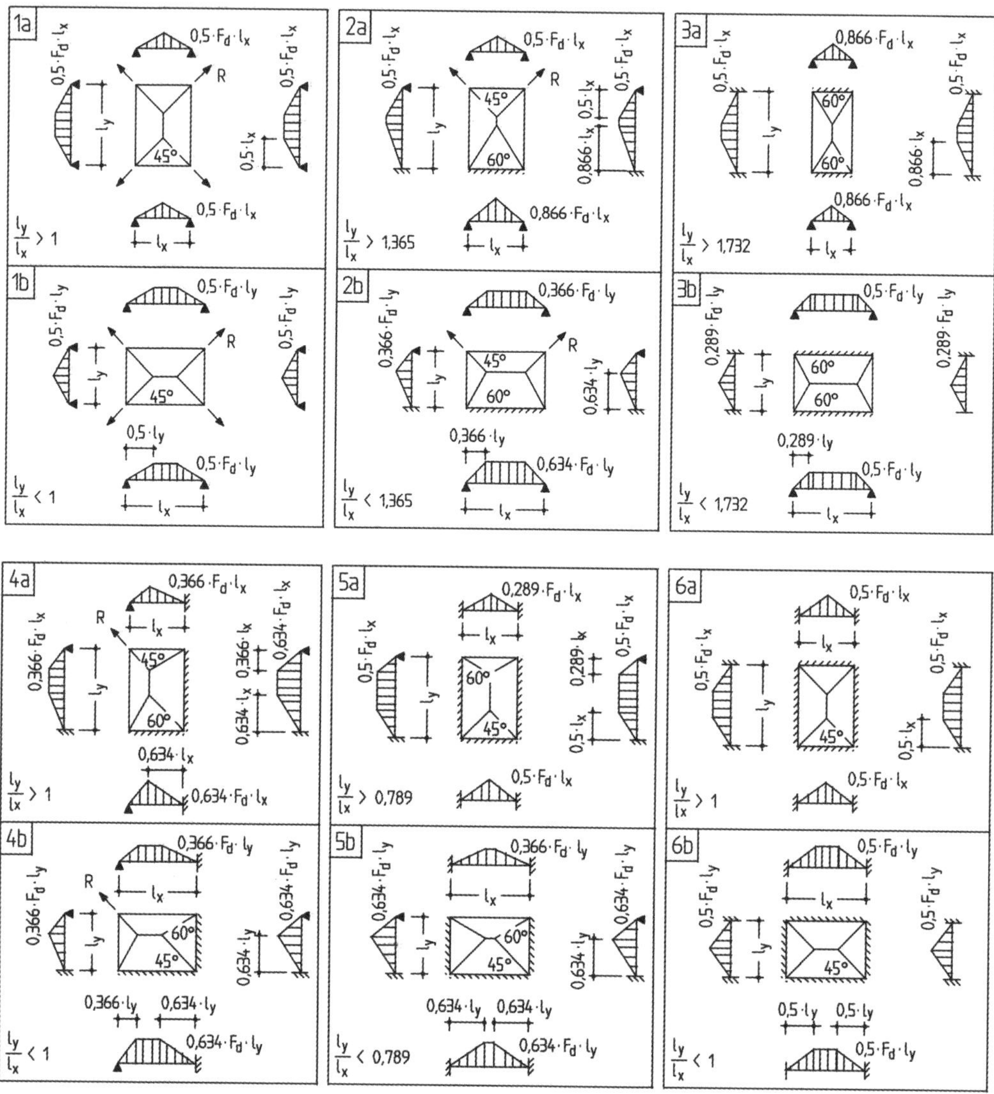

Tafel 4.8 Eckabhebekräfte vierseitig gelagerter Platten bei Gleichflächenlast F_d

$$R = F_d \cdot l_x^2 / \kappa \quad (\kappa \text{ nach Tafel})$$

Stützung \ $\varepsilon = l_y / l_x$	1,00	1,10	1,20	1,30	1,40	1,50	1,60	1,70	1,80	1,90	2,00
1	10,8	9,85	9,20	8,75	8,40	8,15	7,95	7,80	7,70	7,65	7,55
2a	13,1	11,6	10,5	9,70	9,10	8,70	8,40	8,10	7,90	7,80	7,70
2b	13,1	12,4	12,0	11,7	11,5	11,4	11,3	11,2	11,2	11,2	11,2
4	13,9	13,0	12,4	12,0	11,7	11,5	11,4	11,3	11,2	11,2	11,2

Beispiel 1

Zunächst sollen an einem einfachen Beispiel (zweifeldrige Platte gem. Abb.) die im Abschnitt 4.7.3.2 und Abschnitt 4.7.3.3 dargestellten Verfahren erläutert werden.

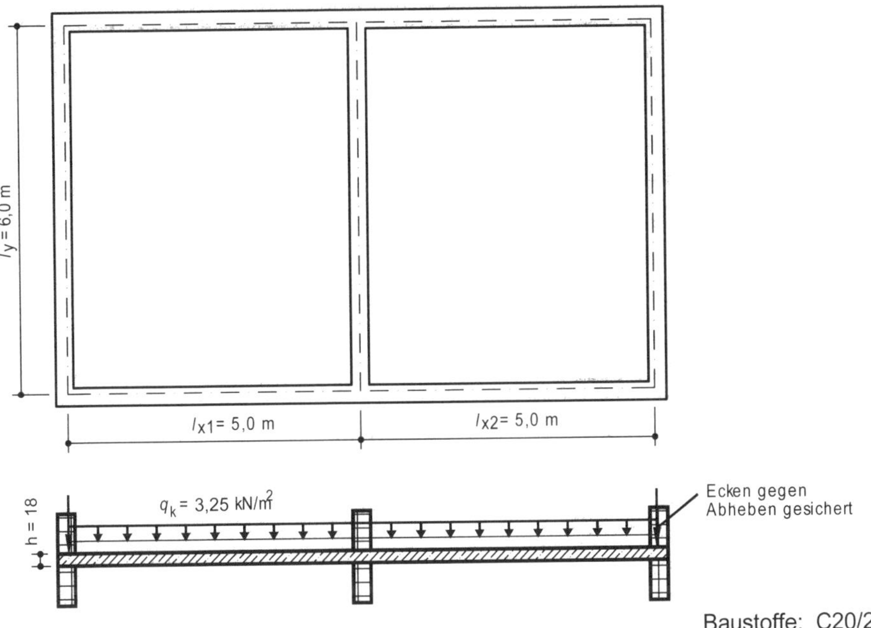

Baustoffe: C20/25; B500

Belastung	Eigenlasten:	Konstruktion	$g_{k1} = 0{,}18 \cdot 25{,}0$	$= 4{,}50$ kN/m²
		Ausbaulast	g_{k2}	$= \underline{1{,}00}$ kN/m²
			g_k	$=$ **5,50** kN/m²
	Nutzlast (veränderliche Lasten):		q_k	$=$ **3,25** kN/m²

Ermittlung der Biegemomente

Bemessungslasten:

$$g_d = \gamma_G \cdot g_k = 1{,}35 \cdot 5{,}50 = 7{,}43 \text{ kN/m}^2$$

$$q_d = \gamma_Q \cdot q_k = 1{,}50 \cdot 3{,}25 = 4{,}88 \text{ kN/m}^2$$

$$g_d + q_d = \mathbf{12{,}31} \text{ kN/m}^2$$

Stützweitenverhältnis $l_y / l_x = 6{,}0/5{,}0 = 1{,}2$

Berechnung nach dem Lastumordnungsverfahren
(Tabellenwerte nach [Czerny – 96]; vgl. Tafel 4.4)

Die Feldmomente werden für die Belastung ($g_d + 0{,}5q_d$) am statischen System der einseitig starr eingespannten Platte (Lagerungsfall 2.2 gem. Tafel 4.4), für $0{,}5q_d$ an der frei drehbar gelagerten Platte (Lagerungsfall 1 gem. Tafel 4.4) ermittelt. Das Einspannmoment wird für Volllast an der einseitig starr eingespannten Platte bestimmt.

Feldmomente

$$m_{xm} = \frac{(g_d + 0{,}5q_d) \cdot l_x^2}{TW_{2.2}} + \frac{0{,}5q_d \cdot l_x^2}{TW_1}$$

TW_1 Tafelwert der Platte 1 gem. Tafel 4.4

$TW_{2.2}$ Tafelwert der Platte 2.2 gem. Tafel 4.4

$$= \frac{(7{,}43 + 2{,}44) \cdot 5{,}00^2}{24{,}5} + \frac{2{,}44 \cdot 5{,}00^2}{19{,}1} = 13{,}3 \text{ kNm/m}$$

$$m_{ymax} = \frac{(g_d + 0{,}5q_d) \cdot l_x^2}{TW_{2.2}} + \frac{0{,}5q_d \cdot l_x^2}{TW_1}$$

$$= \frac{(7{,}43 + 2{,}44) \cdot 5{,}00^2}{48{,}8} + \frac{2{,}44 \cdot 5{,}00^2}{29{,}1} = 7{,}15 \text{ kNm/m}$$

Stützmomente

$$m_{xerm} = -\frac{(g_d + q_d) \cdot l_x^2}{TW_{2.2}}$$

$TW_{2.2}$ Tafelwert der Platte 2.2 gem. Tafel 4.4

$$= -\frac{(7{,}43 + 4{,}88) \cdot 5{,}00^2}{10{,}2} = -30{,}2 \text{ kNm/m}$$

Berechnung nach dem Verfahren nach Pieper/ Martens

Feldmomente

$$m_{fx} = \frac{(g_d + q_d) \cdot l_x^2}{f_{x.2.2}}$$

$$= \frac{(7{,}43 + 4{,}88) \cdot 5{,}00^2}{21{,}2} = 14{,}3 \text{ kNm/m}$$

$$m_{fy} = \frac{(g_d + q_d) \cdot l_x^2}{f_{y.2.2}}$$

$$= \frac{(7{,}43 + 4{,}88) \cdot 5{,}00^2}{36{,}8} = 8{,}36 \text{ kNm/m}$$

$f_{x,2.2}, f_{y,2.2}$ Tafelwert nach Tafel 4.5, Platte 2.2

Den Beiwerten $f_{x,2.2}$ und $f_{y,2.2}$ für die Platte 2.2 gem. Tafel 4.5 liegt für die Gesamtlast – nicht nur für die Verkehrslast – eine 50%ige Einspannung zugrunde.

Stützmomente

$$m_{sx} = \frac{(g_d + q_d) \cdot l_x^2}{s_{x.2.2}}$$

$$= -\frac{(7{,}43 + 4{,}88) \cdot 5{,}00^2}{10{,}2} = -30{,}2 \text{ kNm/m}$$

$s_{x,2.2}$ Tafelwert nach Tafel 4.5, Platte 2.2

Den Beiwerten $s_{x,2.2}$ für die Platte 2.2 gem. Tafel 4.5 liegt für die Gesamtlast eine 100%ige Einspannung zugrunde.

Eine Mittelwertbildung der Stützmomente für die Platte links und rechts entfällt hier, da sich für beide Platten derselbe Wert ergibt.

Ein Vergleich zwischen den beiden Verfahren – Lastumordnungsverfahren, Verfahren nach Pieper/Martens – zeigt für das berechnete Beispiel, dass das Verfahren nach Pieper/Martens auf der sicheren Seite liegende Feldmomente (i. d. R. allerdings nur geringfügig) liefert, während die Stützmomente in beiden Fällen identisch sind.

Von der Handhabung ist das Verfahren nach Pieper/Martens jedoch deutlich einfacher, so dass es für Handrechnungen bevorzugt wird. Das gilt insbesondere für größere Plattensysteme.

Beispiel 2 (vgl. [Schneider – 22])

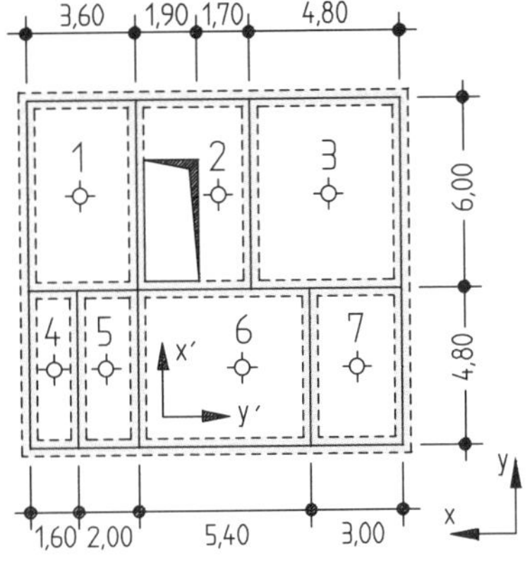

Für das dargestellte Plattensystem sollen die Biegemomente im Grenzzustand der Tragfähigkeit bestimmt werden. Berechnung nach Pieper/Martens.

Belastung $g_k =$ 6,00 kN/m²
$q_k =$ 2,75 kN/m²
(incl. Leichtwandzuschlag)

$\rightarrow (g_d + q_d) = 1{,}35 \cdot 6{,}00 + 1{,}5 \cdot 2{,}75 = 12{,}23$ kN/m²

Es empfiehlt sich eine Rechnung mit globalen Koordinaten (x / y) für das gesamte Plattensystem und mit lokalen Koordinaten (x' / y') für das einzelne Plattenfeld. Ob für das einzelne Feld das Verhältnis $\varepsilon = l_y / l_x$ oder $\varepsilon' = l'_y / l'_x$ zu bilden ist, hängt von der Lage der eingespannten Ränder im Koordinatensystem ab. Die Beiwerte f und s werden in der Berechnungstabelle durch entsprechendes Vertauschen unmittelbar auf globale Koordinaten bezogen.

Momente in kNm/m

Platten-Nr.	Stützung	l_x / l'_y	l_y / l'_x	$\varepsilon = l_y / l_x$ / $\varepsilon' = l'_y / l'_x$	f_x	f_y	s_x	s_y	Feldmomente m_{fx}	m_{fy}	Stützmomente m_{s0x}	m_{s0y}
1	4	3,60	6,00	1,67	15,2	44,4	9,0	12,2	10,43	3,57	−17,61	−12,99
2	5.1	3,60	6,00	1,67	16,6	50,8	12,2	17,5	9,55	3,12	−12,99	−9,06
3	4	4,80	6,00	1,25	22,0	36,6	11,1	13,0	12,81	7,70	−25,39	−21,68
4	4	1,60	4,80	3,00	1)	*	8,0	11,2	4,10 1)	*	−3,91	−2,80
5	5.1	2,00	4,80	2,40	12,0	*	12,0	17,5	4,08	*	−4,08	−2,80
6	5.2	5,40	4,80	1,13	34,4	29,0	14,6	14,9	8,19	9,71	−19,30	−18,91
7	4	3,00	4,80	1,60	15,8	43,5	9,2	12,3	6,97	2,53	−11,96	−8,95

1) Sonderfall gem. Abschnitt 4.7.3.3 (s. Abb. 4.25); wegen $l' / l_3 = 4{,}80/5{,}40 = 0{,}89$ ist $m_{fx,4} = 0{,}5\ m_{fx,6}$ als Mindestwert zu berücksichtigen.

Stützmomente in kNm/m

Die Ränder werden durch die Nummern der beiden benachbarten Felder bezeichnet. Das Stützmoment min m_{sik} wird aus dem Mittelwert $0{,}5 \cdot (m_{ik} + m_{ki})$ bzw. $0{,}75 \cdot \min m_{s0}$ gebildet, soweit nicht ingenieurgemäße korrigierende Überlegungen für die Bemessung nach dem Volleinspannmoment sprechen (hier werden über der ganzen Mittellängswand die Volleinspannmomente zugrunde gelegt). Die Drillmomente in den Ecken sind zusätzlich abzudecken.

m \ Rand i - k	x-Richtung 1 - 2	2 - 3	4 - 5	5 - 6	6 - 7	y-Richtung 1 - 4/5	2 - 6	3 - 6	3 - 7
$m_{s0} = m_{ik}$	−17,61	−12,99	−3,91	−4,08	−19,30	−12,99	−9,06	−21,68	−21,68
$m_{s0} = m_{ki}$	−12,99	−25,39	−4,08	−19,30	−11,96	−2,80	−18,91	−18,91	−8,95
$0{,}5 \cdot (m_{ik} + m_{ki})$	−15,30	−19,19	−4,00	−11,70	−15,63	Bemessung für Volleinspannmomente			
$0{,}75 \cdot \min m_{s0}$	−13,21	−19,04	−3,06	−14,48	−14,48	wegen durchgehender Mittellängswand			
min m_{sik}	−15,30	−19,19	−4,00 2)	−14,48	−15,63	−12,99	−18,91	−21,68	−21,68

2) Ohne genaueren Nachweis ist auch für das positive Feldmoment $m_{fx,4} = +4{,}10$ kNm/m zu bemessen.

4.7.4 Punktförmig gestützte Platten

Punktförmig gestützte Platten sind Deckenkonstruktionen, bei denen das Plattentragwerk direkt auf Stützen aufgelagert wird. Wenn die Stützenköpfe ohne Verstärkung ausgeführt werden, spricht man von einer Flachdecke, andernfalls von einer Pilzdecke. Bei punktförmig gestützten Platten treten hohe Beanspruchungen im Bereich der Lasteintragung auf. Ein ähnliches Tragverhalten weisen auch Fundamentplatten auf, die durch Einzelstützen belastet sind.

Die Schnittgrößenermittlung erfolgt in der Regel mit Hilfe von FE-Programmen. An den Stützungen treten bei Annahme einer punktförmigen Lagerung theoretisch sehr große Momentenspitzen auf; sie sind jedoch nicht bemessungsrelevant, da wegen einer örtlichen Plastifizierung der Platte, wegen einer begrenzten Nachgiebigkeit der Unterstützung und bei Berücksichtigung der tatsächlichen Lasteinleitungsfläche die Momentenspitzen deutlich abgebaut werden.

Im Gegensatz zu den umfanggelagerten Platten treten bei punktförmig gelagerten Platten die größten Biegemomente in Richtung der längeren Stützweite auf. Für einfache Fälle und zur Kontrolle elektronischer Berechnungen bietet sich zur Schnittgrößenermittlung das in [DAfStb-H240 – 91] und [DAfStb-H631 – 19] angegebene Näherungsverfahren an.

Näherungsverfahren zur Ermittlung der Momente (Gurtstreifenverfahren)

Nach [DAfStb-H240 – 91] bzw. [DAfStb-H631 – 19] kann die Berechnung mit Hilfe von Ersatzrahmen, wenn Stütze und Platte biegesteif miteinander verbunden sind, oder von Ersatzdurchlaufträgern bei gelenkiger Verbindung von Stütze und Platte erfolgen. Das Verfahren gilt bei vorwiegend lotrechter Belastung (ausgesteiftes System, keine Einzellasten) und bei einem Stützweitenverhältnis von $0{,}80 \leq l_x / l_y \leq 1{,}25$.

Die beiden sich kreuzenden Richtungen x und y werden als durchlaufende kontinuierlich gestützte Balken bzw. Rahmenriegel betrachtet. Für jede Richtung ist dabei die volle Belastungsbreite zu berücksichtigen. Die Feld- und Stützmomente werden dann mit den üblichen Methoden

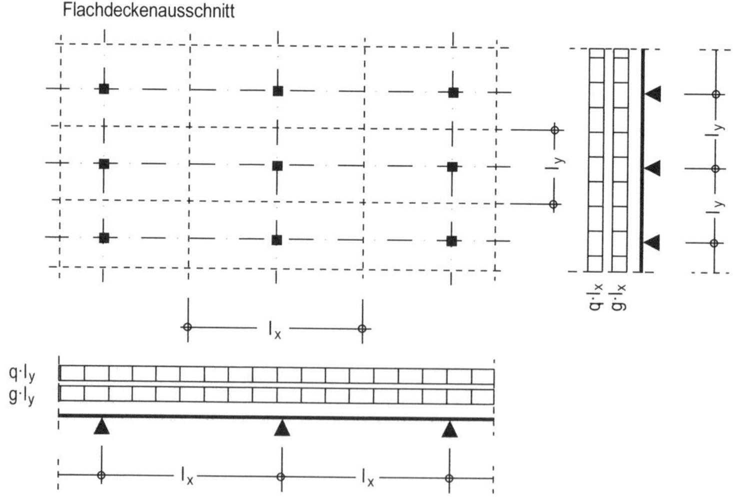

Abb. 4.26 Ersatzdurchlaufträger bei gelenkigem Anschluss zwischen Platte und Stütze

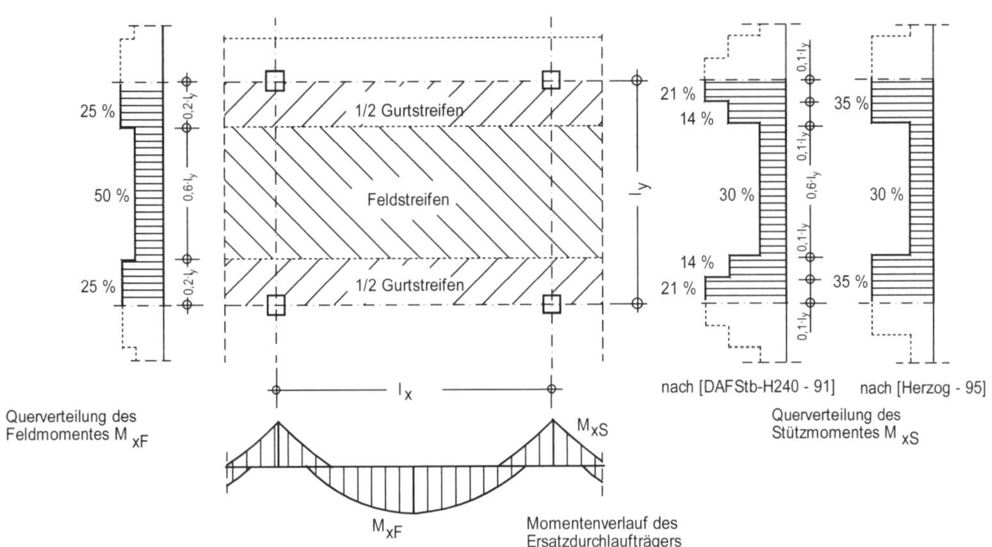

Abb. 4.27 Querverteilung der Biegemomente

der Stabstatik bestimmt. Die so ermittelten (Gesamt-)Biegemomente werden in Querrichtung mittels Verteilungszahlen auf Gurt- und Feldstreifen aufgeteilt (vgl. Abb. 4.27).

Beispiel

Es ist das Innenfeld einer über viele Felder durchlaufenden Flachdecke gegeben (s. Abb. 4.28). Als Belastung ist zu berücksichtigen (es sind unmittelbar Bemessungslasten angegeben):

Eigenlasten g_d = 10,13 kN/m² (inkl. einer Ausbaulast)
Verkehrslast q_d = 4,88 kN/m²

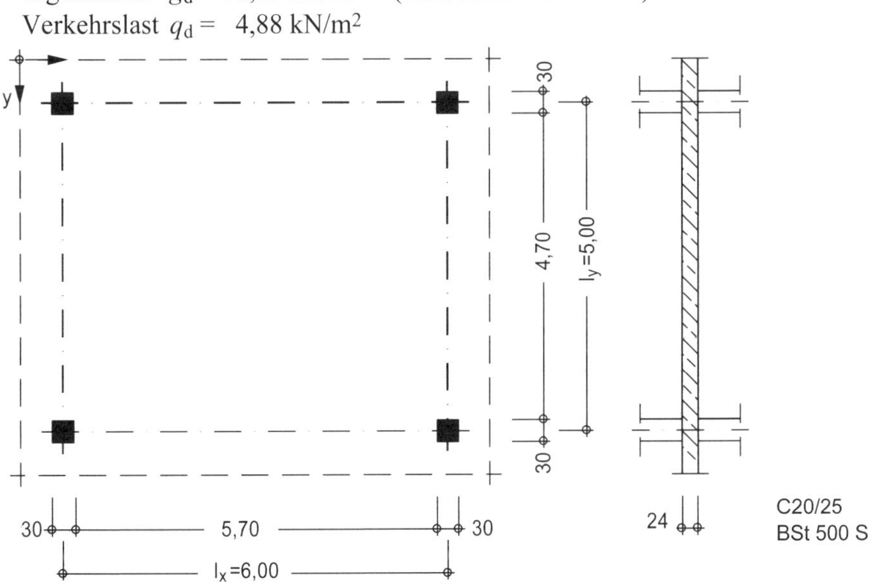

Abb. 4.28 Geometrie und Belastung des untersuchten Flachdeckenbereichs

Biegemomente

x-Richtung

Balkenschnittgrößen: $M_{xF} = (0{,}042 \cdot 10{,}13 + 0{,}083 \cdot 4{,}88) \cdot 5{,}00 \cdot 6{,}00^2 = 149{,}5$ kNm

$M_{xS} = -(0{,}083 \cdot 10{,}13 + 0{,}114 \cdot 4{,}88) \cdot 5{,}00 \cdot 6{,}00^2 = -251{,}5$ kNm

Plattenschnittgrößen im Feld

- Gurtstreifen ($b_G = 1{,}00$ m): $m_{xF,G} = 0{,}25 \cdot 149{,}5/1{,}00 = 37{,}38$ kNm/m
- Feldstreifen ($b_F = 3{,}00$ m): $m_{xF,F} = 0{,}50 \cdot 149{,}5/3{,}00 = 24{,}92$ kNm/m

Plattenschnittgrößen an der Stütze

- Gurtstreifen, Achse ($b_{GA} = 0{,}50$ m): $m_{xS,GA} = -0{,}21 \cdot 251{,}5/0{,}50 = -105{,}63$ kNm/m
- Gurtstreifen, Rand ($b_{GR} = 0{,}50$ m): $m_{xS,GR} = -0{,}14 \cdot 251{,}5/0{,}50 = -70{,}42$ kNm/m
- im Feld, Feldstreifen ($b_F = 3{,}00$ m): $m_{xS,F} = -0{,}30 \cdot 251{,}5/3{,}00 = -25{,}15$ kNm/m

y-Richtung

Balkenschnittgrößen: $M_{yF} = (0{,}042 \cdot 10{,}13 + 0{,}083 \cdot 4{,}88) \cdot 6{,}00 \cdot 5{,}00^2 = 124{,}6$ kNm

$M_{yS} = -(0{,}083 \cdot 10{,}13 + 0{,}114 \cdot 4{,}88) \cdot 6{,}00 \cdot 5{,}00^2 = -209{,}6$ kNm

Plattenschnittgrößen im Feld

- Gurtstreifen ($b_G = 1{,}20$ m): $m_{yF,G} = 0{,}25 \cdot 124{,}6/1{,}20 = 25{,}96$ kNm/m
- Feldstreifen ($b_F = 3{,}60$ m): $m_{yF,F} = 0{,}50 \cdot 124{,}6/3{,}60 = 17{,}31$ kNm/m

Plattenschnittgrößen an der Stütze

- Gurtstreifen, Achse ($b_{GA} = 0{,}60$ m): $m_{yS,GA} = -0{,}21 \cdot 209{,}6/0{,}60 = -73{,}36$ kNm/m
- Gurtstreifen, Rand ($b_{GR} = 0{,}60$ m): $m_{yS,GA} = -0{,}14 \cdot 209{,}6/0{,}60 = -48{,}91$ kNm/m
- im Feld, Feldstreifen ($b_F = 3{,}60$ m): $m_{yS,F} = -0{,}30 \cdot 209{,}6/3{,}60 = -17{,}47$ kNm/m

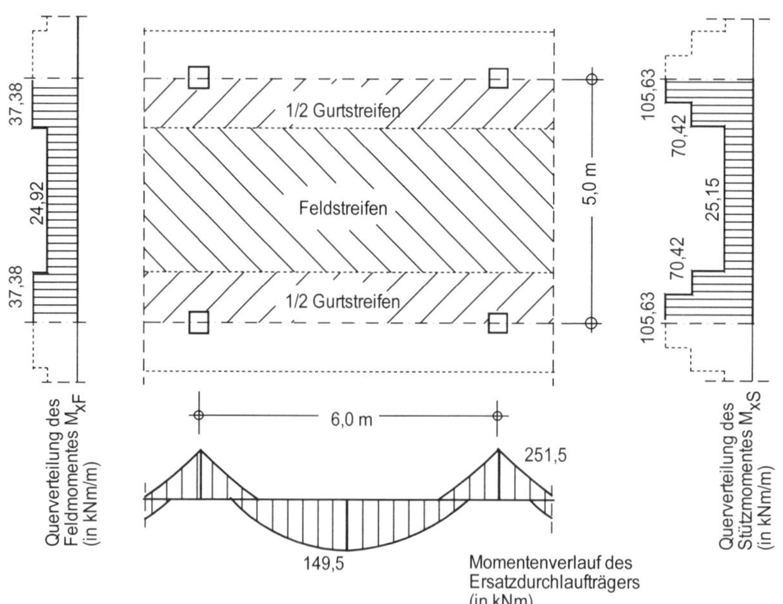

Abb. 4.29 Schnittgrößen in *x*-Richtung

4.7.5 Sonderfälle der Plattenberechnung

Für zweiachsig gespannte Platten haben neben den linearen Verfahren mit oder ohne Umlagerung die plastischen Verfahren eine Bedeutung. Verfahren der Plastizitätstheorie sind

- die Streifenmethode nach *Hillerborg,*
- die Bruchlinientheorie.

Die Streifenmethode als statisches Verfahren der Plastizitätstheorie liefert eine untere Schranke der Tragfähigkeit und liegt daher grundsätzlich auf der sicheren Seite. Die Bruchlinientheorie ist dagegen ein sog. kinematisches Verfahren, bei dem zusätzliche Betrachtungen erforderlich sind, um sicherzustellen, dass der maßgebende Grenzzustand mit ausreichender Näherung erfasst worden ist.

Die Bruchlinien- oder Fließgelenktheorie geht von Versuchsbeobachtungen an Stahlbetonplatten im Bruchzustand aus, bei denen sich Rissbereiche mit einer geometrischen Regelmäßigkeit ausbilden. Diese Rissbereiche werden vereinfachend in Linien konzentriert angenommen, in denen eine Plastifizierung angenommen wird (vgl. Abb. 4.30).

Damit sich diese plastischen Gelenke ausbilden können, müssen die Querschnitte eine ausreichende Rotationsfähigkeit aufweisen. Dies darf nach EC 2-1-1 ohne direkten Nachweis unterstellt werden, wenn die nachfolgenden Regelungen eingehalten werden:

- Die bezogene Druckzonenhöhe ξ darf folgende Werte nicht überschreiten:
  $\xi = x/d = 0{,}25$ für Beton bis C 50/60
  (für Beton ab C 55/57 gilt $\xi = x/d = 0{,}15$)
- Es ist Betonstahl mit hoher Duktilität zu verwenden.
- Das Verhältnis von Stütz- zu Feldmomenten muss zwischen 0,5 und 2,0 liegen.

An dieser Stelle wird auf weitere Erläuterungen verzichtet, es wird auf die einschlägige Literatur verwiesen.

Hinzuweisen ist jedoch insbesondere darauf, dass plastische Verfahren mit ihrem hohen Vereinfachungsgrad nur für den Grenzzustand der Tragfähigkeit angewendet werden dürfen. Der Grenzzustand der Gebrauchstauglichkeit (Rissbreitenbegrenzung, Begrenzung von Verformungen) ist mit anderen Verfahren (i. d. R. nach der Elastizitätstheorie) nachzuweisen.

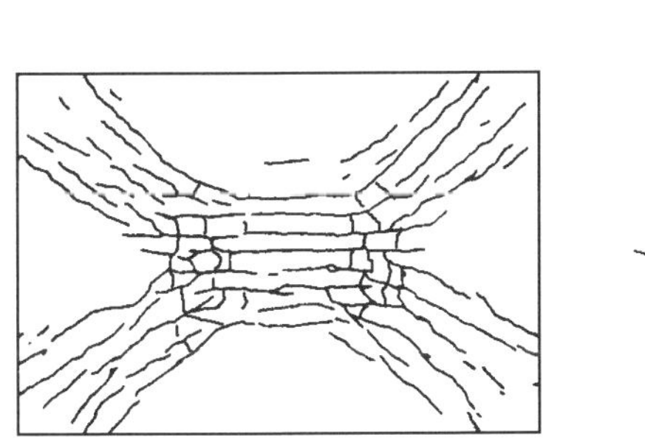

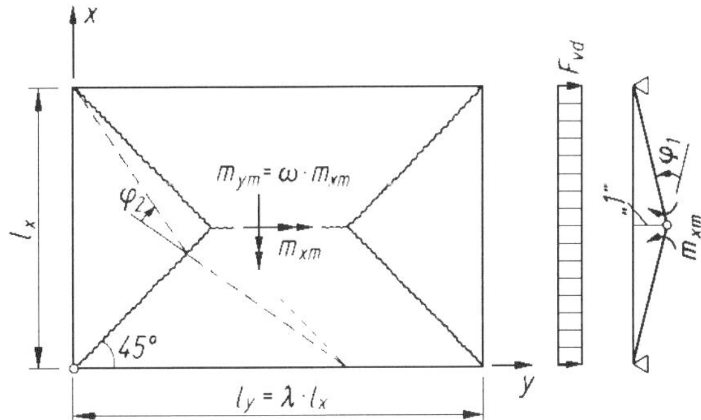

Abb. 4.30 Rissbild und idealisierte Bruchfigur einer vierseitig, gelenkig gelagerten Platte unter Gleichlast ([Litzner – 96])

4.8 Scheiben, wandartige Träger

Mit praxisüblichen Rechenprogrammen auf der Basis isotroper Materialeigenschaften können die Zug- und Druckkräfte im Zustand II ggf. näherungsweise durch Berechnung mit oberen und unteren Grenzen des *E*-Moduls abgeschätzt werden. Die Bewehrung muss für die Resultierende der Zugspannungen ausgelegt sein, so dass Gleichgewicht erfüllt ist (s. Abb. 4.31).

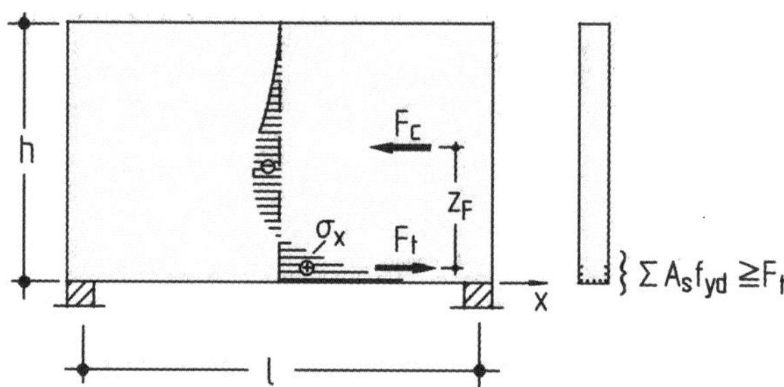

Abb. 4.31 Spannungsverteilung und Resultierende der Spannungen bei einer einfeldrigen Scheibe

Näherungsverfahren nach [DAfStb-H631 – 19]

Das Verfahren beruht im Prinzip darauf, dass die Schnittgrößenermittlung mit den bekannten Methoden der Balkenstatik erfolgt. Bei der Bemessung für die resultierenden Druck- und Zugkräfte wird jedoch die von der Balkentheorie abweichende Spannungsverteilung berücksichtigt, indem der Hebelarm der inneren Kräfte z entsprechend dem bei Scheiben vorliegenden Spannungsverlauf abgeschätzt wird (s. Abb. 4.31).

Ermittlung der Zugkräfte (Biegezugbewehrung)

Die Längszugkräfte werden aus den für Balken bestimmten Schnittmomenten M_{Ed} im Feld oder an der Stütze ermittelt, wobei der Hebelarm der inneren Kräfte z angepasst wird. Es gilt:

Resultierende Zugkraft im Feld: $F_{td,F} = M_{Ed,F} / z_F$
Resultierende Zugkraft an der Stütze: $F_{td,S} = M_{Ed,S} / z_S$

Es sind $M_{Ed,F}$ und $M_{Ed,S}$ das Bemessungsfeldmoment und Stütz- bzw. Kragmoment eines entsprechend schlanken Trägers und z_F und z_S der rechnerische Hebelarm der inneren Kräfte im Feld und an der Stütze. Der Hebelarm z kann nach [DAfStb-H631 – 19] abgeschätzt werden zu (ggf. auch genauer bestimmt werden mit den dort wiedergegebenen Tabellen):

- Einfeldträger mit $1/3 < h/l < 1{,}0$: $z_F = 0{,}3\,h\,(3 - h/l) \leq 0{,}8\,h$
  $h/l \geq 1{,}0$: $z_F = 0{,}6\,l$
- Endfelder von Durchlaufträgern mit $0{,}3 < h/l < 1{,}0$: $z_F = z_S = 0{,}5\,h\,(1{,}9 - h/l)$
  $h/l \geq 1{,}0$: $z_F = z_S = 0{,}45\,l$
- Innenfeld von Durchlaufträgern mit $0{,}2 < h/l < 1{,}0$: $z_F = z_S = 0{,}5\,h\,(1{,}8 - h/l)$
  $h/l \geq 1{,}0$: $z_F = z_S = 0{,}4\,l$
- Kragträger mit $2/3 < h/l_k < 2{,}0$: $z_S = 0{,}65\,l_k + 0{,}10\,h$
  $h/l_k \geq 2{,}0$: $z_S = 0{,}85\,l_k$

(h Bauhöhe, l Stützweite, l_k Kraglänge)

Nachweis der Druckspannungen im Beton

Die auflagernahen Hauptdruckspannungen im Zustand II sind auf zulässige Werte zu begrenzen. Bei einer Berechnung mit Stabwerkmodellen kann der Nachweis durch Begrenzung der Druckspannungen am Auflagerknoten erfolgen (s. Abschnitt 6.7).

Nach DAfStb-H. 600 sind die Hauptdruckspannungen so zu begrenzen, dass gilt:

– bei Innenauflagern $F_{\text{Ed}} \leq F_{\text{Rd}} = (0{,}9 \cdot \alpha_{\text{cc}} \cdot f_{\text{ck}} \cdot A_{\text{c}} + f_{\text{yk}} \cdot A_{\text{s}}) \,/\, \gamma_{\text{C}}$

– bei Endauflagern $F_{\text{Ed}} \leq F_{\text{Rd}} = (0{,}8 \cdot \alpha_{\text{cc}} \cdot f_{\text{ck}} \cdot A_{\text{c}} + f_{\text{yk}} \cdot A_{\text{s}}) \,/\, \gamma_{\text{C}}$

– Querkraft am Auflager $V_{\text{Ed}} \leq V_{\text{Rd}} = 0{,}21 \cdot f_{\text{cd}} \cdot l \cdot b \leq 0{,}21 \cdot f_{\text{cd}} \cdot h \cdot b$

Besonderheiten der Bewehrungsführung

Die Bewehrung von wandartigen Trägern muss je Außenfläche und je Richtung mindestens $a_{\text{s}} = 1{,}5$ cm²/m und 0,075 % der Betonfläche betragen (EC 2-1-1, 9.7). Für die Hauptbewehrung gilt nach [DAfStb-H.631 – 19]:

- Die Feldbewehrung ist vollständig über die Auflager zu führen und dort für 100 % der Zugkraft $F_{\text{td,F}}$ zu verankern, vorzugsweise mit liegender Schlaufen (stehende Haken sind zu vermeiden).
- Die Feldbewehrung wird über eine Höhe von 0,15 h bzw. 0,1 l (der kleinere Wert ist maßgebend) angeordnet.
- Die Stütz- und Kragbewehrung[7)] ist nach Abb. 4.32 anzuordnen und zu verteilen.

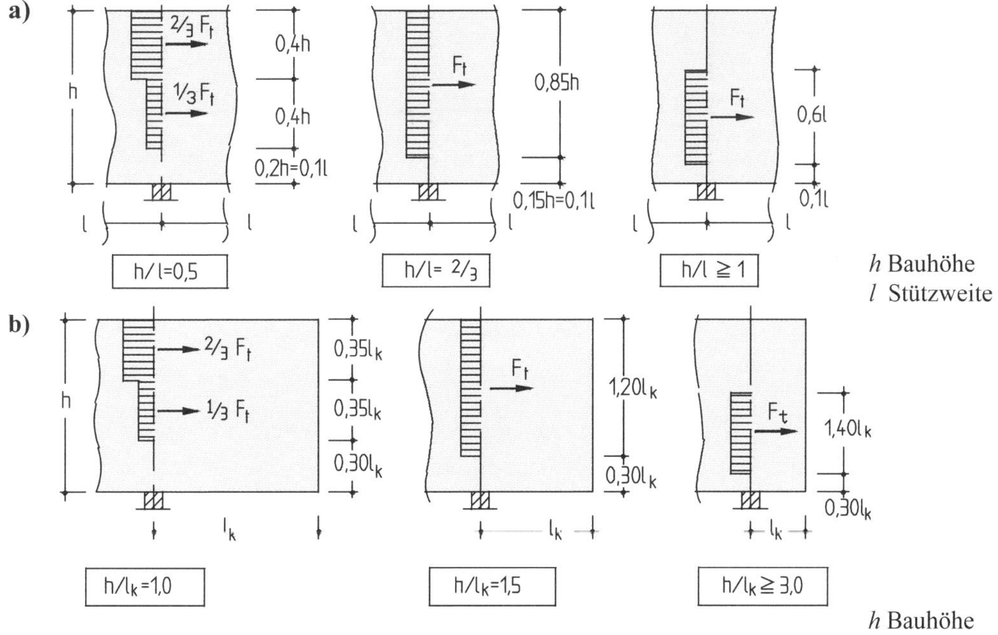

Abb. 4.32 Verteilung der Hauptbewehrung[7)] für die Zugkraft F_{t}
a) über dem Innenauflager einer durchlaufenden Scheibe
b) über dem Auflager einer Kragscheibe

[7)] Spalt- und Randzugkräfte unter Einzellasten und eine Aufhängebewehrung bei unten angreifenden Lasten sind zusätzlich zu beachten.

Plastische Verfahren

Neben der linearen Berechnung sind insbesondere Verfahren nach der Plastizitätstheorie zu nennen. Die Tragwerke werden dabei durch statisch bestimmte Stabwerke idealisiert. Elemente dieser Stabwerke sind:

- fiktive gerade Druckstreben zur Übertragung von Druckkräften im Beton
- Zugstreben aus Bewehrung zur Übertragung von Zugkräften

Die Kräfte im Stabwerk werden aus Gleichgewichtsbedingungen bestimmt. Die Zugkräfte müssen durch ausreichende Bewehrung aufgenommen werden, wobei im Stahl der Bemessungswert der Stahlspannung $\sigma_{sd} \leq f_{yd}$ nicht überschritten werden darf. In den Druckstreben müssen die Betondruckspannungen nachgewiesen werden (für Normalbeton $\sigma_{cd} \leq 0{,}75\ f_{cd}$; ggf. kommen auch andere Werte in Frage, s. vorher).

Um die Verträglichkeit sicherzustellen, sollten sich Lage und Richtung der Druck- und Zugstreben des Stabwerks an der Spannungsverteilung der Elastizitätstheorie orientieren (s. Abb. 4.33).

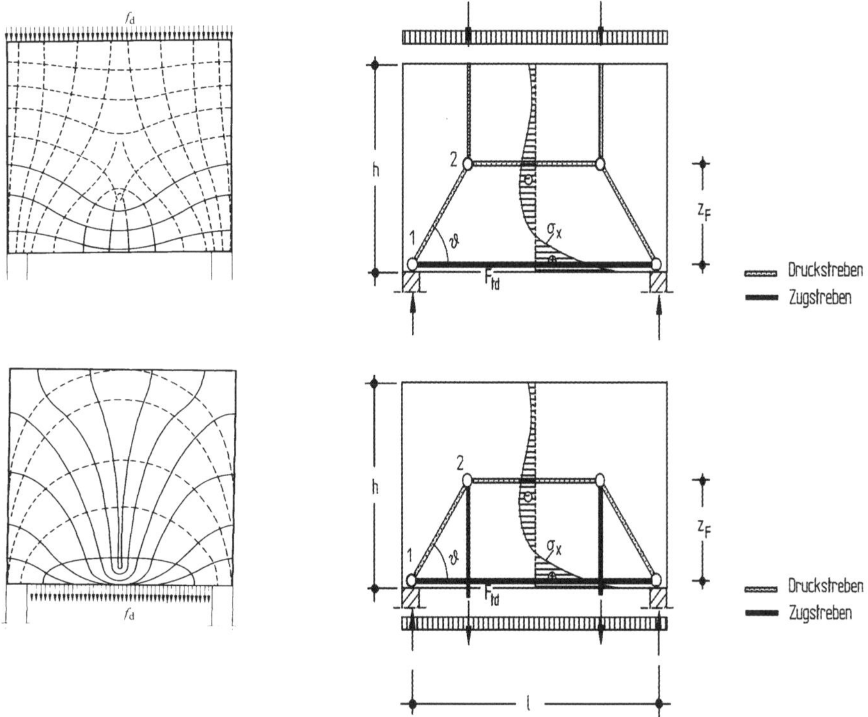

Abb. 4.33 Stabwerkmodelle für einfeldrige Scheiben mit von oben wirkenden und von unten angehängten Lasten

Für eine ausführliche Darstellung der plastischen Verfahren wird auf Band 2, Kapitel 8 verwiesen.

4.9 Ausblick: Eurocode 2 der 2. Generation

Nach prEC 2-1-1:2021 ist die **Stützweite eines Balkens oder einer Platte** im Allgemeinen als der Abstand zwischen den Mittellinien der stützenden Bauteile oder der Auflager ($a = 0{,}5\ t$) definiert, so dass die Differenzierung der Auflagertiefen in Abhängigkeit der Bauteilhöhe h und der verschiedenen Auflagerbedingungen nach Tafel 4.1 künftig entfällt.

Bei Bauteilen mit einer Höhe $h < t$ darf weiterhin von der Möglichkeit der Reduktion der Stützweite infolge einer konzentrierten Auflagerpressung Gebrauch gemacht werden, wobei dann jedoch die hieraus resultierenden Lastausmitten auch bei der Bemessung der stützenden Bauteile zu berücksichtigen sind.

Die Regelungen zur Ermittlung der **mitwirkenden Plattenbreite, Belastungsanordnungen** sowie zur **Momentenausrundung** bleiben weitestgehend unverändert. Bei der Ermittlung der Anschnittsmomente ist eine Überprüfung der Mindestbemessungsmomente, welche gemäß Abb. 4.15 nur bei sehr großen Umlagerungen maßgebend werden, künftig nicht mehr vorgeschrieben.

Weiterhin stehen die bekannten Verfahren zur Schnittgrößenermittlung zur Verfügung, wobei bei **linear-elastischer Berechnung mit Umlagerung** der maximal zulässige Umlagerungsfaktor nun in Abhängigkeit der Bruchstauchung ε_{cu} des Betons und der Fließdehnung $\varepsilon_{yd} = f_{yd} / E_s$ des Betonstahls zu ermitteln ist und somit variierende Festigkeitsklassen von Beton und Betonstahl einbezieht.

$\delta_M \geq 1/(1 + 0{,}7\varepsilon_{cu} / \varepsilon_{yd}) + x_u/d$	allgemein	(4.7a)
$\delta_M \geq 0{,}47 + x_u/d$	für Betonstahl B500 und Beton $\leq$ C50/60	(4.7b)
$\delta_M \geq 0{,}70$	für hochduktilen Stahl (Klasse B und C)	(4.8a)
$\delta_M \geq 0{,}80$	für normalduktilen Stahl (Klasse A)	(4.8b)

Insgesamt werden somit nach der künftigen Norm aufgrund des geringeren Grenzwertes δ_M etwas höhere Umlagerungen der Stützmomente erlaubt (Abb. 4.34). Der Grenzwert $x_u/d = 0{,}53$, bei welchen für einen normalfesten Beton und einen Betonstahl B500 keine Umlagerung mehr zulässig ist ($\delta_M = 1$), steigt entsprechend an.

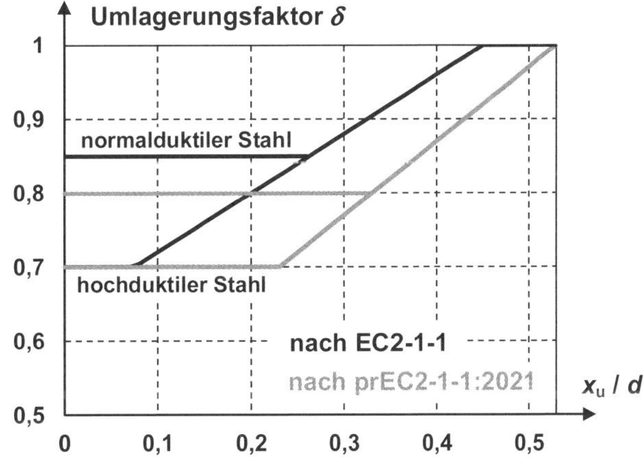

Abb. 4.34
Umlagerungsfaktor nach EC 2-1-1 und prEC 2-1-1:2021 in Abhängigkeit der bezogenen Druckzonenhöhe x_u/d vor Umlagerung (für Betonstahl B500 und Beton $\leq$ C50/60)

Verfahren und Hilfsmittel zur **Schnittgrößenermittlung bei Platten, Scheiben und wandartigen Trägern** sind im aktuellen und künftigen Eurocode 2 nicht unmittelbar enthalten, so dass die in Abschnitt 4.7 beschriebenen Verfahren nach [DAfStb-H240 – 91] und [DAfStb-H631 – 19] erwartungsgemäß auch weiterhin verwendet werden können.

5 Bemessungsgrundlagen

5.1 Bemessungskonzept

Das Bemessungskonzept von EC 2-1-1 in Verbindung mit dem EC 0 beruht auf dem Nachweis, dass sog. Grenzzustände nicht überschritten werden. Es sind Grenzzustände der Tragfähigkeit (GZT) (Bruch, Verlust des Gleichgewichts, Ermüdung etc.), der Gebrauchstauglichkeit (GZG) (Verformungen, Schwingungen, Rissbreiten) und der Dauerhaftigkeit zu betrachten und zu untersuchen. Hierbei werden drei *Bemessungssituationen*[8] unterschieden:

- ständige Situation (normale Nutzungsbedingungen des Tragwerks)
- vorübergehende Situation (z. B. Bauzustand, Instandsetzungsarbeiten)
- außergewöhnliche Situation (z. B. Anprall, Explosion)

5.1.1 Grenzzustände der Tragfähigkeit

5.1.1.1 Bruch oder übermäßige Verformung

Der Bemessungswert der Beanspruchung E_d darf den Bemessungswert des Tragwiderstands R_d nicht überschreiten (EC 0):

$$\boldsymbol{E_d \leq R_d} \qquad (5.1)$$

Bemessungswerte der Beanspruchungen E_d

Die Bemessungswerte der Beanspruchungen E_d werden wie folgt bestimmt

– ständige und vorübergehende Bemessungssituation (Grundkombination)

$$E_d = E\left(\sum_{j \geq 1} \gamma_{G,j} \cdot G_{k,j} \text{ „+“ } \gamma_P \cdot P_k \text{ „+“ } \gamma_{Q,1} \cdot Q_{k,1} \text{ „+“ } \sum_{i > 1} \gamma_{Q,i} \cdot \psi_{0,i} \cdot Q_{k,i}\right) \qquad (5.2)$$

– außergewöhnliche Bemessungssituation

$$E_{d,A} = E\left(\sum_{j \geq 1} \gamma_{GA,j} \cdot G_{k,j} \text{ „+“ } \gamma_P \cdot P_k \text{ „+“ } A_d \text{ „+“ } \psi_{1,1} \cdot Q_{k,1} \text{ „+“ } \sum_{i > 1} \psi_{2,i} \cdot Q_{k,i}\right) \qquad (5.3)$$

In Gln. (5.2) und (5.3) sind:

$\gamma_{G,j}$; $\gamma_{GA,j}$ Teilsicherheitsbeiwerte für die ständige Einwirkung *j* (s. Tafel 5.1), für die ständige Einwirkung *j* in der außergewöhnlichen Kombination (i. Allg. $\gamma_{GA,j} = 1$)

γ_P Teilsicherheitsbeiwerte für die Vorspannung (s. Tafel 5.1)

$\gamma_{Q,1}$; $\gamma_{Q,i}$ Teilsicherheitsbeiwerte für die erste veränderliche Einwirkung, für weitere veränderliche Einwirkungen *i*

$G_{k,j}$ charakteristische Werte der ständigen Einwirkungen

P_k charakteristische Werte der Vorspannung

$Q_{k,1}$; $Q_{k,i}$ charakteristische Werte der ersten veränderlichen Einwirkung, weiterer veränderlicher Einwirkungen *i*

A_d Bemessungswert einer außergewöhnlichen Einwirkung (z. B. Anpralllast)

ψ_0, ψ_1, ψ_2 Kombinationsbeiwerte der seltenen, häufigen und quasi-ständigen Einwirkungen (vgl. Tafel 5.2)

„+“ „in Kombination mit“

[8] Zusätzlich: baulicher Brandschutz; Situation infolge Erdbeben.

Tafel 5.1 Teilsicherheitsbeiwerte γ_F für Einwirkungen (Grundkombination)

Auswirkung	ständige Einwirkung γ_G	veränderliche Einwirkung γ_Q	Vorspannung γ_P
günstig	1,00	0	1,0
ungünstig	1,35[a)]	1,50[a)]	1,0

[a)] Bei Fertigteilen darf im Bauzustand für Biegung und Längskraft $\gamma_G = 1{,}15$ und $\gamma_Q = 1{,}15$ gesetzt werden.

Beim Nachweis gegen Bruch werden alle charakteristischen Werte einer unabhängigen *ständigen Einwirkung* mit $\gamma_{G,sup} = 1{,}35$ multipliziert, wenn der Einfluss auf die betrachtete Beanspruchung ungünstig ist, und mit $\gamma_{G,inf} = 1{,}00$, wenn er günstig ist. Bei durchlaufenden Platten und Balken des Hochbaus darf jedoch die ständige Einwirkung – entweder mit dem oberen oder unteren Wert γ_G – in allen Feldern gleich angesetzt werden (EC 2-1-1/NA 5.1.3(2)), eine feldweise ungünstige Anordnung ist also i. d. R. nicht erforderlich. Darüber hinaus brauchen Bemessungssituationen mit günstigen ständigen Einwirkungen nach EC 2-1-1/NA 5.1.3(4) für nicht vorgespannte Durchlaufträger und -platten des üblichen Hochbaus nicht berücksichtigt zu werden, wenn die Konstruktionsregeln für die Mindestbewehrung beachtet werden.

In Sonderfällen – z. B. bei langen Kragarmen, beim Nachweis der Lagesicherheit – ist jedoch auch eine feldweise ungünstige Berücksichtigung einer ständigen Einwirkung erforderlich (vgl. DAfStb-H.525; für den Nachweis der Lagesicherheit wird auf Abschnitt 5.1.1.3 verwiesen).

Die *veränderliche Einwirkung* wird feldweise ungünstig mit $\gamma_Q = 1{,}50$ berücksichtigt, im günstigen Falle ist sie wegzulassen ($\gamma_Q = 0$).

Zwang z. B. aus Verformungsbehinderung, Baugrundsetzungen, Temperatureinwirkungen oder aus dem zeitabhängigen Betonverhalten ist nach DIN EN 1990/NA als veränderliche Einwirkung zu betrachten. Zwangsschnittgrößen bei statisch unbestimmten Systemen sind jedoch von der Steifigkeit des Tragsystems abhängig. Diese fällt bei Rissbildung deutlich ab und damit auch die Zwangsschnittgröße selbst. Daher darf bei einer linar-elastischen Berechnung, wenn der Abfall der Steifigkeit nicht in Ansatz gebracht wird, der Teilsicherheitsbeiwerte auf $\gamma_Q = 1{,}00$ gesetzt werden. Wird jedoch der Steifigkeitsabfall berücksichtigt (z. B. bei einer nichtlinearen Schnittgrößenermittlung), ist $\gamma_Q = 1{,}50$ zu setzen.

Bei einer plastischen Schnittgrößenermittlung ist eine ausreichende Verformbarkeit nachzuweisen, der Zwang selbst hat keinen Einfluss auf die Schnittgrößenverteilung. Die Summe der plastischen Drehwinkel aus äußeren Einwirkungen und Zwang ist jedoch nachzuweisen und darf den Bemessungswert $\theta_{pl,d}$ nicht überschreiten (zur plastischen Schnittgrößenermittlung wird auf Band 2, Kapitel 8 verwiesen).

Hinzuweisen ist an dieser Stelle noch darauf, dass die Teilsicherheitsbeiwerte γ_F neben den Unsicherheiten der Einwirkungen auch Modell- und Geometrieunsicherheiten erfassen. Das bedeutet, dass auch bei relativ genau erfassbaren Einwirkungen (z. B. Flüssigkeitsdruck bei gesicherter Füllhöhe) ein Teilsicherheitsbeiwert $\gamma_F = \gamma_G = 1{,}35$ zu berücksichtigen ist (vgl. DAfStb-H.600).

Tafel 5.2 Kombinationsbeiwerte ψ_i (nach EC 0)

Einwirkung		Kombinationswerte ψ_0	ψ_1	ψ_2
Nutzlasten[a)]				
– Kategorie A:	Wohn-/ Aufenthaltsräume	0,7	0,5	0,3
– Kategorie B:	Büros	0,7	0,5	0,3
– Kategorie C:	Versammlungsräume	0,7	0,7	0,6
– Kategorie D:	Verkaufsräume	0,7	0,7	0,6
– Kategorie E:	Lagerräume	1,0	0,9	0,8
Verkehrslasten				
– Kategorie F:	Fahrzeuglast ≤ 30 kN	0,7	0,7	0,6
– Kategorie G:	30 kN < Fahrzeuglast ≤ 160 kN	0,7	0,5	0,3
– Kategorie H:	Dachlasten	0	0	0
Schnee,	Orte bis NN +1 000 m	0,5	0,2	0
	Orte über NN +1 000 m	0,7	0,5	0,2
Windlasten		0,6	0,2	0
Temperatureinwirkungen (nicht Brand)		0,6	0,5	0
Baugrundsetzungen		1,0	1,0	1,0
Sonstige Einwirkungen		0,8	0,7	0,5

a) Abminderungsbeiwerte für Nutzlasten mehrgeschossiger Hochbauten siehe EC 1-1-1.

Die Kombinationsbeiwerte ψ_i nach Tafel 5.2 berücksichtigen die Häufigkeit des Auftretens einer veränderlichen Last. Dabei erfasst ψ_0 die geringe, ψ_1 die mittlere und ψ_2 die hohe Wahrscheinlichkeit des gleichzeitigen Auftretens der jeweiligen veränderlichen Last mit weiteren unabhängigen veränderlichen Lasten. Die Kombinationsbeiwerte werden für die Ermittlung der maßgebenden Beanspruchung im Grenzzustand der Tragfähigkeit benötigt, insbesondere aber bei den Nachweisen in den Grenzzuständen der Gebrauchstauglichkeit (s. hierzu Abschnitt 5.2).

Bemessungswerte des Widerstands R_d

Sie werden bei linear-elastischer Schnittgrößenermittlung oder plastischen Berechnungen gebildet aus (für nichtlineare Schnittgrößenermittlung s. EC 2-1-1, 5.7):

$$R_d = R\,(\alpha_{cc} f_{ck}/\gamma_C;\ f_{yk}/\gamma_S;\ f_{tk,cal}/\gamma_S;\ f_{p0,1k}/\gamma_S;\ f_{pk}/\gamma_S) \tag{5.4}$$

α_{cc} Abminderungsbeiwert zur Berücksichtigung von Langzeiteinwirkungen u. a. Hierfür gilt in Deutschland (EC 2-1-1/NA):
$\alpha_{cc} = 0{,}85$ (nach EC 2-1-1 gilt $\alpha_{cc} = 1{,}00$)

f_{ck} charakteristischer Wert der Druckfestigkeit des Betons

$f_{yk}, f_{tk,cal}$ charakteristischer Wert der Streckgrenze bzw. der Zugfestigkeit des Betonstahls

$f_{p0,1k}, f_{pk}$ charakteristischer Wert der 0,1-%-Dehngrenze bzw. der Zugfestigkeit des Spannstahls

$\gamma_C; \gamma_S$ Teilsicherheitsbeiwerte nach EC 2-1-1/NA für Beton bzw. Betonstahl und Spannstahl nach Tafel 5.3a und Tafel 5.3b (zusätzlich sind die Werte nach EC 2-1-1 angegeben, die in Deutschland jedoch nicht zur Anwendung kommen)

Tafel 5.3a Teilsicherheitsbeiwert γ_C für Normalbeton (EC 2-1-1/NA, Tab. 2.1 DE)

Bemessungssituation		EC 2-1-1	**EC 2-1-1/NA**
Ständige und vorübergehende Bemessungssituation (Grundkombination)	$\gamma_{C,s/v}$	1,50	**1,50** [a)]
Außergewöhnliche Bemessungssituation	$\gamma_{C,a}$	1,20	**1,30**
Nachweis gegen Ermüdung	$\gamma_{C,fat}$	1,50	**1,50**
a) Bei Fertigteilen mit überwachter Herstellung darf der Beiwert auf $\gamma_{C,red}$ = 1,35 verringert werden.			

Tafel 5.3b Teilsicherheitsbeiwert γ_S für Beton- und Spannstahl (EC 2-1-1/NA, Tab. 2.1 DE)

Bemessungssituation		EC 2-1-1	**EC 2-1-1/NA**
Ständige und vorübergehende Bemessungssituation (Grundkombination)	$\gamma_{S,s/v}$	1,15	**1,15**
Außergewöhnliche Bemessungssituation	$\gamma_{S,a}$	1,00	**1,00**
Nachweis gegen Ermüdung	$\gamma_{S,fat}$	1,15	**1,15**

Die Teilsicherheitsbeiwerte für Beton und Betonstahl berücksichtigen Materialstreuungen und Modellunsicherheiten, aber auch geometrische Streuungen. Mit den Annahmen über die geometrische Streuungen hängen unmittelbar die einzuhaltenden Grenzabmaße in der Bauausführung zusammen, die für Bauteilabmessungen und für die Lage der Bewehrung festgelegt sind. Für die Maßtoleranzen Δl gelten in Abhängigkeit von den Querschnittsabmessungen l nach DIN EN 13670 (bzw. DIN 1045-3):

$l \leq 150$ mm $\quad \Delta l_i = \pm\ 10$ mm
$l = 400$ mm $\quad \Delta l_i = \pm\ 15$ mm
$l = 2500$ mm $\quad \Delta l_i = \pm\ 30$ mm

Zwischenwerte dürfen interpoliert werden. Für die Grenzmaße der Betondeckung gelten die Werte nach EC 2-1-1, es wird auf Abschnitt 5.2.5 in diesem Buch verwiesen.

Beispiele

Beispiel 1

Für einen Zweifeldträger mit Belastung aus Eigenlast g_k und Nutzlast q_k (charakteristische Werte) ist das maximale Moment im Grenzzustand der Tragfähigkeit im Feld 1 gesucht.

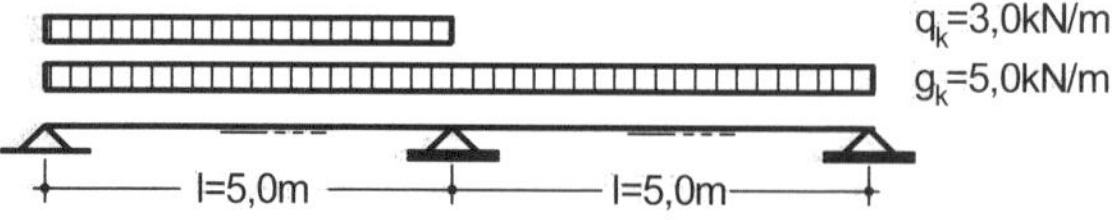

Die Eigenlast darf mit einem konstanten Bemessungswert in beiden Feldern berücksichtigt werden, die Nutzlast wird feldweise ungünstig angesetzt.

$$\max M_{Ed,1} = (0{,}070 \cdot \gamma_G \cdot g_k + 0{,}096 \cdot \gamma_Q \cdot q_k) \cdot l^2$$
$$= (0{,}070 \cdot 1{,}35 \cdot 5{,}0 + 0{,}096 \cdot 1{,}50 \cdot 3{,}0) \cdot 5{,}0^2 = 22{,}6 \text{ kNm}$$

Beispiel 2

Kragkonstruktion mit Belastung aus Eigenlast g_k, Schneelast s_k und angehängter veränderlicher Einzellast Q_k; gesucht ist das Bemessungsmoment M_{Ed} an der Einspannstelle im Grenzzustand der Tragfähigkeit.

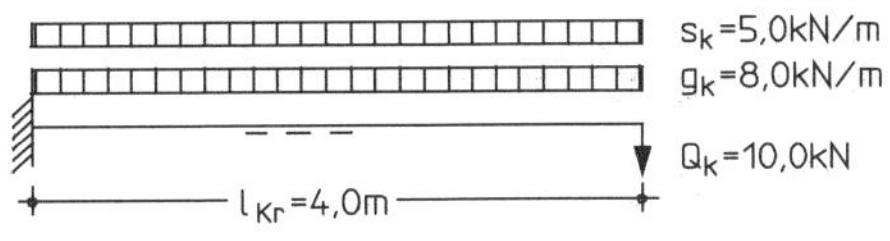

Es liegen zwei unabhängige veränderliche Lasten vor; die jeweilige erste ist in voller Größe zu berücksichtigen, die zweite darf mit einem Kombinationsfaktor ψ_0 abgemindert werden. Mit $\psi_0 = 0{,}5$ für Schnee und $\psi_0 = 0{,}8$ für eine sonstige Einwirkung und mit Gl. (5.2) erhält man

Komb. 1: $M_{Ed} = -\gamma_G \cdot g_k \cdot (l_{Kr}^2/2) - \gamma_Q \cdot s_k \cdot (l_{Kr}^2/2) - \gamma_Q \cdot \psi_0 \cdot Q_k \cdot l_{Kr}$
$= -1{,}35 \cdot 8{,}0 \cdot (4^2/2) - 1{,}50 \cdot 5{,}0 \cdot (4^2/2) - 1{,}50 \cdot 0{,}8 \cdot 10 \cdot 4{,}0 = -194{,}4 \text{ kNm}$

Komb. 2: $M_{Ed} = -\gamma_G \cdot g_k \cdot (l_{Kr}^2/2) - \gamma_Q \cdot Q_k \cdot l_{Kr} - \gamma_Q \cdot \psi_0 \cdot s_k \cdot (l_{Kr}^2/2)$
$= -1{,}35 \cdot 8{,}0 \cdot (4^2/2) - 1{,}50 \cdot 10 \cdot 4{,}0 - 1{,}50 \cdot 0{,}5 \cdot 5{,}0 \cdot (4^2/2) = -176{,}4 \text{ kNm}$

Beispiel 3

Gegeben ist eine Kragstütze mit Belastung aus Eigenlast G_k, veränderlicher Last Q_k (Kranbahn mit Seitenkräften) und Windlast w_k. Gesucht sind die Bemessungsschnittgrößen N_{Ed} und M_{Ed} im Grenzzustand der Tragfähigkeit (ohne Berücksichtigung von Zusatzmomenten nach Theorie 2. Ordnung).

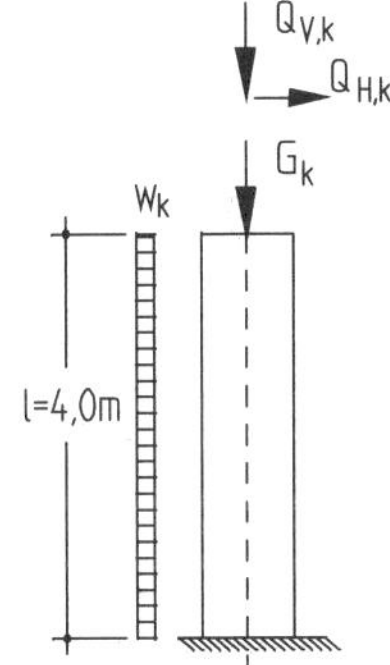

Belastung

Eigenlast	G_k	= 500 kN	
veränderliche Last	$Q_{V,k}$	= 500 kN	voneinander abhängig
	$Q_{H,k}$	= 10 kN	
Wind	w_k	= 10 kN/m	

Wie im Beispiel 2 liegen auch hier zwei unabhängige veränderliche Lasten vor; zusätzlich ist zu berücksichtigen, dass die Eigenlast bei günstiger Wirkung (vgl. Abb. 3.9) nur mit $\gamma_G = 1{,}0$ berücksichtigt werden darf. Mit $\psi_0 = 0{,}6$ für Wind und $\psi_0 = 0{,}8$ für eine sonstige Einwirkung ergeben sich – theoretisch – folgende Kombinationsmöglichkeiten (N_{Ed} absolut):

Komb. 1: $N_{Ed} = 1{,}35 \cdot 500 + 1{,}50 \cdot 500 + 1{,}50 \cdot 0{,}6 \cdot 0 = 1\,425 \text{ kN}$
$M_{Ed} = 1{,}35 \cdot 0 + 1{,}50 \cdot 10 \cdot 4{,}0 + 1{,}50 \cdot 0{,}6 \cdot 10 \cdot 4{,}0^2/2 = 132 \text{ kNm}$

Komb. 2: $N_{Ed} = 1{,}00 \cdot 500 + 1{,}50 \cdot 500 + 1{,}50 \cdot 0{,}6 \cdot 0 = 1\,250 \text{ kN}$
$M_{Ed} = 1{,}00 \cdot 0 + 1{,}50 \cdot 10 \cdot 4{,}0 + 1{,}50 \cdot 0{,}6 \cdot 10 \cdot 4{,}0^2/2 = 132 \text{ kNm}$

Komb. 3: $N_{Ed} = 1{,}35 \cdot 500 + 1{,}50 \cdot 0 + 1{,}50 \cdot 0{,}8 \cdot 500 = 1\,275 \text{ kN}$
$M_{Ed} = 1{,}35 \cdot 0 + 1{,}50 \cdot 10 \cdot 4{,}0^2/2 + 1{,}50 \cdot 0{,}8 \cdot 10 \cdot 4{,}0 = 168 \text{ kNm}$

Komb. 4: $N_{Ed} = 1{,}00 \cdot 500 + 1{,}50 \cdot 0 + 1{,}50 \cdot 0{,}8 \cdot 500 = 1\,100 \text{ kN}$
$M_{Ed} = 1{,}00 \cdot 0 + 1{,}50 \cdot 10 \cdot 4{,}0^2/2 + 1{,}50 \cdot 0{,}8 \cdot 10 \cdot 4{,}0 = 168 \text{ kNm}$

Bei günstiger Wirkung der veränderlichen Last Q_k ist zusätzlich zu untersuchen:

Komb. 5: $N_{Ed} = 1{,}00 \cdot 500 + 1{,}50 \cdot 0 + 0 \cdot 0{,}8 \cdot 500 = 500 \text{ kN}$
$M_{Ed} = 1{,}00 \cdot 0 + 1{,}50 \cdot 10 \cdot 4{,}0^2/2 + 0 \cdot 0{,}8 \cdot 10 \cdot 4{,}0 = 120 \text{ kNm}$

Beispiel 4

Für den dargestellten zentrischen belasteten Zugstab ist der vollständige Nachweis im Grenzzustand der Tragfähigkeit zu führen.

Gegeben Längskräfte: $N_{Gk} = 150$ kN (Eigenlast), $N_{Qk} = 200$ kN (Nutzlast)
Bewehrung: $A_{s1} = A_{s2} = 6{,}28$ cm², Festigkeit $f_{yk} = 50$ kN/cm²
Beton: ohne Angabe (Zugfestigkeit darf im Grenzzustand der Tragfähigkeit nicht berücksichtigt werden; s. hierzu Abschnitt 6.1.1)

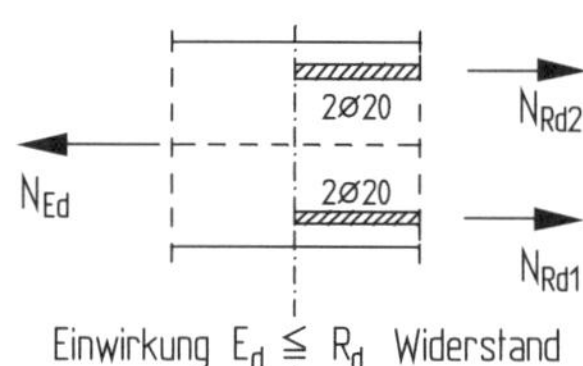

Es ist der Nachweis zu erbringen, dass der Bemessungswert der Schnittgrößen N_{Ed} – d. h. die γ-fachen charakteristischen Längskräfte – die Querschnittstragfähigkeit, d. h. die $1/\gamma$-fachen aufnehmbaren Schnittgrößen $N_{Rd} = N_{Rd1} + N_{Rd2}$, nicht überschreitet:

$$N_{Ed} \leq N_{Rd}$$

Schnittgrößen (Einwirkung)

$N_{Ed} = \gamma_G \cdot N_{Gk} + \gamma_Q \cdot N_{Qk}$

$N_{Gk} = 150$ kN | charakteristische Werte

$N_{Qk} = 200$ kN | (Vorgabe)

$N_{Ed} = 1{,}35 \cdot 150 + 1{,}50 \cdot 200 = 503$ kN

Tragfähigkeit (Widerstand)

$N_{Rd} = N_{Rd1} + N_{Rd2}$

$N_{Rd1} = A_{s1} \cdot (f_{yk} / \gamma_S) = N_{Rd2}$

$N_{Rd1} = 6{,}28 \cdot (50/1{,}15) = 273$ kN

$N_{Rd} = 2 \cdot 273 = 546$ kN

Nachweis

$$N_{Ed} = 503 \text{ kN} < N_{Rd} = 546 \text{ kN}$$

5.1.1.2 Versagen ohne Vorankündigung

Ein Versagen ohne Vorankündigung bei Erstrissbildung muss vermieden werden. Dies kann nach EC 2-1-1/NA12.6.2 als erfüllt angesehen werden für:

- Unbewehrten Beton

  für stabförmige Bauteile mit Rechteckquerschnitt durch Begrenzung der Ausmitte der Längskraft im Grenzzustand der Tragfähigkeit auf $e_d / h < 0{,}4$

- Stahlbeton

  durch Anordnung einer Mindestbewehrung nach EC 2-1-1/NA, 12.6.2, die für das Rissmoment mit dem Mittelwert der Zugfestigkeit f_{ctm} und der Stahlspannung f_{yk} berechnet ist

5.1.1.3 Nachweis der Lagesicherheit

Nach EC 0 ist nachzuweisen, dass die Bemessungswerte der destabilisierenden Einwirkungen $E_{d,dst}$ die Bemessungswerte der stabilisierenden $E_{d,stb}$ nicht überschreiten:

$$\mathbf{E_{d,dst} \leq E_{d,stb}} \tag{5.5}$$

Wird die Lagesicherheit durch eine Verankerung bewirkt, wird Gl. (5.5) modifiziert:

$$\boldsymbol{E_{d,dst} - E_{d,stb} \leq R_d} \tag{5.6}$$

Für die veränderlichen Einwirkungen gelten die Teilsicherheitsbeiwerte nach Tafel 5.1 und die Kombinationsbeiwerte nach Tafel 5.2. Zusätzlich gelten für die ständigen Einwirkungen

- $\gamma_{G,inf} = 0{,}9$ für die günstig wirkenden ständigen Einwirkungen
- $\gamma_{G,sup} = 1{,}1$ für die ungünstig wirkenden ständigen Einwirkungen

Bei kleinen Schwankungen (wie z. B. beim Nachweis der Auftriebssicherheit) dürfen die Werte auf 0,95 bzw. 1,05 geändert werden. Weitere Hinweise s. EC 0.

Beispiel 5

Für den dargestellten Einfeldträger mit Kragarm ist die Lagesicherheit am Auflager A nachzuweisen. Bedingung nach Gl. (5.5) für Auflagerkraft A.

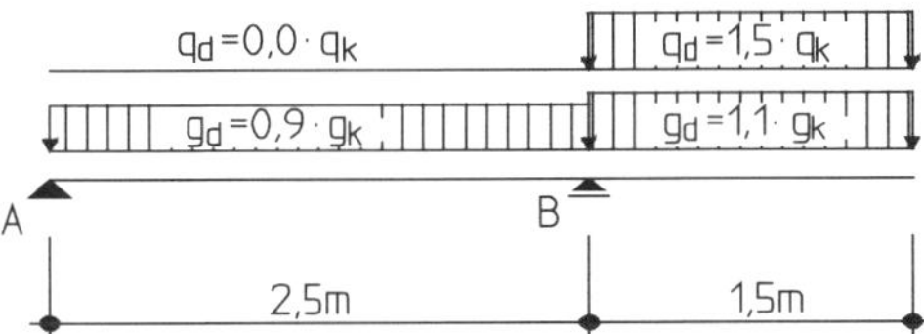

Mit $g_k = 9{,}0$ kN/m und $q_k = 7{,}5$ kN/m erhält man

$A_{d,dst} = 1{,}1 \cdot 9{,}0 \cdot 1{,}5^2 / (2 \cdot 2{,}5) + 1{,}5 \cdot 7{,}5 \cdot 1{,}5^2 / (2 \cdot 2{,}5) = 9{,}52$ kN

$A_{d,stb} = 0{,}9 \cdot 9{,}0 \cdot 2{,}5 / 2 = 10{,}12$ kN

Nachweis: $A_{d,dst} = 9{,}52$ kN $< A_{d,stb} = 10{,}12$ kN $\Rightarrow$ Nachweis erfüllt!

5.1.1.4 Ermüdung

Tragwerke und tragende Bauteile, die regelmäßigen Lastwechseln unterworfen sind, sind gegen Ermüdung zu bemessen (z. B. Kranbahnen, Brücken). Der Nachweis ist getrennt für Beton und Betonstahl zu führen, der Teilsicherheitsbeiwert für die Einwirkungen ist $\gamma_{F,fat} = 1{,}0$.

Für Tragwerke des üblichen Hochbaus braucht i. Allg. kein Nachweis gegen Ermüdung geführt zu werden.

5.1.1.5 Gründungen; andere Bauarten und Bauweisen

Für Gründungen sind die Interaktion mit dem Baugrund und das Nachweiskonzept gemäß DIN EN 1997 (Entwurf, Berechnung und Bemessung in der Geotechnik) mit den jeweiligen Nationalen Anhängen sowie ggf. weiteren Normen des Spezialtiefbaus zusätzlich zu beachten. Abweichende Regelungen zu einer Bemessung im Betonbau sind zu beachten.

Das gilt ebenso für andere Bauarten und Bauweisen.

5.1.2 Grenzzustände der Gebrauchstauglichkeit

Der Bemessungswert der Beanspruchung E_d darf den Grenzwert der betrachteten Auswirkung C_d bei vorgegebenen Gebrauchstauglichkeitsbedingungen nicht überschreiten:

$$\boldsymbol{E_d \leq C_d} \tag{5.7}$$

Einwirkungskombinationen E_d

Sie sind für die Grenzzustände der Gebrauchstauglichkeit wie folgt definiert:

– Seltene (charakteristische) Kombination

$$E_{d,rare} = E\left(\sum_{j \geq 1} G_{k,j} \text{ „+“ } P_k \text{ „+“ } Q_{k,1} \text{ „+“ } \sum_{i > 1} \psi_{0,i} \cdot Q_{k,i} \right) \tag{5.8a}$$

– Häufige Kombination

$$E_{d,frequ} = E\left(\sum_{j \geq 1} G_{k,j} \text{ „+“ } P_k \text{ „+“ } \psi_{1,1} \cdot Q_{k,1} \text{ „+“ } \sum_{i > 1} \psi_{2,i} \cdot Q_{k,i} \right) \tag{5.8b}$$

– Quasi-ständige Kombination

$$E_{d,perm} = E\left(\sum_{j \geq 1} G_{k,j} \text{ „+“ } P_k \text{ „+“ } \sum_{i \geq 1} \psi_{2,i} \cdot Q_{k,i} \right) \tag{5.8c}$$

(Erläuterung der Formelzeichen s. vorher.)

Bemessungswert des Gebrauchstauglichkeitskriteriums C_d

Das Gebrauchstauglichkeitskriterium C_d kann zum Beispiel eine ertragbare Spannung, eine zulässige Verformung, Rissbreite o. Ä. sein (s. hierzu auch Kapitel 7).

Beispiel 6

Kragkonstruktion mit Eigenlast g_k, Schneelast s_k und angehängter veränderlicher Einzellast Q_k (vgl. S. 78, Beispiel 2); gesucht ist das Einspannmoment M für die seltene und die quasi-ständige Kombination.

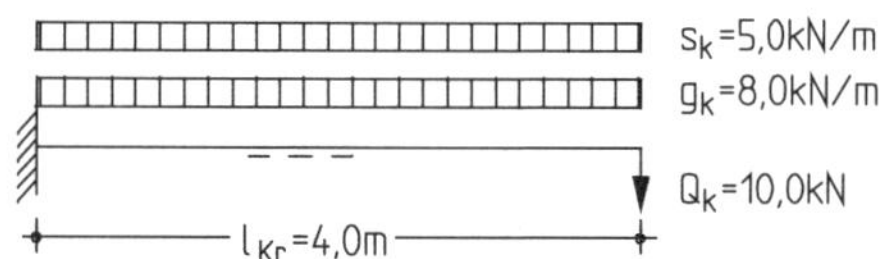

Seltene Kombination

Die erste veränderliche Einwirkung muss in voller Größe berücksichtigt werden, die zweite darf mit einem Kombinationsfaktor ψ_0 abgemindert werden. Mit $\psi_0 = 0{,}5$ für Schnee und $\psi_0 = 0{,}8$ für eine sonstige Einwirkung und mit Gl. (5.8a) erhält man:

Komb. 1: $M_{E,rare} = -g_k \cdot l_{Kr}^2/2 - s_k \cdot l_{Kr}^2/2 - \psi_0 \cdot Q_k \cdot l_{Kr}$
$= -8{,}0 \cdot 4{,}0^2/2 - 5{,}0 \cdot 4{,}0^2/2 - 0{,}8 \cdot 10 \cdot 4{,}0 = -136{,}0$ kNm

Komb. 2: $M_{E,rare} = -g_k \cdot l_{Kr}^2/2 - Q_k \cdot l_{Kr} - \psi_0 \cdot s_k \cdot l_{Kr}^2/2$
$= -8{,}0 \cdot 4{,}0^2/2 - 10 \cdot 4{,}0 - 0{,}5 \cdot 5{,}0 \cdot 4{,}0^2/2 = -124{,}0$ kNm

Quasi-ständige Kombination

Beide veränderlichen Einwirkungen werden mit dem Kombinationsfaktor ψ_2 abgemindert. Mit $\psi_2 = 0$ für Schnee und $\psi_2 = 0{,}5$ für eine sonstige Einwirkung und mit Gl. (5.8c) erhält man

Komb. 1: $M_{E,perm} = -g_k \cdot l_{Kr}^2/2 - \psi_2 \cdot s_k \cdot l_{Kr}^2/2 - \psi_2 \cdot Q_k \cdot l_{Kr}$
$= -8{,}0 \cdot 4{,}0^2/2 - 0 - 0{,}5 \cdot 10 \cdot 4{,}0 = -84{,}0$ kNm

5.1.3 Vereinfachte Kombinationsregel für Einwirkungen im üblichen Hochbau

Die zuvor dargestellten Regelungen können zu einer Vielzahl von möglichen Einwirkungskombinationen führen (vgl. z. B. Abschnitt 5.1.1.1, Beispiel 3). Abgesehen vom Rechenaufwand leiden darunter auch die Übersichtlichkeit und Prüfbarkeit der statischen Berechnung.

Allerdings ist der Eigenlastanteil, der von den Kombinationsbeiwerten nicht betroffen ist, im Stahlbetonbau relativ hoch, so dass auf der sicheren Seite liegende Kombinationsfaktoren nur zu unwesentlich größeren Schnittgrößen führen. Im einfachsten Fall kann z. B. gesetzt werden:

$$\psi_0 = \psi_1 = \psi_2 = 1{,}0$$

Etwas genauer, aber immer noch auf der sicheren Seite, kann auch mit den vereinfachten Kombinationsbeiwerten nach Tafel 5.4 (aus DAfStb.-H.600) gearbeitet werden.

Tafel 5.4 Vereinfachte Kombinationsbeiwerte ψ im üblichen Hochbau (DAfStb-H.600)

Einwirkung	selten ψ_0	häufig ψ_1	quasi-ständig ψ_2
– Kategorie A/B: Wohn-/ Aufenthaltsräume; Büros – Kategorie C: Versammlungsräume – Kategorie D: Verkaufsräume – Kategorie F/G: Verkehrsflächen – Schnee, Wind – Temperatureinwirkungen (nicht Brand)	0,7		0,6
– Kategorie E: Lagerräume – Baugrundsetzungen	1,0		

Mit Tafel 5.4 können die Gleichungen (5.2) im GZT und (5.8a) bis (5.8c) im GZG für überwiegend auf Biegung beanspruchte Stahlbetonbauteile ersetzt werden durch (Ausnahme: Lagerräume und Baugrundsetzungen):

- im GZT für die ständige und vorübergehende Bemessungssituation:

$$E_d = E\Big(\sum_{j\geq 1} 1{,}35 \cdot G_{k,j} \text{ „+“ } 1{,}5 \cdot Q_{k,1} \text{ „+“ } 1{,}5 \cdot \sum_{i>1} 0{,}7 \cdot Q_{k,i}\Big) \qquad (5.9)$$

- im GZG für die seltene Bemessungssituation:

$$E_{d,rare} = E\Big(\sum_{j\geq 1} G_{k,j} \text{ „+“ } Q_{k,1} \text{ „+“ } 0{,}7 \sum_{i>1} Q_{k,i}\Big) \qquad (5.10a)$$

- im GZG für die häufige Bemessungssituation:

$$E_{d,frequ} = E\Big(\sum_{j\geq 1} G_{k,j} \text{ „+“ } 0{,}7 \sum_{i\geq 1} Q_{k,i}\Big) \qquad (5.10b)$$

- im GZG für die quasi-ständige Kombination

$$E_{d,perm} = E\Big(\sum_{j\geq 1} G_{k,j} \text{ „+“ } 0{,}6 \sum_{i\geq 1} Q_{k,i}\Big) \qquad (5.10c)$$

Wie zuvor ausgeführt, gilt diese vereinfachte Kombination für überwiegend auf Biegung beanspruchte Stahlbetonbauteile und nicht beispielsweise für Stützen, bei denen bei günstiger Wirkung der Eigenlast auch eine Kombination mit $\gamma_G = 1{,}0$ zu untersuchen ist.

5.2 Dauerhaftigkeit

5.2.1 Grundsätzliches

Zur Erreichung einer ausreichenden Dauerhaftigkeit eines Tragwerks sind u. a. folgende Faktoren zu berücksichtigen:

- Nutzung des Tragwerks
- geforderte Tragwerkseigenschaften
- voraussichtliche Umweltbedingungen
- Zusammensetzung, Eigenschaften und Verhalten der Baustoffe
- Bauteilform und bauliche Durchbildung
- Qualität der Bauausführung und Überwachung
- besondere Schutzmaßnahmen
- voraussichtliche Instandhaltung während der vorgesehenen Nutzungsdauer.

Für eine ausreichende Dauerhaftigkeit sind zunächst die Nachweise in den Grenzzuständen der Tragfähigkeit und der Gebrauchstauglichkeit zu erfüllen. Außerdem sind konstruktive Regeln einzuhalten, die als Ersatz für eine Bemessung auf Dauerhaftigkeit dienen. Hierzu gehört insbesondere die Beachtung von Mindestbetonfestigkeitsklassen und Mindestbetondeckungen der Bewehrung in Abhängigkeit von den Umweltbedingungen und Einwirkungen (s. Abschnitt 5.2.4). Zusätzlich sind Anforderungen an die Zusammensetzung und die Eigenschaften des Betons nach DIN EN 206-1 und DIN 1045-2 zu berücksichtigen. Umweltbedingungen im Sinne von EC 2-1-1 bedeuten chemische und/oder physikalische Einwirkungen, denen ein Tragwerk als Ganzes oder Tragwerksteile ausgesetzt sind.

Chemischer Angriff kann herrühren aus:

- der Nutzung eines Bauwerks
- Kontakt mit Gasen oder Lösungen
- im Beton enthaltenen Chloriden
- Reaktionen zwischen den Betonbestandteilen (z. B. Alkalireaktionen im Beton)

Physikalischer Angriff kann beispielsweise erfolgen durch:

- Verschleiß
- Temperaturwechsel
- Eindringen von Wasser
- Frost-Tau-Wechselwirkung

5.2.2 Bewehrungskorrosion

Der umgebende Beton schützt den Betonstahl gegen Korrosion, solange er sich im alkalischen Milieu mit pH-Werten von etwa 12,5 bis 13,5 befindet. Beton bietet diese Voraussetzung im sog. nicht karbonatisierten Bereich. Unter **Karbonatisierung** versteht man die chemische Reaktion des vom Zement freigesetzten Calciumhydroxids ($Ca(OH)_2$) mit dem in der Luft vorhandenen Kohlendioxid (CO_2). Unter Freisetzung von Wasser (H_2O) bildet sich Calciumcarbonat ($CaCO_3$):

$$Ca(OH)_2 + CO_2 \rightarrow CaCO_3 + H_2O$$

Wenn das gesamte verfügbare $Ca(OH)_2$ verbraucht ist, sinkt aber der pH-Wert auf ca. 9 ab, und die Alkalität geht verloren. Erreicht die karbonatisierte Zone die Bewehrung, so verliert der Stahl seine Passivität.

Der Vorgang schreitet je nach Gefügedichtigkeit (Diffusionswiderstand) und Feuchtezustand des Betons mehr oder weniger schnell von der Oberfläche in die Betonrandzone hinein fort. Die Karbonatisierungstiefe ist bei sonst gleichbleibenden Bedingungen etwa proportional zur Wurzel der Karbonatisierungsdauer. Eine Abschätzung ermöglicht das Nomogramm in Abb. 5.1.

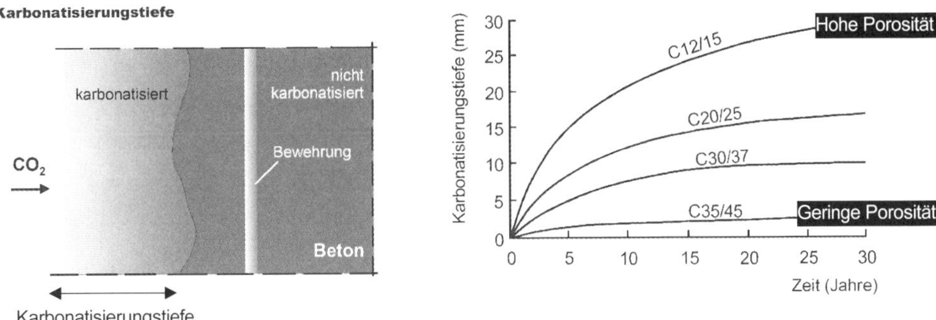

Abb. 5.1 Karbonatisierungsfortschritt (vgl. [BBZ-Inst – 94])

Stahl korrodiert in Gegenwart von Sauerstoff *und* Feuchtigkeit. Umgekehrt folgt daraus, dass in ständig trockener Umgebung (d. h. fehlende Feuchtigkeit) oder in dauernd wassergelagertem Beton (geringes Sauerstoffangebot) nicht mit Bewehrungskorrosion zu rechnen ist. Besonders korrosionsgefährdet sind dagegen Bauteile, deren Betonrandzonen wechselnd austrocknen und durchfeuchten. Dies wird durch geforderte betontechnologische Maßnahmen in Abhängigkeit von Expositionsklassen (XC1 bis XC4; s. Tafel 5.6a) berücksichtigt.

Ein gefügedichter Beton wird durch eine geeignete Betonzusammensetzung erreicht; hierzu gehören u. a. ein Mindestzementgehalt und ein niedriger Wasser-Zement-Wert (w/z-Wert). Diese Faktoren steuern auch die Druckfestigkeit des Betons maßgeblich. In EC 2-1-1 werden daher in Abhängigkeit von der Expositionsklasse Mindestbetonfestigkeiten verlangt, die für den Tragwerksplaner als kennzeichnende Größe von besonderer Bedeutung sind.

Der Zusammenhang zwischen Betonfestigkeit und Porosität gilt allerdings nicht für Leichtbeton, da hierbei die Festigkeit des Betons in erster Linie durch den leichten Zuschlagstoff selbst bestimmt wird; für Leichtbeton sind daher keine Mindestfestigkeiten verlangt, die Dichtigkeit ist über andere Maßnahmen sicherzustellen.

Dem Korrosionsschutz tragen weiterhin die in Tafel 5.8a wiedergegebenen Mindestdicken der Betondeckung und Maßnahmen zur Beschränkung der Rissbreite (s. Tafel 7.7) Rechnung. Der Korrosionsschutz der Bewehrung kann auch im Bereich von Rissen sichergestellt werden, wenn im Stahlbetonbau die Rissbreiten auf ≤ 0,3 mm begrenzt werden (bei aggressiven Umgebungsbedingungen gelten ggf. strengere Anforderungen).

Chloride (Tausalz, Meerwasser oder auch Brandgase aus der Verbrennung von PVC) können auch in nicht karbonatisiertem Beton die Passivschicht des Stahls örtlich durchbrechen. Es kommt zu einer schnell fortschreitenden Lochfraßkorrosion des Stahls. Bei stärkerem Chlorideinfluss (Tausalzlösung in größeren Mengen und über längere Zeit auf dem Beton verbleibend, z. B. auf Parkdecks) sind daher zusätzliche Maßnahmen wie Beschichtungen erforderlich. Entsprechende Anforderungen an die Betoneigenschaften werden in EC 2-1-1 (bzw. DIN EN 206-1/ DIN 1045-2) durch die Expositionsklassen XD und XS (s. Tafel 5.7a) definiert.

5.2.3 Betonangriff

Schädigungen des Betons können durch physikalischen oder chemischen Angriff (Betonkorrosion) erfolgen. Physikalischer Angriff erfolgt durch Verschleiß, Temperaturwechsel und Frost-Tau-Wechselwirkung. Beim chemischen Angriff ist zu unterscheiden zwischen lösendem und treibendem Angriff.

Physikalischer Angriff

Frost- und/oder Frost-Tausalz-Schäden an Beton sind zum einen auf Spannungen infolge Temperaturdifferenzen zurückzuführen. Wesentlicher sind aber die Volumenvergrößerungen vom Übergang des Wassers zu Eis (ca. 9 Vol.-%), die zu einem Innendruck mit Überschreiten der Betonfestigkeit führen können, wenn keine luftgefüllten Poren als „Ausweichraum“ vorhanden sind. Anforderungen an die Betoneigenschaften werden über die Expositionsklassen XF (s. Tafel 5.7b) formuliert.

Die Anforderungen an die Zusammensetzung und die Eigenschaften von Beton, der einer *Verschleißbeanspruchung* ausgesetzt ist, hängen von der Art und der Intensität der Beanspruchung ab. Neben einer abriebfesten Zementmatrix kommt der Gesteinskörnung besondere Bedeutung zu ([Schmidt – 08]); vgl. Tafel 5.7b, Expositionsklassen XM.

Chemischer Angriff

Lösender chemischer Angriff erfolgt durch Säuren, starke Basen und organische Öle und Fette, die sonst schwer lösliche Calciumverbindungen des Zementsteins in leicht lösliche Verbindungen umwandeln. Der Beton verliert dabei seine Festigkeit, zumeist verbunden mit einem fortschreitenden Abtrag der Betonoberfläche. Beispiele sind saure Moorwässer, kalkaggressive Kohlensäure im Grundwasser, z. B. in der Umgebung von Heilquellen, in Wasser gelöste Verbrennungsgase an Schornsteinköpfen (weitere Beispiele s. [Schmidt – 08]). Die geforderten Betoneigenschaften werden in Abhängigkeit von den Expositionsklassen XA (vgl. Tafel 5.7b) festgelegt.

Bei einem *treibenden Angriff* dringen wasserlösliche Sulfate in den Beton ein und reagieren mit Bestandteilen des Zementes zu Ettringit. Dies führt zu einer Volumenvergrößerung (Treiberscheinung), die zu Rissen und Festigkeitseinbußen führt. Eine weitere Ursache für eine „innere“ Betonkorrosion ist die Alkali-Kieselsäure-Reaktion (AKR). Hierbei reagieren Alkalien mit alkalilöslichen, kieselsäurehaltigen Gesteinskörnungen. Alkalien sind im Zement enthalten oder werden von außen z. B. durch Taumittel zugeführt. Alkaliempfindliche Gesteinskörnungen wie z. B. Opalsandstein und Flint kommen in Deutschland insbesondere in den nördlichen Regionen (Schleswig-Holstein, Hamburg, Mecklenburg-Vorpommern, Teilbereiche der Länder Niedersachsen, Sachsen-Anhalt und Brandenburg) vor; allerdings ist zusätzlich zu beachten, dass

Zuschlagstoffe teilweise über weite Strecken bis zu ihrem Einsatzort transportiert werden. Ob eine Gesteinskörnung reaktiv ist, kann mit den Vorgaben der DAfStb-Richtlinie „Vorbeugende Maßnahmen gegen schädigende Alkalireaktionen im Beton“ [DafStb-Ri-Alkali – 07] geprüft werden. Das Reaktionsprodukt „Alkali-Kieselsäure-Gel“ dehnt sich bei Wasseraufnahme aus, es kommt zum sog. Alkalitreiben. Dabei werden Quelldrücke von bis zu 20 N/mm² erzeugt, die zu Rissen im Beton und zu Betonabplatzungen führen.

Die Feuchtigkeitsklassen W für Betonkorrosion (s. Tafel 5.6b) infolge Alkali-Kieselsäure-Reaktion sind bei der Planung anzugeben. In Abhängigkeit von der gewählten Feuchtigkeitsklasse ist dann bei der Betonherstellung eine geeignete Gesteinskörnung und/oder ein geeigneter Zement zu wählen (vgl. auch [DBV-H14 – 07]).

5.2.4 Expositionsklassen und Mindestbetonfestigkeitsklassen

In Abhängigkeit von den zuvor genannten Einflüssen werden in EC 2-1-1 Expositionsklassen formuliert. Generell wird zunächst unterschieden zwischen Bewehrungskorrosion und Betonangriff. Bei der *Bewehrungskorrosion* wird dann differenziert nach der karbonatisierungsinduzierten und der chloridinduzierten Korrosion sowie der chloridinduzierten Korrosion aus Meerwasser (s. Tafel 5.6a, Zeilen 2 bis 4). Die Expositionsklassen nach den Risiken des *Betonangriffs* geben den Angriff durch Frost-Tau-Wechsel, aggressive chemische Umgebung und Verschleiß wieder (Tafel 5.6b, Zeilen 5 bis 7).

Den Expositionsklassen ist jeweils eine Mindestbetonfestigkeitsklasse zugeordnet; falls mehrere Bedingungen zutreffen, ist die jeweils höchste maßgebend (wie zuvor ausgeführt, gelten die Mindestfestigkeitsklassen allerdings nur für Normalbeton und nicht für Leichtbeton). Es sind jedoch alle maßgebenden Expositionsklassen in den Planungsunterlagen anzugeben, die ggf. Einfluss auf die Betonzusammensetzung haben können.

Zusätzlich sind Feuchtigkeitsklassen W für die Betonkorrosion infolge Alkali-Kieselsäure-Reaktion zu nennen, die jedoch keinen direkten Einfluss auf die Tragwerksbemessung haben.

Die Systematik zeigt Tafel 5.5. Detailliertere Angaben sind den Tafeln 5.6a und 5.6b zu entnehmen. (Es sind die in DIN EN 1992-1-1/NA:2013-04 an EN 206-1 und DIN 1045-2 angepassten Beschreibungen der Umgebung und Beispiele für die Zuordnung von Expositionsklassen zu beachten.)

Tafel 5.5 Systematik und Bezeichnungen der Expositionsklassen

Angriffsrisiko	Expositionsklasse (**X**)		Intensität gering → groß
Kein Angriffsrisiko		**X0** (**zero** risk)	–
Bewehrungskorrosion	Karbonatisierung	**XC** (**c**arbonation)	1 ... 4
	Chloride aus Tausalz	**XD** (**d**eicing)	1 ... 3
	Chloride aus Meerwasser	**XS** (**s**eawater)	1 ... 3
Betonangriff	Frost	**XF** (**f**rost)	1 ... 4
	Chemisch	**XA** (**a**cid)	1 ... 3
	Verschleiß	**XM** (**m**echanical abrasion)	1 ... 3
	Alkali-Kieselsäure	W	0, F, A, S

Tafel 5.6a Expositionsklassen – Bewehrungskorrosion

Klasse	Beschreibung der Umgebung	Beispiele für die Zuordnung von Expositionsklassen (weitere Beispiele s. EC2-1-1, 4.2)	Mindestfestigkeitsklasse [k]
Bewehrungskorrosion			
1 Kein Korrosions- oder Angriffsrisiko			
X0	Für Beton ohne Bewehrung: alle Umgebungsbedingungen außer XF, XA und XM	Fundamente ohne Bewehrung ohne Frost; Innenbauteile ohne Bewehrung	C12/15
	Für Beton mit Bewehrung: sehr trocken	Beton in Gebäuden mit sehr geringer Luftfeuchte (≤ 30 %)	
2 Bewehrungskorrosion, ausgelöst durch Karbonatisierung[a]			
XC 1	Trocken oder ständig nass	Bauteile in Innenräumen mit üblicher Luftfeuchte; Beton, der ständig in Wasser getaucht ist	C16/20
XC 2	Nass, selten trocken	Teile von Wasserbehältern; Gründungsbauteile	C16/20
XC 3	Mäßige Feuchte	Bauteile, zu denen die Außenluft häufig oder ständig Zugang hat, z. B. offene Hallen; Innenräume mit hoher Luftfeuchtigkeit	C20/25
XC 4	Wechselnd nass und trocken	Außenbauteile mit direkter Beregnung	C25/30
3 Bewehrungskorrosion, ausgelöst durch Chloride, ausgenommen Meerwasser			
XD 1	Mäßige Feuchte	Bauteile im Sprühnebelbereich von Verkehrsflächen; Einzelgaragen	C30/37[c]
XD 2	Nass, selten trocken	Solebäder; Bauteile, die chloridhaltigen Industriewässern ausgesetzt sind	C35/45[c) od. f)]
XD 3	Wechselnd nass und trocken	Brückenteile mit häufiger Spritzwasserbeanspruchung; Fahrbahndecken; befahrene Verkehrsflächen mit dauerhaftem lokalen Schutz (ohne Oberflächenschutz nur bei rissvermeidender Bauweise)[b]	C35/45[c]
4 Bewehrungskorrosion, ausgelöst durch Chloride aus Meerwasser			
XS 1	Salzhaltige Luft, aber kein direkter Meerwasserkontakt	Außenbauteile in Küstennähe	C30/37[c]
XS 2	Unter Wasser	Bauteile in Hafenanlagen, die ständig unter Wasser liegen	C35/45[c) od. f)]
XS 3	Tidebereiche, Spritzwasser- und Sprühnebelbereiche	Kaimauern in Hafenanlagen	C35/45[c]

a) Feuchteangaben für den Zustand der Betondeckung der Bewehrung; i. Allg. kann angenommen werden, dass dies gleich den Umgebungsbedingungen ist (das gilt ggf. nicht, wenn sich zwischen Beton und Umgebung eine Sperrschicht befindet).
b) Planung und Ausführung sowie Instandhaltungsplan nach DAfStb-Ri. „Schutz und Instandsetzung von Betonbauteilen".
c) Bei Luftporenbeton, z. B. wegen gleichzeitiger Anforderung aus XF, eine Betonfestigkeitsklasse niedriger (vgl. auch [e]).
d) Grenzwerte für die Expositionsklassen siehe DIN EN 206-1 und DIN 1045-2.
e) Anforderungen gelten bei Luftporenbeton.
f) Bei langsam und sehr langsam erhärtendem Beton ($r < 0{,}30$ nach DIN EN 206-1) eine Festigkeitsklasse niedriger.
g) Erdfeuchter Beton ($w/z \leq 0{,}40$) auch ohne Luftporen.
h) Bei Oberflächenbehandlung des Betons nach DIN 1045-2 (Vakuumieren, Flügelglätten).
i) Bei Verwendung von Beton ohne Luftporen für Räumerlaufbahnen mindestens C40/50 (s. a. DIN 1045-1, 6.2).
k) Zuordnung der Mindestbetonfestigkeitsklassen gemäß DIN EN 1992-1-1, Anhang E.

Tafel 5.6b Expositionsklassen – Betonangriff

Klasse	Beschreibung der Umgebung	Beispiele für die Zuordnung von Expositionsklassen (weitere Beispiele s. EC2-1-1, 4.2)	Mindestfestigkeitsklasse [k)]
Betonangriff			
5 Betonangriff durch Frost mit und ohne Taumittel			
XF 1	Mäßige Wassersättigung ohne Taumittel	Außenbauteile	C25/30
XF 2	Mäßige Wassersättigung mit Taumittel oder Meerwasser	Bauteile im Sprühnebel- oder Spritzwasserbereich taumittelbehandelter Verkehrsflächen (soweit nicht XF4); Bauteile im Sprühnebelbereich von Meerwasser	C25/30 (LP)[e)] C35/45[f)]
XF 3	Hohe Wassersättigung ohne Taumittel	offene Wasserbehälter; Bauteile in der Wasserwechselzone von Süßwasser	C25/30 (LP)[e)] C35/45[f)]
XF 4	Hohe Wassersättigung mit Taumittel oder Meerwasser	Verkehrsflächen, die mit Taumittel behandelt werden; überwiegend horizontale Bauteile im Spritzwasserbereich von taumittelbehandelten Verkehrsflächen; Meerwasserbauteile in der Wasserwechselzone; Räumerlaufbahnen von Kläranlagen	C30/37 (LP)[e,g,i)]
6 Betonangriff durch aggressive chemische Umgebung[d)]			
XA 1	Chemisch schwach angreifende Umgebung	Behälter von Kläranlagen; Güllebehälter	C25/30
XA 2	Chemisch mäßig angreifende Umgebung und Meeresbauwerke	Bauteile, die mit Meerwasser in Berührung kommen; Bauteile in betonangreifenden Böden	C35/45[c) od. f)]
XA 3	Chemisch stark angreifende Umgebung	Industrieabwasseranlagen mit chemisch angreifenden Abwässern; Futtertische der Landwirtschaft; Kühltürme mit Rauchgasableitung	C35/45[c)]
7 Betonangriff durch Verschleißbeanspruchung			
XM 1	Mäßige Verschleißbeanspruchung	Industrieböden (tragend oder aussteifend) mit Beanspruchung durch luftbereifte Fahrzeuge	C30/37[c)]
XM 2	Schwere Verschleißbeanspruchung	Industrieböden (tragend oder aussteifend) mit luft- oder vollgummibereiftem Gabelstaplerverkehr	C30/37[c,h)] C35/45[c)]
XM 3	Extreme Verschleißbeanspruchung	Industrieböden (tragend oder aussteifend) mit elastomer- oder stahlrollenbereiftem Gabelstaplerverkehr; Oberflächen mit Kettenfahrzeugverkehr; Tosbecken	C35/45[c)]
8 Betonkorrosion infolge Alkali-Kieselsäure-Reaktion			
W0	Beton, der während der Nutzung weitgehend trocken bleibt	Innenbauteile des Hochbaus; Bauteile, auf die Außenluft einwirken kann, ausgenommen z. B. Niederschläge, Oberflächenwasser, Bodenfeuchte und/oder ständige Einwirkung mit RH > 80 %	
WF	Beton, der während der Nutzung häufig oder längere Zeit feucht ist	Ungeschützte Außenbauteile, die Niederschlägen, Oberflächenwasser oder Bodenfeuchte ausgesetzt sind; Feuchträume, wie Hallenbäder, Wäschereien mit RH > 80 %; häufige Taupunktunterschreitung, wie z. B. bei Schornsteinen, Wärmeübertragungsstationen, Filterkammern, Viehställen; massige Bauteile aus Beton (> 0,80 m) gem. DAfStb-Ri.	
WA	Beton, der zusätzlich zur Klasse WF häufig o. langzeitig Alkalizufuhr von außen ausgesetzt ist	Meerwassereinwirkung; Tausalzeinwirkung ohne hohe dynam. Beanspr. (z. B. Spritzwasserbereiche, Fahr- u. Stellflächen in Parkhäusern); Industriebauten und landwirtschaftliche Bauwerke (z. B. Güllebehälter) mit Alkalizufuhr	
WS	Beton unter hoher dyn. Beanspruchung	Bauteile unter Tausalzeinwirklung mit zusätzlicher hoher dynamischer Beanspruchung (z. B. Betonfahrbahnen) u. Alkalieintrag	

[a–i)] s. Tafel 5.6a

Die Anforderungen an die Zusammensetzung und die Eigenschaften des Betons von DIN EN 206-1 und DIN 1045-2 sind zusätzlich zu beachten. Eine kurze Zusammenstellung wesentlicher Eigenschaften (Mindestzementgehalt, *w*/*z*-Wert) ist in den Tafeln 5.7a und b erfasst, für detaillierte Angaben wird auf die Norm verwiesen.

Tafel 5.7a Grenzwerte für die Zusammensetzung von Beton – Bewehrungskorrosion

Expositionsklasse	X0	XC1	XC2	XC3	XC4	XD1	XD2	XD3	XS1	XS2	XS3
max. zulässiger *w*/*z*-Wert	–	0,75	0,75	0,65	0,60	0,55	0,50	0,45	0,55	0,50	0,45
Mindestzementgehalt [a)] [b)] in kg/m³	–	240	240	260	280	300	320	320	300	320	320

a) Bei einem Größtkorn der Gesteinskörnung von 63 mm darf der Zementgehalt um 30 kg/m³ reduziert werden.
b) Mindestzementgehalt bei Anrechnung von Zusatzstoffen s. DIN 1045-2 bzw. DIN EN 206-1.

Tafel 5.7b Grenzwerte für die Zusammensetzung von Beton – Betonangriff

Expositionsklasse	XF1	XF2	XF3	XF4	XA1	XA2	XA3	XM1	XM2 [d)]	XM3
max. zulässiger *w*/*z*-Wert	0,60	0,55 0,50	0,55 0,50	0,50	0,60	0,50	0,45	0,55	0,45	0,45
Mindestzementgehalt [a)b)] in kg/m³	280	300 [c)] 320	300 [c)] 320	320	280	320	320	300	320	320
Weitere Anforderungen an	Frostbeständigkeit der Gesteinskörnung							Härte der Gesteinskörnung		

a) Bei einem Größtkorn der Gesteinskörnung von 63 mm darf der Zementgehalt um 30 kg/m³ reduziert werden.
b) Mindestzementgehalt bei Anrechnung von Zusatzstoffen s. DIN 1045-2 bzw. DIN EN 206-1.
c) Mindestluftgehalt und Zusatzregelungen für Luftporenbeton s. DIN 1045-2.
d) Mit Oberflächenbehandlung (Vakuumbehandlung o. Ä.) *w*/*z*-Wert = 0,55 und Mindestzementgehalt 300 kg/m³.

5.2.5 Mindestmaße c_{min} und Nennmaße c_{nom} der Betondeckung

Eine ausreichende Betondeckung ist erforderlich, um die Bewehrung dauerhaft gegen Korrosion zu schützen, den Verbund zwischen Bewehrung und dem umgebenden Beton zu sichern und den Brandschutz zu gewährleisten. Als Mindestmaße der Betondeckung c_{min} sind daher zu beachten (der jeweils ungünstigere Wert ist maßgebend):

- zur Sicherung des Verbundes die Werte $c_{min,b}$
- für den Schutz der Bewehrung gegen Korrosion die Werte $c_{min,dur}$
- aus Brandschutzgründen die in den entsprechenden Brandschutzbestimmungen geforderten Betondeckungen (s. EC 2-1-2).

Die Mindestmaße der Betondeckung c_{min} dürfen an keiner Stelle unterschritten werden. Damit dies gewährleistet werden kann, ist das Mindestmaß c_{min} um ein Vorhaltemaß Δc zu vergrößern; für die Verlegung der Bewehrung sind daher sog. Nennmaße c_{nom} maßgebend, die auch für die statische Berechnung zu berücksichtigen sind.

Die geforderte Betondeckung gilt auch für eine rechnerisch nicht berücksichtigte Bewehrung.

Mindestmaße c_{min}

Der Mindestwert der Betondeckung c_{min} wird in EC 2-1-1, Gl. (4.2) umfassend beschrieben (Ausnahme: Brandschutz). Danach gilt:

$$c_{min} = \max \begin{Bmatrix} c_{min,b} \\ c_{min,dur} + \Delta c_{dur,\gamma} - \Delta c_{dur,st} - \Delta c_{dur,add} \\ 10\text{ mm} \end{Bmatrix} \tag{5.11}$$

Es sind:

$c_{min,b}$ die Mindestbetondeckung aus den Verbundanforderungen, so dass die sichere Einleitung der Stahlzugkraft in den Beton gewährleistet ist; es gelten die Anforderungen in Tafel 5.8a

$c_{min,dur}$ die Mindestbetondeckung aus den Dauerhaftigkeitsanforderungen (Schutz der Bewehrung gegen Korrosion) gemäß Tafel 5.8b. Diese Mindestwerte müssen ggf. um additive Zuschläge vergrößert werden bzw. dürfen um entsprechende Anteile verringert werden:

– $\Delta c_{dur,\gamma}$ ein additives Sicherheitselement; gemäß EC 2-1-1/NA ist hierfür anzusetzen
für XD 1 und XS 1: 10 mm
für XD 2 und XS 2: 5 mm

– $\Delta c_{dur,st}$ Verringerung der Betondeckung bei Verwendung von nichtrostenden Stählen; entsprechende Angaben sind den Zulassungen zu entnehmen. Beispielsweise gilt für nichtrostende Stähle aus den Werkstoffen Nr. 1.4362 und Nr. 1.4571 für alle Expositionsklassen, dass die Mindestbetondeckung für XC 1 ausreichend ist

– $\Delta c_{dur,add}$ Verringerung der Betondeckung aufgrund zusätzlicher Schutzmaßnahmen;
allgemein: 0 mm
für XD bei dauerhafter, rissüberbrückender Beschichtung: 10 mm

Bei Verschleißbeanspruchung des Betons (Expositionsklassen XM) sind i. d. R. besondere Anforderungen an die Gesteinskörnung zu stellen. Alternativ darf auch c_{min} um 5 mm für die Expositionsklasse XM 1, 10 mm für XM 2 und 15 mm für XM 3 vergrößert werden (sog. „Opferbeton“).

Tafel 5.8a Mindestmaß $c_{min,b}$ der Betondeckung; Verbundsicherung (EC 2-1-1, 4.4.1.2)

	Einzelstäbe	Doppelstäbe; Stabbündel
Stahlbeton	$c_{min} \geq \varnothing$	$c_{min} \geq \varnothing_n$ [a]

[a] $\varnothing_n$ Vergleichsdurchmesser; $\varnothing_n = \varnothing \cdot \sqrt{n}$ mit n als Anzahl der Stäbe

Tafel 5.8b Mindestmaße $c_{min,dur}$ der Betondeckung; Korrosionsschutz (EC 2-1-1/NA, 4.4.1.2)

	Mindestbetondeckung c_{min} in mm [a]								
	karbonatisierungsinduzierte Korrosion				chloridinduzierte Korrosion			chloridinduzierte Korrosion aus Meerwasser		
Umgebungsklasse	XC 1	XC 2	XC 3	XC 4	XD 1	XD 2	XD 3 [b]	XS 1	XS 2	XS 3
Betonstahl	10	20		25	40			40		

[a] Die Mindestbetondeckung darf bei Bauteilen, deren Festigkeitsklasse um 2 Klassen höher liegt, als nach Tafel 5.6 erforderlich, um 5 mm vermindert werden (gilt nicht für Expositionsklasse XC 1).
[b] Im Einzelfall können besondere Maßnahmen zum Korrosionsschutz der Bewehrung nötig werden.

Wird Ortbeton kraftschlüssig mit einem Fertigteil verbunden, darf die Mindestbetondeckung an den der Fuge zugewandten Rändern auf 5 mm im Fertigteil und auf 10 mm im Ortbeton verringert werden; zur Verbundsicherung sind jedoch die Werte nach Tafel 5.8a einzuhalten, wenn die Bewehrung im Bauzustand berücksichtigt wird. Die Bewehrungsstäbe dürfen auch direkt auf die Fugenoberfläche aufgelegt werden, wenn die Fuge mindestens rau ausgeführt wird, für die Stäbe gilt dann mäßiger Verbund. In der Elementfuge ist jedoch stets c_{nom} sicherzustellen.

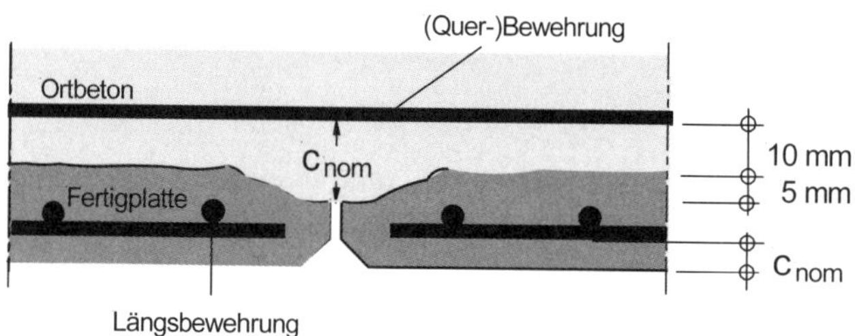

Nennmaß c_{nom} und Verlegemaß c_v

Die Mindestmaße der Betondeckung c_{min} dürfen an keiner Stelle unterschritten werden. Damit dies mit angemessener Sicherheit erreicht wird, gelten für die Verlegung der Bewehrung sog. Nennmaße c_{nom}, die auch für die statische Berechnung zu berücksichtigen sind; sie ergeben sich durch Vergrößerung von c_{min} um ein Vorhaltemaß Δc_{dev}:

$$c_{nom} = c_{min} + \Delta c_{dev} \tag{5.12}$$

Vorhaltemaß Δc_{dev}	im Allgemeinen	$\Delta c_{dev} = 15$ mm
	für Umweltklasse XC 1	$\Delta c_{dev} = 10$ mm

Eine angemessene *Vergrößerung des Vorhaltemaßes* Δc_{dev} ist erforderlich, wenn der Beton gegen unebene Oberflächen (strukturierte Oberflächen, Waschbeton u. a.) geschüttet wird. Die Erhöhung erfolgt um das Differenzmaß der Unebenheit, mindestens jedoch um 20 mm, bei Schüttung gegen Baugrund um 50 mm.

Eine *Verminderung des Vorhaltemaßes* Δc_{dev} ist nur in Ausnahmefällen und bei entsprechender Qualitätskontrolle zulässig; genauere Angaben hierzu enthalten die DBV-Merkblätter „Betondeckung und Bewehrung" und „Abstandhalter".

Auf der Konstruktionszeichnung ist das für die Abstandhalter maßgebende Verlegemaß c_v anzugeben[9)] (für die Stäbe, die unterstützt werden sollen; im Allg. die der Betonoberfläche am nächsten liegenden Stäbe). Es gilt dann als Verlegemaß c_v

$$c_v \geq c_{nom,bü}$$
$$\geq c_{nom,l} - d_{sbü}$$

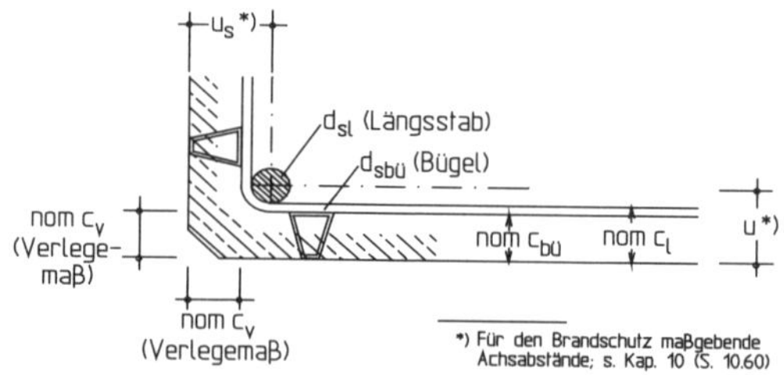

[9)] Zusätzlich ist das Vorhaltemaß Δc_{dev} anzugeben.

Beispiele

Beispiel 1: Expositionsklassen

a) Wohnhaus mit Garage

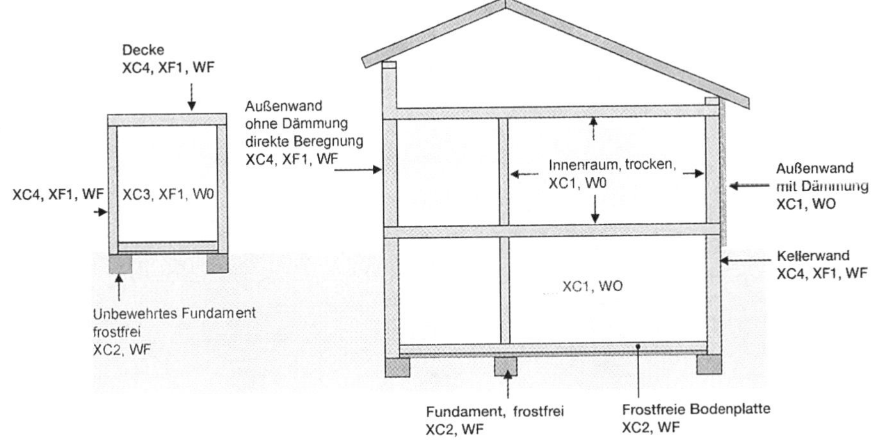

b) Industriebau, Lagerhalle

Häufiger Zugang der Außenluft
Beanspruchung durch luftbereifte Fahrzeuge

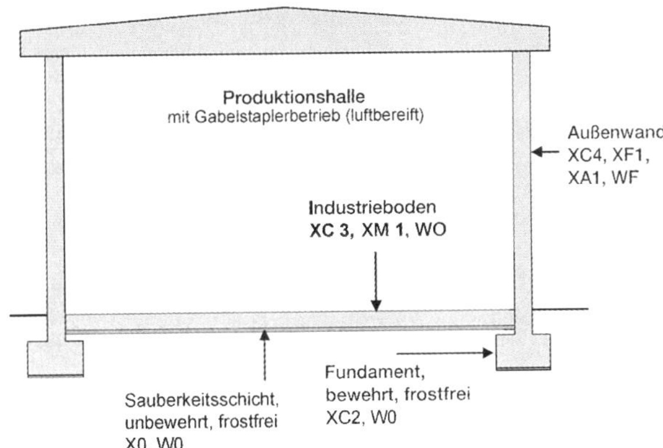

c) Stützwand an einer Verkehrsfläche

Sprühnebelbereich einer taumittelbehandelten Verkehrsfläche

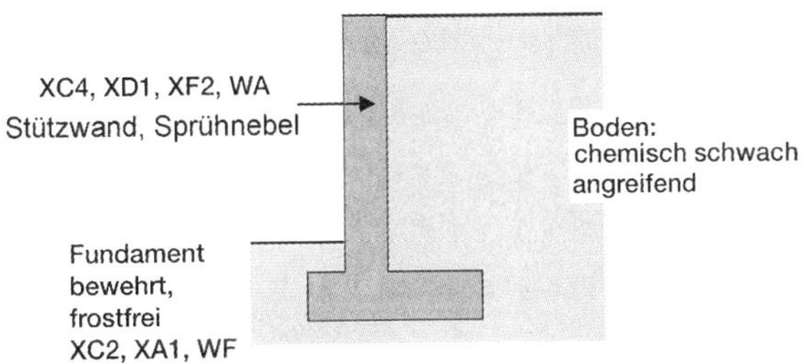

Beispiel 2

Für das dargestellte Bürogebäude sollen die Mindestfestigkeitsklassen des Betons und die Mindest- und Nennmaße der Betondeckung für die gekennzeichneten Stellen ① bis ③ festgelegt werden.

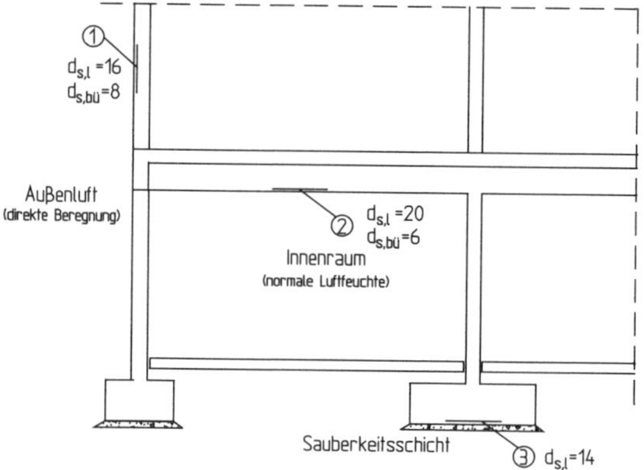

① *Stütze als Außenbauteil mit direkter Beregnung*

Es liegen die Expositionsklassen XC 4 (Bewehrungskorrosion), XF 1 (Betonangriff) sowie WF (AKR) vor; als Mindestfestigkeitsklasse des Betons gilt C25/30.

	Betondeckung			Anmerkung
	c_{min}	Δc	c_{nom}	
Längsbewehrung	25 mm	15 mm	40 mm	Korrosionsschutz der Bewehrung
Bügelbewehrung	25 mm	15 mm	40 mm	Korrosionsschutz der Bewehrung
Verlegemaß c_v			**40 mm**	$c_v = c_{nom,bü}$ (maßgebend)

② *Unterzug als Innenbauteil mit normaler Luftfeuchte*

Expositionsklassen XC 1 und W0, Mindestfestigkeitsklasse C16/20.

	Betondeckung			Anmerkung
	c_{min}	Δc	c_{nom}	
Längsbewehrung	20 mm	10 mm	30 mm	Verbundsicherung der Bewehrung
Bügelbewehrung	10 mm	10 mm	20 mm	Korrosionsschutz der Bewehrung
Verlegemaß c_v			**25 mm**[10)]	$c_v = c_{nom,l} - d_{sbü} = 30 - 6 = 24$

③ *Fundament, Bewehrung auf Sauberkeitsschicht verlegt*

Expositionsklassen XC 2 und WF, Mindestfestigkeitsklasse C16/20.

	Betondeckung			Anmerkung
	c_{min}	Δc	c_{nom}	
Längsbewehrung	20 mm	35 mm[11)]	55 mm	Korrosionsschutz der Bewehrung
Verlegemaß c_v			**55 mm**	$c_v = c_{nom,l}$

10) Der theoretische Wert von 24 mm ist auf ein Vielfaches von 5 mm aufzurunden!
11) Vorhaltemaß wegen Betonieren gegen unebene Fläche um 20 mm vergrößert!

5.3 Ausgangswerte für die Querschnittsbemessung

5.3.1 Beton

EC 2-1-1 gilt für Beton, der nach EN 206 (mit DIN 1045-2) hergestellt wird. In EN 206 werden Anforderungen an die Betonausgangsstoffe, Eigenschaften von Frischbeton und Festbeton, Betonzusammensetzung, Verfahren der Produktionskontrolle, Konformitätskriterien etc. festgelegt. EN 206 gilt für Beton, der so verdichtet wird, dass – abgesehen von künstlich eingeführten Luftporen – kein nennenswerter Anteil an eingeschlossener Luft verbleibt; die Norm gilt jedoch nicht für Porenbeton, Schaumbeton, Beton mit haufwerksporigem Gefüge, Beton mit Rohdichten von weniger als 800 kg/m³ und für feuerfesten Beton.

EC 2-1-1 und EN 206 gelten für Normal- und Leichtbeton. Die Festigkeitsklassen für Normalbeton werden durch das vorangestellte Symbol C, für Leichtbeton durch LC gekennzeichnet. Nachfolgende Ausführungen gelten für Normalbeton.

Festigkeitsklassen und mechanische Eigenschaften von Normalbeton

In der Bezeichnung der Festigkeitsklassen nach EC 2-1-1 gibt der erste Zahlenwert die Zylinderdruckfestigeit $f_{ck,cyl}$, der zweite die Würfeldruckfestigkeit $f_{ck,cube}$ (jeweils in N/mm²) wieder. Als charakteristische Festigkeit, die der Bemessung zugrunde zu legen ist, gilt die Zylinderdruckfestigkeit.

Die mechanischen und für die Bemessung relevanten Eigenschaften sind für Normalbeton in EC 2-1-1, Abschnitt 3.1.3 zusammengestellt. Dabei kann unterschieden werden zwischen normalfestem Normalbeton, der die Festigkeitsklassen C12/15 bis C50/60 (s. Tafel 5.9) umfasst, und hochfestem Normalbeton mit den Festigkeitsklassen C55/67 bis C110/115 (s. Tafel 5.10).

Tafel 5.9 Mechanische Eigenschaften von normalfestem Normalbeton

Kenngröße		Festigkeitsklasse C									Analytische Beziehung; Erläuterungen
		12/15	16/20	20/25	25/30	30/37	35/45	40/50	45/55	50/60	
Druck-festigkeit	f_{ck}	12	16	20	25	30	35	40	45	50	Charakteristischer Wert (Zylinderdruckfestigkeit)
	f_{cm}	20	24	28	33	38	43	48	53	58	Mittlere Druckfestigkeit $f_{cm} = f_{ck} + 8$ (in N/mm²)
Zug-festigkeit	f_{ctm}	1,6	1,9	2,2	2,6	2,9	3,2	3,5	3,8	4,1	$f_{ctm} = 0{,}30 \cdot f_{ck}^{2/3}$
	$f_{ctk;\,0,05}$	1,1	1,3	1,5	1,8	2,0	2,2	2,5	2,7	2,9	$f_{ctk;0,05} = 0{,}7 f_{ctm}$
	$f_{ctk;\,0,95}$	2,0	2,5	2,9	3,3	3,8	4,2	4,6	4,9	5,3	$f_{ctk;0,95} = 1{,}3 f_{ctm}$
E-Modul	E_{cm} a)	27 000	29 000	30 000	31 000	33 000	34 000	35 000	36 000	37000	$E_{cm} = 22\,000 \cdot (f_{cm}/10)^{0,3}$
Dehnung (in ‰)	ε_{c1}	1,80	1,90	2,00	2,10	2,20	2,25	2,30	2,40	2,45	Gilt nur für Gl. (5.13) und Abb. 5.2
	ε_{cu1}					3,50					
	ε_{c2}					2,00					Gilt nur für Gl. (5.15) und Abb. 5.3
	ε_{cu2}					3,50					
	n					2,00					Exponent in Gl. (5.15)
	ε_{c3}					1,75					Gilt nur für Abb. 5.5a
	ε_{cu3}					3,50					

a) E_{cm}: mittlerer Sekantenmodul (vgl. Abb. 5.2) (Zahlenwerte von f_{ck}, f_{cm}, f_{ctm}, f_{ctk} und E_{cm} in N/mm²)

Tafel 5.10 Mechanische Eigenschaften von hochfestem Normalbeton

Kenngröße		Festigkeitsklasse C						Analytische Beziehung; Erläuterungen
		55/67	60/75	70/85	80/95	90/105	100/115 [b)]	
Druck-festigkeit	f_{ck}	55	60	70	80	90	100	Charakteristischer Druckfestigkeitswert (Zylinderdruckfestigkeit)
	f_{cm}	63	68	78	88	98	108	Mittlere Druckfestigkeit $f_{cm} = f_{ck} + 8$ (in N/mm²)
Zug-Festigkeit	f_{ctm}	4,2	4,4	4,6	4,8	5,0	5,2	$f_{ctm} = 2{,}12 \cdot \ln(1+(f_{cm}/10))$
	$f_{ctk;0,05}$	3,0	3,1	3,2	3,4	3,5	3,7	$f_{ctk;0,05} = 0{,}7 f_{ctm}$ (5-%-Quantil)
	$f_{ctk;0,95}$	5,5	5,7	6,0	6,3	6,6	6,8	$f_{ctk;0,95} = 1{,}3 f_{ctm}$ (95-%-Quantil)
E-Modul	E_{cm} [a)]	38 000	39 000	41 000	42 000	44 000	45 000	$E_{cm} = 22\,000 \cdot (f_{cm}/10)^{0,3}$
Dehnung (in ‰)	ε_{c1}	2,50	2,60	2,70	2,80	2,80	2,80	Gilt nur für Gl. (5.13) und Abb. 5.2
	ε_{cu1}	3,20	3,00	2,80	2,80	2,80	2,80	
	ε_{c2}	2,20	2,30	2,40	2,50	2,60	2,60	Gilt nur für Gl. (5.15) und Abb. 5.2
	ε_{cu2}	3,10	2,90	2,70	2,60	2,60	2,60	
	n	1,75	1,60	1,45	1,40	1,40	1,40	Exponent in Gl. (5.15)
	ε_{c3}	1,80	1,90	2,00	2,20	2,30	2,40	Gilt nur für Abb. 5.5a
	ε_{cu3}	3,10	2,90	2,70	2,60	2,60	2,60	

a) E_{cm}: mittlerer Sekantenmodul

b) Beton der Festigkeitsklasse C100/115 nach EC 2-1-1/NA (in EC 2-1-1 nicht geregelt).

(Zahlenwerte von f_{ck}, f_{cm}, f_{ctm}, f_{ctk} und E_{cm} in N/mm²)

Spannungs-Dehnungs-Linien für Normalbeton

Nach EC 2-1-1 ist zu unterscheiden zwischen der Spannungs-Dehnungs-Linie für die Schnittgrößenermittlung und für die Querschnittsbemessung (EC 2-1-1, 3.1.5 und 3.1.7).

Für nichtlineare Verfahren der **Schnittgrößenermittlung** und Ermittlung von Verformungen ist die in EC 2-1-1, 3.1.5 (s. Abb. 5.2) angegebene Spannungs-Dehnungs-Linie maßgebend. Die Beziehung zwischen σ_c und ε_c für kurzzeitig wirkende Lasten und einachsige Spannungszustände wird beschrieben durch

$$\frac{\sigma_c}{f_{cm}} = \frac{k \cdot \eta - \eta^2}{1 + (k-2) \cdot \eta} \tag{5.13}$$

mit $\eta = \varepsilon_c / \varepsilon_{c1}$ und $k = 1{,}05 \cdot E_{cm} \cdot \varepsilon_{c1} / f_{cm}$ (Werte für E_{cm}, ε_{c1} und f_{cm} nach Tafeln 5.9 und 5.10). Die Gleichung ist für $0 \le \varepsilon_c \le \varepsilon_{cu1}$ gültig, wobei ε_{cu1} die Bruchdehnung bei Erreichen der Festigkeitsgrenze nach Tafeln 5.9 und 5.10 darstellt. Für nichtlineare Verfahren der Schnittgrößenermittlung gelten für f_{cm} die in EC 2-1-1, 5.7 angegebenen Werte.

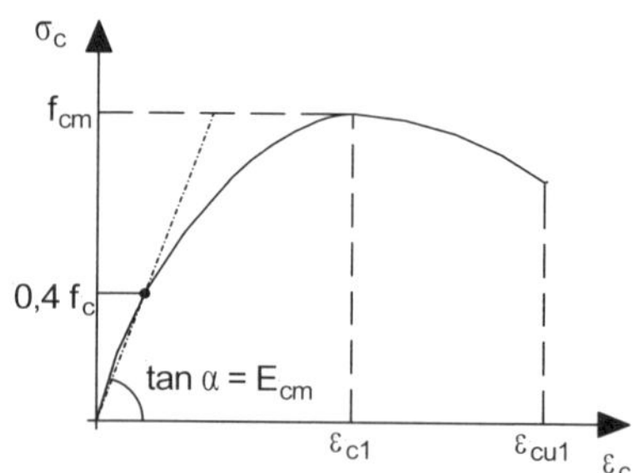

Abb. 5.2 Spannungs-Dehnungs-Linie für die Schnittgrößenermittlung

a)

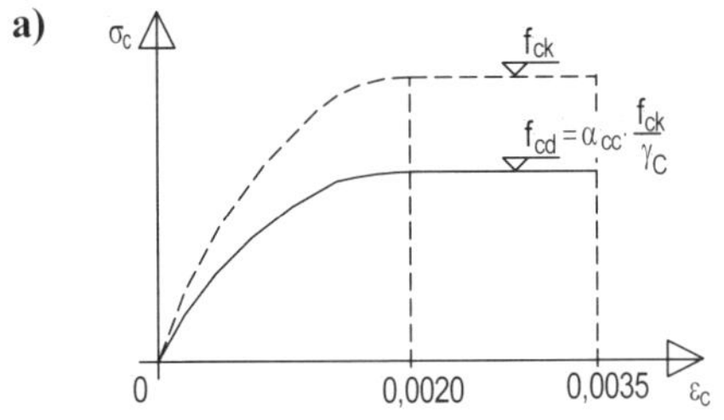

b)

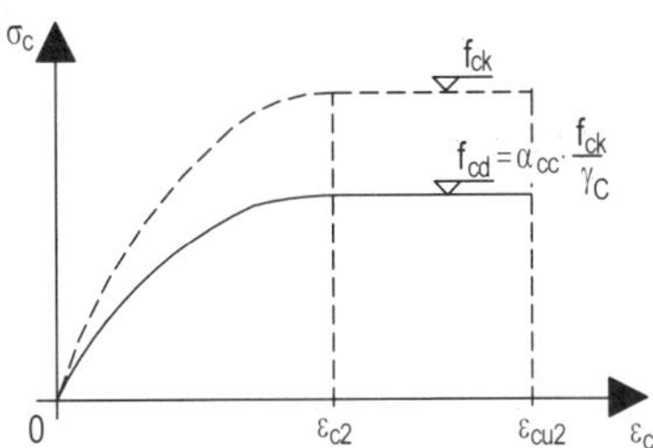

Abb. 5.3 Spannungs-Dehnungs-Linie für die Querschnittsbemessung
a) Normalfester Normalbeton (C12/15 bis C50/60)
b) Hochfester Normalbeton (C55/67 bis C110/115)

Für die **Querschnittsbemessung** ist das Parabel-Rechteck-Diagramm gemäß Abb. 5.3 die bevorzugte Idealisierung der tatsächlichen Spannungsverteilung. Hierbei ist zu unterscheiden zwischen Betonfestigkeitsklassen bis C50/60 und höheren Festigkeitsklassen.

Für Betonfestigkeitsklassen *bis C50/60* ist das Parabel-Rechteck-Diagramm durch eine affine Form mit konstanten Grenzdehnungen gekennzeichnet, die bei Erreichen der Festigkeitsgrenze mit $\varepsilon_{c2} = 2{,}0$ ‰ und bei Erreichen der Dehnung unter Höchstlast mit $\varepsilon_{cu2} = 3{,}5$ ‰ festgelegt ist. Die Gleichung der Parabel für die Bemessungswerte der Betondruckspannungen im Grenzzustand der Tragfähigkeit erhält man aus

$$\sigma_c = 1000 \cdot (\varepsilon_c - 250 \cdot \varepsilon_c^2) \cdot f_{cd} \qquad (5.14)$$

mit $f_{cd} = \alpha_{cc}.f_{ck} / \gamma_C$ Bemessungswert der Betondruckfestigkeit

γ_C Teilsicherheitsbeiwert nach Tafel 5.3

α_{cc} Faktor zur Berücksichtigung von Langzeiteinwirkungen u. Ä. Für Normalbeton gilt $\alpha_{cc} = 0{,}85$ (EC 2-1-1/NA)

Anmerkung: Gl. (5.14) ergibt sich aus Gl. (5.15) mit $\varepsilon_{c2} = 0{,}002$ und $n = 2$, s. a. Tafel 5.9.

Bei Betonfestigkeitsklassen *ab C55/67* (sowie für Leichtbeton generell) wird das Materialverhalten durch die genannten Grenzdehnungen und durch Gl. (5.13) nur ungenau erfasst. Die Stauchung bei Erreichen der Höchstlast wird mit steigenden Betonfestigkeitsklassen zunehmend kleiner und erreicht für den C110/115 nur noch den Wert $\varepsilon_{cu2} = 2{,}6$ ‰, ebenso müssen die Werte für die Dehnung ε_{c2} bei Erreichen der Höchstlast und die Form der Parabel angepasst werden (s. hierzu Tafel 5.10). Für die Parabel gilt dann

$$\sigma_c = [1 - (1 - \varepsilon_c / \varepsilon_{c2})^n] \cdot f_{cd} \qquad (5.15)$$

mit $f_{cd} = \alpha_{cc}.f_{ck} / \gamma_C$ (s. o.)

ε_{c2} Dehnung bei Erreichen der Festigkeitsgrenze nach Tafel 5.10

n Exponent nach Tafel 5.10

Die sich für normal- und hochfeste Betone ergebenden Unterschiede zeigt Abb. 5.4, in der die Spannungs-Dehnungs-Linien gemäß Gl. (5.14) und Gl. (5.15) maßstäblich mit ihren Absolutwerten dargestellt sind.

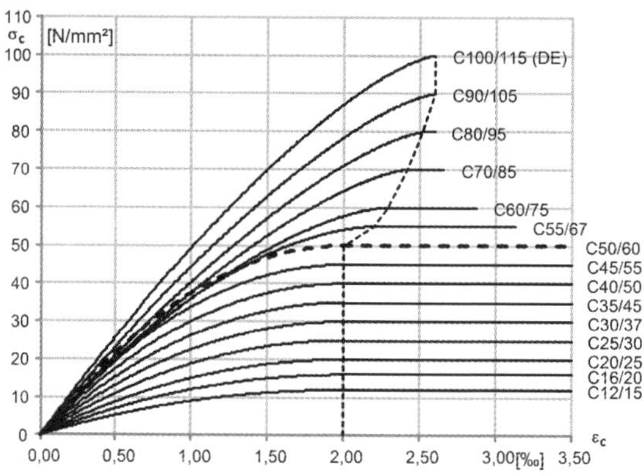

Abb. 5.4 Spannungs-Dehnungs-Linie für die Querschnittsbemessung (aus [Goris/Schmitz – 2012])

Andere idealisierte Spannungs-Dehnungs-Linien sind zulässig, wenn sie dem Parabel-Rechteck-Diagramm in Bezug auf die Spannungsverteilung gleichwertig sind (z. B. die bilineare Spannungsverteilung nach Abb. 5.5a). Der rechteckige Spannungsblock (Abb. 5.5b), der insbesondere für „Von-Hand"- und Kontrollrechnungen eine praktische Bedeutung hat, darf alternativ ebenfalls angewendet werden, wenn die Dehnungsnulllinie im Querschnitt liegt.

Bei Anwendung der Spannungs-Dehnungs-Linie nach Abb. 5.5 sind die Grenzdehnungen nach den Tafeln 5.9 und 5.10 zu beachten.

Beim rechteckigen Spannungsblock gilt:

für $f_{ck} \leq 50$ N/mm² $\quad \eta = 1{,}00$
$\quad \lambda = 0{,}80$

für $f_{ck} > 50$ N/mm² $\quad \eta = 1{,}25 - f_{ck}/200$
$\quad \lambda = 0{,}925 - f_{ck}/400$

Falls die Querschnittsbreite zum gedrückten Rand hin abnimmt, ist f_{cd} zusätzlich mit dem Faktor 0,9 abzumindern.

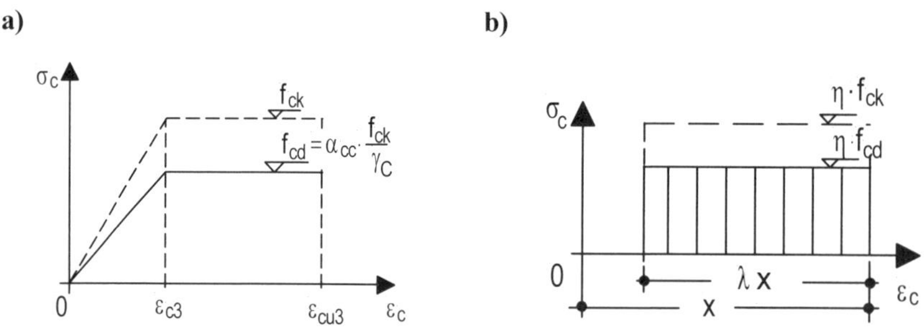

Abb. 5.5 Vereinfachte Spannungs-Dehnungs-Linien für die Querschnittsbemessung
a) Bilineare Spannungs-Dehnungs-Linie
b) Rechteckiger Spannungsblock

Elastische Verformungseigenschaften

Die elastischen Verformungen des Betons hängen im hohen Maße von seiner Zusammensetzung – insbesondere von seinen Zuschlagstoffen – ab. Die in EC 2-1-1 gemachten Angaben können daher nur als Richtwerte dienen und sind dann genauer zu ermitteln, wenn ein Tragwerk besonders empfindlich auf entsprechende Abweichungen reagiert. Folgende Angaben können im Regelfall verwendet werden:

– Elastizitätsmodul E_{cm} Sekantenmodul nach Tafeln 5.9 und 5.10.
Die angegebenen Werte gelten als Mittelwerte bei quarzitischen Zuschlägen. Der Einfluss der Gesteinskörnung kann nach EC 2-1-1 abgeschätzt werden durch Multiplikation mit dem Faktor
  - 1,20: für Basalt und dichten Kalkstein
  - 1,00: für Quarze und Quarzite
  - 0,90: für Kalkstein
  - 0,70: für Sandstein

– Querdehnzahl: Die Querdehnzahl für Beton ist etwa 0,2; sie darf jedoch i. Allg. für die elastische Dehnung näherungsweise zu null angenommen werden.

– Wärmedehnzahl: Die Wärmedehnzahl darf für Normalbeton i. Allg. zu $10 \cdot 10^{-6}$ K^{-1} gesetzt werden.

Kriechen und Schwinden

Kriechen und Schwinden des Betons hängen hauptsächlich von der Feuchte der Umgebung, den Bauteilabmessungen, der Betonzusammensetzung, dem Betonalter bei Belastungsbeginn sowie von der Dauer und Größe der Beanspruchung ab. Die nachfolgenden Angaben dürfen als zu erwartende Mittelwerte angesehen werden und gelten unter der Voraussetzung, dass die kriecherzeugende Betondruckspannung den Wert $0{,}45 f_{ck}$ nicht überschreitet und die mittlere Bauwerkstemperatur zwischen –40 °C und +40 °C liegt.

Die Dehnung des Betons $\varepsilon_c(t, t_0)$ zum Zeitpunkt t kann bei Annahme einer linearen Spannungs-Dehnungs-Beziehung in Abhängigkeit von der Kriechzahl φ wie folgt berechnet werden:

$$\varepsilon_c(t, t_0) = \varepsilon_c(t_0) + \varepsilon_{cc}(t, t_0) = \sigma_c(t_0) / E_{cm} + \varphi(t, t_0) \cdot \sigma_c(t_0) / E_{c0} \quad (5.16)$$

mit $\sigma_c(t_0)$ Betonspannung bei Belastungsbeginn
E_{c0} Tangentenmodul nach 28 Tagen (näherungsweise $1{,}05\, E_{cm}$)
E_{cm} Sekantenmodul (vgl. Tafel 5.9)

Bei einem linearen Kriechverhalten (gültig bis etwa $|\sigma_c| = 0{,}4 \cdot f_{cm}$) kann die Kriechdehnung durch eine Abminderung des Elastizitätsmoduls erfasst werden (vgl. [DBV et al. – 08]):

$$E_{c,eff} = E_{cm} / [1 + \varphi(t,t_0)] \quad (5.17)$$

Häufig werden nur die **Endkriechzahlen** φ_∞ benötigt. Zur groben Orientierung sind in Tafel 5.11 für einige ausgewählte Fälle entsprechende Werte angegeben.

Die **Endschwindmaße** $\varepsilon_{cs,\infty}$ setzen sich aus zwei Anteilen zusammen:
– der autogenen Schwinddehnung $\varepsilon_{ca}(t)$
– der Trocknungsschwinddehnung $\varepsilon_{cd}(t)$

Tafel 5.11 Endkriechzahlen φ_∞*)

Beton-festigkeits-klasse	Alter bei Belastung t_0 (Tage)	Wirksame Bauteildicke $h_0 = 2A_c/u$ (in cm)							
		10	50	100	200	10	50	100	200
		innen (RH = 50 %)				außen (RH = 80 %)			
C20/25	3	4,9	3,8	3,5	3,2	3,4	2,9	2,8	2,7
	7	4,2	3,2	3,0	2,8	2,9	2,5	2,4	2,3
	28	3,2	2,5	2,3	2,2	2,2	1,9	1,8	1,8
C30/37	3	4,0	3,1	2,9	2,7	2,8	2,4	2,3	2,2
	7	3,4	2,7	2,5	2,3	2,4	2,1	2,0	1,9
	28	2,6	2,1	1,9	1,8	1,8	1,6	1,5	1,5
C40/50	3	3,1	2,5	2,3	2,2	2,3	2,0	1,9	1,9
	7	2,7	2,2	2,0	1,9	1,9	1,7	1,6	1,6
	28	2,1	1,7	1,5	1,4	1,5	1,3	1,3	1,2

*) Die Werte gelten für Betone mit Zementen CEM 32,5R oder CEM 42,5N, die nicht länger als 14 Tage feucht nachbehandelt werden und üblichen Umgebungsbedingungen (Temperaturen zwischen +10 °C und 30 °C) ausgesetzt sind. Die angegebenen Werte beziehen sich auf einen Zeitraum von 70 Jahren (s. Text).

Das Schwindmaß wird aus der Summe von Grundschwinden und Trocknungsschwinden ermittelt. Bei normalfesten Betonen liefert das Grundschwinden nur einen kleinen Anteil am Gesamtschwinden (vgl. Abb. 5.6a), in älteren Ansätzen wurde dieser Anteil daher vernachlässigt. Mit ansteigender Betonfestigkeit wächst jedoch der Anteil des Grundschwindens, während umgekehrt das Trocknungsschwinden abnimmt (vgl. Abb. 5.6b). Entsprechend dem erweiterten Anwendungsspektrum der Betonfestigkeitsklassen muss daher das Grundschwinden zusätzlich berücksichtigt werden.

Für eine erste Orientierung sind in Tafel 5.12 einige Zahlenwerte angegeben, die sich auf den Zeitraum $t = 70$ Jahre beziehen. Für längere Zeiträume ($t > 70$ Jahre) erhält man als *Schwindmaß*

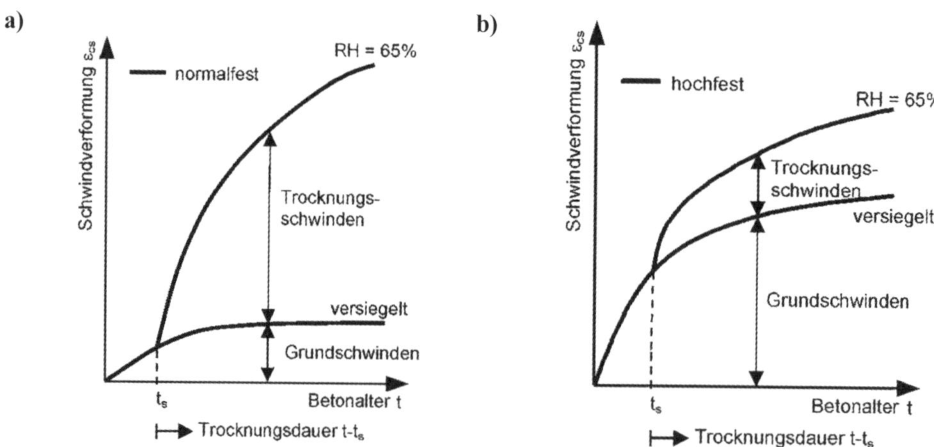

Abb. 5.6 Schematischer Verlauf des Grund- und Trocknungsschwindens (vgl. DafStb-H.600)
a) bei normalfesten Betonen
b) bei hochfesten Betonen

Tafel 5.12 Endschwindmaße $\varepsilon_{cs,\infty}$*) (in ‰)

Beton-festigkeits-klasse	Wirksame Bauteildicke $h_0 = 2A_c/u$ (in cm)							
	10	50	100	200	10	50	100	200
	innen (RH = 50 %)				außen (RH = 80 %)			
C20/25	–0,57	–0,40	–0,36	–0,36	–0,33	–0,24	–0,23	–0,21
C30/37	–0,53	–0,38	–0,37	–0,35	–0,32	–0,24	–0,23	–0,22
C40/50	–0,50	–0,37	–0,36	–0,34	–0,31	–0,23	–0,23	–0,22

*) Die Werte gelten für Betone mit Zementen CEM 32,5R oder CEM 42,5N, die nicht länger als 14 Tage feucht nachbehandelt werden und üblichen Umgebungsbedingungen (Temperaturen zwischen +10 °C und 30 °C) ausgesetzt sind. Die angegebenen Werte beziehen sich auf einen Zeitraum von 70 Jahren (s. Text).

Teilweise größere Werte. Als Grenzwerte erhält man zu einem sehr späten Zeitpunkt – unabhängig von der tatsächlichen wirksamen Bauteildicke – etwa die für $h_0 = 10$ cm angegebenen Werte.

(*Anmerkung:* Das gilt allerdings nur für das Schwindmaß, die Endkriechzahl wird prinzipiell bei $t = 70$ Jahre erreicht, größere Zeiträume liefern nur noch minimal abweichende Werte.)

Eine rechnerische Ermittlung der Kriechzahl und des Schwindmaßes kann mit EC 2-1-1, 3.1.4 und Anhang B erfolgen. Nachfolgend sind die Nachweisgleichungen zusammengefasst.

Kriechzahl $\varphi(t, t_0)$

$$\varphi(t, t_0) = \varphi_0 \cdot \beta_c(t, t_0)$$

Hierin sind

$\varphi_0 = \varphi_{RH} \cdot \beta(f_{cm}) \cdot \beta(t_0)$

$\beta_c(t, t_0) = [(t - t_0) / (\beta_H + (t - t_0))]^{0,3}$

$\varphi_{RH} = [1 + ((1 - RH/100) / 0,1\, h_0^{1/3}) \cdot \alpha_1] \cdot \alpha_2$

$\beta(f_{cm}) = 16,8 / f_{cm}^{0,5}$

$\beta(t_0) = 1/(0,1 + t_{0,eff}^{0,20})$

$\beta_H = 1,5 \cdot [1 + (0,012 \cdot RH)^{18}] \cdot h_0 + 250 \cdot \alpha_3 \leq 1500 \cdot \alpha_3$

$t_{0,eff} = t_{0,T} \cdot [9 / (2 + t_{0T}^{1,2}) + 1]^{\alpha} \geq 0,5$*)

Schwindmaß $\varepsilon_{cs}(t, t_s)$

$$\varepsilon_{cs}(t, t_s) = \varepsilon_{ca}(t) + \varepsilon_{cd}(t, t_s)$$

Hierin sind

$\varepsilon_{ca}(t) = \varepsilon_{ca}(\infty) \cdot \beta_{as}(t)$

$\varepsilon_{cd}(t, t_s) = \varepsilon_{cd,0} \cdot k_h \cdot \beta_{ds}(t - t_s)$

$\varepsilon_{ca}(\infty) = 2,5 \cdot (f_{ck} - 10) \cdot 10^{-6}$

$\varepsilon_{cd,0} = 0,85 \cdot (220 + 110 \cdot \alpha_{ds1}) \cdot e^{-\alpha_{ds2} \cdot f_{cm}/f_{cm0}} \cdot 10^{-6} \cdot \beta_{RH}$

$\beta_{as}(t) = 1 - e^{-0,2 \cdot (t/t_1)^{0,5}}$

$\beta_{ds}(t - t_s) = (t - t_s) / [0,04 \cdot h_0^{1,5} + (t - t_s)]$

$\beta_{RH} = 1,55 \cdot (1 - (RH/RH_0)^3)$ für RH < 100 % (mit $RH_0 = 100$ %)

RH rel. Feuchte der Umgebung in %
RH_0 = 100 % (Bezugsgröße)
h_0 = $2 \cdot A_c/u$ wirksame Bauteildicke in mm
f_{cm} mittlere Betondruckfestigkeit in N/mm²
f_{cm0} = 10 N/mm² (Bezugsgröße)
t Betonalter in Tagen zum betrachteten Zeitpunkt
t_0 tatsächliches Betonalter bei Belastungsbeginn (in Tagen)
$t_{0,eff}$ wirksames Betonalter bei Belastungsbeginn (in Tagen) bei Berücksichtigung der Zementart (als Ersatz für t_0)
t_s Betonalter in Tagen zu Beginn des Schwindens

$\alpha_1 = (35/f_{cm})^{0,7}$, $\alpha_2 = (35/f_{cm})^{0,2}$, $\alpha_3 = (35/f_{cm})^{0,5}$ für $f_{cm} > 35$ N/mm²

$\alpha_1 = \alpha_2 = \alpha_3 = 1,0$ für $f_{cm} \leq 35$ N/mm²

Beiwerte α, α_{ds1}, α_{ds2}

Zement	S	N	R
α	−1	0	1
α_{ds1}	3	4	6
α_{ds2}	0,13	0,12	0,11

k_h-Werte

h_0	100	200	300	≥ 500
k_h	1,0	0,85	0,75	0,70

*) Die Auswirkungen erhöhter oder verminderter Temperaturen im Bereich von 0 °C bis 80 °C dürfen durch Anpassung von $t_{0,T}$ wie folgt berücksichtigt werden:

$$t_T = \sum_{i=1}^{n} e^{-(4000/[273+T(\Delta t_i)-13,65)} \cdot \Delta t_i$$

mit $T(\Delta T_i)$ als Temperatur in °C im Zeitintervall Δt_i (in Tagen); vgl. EC 2-1-1, Anhang B.

5.3.2 Betonstahl

Das Verhalten von Betonstahl ist durch Streckgrenze, Duktilität, Stahldehnung unter Höchstlast, Dauerschwingfestigkeit, Schweißbarkeit, Querschnitte und Toleranzen, Biegbarkeit und durch Verbundeigenschaften (Oberflächengestaltung) bestimmt.

Die Eigenschaften können EC 2-1-1 und den entsprechenden Betonstahlnormen entnommen werden. Für Betonstähle nach Zulassung sind die dort getroffenen Festlegungen zu beachten. Bezüglich der zulässigen Schweißverfahren wird auf EC 2-1-1, 3.2.5 verwiesen.

Duktilitätsanforderungen

Betonstähle müssen eine angemessene Duktilität aufweisen. Für die Duktilitätsklassen A und B[12)] gelten folgende Anforderungen:

- Duktilitätsklasse A, normalduktil (Kurzzeichen A): $\varepsilon_{uk} \geq 25$ ‰; $(f_t/f_y)_k = 1{,}05$
- Duktilitätsklasse B, hochduktil (Kurzzeichen B): $\varepsilon_{uk} \geq 50$ ‰; $(f_t/f_y)_k = 1{,}08$

Hierin ist ε_{uk} der charakteristische Wert der Dehnung unter Höchstlast, f_t die Zugfestigkeit und f_y die Streckgrenze der Betonstähle.

Spannungs-Dehnungs-Linie

Für die **Schnittgrößenermittlung** gilt die Spannungs-Dehnungs-Linie nach Abb. 5.7a. Dabei darf der Verlauf bilinear idealisiert angesetzt werden. Der abfallende Ast der Spannungs-Dehnungs-Linie ($\varepsilon > \varepsilon_{uk}$) darf bei nichtlinearen Berechnungsverfahren für die Schnittgrößenermittlung jedoch nicht berücksichtigt werden.

Für die **Bemessung** im Querschnitt sind zwei Annahmen zugelassen (s. Abb. 5.7b):

- *Linie I:* Die Stahlspannung wird auf den Wert f_{yk} bzw. $f_{yd} = f_{yk} / \gamma_S$ begrenzt.
- *Linie II:* Der Anstieg der Stahlspannung von der Streckgrenze f_{yk} bzw. f_{yk}/γ_S zur Zugfestigkeit $f_{tk,cal}$ bzw. $f_{tk,cal}/\gamma_S$ wird berücksichtigt.

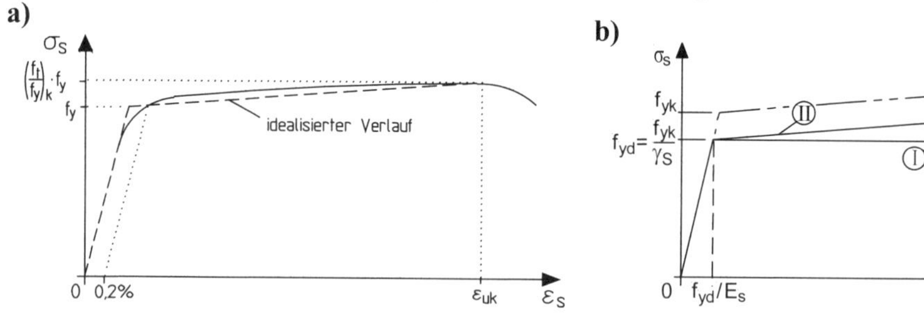

Abb. 5.7 Spannungs-Dehnungs-Linie des Betonstahls
a) für die Schnittgrößenermittlung
b) für die Bemessung

12) Zusätzlich ist in EC 2-1-1 die Duktilitätsklasse C mit $\varepsilon_{uk} = 75$ ‰ und $1{,}15 \leq (f_t/f_y)_k \leq 1{,}35$ enthalten, die primär für Sonderanwendungen in erdbebengefährdeten Gebieten eingesetzt wird; in Deutschland ist hierfür die Regelung der bauaufsichtlichen Zulassung zu beachten.

Physikalische Eigenschaften

Es dürfen folgende physikalische Eigenschaften angenommen werden:

- Elastizitätsmodul: $E_s = 200\,000$ N/mm²
- Wärmedehnzahl: $\alpha = 10 \cdot 10^{-6} \cdot K^{-1}$

Normenregelungen

Die Spannungs-Dehnungs-Linie gemäß Abb. 5.7b ist durch die Parameter f_{yk}, f_{tk} (bzw. $k = (f_t/f_y)_k$) und ε_{uk} als charakteristische Werte gekennzeichnet. Hierfür gilt:

		EC 2-1-1	**EC 2-1-1/NA** (DIN 488)
f_{yk}	(in N/mm²)	400–600	**500**
f_{tk}	Linie I nach Abb. 5.7b Linie II nach Abb. 5.7b	f_{yk} $k\,f_{yk}$	**f_{yk}** **525**
ε_{du}	Linie I nach Abb. 5.7b Linie II nach Abb. 5.7b	– 0,9 ε_{uk}	**25 ‰** **25 ‰**

Regelungen für Deutschland

Nach EC 2-1-1, Anhang C wird bzgl. der Betonstahlgüte ein breites Spektrum (Streckgrenze f_{yk} zwischen 400 N/mm² und 600 N/mm²) festgelegt. In Deutschland findet der Anhang C jedoch keine Anwendung, es gilt Betonstahl nach DIN 488 (vgl. EC 2-1-1/NA, NCI zu Anhang C). In DIN 488 sind ausschließlich Betonstähle mit einer Festigkeit f_{yk} = 500 N/mm² genormt (bei anderen Betonstählen ist eine bauaufsichtliche Zulassung erforderlich). Außerdem ist die Dehnung des Betonstahls ε_{ud} auf 25 ‰ und die Zugfestigkeit f_{tk} auf 525 N/mm² zu begrenzen (unabhängig von der Duktilitätsklasse).

Für die **Bemessung** im Querschnitt gilt daher (s. Abb. 5.7b):

Linie I: Die Stahlspannung wird auf den Wert f_{yk} = 500 N/mm² bzw. $f_{yd} = f_{yk} / \gamma_S$, die Dehnung ε_s auf ε_{ud} = 25 ‰ begrenzt.

Linie II: Der Anstieg der Stahlspannung bis zur Zugfestigkeit $f_{tk,cal}$ bzw. $f_{tk,cal}/\gamma_S$ wird berücksichtigt; die Stahlspannung ist dann auf den Wert $f_{tk,cal}$ = 525 N/mm², die Dehnung ε_s auf ε_{ud} = 25 ‰ begrenzt.

Die erforderlichen Eigenschaften und die Bezeichnung von Betonstahl nach DIN 488 ist in Tafel 5.13 wiedergegeben.

Tafel 5.13 Erforderliche Eigenschaften der Betonstähle (DIN 488)

Kurzzeichen	Lieferform	Oberfläche	Nennstreckgrenze f_{yk} in N/mm²	Duktilität
1	2	3	4	5
B500A B500B	Stab Stab	gerippt gerippt	500 500	normal hoch
B500A B500B	Matte Matte	gerippt gerippt	500 500	normal hoch

5.4 Ausblick: Eurocode 2 der 2. Generation

5.4.1 Bemessungskonzept und Teilsicherheitsbeiwerte

Auch die künftige Normengeneration basiert auf dem Bemessungskonzept mit Teilsicherheitsbeiwerten.

Auf der Einwirkungsseite sind für übliche Hochbauten bei der Ermittlung der maßgebenden Bemessungsschnittgrößen in den Grenzzuständen der Tragfähigkeit und der Gebrauchstauglichkeit keine maßgebenden Änderungen zu erwarten. Die Kombinations- sowie Teilsicherheitsbeiwerte für die ständigen und veränderlichen Einwirkungen bleiben gemäß dem Normenentwurf EC 0:2021 identisch, setzt man übliche Hochbauten (Versagensfolgeklasse CC2, s. a. Abschnitt 3.3) voraus.

Für die Widerstandsseite stellt Tafel 5.14 die Teilsicherheitsbeiwerte der Baustoffe Beton und Betonstahl vergleichend für EC 2-1-1/NA sowie für prEC 2-1-1:2021 gegenüber. Für Beton und Betonstahl bleiben die Teilsicherheitsbeiwerte, mit Ausnahme der außergewöhnlichen Bemessungssituation, unverändert. (Anmerkung: National abweichende Werte (NPD) sind möglich.) Eine wesentliche Neuerung stellt die Einführung eines Teilsicherheitsbeiwertes γ_V für den Querkraft- und Durchstanzwiderstand ohne Querkraftbewehrung dar (Tafel 5.14c).

Tafel 5.14 Teilsicherheitsbeiwerte im Vergleich (Änderungen fett hervorgehoben)
a) für Beton

Bemessungssituation		EC 2-1-1/NA	**prEC 2-1-1:2021**
Ständige und vorübergehende Bemessungssituation (Grundkombination)	$\gamma_{C,s/v}$	1,50	1,50
Außergewöhnliche Bemessungssituation	$\gamma_{C,a}$	1,30	**1,15**
Nachweis gegen Ermüdung	$\gamma_{C,fat}$	1,50	1,50

b) für Betonstahl

Bemessungssituation		EC 2-1-1/NA	**prEC 2-1-1:2021**
Ständige und vorübergehende Bemessungssituation (Grundkombination)	$\gamma_{S,s/v}$	1,15	1,15
Außergewöhnliche Bemessungssituation	$\gamma_{S,a}$	1,00	1,00
Nachweis gegen Ermüdung	$\gamma_{S,fat}$	1,15	1,15

c) für Querkraft- und Durchstanzwiderstand ohne Querkraftbewehrung

Bemessungssituation		EC 2-1-1/NA	**prEC 2-1-1:2021**
Ständige und vorübergehende Bemessungs-Situation (Grundkombination)	$\gamma_{V,s/v}$	-	**1,40**
Außergewöhnliche Bemessungssituation	$\gamma_{V,a}$	-	**1,15**
Nachweis gegen Ermüdung	$\gamma_{V,fat}$	-	**1,40**

5.4.2 Dauerhaftigkeit

5.4.2.1 Expositions- und Expositionswiderstandsklassen

Auch nach prEC 2-1-1:2021 sind Betonbauteile entsprechend ihrer Exposition durch Umgebungsbedingungen zu klassifizieren. Hierbei bleiben System und Bezeichnung der **Expositionsklassen** im Vergleich zur aktuellen Norm identisch (vgl. Tafel. 5.5 und 5.6). Zu beachten ist, dass Bauteile in ständig nasser Umgebung (aktuell Expositionsklasse XC1) künftig in die Expositionsklasse XC2 einzuordnen sind.

Anstelle der den Expositionsklassen unmittelbar zugeordneten Mindestanforderungen an die Betone (z. B. die Mindestdruckfestigkeit gemäß Tafel 5.6) basiert die Dauerhaftigkeitsbeurteilung von Betonen künftig auf sogenannten **Expositionswiderstandsklassen (ERC =** **e**xposure **r**estistance **c**lasses). Man unterscheidet für die Klassifizierung von Betonen die Widerstandsklassen

XRC 0,5; 1 … 7: Beständigkeit des Betons gegen Korrosion infolge von Karbonatisierung
XRDS 0,5; 1 … 10: Beständigkeit des Betons gegen Korrosion infolge von Chloriden

Hierbei weisen kleinere Klassenwerte (diese folgen aus der Tiefe der Karbonatisierung bzw. des Chlorideintrags nach 50 Jahren) eine höhere Beständigkeit des Betons aus. Die Auswahl des Betons und Zuordnung zu einer Expositionswiderstandsklasse soll auf den in der künftigen EN 206 definierten Anforderungen an den Beton beruhen. Das Verfahren erlaubt hierbei sowohl bekannte Betone auf Basis von Erfahrungswerten als auch neue Betonsorten auf Basis von Leistungsprüfungen zu klassifizieren und bei dem Nachweis der Dauerhaftigkeit zu berücksichtigen.

5.4.2.2 Nachweis der Dauerhaftigkeit / Betondeckung

Der Nachweis der Dauerhaftigkeit erfolgt über den Nachweis der Betondeckung. Die prinzipielle Nachweisführung mit Ermittlung von Mindest- und Verlegemaßen c_{min} und c_{v} ist mit der aktuellen Norm vergleichbar, wobei Mindest- und Vorhaltemaße differieren. Wesentlichster Unterschied ist die Festlegung einer geeigneten Mindestbetondeckung $c_{\mathrm{min,dur}}$ in Abhängigkeit

- der geplanten Nutzungsdauer (50 oder 100 Jahre),
- der Expositionsklasse und
- der Expositionswiderstandsklasse.

Durch das Konzept der Expositionswiderstandsklassen (ERC) ist die Mindestbetondeckung unmittelbar von den Eigenschaften und der Beständigkeit des Betons abhängig. Der Tragwerksplaner hat künftig die Möglichkeit, bei erhöhten Anforderungen an den Beton (= niedrigere ERC) die Betondeckung zu reduzieren, was Potenzial zur Materialeinsparung eröffnet.

prEC 2-1-1:2021 stellt für die Ermittlung von $c_{\mathrm{min,dur}}$ Tafeln für die karbonatisierungsinduzierte (ECR: XCR) sowie für die chloridinduzierte Korrosion (ECR: XRDS) zur Verfügung. Die Mindestwerte werden künftig national festgelegt (NDPs). Exemplarisch ist mit Tafel 5.14 die Tafel zur Ermittlung von $\mathrm{c}_{\mathrm{min,dur}}$ für die karbonatisierungsinduzierte Korrosion nach aktuellem Stand des prEC 2-1-1:2021 dargestellt.

Tafel 5.14 Mindestmaße $c_{min,dur}$ der Betondeckung; Karbonatisierung (aus prEC 2-1-1:2021)

ERC	Expositionsklasse (Karbonatisierung)							
	XC1		XC2		XC3		XC4	
	Geplante Nutzungsdauer (Jahre)							
	50	100	50	100	50	100	50	100
XRC 0,5	**10**	10	**10**	10	**10**	10	**10**	10
XRC 1	**10**	10	**10**	10	**10**	15	**10**	15
XRC 2	**10**	15	**10**	15	**15**	25	**15**	25
XRC 3	**10**	15	**15**	20	**20**	30	**20**	30
XRC 4	**10**	20	**15**	25	**25**	35	**25**	40
XRC 5	**15**	25	**20**	30	**25**	45	**30**	45
XRC 6	**15**	25	**25**	35	**35**	55	**40**	55
XRC 7	**15**	30	**25**	40	**40**	60	**45**	60

5.4.3 Ausgangswerte für die Querschnittsbemessung

5.4.3.1 Beton

Die Festigkeitsklassen und charakteristischen Materialkennwerte für Normalbeton stimmen nach prEC 2-1-1:2021 weitestgehend mit den Werten nach dem aktuellen EC 2-1-1 (Tafel 5.9 und 5.10) überein. Formale Abweichungen ergeben sich künftig bei der Ermittlung des E-Moduls mit

$E_{cm} = 9500 \cdot f_{cm}^{1/3}$ (für normal- und hochfeste Betone),

sowie für hochfeste Betone bei der Ermittlung des Mittelwertes der Zugfestigkeit mit

$f_{ctm} = 1{,}10 \cdot f_{ck}^{1/3}$ (für hochfeste Betone).

Die Modifizierungen führen für den E-Modul normalfester Betone zu bis zu 5 % geringeren Werten; bzgl. der Mittelwerte der Zugfestigkeiten hochfester Betone bleiben die Auswirkungen gering (ca. 0,1 N/mm² geringere Werte, < 2,5 %).

Maßgebende Änderungen ergeben sich insbesondere bzgl. der für die Querschnittsbemessung zugrunde zu legenden Spannung-Dehnungs-Linien sowie bzgl. der Definition des Bemessungswertes der Betondruckfestigkeit.

Der **Bemessungswert der Betondruckfestigkeit** f_{cd} wird künftig mittels Vorfaktoren in Abhängigkeit der Betondruckfestigkeit sowie des Betonalters t_{ref} zum Prüfzeitpunkt ermittelt:

$$f_{cd} = \eta_{cc} \cdot k_{tc} \cdot f_{ck} / \gamma_C \tag{5.18}$$

mit $\eta_{cc} = (40/f_{ck})^{1/3} \leq 1{,}0$

$k_{tc} = 1{,}0$ im Allgemeinen:

wenn $t_{ref} \leq 28$ d für schnell und normal erhärtenden Beton (RC und NC)

bzw. $t_{ref} \leq 56$ d für langsam erhärtenden Beton (SC)

$= 0{,}85$ in allen anderen Fällen

Der Vorfaktor η_{cc} berücksichtigt die Differenz zwischen der ungestörten Druckfestigkeit eines Zylinders und der wirksamen Druckfestigkeit, die im tragenden Bauteil angenommen werden kann. Der Faktor ist festigkeitsabhängig und reduziert Bemessungswerte ab einer Festigkeitsklasse ≥ C45/55.

Grundsätzlich bildet die charakteristische Zylinderdruckfestigkeit bei einem Betonalter t_{ref} = 28 d weiterhin die Referenzfestigkeit f_{ck} der Betonklassifizierung, so dass bei üblichem Referenzalter t_{ref} in den genannten Wertebereichen mit $k_{tc} = 1{,}0$ keine Festigkeitsabminderung bei der Ermittlung des Bemessungswertes f_{cd} erforderlich ist. Jedoch erlaubt prEC 2-1-1:2021, im Rahmen der Klassifizierung auch Betone mit höherem Referenzalter $28\text{ d} < t_{ref} \leq 91\text{ d}$ zu prüfen, wodurch künftig insbesondere langsamer erhärtende Betone an Potenzial gewinnen. Jedoch ist dann im Rahmen der Bemessung eine Abminderung der Festigkeit mit dem Faktor $k_{tc} = 0{,}85$ erforderlich.

Die nichtlineare **Spannungs-Dehnungs-Linie** zur Schnittgrößenermittlung berechnet sich weiterhin nach Gl. (5.13), wenngleich sich durch Neudefinition der charakteristischen Dehnungswerte mit

$$\varepsilon_{c1}\,[‰] = 0{,}7 \cdot f_{cm}^{\ 1/3} \leq 2{,}8\ ‰ \tag{5.19a}$$

$$\varepsilon_{cu1}\,[‰] = 2{,}8 + 14 \cdot (1 - f_{cm}/108)^4 \leq 3{,}5\ ‰ \tag{5.19b}$$

künftig leicht abweichende Werte im Vergleich zu den Tafeln 5.9 und 5.10 ergeben.

Wesentliche Änderung ist die Vereinheitlichung der Spannungs-Dehnungs-Linien für die Bemessung für normal- und hochfeste Betone. Für *alle* Festigkeitsklassen gilt künftig

$$\varepsilon_{c2} = 2\ ‰;\ \varepsilon_{cu2} = 3{,}5\ ‰;\ n = 2, \tag{5.20}$$

so dass die Anwendung von Gl. (5.14) zur Beschreibung der Parabel des Parabel-Rechteck-Diagramms nach Abb. 5.3.a) künftig einheitlich auch für hochfeste Betone möglich ist. Abbildung 5.8 stellt die Bemessungswerte f_{cd} sowie die Spanungs-Dehnungs-Linien für die Bemessung nach aktueller und künftiger Norm gegenüber.

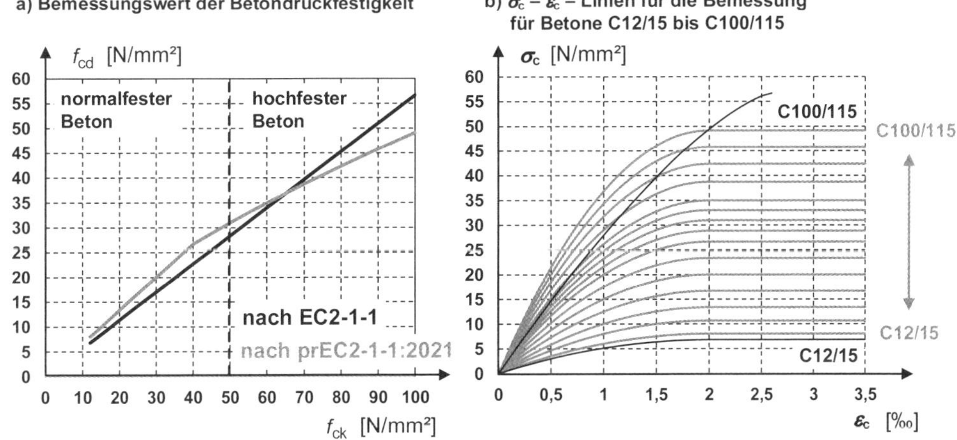

Abb. 5.8 Bemessungswerte f_{cd} und Spannungs-Dehnungs-Linien für Beton im Vergleich
a) Bemessungswert der Betondruckfestigkeit f_{cd}
b) σ_c-ε_c-Linien der Betone C12/15 bis C100/115 für die Bemessung

Alternativ ist als Vereinfachung die Verwendung des Spannungsblocks (Abb. 5.5b) mit $\eta = 1$ und $\lambda = 0{,}80$ für alle Festigkeitsklassen möglich. Die Verwendung einer vereinfachten bilinearen Spannungs-Dehnungs-Linie (vgl. Abb. 5.5a) ist künftig nicht mehr vorgesehen.

Kriechen und Schwinden des Betons werden auch nach prEC 2-1-1:2021 über die Kriechzahl sowie die Gesamtschwinddehnung erfasst. Hierfür sieht die Norm künftig ein vereinfachtes Verfahren auf Basis von Ablesetabellen vor. Diese erlauben die Ermittlung bzw. erforderlichenfalls Interpolation der Kriechzahl und des Nennwertes der Gesamtschwinddehnung für eine Beanspruchungs- bzw. Trocknungsdauer des Betons von 50 Jahren in Abhängigkeit der Festigkeitsklassen, der Festigkeitsentwicklung des Betons, des Belastungsbeginns sowie der Luftfeuchte. Darüber hinaus wird ein genaueres, rechnerisches Verfahren zur Ermittlung von Kriechzahl und Gesamtschwinddehnung im Anhang B von prEC 2-1-1:2021 gegeben.

5.4.3.2 Betonstahl

Im Vergleich zum Basisdokument des aktuellen EC 2-1-1 ergeben sich im Hinblick auf die Duktilitätsanforderungen der Klassen A, B und C sowie die Festigkeitsklassen (B400–B600, zusätzlich aufgenommen wurde B700) keine Änderungen (vgl. Tafel 5.13, 2. Spalte). Gleiches gilt für bilineare Spanungs-Dehnungs-Linien für die Bemessung mit Definition der charakteristischen Festigkeitswerte f_{yk} und f_{tk} sowie Bemessungswerte der Grenzdehnung ε_{ud}.

Aktuell bleibt abzuwarten, ob in Deutschland auch im Nationalen Anhang zum prEC 2-1-1:2021 Festigkeitsklassen ausgeschlossen werden und eine Vereinfachung der Definition des Bemessungswertes der Grenzdehnung mit ε_{ud} = 25 ‰ unabhängig von den Duktilitätsklassen erfolgt (vgl. Tafel 5.13, 3. Spalte). Letztere Vereinfachung wäre – im Sinne einheitlicher Bemessungshilfen – wünschenswert, da Auswirkungen der Vereinfachung auf Bemessungsergebnisse gering bleiben (siehe hierzu auch Abschnitt 6.8.1).

6 Grenzzustände der Tragfähigkeit

6.1 Biegung und Längskraft

6.1.1 Voraussetzungen und Annahmen

Für die Bestimmung der Grenztragfähigkeit von Querschnitten werden folgende Annahmen und Voraussetzungen getroffen:

- Dehnungen der Fasern eines Querschnitts verhalten sich wie ihre Abstände von der Dehnungsnulllinie (*Ebenbleiben der Querschnitte*).
- Dehnungen der Bewehrung und des Betons, die sich in einer Faser befinden, sind gleich (Vollkommener Verbund).
- Die Zugfestigkeit des Betons darf im Grenzzustand der Tragfähigkeit nicht berücksichtigt werden.
- Die Betondruckspannungen werden mit der σ-ε-Beziehung für die Querschnittsbemessung nach Abschnitt 5.3.1 bestimmt.
- Die Spannungen im Betonstahl werden aus der σ-ε-Linie nach Abb. 5.7b hergeleitet.
- Die Dehnungen im (Normal-)Beton sind auf ε_{c2u} bzw. ε_{c3u} nach Tafel 5.9 bzw. 5.10 zu begrenzen. Bei vollständig überdrückten Querschnitten darf die Dehnung im Pkt. C (s. Abb. 6.1) höchstens ε_{c2} bzw. ε_{c3} (s. Tafeln 5.9 u. 5.10) betragen; bei geringen Ausmitten bis $e_d/h \leq 0{,}1$ darf für Normalbeton vereinfachend auch $\varepsilon_{c2} = -2{,}2$ ‰ angenommen werden. In vollständig überdrückten Platten von gegliederten Querschnitten ist die Dehnung in der Plattenmitte auf ε_{c2} zu begrenzen; die Tragfähigkeit braucht jedoch nicht kleiner angesetzt zu werden als die des Stegquerschnitts mit der Höhe h und mit einer Dehnungsverteilung gem. Abb. 6.1.
- Für die Dehnungen im Betonstahl gilt $\varepsilon_{su} \leq 25$ ‰.

Die möglichen Dehnungsverteilungen nach EC 2-1-1 sind in Abb. 6.1 dargestellt; sie lassen sich wie folgt beschreiben:

Bereich 1 Mittige Zugkraft und Zugkraft mit kleiner Ausmitte (die Zugkraft greift innerhalb der Bewehrungslagen an)

Bereich 2 Biegung und Längskraft bei Ausnutzung der Bewehrung, d. h., die Streckgrenze f_{yd} wird erreicht

Bereich 3 Biegung und Längskraft bei Ausnutzung der Bewehrung an der Streckgrenze f_{yd} und der Betonfestigkeit f_{cd}

Bereich 4 Biegung und Längskraft bei Ausnutzung der Betonfestigkeit f_{cd}

Bereich 5 Mittige Druckkraft und Druckkraft mit kleiner Ausmitte

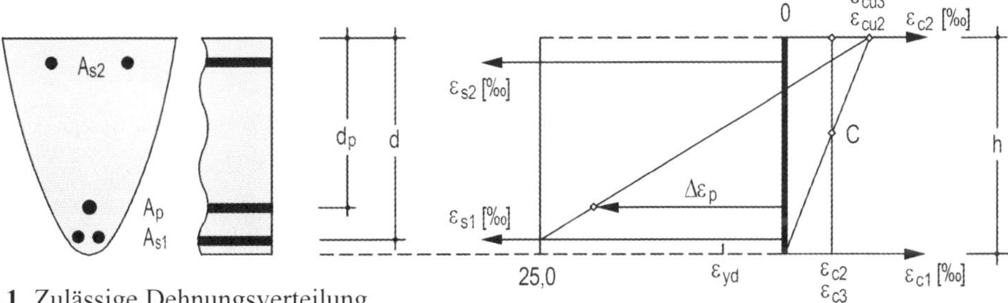

Abb. 6.1 Zulässige Dehnungsverteilung

Bei Druckgliedern (Dehnungsbereich 5) ist eine Mindestausmitte von $e_0 = h/30 \geq 20$ mm zu berücksichtigen.

Zur Sicherstellung eines **duktilen Bauteilverhaltens** ist ein Querschnittsversagen ohne Vorankündigung bei Erstrissbildung zu verhindern. Dies erfolgt durch Anordnung einer Mindestbewehrung, die für das Rissmoment mit dem Mittelwert der Zugfestigkeit des Betons f_{ctm} und der Stahlspannung $\sigma_s = f_{yk}$ berechnet wird (s. a. Abschnitte 5.1.2 und 8.1).

Die Begrenzung der Dehnung des Betonstahls auf 25 ‰ in EC 2-1-1 hat rechentechnische Gründe und entspricht – je nach Duktilitätsklasse des Betonstahls – nicht unbedingt der tatsächlichen Dehnung beim Erreichen der Zugfestigkeit. Der Einfluss der tatsächlichen Grenzdehnung auf das Bemessungsergebnis ist allerdings relativ gering, wie aus Abb. 6.2 zu erkennen ist. Hierbei ist der ζ-Wert als der auf die Nutzhöhe d bezogene Hebelarm der inneren Kräfte z für unterschiedliche Grenzdehnungen ε_s in Abhängigkeit von dem bezogenen Moment μ_{Eds} dargestellt. Die Darstellung gilt für normalfesten Normalbeton, d. h. für Betonfestigkeitsklassen bis C50/60.

Wie zu sehen, ist der bezogene Hebelarm ζ der inneren Kräfte für Grenzdehnungen $\varepsilon_s = 5$ ‰, $\varepsilon_s = 25$ ‰ und $\varepsilon_s \rightarrow \infty$ ‰ (als theoretischer Grenzwert) nahezu identisch. Lediglich im Bereich geringer Beanspruchungen, also für kleine μ_{Eds}-Werte, sind geringfügige Abweichungen erkennbar, die jedoch im Rahmen einer üblichen Rechengenauigkeit liegen. Größere Unterschiede ergeben sich nur für die bezogene Druckzonenhöhe ξ, auch hier wiederum im Bereich geringer Beanspruchungen.

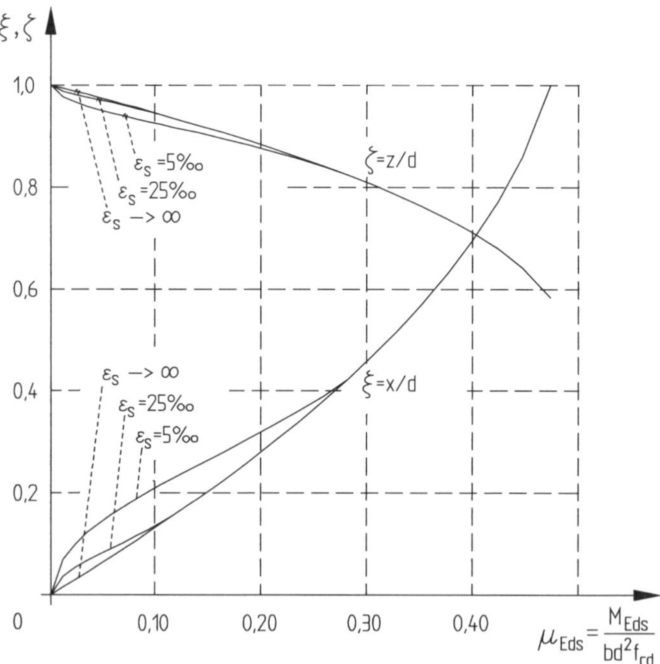

Abb. 6.2 Bezogener Hebelarm ζ der inneren Kräfte und bezogene Druckzonenhöhe ξ für verschiedene Grenzdehnungen ε_s des Betonstahls in Abhängigkeit vom bezogenen Biegemoment μ_{Eds}

6.1.2 Mittige Längszugkraft und Zugkraft mit kleiner Ausmitte

(Dehnungsbereich 1 nach Abb. 6.1)

Die resultierende Zugkraft greift innerhalb der Bewehrungslagen an, d. h., der gesamte Querschnitt ist gezogen; die Zugkraft muss nur durch Bewehrung aufgenommen werden.

Die Ermittlung der erforderlichen bzw. gesuchten Bewehrungen A_{s1} und A_{s2} erfolgt unmittelbar aus den Identitätsbedingungen $\Sigma M_{s1} = 0$ und $\Sigma M_{s2} = 0$.

$$\Sigma M_{s1} = 0: \quad N_{Ed} \cdot (z_{s1} - e) = F_{s2d} \cdot (z_{s1} + z_{s2})$$

$$\Sigma M_{s2} = 0: \quad N_{Ed} \cdot (z_{s2} + e) = F_{s1d} \cdot (z_{s1} + z_{s2})$$

Nimmt man vereinfachend an, dass in beiden Bewehrungslagen die Streckgrenze erreicht wird, erhält man mit $F_{s1d} = A_{s1} \cdot f_{yd}$ und $F_{s2d} = A_{s2} \cdot f_{yd}$ – hierbei wird die Linie I gem. Abb. 5.7b angenommen – die gesuchte Bewehrung aus:

$$A_{s1} = \frac{N_{Ed}}{f_{yd}} \cdot \frac{z_{s2} + e}{z_{s1} + z_s} \qquad A_{s2} = \frac{N_{Ed}}{f_{yd}} \cdot \frac{z_{s1} - e}{z_{s1} + z_s} \tag{6.1}$$

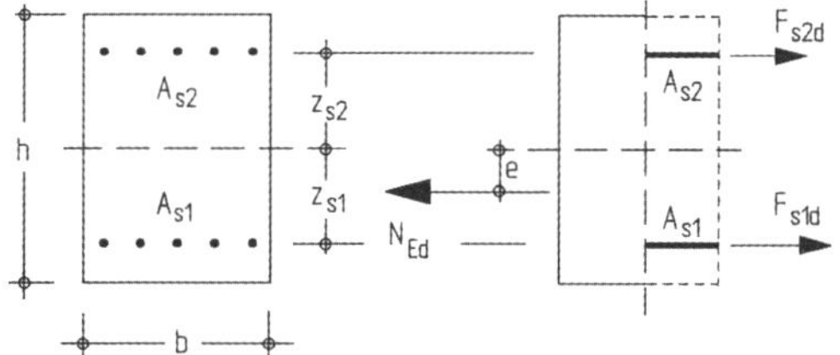

Abb. 6.3 Zugkraft mit kleiner Ausmitte

Beispiel

Querschnitt unter Biegung mit Längskraft gemäß Angaben (s. Skizze).

Schnittgrößen (charakteristische Werte)

$N_{k,g} = 300$ kN; $N_{k,q} = 200$ kN

$M_{k,g} = 15$ kNm; $M_{k,q} = 10$ kNm

Bemessungsschnittgrößen

$N_{Ed} = 1{,}35 \cdot 300 + 1{,}50 \cdot 200 = 705$ kN

$M_{Ed} = 1{,}35 \cdot 15 + 1{,}50 \cdot 10 = 35{,}3$ kNm

$e = M_{Ed} / N_{Ed} = 35{,}3/705 = 0{,}05 \text{ m} < z_{s1} = 0{,}15$ m (s. u.)

→ Die resultierende Zugkraft greift innerhalb der Bewehrungslagen an (Dehnungsbereich 1).

Bemessung

$f_{yd} = 500/1{,}15 = 435$ MN/m² (Linic I nach Abb. 5.7b)

$$A_{s1} = \frac{0{,}705}{435} \cdot \frac{0{,}15 + 0{,}05}{0{,}15 + 0{,}15} = 10{,}8 \cdot 10^{-4} \text{m}^2 = 10{,}8 \text{ cm}^2$$

$$A_{s2} = \frac{0{,}705}{435} \cdot \frac{0{,}15 - 0{,}05}{0{,}15 + 0{,}15} = 5{,}4 \cdot 10^{-4} \text{m}^2 = 5{,}4 \text{ cm}^2$$

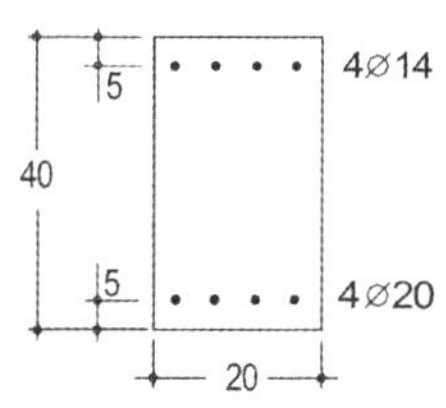

$A_{s1} = 10{,}8 \cdot 10^{-4}$ m² $= 10{,}8$ cm²

$A_{s2} = 5{,}4 \cdot 10^{-4}$ m² $= 5{,}4$ cm²

gew.: unten 4 Ø 20 (12,6 cm²)

oben 4 Ø 14 (6,2 cm²)

6.1.3 Biegung und Längskraft
(Dehnungsbereiche 2 bis 4)

6.1.3.1 Querschnitt mit rechteckiger Druckzone ohne Druckbewehrung

Für die Bemessung werden die auf die Schwerachse bezogenen Schnittgrößen in ausgewählte, „versetzte" Schnittgrößen umgewandelt. Als neue Bezugslinie wird die Achse der Biegezugbewehrung A_{s1} gewählt. Man erhält dann die in Abb. 6.4 dargestellten Schnittgrößen.

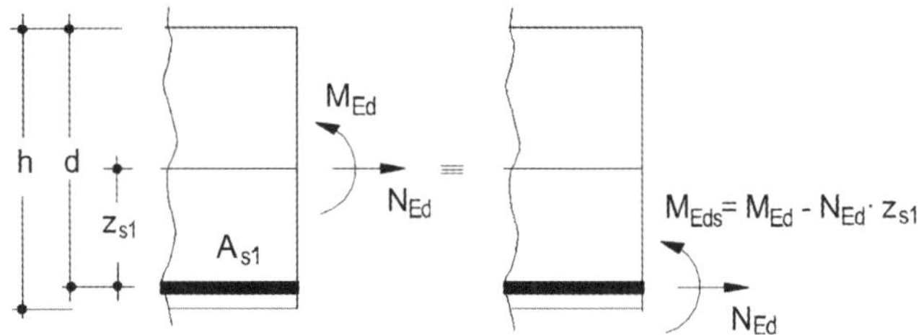

Abb. 6.4 Schnittgrößen in der Schwerachse und „versetzte" Schnittgrößen

In den Dehnungsbereichen 2 bis 4 liegt die Dehnungsnulllinie innerhalb des Querschnitts (vgl. Abb. 6.1 und 6.5). Die Betonzugzone wird als vollständig gerissen angenommen und darf bei einer Bemessung nicht mehr in Rechnung gestellt werden. Der wirksame Querschnitt besteht aus der Betondruckzone (ggf. mit Druckbewehrung A_{s2}; s. Abschnitt 6.1.3.2) und der Zugbewehrung A_{s1}.

Der Nachweis der Tragfähigkeit erfolgt mithilfe von Identitätsbeziehungen; die einwirkenden Schnittgrößen N_{Ed} und M_{Eds} müssen identisch mit den Widerständen N_{Rd} und M_{Rds} sein. Für das Momentengleichgewicht wird als Bezugspunkt die Zugbewehrung A_{s1} gewählt.

Identitätsbedingungen (s. Abb. 6.4 und 6.5)

$$N_{Ed} \equiv N_{Rd} \tag{6.2a}$$

$$M_{EdS} = M_{Ed} - N_{Ed} \cdot z_S \equiv M_{Rds} \tag{6.2b}$$

Die „inneren" Schnittgrößen bzw. Widerstände N_{Rd} und M_{Rds} erhält man zu

$$N_{Rd} = -|F_{cd}| + F_{s1d} \tag{6.3a}$$

$$M_{Rds} = |F_{cd}| \cdot z \tag{6.3b}$$

mit

$$F_{cd} = x \cdot b \cdot \alpha_V \cdot f_{cd} \tag{6.4a}$$

$$F_{s1d} = A_{s1} \cdot \sigma_{s1d} \tag{6.4b}$$

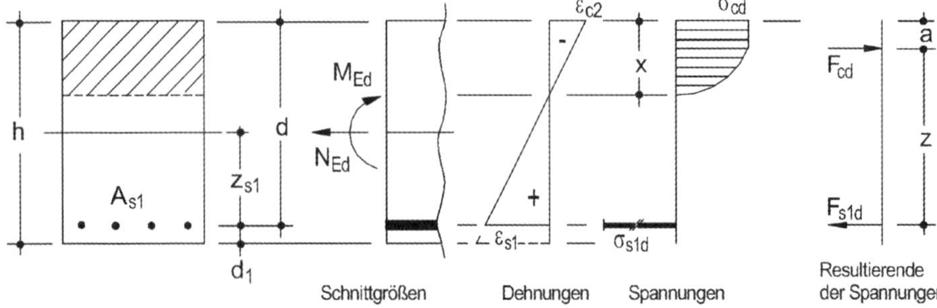

Abb. 6.5 Schnittgrößen und Spannungen in den Dehnungsbereichen 2 bis 4

Tafel 6.1 Hilfswerte k_a und α_V
für C12/15 bis C50/60
($|\varepsilon|$ in ‰)

	$0\,‰ \le |\varepsilon_{c2}| < 2{,}0\,‰$	$0\,‰ \le |\varepsilon_{c2}| < 2{,}0\,‰$
k_a	$\dfrac{8-|\varepsilon_{c2}|}{4\cdot(6-|\varepsilon_{c2}|)}$	$\dfrac{|\varepsilon_{c2}|\cdot(3\cdot|\varepsilon_{c2}|-4)+2}{2\cdot|\varepsilon_{c2}|\cdot(3\cdot|\varepsilon_{c2}|-2)}$
α_V	$\dfrac{|\varepsilon_{c2}|\cdot(6-|\varepsilon_{c2}|)}{12}$	$\dfrac{3\cdot|\varepsilon_{c2}|-2}{3\cdot|\varepsilon_{c2}|}$

Die Werte a, x, z, α_V ergeben sich zu ($|\varepsilon|$ in ‰)

$a = k_a \cdot x$ Randabstand der Betondruckkraft; k_a nach Tafel 6.1 (für Normalbeton bis C50/60)
$x = \xi \cdot d$ Höhe der Druckzone
$z = \zeta \cdot d$ Hebelarm der inneren Kräfte
α_V Völligkeitsbeiwert; α_V s. Tafel 6.1 (für Normalbeton bis C50/60)

mit $\xi = |\varepsilon_{c2}| \,/\, (|\varepsilon_{c2}| + \varepsilon_{s1})$
$\zeta = 1 - k_a \cdot \xi$

Mit den Identitätsbedingungen und den angegebenen Hilfsgrößen ist der Nachweis ausreichender Tragfähigkeit zu führen. Eine Auflösung der Gleichungen nach den gesuchten Querschnittsgrößen A_c und A_s – sie werden aus den Resultierenden der Spannungen F_{cd} und F_{sd} bestimmt – enthält noch die unbekannten Spannungen σ_s und σ_c, die von der ebenfalls unbekannten Dehnungsverteilung abhängen. Bei einer „Von-Hand"-Bemessung wird die Lösung daher i. Allg. iterativ durchgeführt. Dabei werden zunächst die Querschnittsabmessungen b und h als bekannt vorausgesetzt („Erfahrungswert") und die unbekannten Dehnungen

- ε_{c2} als Betonranddehnung
- ε_{s1} als Stahldehnung der Zugbewehrung

geschätzt. Damit lassen sich alle für eine Bemessung erforderlichen Größen ermitteln. Die Richtigkeit der Schätzung wird dann mit Hilfe der Identitätsbedingungen überprüft. Es muss gelten, dass die „äußeren" Schnittgrößen den resultierenden „inneren" Spannungen entsprechen.

Beispiel

Eine iterative „Von-Hand"-Bemessung soll an einem einfachen Beispiel gezeigt werden. Gegeben ist ein Rechteckquerschnitt mit Beanspruchungen und Baustoffen nach Abbildung.

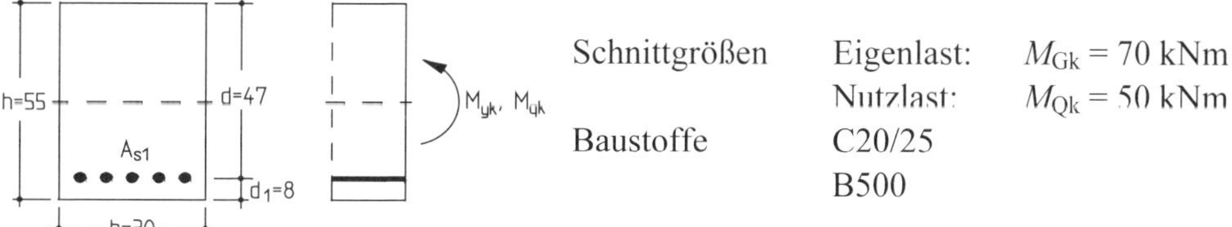

Im Grenzzustand der Tragfähigkeit ist der Nachweis zu erbringen, dass die Einwirkungen E_d die Tragfähigkeit R_d nicht überschreiten.

Einwirkung E_d

$M_{Ed} = \gamma_G \cdot M_{Gk} + \gamma_Q \cdot M_{Qk} = 1{,}35 \cdot 70 + 1{,}50 \cdot 50 \approx 170$ kNm
$M_{Eds} = M_{Ed} = 170$ kNm (wegen $N_{Ed} = 0$)

Tragfähigkeit R_d

- ***Iterative Bestimmung der Dehnungsverteilung***

  – *1. Iterationsschritt:* Dehnungsverteilung schätzen:

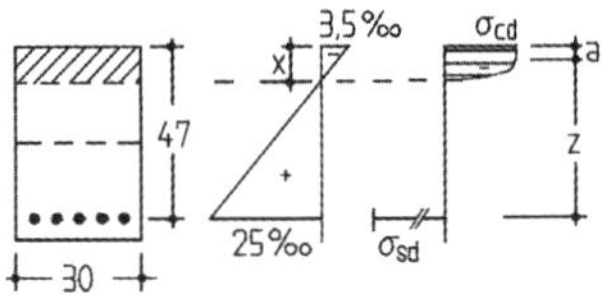

$\varepsilon_{s1} = 25$ ‰, $\varepsilon_{c2} = -3{,}5$ ‰ (s. nebenstehende Skizze)

$$F_{cd} = \alpha_V \cdot x \cdot b \cdot f_{cd} = \frac{3 \cdot \varepsilon_{c2} - 2}{3 \cdot \varepsilon_{c2}} \cdot x \cdot b \cdot \frac{\alpha_{cc} \cdot f_{ck}}{\gamma_C}$$

Druckzonenhöhe x

$$x = \frac{\varepsilon_{c2}}{\varepsilon_{c2} + \varepsilon_{s1}} \cdot d = \frac{3{,}5}{3{,}5 + 25{,}0} \cdot 0{,}47 = 0{,}0577 \text{ m}$$

Betondruckkraft F_{cd} ($|\varepsilon_c|$ in ‰)

$$F_{cd} = \frac{3 \cdot 3{,}5 - 2}{3 \cdot 3{,}5} \cdot 0{,}0577 \cdot 0{,}30 \cdot \frac{0{,}85 \cdot 20{,}0}{1{,}5} = 0{,}159 \text{ MN}$$

Randabstand a der Betondruckkraft

$$a = \frac{\varepsilon_{c2} \cdot (3 \cdot \varepsilon_{c2} - 4) + 2}{2 \cdot \varepsilon_{c2} \cdot (3 \cdot \varepsilon_{c2} - 2)} \cdot x = \frac{3{,}5 \cdot (3 \cdot 3{,}5 - 4) + 2}{2 \cdot 3{,}5 \cdot (3 \cdot 3{,}5 - 2)} \cdot 0{,}0577$$

$= 0{,}024$ m

Hebelarm der „inneren" Kräfte

$z = d - a = 0{,}470 - 0{,}024 = 0{,}446$ m

Aufnehmbares Moment

$M_{Rds} = F_{cd} \cdot z = 0{,}159 \cdot 0{,}446 = 0{,}071$ MNm

$M_{Eds} = M_{Rds}$ (?)

$0{,}170 \neq 0{,}071 \rightarrow$ Dehnungsverteilung neu schätzen!

Eine „verträgliche" Dehnungsverteilung muss zu einer Identität zwischen Einwirkung und Widerstand führen.

  – *2. Iterationsschritt:* Neue Dehnungsverteilung:

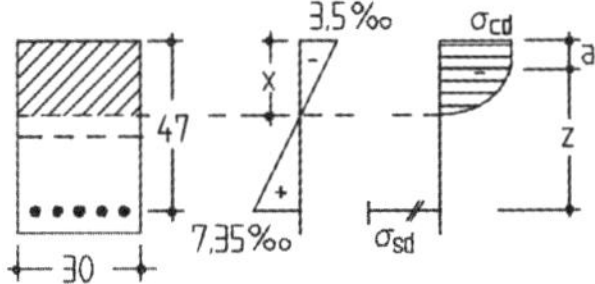

$\varepsilon_{s1} = 7{,}35$ ‰, $\varepsilon_{c2} = -3{,}5$ ‰ (s. nebenstehende Skizze)

$F_{cd} = 0{,}417$ MN

$z = 0{,}407$ m

$M_{Rds} = F_{cd} \cdot z = 0{,}417 \cdot 0{,}407 = 0{,}170$ MNm

$M_{Eds} = M_{Rds}$ (!)

$0{,}170 \approx 0{,}170 \rightarrow$ Dehnungsverteilung richtig geschätzt!

- ***Ermittlung der erforderlichen Bewehrung***

vgl. Gln. (6.2a) und (6.3a)

$N_{Ed} = N_{Rd}$

$0 = -|F_{cd}| + F_{sd} \rightarrow F_{sd} = |F_{cd}| = 0{,}417$ MN

$$A_{s1} = \frac{F_{sd}}{\sigma_{sd}}$$

Ansteigender Ast der Stahlspannung vereinfachend nicht berücksichtigt.

$\sigma_{sd} = f_{yd} = f_{yk} / \gamma_S = 500 / 1{,}15 = 435$ MN/m²

$$A_{s1} = \frac{0{,}417}{435} = 9{,}6 \cdot 10^{-4} \text{ m}^2 = 9{,}6 \text{ cm}^2$$

Bewehrungswahl und Bewehrungsskizze

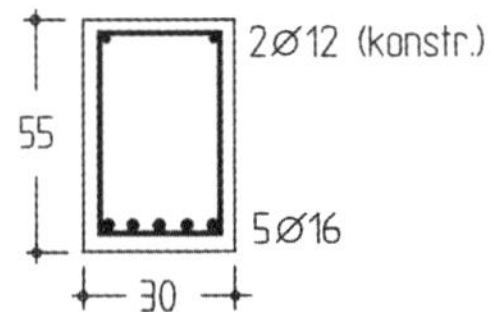

gew.: 5 Ø 16 (= 10,1 cm²)

vorh $A_{s1} \geq$ erf A_{s1}

Hinweis:
Der dargestellte Rechengang gilt ohne Berücksichtigung der (konstruktiv gewählten) oberen Bewehrung.

Bemessungstafeln

Der Nachweis ausreichender Tragfähigkeit erfolgt i. Allg. mit Bemessungstafeln. Für EC 2-1-1 liegen Bemessungshilfen z. B. in [Schneider – 22] vor. Zu beachten ist, dass die Affinität der Spannungs-Dehnungs-Beziehungen nur für Festigkeitsklassen C12/15 bis C50/60 gilt und nicht mehr für hochfesten Beton ab C55/67; für Letztere gilt daher für jede Festigkeitsklasse eine eigene Bemessungstafel.

1. Allgemeines Bemessungsdiagramm

Die Zusammenhänge zwischen den von den Dehnungen abhängigen Kräften und Abständen lassen sich in dimensionsloser Form als sog. allgemeines Bemessungsdiagramm darstellen. Hierzu werden die in den Gln. (6.2a) bis (6.3b) dargestellten Gleichgewichtsbeziehungen wie folgt dargestellt (Herleitung ohne Berücksichtigung einer Druckbewehrung):

$$\mu_{\mathrm{Eds}} = \frac{M_{\mathrm{Eds}}}{b \cdot d^2 \cdot f_{\mathrm{cd}}} = \frac{x \cdot d \cdot b \cdot \alpha_{\mathrm{V}} \cdot f_{\mathrm{cd}}}{b \cdot d^2 \cdot f_{\mathrm{cd}}} \cdot (\zeta \cdot d) = \xi \cdot \zeta \cdot \alpha_{\mathrm{V}} \qquad (6.5)$$

Die Werte ξ, ζ und α_{V} sind von der Dehnungsverteilung $\varepsilon_{\mathrm{s1}}/\varepsilon_{\mathrm{c2}}$ und der Spannungsverteilung σ_{c} abhängig. Bis zum Beton C50/60 ist die Spannungsverteilung affin, so dass einer vorgegebenen Dehnungsverteilung dann direkt ein bezogenes Moment μ_{Eds} sowie Beiwerte ξ und ζ zugeordnet werden können. Diese Größen werden dann in Diagrammform dargestellt (s. Tafel 6.2). Aus der zweiten Bedingung $\Sigma H = 0$ wird die gesuchte Bewehrung gefunden:

$$N_{\mathrm{Ed}} = -|F_{\mathrm{cd}}| + F_{\mathrm{s1d}}$$

$$\rightarrow \; F_{\mathrm{sd,1}} = |F_{\mathrm{cd}}| + N_{\mathrm{Ed}} = M_{\mathrm{Eds}} / z + N_{\mathrm{Ed}} \qquad (6.6)$$

$$A_{\mathrm{s1}} = \frac{F_{\mathrm{sd,1}}}{\sigma_{\mathrm{sd}}} = \frac{1}{\sigma_{\mathrm{sd}}} \cdot \left(\frac{M_{\mathrm{Eds}}}{z} + N_{\mathrm{Ed}} \right) \qquad (6.7)$$

Beispiel 1

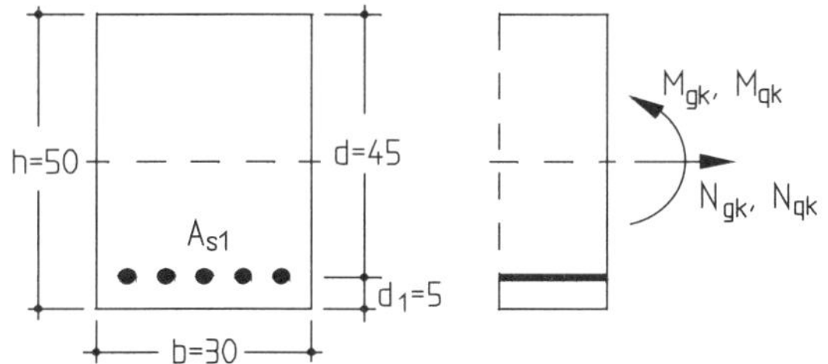

Querschnitt, Schnittgrößen nach Skizze

Baustoffe: C35/45
B500

Schnittgrößen:
– Eigenlast $M_{\mathrm{gk}} = 120$ kNm; $N_{\mathrm{gk}} = -50$ kN
– Nutzlast $M_{\mathrm{qk}} = 70$ kNm; $N_{\mathrm{qk}} = -30$ kN

Bemessungsschnittgrößen:

$$N_{\mathrm{Ed}} = 1{,}35 \cdot N_{\mathrm{gk}} + 1{,}50 \cdot N_{\mathrm{qk}} = 1{,}35 \cdot (-50) + 1{,}50 \cdot (-30) = -113 \text{ kN}$$

$$M_{\mathrm{Ed}} = 1{,}35 \cdot M_{\mathrm{gk}} + 1{,}50 \cdot M_{\mathrm{qk}} = 1{,}35 \cdot (120) + 1{,}50 \cdot (70) = 267 \text{ kNm}$$

$$M_{\mathrm{Eds}} = M_{\mathrm{Ed}} - N_{\mathrm{Ed}} \cdot z_{\mathrm{s}} = 267 + 113 \cdot 0{,}20 = 289{,}6 \text{ kNm}$$

Bemessung (vgl. Tafel 6.2):

$$\text{Eingangswert: } \mu_{\mathrm{Eds}} = \frac{M_{\mathrm{Eds}}}{b \cdot d^2 \cdot f_{\mathrm{cd}}} = \frac{0{,}2896}{0{,}30 \cdot 0{,}45^2 \cdot (0{,}85 \cdot 35{,}0 / 1{,}50)} = 0{,}240$$

Ablesung: $\zeta = 0{,}86$; $\varepsilon_s = 6{,}6$ ‰ ($> \varepsilon_{yd} = 2{,}17$ ‰)

$\xi = 0{,}35$ | Zusätzliche Ablesewerte, die zur Lösung dieser
$\nu_{cd} = 0{,}28$ | Aufgabenstellung nicht erforderlich sind
$\varepsilon_c = -3{,}5$ ‰ |

Bemessung: $$\text{erf } A_s = \frac{1}{\sigma_{sd}} \cdot \left(\frac{M_{Eds}}{z} + N_{Ed} \right)$$

$$= \frac{1}{500/1{,}15} \cdot \left(\frac{0{,}2896}{0{,}86 \cdot 0{,}45} - 0{,}113 \right)$$

$$= 14{,}6 \cdot 10^{-4}\ \text{m}^2 = 14{,}6\ \text{cm}^2$$

gew.: 5 Ø 20 (= 15,7 cm²)

2Ø16 (konstr.)
5Ø20

2. Bemessungstafeln mit dimensionslosen Beiwerten

Ebenso wie das allgemeine Bemessungsdiagramm in graphischer Form lassen sich auch Bemessungshilfen als Tabellen aufstellen mit dem bezogenen Moment μ_{Eds} als Eingangswert. Wie zuvor ausgeführt, ist dabei μ_{Eds} identisch mit (vgl. Gl. (6.5))

$$\mu_{Eds} = \frac{M_{Eds}}{b \cdot d^2 \cdot f_{cd}} = \xi \cdot \zeta \cdot \alpha_V \tag{6.8}$$

Die Werte ξ, ζ und α_V sind nur von der Dehnungsverteilung $\varepsilon_{s1}/\varepsilon_{c2}$ abhängig und direkt dem Eingangswert μ_{Eds} zugeordnet. Außerdem wird noch der sog. mechanische Bewehrungsgrad ω angegeben, der identisch mit der bezogenen Betondruckkraft ν_{cd} ist und sich aus

$$\omega = \nu_{cd} = \frac{F_{cd}}{b \cdot d \cdot f_{cd}} = \frac{x \cdot b \cdot \alpha_V \cdot f_{cd}}{b \cdot d \cdot f_{cd}} = \xi \cdot \alpha_V \tag{6.9}$$

ergibt; er eignet sich auch unmittelbar für die Ermittlung der Bewehrung. Aus der Bedingung $\Sigma H = 0$ erhält man (vgl. Gl. (6.6)):

$$F_{sd,1} = |F_{cd}| + N_{Ed} = \omega \cdot b \cdot d \cdot f_{cd} + N_{Ed} \tag{6.10}$$

$$A_{s1} = \frac{F_{sd,1}}{\sigma_{sd}} = \frac{1}{\sigma_{sd}} \left(\omega \cdot b \cdot d \cdot f_{cd} + N_{Ed} \right) \tag{6.11}$$

Die Auswertung zeigt Tafel 6.3a, wobei als Stahlspannung σ_{sd} wahlweise der horizontale Ast (Begrenzung auf f_{yd}) oder der ansteigende Ast der Spannungs-Dehnungs-Linie berücksichtigt werden kann (Begrenzung auf $f_{td,cal}$) (vgl. Abb. 5.7b).

Beispiel 2

Querschnitt, Schnittgrößen und Baustoffe nach Skizze (wie Beispiel 1, S. 119)

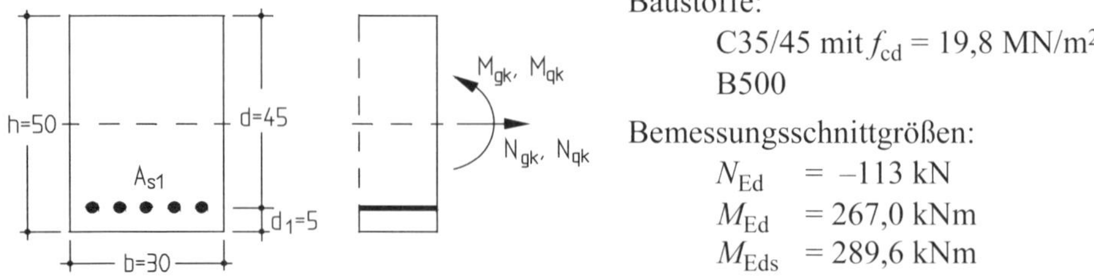

Baustoffe:
C35/45 mit $f_{cd} = 19{,}8$ MN/m²
B500

Bemessungsschnittgrößen:
$N_{Ed} = -113$ kN
$M_{Ed} = 267{,}0$ kNm
$M_{Eds} = 289{,}6$ kNm

Bemessung (vgl. Tafel 6.3a):

Eingangswert: $\mu_{Eds} = 0{,}240$

Ablesung: $\omega = 0{,}280$; $\sigma_{sd} = 435$ MN/m²[13)]

$\xi = 0{,}35$; $\zeta = 0{,}86$; $\varepsilon_{c2} / \varepsilon_{s1} = -3{,}5$ ‰ / 6,6 ‰

Bemessung: $A_{s1} = (\omega \cdot b \cdot d \cdot f_{cd} + N_{ed}) / \sigma_{sd}$

$= (0{,}280 \cdot 0{,}30 \cdot 0{,}45 \cdot 19{,}8 - 0{,}113) / 435 = 14{,}6 \cdot 10^{-4}\ \text{m}^2 = 14{,}6\ \text{cm}^2$

3. k_d-Tafeln (dimensionsgebundenes Verfahren)

Beim k_d-*Verfahren* werden die Identitätsbeziehungen in abgewandelter Form dargestellt. Die Größe μ_{Eds} (s. vorher) wird nach d aufgelöst:

$$\mu_{Eds} = \frac{M_{Eds}}{b \cdot d^2 \cdot f_{cd}} \rightarrow d = \frac{1}{\sqrt{\mu_{Eds} \cdot f_{cd}}} \cdot \sqrt{\frac{M_{Eds}}{b}} = k_d \cdot \sqrt{\frac{M_{Eds}}{b}} \tag{6.12}$$

Hieraus folgt der (dimensionsgebundene) k_d-Wert als Eingangswert für eine Bemessungstabelle.

$$k_d = \frac{d}{\sqrt{M_{Eds}/b}} = \frac{1}{\sqrt{\mu_{Eds} \cdot f_{cd}}} \tag{6.13}$$

Wie zu sehen ist, lässt sich der k_d-Wert in Abhängigkeit von dem einwirkenden Moment M_{Eds} angeben, aber auch (über μ_{Eds}; s. vorher) als Funktion von den Hilfswerten ξ, ζ und α_V.

Die Bewehrung ergibt sich dann aus (s. vorher)

$$A_{s1} = \frac{F_{sd,1}}{\sigma_{sd}} = \frac{1}{\sigma_{sd} \cdot \zeta} \cdot \frac{M_{Eds}}{d} + \frac{N_{Ed}}{\sigma_{sd}} = k_s \cdot \frac{M_{Eds}}{d} + \frac{N_{Ed}}{\sigma_{sd}} \tag{6.14}$$

wobei der k_s-Wert aus entsprechenden Tafeln abgelesen wird. Die Herleitung setzt eine affine Betonspannungsverteilung voraus, wie sie nach EC 2-1-1 für Normalbeton bis C50/60 gegeben ist.

In den Tafeln 6.4a und 6.4b sind als Bemessungshilfen die k_d-Tafeln wiedergegeben, die eine Bemessung von Rechtecken ohne und mit Druckbewehrung (s. nachfolgend) ermöglichen; zur Vereinfachung der Darstellung wurde generell die Stahlspannung auf f_{yd} begrenzt.

Beispiel 3

Querschnitt, Schnittgrößen und Baustoffe nach Skizze (s. S. 119 und 120)

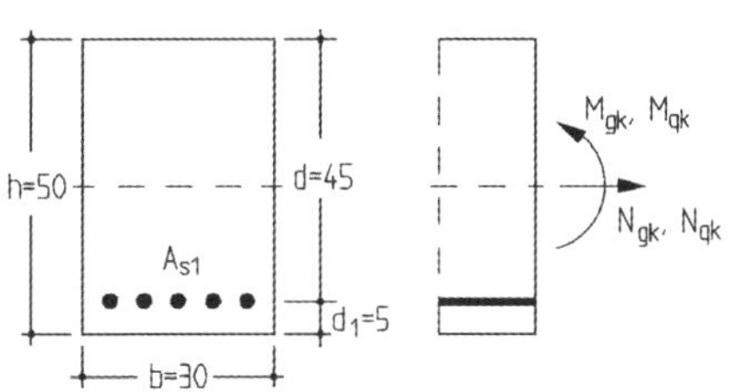

Baustoffe:

C35/45 mit $f_{cd} = 19{,}8$ MN/m²

B500

Bemessungsschnittgrößen:

$N_{Ed} = -113$ kN

$M_{Ed} = 267{,}0$ kNm

$M_{Eds} = 289{,}6$ kNm

13) Vereinfachend ohne Berücksichtigung des ansteigenden Astes der Spannungs-Dehnungs-Linie.

Bemessung (vgl. Tafel 6.4a):

Eingangswert: $k_d = \dfrac{d}{\sqrt{M_{Eds}/b}} = \dfrac{45{,}0}{\sqrt{289{,}6/0{,}30}} = 1{,}45$

Ablesung: $k_s = 2{,}69$

$\xi = 0{,}35$; $\zeta = 0{,}86$; $\varepsilon_{c2} / \varepsilon_{s1} = -3{,}5$ ‰ / 6,6 ‰

Bemessung: $A_s = k_s \cdot M_{Eds}/d + N_{Ed} / 43{,}5$

$= 2{,}69 \cdot 289{,}6 / 45{,}0 - 113 / 43{,}5 = 14{,}7\ \text{cm}^2$

6.1.3.2 Querschnitte mit rechteckiger Druckzone mit Druckbewehrung

Mit zunehmender Ausnutzung des Querschnitts wird eine Verstärkung der Betondruckzone mit (Druck-)Bewehrung erforderlich (soweit eine Änderung der Querschnittsabmessungen und/ oder eine Erhöhung der Betonfestigkeitsklasse nicht sinnvoll sind).

Der Nachweis der Tragfähigkeit erfolgt mit den zuvor dargestellten Identitätsbeziehungen, die Bewehrung in der Druckzone ist jedoch zusätzlich zu berücksichtigen. Vereinfachend wird dabei i. d. R. unterstellt, dass die Betondruckzone vollflächig vorhanden ist („Bruttofläche“), das heißt, ein Abzug der Fläche der Druckbewehrung im Beton erfolgt dabei nicht. Diese Vereinfachung liegt auf der unsicheren (!) Seite, da korrekterweise nur die Nettofläche angesetzt werden darf. Der Fehler ist für normalfeste Betonfestigkeitsklassen gering, so dass auf eine genauere Ermittlung verzichtet werden kann. Bei hochfesten Betonen ist dieser Effekt jedoch nicht mehr vernachlässigbar und daher zu berücksichtigen (vgl. a. [Goris/Schmitz – 14]).

Identitätsbedingungen (s. Abb. 6.6)

$$N_{Ed} \equiv N_{Rd} \tag{6.15a}$$

$$M_{Eds} = M_{Ed} - N_{Ed} \cdot z_s \equiv M_{Rds} \tag{6.15b}$$

Die „inneren“ Schnittgrößen bzw. Widerstände N_{Rd} und M_{Rds} erhält man zu

$$N_{Rd} = -|F_{cd}| - |F_{s2d}| + F_{s1d} \tag{6.16a}$$

$$M_{Rds} = |F_{cd}| \cdot z + |F_{s2d}| \cdot (d - d_2) \tag{6.16b}$$

mit
$$F_{cd} = x \cdot b \cdot \alpha_V \cdot f_{cd} \tag{6.17a}$$

$$F_{s2d} = A_{s2} \cdot \sigma_{s2d} \tag{6.17b}$$

$$F_{s1d} = A_{s1} \cdot \sigma_{s1d} \tag{6.17c}$$

Für die Werte a, x, z, α_V gelten – bei Annahme von Bruttowerten – dieselben Zusammenhänge und Gleichungen wie zuvor (vgl. Tafel 6.1).

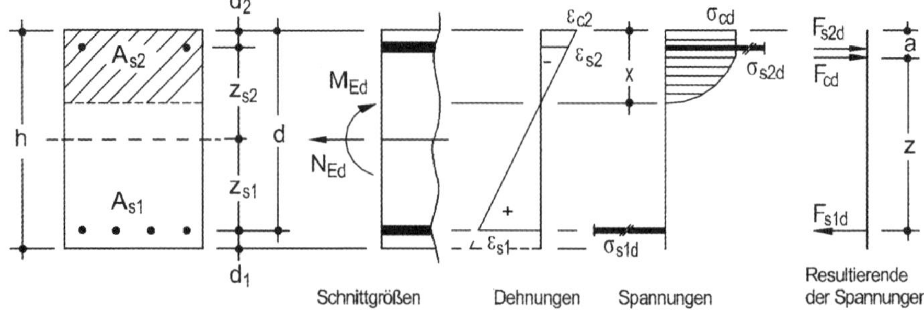

Abb. 6.6 Schnittgrößen und Spannungen in den Dehnungsbereichen 2 bis 4

Für die Anordnung von Druckbewehrung können folgenden Kriterien genannt werden:

- wirtschaftliche Gründe
- Sicherstellung einer ausreichenden Duktilität

Aus *wirtschaftlichen Gründen* ist generell anzustreben, dass der Betonstahl der Zugbewehrung die Fließgrenze erreicht. Das ist bei einer Stahldehnung $\varepsilon_{yk} = 2{,}5$ ‰ bzw. $\varepsilon_{yd} = \varepsilon_{yk} / \gamma_S = 2{,}5/1{,}15 = 2{,}17$ ‰ der Fall, die Betonstauchung beträgt $\varepsilon_{cu2} = 3{,}5$ ‰ (vgl. Abb. 6.1). Statt des Dehnungsverhältnisses lässt sich auch eine bezogene Grenzhöhe $\xi_{lim} = \varepsilon_{cu2}/(\varepsilon_{cu2} - \varepsilon_{yd})$ der Betondruckzone definieren oder auch alternativ ein bezogenes Grenzbemessungsmoment $\mu_{Eds,lim}$. Es gilt somit

$\xi_{lim} = 0{,}617$ bzw. $\mu_{Eds} = 0{,}371$ (Wirtschaftlichkeitskriterium)

Die Höhe der Druckzone wird zudem nach EC 2-1-1, 5.4 und 5.6.2 begrenzt, um ein Versagen ohne Vorankündigung zu verhindern und um eine ausreichende Duktilität sicherzustellen. Hierfür gilt bei Durchlaufträgern (vgl. Abschnitt 4.6)

$\xi_{lim} = 0{,}45$ bzw. $\mu_{Eds} = 0{,}296$ (Duktilitätskriterium)

Für zweiachsig gespannte Platten, die nach der Plastizitätstheorie berechnet werden (s. Abschnitt 4.7.5) gilt zudem, dass $\xi_{lim} = 0{,}25$ bzw. $\mu_{Eds} = 0{,}181$ einzuhalten ist.

Bei Anordnung einer Druckbewehrung wird zunächst das vom Querschnitt ohne Druckbewehrung aufnehmbare Moment $M_{Eds,lim}$ bestimmt; das dann noch verbleibende Restmoment ΔM_{Eds} wird in ein Kräftepaar umgewandelt, das in Höhe der Zugbewehrung und der Druckbewehrung angreift. Diesen Kräften sind dann eine Druckbewehrung und eine zusätzliche Zugbewehrung zuzuordnen (s. Abb. 6.7):

$$A_{s1} = \frac{1}{\sigma_{s1d}} \left(\frac{M_{Eds,lim}}{z} + \frac{\Delta M_{Eds}}{d - d_2} + N_{Ed} \right) \tag{6.18a}$$

$$A_{s2} = \frac{1}{\sigma_{s2d}} \left(\frac{\Delta M_{Eds}}{d - d_2} \right) \tag{6.18b}$$

mit $M_{Eds,lim} = \mu_{Eds,lim} \cdot b \cdot d^2 \cdot f_{cd}$

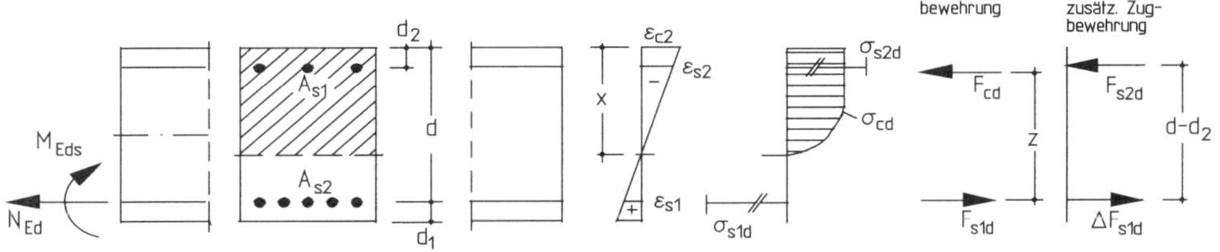

Abb. 6.7 Verfahren bei Querschnitten mit Druckbewehrung

Hiermit kann mit Hilfe des allgemeinen Bemessungsdiagramms (Tafel 6.2) direkt eine Querschnittsbemessung durchgeführt werden (s. nachf. Beispiel 1).

Analog zu dem zuvor dargestellten Vorgehen lassen sich jedoch auch Bemessungstafeln für Querschnitte mit Druckbewehrung aufstellen, siehe Tafeln 6.3b bis 6.4b; bei diesen Tafeln wurde der ansteigende Ast der Spannungs-Dehnungs-Linie generell nicht berücksichtigt, da der Einfluss nur sehr gering ist.

Beispiel 1 (Bemessung mit dem allg. Bemessungsdiagramm)

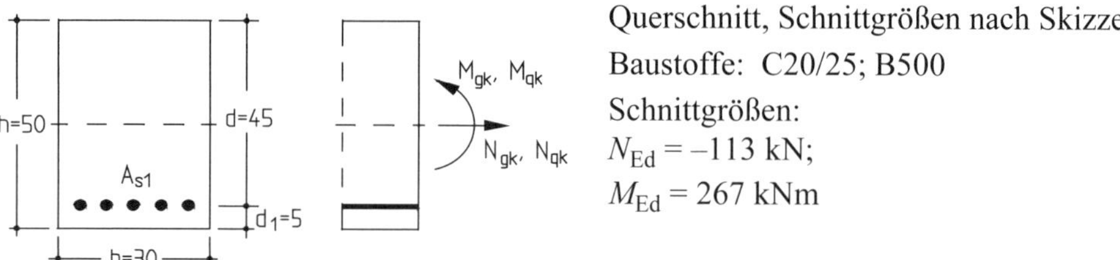

Querschnitt, Schnittgrößen nach Skizze
Baustoffe: C20/25; B500
Schnittgrößen:
$N_{\text{Ed}} = -113$ kN;
$M_{\text{Ed}} = 267$ kNm

Bemessungsschnittgrößen:

$M_{\text{Eds}} = M_{\text{Ed}} - N_{\text{Ed}} \cdot z_{\text{s}} = 267 + 113 \cdot 0{,}20 = 289{,}6$ kNm

Bemessung (vgl. Tafel 6.2):

Eingangswert: $\mu_{\text{Eds}} = \dfrac{M_{\text{Eds}}}{b \cdot d^2 \cdot f_{\text{cd}}} = \dfrac{0{,}2896}{0{,}30 \cdot 0{,}45^2 \cdot (0{,}85 \cdot 20{,}0/1{,}50)} = 0{,}421$

$\mu_{\text{Eds}} = 0{,}421 > \mu_{\text{Eds,lim}} = 0{,}371 \rightarrow$ Druckbewehrung anordnen

Momenten-aufteilung: $M_{\text{Eds,lim}} = 0{,}371 \cdot 0{,}30 \cdot 0{,}45^2 \cdot (0{,}85 \cdot 20{,}0/1{,}50) = 0{,}2554$ MNm
$\Delta M_{\text{Eds}} = 0{,}2896 - 0{,}2554 = 0{,}0342$ MNm

Ablesung: $\zeta = 0{,}74$
(bei $\mu_{\text{Eds,lim}}$) $\varepsilon_{\text{s1}} = 2{,}17$ ‰ $= \varepsilon_{\text{sy,d}}$
$\varepsilon_{\text{s2}} = -2{,}9$ ‰ $> \varepsilon_{\text{sy,d}}$ (für $d_2 / d = 5 / 45 = 0{,}11$) | Streckgrenze wird in beiden Bewehrungslagen erreicht.

Bemessung: $\text{erf}\,A_{\text{s1}} = \dfrac{1}{\sigma_{\text{sd}}} \cdot \left(\dfrac{M_{\text{Eds,lim}}}{z} + \dfrac{\Delta M_{\text{Eds}}}{d - d_2} + N_{\text{Ed}} \right)$

$= \dfrac{1}{435} \cdot \left(\dfrac{0{,}2554}{0{,}74 \cdot 0{,}45} + \dfrac{0{,}0342}{0{,}45 - 0{,}05} - 0{,}113 \right) \cdot 10^4 = 17{,}0 \text{ cm}^2$

$\text{erf}\,A_{\text{s2}} = \dfrac{1}{\sigma_{\text{sd}}} \cdot \dfrac{\Delta M_{\text{Eds}}}{d - d_2} = \dfrac{1}{435} \cdot \dfrac{0{,}0342}{0{,}45 - 0{,}05} \cdot 10^4 = 2{,}0 \text{ cm}^2$

gew.: unten 6 Ø 20 (= 18,8 cm²)
oben 2 Ø 16 (= 4,02 cm²)

2Ø16
6Ø20

Anmerkung:

Eine Bemessung ohne Druckbewehrung ist zwar noch möglich, allerdings deutlich unwirtschaftlicher, da die Streckgrenze der Zugbewehrung nicht mehr erreicht wird; ohne Druckbewehrung ergäbe sich

$\mu_{\text{Eds}} = 0{,}421$: $\zeta = 0{,}68$

$\varepsilon_{\text{s1}} = 1{,}1$ ‰ $\rightarrow \sigma_{\text{sd}} = 0{,}0011 \cdot 200\,000 = 220$ MN/m² | Streckgrenze wird nicht erreicht

$A_{\text{s1}} = \dfrac{1}{220} \cdot \left(\dfrac{0{,}2896}{0{,}68 \cdot 0{,}45} - 0{,}113 \right) \cdot 10^4 = 37{,}9 \text{ cm}^2$

und damit deutlich mehr Bewehrung als bei einer Bemessung mit Druckbewehrung.

Beispiel 2 (Bemessung mit dem allg. Bemessungsdiagramm)

Querschnitt, Baustoffe, Bemessungsschnittgrößen wie Beispiel 1; es soll jedoch eine bezogene Druckzonenhöhe $\xi = x / d = 0{,}45$ eingehalten werden (EC 2-1-1, 5.5 für Durchlaufträger).

Bemessung (vgl. Tafel 6.2):

Eingangswert: $\mu_{Eds} = 0{,}421 > \mu_{Eds,lim} = 0{,}296 \rightarrow$ Druckbewehrung anordnen

Momenten-aufteilung: $M_{Eds,lim} = 0{,}296 \cdot 0{,}30 \cdot 0{,}45^2 \cdot (0{,}85 \cdot 20{,}0/1{,}50) = 0{,}2038$ MNm

$\Delta M_{Eds} = 0{,}2896 - 0{,}2038 = 0{,}0858$ MNm

Ablesung: $\zeta = 0{,}82$

(bei $\mu_{Eds,lim}$) $\varepsilon_{s1} = 4{,}3$ ‰ $> \varepsilon_{sy,d}$ | Streckgrenze in beiden Be-

$\varepsilon_{s2} = -2{,}7$ ‰ $> \varepsilon_{sy,d}$ (für $d_2 / d = 5 / 45 = 0{,}11$) | wehrungslagen wird erreicht

Bemessung:

$$\text{erf } A_{s1} = \frac{1}{435} \cdot \left(\frac{0{,}2038}{0{,}82 \cdot 0{,}45} + \frac{0{,}0858}{0{,}40} - 0{,}113 \right) \cdot 10^4 = 15{,}0 \text{ cm}^2$$

$$\text{erf } A_{s2} = \frac{1}{435} \cdot \frac{0{,}0858}{0{,}40} \cdot 10^4 = 4{,}9 \text{ cm}^2$$

gew.: unten 5 Ø 20 (= 15,7 cm^2)
oben 4 Ø 14 (= 6,2 cm^2)

Beispiel 3 (Bemessung mit μ_s-Tafeln)

Querschnitt, Baustoffe, Bemessungsschnittgrößen wie Beispiel 1.

Bemessungsschnittgrößen:

$M_{Ed} = 267$ kNm; $N_{Ed} = -113$ kN;

$M_{Eds} = M_{Ed} - N_{Ed} \cdot z_s = 267 + 113 \cdot 0{,}20 = 289{,}6$ kNm

Bemessung

Eingangswert: $\mu_{Eds} = 0{,}421 > \mu_{Eds,lim} = 0{,}371 \rightarrow$ Druckbewehrung anordnen
(wie Beispiel 1)
$d_2/d = 5/45 = 0{,}11$

Für $\xi_{lim} = 0{,}617$ ist Tafel 6.3c maßgebend.

Ablesung $\omega_1 = 0{,}556$; $\omega_2 = 0{,}056$

$\xi = 0{,}617$; $\varepsilon_{c2} / \varepsilon_{s1} = -3{,}50$ ‰ / 2,17 ‰ (gilt für die gesamte Tafel 6.3c)

Bemessung: $A_{s1} = (\omega_1 \cdot b \cdot d \cdot f_{cd} + N_{Ed}) / f_{yd}$

$= (0{,}556 \cdot 0{,}30 \cdot 0{,}45 \cdot 11{,}33 - 0{,}113) / 435 = 17{,}0 \cdot 10^{-4}\ m^2 = 17{,}0\ cm^2$

$A_{s2} = \omega_2 \cdot b \cdot d \cdot f_{cd} / f_{yd}$

$= 0{,}056 \cdot 0{,}30 \cdot 0{,}45 \cdot 11{,}33 / 435 = 1{,}6 \cdot 10^{-4}\ m^2 = 2{,}0\ cm^2$

gew.: unten 6 Ø 20 (= 18,8 cm^2)
oben 2 Ø 16 (= 4,02 cm^2)

Hinweis: Die Ergebnisse von Beispiel 1 und Beispiel 3 müssen identisch sein. Sofern kleinere Abweichungen vorhanden sind, resultieren sie aus Ablese- und Interpolationsungenauigkeiten.

Beispiel 4 (Bemessung mit μ_s-Tabellen)

Querschnitt, Baustoffe, Bemessungsschnittgrößen wie Beispiel 3, es soll jedoch eine bezogene Druckzonenhöhe $\xi = x / d = 0{,}45$ eingehalten werden.

Bemessungsschnittgrößen:

$M_{Ed} = 267$ kNm; $N_{Ed} = -113$ kN;

$M_{Eds} = M_{Ed} - N_{Ed} \cdot z_s = 267 + 113 \cdot 0{,}20 = 289{,}6$ kNm

Bemessung

Eingangswert: $\mu_{Eds} = 0{,}421 > \mu_{Eds,lim} = 0{,}296 \rightarrow$ Druckbewehrung anordnen (s. Bsp. 2)

$d_2/d = 5/45 = 0{,}11$

Für $\xi_{lim} = 0{,}45$ ist Tafel 6.3b maßgebend.

Ablesung. $\omega_1 = 0{,}504$; $\omega_2 = 0{,}140$

$\xi = 0{,}45$; $\varepsilon_{c2} / \varepsilon_{s1} = -3{,}50$ ‰ / 4,3 ‰ (gilt für die gesamte Tafel 6.3b)

Bemessung: $A_{s1} = (\omega_1 \cdot b \cdot d \cdot f_{cd} + N_{Ed}) / f_{yd}$

$= (0{,}504 \cdot 0{,}3 \cdot 0{,}45 \cdot 11{,}33 - 0{,}113) / 435 = 15{,}1 \cdot 10^{-4}\ \text{m}^2 = 15{,}1\ \text{cm}^2$

$A_{s2} = (\omega_2 \cdot b \cdot d \cdot f_{cd} / f_{yd}$

$= (0{,}140 \cdot 0{,}30 \cdot 0{,}45 \cdot 11{,}33 / 435 = 4{,}9 \cdot 10^{-4}\ \text{m}^2 = 4{,}9\ \text{cm}^2$

gew.: unten 5 Ø 20 (= 15,7 cm²)
oben 4 Ø 14 (= 6,2 cm²)

(s. a. Hinweis zu Bsp. 3)

Beispiel 5 (Bemessung mit k_d-Tafeln)

Querschnitt und Schnittgrößen wie Beispiel 1, es soll eine bezogene Druckzonenhöhe $\xi = x / d = 0{,}45$ eingehalten werden.

Bemessungsschnittgrößen (s. Beispiel 1):

$M_{Ed} = 267{,}0$ kNm; $N_{Ed} = -113$ kN

$M_{Eds} = 289{,}6$ kNm

Bemessung:

Eingangswert: $k_d = \dfrac{d}{\sqrt{M_{Eds}/b}} = \dfrac{45{,}0}{\sqrt{289{,}6/0{,}30}} = 1{,}45$

$k_d < k_{d,lim} = 1{,}73$ (Grenzwert für $\xi = 0{,}45$ und C 20/25; s. Tafel 6.4a)

$\rightarrow$ Druckbewehrung anordnen

Die Bemessung erfolgt mit Tafel 6.4b.

Ablesung: Für $d_2 / d = 5 / 50 = 0{,}11$ erhält man

$k_{s1} = 2{,}72$; $k_{s2} = 0{,}73$

$\rho_1 = 1{,}01$; $\rho_2 = 1{,}05$

Bemessung: $A_{s1} = \rho_1 \cdot k_{s1} \cdot M_{Eds} / d + N_{Ed} / 43{,}5$

$= 1{,}01 \cdot 2{,}72 \cdot 289{,}6 / 45 - 113 / 43{,}5 = 15{,}1\ \text{cm}^2$

$A_{s2} = \rho_2 \cdot k_{s2} \cdot M_{Eds} / d = 1{,}05 \cdot 0{,}73 \cdot 289{,}6 / 45 = 4{,}9\ \text{cm}^2$

Tafel 6.2 Allgemeines Bemessungsdiagramm für Rechteckquerschnitte; C12/15 bis C50/60 (aus [Schneider – 22])

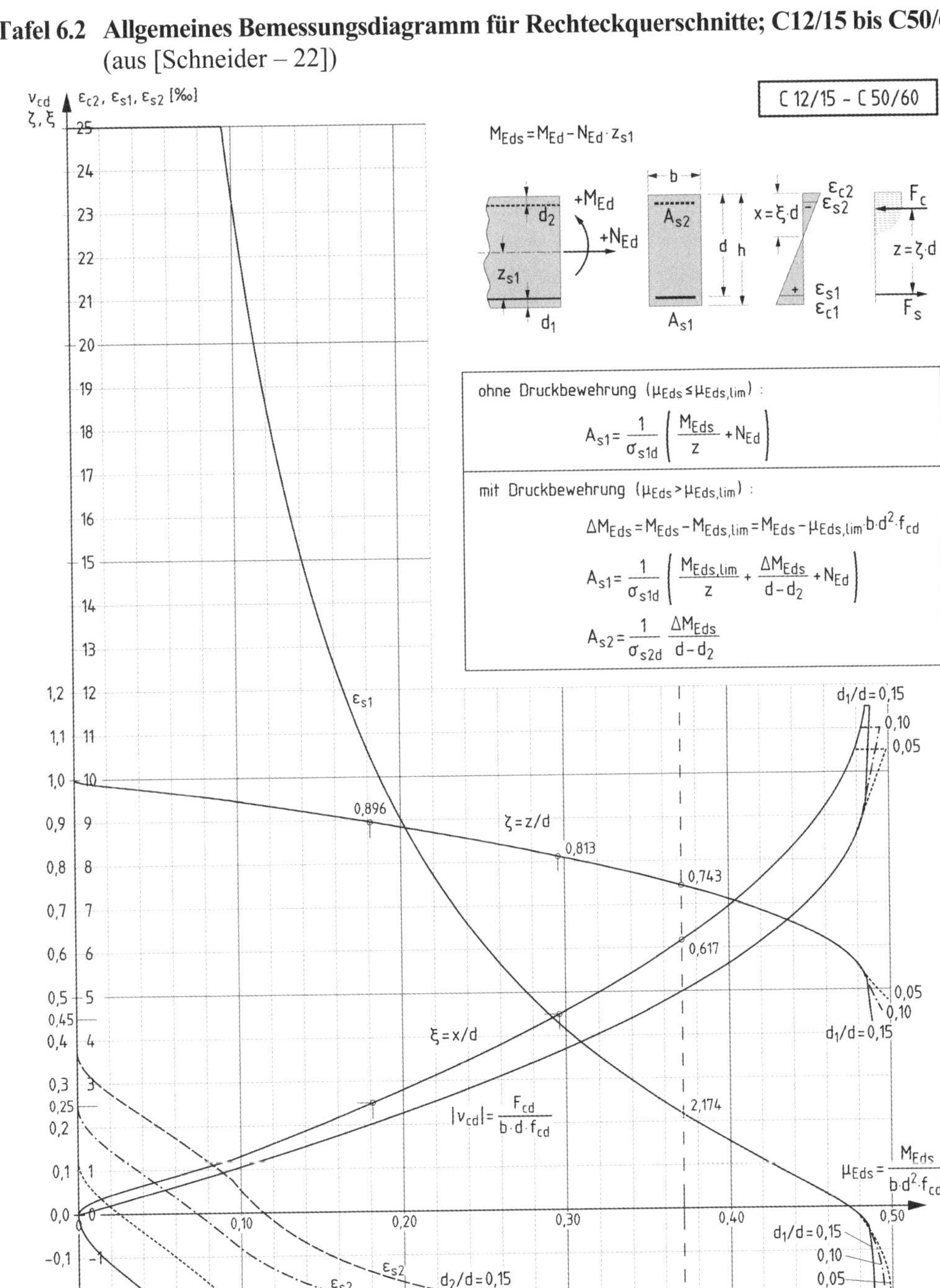

Tafel 6.3a Bemessungstafeln (μ_s-Tafeln) für Rechteckquerschnitte ohne Druckbewehrung; Beton C12/15 bis C50/60, Betonstahl B500 mit $\gamma_S = 1{,}15$

$$\mu_{Eds} = \frac{M_{Eds}}{b \cdot d^2 \cdot f_{cd}}$$

mit $M_{Eds} = M_{Ed} - N_{Ed} \cdot z_{s1}$

$f_{cd} = \alpha_{cc} \cdot f_{ck}/\gamma_C$ (i. Allg. gilt $\alpha_{cc} = 0{,}85$)

μ_{Eds}	ω	$\xi = \frac{x}{d}$	$\zeta = \frac{z}{d}$	ε_{c2} in ‰	ε_{s1} in ‰	σ_{sd} a) in MPa B500	σ_{sd}^{*} b) in MPa B500
0,01	0,0101	0,030	0,990	−0,77	25,00	435	457
0,02	0,0203	0,044	0,985	−1,15	25,00	435	457
0,03	0,0306	0,055	0,980	−1,46	25,00	435	457
0,04	0,0410	0,066	0,976	−1,76	25,00	435	457
0,05	0,0515	0,076	0,971	−2,06	25,00	435	457
0,06	0,0621	0,086	0,967	−2,37	25,00	435	457
0,07	0,0728	0,097	0,962	−2,68	25,00	435	457
0,08	0,0836	0,107	0,956	−3,01	25,00	435	457
0,09	0,0946	0,118	0,951	−3,35	25,00	435	457
0,10	0,1057	0,131	0,946	−3,50	23,29	435	455
0,11	0,1170	0,145	0,940	−3,50	20,71	435	452
0,12	0,1285	0,159	0,934	−3,50	18,55	435	450
0,13	0,1401	0,173	0,928	−3,50	16,73	435	449
0,14	0,1518	0,188	0,922	−3,50	15,16	435	447
0,15	0,1638	0,202	0,916	−3,50	13,80	435	446
0,16	0,1759	0,217	0,910	−3,50	12,61	435	445
0,17	0,1882	0,232	0,903	−3,50	11,56	435	444
0,18	0,2007	0,248	0,897	−3,50	10,62	435	443
0,19	0,2134	0,264	0,890	−3,50	9,78	435	442
0,20	0,2263	0,280	0,884	−3,50	9,02	435	441
0,21	0,2395	0,296	0,877	−3,50	8,33	435	441
0,22	0,2528	0,312	0,870	−3,50	7,71	435	440
0,23	0,2665	0,329	0,863	−3,50	7,13	435	440
0,24	0,2804	0,346	0,856	−3,50	6,60	435	439
0,25	0,2946	0,364	0,849	−3,50	6,12	435	439
0,26	0,3091	0,382	0,841	−3,50	5,67	435	438
0,27	0,3239	0,400	0,834	−3,50	5,25	435	438
0,28	0,3391	0,419	0,826	−3,50	4,86	435	437
0,29	0,3546	0,438	0,818	−3,50	4,49	435	437
0,30	0,3706	0,458	0,810	−3,50	4,15	435	437
0,31	0,3869	0,478	0,801	−3,50	3,82	435	436
0,32	0,4038	0,499	0,793	−3,50	3,52	435	436
0,33	0,4211	0,520	0,784	−3,50	3,23	435	436
0,34	0,4391	0,542	0,774	−3,50	2,95	435	436
0,35	0,4576	0,565	0,765	−3,50	2,69	435	435
0,36	0,4768	0,589	0,755	−3,50	2,44	435	435
0,37	0,4968	0,614	0,745	−3,50	2,20	435	435
0,38	0,5177	0,640	0,734	−3,50	1,97	395	395
0,39	0,5396	0,667	0,723	−3,50	1,75	350	350
0,40	0,5627	0,695	0,711	−3,50	1,54	307	307

unwirtschaftlicher Bereich

a) Begrenzung der Stahlspannung auf $f_{yd} = f_{yk} / \gamma_S$ (horizontaler Ast der σ-ε-Linie)

b) Begrenzung der Stahlspannung auf $f_{td,cal} = f_{tk,cal} / \gamma_S$ (geneigter Ast der σ-ε-Linie)

$$A_{s1} = \frac{1}{\sigma_{sd}} (\omega \cdot b \cdot d \cdot f_{cd} + N_{Ed})$$

Tafel 6.3b Bemessungstafeln (μ_s-Tafeln) für Rechteckquerschnitte mit Druckbewehrung; Beton C12/15 bis C50/60, Betonstahl B500 mit $\gamma_S = 1{,}15$

$$\mu_{Eds} = \frac{M_{Eds}}{b \cdot d^2 \cdot f_{cd}} \qquad \text{mit } M_{Eds} = M_{Ed} - N_{Ed} \cdot z_{s1}$$

$$f_{cd} = \alpha_{cc} \cdot f_{ck}/\gamma_C \qquad \text{(i. Allg. gilt } \alpha_{cc} = 0{,}85\text{)}$$

$\xi = \mathbf{0{,}45}$ ($\varepsilon_{s1} = 4{,}3$ ‰, $\varepsilon_{c2} = -3{,}5$ ‰)

d_2/d	0,05		0,10		0,15		0,20	
$\varepsilon_{s1}/\varepsilon_{s2}$	4,28 ‰	−3,11 ‰	4,28 ‰	−2,72 ‰	4,28 ‰	−2,33 ‰	4,28 ‰	−1,94 ‰
μ_{Eds}	ω_1	ω_2	ω_1	ω_2	ω_1	ω_2	ω_1	ω_2
0,30	0,368	0,004	0,369	0,004	0,369	0,005	0,369	0,005
0,31	0,379	0,015	0,380	0,015	0,381	0,016	0,382	0,019
0,32	0,389	0,025	0,391	0,027	0,392	0,028	0,394	0,033
0,33	0,400	0,036	0,402	0,038	0,404	0,040	0,407	0,047
0,34	0,410	0,046	0,413	0,049	0,416	0,052	0,419	0,061
0,35	0,421	0,057	0,424	0,060	0,428	0,063	0,432	0,075
0,36	0,432	0,067	0,435	0,071	0,439	0,075	0,444	0,089
0,37	0,442	0,078	0,446	0,082	0,451	0,087	0,457	0,103
0,38	0,453	0,088	0,458	0,093	0,463	0,099	0,469	0,117
0,39	0,463	0,099	0,469	0,104	0,475	0,110	0,482	0,131
0,40	0,474	0,109	0,480	0,115	0,487	0,122	0,494	0,145
0,41	0,484	0,120	0,491	0,127	0,498	0,134	0,507	0,159
0,42	0,495	0,130	0,502	0,138	0,510	0,146	0,519	0,173
0,43	0,505	0,141	0,513	0,149	0,522	0,158	0,532	0,187
0,44	0,516	0,151	0,524	0,160	0,534	0,169	0,544	0,201
0,45	0,526	0,162	0,535	0,171	0,545	0,181	0,557	0,215
0,46	0,537	0,173	0,546	0,182	0,557	0,193	0,569	0,229
0,47	0,547	0,183	0,558	0,193	0,569	0,205	0,582	0,243
0,48	0,558	0,194	0,569	0,204	0,581	0,216	0,594	0,257
0,49	0,568	0,204	0,580	0,215	0,592	0,228	0,607	0,271
0,50	0,579	0,215	0,591	0,227	0,604	0,240	0,619	0,285
0,51	0,589	0,225	0,602	0,238	0,616	0,252	0,632	0,299
0,52	0,600	0,236	0,613	0,249	0,628	0,263	0,644	0,313
0,53	0,610	0,246	0,624	0,260	0,639	0,275	0,657	0,327
0,54	0,621	0,257	0,635	0,271	0,651	0,287	0,669	0,341
0,55	0,632	0,267	0,646	0,282	0,663	0,299	0,682	0,355
0,56	0,642	0,278	0,658	0,293	0,675	0,310	0,694	0,369
0,57	0,653	0,288	0,669	0,304	0,687	0,322	0,707	0,383
0,58	0,663	0,299	0,680	0,315	0,698	0,334	0,719	0,397
0,59	0,674	0,309	0,691	0,327	0,710	0,346	0,732	0,411
0,60	0,684	0,320	0,702	0,338	0,722	0,358	0,744	0,425

$$A_{s1} = \frac{1}{f_{yd}} (\omega_1 \cdot b \cdot d \cdot f_{cd} + N_{Ed})$$

$$A_{s2} = \omega_2 \cdot b \cdot d \cdot \frac{f_{cd}}{f_{yd}}$$

Tafel 6.3c Bemessungstafeln (μ_s-Tafeln) für Rechteckquerschnitte mit Druckbewehrung; Beton C12/15 bis C50/60, Betonstahl B500 mit $\gamma_S = 1{,}15$

$$\mu_{Eds} = \frac{M_{Eds}}{b \cdot d^2 \cdot f_{cd}}$$

mit $M_{Eds} = M_{Ed} - N_{Ed} \cdot z_{s1}$

$f_{cd} = \alpha_{cc} \cdot f_{ck}/\gamma_C$ (i. Allg. gilt $\alpha_{cc} = 0{,}85$)

$\xi = \mathbf{0{,}617}$ ($\varepsilon_{s1} = 2{,}17$ ‰, $\varepsilon_{c2} = -3{,}5$ ‰)

d_2/d	0,05		0,10		0,15		0,20	
$\varepsilon_{s1}/\varepsilon_{s2}$	2,17 ‰	−3,22 ‰	2,17 ‰	−2,93 ‰	2,17 ‰	−2,65 ‰	2,17 ‰	−2,37 ‰
μ_{Eds}	ω_1	ω_2	ω_1	ω_2	ω_1	ω_2	ω_1	ω_2
0,38	0,509	0,009	0,509	0,010	0,510	0,010	0,510	0,011
0,39	0,519	0,020	0,520	0,021	0,521	0,022	0,523	0,023
0,40	0,530	0,030	0,531	0,032	0,533	0,034	0,535	0,036
0,41	0,540	0,041	0,542	0,043	0,545	0,046	0,548	0,048
0,42	0,551	0,051	0,554	0,054	0,557	0,057	0,560	0,061
0,43	0,561	0,062	0,565	0,065	0,569	0,069	0,573	0,073
0,44	0,572	0,072	0,576	0,076	0,580	0,081	0,585	0,086
0,45	0,582	0,083	0,587	0,088	0,592	0,093	0,598	0,098
0,46	0,593	0,093	0,598	0,099	0,604	0,104	0,610	0,111
0,47	0,603	0,104	0,609	0,110	0,616	0,116	0,623	0,123
0,48	0,614	0,114	0,620	0,121	0,627	0,128	0,635	0,136
0,49	0,624	0,125	0,631	0,132	0,639	0,140	0,648	0,148
0,50	0,635	0,136	0,642	0,143	0,651	0,151	0,660	0,161
0,51	0,645	0,146	0,654	0,154	0,663	0,163	0,673	0,173
0,52	0,656	0,157	0,665	0,165	0,674	0,175	0,685	0,186
0,53	0,666	0,167	0,676	0,176	0,686	0,187	0,698	0,198
0,54	0,677	0,178	0,687	0,188	0,698	0,199	0,710	0,211
0,55	0,688	0,188	0,698	0,199	0,710	0,210	0,723	0,223
0,56	0,698	0,199	0,709	0,210	0,721	0,222	0,735	0,236
0,57	0,709	0,209	0,720	0,221	0,733	0,234	0,748	0,248
0,58	0,719	0,220	0,731	0,232	0,745	0,246	0,760	0,261
0,59	0,730	0,230	0,742	0,243	0,757	0,257	0,773	0,273
0,60	0,740	0,241	0,754	0,254	0,769	0,269	0,785	0,286

$$A_{s1} = \frac{1}{f_{yd}} (\omega_1 \cdot b \cdot d \cdot f_{cd} + N_{Ed})$$

$$A_{s2} = \omega_2 \cdot b \cdot d \cdot \frac{f_{cd}}{f_{yd}}$$

Tafel 6.4a Dimensionsgebundene Bemessungstafel (k_d-Tafeln) für den Rechteckquerschnitt ohne Druckbewehrung; C12/15 bis C50/60, B500 mit $\gamma_S = 1{,}15$

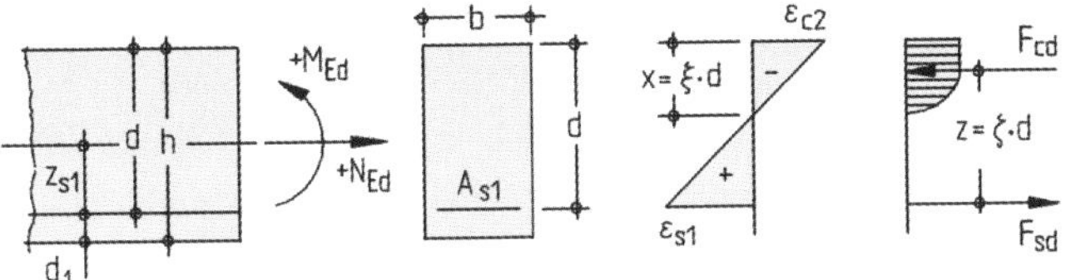

$$k_d = \frac{d\,[\text{cm}]}{\sqrt{M_{Eds}\,[\text{kNm}]\,/\,b\,[\text{m}]}} \qquad \text{mit} \quad M_{Eds} = M_{Ed} - N_{Ed} \cdot z_{s1}$$

k_d für Betonfestigkeitsklasse C									k_s	ξ	ζ	ε_{c2}	ε_{s1}
12/15	16/20	20/25	25/30	30/37	35/45	40/50	45/55	50/60				in ‰	in ‰
14,34	12,41	11,10	9,93	9,07	8,39	7,85	7,40	7,02	2,32	0,025	0,991	-0,64	25,00
7,90	6,84	6,12	5,47	5,00	4,63	4,33	4,08	3,87	2,34	0,048	0,983	-1,26	25,00
5,87	5,08	4,54	4,06	3,71	3,44	3,21	3,03	2,87	2,36	0,069	0,975	-1,84	25,00
4,94	4,27	3,82	3,42	3,12	2,89	2,70	2,55	2,42	2,38	0,087	0,966	-2,38	25,00
4,38	3,80	3,40	3,04	2,77	2,57	2,40	2,27	2,15	2,40	0,104	0,958	-2,89	25,00
4,01	3,47	3,10	2,78	2,53	2,35	2,20	2,07	1,96	2,42	0,120	0,950	-3,40	25,00
3,63	3,14	2,81	2,51	2,29	2,12	1,99	1,87	1,78	2,45	0,147	0,939	-3,50	20,29
3,35	2,90	2,60	2,32	2,12	1,96	1,84	1,73	1,64	2,48	0,174	0,927	-3,50	16,56
3,14	2,72	2,43	2,18	1,99	1,84	1,72	1,62	1,54	2,51	0,201	0,916	-3,50	13,90
2,97	2,57	2,30	2,06	1,88	1,74	1,63	1,53	1,46	2,54	0,227	0,906	-3,50	11,91
2,85	2,47	2,21	1,97	1,80	1,67	1,56	1,47	1,40	2,57	0,250	0,896	-3,50	10,52
2,72	2,36	2,11	1,89	1,72	1,59	1,49	1,41	1,33	2,60	0,277	0,885	-3,50	9,12
2,62	2,27	2,03	1,82	1,66	1,54	1,44	1,36	1,29	2,63	0,302	0,875	-3,50	8,10
2,54	2,20	1,97	1,76	1,61	1,49	1,39	1,31	1,24	2,66	0,325	0,865	-3,50	7,26
2,47	2,14	1,91	1,71	1,56	1,44	1,35	1,27	1,21	2,69	0,350	0,854	-3,50	6,50
2,41	2,08	1,86	1,67	1,52	1,41	1,32	1,24	1,18	2,72	0,371	0,846	-3,50	5,93
2,35	2,03	1,82	1,63	1,49	1,38	1,29	1,21	1,15	2,75	0,393	0,836	-3,50	5,40
2,28	1,98	1,77	1,58	1,44	1,34	1,25	1,18	1,12	2,79	0,422	0,824	-3,50	4,79
2,23	1,93	1,73	1,54	1,41	1,30	1,22	1,15	1,09	2,83	0,450	0,813	-3,50	4,27
2,18	1,89	1,69	1,51	1,38	1,28	1,19	1,13	1,07	2,87	0,477	0,801	-3,50	3,83
2,14	1,85	1,65	1,48	1,35	1,25	1,17	1,10	1,05	2,91	0,504	0,790	-3,50	3,44
2,10	1,82	1,62	1,45	1,33	1,23	1,15	1,08	1,03	2,95	0,530	0,780	-3,50	3,11
2,06	1,79	1,60	1,43	1,30	1,21	1,13	1,07	1,01	2,99	0,555	0,769	-3,50	2,81
2,03	1,75	1,57	1,40	1,28	1,19	1,11	1,05	0,99	3,04	0,585	0,757	-3,50	2,48
1,99	1,72	1,54	1,38	1,26	1,17	1,09	1,03	0,98	3,09	0,617	0,743	-3,50	2,17

$$A_s\,[\text{cm}^2] = k_s \cdot \frac{M_{Eds}\,[\text{kNm}]}{d\,[\text{cm}]} + \frac{N_{Ed}\,[\text{kN}]}{43{,}5}$$

Tafel 6.4b Dimensionsgebundene Bemessungstafel (k_d-Tafeln) für den Rechteckquerschnitt mit Druckbewehrung; C12/15 bis C50/60, B500 mit $\gamma_S = 1{,}15$

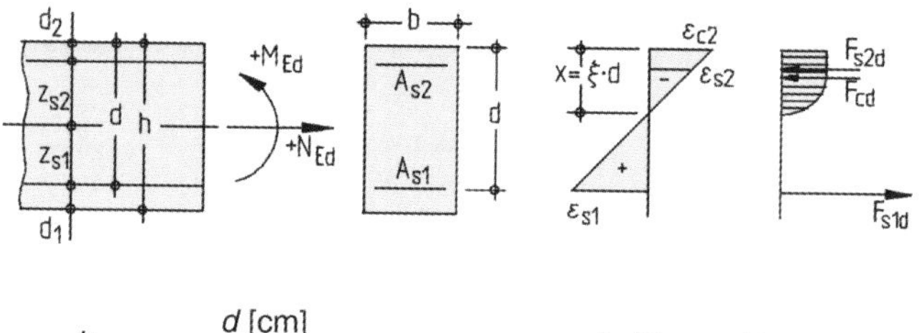

$$k_d = \frac{d\,[\text{cm}]}{\sqrt{M_{Eds}\,[\text{kNm}]\,/\,b\,[\text{m}]}} \qquad \text{mit } M_{Eds} = M_{Ed} - N_{Ed} \cdot z_{s1}$$

Beiwerte k_{s1} und k_{s2}

$\xi = 0{,}45$										$\xi = 0{,}617$										$\xi = \begin{cases}0{,}450\\0{,}617\end{cases}$
k_d für f_{ck}									k_{s1}	k_d für f_{ck}									k_{s1}	k_{s2}
12	16	20	25	30	35	40	45	50		12	16	20	25	30	35	40	45	50		
2,23	1,93	1,73	1,54	1,41	1,30	1,22	1,15	1,09	2,83	1,99	1,72	1,54	1,38	1,26	1,17	1,09	1,03	0,98	3,09	0
2,18	1,89	1,69	1,51	1,38	1,28	1,19	1,13	1,07	2,81	1,95	1,69	1,51	1,35	1,23	1,14	1,07	1,01	0,96	3,07	0,10
2,14	1,85	1,65	1,48	1,35	1,25	1,17	1,10	1,05	2,80	1,91	1,65	1,48	1,32	1,21	1,12	1,05	0,99	0,93	3,04	0,20
2,09	1,81	1,62	1,45	1,32	1,22	1,14	1,07	1,02	2,78	1,87	1,62	1,45	1,29	1,18	1,09	1,02	0,96	0,91	3,01	0,30
2,04	1,77	1,58	1,41	1,29	1,19	1,11	1,05	1,00	2,77	1,82	1,58	1,41	1,26	1,15	1,07	1,00	0,94	0,89	2,99	0,40
1,99	1,72	1,54	1,38	1,26	1,17	1,09	1,03	0,98	2,75	1,78	1,54	1,38	1,23	1,12	1,04	0,97	0,92	0,87	2,96	0,50
1,94	1,68	1,50	1,34	1,23	1,14	1,07	1,01	0,96	2,74	1,73	1,50	1,34	1,20	1,09	1,01	0,95	0,89	0,85	2,94	0,60
1,88	1,63	1,46	1,31	1,19	1,10	1,03	0,97	0,92	2,72	1,68	1,46	1,30	1,17	1,06	0,99	0,92	0,87	0,83	2,91	0,70
1,83	1,58	1,42	1,27	1,16	1,07	1,00	0,94	0,89	2,70	1,63	1,42	1,26	1,13	1,03	0,96	0,90	0,85	0,80	2,88	0,80
1,77	1,53	1,37	1,23	1,12	1,04	0,97	0,92	0,87	2,69	1,58	1,37	1,23	1,10	1,00	0,93	0,87	0,82	0,78	2,86	0,90
1,71	1,48	1,33	1,19	1,09	1,00	0,94	0,88	0,84	2,67	1,53	1,33	1,19	1,06	0,97	0,90	0,84	0,79	0,75	2,83	1,00
1,65	1,43	1,28	1,15	1,05	0,97	0,91	0,85	0,81	2,66	1,48	1,28	1,14	1,02	0,93	0,86	0,81	0,76	0,72	2,80	1,10
1,59	1,38	1,23	1,10	1,01	0,93	0,87	0,82	0,78	2,64	1,42	1,23	1,10	0,98	0,90	0,83	0,78	0,73	0,70	2,78	1,20
1,53	1,32	1,18	1,06	0,96	0,89	0,84	0,79	0,75	2,63	1,36	1,18	1,06	0,94	0,86	0,80	0,75	0,70	0,67	2,75	1,30
1,46	1,26	1,13	1,01	0,92	0,85	0,80	0,75	0,71	2,61	1,30	1,13	1,01	0,90	0,82	0,76	0,71	0,67	0,64	2,72	1,40

Beiwerte ρ_1 und ρ_2

d_2/d	$\xi = 0{,}45$					$\xi = 0{,}617$				
	ρ_1 für k_{s1} =				ρ_2	ρ_1 für k_{s1} =				ρ_2
	2,83	2,74	2,68	2,61		3,09	2,97	2,85	2,72	
0,06	1,00	1,00	1,00	1,00	1,00	1,00	1,00	1,00	1,00	1,00
0,08	1,00	1,00	1,00	1,01	1,02	1,00	1,00	1,01	1,01	1,02
0,10	1,00	1,01	1,01	1,02	1,04	1,00	1,01	1,01	1,02	1,04
0,12	1,00	1,01	1,02	1,04	1,07	1,00	1,01	1,02	1,04	1,07
0,14	1,00	1,02	1,03	1,05	1,09	1,00	1,01	1,03	1,05	1,09
0,16	1,00	1,02	1,04	1,06	1,12	1,00	1,02	1,04	1,06	1,12
0,18	1,00	1,03	1,05	1,08	1,19	1,00	1,02	1,05	1,08	1,15
0,20	1,00	1,04	1,06	1,09	1,31	1,00	1,03	1,06	1,09	1,18
0,22	1,00	1,04	1,07	1,11	1,46	1,00	1,03	1,06	1,11	1,21
0,24	1,00	1,05	1,09	1,13	1,65	1,00	1,04	1,07	1,12	1,26

$$A_{s1}\,[\text{cm}^2] = \rho_1 \cdot k_{s1} \cdot \frac{M_{Eds}\,[\text{kNm}]}{d\,[\text{cm}]} + \frac{N_{Ed}\;[\text{kN}]}{43{,}5} \qquad A_{s2}\,[\text{cm}^2] = \rho_2 \cdot k_{s2} \cdot \frac{M_{Eds}\,[\text{kNm}]}{d\,[\text{cm}]}$$

6.1.3.3 Biegung (mit Längskraft) bei Plattenbalken

Bei Plattenbalken ist i. Allg. zunächst die *mitwirkende Breite* b_{eff} zu bestimmen; sie ist definiert durch diejenige Flanschbreite, bei der man für eine konstante Betonrandspannung die gleiche resultierende Betondruckkraft erhält wie bei Ansatz der tatsächlichen, gekrümmt verlaufenden Spannung. Die konstante Spannung wird dabei so gewählt, dass sie der tatsächlichen maximalen Betonrandspannung entspricht (s. Abb. 6.8).

Die Ermittlung der mitwirkenden Plattenbreite b_{eff} erfolgt nach EC 2-1-1 und kann gemäß [DAfStb-H.630 – 18] für übliche Fälle wie folgt abgeschätzt werden

$$b_{eff} = b_w + \Sigma b_{eff,i} \tag{6.19}$$

mit $b_{eff,i} = 0{,}2 \cdot b_i + 0{,}1 \cdot l_0 \leq 0{,}2 \cdot l_0 \leq b_i$

Der Abstand der Momentennullpunkte bzw. die wirksame Stützweite l_0 darf, wie in Abb. 6.9 angegeben, angenommen werden, falls etwa gleiche Steifigkeitsverhältnisse vorliegen (z. B. Verhältnis $l_2 / l_1 \leq 1{,}5$ und $l_3 / l_2 \leq 0{,}5$ bei konstantem Querschnitt).

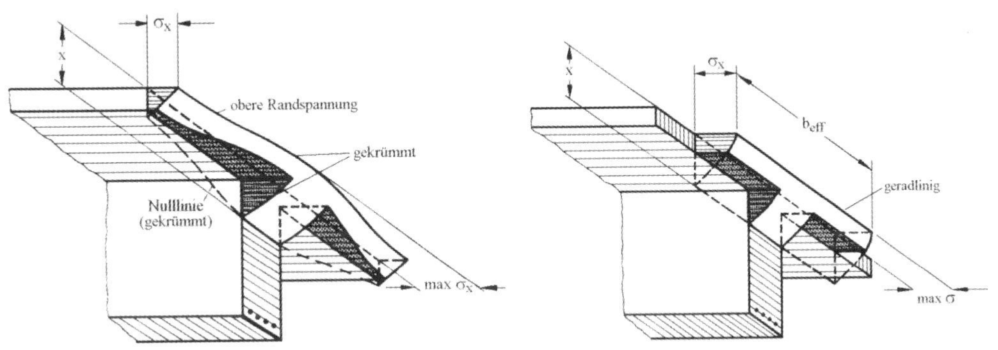

Tatsächlicher Spannungsverlauf | Idealisierter Spannungsverlauf

Abb. 6.8a Definition der mitwirkenden Plattenbreite

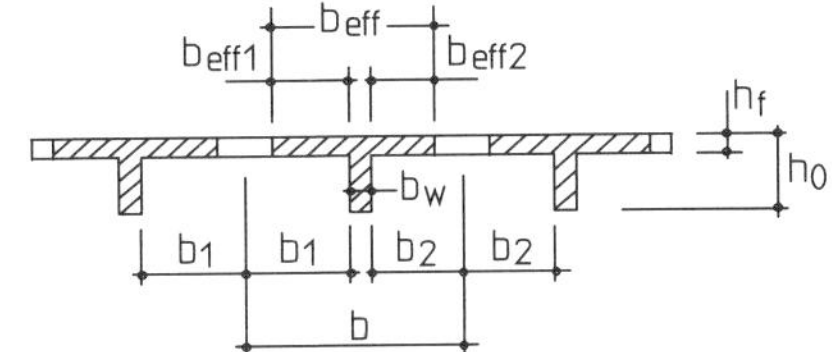

Abb. 6.8b Bezeichnungen im Querschnitt

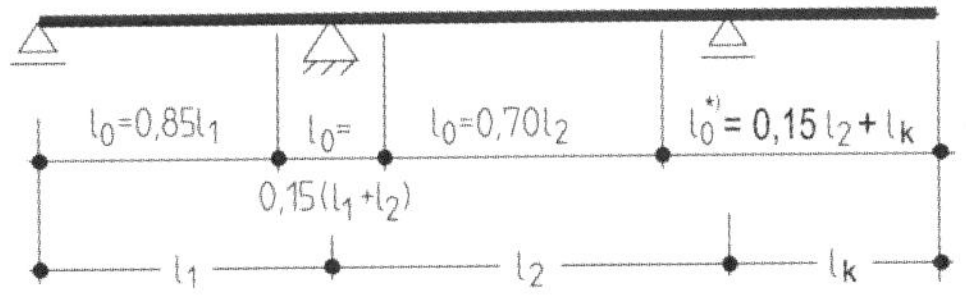

Abb. 6.9 Näherungsweise Ermittlung der wirksamen Stützweite l_0

*) an der Einspannstelle ist der Wert um 40 % abzumindern

Biegebemessung von Plattenbalken

Nachfolgende Ausführungen gelten für den Fall, dass die Platte sich in der Druckzone befindet. Für den Fall, dass die Platte als Zuggurt wirkt (z. B. bei durchlaufenden Plattenbalken mit obenliegender Platte an den Zwischenunterstützungen) und die Druckzone durch den Steg gebildet wird, liegt üblicherweise eine rechteckige Druckzone mit der Druckzonenbreite $b = b_w$ vor. Hierfür gelten die Ausführungen nach Abschnitt 6.1.3.1 bzw. 6.1.3.2.

Für die Biegebemessung sind je nach Lage der Dehnungs-Nulllinie bzw. nach Form der Druckzone zwei Fälle zu unterscheiden (s. Abb. 6.10):

- Die Dehnungs-Nulllinie liegt in der Platte.
- Die Dehnungs-Nulllinie liegt im Steg.

Wenn die Nulllinie in der Platte liegt, liegt ein Querschnitt mit rechteckiger Druckzone vor, so dass die Bemessungsverfahren für Rechteckquerschnitte anwendbar sind. Die Druckzonenbreite ist $b = b_{\text{eff}}$. Die Überprüfung der Nulllinienlage erfolgt im Rahmen der Bemessung; es muss $x = \xi \cdot d \leq h_f$ gelten.

Liegt jedoch die Nulllinie im Steg, ist eine Bemessung mit Tafeln für Plattenbalken (z. B. mit Tafel 6.5; aus [Schneider – 22]) erforderlich. Hierbei muss die Zusatzbedingung von EC 2-1-1 beachtet werden, dass die Dehnung in der Plattenmitte auf ε_{c2} – für normalfesten Normalbeton also auf –2 ‰ – zu begrenzen ist. Die Tragfähigkeit des Gesamtquerschnitts braucht jedoch nicht kleiner angesetzt zu werden als diejenige des Stegs mit der Höhe h und einer Dehnungsverteilung gemäß Abb. 6.1.

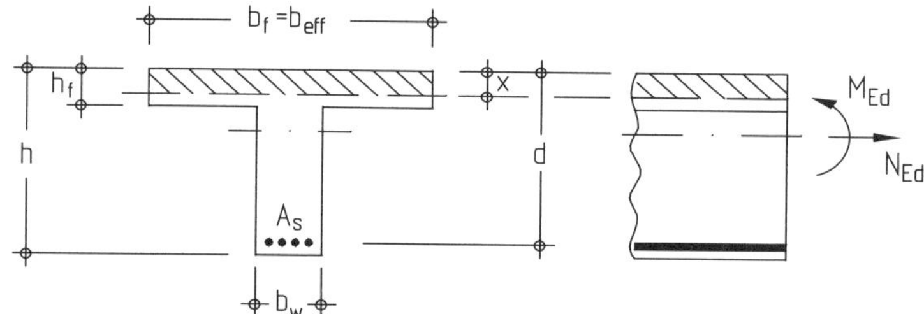

Dehnungs-Nulllinie in der Platte

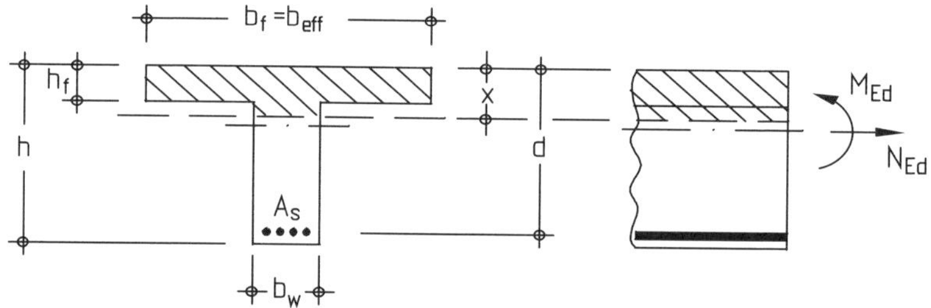

Dehnungs-Nulllinie im Steg

Abb. 6.10 Mögliche Lage der Dehnungs-Nulllinie

Beispiel 1

Plattenbalken mit einer Beanspruchung durch ein Bemessungsmoment M_{Ed} = 1000 kNm (inkl. Sicherheitsbeiwerte); die mitwirkende Plattenbreite b_{eff} beträgt 1,50 m.

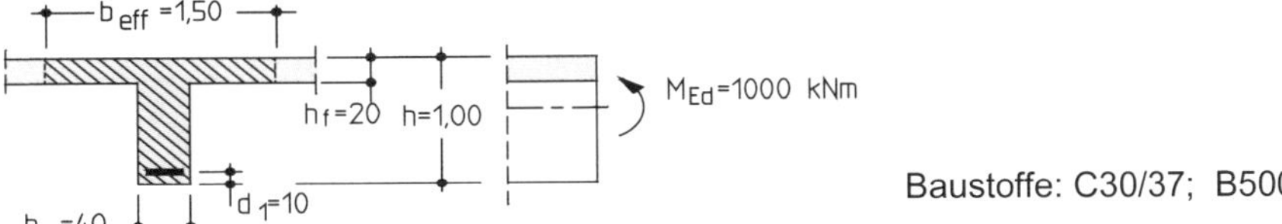

Baustoffe: C30/37; B500

Bemessung

$M_{Eds} = M_{Ed} = 1000$ kNm (wegen $N_{Ed} = 0$)

$$\mu_{Eds} = \frac{M_{Eds}}{b \cdot d^2 \cdot f_{cd}} = \frac{1,000}{1,50 \cdot 0,90^2 \cdot (0,85 \cdot 30 / 1,5)} = 0,048$$

$\rightarrow$ $\xi = 0,074$ (s. Tafel 6.3a)

$x = \xi \cdot d = 0,074 \cdot 90 = 6,7 \text{ cm} < h_f = 20 \text{ cm}$

Die Dehnungs-Nulllinie liegt somit in der Platte; die Bemessung kann dann als „Rechteckquerschnitt“ erfolgen, da für die Biegebemessung nur die Form der Druckzone – hier Rechteck mit einer Breite b_{eff} = 1,50 m – von Bedeutung ist.

$\rightarrow$ $\omega = 0,0494$ (s. Tafel 6.3a)

$\sigma_{sd} = 457$ MN/m² (ansteigender Ast der σ-ε-Linie)

erf $A_s = \omega \cdot b \cdot d \cdot f_{cd} / \sigma_{sd}$

$= 0,0494 \cdot 1,50 \cdot 0,90 \cdot 17,0/457$

$= 24,8 \cdot 10^{-4}$ m² $= 24,8$ cm²

gew.: 8 ∅ 20 (= 25,1 cm²); 1-lagige Anordnung (s. Buchbeilage)

Beispiel 2

Plattenbalken mit M_{Ed} = 1000 kNm (wie Bsp. 1); es gilt jedoch der skizzierte Querschnitt.

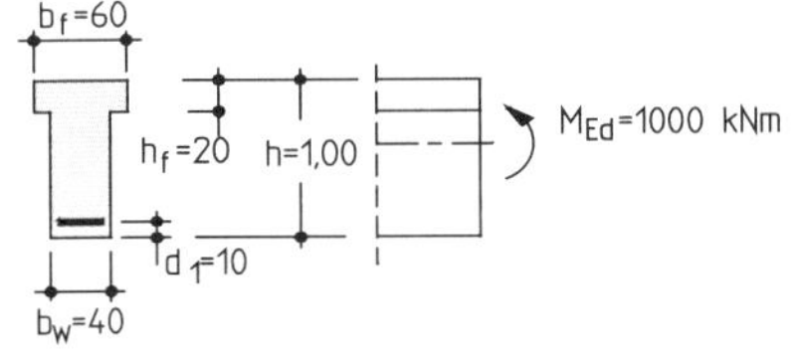

Baustoffe: C16/20; B500

Bemessung

$$\mu_{Eds} = \frac{M_{Eds}}{b \cdot d^2 \cdot f_{cd}} = \frac{1,000}{0,60 \cdot 0,90^2 \cdot (0,85 \cdot 16 / 1,5)} = 0,227$$

$\rightarrow$ $\xi = 0,324$ (s. Tafel 6.3a)

$x = \xi \cdot d = 0,324 \cdot 90 = 29,2 \text{ cm} > h_f = 20 \text{ cm}$ [14)]

Die Dehnungs-Nulllinie liegt im Steg; eine Bemessung als „Rechteck“ ist nicht zulässig. Die Bemessung erfolgt daher mit Plattenbalken-Tafeln (s. Tafel 6.5).

14) Die ermittelte Druckzonenhöhe dient nur als Kontrollwert; der tatsächliche Wert weicht bei $x > h_f$ hiervon ab.

Weitere Tafeleingangswerte

$h_f / d \;= 20/90 = 0{,}22$

$b_f / b_w = 60/40 = 1{,}50$ $\quad \rightarrow \omega = 0{,}264$ (interpoliert; s. Tafel 6.5)

erf $A_s = \omega \cdot b \cdot d \cdot f_{cd} / f_{yd}$

$= 0{,}264 \cdot 0{,}60 \cdot 0{,}90 \cdot 9{,}07 / 435 = 29{,}7 \cdot 10^{-4}\ \text{m}^2 = 29{,}7\ \text{cm}^2$

gew.: 10 ∅ 20 (= 31,4 cm²); Anordnung: 8 ∅ 20 in 1. Lage
2 ∅ 20 in 2. Lage

Beispiel 3

Zweistegiger Plattenbalken mit Belastung g_k und q_k (g_k beinhaltet den Steganteil als „verschmierte“ Flächenlast). Gesucht ist die Biegebemessung für den Lastfall „Volllast“.

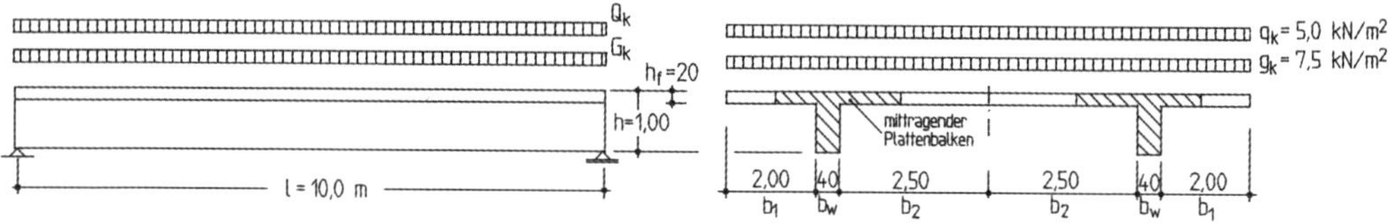

Bemessungsmoment

(Wegen Symmetrie wird die Berechnung auf eine Querschnittshälfte beschränkt.)

Belastung: $G_k = 7{,}5 \cdot (2{,}00 + 0{,}40 + 2{,}50) = 36{,}8$ kN/m

$Q_k = 5{,}0 \cdot (2{,}00 + 0{,}40 + 2{,}50) = 24{,}5$ kN/m

Moment: $M_{Ed,max} = 0{,}125 \cdot (\gamma_G \cdot G_k + \gamma_Q \cdot Q_k) \cdot l^2$

$= 0{,}125 \cdot (1{,}35 \cdot 36{,}8 + 1{,}50 \cdot 24{,}5) \cdot 10{,}0^2 = 1080$ kNm

Biegebemessung

– Mitwirkende Breite b_{eff}

$b_{eff} = b_w + b_{eff1} + b_{eff2}$ $\qquad b_{eff1} = 0{,}2 \cdot b_1 + 0{,}1 \cdot l_0 = 0{,}2 \cdot 2{,}00 + 0{,}1 \cdot 10{,}0 = 1{,}40\ \text{m} < b_1$

$b_{eff2} = 0{,}2 \cdot b_2 + 0{,}1 \cdot l_0 = 0{,}2 \cdot 2{,}50 + 0{,}1 \cdot 10{,}0 = 1{,}50\ \text{m} < b_2$

($l_0 = l = 10{,}0$ m; Einfeldträger)

$b_{eff} = b_w + b_{eff1} + b_{eff2} = 0{,}40 + 1{,}40 + 1{,}50 = 3{,}30$ m

– Bemessung (für eine Nutzhöhe $d = 90$ cm)

$M_{Eds} = M_{Ed}$ (wegen $N_{Ed} = 0$)

$$k_d = \frac{d}{\sqrt{M_{Eds}/b}} = \frac{90}{\sqrt{1080/3{,}30}} = 4{,}97$$

$\rightarrow \quad \xi = 0{,}07$ (s. Tafel 6.4a)

$x = \xi \cdot d = 0{,}07 \cdot 90 = 6{,}3\ \text{cm} < h_f = 20$ cm

Dehnungs-Nulllinie in der Platte, Bemessung als „Rechteckquerschnitt“

$\rightarrow \quad k_s = 2{,}36$ (Tafel 6.4a; wie vorher)

erf $A_s = k_s \cdot M_{Eds} / d = 2{,}36 \cdot 1\,080 / 90 = 28{,}3\ \text{cm}^2$ (für $N_{Ed} = 0$)

gew.: 9 ∅ 20 (= 28,3 cm²); Anordnung: 7 ∅ 20 in 1. Lage, 2 ∅ 20 in 2. Lage.
(Bewehrung je Steg! Es sind also im Gesamtquerschnitt 18 ∅ 20 anzuordnen.)

Tafel 6.5 Bemessungstafeln für Plattenbalken; C12/15 bis C50/60, B500 mit γ_S = 1,15 (aus [Schneider -22])

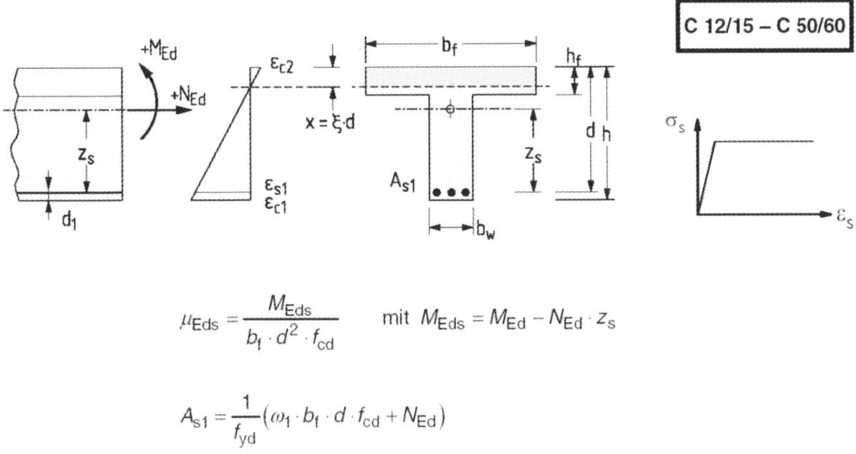

$$\mu_{Eds} = \frac{M_{Eds}}{b_f \cdot d^2 \cdot f_{cd}} \quad \text{mit } M_{Eds} = M_{Ed} - N_{Ed} \cdot z_s$$

$$A_{s1} = \frac{1}{f_{yd}}(\omega_1 \cdot b_f \cdot d \cdot f_{cd} + N_{Ed})$$

C12/15 bis C50/60

h_f/d=0,05	ω_1-Werte für b_f/b_w =				
μ_{Eds}	1	2	3	5	≥ 10
0,01	0,0101	0,0101	0,0101	0,0101	0,0101
0,02	0,0203	0,0203	0,0203	0,0203	0,0203
0,03	0,0306	0,0306	0,0306	0,0306	0,0306
0,04	0,0410	0,0410	0,0410	0,0409	0,0409
0,05	0,0515	0,0514	0,0514	0,0514	0,0514
0,06	0,0621	0,0621	0,0622	0,0624	0,0629
0,07	0,0728	0,0731	0,0735	0,0742	0,0767
0,08	0,0836	0,0844	0,0852	0,0871	
0,09	0,0946	0,0961	0,0976	0,1014	
0,10	0,1057	0,1082	0,1107		
0,11	0,1170	0,1206	0,1246		
0,12	0,1285	0,1336	0,1396		
0,13	0,1401	0,1470			
0,14	0,1518	0,1611			
0,15	0,1638	0,1757			
0,16	0,1759	0,1912			
0,17	0,1882	0,2196			
0,18	0,2007	0,2384			
0,19	0,2134				
0,20	0,2263				
0,21	0,2395				
0,22	0,2529				
0,23	0,2665				
0,24	0,2804				
0,25	0,2946				
0,26	0,3091				
0,27	0,3240				
0,28	0,3391				
0,29	0,3546				
0,30	0,3706				
0,31	0,3870				
0,32	0,4038				
0,33	0,4212				
0,34	0,4391				
0,35	0,4576				
0,36	0,4769				
0,37	0,4969				

unterhalb dieser Linie gilt: $\xi = x/d > 0{,}45$

h_f/d=0,10	ω_1-Werte für b_f/b_w =				
μ_{Eds}	1	2	3	5	≥ 10
0,01	0,0101	0,0101	0,0101	0,0101	0,0101
0,02	0,0203	0,0203	0,0203	0,0203	0,0203
0,03	0,0306	0,0306	0,0306	0,0306	0,0306
0,04	0,0410	0,0410	0,0410	0,0410	0,0410
0,05	0,0515	0,0515	0,0515	0,0515	0,0515
0,06	0,0621	0,0621	0,0621	0,0621	0,0621
0,07	0,0728	0,0728	0,0728	0,0728	0,0728
0,08	0,0836	0,0836	0,0836	0,0836	0,0836
0,09	0,0946	0,0946	0,0946	0,0946	0,0945
0,10	0,1057	0,1058	0,1058	0,1059	0,1060
0,11	0,1170	0,1173	0,1175	0,1179	0,1192
0,12	0,1285	0,1292	0,1298	0,1311	
0,13	0,1401	0,1415	0,1427	0,1459	
0,14	0,1518	0,1542	0,1565		
0,15	0,1638	0,1674	0,1712		
0,16	0,1759	0,1812			
0,17	0,1882	0,1955			
0,18	0,2007	0,2106			
0,19	0,2134	0,2266			
0,20	0,2263				
0,21	0,2395				
0,22	0,2529				
0,23	0,2665				
0,24	0,2804				
0,25	0,2946				
0,26	0,3091				
0,27	0,3240				
0,28	0,3391				
0,29	0,3546				
0,30	0,3706				
0,31	0,3870				
0,32	0,4038				
0,33	0,4212				
0,34	0,4391				
0,35	0,4577				
0,36	0,4769				
0,37	0,4969				

oberhalb der gestrichelten Linie gilt liegt die Nulllinie in der Platte

Tafel 6.5 (Fortsetzung)

C12/15 bis C50/60

$h_f/d=0{,}15$	ω_1-Werte für b_f/b_w =				
μ_{Eds}	1	2	3	5	≥ 10
0,01	0,0101	0,0101	0,0101	0,0101	0,0101
0,02	0,0203	0,0203	0,0203	0,0203	0,0203
0,03	0,0306	0,0306	0,0306	0,0306	0,0306
0,04	0,0410	0,0410	0,0410	0,0410	0,0410
0,05	0,0515	0,0515	0,0515	0,0515	0,0515
0,06	0,0621	0,0621	0,0621	0,0621	0,0621
0,07	0,0728	0,0728	0,0728	0,0728	0,0728
0,08	0,0836	0,0836	0,0836	0,0836	0,0836
0,09	0,0946	0,0946	0,0946	0,0946	0,0946
0,10	0,1057	0,1057	0,1057	0,1057	0,1057
0,11	0,1170	0,1170	0,1170	0,1170	0,1170
0,12	0,1285	0,1285	0,1285	0,1285	0,1285
0,13	0,1401	0,1400	0,1400	0,1400	0,1400
0,14	0,1518	0,1519	0,1519	0,1519	0,1518
0,15	0,1638	0,1641	0,1642	0,1644	0,1652
0,16	0,1759	0,1766	0,1771	0,1783	
0,17	0,1882	0,1897	0,1909		
0,18	0,2007	0,2032	0,2056		
0,19	0,2134	0,2174	0,2215		
0,20	0,2263	0,2323			
0,21	0,2395	0,2479			
0,22	0,2529				
0,23	0,2665				
0,24	0,2804				
0,25	0,2946				
0,26	0,3091				
0,27	0,3239				
…	… →	s. Tabelle für $h_f/d=0{,}05$			
0,37	0,4969				

unterhalb dieser Linie gilt: $\xi = x/d > 0{,}45$

$h_f/d=0{,}20$	ω_1-Werte für b_f/b_w =				
μ_{Eds}	1	2	3	5	≥ 10
0,01	0,0101	0,0101	0,0101	0,0101	0,0101
0,02	0,0203	0,0203	0,0203	0,0203	0,0203
0,03	0,0306	0,0306	0,0306	0,0306	0,0306
0,04	0,0410	0,0410	0,0410	0,0410	0,0410
0,05	0,0515	0,0515	0,0515	0,0515	0,0515
0,06	0,0621	0,0621	0,0621	0,0621	0,0621
0,07	0,0728	0,0728	0,0728	0,0728	0,0728
0,08	0,0836	0,0836	0,0836	0,0836	0,0836
0,09	0,0946	0,0946	0,0946	0,0946	0,0946
0,10	0,1057	0,1057	0,1057	0,1057	0,1057
0,11	0,1170	0,1170	0,1170	0,1170	0,1170
0,12	0,1285	0,1285	0,1285	0,1285	0,1285
0,13	0,1401	0,1401	0,1401	0,1401	0,1401
0,14	0,1519	0,1519	0,1519	0,1519	0,1519
0,15	0,1638	0,1638	0,1638	0,1638	0,1638
0,16	0,1759	0,1759	0,1758	0,1758	0,1758
0,17	0,1882	0,1881	0,1881	0,1880	0,1880
0,18	0,2007	0,2007	0,2007	0,2006	0,2006
0,19	0,2134	0,2137	0,2139	0,2141	0,2149
0,20	0,2263	0,2272	0,2278	0,2290	
0,21	0,2395	0,2413	0,2427		
0,22	0,2529	0,2560	0,2589		
0,23	0,2665	0,2715			
0,24	0,2804	0,2879			
0,25	0,2946				
0,26	0,3091				
0,27	0,3239				
…	… →	s. Tabelle für $h_f/d=0{,}05$			
0,37	0,4969				

$h_f/d=0{,}30$	ω_1-Werte für b_f/b_w =				
μ_{Eds}	1	2	3	5	≥ 10
0,01	0,0101	0,0101	0,0101	0,0101	0,0101
0,02	0,0203	0,0203	0,0203	0,0203	0,0203
0,03	0,0306	0,0306	0,0306	0,0306	0,0306
0,04	0,0410	0,0410	0,0410	0,0410	0,0410
0,05	0,0515	0,0515	0,0515	0,0515	0,0515
0,06	0,0621	0,0621	0,0621	0,0621	0,0621
0,07	0,0728	0,0728	0,0728	0,0728	0,0728
0,08	0,0836	0,0836	0,0836	0,0836	0,0836
0,09	0,0946	0,0946	0,0946	0,0946	0,0946
0,10	0,1057	0,1057	0,1057	0,1057	0,1057
0,11	0,1170	0,1170	0,1170	0,1170	0,1170
0,12	0,1285	0,1285	0,1285	0,1285	0,1285
0,13	0,1401	0,1401	0,1401	0,1401	0,1401
0,14	0,1519	0,1519	0,1519	0,1519	0,1519
0,15	0,1638	0,1638	0,1638	0,1638	0,1638
0,16	0,1759	0,1759	0,1759	0,1759	0,1759
0,17	0,1882	0,1882	0,1882	0,1882	0,1882
0,18	0,2007	0,2007	0,2007	0,2007	0,2007
0,19	0,2134	0,2134	0,2134	0,2134	0,2134
0,20	0,2263	0,2263	0,2263	0,2263	0,2263
0,21	0,2395	0,2395	0,2395	0,2395	0,2395
0,22	0,2529	0,2528	0,2528	0,2528	0,2528
0,23	0,2665	0,2664	0,2663	0,2663	0,2662
0,24	0,2804	0,2802	0,2801	0,2800	0,2798
0,25	0,2946	0,2945	0,2944	0,2942	0,2940
0,26	0,3091	0,3095	0,3095	0,3095	
0,27	0,3239	0,3251	0,3256		
0,28	0,3391	0,3416			
0,29	0,3546				
0,30	0,3706				
0,31	0,3869				
0,32	0,4038				
…	… →	s. Tabelle für $h_f/d=0{,}05$			
0,37	0,4969				

oberhalb der gestrichelten Linie liegt die Nulllinie in der Platte

$h_f/d=0{,}40$	ω_1-Werte für b_f/b_w =				
μ_{Eds}	1	2	3	5	≥ 10
0,01	0,0101	0,0101	0,0101	0,0101	0,0101
0,02	0,0203	0,0203	0,0203	0,0203	0,0203
0,03	0,0306	0,0306	0,0306	0,0306	0,0306
0,04	0,0410	0,0410	0,0410	0,0410	0,0410
0,05	0,0515	0,0515	0,0515	0,0515	0,0515
0,06	0,0621	0,0621	0,0621	0,0621	0,0621
0,07	0,0728	0,0728	0,0728	0,0728	0,0728
0,08	0,0836	0,0836	0,0836	0,0836	0,0836
0,09	0,0946	0,0946	0,0946	0,0946	0,0946
0,10	0,1057	0,1057	0,1057	0,1057	0,1057
0,11	0,1170	0,1170	0,1170	0,1170	0,1170
0,12	0,1285	0,1285	0,1285	0,1285	0,1285
0,13	0,1401	0,1401	0,1401	0,1401	0,1401
0,14	0,1518	0,1518	0,1518	0,1518	0,1518
0,15	0,1638	0,1638	0,1638	0,1638	0,1638
0,16	0,1759	0,1759	0,1759	0,1759	0,1759
0,17	0,1882	0,1882	0,1882	0,1882	0,1882
0,18	0,2007	0,2007	0,2007	0,2007	0,2007
0,19	0,2134	0,2134	0,2134	0,2134	0,2134
0,20	0,2263	0,2263	0,2263	0,2263	0,2263
0,21	0,2395	0,2395	0,2395	0,2395	0,2395
0,22	0,2529	0,2529	0,2529	0,2529	0,2529
0,23	0,2665	0,2665	0,2665	0,2665	0,2665
0,24	0,2805	0,2805	0,2805	0,2805	0,2805
0,25	0,2946	0,2946	0,2946	0,2946	0,2946
0,26	0,3093	0,3093	0,3093	0,3093	0,3093
0,27	0,3239	0,3239	0,3239	0,3239	0,3239
0,28	0,3391	0,3390	0,3390	0,3390	0,3389
0,29	0,3546	0,3544	0,3543	0,3542	0,3541
0,30	0,3706	0,3701	0,3699	0,3697	0,3695
0,31	0,3869	0,3867	0,3864	0,3861	0,3856
0,32	0,4038	0,4041	0,4039		
…	… →	s. Tabelle für $h_f/d=0{,}05$			
0,37	0,4969				

6.1.3.4 Querschnitte mit beliebiger Druckzonenform (s. a. Abschnitt 6.1.6)

Bei geringer Abweichung von der Rechteckform genügt eine Bemessung mit einem Ersatzrechteck (s. Abb. 6.11). Die Ersatzbreite b_{ers} ist aus der Bedingung zu bestimmen, dass die Fläche der Ersatzdruckzone der tatsächlichen entspricht.

In anderen Fällen wird i. Allg. eine Bemessung mit Hilfe von EDV-Programmen durchgeführt. Für Kontrollrechnungen bzw. für „Von-Hand-Rechnungen" ist die Anwendung des „rechteckigen Spannungsblocks" sinnvoll. Hierbei wird das Parabel-Rechteck-Diagramm der Spannungs-Dehnungs-Linie durch eine rechteckförmige Spannungsverteilung angenähert, wobei ein Flächenausgleich der Spannungsfläche vorgenommen wird (vgl. Abb. 6.12).

Eine Bemessung für den Querschnitt *ohne* Druckbewehrung erfolgt für eine Biegebeanspruchung in den Dehnungsbereichen 2 und 3 (s. Abb. 6.1) in folgenden Schritten:

- Schätzen einer Dehnungsverteilung $\varepsilon_{c2} / \varepsilon_{s1}$
- Bestimmung der Druckzonenhöhe

  $x = [\,|\,\varepsilon_{c2}\,| / (\,|\varepsilon_{c2}\,| + \varepsilon_{s1}\,)] \cdot d$
- Berechnung der resultierenden Betondruckkraft

  $F_{cd} = A_{cc,red} \cdot (\eta \cdot f_{cd})$

  mit $A_{cc,red}$ als Ersatzdruckzonenfläche der Höhe $(\lambda \cdot x)$ und $(\eta \cdot f_{cd})$ als reduzierte Betondruckspannung; für Beton bis C50/60 gilt $\lambda = 0{,}80$ und $\eta = 1{,}0$; falls die Querschnittsbreite zum gedrückten Rand hin abnimmt, ist f_{cd} zudem mit dem Faktor 0,9 abzumindern.
- Ermittlung des Hebelarms der „inneren Kräfte" $z = d - a$ mit a als Schwerpunktabstand der Ersatzdruckzonenfläche vom oberen Rand
- Überprüfung der geschätzten Dehnungsverteilung über $\Sigma M_a \equiv \Sigma M_i$ (Identitätsbedingung: Summe der „äußeren Momente" identisch gleich Summe der „inneren" Momente); es gilt:

  $\Sigma M_{a,s} = M_{Ed} - N_{Ed} \cdot z_{s1} \equiv \Sigma M_{i,s} = |F_{cd}| \cdot z$

  (Die Dehnungsverteilung ist so lange iterativ zu verbessern, bis die Identitätsbedingung ausreichend genau erfüllt ist.)
- Bestimmung der Stahlzugkraft F_{sd} und der Bewehrung A_{s1}

  $F_{sd} = |\,F_{cd}\,| + N_{Ed}$ und $A_{s1} = F_{sd} / \sigma_{sd}$

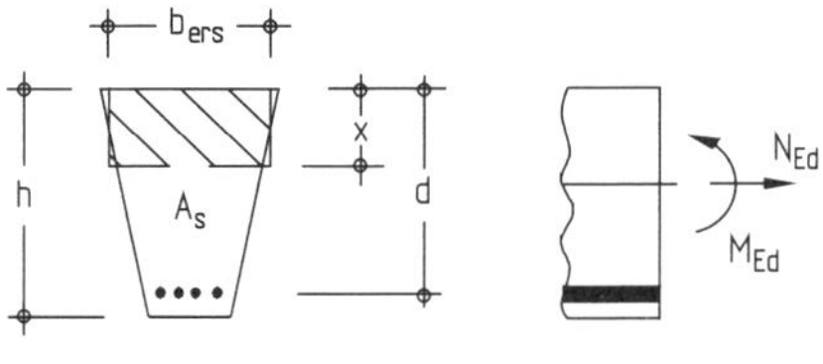

Abb. 6.11 Ersatzrechteck

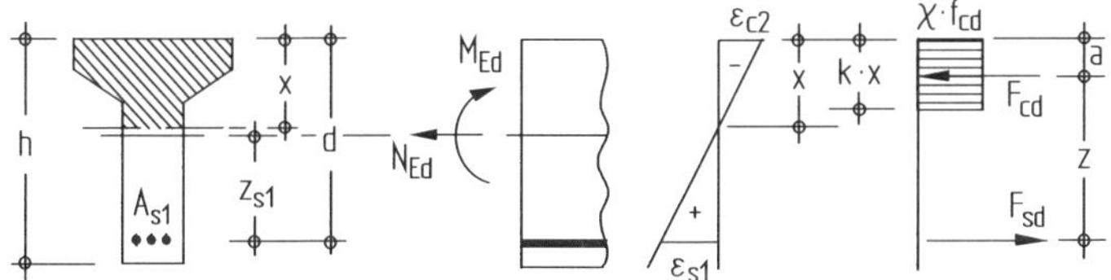

Abb. 6.12 Näherungsberechnung mit dem rechteckigen Spannungsblock

Beispiel

Querschnitt nach Abbildung mit Beanspruchung M_{Ed} im Grenzzustand der Tragfähigkeit

Baustoffe C20/25; B500
Beanspruchung: $M_{Ed} = 126$ kNm

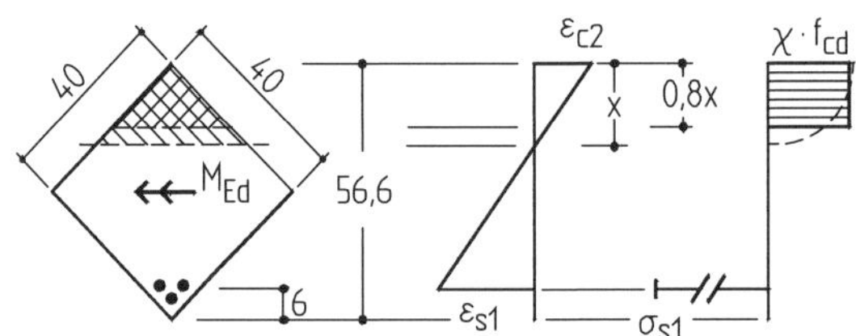

Bemessung

Annahme: $\varepsilon_{s1} = 4{,}40$ ‰; $\varepsilon_{c2} = -3{,}50$ ‰
(eine mögliche Dehnungsverteilung wird geschätzt)
$\Rightarrow x = 3{,}5/(3{,}5+4{,}40) \cdot (56{,}6 - 6{,}0) = 22{,}4$ cm

Betondruckkraft: $A_{cc,red} = 0{,}5 \cdot 0{,}179 \cdot 0{,}358 = 0{,}0320$ m² (s. Skizze unten)
$\eta \cdot f_{cd,red} = 1{,}0 \cdot (0{,}9 \cdot 0{,}85 \cdot 20/1{,}5) = 10{,}2$ MN/m²
($f_{cd,red}$, da Querschnittsbreite sich zum Druckrand hin verringert)
$F_{cd} = 0{,}0320 \cdot 10{,}2 = 0{,}326$ MN

Randabstand: $a = 2 \cdot 0{,}179/3 = 0{,}119$ m

Identitätsbedingung: $\Sigma M_s = 0 \quad \rightarrow \quad M_{Ed} \equiv M_{Rd} = F_{cd} \cdot z$
$0{,}126 = 0{,}326 \cdot (0{,}566 - 0{,}06 - 0{,}119)$
$0{,}126 = 0{,}126$ (in MNm)

$\Rightarrow$ die Dehnungsverteilung wurde somit richtig geschätzt.

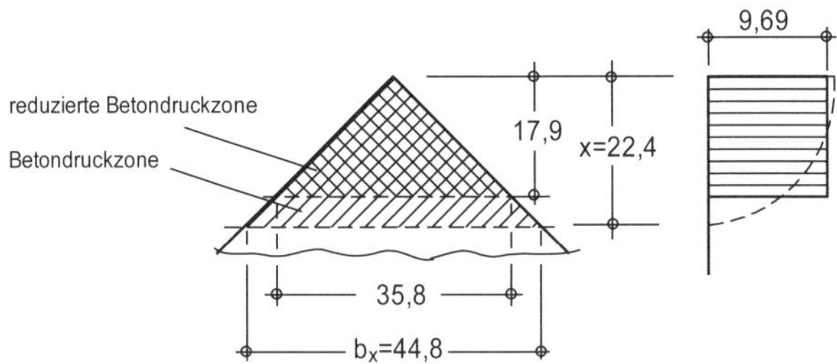

Aus der Bedingung, dass die „äußeren" und „inneren" Längskräfte identisch sein müssen ($\Sigma N_{Ed} \equiv \Sigma N_{Rd}$), wird die gesuchte Bewehrung bestimmt

Bewehrung: $\Sigma N = 0 \rightarrow N_{Ed} \equiv N_{Rd}$
$0 = F_{sd} - F_{cd}$
$\Rightarrow F_{sd} = F_{cd} = 0{,}326$ MN

$$\text{erf } A_s = F_{sd}/\sigma_{sd} = (0{,}326/435) \cdot 10^4 = 7{,}49 \text{ cm}^2$$

6.1.4 Längsdruckkraft mit kleiner einachsiger Ausmitte
(Dehnungsbereich 5)

Es treten nur Druckspannungen auf, die Dehnungs-Nulllinie liegt außerhalb des Querschnitts (s. Abb. 6.13). Der Nachweis der Tragfähigkeit erfolgt mit den Identitätsbedingungen nach den Gln. (6.2a) und (6.2b).

Man erhält (es treten nur Druckkräfte auf, die absolut dargestellt werden):

$$N_{Rd} = -|F_{cd}| - |F_{s2d}| - |F_{s1d}| \tag{6.20a}$$

$$M_{Rds} = |F_{cd}| \cdot (d - a) + |F_{s2d}| \cdot (d - d_2) \tag{6.20b}$$

Es sind

$$F_{cd} = h \cdot b \cdot \alpha_V \cdot f_{cd} \tag{6.21a}$$

$$F_{s1d} = A_{s1} \cdot \sigma_{s1d} \tag{6.21b}$$

$$F_{s2d} = A_{s2} \cdot \sigma_{s2d} \tag{6.21c}$$

Die Werte a und α_V in den Gleichungen (6.20) und (6.21) ergeben sich zu

$a = k_a \cdot h$ Randabstand der Betondruckkraft
α_V Völligkeitsbeiwert

Für *Rechteckquerschnitte* erhält man für die Größen k_a und α_V bei Normalbeton der Festigkeitsklassen ≤ C50/60 unter Berücksichtigung einer Stauchung von $|\varepsilon_c| = 2{,}0$ ‰ im Punkt C gemäß Abb. 6.1 ($|\varepsilon_{c2}|$ ist in nachfolgenden Gleichungen in ‰ einzusetzen):

$$k_a = \frac{6}{7} \cdot \frac{441 - 64 \cdot \left(|\varepsilon_{c2}| - 2\right)^2}{756 - 64 \cdot \left(|\varepsilon_{c2}| - 2\right)^2} \tag{6.22a}$$

$$\alpha_V = 1 - \frac{16}{189} \cdot \left(|\varepsilon_{c2}| - 2\right)^2 \tag{6.22b}$$

Bei geringen Ausmitten bis $e/h \leq 0{,}1$ darf die Stauchung im Punkt C jedoch $|\varepsilon_c| = 2{,}2$ ‰ betragen (s. hierzu die Erläuterungen zu Abschnitt 6.1.1), was bei zentrisch gedrückten Querschnitten zu günstigeren Ergebnissen führt.

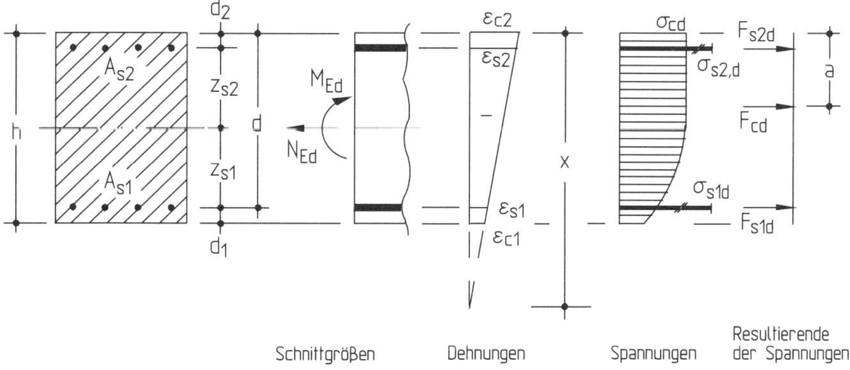

Abb. 6.13 Schnittgrößen und Spannungen im Dehnungsbereich 5

Mittig gedrückte Querschnitte

Für *mittig* gedrückte Querschnitte (theoretischer Fall; s. u.) ergeben sich die Bemessungslängskräfte N_{Ed} direkt aus

$$|N_{Ed}| = |F_{cd}| + |F_{sd}| = A_{cn} \cdot f_{cd} + A_s \cdot |\sigma_{sd}| \tag{6.23}$$

mit $A_{cn} = A_c - A_s$ als Nettobetonfläche, der Betondruckfestigkeit $f_{cd} = \alpha_{cc} \cdot f_{ck} / \gamma_C$ und der Stahlspannung $\sigma_{sd} = \varepsilon_s \cdot E_s \leq f_{yd}$, wobei bei mittig gedrückten Querschnitten für ε_s eine Dehnung von –2,2 ‰ berücksichtigt werden darf und somit für B500 $\sigma_{sd} = f_{yd}$ gilt. Damit erhält man

$$|N_{Ed}| = A_c \cdot f_{cd} + A_s \cdot (f_{yd} - f_{cd}) = A_c \cdot f_{cd} + A_s \cdot f_{yd} \cdot \kappa \tag{6.24a}$$

mit $\kappa = (1 - f_{cd} / f_{yd})$. Der Abminderungsfaktor κ ist für übliche Betonfestigkeitsklassen relativ gering. Für normalfesten Beton kann daher auch näherungsweise gesetzt werden (Abweichung von der rechnerisch exakten Lösung bei mittigem Druck maximal – beim C50/60 – ca. 6 %):

$$|N_{Ed}| \approx A_c \cdot f_{cd} + A_s \cdot f_{yd} \tag{6.24b}$$

Für den hochfesten Beton werden die Abweichungen jedoch zunehmend größer, so dass dann mit Nettoquerschnittswerten zu bemessen ist; vgl. Abschnitt 6.1.7 (s. a. [Goris/Schmitz – 14]).

Beispiel

Gegeben ist ein Rechteckquerschnitt der Festigkeitsklasse C20/25 mit $b = 30$ cm und $h = 40$ cm; der Querschnitt ist je Ecke mit 3 ∅ 16 (insgesamt 12 ∅ 16 mit $A_s = 24{,}1$ cm²) bewehrt. Gesucht ist die aufnehmbare Bemessungslängskraft N_{Rd} im Grenzzustand der Tragfähigkeit.

$$|N_{Rd}| = |F_{cd}| + |F_{sd}| \approx A_c \cdot f_{cd} + A_s \cdot f_{yd}$$

$$f_{cd} = 0{,}85 \cdot 20 / 1{,}5 = 11{,}33 \text{ MN/m}^2$$

$$f_{yd} = 500 / 1{,}15 = 435 \text{ MN/m}^2$$

$$A_s = 24{,}1 \text{ cm}^2 \quad (12 \varnothing 16)$$

$$|N_{Rd}| = 0{,}30 \cdot 0{,}40 \cdot 11{,}33 + 24{,}1 \cdot 10^{-4} \cdot 435$$

$$= 1{,}360 + 1{,}049 = 2{,}408 \text{ MN}$$

Mindestausmitte

Wie im Abschnitt 6.1.1 ausgeführt, ist jedoch bei Druckgliedern stets eine Mindestausmitte von $e_0 = h/30 \geq 20$ mm zu berücksichtigen (für Bauteile, die nach Theorie II. Ordnung zu bemessen sind, s. jedoch Abschnitt 6.5). Diese Ausmitte führt naturgemäß zu einer Abminderung der Tragfähigkeit. Berücksichtigt man nur die Forderung $e_0 = h/30$, ergibt sich für symmetrisch bewehrte Rechteckquerschnitte i. M. eine um ca. 10 % [15] geringere Bemessungslängskraft N_{Rd}. Der zusätzlich zu berücksichtigende Absolutwert von 20 mm kann eine weitere Abminderung bedingen (der Absolutwert wird bei Stützen mit $h \leq 60$ cm maßgebend).

---

15) Die Größe der Abminderung hängt u. a. vom Randabstand und von der Anordung der Bewehrung und von der Querschnittsform ab; vgl. hierzu Abschnitt 6.1.5.

6.1.5 Symmetrisch bewehrte Querschnitte unter Biegung und Längskraft (Interaktionsdiagramm)

Für symmetrisch bewehrte Rechteckquerschnitte, d. h. $A_{s1} = A_{s2}$, werden Bemessungshilfen angewendet, bei denen in Interaktion zwischen einem Biegemoment und einer Längskraft die Bewehrung ermittelt wird („Interaktionsdiagramme"). Diese Diagramme decken alle fünf Dehnungsbereiche nach Abb. 6.1 ab, sind also vom zentrischen Zug bis hin zum mittigen Druck anwendbar (für eine „übliche" Biegebemessung wegen symmetrischer Bewehrung allerdings unwirtschaftlich). Bevorzugt werden sie für die Bemessung von Druckgliedern verwendet.

Das Aufstellen von Interaktionsdiagrammen erfolgt mit den Identitätsbeziehungen, wobei die Schnittgrößen auf die Schwerachse des Querschnitts bezogen werden. Beispielsweise erhält man für den *überdrückten* Querschnitt (s. Abb. 6.13):

$$\Sigma H = 0: N_{Ed} = -|F_{cd}| - |F_{s1d}| - |F_{s2d}| \tag{6.25a}$$

$$\Sigma M = 0: M_{Ed} = |F_{cd}| \cdot (h/2-a) - |F_{s1d}| \cdot (h/2-d_1) + |F_{s2d}| \cdot (h/2 - d_2) \tag{6.25b}$$

Mit den entsprechenden Größen für F_{cd}, F_{s1d} und F_{s2d} erhält man beispielsweise für $\Sigma H = 0$:

$$N_{Ed} = -\alpha_V \cdot h \cdot b \cdot f_{cd} - A_{s1} \cdot |\sigma_{s1d}| - A_{s2} \cdot |\sigma_{s2d}| \tag{6.26}$$

Diese Werte werden auf die Abmessungen und die Betonfestigkeit – also auf $(b \cdot h \cdot f_{cd})$ – bezogen. Mit $\nu_{Ed} = N_{Ed}/(b \cdot h \cdot f_{cd})$ und $\rho_1 = A_{s1}/(b \cdot h)$ bzw. $\rho_2 = A_{s2}/(b \cdot h)$ erhält man:

$$\nu_{Ed} = -\alpha_V - \rho_1 \cdot \frac{|\sigma_{s1d}|}{f_{cd}} - \rho_2 \cdot \frac{|\sigma_{s2d}|}{f_{cd}} \tag{6.27}$$

und mit $\omega_{01} = \rho_1 \cdot f_{yd} / f_{cd}$ und $\omega_{02} = \rho_2 \cdot f_{yd} / f_{cd}$

$$\nu_{Ed} = -\alpha_V - \omega_{01} \cdot \frac{|\sigma_{s1d}|}{f_{yd}} - \omega_{02} \cdot \frac{|\sigma_{s2d}|}{f_{yd}} \tag{6.28a}$$

Ebenso lässt sich mit $\mu_{Ed} = M_{Ed} / (b \cdot h^2 \cdot f_{cd})$ aus Gl. (6.25b) mit $\Sigma M = 0$ herleiten:

$$\mu_{Ed} = \alpha_V \cdot \left(\frac{1}{2} - k_a\right) - \omega_{01} \cdot \frac{|\sigma_{s1d}|}{f_{yd}} \cdot \left(\frac{1}{2} - \frac{d_1}{h}\right) + \omega_{02} \cdot \frac{|\sigma_{s2d}|}{f_{yd}} \cdot \left(\frac{1}{2} - \frac{d_2}{h}\right) \tag{6.28b}$$

Zu beachten ist, dass die Größen auf die Bauhöhe h des Querschnitts und nicht auf die Nutzhöhe d zu beziehen sind (abweichend von den Bemessungshilfen für eine übliche Biegebeanspruchung). Ein unterschiedlicher Randabstand der Bewehrung wird durch den zusätzlichen Parameter (d_1/h bzw. d_2/h) erfasst. Für vorgegebene ω_{01}- und ω_{02}-Werte lassen sich die Größen ν_{Ed} und μ_{Ed} bestimmen und in Diagrammform darstellen.

Als Beispiel für Bemessungshilfen sind nachfolgend zwei Interaktionsdiagramme für den Rechteckquerschnitt mit oberer und unterer Randbewehrung (Tafeln 6.7a und b) wiedergegeben. Der Anwendungsbereich des Diagramms geht dabei über die oben dargestellte Herleitung hinaus und umfasst alle fünf Dehnungsbereiche (s. o.). In analoger Form lassen sich Interaktionsdiagramme für andere Bewehrungsanordnungen und Querschnittsformen herleiten; beispielhaft sind Diagramme für einen Rechteckquerschnitt mit umlaufender Bewehrung (Tafel 6.7c) und für einen Kreisquerschnitt (Tafel 6.7d) abgedruckt. Die drei Tafeln gelten für B500 und für die angegebenen Randabstände d_1/h, der ansteigende Ast der σ-ε-Linie wurde jeweils berücksichtigt. (Weitere Diagramme und Erläuterungen s. [Goris/Schmitz – 14]).

Beispiel 1

Die dargestellte Stütze wird durch eine zentrische Druckkraft aus Eigenlasten und durch eine horizontal gerichtete veränderliche Einwirkung beansprucht (vgl. [Schneider – 22]). Es wird unterstellt, dass die Stütze nur in der dargestellten Ebene – d. h. in Richtung der Horizontallast $Q_{k,h}$ – ausweichen kann. Gesucht ist die Bemessung am Stützenfuß.

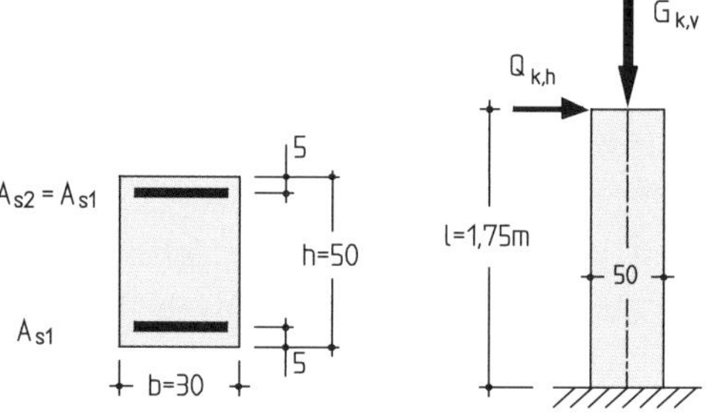

Baustoffe C20/25

B500

Belastungen $G_{k,v} = 900$ kN

$Q_{k,h} = 100$ kN

Bemessungsschnittgrößen

Wegen $\lambda = 2 \cdot 1{,}75 / (0{,}289 \cdot 0{,}50) = 24 < 25$ kann auf eine Untersuchung am verformten System verzichtet werden (s. hierzu Abschnitt 6.5).

$N_{Ed} = \gamma_G \cdot G_{k,v} = \mathbf{1{,}35}$ [15] $\cdot (-900) = -1215$ kN

$M_{Ed} = \gamma_Q \cdot Q_{k,h} \cdot l = 1{,}50 \cdot 100 \cdot 1{,}75 = 263$ kNm (Mindestwerte werden nicht maßgebend)

Bemessung

$d_1 / h = d_2 / h = 5/50 = 0{,}10$; B500 $\Rightarrow$ Tafel 6.7a

$\nu_{Ed} = N_{Ed} / (b \cdot h \cdot f_{cd}) = -1{,}215 / (0{,}30 \cdot 0{,}50 \cdot 11{,}3) = -0{,}715$

$\mu_{Ed} = M_{Ed} / (b \cdot h^2 \cdot f_{cd}) = 0{,}263 / (0{,}30 \cdot 0{,}50^2 \cdot 11{,}3) = 0{,}309$

$\Rightarrow \omega_{tot} = 0{,}65$

$A_{s,tot} = \omega_{tot} \cdot b \cdot h / (f_{yd} / f_{cd}) = 0{,}65 \cdot 0{,}30 \cdot 0{,}50/(435/11{,}3)$

$= 25{,}4 \cdot 10^{-4}\ \text{m}^2 = 25{,}4\ \text{cm}^2$

$A_{s1} = A_{s2} = 12{,}7\ \text{cm}^2$

Beispiel 2

Die im Beispiel 1 berechnete Stütze wird für eine geänderte Belastung aus Eigenlast bemessen. Im Übrigen gelten die zuvor gemachten Angaben.

Belastung $G_{k,v} = 400$ kN; $Q_{k,h} = 100$ kN

Schnittgrößen $N_{Ed} = \gamma_G \cdot G_{k,v} = \mathbf{1{,}00}$ [15] $\cdot (-400) = -400$ kN

$M_{Ed} = \gamma_Q \cdot Q_{k,h} \cdot l = 1{,}50 \cdot 100 \cdot 1{,}75 = 263$ kNm

Bemessung $\nu_{Ed} = -0{,}400 / (0{,}30 \cdot 0{,}50 \cdot 11{,}3) = -0{,}235$

$\mu_{Ed} = 0{,}263 / (0{,}30 \cdot 0{,}50^2 \cdot 11{,}3) = 0{,}309$ $\Big\} \Rightarrow \omega_{tot} = 0{,}55$

$A_{s,tot} = 0{,}55 \cdot 0{,}30 \cdot 0{,}50 /(435/11{,}3) \cdot 10^4 = 21{,}4\ \text{cm}^2$

$A_{s1} = A_{s2} = 10{,}7\ \text{cm}^2$

---

[15] Im Beispiel 2 wirkt im Gegensatz zum Beispiel 1 die Eigenlast günstig und darf daher nur mit $\gamma_{G,inf} = 1{,}0$ multipliziert werden (vgl. Abschnitt 5.1.1, Tafel 5.1).

Beispiel 3

Aufgabenstellung wie Beispiel 1, die Bewehrung soll jedoch umlaufend ausgebildet werden.

Bemessungsschnittgrößen

$N_{Ed} = -1215$ kN; $M_{Ed} = 263$ kNm

Bemessung

$d_1/h = d_2/h = 5/50 = 0{,}10$; B500 $\Rightarrow$ Tafel 6.7c

$$\left.\begin{array}{l} \nu_{Ed} = -0{,}714 \\ \mu_{Ed} = \ \ 0{,}309 \end{array}\right\} \Rightarrow \omega_{tot} = 0{,}82$$

$$A_{s,tot} = \omega_{tot} \cdot b \cdot h \,/\, (f_{yd}/f_{cd})$$
$$= 0{,}82 \cdot 0{,}30 \cdot 0{,}50 \,/\, (435/11{,}3) = 32{,}0 \cdot 10^{-4}\ \text{m}^2 = 32{,}0\ \text{cm}^2$$

Beispiel 4

Für die im Beispiel 1 dargestellte Stütze wird eine analoge Untersuchung mit Kreisquerschnitt durchgeführt. Gesucht ist wie im Beispiel 1 die Bemessung am Stützenfuß.

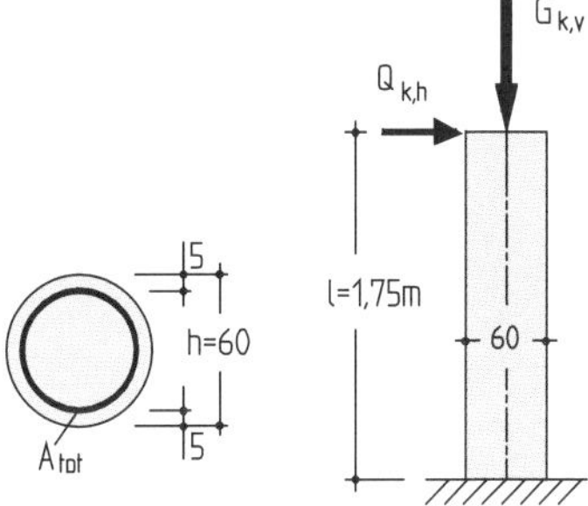

Baustoffe	C20/25
	B500
Belastungen	$G_{k,v} = 900$ kN
	$Q_{k,h} = 100$ kN

Bemessungsschnittgrößen

Wegen $\lambda = 2 \cdot 1{,}75 \,/\, (0{,}25 \cdot 0{,}60) = 23{,}3 < 25$ kann auf eine Untersuchung am verformten System verzichtet werden; d. h., es gelten die Bemessungsschnittgrößen nach Theorie I. Ordnung (s. hierzu Abschnitt 6.5).

$N_{Ed} = \gamma_G \cdot G_{k,v} = \mathbf{1{,}00} \cdot (-900) = -900$ kN   Annahme: EG ist günstig [16)]

$M_{Ed} = \gamma_Q \cdot Q_{k,h} \cdot l = 1{,}50 \cdot 100 \cdot 1{,}75 = 263$ kNm

Bemessung

$d_1/h = d_2/h = 5/60 = 0{,}083 \approx 0{,}10$; B500 $\Rightarrow$ Tafel 6.7d

$$\left.\begin{array}{l} \nu_{Ed} = N_{Ed}/(A_c \cdot f_{cd}) = -0{,}900 \,/\, (\pi \cdot 0{,}30^2 \cdot 11{,}3) = -0{,}281^{*)} \\ \mu_{Ed} = M_{Ed}/(A_c \cdot h \cdot f_{cd}) = 0{,}263 \,/\, (\pi \cdot 0{,}30^2 \cdot 0{,}60 \cdot 11{,}3) = \ \ 0{,}137 \end{array}\right\} \Rightarrow \omega_{tot} = 0{,}22$$

$$A_{s,tot} = \omega_{tot} \cdot A_c \,/\, (f_{yd}/f_{cd}) = 0{,}22 \cdot \pi \cdot 0{,}30^2 /(435/11{,}3) = 16{,}2 \cdot 10^{-4}\ \text{m}^2 = 16{,}2\ \text{cm}^2$$

16) Der Eingangswert bzw. die Ablesung im Interaktionsdiagramm bestätigt die Annahme, dass die Eigenlast günstig wirkt; eine „größere" Eigenlast (bzw. eine mit $\gamma_G = 1{,}35$ multiplizierte Längskraft inf. G_k) würde zu einer geringeren statisch erforderlichen Bewehrung führen. Dies ist direkt am sog. „balance point" (Punkt der größten Momententragfähigkeit) erkennbar, der im vorliegenden Fall bei ca. 0,45 liegt, je nach Bewehrungsanordnung aber auch deutlich tiefer liegen kann.

Tafel 6.7a Interaktionsdiagramm für den symmetrisch bewehrten Rechteckquerschnitt, Bewehrungsanordnung nach Skizze; C12/15 bis C50/60, B500 mit $\gamma_S = 1{,}15$ (aus [Schneider – 22])

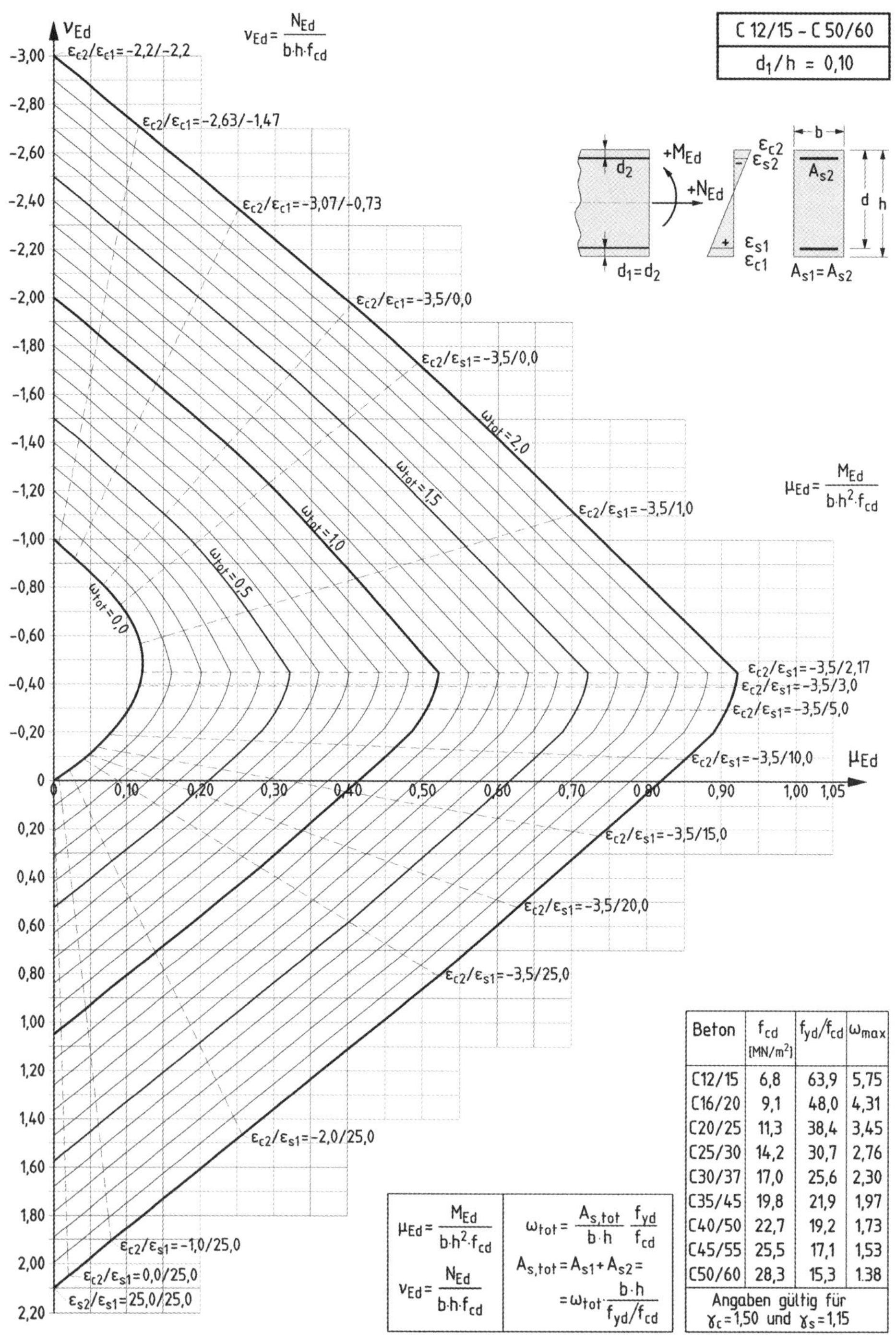

Beton	f_{cd} [MN/m²]	f_{yd}/f_{cd}	ω_{max}
C12/15	6,8	63,9	5,75
C16/20	9,1	48,0	4,31
C20/25	11,3	38,4	3,45
C25/30	14,2	30,7	2,76
C30/37	17,0	25,6	2,30
C35/45	19,8	21,9	1,97
C40/50	22,7	19,2	1,73
C45/55	25,5	17,1	1,53
C50/60	28,3	15,3	1.38
Angaben gültig für $\gamma_c = 1{,}50$ und $\gamma_s = 1{,}15$			

Tafel 6.7b Interaktionsdiagramm für den symmetrisch bewehrten Rechteckquerschnitt, Bewehrungsanordnung nach Skizze; C12/15 bis C50/60, B500 mit $\gamma_S = 1{,}15$
(aus [Schneider – 22])

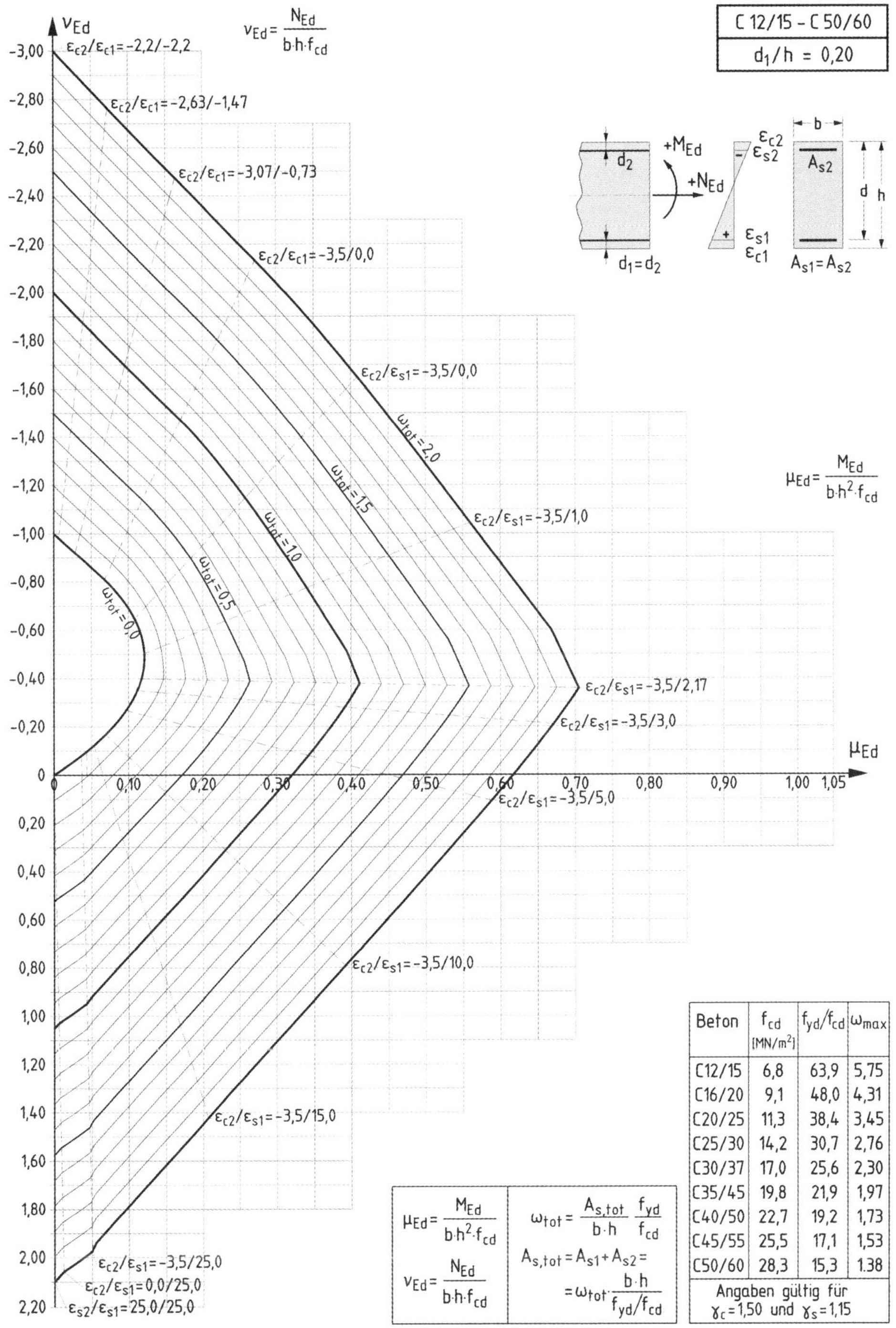

Beton	f_{cd} [MN/m²]	f_{yd}/f_{cd}	ω_{max}
C12/15	6,8	63,9	5,75
C16/20	9,1	48,0	4,31
C20/25	11,3	38,4	3,45
C25/30	14,2	30,7	2,76
C30/37	17,0	25,6	2,30
C35/45	19,8	21,9	1,97
C40/50	22,7	19,2	1,73
C45/55	25,5	17,1	1,53
C50/60	28,3	15,3	1.38

Angaben gültig für $\gamma_c = 1{,}50$ und $\gamma_s = 1{,}15$

Tafel 6.7c Interaktionsdiagramm für den symmetrisch bewehrten Rechteckquerschnitt, Bewehrungsanordnung nach Skizze; C12/15 bis C50/60, B500 mit $\gamma_S = 1{,}15$
(aus [Schneider – 22])

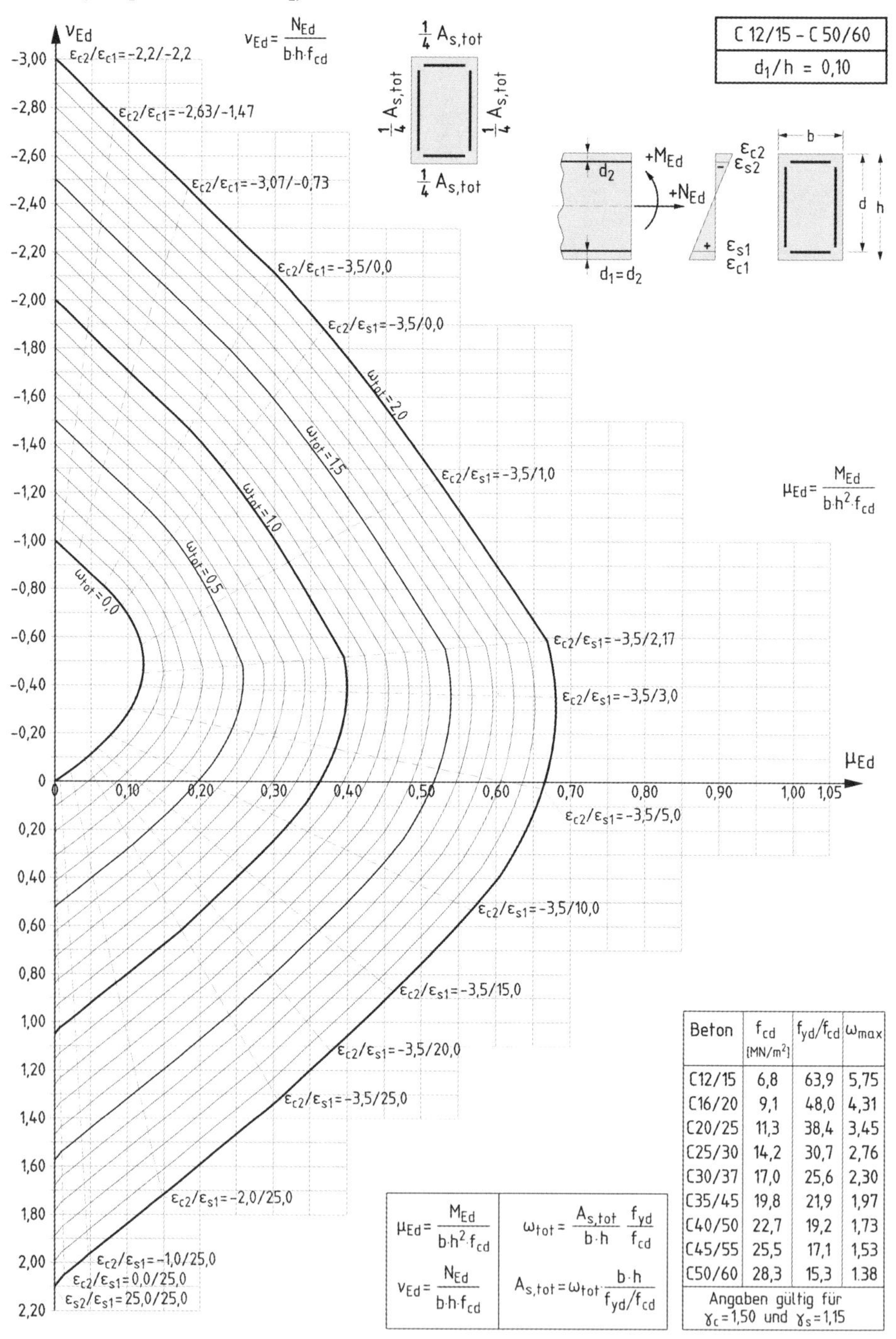

Beton	f_{cd} [MN/m²]	f_{yd}/f_{cd}	ω_{max}
C12/15	6,8	63,9	5,75
C16/20	9,1	48,0	4,31
C20/25	11,3	38,4	3,45
C25/30	14,2	30,7	2,76
C30/37	17,0	25,6	2,30
C35/45	19,8	21,9	1,97
C40/50	22,7	19,2	1,73
C45/55	25,5	17,1	1,53
C50/60	28,3	15,3	1.38

Angaben gültig für $\gamma_c = 1{,}50$ und $\gamma_s = 1{,}15$

Tafel 6.7d Interaktionsdiagramm für den symmetrisch bewehrten Kreisquerschnitt mit Bewehrungsanordnung nach Skizze; C12/15 bis C50/60, B500 mit $\gamma_S = 1{,}15$ (aus [Schneider – 22])

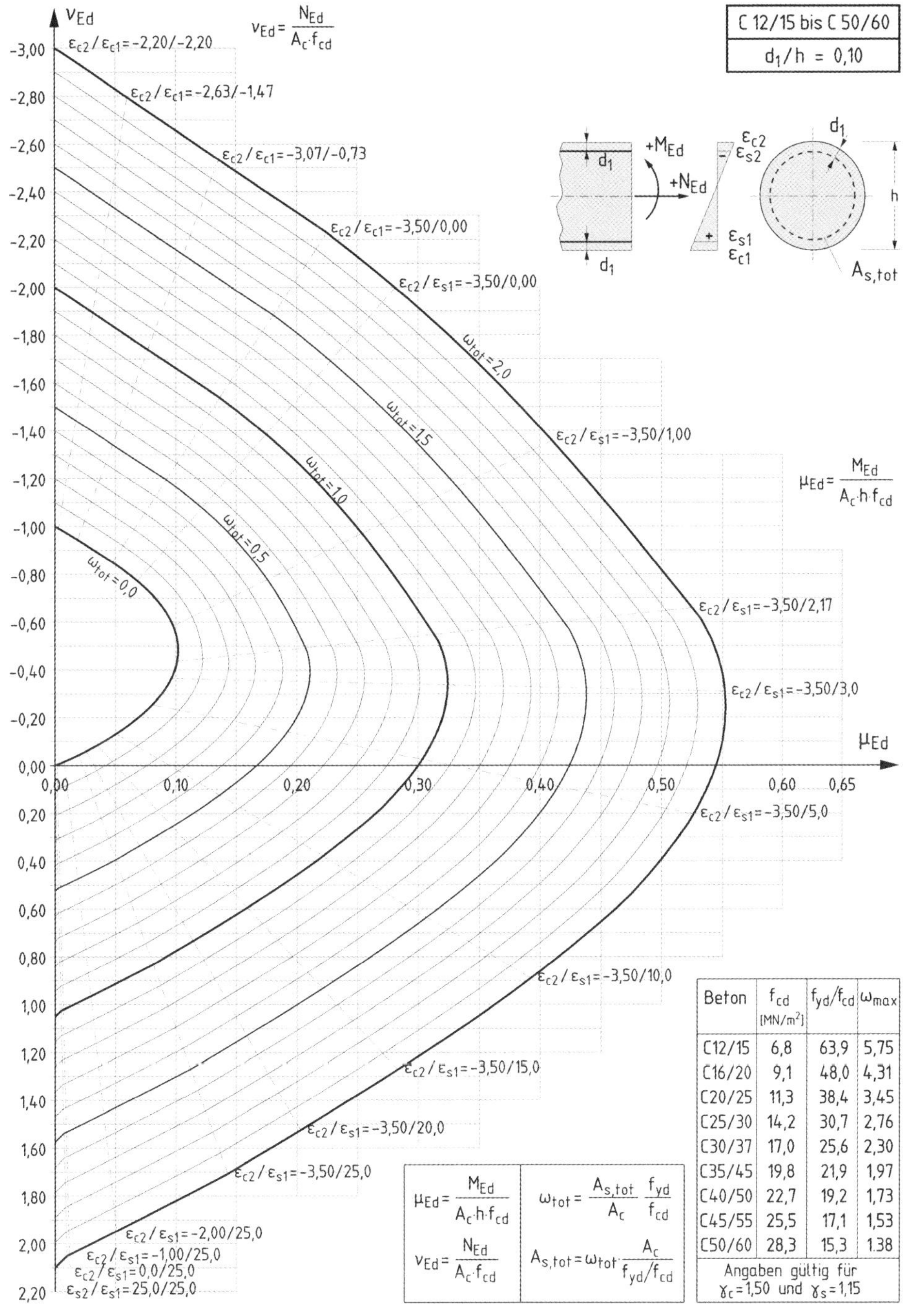

Beton	f_{cd} [MN/m²]	f_{yd}/f_{cd}	ω_{max}
C12/15	6,8	63,9	5,75
C16/20	9,1	48,0	4,31
C20/25	11,3	38,4	3,45
C25/30	14,2	30,7	2,76
C30/37	17,0	25,6	2,30
C35/45	19,8	21,9	1,97
C40/50	22,7	19,2	1,73
C45/55	25,5	17,1	1,53
C50/60	28,3	15,3	1.38
Angaben gültig für $\gamma_c = 1{,}50$ und $\gamma_s = 1{,}15$			

6.1.6 Zweiachsige Biegung

Bei vom Rechteck abweichenden Querschnittsformen (z. B. Kreis- und Kreisringquerschnitte, Trapezquerschnitte; s. vorher) dürfen „übliche" Bemessungshilfen nicht mehr angewendet werden. Das gilt ebenso für Rechteckquerschnitte unter zweiachsiger Biegung, bei denen je nach Beanspruchung eine 3-, 4- oder 5-eckige Druckzone entsteht (s. Abb. 6.14). Für einige Sonderfälle existieren jedoch Bemessungshilfen; hierzu gehören beispielsweise:

– Rechteckquerschnitte bei zweiachsiger Biegung (s. Tafeln 6.8a und 6.8b)

Eine größere Auswahl von Bemessungsdiagrammen findet sich in [Goris/Schmitz – 14].

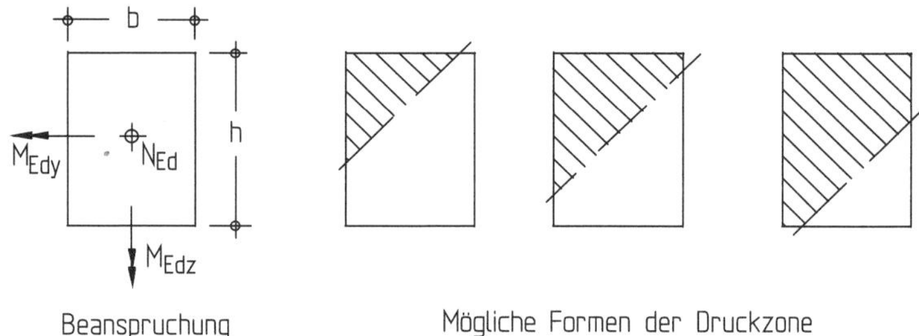

Abb. 6.14 Druckzonenform bei zweiachsiger Biegung

Beispiel

Schilderbrücke nach Abbildung mit Eigenlast g_k = 6,13 kN/m, Nutzlast q_k = 5,0 kN/m und Windlast w_k = ± 3,0 kN/m; im Rahmen der Aufgabenstellung soll angenommen werden, dass die vertikal gerichtete Nutzlast und die horizontal wirkende Windlast mittig wirken, so dass keine Torsionsmomente auftreten. Beide veränderliche Lasten sollen in voller Größe angenommen werden, d. h., Kombinationsfaktoren ψ_0 sind nicht zu berücksichtigen.

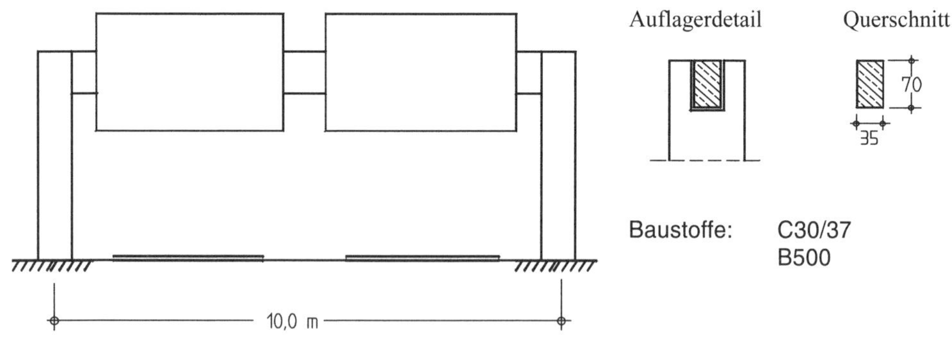

Gesucht

Biegebemessung in Feldmitte

Schnittgrößen M_{Edy} und M_{Edz}

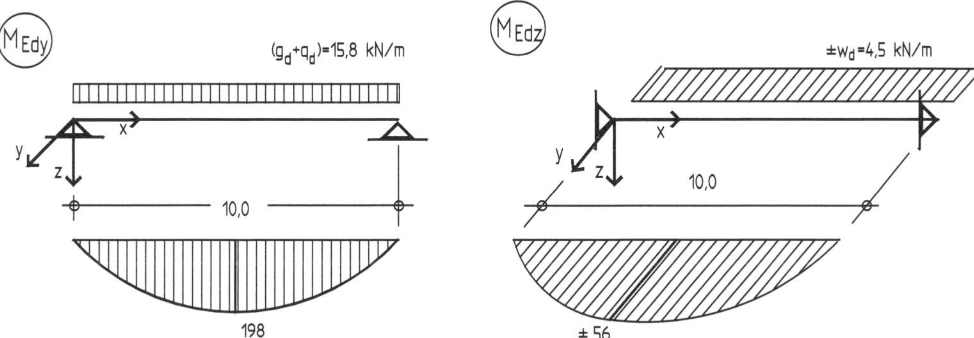

Bemessung

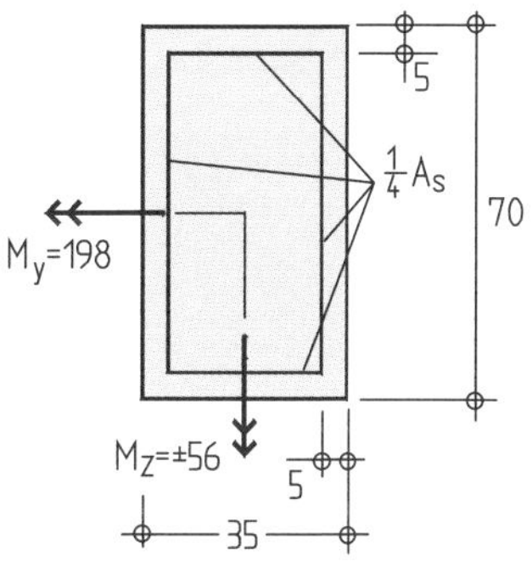

Es soll für eine gleichmäßig um den Umfang verteilte Bewehrung (jeweils $A_s/4$ pro Seite) bemessen werden. Weiterhin gilt (s. nebenstehende Abb.):

$d_1 / h = 5 / 70 = 0{,}07$

$b_1 / b = 5 / 35 = 0{,}14$

Die Bemessung erfolgt näherungsweise für $d_1/h = b_1/b = 0{,}10$ (s. Tafel 6.8a); die Bewehrung an den Seitenflächen ist dann reichlich zu wählen.

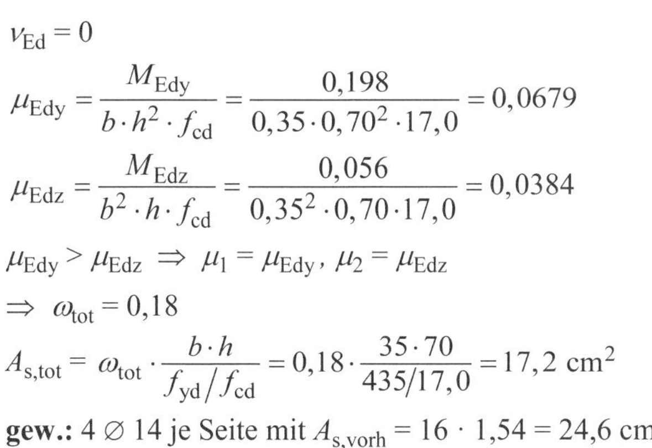

$\nu_{Ed} = 0$

$$\mu_{Edy} = \frac{M_{Edy}}{b \cdot h^2 \cdot f_{cd}} = \frac{0{,}198}{0{,}35 \cdot 0{,}70^2 \cdot 17{,}0} = 0{,}0679$$

$$\mu_{Edz} = \frac{M_{Edz}}{b^2 \cdot h \cdot f_{cd}} = \frac{0{,}056}{0{,}35^2 \cdot 0{,}70 \cdot 17{,}0} = 0{,}0384$$

$\mu_{Edy} > \mu_{Edz} \;\Rightarrow\; \mu_1 = \mu_{Edy},\; \mu_2 = \mu_{Edz}$

$\Rightarrow\; \omega_{tot} = 0{,}18$

$$A_{s,tot} = \omega_{tot} \cdot \frac{b \cdot h}{f_{yd}/f_{cd}} = 0{,}18 \cdot \frac{35 \cdot 70}{435/17{,}0} = 17{,}2 \text{ cm}^2$$

gew.: 4 ∅ 14 je Seite mit $A_{s,vorh} = 16 \cdot 1{,}54 = 24{,}6$ cm²

Bewehrungsskizze

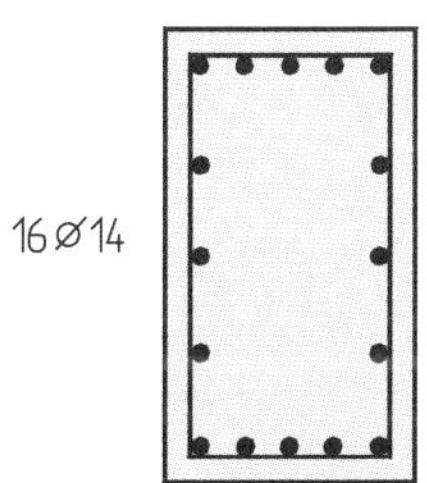

Tafel 6.8a Interaktionsdiagramm für schiefe Biegung mit Längsdruckkraft; Querschnitt und Bewehrungsanordnung nach Skizze; C12/15 bis C50/60, B500 mit $\gamma_S = 1{,}15$ (aus [Goris/Schmitz – 14])

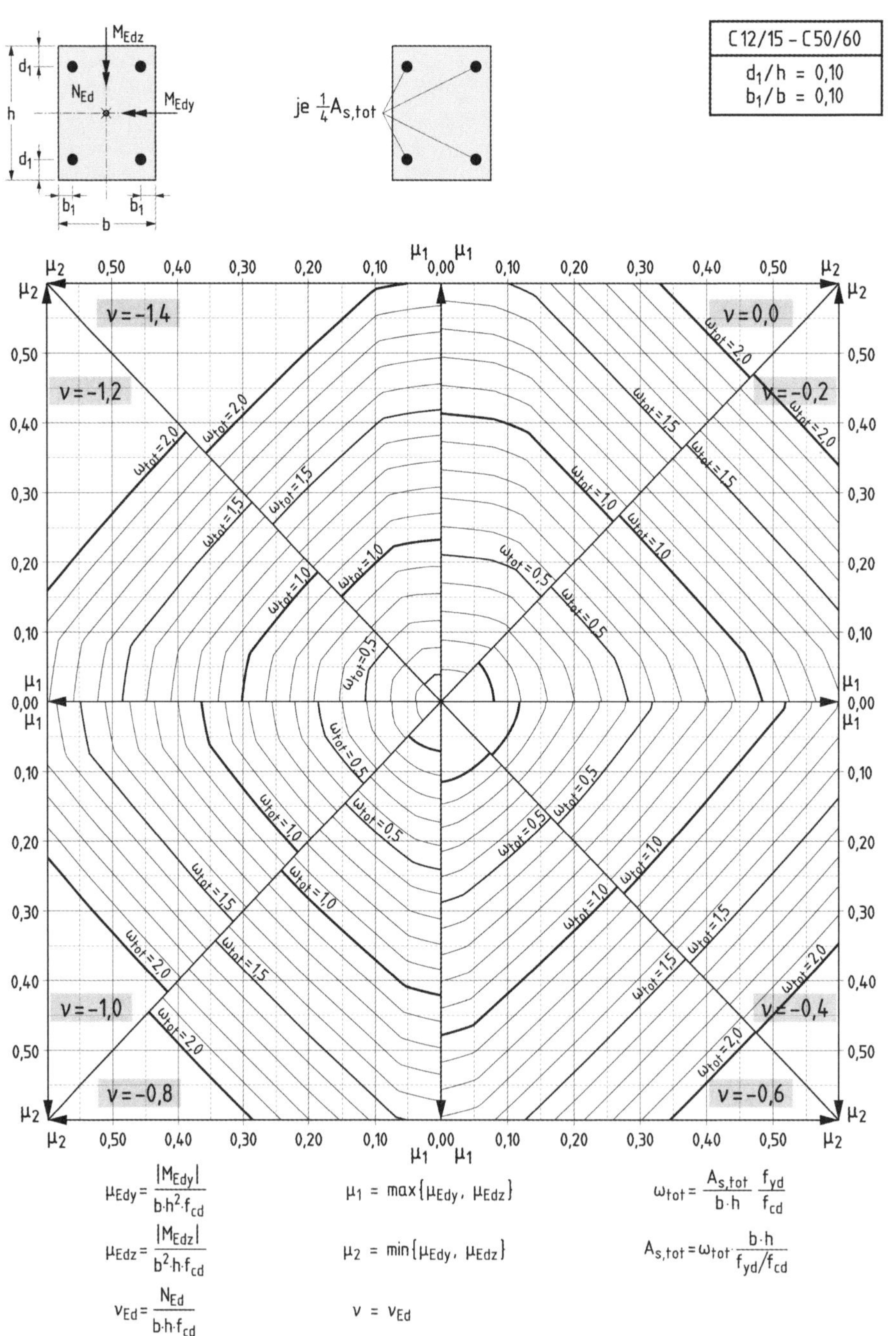

Tafel 6.8b Interaktionsdiagramm für schiefe Biegung mit Längsdruckkraft; Querschnitt und Bewehrungsanordnung nach Skizze; C12/15 bis C50/60, B500 mit $\gamma_S = 1{,}15$ (aus [Goris/Schmitz – 14])

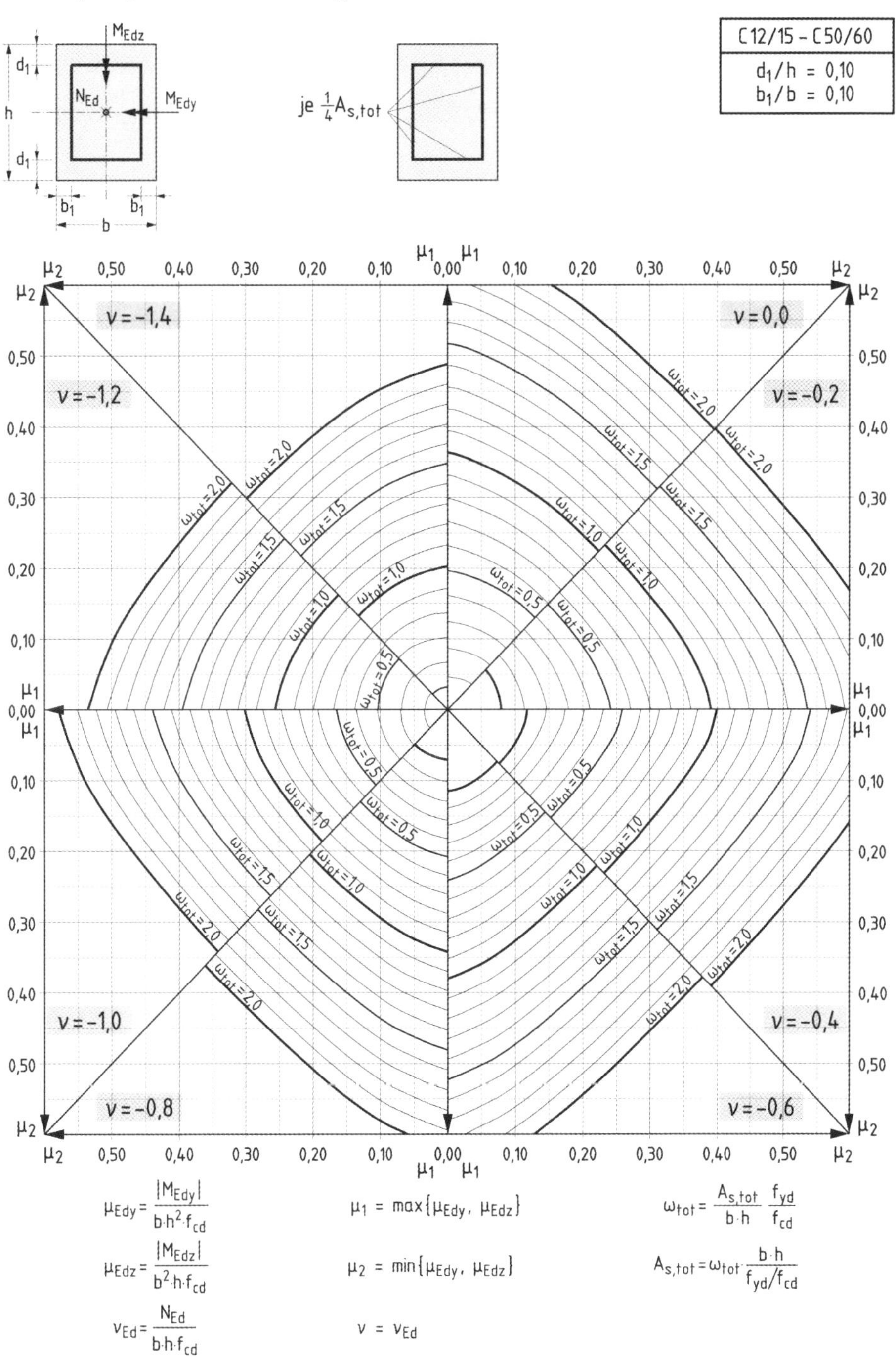

6.1.7 Berücksichtigung von (Beton-)Nettoquerschnittswerten

Bei einer Bemessung mit Druckbewehrung bzw. mit Bewehrung in der Druckzone wird üblicherweise die Betondruckzone vollflächig, d. h. ohne Abzug der Flächen der Druckbewehrung, gerechnet. Diese Vereinfachung liegt auf der unsicheren Seite, da für ein und dieselbe Stelle sowohl Beton als auch Betonstahl berücksichtigt werden.

Korrekterweise darf in der Druckzone nur der Nettobetonquerschnitt A_{cn} berücksichtigt werden, der sich ergibt zu:

$$A_{cn} = A_{cc} - A_{s2}$$

Es ist A_{cc} die Fläche der – vollflächig angesetzten – Betondruckzone und A_{s2} die Fläche der Betonstahlbewehrung in der Druckzone.

Für eine praktische Bemessung empfiehlt es sich jedoch, die Betondruckkraft in voller Größe zu berücksichtigen und den Abzug bei der zusätzlich aufnehmbaren Stahldruckkraft zu berücksichtigen, d. h., eine Druckbewehrung nur mit

$$F_{s2d} = A_{s2} \cdot (\sigma_{s2d} - \sigma_{cd,s2})$$

in Rechnung zu stellen. Hierbei ist $\sigma_{cd,s2}$ die Betonspannung in Höhe der Bewehrung A_{s2}.

Wegen der im Vergleich zum normalfesten Beton hohen Festigkeit des Betonstahls ist der Abzugswert im Allgemeinen gering. Mit der Weiterentwicklung der Betonfestigkeiten zum hochfesten Beton wird der Fehler jedoch zunehmend bedeutsamer; beispielsweise ergibt sich bei einem Querschnitt aus einem Beton C100/115 unter zentrischem Druck bei Berücksichtigung der Nettofläche eine um mindestens 13 % höhere Druckbewehrung (s. Tafel 6.9). Dieser Einfluss darf daher nicht mehr vernachlässigt werden. Nach DAfStb-H.525 sollte daher bei einer Bemessung für hochfesten Beton nur die Nettofläche der Betondruckzone berücksichtigt werden. Daraus folgt allerdings auch umgekehrt, dass für den hier in diesem Buch behandelten normalfesten Beton der Fehler i. d. R. vernachlässigt werden kann.

Tafel 6.9 Abminderungsfaktor κ für die *Tragfähigkeit* der Druckbewehrung einer mittig gedrückten Stütze

	normalfester Beton					hochfester Beton				
Beton f_{ck} (in N/mm²)	12	20	30	40	50	60	70	80	90	100
Abminderungsfaktor κ	0,984	0,974	0,961	0,948	0,935	0,923	0,912	0,902	0,892	0,883

Wenn in Ausnahmefällen dennoch auch schon für den normalfesten Beton eine genauere Lösung gesucht wird, kann wie folgt vorgegangen werden:

Bei einer Bemessung für *Biegung mit Längskraft* können die zuvor dargestellten Bemessungshilfen (s. Abschnitt 6.1.3) weiterhin benutzt werden, wenn die Bemessungsgleichungen für die Druckbewehrung angepasst werden. Beim allgemeinen Bemessungsdiagramm (s. Tafel 6.2) lautet die Gleichung für die Druckbewehrung A_{s2} dann jedoch:

$$A_{s2} = \frac{1}{\sigma_{s2d} - \sigma_{cd,s2}} \cdot \frac{\Delta M_{Eds}}{(d - d_2)}$$

Die Betondruckspannung in Höhe der Druckbewehrung wird mit der bekannten Spannungs-Dehnungs-Beziehung für den Beton (s. Abschnitt 5.3.1) bestimmt.

Für eine *Bemessung mit Interaktionsdiagrammen* muss die Berücksichtigung von Nettoflächen in der Betondruckzone allerdings schon bei der Aufstellung der Gleichgewichtsbeziehungen erfasst werden. Die sich ergebenden Unterschiede zwischen den Interaktionslinien für eine Berechnung mit Brutto- und mit Nettoquerschnitten können Abb. 6.15 entnommen werden. Vergleichend sind dabei die Diagramme für einen C55/67 und einen C100/115 nebeneinander dargestellt. Es ist zu sehen, dass sich bei einer vorgegebenen Bewehrung praktisch im gesamten Bereich einer überwiegenden Längsdruckbeanspruchung eine absolut gesehen konstante Reduzierung der Tragfähigkeit ergibt, die z. B. für ω_{tot} = 1,0 bei einem C100/115 etwa ν_{Ed} = 0,13 und bei einem C55/67 etwa ν_{Ed} = 0,08 beträgt.

Diagramme mit Berücksichtigung von Nettoquerschnittswerten stehen in [Goris/Schmitz – 13] und [Goris/Schmitz – 14] zur Verfügung, weitere Hinweise und Erläuterungen s. dort.

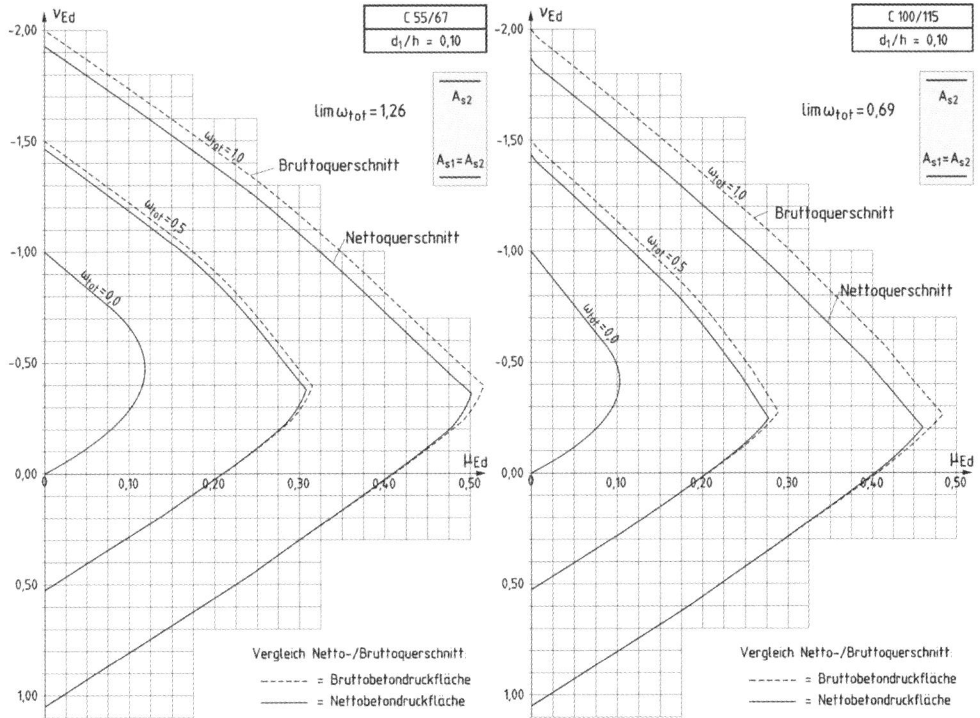

Abb. 6.15 Vergleich Brutto-/Nettoquerschnittsfläche (aus [Goris/Schmitz – 14])

6.1.8 Unbewehrte Betonquerschnitte

Als unbewehrt gelten Betonbauteile, deren Bewehrungsanteil geringer ist als die Mindestbewehrung für Stahlbeton gemäß EC 2-1-1, Kapitel 9 (vgl. Kapitel 8 in diesem Buch). Für unbewehrte Bauteile mit vernachlässigbaren dynamischen Einwirkungen enthält EC 2-1-1, Kapitel 12 ergänzende Vorgaben.

Typische Anwendungsbereiche sind:

- überwiegend druckbeanspruchte Bauteile (ausgenommen Druck aus Vorspannung) z. B. Wände/Stützen/Bögen/Gewölbe/Tunnel
- Flachgründungen: Einzelfundamente/Streifenfundamente
- Pfähle mit Durchmesser ≥ 600 mm und Ausnutzungsgrad $N_{Ed} / A_c \leq 0{,}3 \cdot f_{ck}$ (bei Ausnutzungsgraden > 0,3 · f_{ck} ist eine unbewehrte Ausführung nur bei im GZT vollständig überdrücktem Querschnitt möglich)

Örtlich vorhandene Bewehrung darf bei Nachweisen GZT und GZG berücksichtigt werden.

Voraussetzungen und Annahmen für die Bemessung im GZT
(vgl. auch Abschnitt 6.1.1)

Es gelten die Voraussetzungen und Annahmen für eine Bemessung im GZT; folgende Ausnahmen und Besonderheiten sind jedoch zu beachten:

- Wegen der geringeren Verformungsfähigkeit von unbewehrtem Beton ist der Beiwert α_{cc} des Stahlbetonbaus (s. Erläuterung zu Gl. (5.4)) durch $\alpha_{cc,pl}$ zu ersetzen. Man erhält als Bemessungswert der Betondruckfestigkeit

  $f_{cd,pl} = \alpha_{cc,pl} \cdot f_{ck} / \gamma_C$

  mit $\alpha_{cc,pl}$ = 0,70 (EC 2-1-1/NA, 12.3.1)[17)] und γ_C = 1,50 in der Grundkombination bzw. γ_C = 1,30 in der außergewöhnlichen Bemessungssituation.
- Die Zugfestigkeit des Betons darf nicht in Rechnung gestellt werden.
- Die höchstzulässige Ausmitte einer Längskraft im Querschnitt ist im Grenzzustand der Tragfähigkeit auf $e_d/h \leq 0{,}4$ zu begrenzen (Duktilitätskriterium). Für e_d gilt die Gesamtausmitte e_{tot} einschl. einer ungewollten Ausmitte, Kriechausmitte usw. Diese Forderung gilt für Rechteckquerschnitte, Angaben für den allgemeinen Querschnitt fehlen.
- Für unbewehrten Beton darf rechnerisch keine höhere Festigkeit als C35/45 ausgenutzt werden (EC 2-1-1/NA, 12.3.1).

Nachweisprinzip

Der Bemessungswert der einwirkenden Längskraft N_{Ed} darf den der aufnehmbaren Längskraft N_{Rd} nicht überschreiten.

$$\mathbf{N_{Ed} \leq N_{Rd}} \qquad (6.29)$$

[17)] Eine Ausnahme von dieser Festlegung bilden unbewehrte Fundamente. Hierfür darf i. d. R. mit $\alpha_{cc,pl}$ = 0,85 gerechnet werden. Weitere Erläuterungen s. Band 2, Abschnitt 4.4.3.

Bei Rechteckquerschnitten unter einachsiger Ausmitte ergibt sich N_{Rd} zu

$$N_{Rd} = -f_{cd,pl} \cdot k \cdot A_c \tag{6.30}$$

mit $f_{cd,pl}$ als Bemessungswert der Betondruckfestigkeit und A_c als Fläche des Betonquerschnitts; der Faktor k berücksichtigt die parabelförmige Spannungsverteilung in der Druckzone und ein Klaffen der Fuge bei exzentrischem Kraftangriff. Der Abminderungsfaktor k kann in Abhängigkeit von der bezogenen Lastausmitte e_d / h Tafel 6.10 entnommen werden. Zusätzlich ist die Höhe des Restquerschnitts h_{eff} als auf die Gesamthöhe h bezogene Größe angegeben (zu den Bezeichnungen s. a. Abb. 6.16).

Die wirksame Querschnittsfläche für Rechtecke ergibt sich bei einachsiger Lastausmitte:

$$A_{c,eff} = b \cdot h_{eff} \quad \text{bzw.} \tag{6.31}$$

$$A_{c,eff} = b \cdot h \cdot (h_{eff} / h) \tag{6.32}$$

Bei der Ermittlung der Ausmitten von N_{Ed} sind ggf. auch Einflüsse nach Theorie II. Ordnung und von geometrischen Imperfektionen zu erfassen (s. hierzu Abschnitt 6.5).

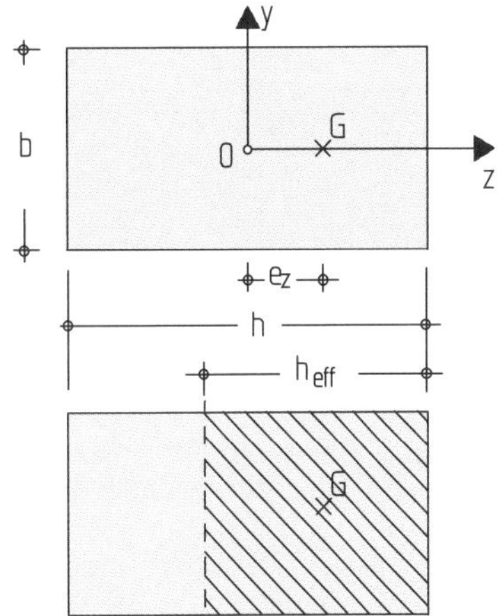

Abb. 6.16 Wirksame Querschnittsfläche

Tafel 6.10 Faktor *k* und Werte h_{eff}/h in Abhängigkeit von der bezogenen Lastausmitte e_d/h (vgl. Gl. (6.30) und Abb. 6.16)

e_d / h	0,0	0,084	0,10	0,20	0,292	0,30	0,40
k	1,0	0,810	0,778	0,584	0,405	0,389	0,195
h_{eff}/h	1,0	1,0	0,962	0,721	0,500	0,481	0,240

Weitere Hinweise und Bemessungsbeispiele s. Abschnitt 6.5.7.

6.2 Bemessung für Querkraft
(Grenzzustand der Tragfähigkeit)

6.2.1 Allgemeine Erläuterungen zum Tragverhalten

Querkraftbeanspruchungen treten in der Regel in Kombination mit Biegebeanspruchungen auf. Unter dieser kombinierten Beanspruchung entstehen im Zustand I über die Querschnittshöhe schiefe Hauptzug- σ_1 und Hauptdruckspannungen σ_2 (s. Abb. 6.17), die nach der Festigkeitslehre in die Spannungskomponenten σ_x (ggf. σ_y) und τ_{xz} zerlegt werden.

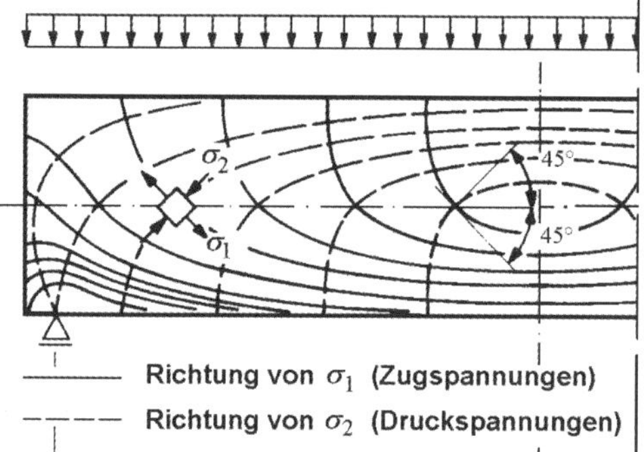

Abb. 6.17 Schiefe Hauptspannungen im Zustand I für den Rechteckquerschnitt

Überschreiten die Hauptzugspannungen σ_1 die Zugfestigkeit des Betons, dann entstehen Risse rechtwinklig zur Zugrichtung (Übergang in den Zustand II). Beim Entstehen von Rissen im Beton lagern sich die Hauptzug- und Hauptdruckspannungen um; eine wirklichkeitsnahe Berechnung dieser Druck- und Zugspannungen im Zustand II ist sehr schwierig und kommt für eine praktische Berechnung nicht in Betracht. Das Tragverhalten wird daher durch einfachere Modelle beschrieben, die die Wirklichkeit hinreichend genau abbilden.

Bei *Platten ohne Querkraftbewehrung* entstehen zunächst auch im Querkraftbereich Biegerisse. Der geneigte Druckgurt und die Kornverzahnung im Riss übernehmen die Querkraft. Mit Laststeigerung öffnen sich die Risse, so dass die Kornverzahnungskräfte nachlassen. Kurz vor dem Bruch stellt sich eine Bogen-Zugband-Wirkung ein, wie sie vereinfachend in Abb. 6.18 (s. a. Abb. 6.25) dargestellt ist. Für Platten ohne Querkraftbewehrung sollte daher das „Zugband“ möglichst wenig geschwächt und gut an den Auflagern verankert werden (nach EC 2-1-1 muss mindestens die Hälfte der Feldbewehrung über die Auflager geführt und verankert werden). Weitere Hinweise zur Querkrafttragfähigkeit von Platten s. Abschnitt 6.2.4 (vgl. auch [Leonhardt-T1 – 73], [Zilch/Rogge – 04] u. a).

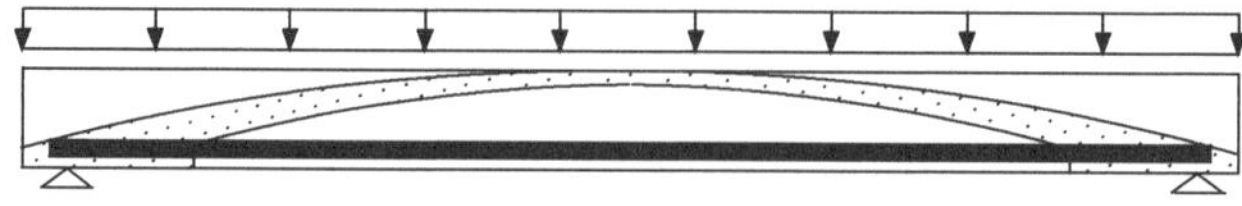

Abb. 6.18 Bogen-Zugband-Modell zur Erläuterung des Tragverhaltens von Platten ohne Querkraftbewehrung

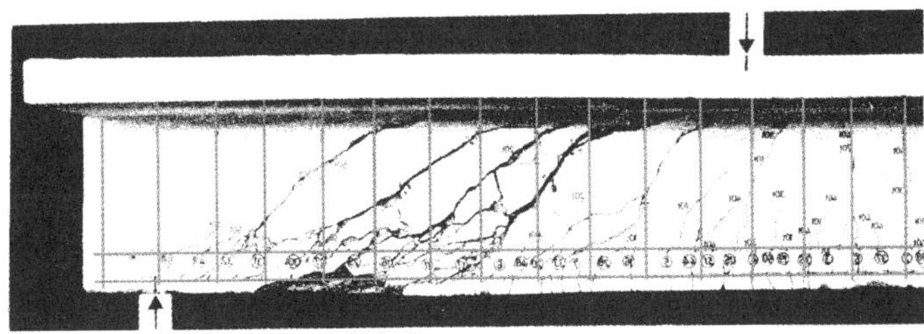

(aus [Leonhardt-T1 – 73])

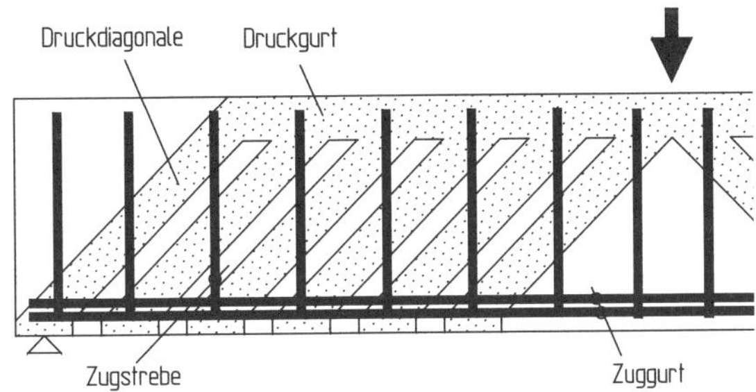

Abb. 6.19 Rissbild eines Plattenbalkens mit Querkraftbewehrung und vereinfachtes Fachwerkmodell

Über die *Querkrafttragfähigkeit von Balken* gibt es grundsätzliche Untersuchungen mit unterschiedlichen Modellvorstellungen. Für die Bemessung hat sich jedoch das Modell eines Fachwerks durchgesetzt mit der Betondruckzone als Druckgurt und der Biegezugzone bzw. der Längsbewehrung als Zuggurt; Druck- und Zuggurt sind verbunden durch Druckdiagonalen, deren Tragfähigkeit durch die Betondruckfestigkeit bestimmt wird, und durch Zugstreben, für die Querkraftbewehrung in Form von Bügeln und/oder Schrägaufbiegungen erforderlich ist (Abb. 6.19).

Grundlage für die Berechnung ist die von *Mörsch* entwickelte „klassische Fachwerkanalogie", die ausgeht von

- parallelen Druck- und Zuggurten,
- Druckdiagonalen unter $\theta = 45°$,
- Zugstreben unter einem beliebigen Winkel α.

Wie jedoch Versuche und theoretische Untersuchungen zeigen, sind insbesondere bei geringerer Querkraftbeanspruchung auch Modelle mit Druckstrebenneigungen $\theta < 45°$ möglich. Dadurch werden die Kräfte in diesem Fachwerk entscheidend beeinflusst. Insbesondere wird bei einem flachen Winkel θ die Querkraftbewehrung zum Teil erheblich vermindert, gleichzeitig jedoch auch die Beanspruchung in der Druckstrebe erhöht. Die Neigung der Druckstrebe ist daher durch die aufnehmbare Betondruckkraft begrenzt. Allerdings darf der Winkel außerdem zur Erfüllung von Verträglichkeiten in der Querkraftzone nicht beliebig flach gewählt werden (s. hierzu Abschnitt 6.2.5).

In der Querkraftbemessung sind für ein Modell mit Strebenneigungen unter einem Winkel θ die Betontragfähigkeit der Druckstrebe und die Zugstrebe (Bewehrung) nachzuweisen. Außerdem sind aber auch die Gurtkräfte, die bereits nach der Biegetheorie bemessen wurden, zu korrigieren; die Zuggurtkräfte eines Netzfachwerks sind nämlich um

$$\Delta F_{sd} = 0{,}5 \cdot |V_{Ed}| \cdot (\cot \theta - \cot \alpha) \tag{6.33}$$

größer als die im Rahmen der Biegebemessung ermittelten; im gleichen Maße sind die Druckgurtkräfte kleiner (vgl. hierzu auch Abb. 6.30). Diese Vergrößerung der Zuggurtkräfte wird in der Praxis i. Allg. bei einer Zugkraftdeckung grafisch durch horizontales Verschieben der $(M_{Eds} / z + N_{Ed})$-Linie um das Versatzmaß a_l berücksichtigt (sog. Versatzmaßregel). Weitergehende Erläuterungen sind im Abschnitt 6.2.5 enthalten.

6.2.2 Grundsätzliche Nachweisform

Der Nachweis einer ausreichenden Tragfähigkeit ist in der Weise zu führen, dass sichergestellt ist, dass der Bemessungswert der einwirkenden Querkraft V_{Ed} den Bemessungswert des Widerstandes V_{Rd} nicht überschreitet.

$$\boldsymbol{V_{Ed} \leq V_{Rd}} \tag{6.34}$$

Die *aufzunehmende Querkraft* wird zunächst als Grundwert $V_{Ed,0}$ im Rahmen einer Schnittkraftermittlung in der Grundkombination, ggf. für die außergewöhnliche Kombination, bestimmt (vgl. Abschnitt 5.1.1). Die Wirkung einer direkten Lasteinleitung in Auflagernähe, von geneigten Druck- und Zuggurten etc. wird durch Bestimmung des Bemessungswerts V_{Ed} berücksichtigt (s. Abschnitt 6.2.3), wobei ggf. zu unterscheiden ist, ob die Tragfähigkeit der Druckstrebe nachzuweisen ist oder die Querkraftbewehrung bestimmt werden soll.

Der *Bemessungswert der aufnehmbaren Querkraft* V_{Rd} kann durch einen der drei nachfolgenden Werte bestimmt sein (s. a. Abschnitt 6.2.4 und 6.2.5):

- $V_{Rd,c}$ Aufnehmbare Bemessungsquerkraft eines Bauteils ohne Querkraftbewehrung
- $V_{Rd,s}$ Bemessungswert der aufnehmbaren Querkraft eines Bauteils mit Querkraftbewehrung, d. h. Querkraft, die ohne Versagen der „Zugstrebe" aufgenommen werden kann
- $V_{Rd,max}$ Bemessungswert der Querkraft, die ohne Versagen des Balkenstegs bzw. der „Betondruckstrebe" aufnehmbar ist

6.2.3 Bemessungswert V_{Ed}

Als maßgebende Querkraft V_{Ed} im Auflagerbereich gilt für Balken und Platten im Allgemeinen die größte Querkraft am Auflagerrand. In den nachfolgend genannten Fällen darf jedoch für die Ermittlung der Querkraftbewehrung die Querkraft abgemindert werden.

Es ist zu unterscheiden, ob eine unmittelbare (direkte) Stützung oder eine mittelbare (indirekte) Stützung eines Bauteils vorliegt. Eine direkte Lagerung liegt dann vor, wenn die Auflagerkraft normal zum unteren Balkenrand mit Druckspannungen eingetragen wird, d. h. bei direkt auf Wänden, Stützen etc. aufgelagerten Bauteilen. Eine unmittelbare Stützung wird jedoch im Allgemeinen auch bei der Einbindung eines Nebenträgers in einen Hauptträger angenommen, wenn der Nebenträger mit seiner gesamten Bauhöhe oberhalb der Schwerlinie des Hauptträgers einbindet (s. Abb. 6.20). In anderen Fällen ist eine indirekte Lagerung anzunehmen.

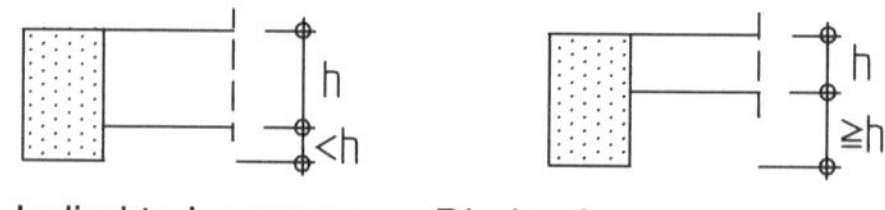

Abb. 6.20 Indirekte und direkte Stützung

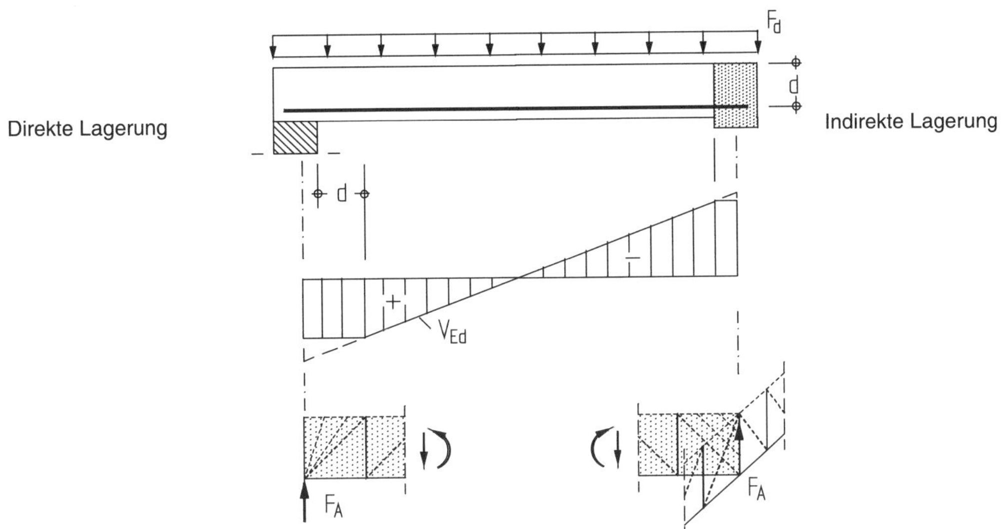

Abb. 6.21 Bemessungsquerkraft bei direkter und indirekter Stützung

Als Bemessungsquerkraft V_{Ed} für die Ermittlung der Querkraftbewehrung darf bei Balken und Platten unter gleichmäßig verteilter Belastung und bei direkter Stützung die Querkraft im Abstand d vom Auflagerrand gewählt werden (s. Abb. 6.21). In diesem Bereich stützt sich die Belastung über einen Druckstrebenfächer unmittelbar auf das Auflager ab, so dass für diesen Anteil keine Querkraftbewehrung erforderlich ist. Bei einer indirekten Auflagerung kann sich dagegen diese Lastabtragung nicht einstellen, so dass sämtliche Nachweise am Auflagerrand zu führen sind. Aus einem einfachen Fachwerkmodell ist zudem zu ersehen, dass die gesamte Auflagerkraft des Nebenträgers über eine Aufhängebewehrung an die Bauteiloberseite zu führen ist (s. Abb. 6.21). Die Querkraftabminderung bei direkter Lagerung gilt nur für die Ermittlung der Querkraftbewehrung, nicht jedoch für den Nachweis der Druckstrebentragfähigkeit $V_{Rd,max}$, da hierfür die gesamte Lastabtragung in das Auflager nachzuweisen ist.

Bei **auflagernahen Einzellasten** stellt sich ein Sprengwerk ein, bei dem sich die Einzellast teilweise direkt auf das Auflager abstützt (direkte Lagerung vorausgesetzt). Hierfür ist dann nur eine reduzierte Querkraftbewehrung erforderlich (s. Abb. 6.22). Nach EC 2-1-1 darf daher für Einzellasten im Abstand $0{,}5\,d \leq a_v \leq 2{,}0\,d$ vom Auflagerrand der Querkraftanteil einer auflagernahen Einzellast mit dem Beiwert

$$\beta = a_v \,/\, (2{,}0 \cdot d) \tag{6.35}$$

reduziert werden. Die Verminderung gilt bei Bauteilen ohne Querkraftbewehrung nur für den Nachweis von $V_{Rd,c}$ und bei Bauteilen mit Querkraftbewehrung nur für die Ermittlung der Querkraftbewehrung, die mit $A_{sw} \geq V_{Ed,w} \,/\, (f_{ywd} \cdot \sin\alpha)$ auf

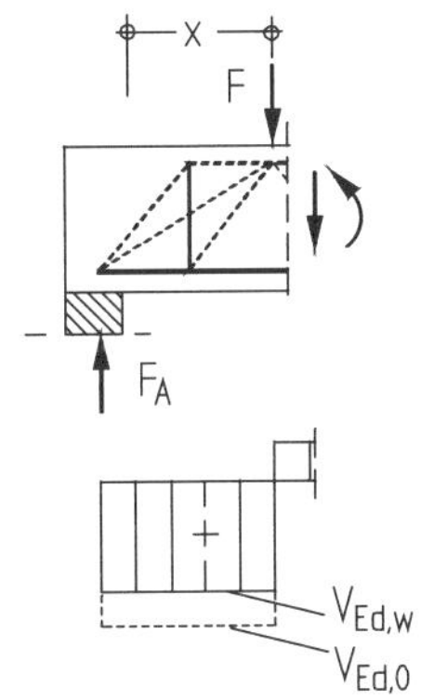

Abb. 6.22 Auflagernahe Einzellast

einem mittleren Bereich von 0,75 a_v anzuordnen ist; beim Nachweis von $V_{Rd,max}$ darf eine Abminderung jedoch nicht vorgenommen werden (EC 2-1-1, 6.2.3(8)), d. h., der Druckstrebennachweis ist immer mit $V_{Ed,0}$ zu führen. Jenseits der auflagernahen Einzellast, zum „Feld" hin, ist für $\beta = 1$ zu bemessen. Die größte dabei ermittelte Querkraftbewehrung sollte im ganzen Bereich zwischen Einzellast und Auflager angeordnet werden. Die Biegezugbewehrung ist am Auflager besonders sorgfältig zu verankern (vgl. auch [Grasser/Kupfer – 96]).

In Bauteilen mit veränderlicher Bauhöhe ergibt sich der Bemessungswert der Querkraft V_{Ed} unter Berücksichtigung der Querkraftkomponente der geneigten Gurtkräfte V_{ccd} und V_{td} (s. Abb. 6.23; es ist der Fall der Querkraftverminderung bei positiven Schnittgrößen dargestellt):

$$V_{Ed} = V_{Ed,0} - V_{ccd} - V_{td} \tag{6.36}$$

$V_{Ed,0}$ Bemessungswert (Grundwert) der Querkraft im Querschnitt

V_{ccd} Querkraftkomponente der Betondruckkraft F_{cd} parallel zu V_{Ed}

$$V_{ccd} = (M_{Eds} / z) \cdot \tan \varphi_o \approx (M_{Eds} / d) \cdot \tan \psi_o$$

mit $M_{Eds} = M_{Ed} - N_{Ed} \cdot z_s$

V_{td} Querkraftkomponente in der Stahlzugkraft F_{sd} parallel zu V_{Ed}

$$V_{td} = (M_{Eds} / z + N_{Ed}) \cdot \tan\varphi_u$$

$$\approx (M_{Eds} / d + N_{Ed}) \cdot \tan\varphi_u \qquad (M_{Eds} \text{ wie vorher})$$

V_{ccd} und V_{td} sind positiv, d. h., vermindern die Bemessungsquerkraft V_{Ed}, wenn sie in Richtung von $V_{Ed,0}$ weisen; das gilt, wenn in Trägerlängsrichtung mit steigendem $|M|$ auch die Nutzhöhe d zunimmt (s. a. [Grasser – 97]).

Die nachfolgenden Beispiele in Abb. 6.24 verdeutlichen den Zusammenhang zwischen dem Grundwert $V_{Ed,0}$ und dem Bemessungswert V_{Ed} der Querkraft. Beim Satteldachbinder reduzieren sich die Bemessungsquerkräfte V_{Ed} jeweils um den senkrechten Anteil V_{ccd} der Betondruckkraft F_{cd}, da mit wachsenden Momenten jeweils auch die Trägerhöhe zunimmt. Beim Träger mit einseitiger Neigung ergibt sich im dargestellten Fall in der linken Trägerhälfte eine Verminderung (Moment und Bauteilhöhe steigen), in der rechten Trägerhälfte jedoch eine Vergrößerung von $V_{Ed,0}$ um den jeweiligen Anteil V_{ccd}, da hier bei abnehmenden Momenten die Trägerhöhe weiter ansteigt.

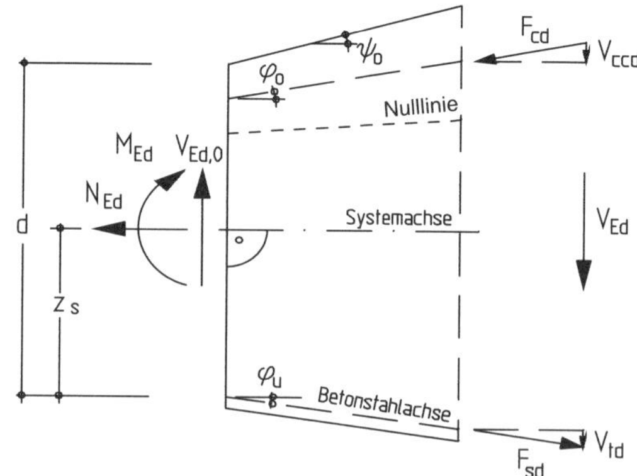

Abb. 6.23 Querkraftkomponenten von geneigten Gurtkräften (Darstellung ohne Druckbewehrung)

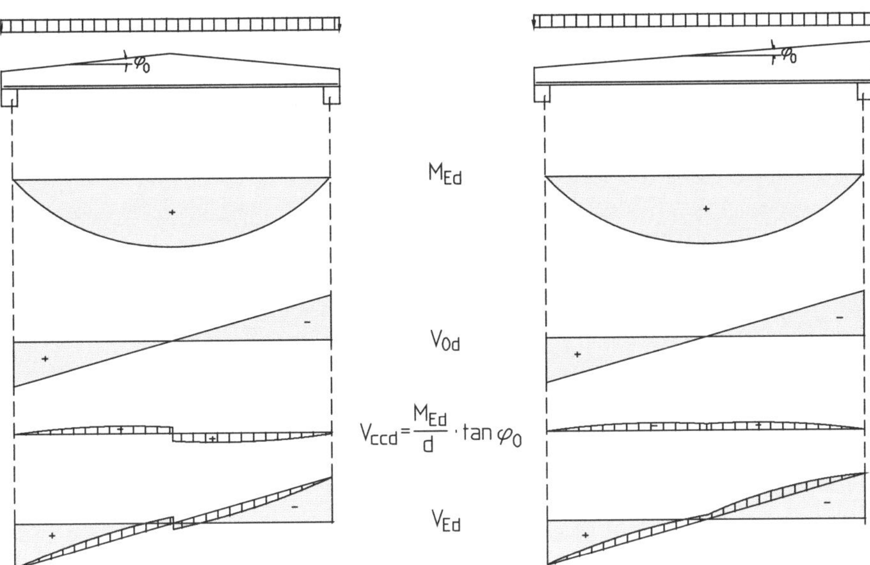

Abb. 6.24 Bemessungsquerkraft bei Bauteilen mit veränderlicher Bauhöhe

Es sei darauf hingewiesen, dass die größte Biegezugbewehrung sich dementsprechend nicht in Feldmitte ergibt, sondern – je nach Gurtneigung – etwas aus der Mitte versetzt.

6.2.4 Bauteile ohne Querkraftbewehrung

In Bauteilen ohne Querkraftbewehrung bildet sich nach Rissbildung eine kammartige Tragstruktur, wie sie in Abb. 6.25 dargestellt ist. Die Querkraftübertragung erfolgt über Kornverzahnung in den Rissen, über die Dübelwirkung der Längsbewehrung und über die Einspannung der zwischen den Rissen verbleibenden Betonzähne in die Betondruckzone. Ein Versagen tritt bei Überschreitung der Betonzugfestigkeit f_{ct} in den Einspannungen der Betonzähne auf, verbunden mit einer Rissuferverschiebung bei Ausfall der Kornverzahnung.

Die Lastabtragung von Bauteilen ohne Querkraftbewehrung ist an dem vereinfachenden Modell in Abb. 6.25 zu erkennen. Die Tragsicherheit wird sichergestellt durch

- die Kornverzahnung F_K zwischen den Rissen in Verbindung mit der Einspannwirkung der Betonzähne (Biegezugfestigkeit f_{ct}),
- die Dübelwirkung $F_{Dü}$ der Biegezugbewehrung,
- die Bogenwirkung des Druckbogens.

Auf Querkraftbewehrung darf i. Allg. nur bei Platten verzichtet werden, da bei diesen keine nennenswerten Zugspannungen senkrecht zur Plattenebene z. B. aus dem Abfließen der Hydratationswärme oder dem Schwinden zu erwarten sind (vgl. [König/Tue – 98]).

Die Tragfähigkeit von Bauteilen ohne Querkraftbewehrung wird in Abhängigkeit von den genannten Einflussgrößen ermittelt. Für Platten ohne Querkraftbewehrung ist nachzuweisen, dass die einwirkende Querkraft V_{Ed} den Bemessungswiderstand $V_{Rd,c}$ nicht überschreitet:

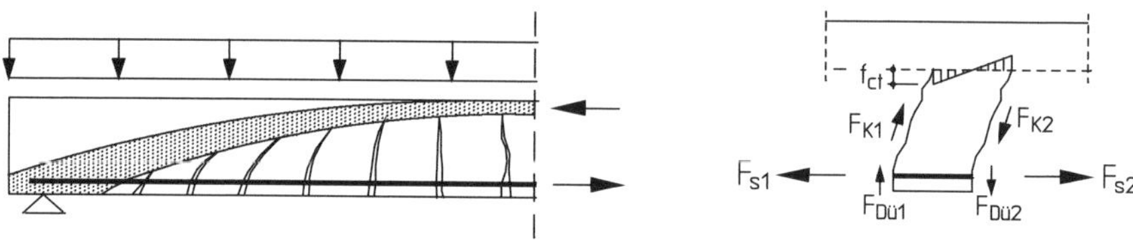

a) Kammartige Tragstruktur b) Kräfte am Betonzahn

Abb. 6.25 Querkraftmodell für Bauteile ohne Querkraftbewehrung

$$V_{Rd,c} = [C_{Rdc} \cdot k \cdot (100\rho_1 \cdot f_{ck})^{1/3} + 0{,}12 \cdot \sigma_{cp}] \cdot b_w \cdot d \geq V_{Rd,c,min} \quad (6.37)$$

Es sind:

C_{Rdc} = $0{,}15/\gamma_C$ (i. Allg. gilt $\gamma_C = 1{,}5$)

k = $1+(200/d)^{0,5} \leq 2$ (d in mm)

b_w kleinste Querschnittsbreite innerhalb der Nutzhöhe d (s. a. Abschnitt 6.2.5)

d Nutzhöhe

σ_{cp} = N_{Ed}/A_c mit N_{Ed} als Längskraft infolge von Last oder Vorspannung (Druck positiv!)

ρ_l Längsbewehrungsgrad $\rho_l = A_{sl} / (b_w \cdot d) \leq 0{,}02$; die Bewehrung A_{sl} muss ab der Nachweisstelle mindestens mit $(d + l_{bd})$ verankert sein (s. hierzu Abb. 6.26).

$V_{Rd,c,min}$ Mindestquerkrafttragfähigkeit (s. nachfolgend)

In Gl. (6.37) werden die zuvor genannten Mechanismen beschrieben, und zwar

- die Dübelwirkung durch die Längsbewehrung $(100\rho_l)^{1/3}$ (bzw. wegen der Abhängigkeit zw. Druckzonenhöhe und Längsbewehrung die in der Druckzone aufnehmbare Querkraft),
- die Einspannung der Betonzähne und die Kornverzahnung durch die Zugfestigkeit $(0{,}15/\gamma_C) f_{ck}^{1/3}$.

Wie allerdings aus Versuchen hervorgeht, ist die Maßstäblichkeit der Querkrafttragfähigkeit mit wachsender Bauhöhe nur bedingt gegeben; die Biegezugfestigkeit des Betons fällt beispielsweise umso höher aus, je niedriger die Bauteile sind. Mit wachsender Bauhöhe muss daher die Querkrafttragfähigkeit mit dem Faktor k herabgesetzt werden (s. [Leonhardt-T1 – 73]).

Die Wirkung von Längskräften wird zusätzlich erfasst. Die Querkrafttragfähigkeit wird durch Druckkräfte wegen der geringeren Rissbildung und der größeren Druckzonenhöhe günstig beeinflusst, bei Zugkräften entsprechend ungünstig. (Der Ansatz nach Gl. (6.37) ist jedoch in erster Linie nur für die Berücksichtigung von Längsdruckkräften gedacht.)

Neben der Tragfähigkeit $V_{Rd,c}$ als Grenzwert der aufnehmbaren Querkraft eines Bauteils ohne Querkraftbewehrung ist außerdem die maximale Druckstrebentragfähigkeit $V_{Rd,max}$ nachzuweisen. Für Platten ohne nennenswerte Längskräfte ist dieser Nachweis jedoch i. d. R. nicht maßgebend und daher entbehrlich (s. hierzu Abschnitt 6.2.5).

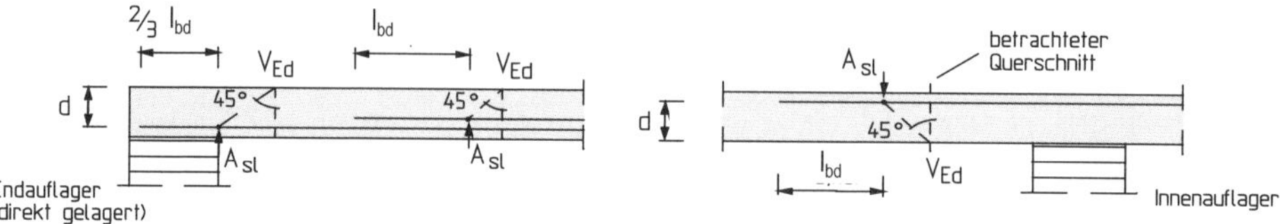

Abb. 6.26 Definition von A_{sl} nach Gl. (6.37)

Mindestquerkrafttragfähigkeit $V_{\mathrm{Rd,c,min}}$

Die Ermittlung der Querkrafttragfähigkeit nach Gl. (6.37) wurde (halb-)empirisch abgeleitet. Bei geringen Längsbewehrungsgraden liefert diese Gleichung jedoch zunehmend auf der sicheren Seite liegende Ergebnisse (für den theoretischen Grenzfall $\rho_l = 0$ ergibt sich mit Gl. (6.37) $V_{\mathrm{Rd,c}} = 0$). Im Eurocode 2 wird daher zusätzlich eine Mindestquerkrafttragfähigkeit formuliert, die sich wie folgt ergibt:

$$V_{\mathrm{Rd,c,min}} = [(\kappa_1/\gamma_C) \cdot (k^3 \cdot f_{ck})^{0,5} + 0,12\ \sigma_{cp}] \cdot b_w \cdot d \qquad (6.38)$$

mit $\kappa_1 = 0,0525$ für $d \leq 60$ cm

$\kappa_1 = 0,0375$ für $d \geq 80$ cm (Zwischenwerte interpolieren)

Die Auswertung von Gl. (6.38) zeigt, dass mit der Mindestquerkrafttragfähigkeit für übliche Plattentragwerke – bis etwa 30 cm Dicke, Längsbewehrungsgraden ρ_l von max. 0,4 bis 0,6 %, $\sigma_{cp} = 0$ – günstigere Ergebnisse erhalten werden als mit einer Berechnung nach Gl. (6.37).

In Abb. 6.27 ist der Verlauf der Mindestquerkrafttragfähigkeit nach Gl. (6.38) in Abhängigkeit von der Nutzhöhe d dargestellt, die stetige Abminderung infolge des k-Wertes im gesamten dargestellten Bereich ($d \geq 20$ cm) und die zusätzliche Reduzierung infolge κ_1 im Bereich 60 cm $\leq d \leq$ 80 cm sind deutlich zu erkennen.

Für eine einfache und schnelle Ablesung zeigen die Tafeln 6.11a und 6.11b in Abhängigkeit von der Betonfestigkeitsklasse C die auf die Breite und Nutzhöhe bezogene Mindestquerkrafttragfähigkeit $v_{\mathrm{Rd,c,min}} = V_{\mathrm{Rd,c,min}} / (b_w\ d)$ [MN/m²], zusätzlich ist angegeben, bei welchem Längsbewehrungsgrad ρ_l [%] diese Tragfähigkeit erreicht wird (kursive Werte). Die Tafel gilt ebenso wie Abb. 6.27 für $\sigma_{cp} = 0$.

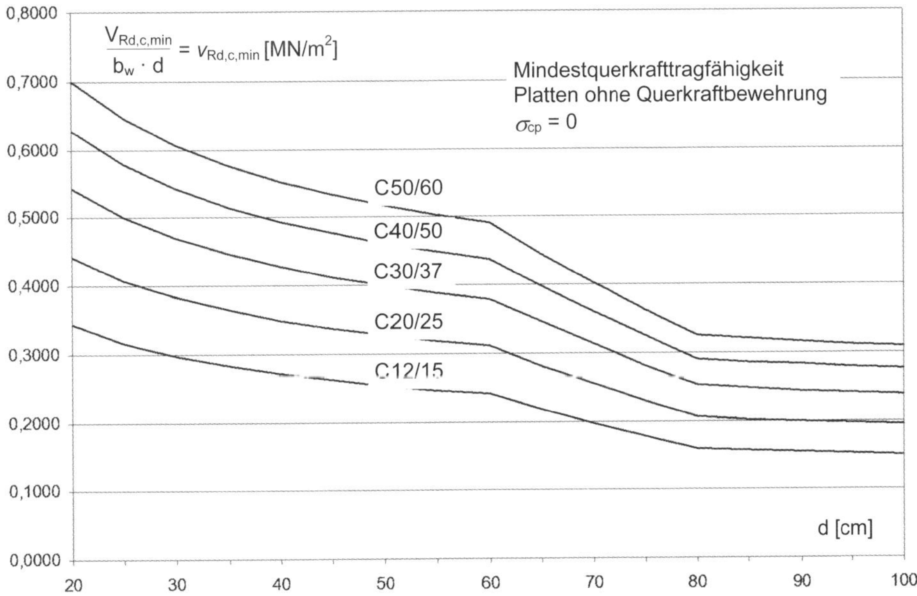

Abb. 6.27 Mindestquerkrafttragfähigkeit von Platten ohne Querkraftbewehrung

Tafel 6.11a Mindestquerkrafttragfähigkeit für Platten bis *d* = 30 cm

d [cm]	Beton C	12/15	16/20	20/25	25/30	30/37	35/45	40/50	45/55	50/60
≤ 20	$v_{Rd,c,min}$	0,343	0,396	0,443	0,495	0,542	0,586	0,626	0,664	0,700
	$\rho_{l,zug}$ [%]	*0,420*	*0,485*	*0,542*	*0,606*	*0,664*	*0,717*	*0,767*	*0,814*	*0,858*
21	$v_{Rd,c,min}$	0,337	0,389	0,435	0,486	0,532	0,575	0,615	0,652	0,687
	$\rho_{l,zug}$ [%]	*0,413*	*0,476*	*0,533*	*0,595*	*0,652*	*0,705*	*0,753*	*0,798*	*0,842*
22	$v_{Rd,c,min}$	0,331	0,382	0,427	0,478	0,523	0,565	0,604	0,641	0,676
	$\rho_{l,zug}$ [%]	*0,406*	*0,468*	*0,524*	*0,585*	*0,641*	*0,693*	*0,740*	*0,785*	*0,828*
23	$v_{Rd,c,min}$	0,326	0,376	0,421	0,470	0,515	0,556	0,595	0,631	0,665
	$\rho_{l,zug}$ [%]	*0,399*	*0,461*	*0,515*	*0,576*	*0,631*	*0,681*	*0,729*	*0,773*	*0,815*
24	$v_{Rd,c,min}$	0,321	0,370	0,414	0,463	0,507	0,548	0,586	0,621	0,655
	$\rho_{l,zug}$ [%]	*0,393*	*0,454*	*0,507*	*0,567*	*0,621*	*0,671*	*0,717*	*0,761*	*0,802*
25	$v_{Rd,c,min}$	0,316	0,365	0,408	0,456	0,500	0,540	0,577	0,612	0,645
	$\rho_{l,zug}$ [%]	*0,387*	*0,447*	*0,500*	*0,559*	*0,612*	*0,661*	*0,707*	*0,750*	*0,791*
26	$v_{Rd,c,min}$	0,312	0,360	0,403	0,450	0,493	0,533	0,569	0,604	0,637
	$\rho_{l,zug}$ [%]	*0,382*	*0,441*	*0,493*	*0,551*	*0,604*	*0,652*	*0,697*	*0,740*	*0,780*
27	$v_{Rd,c,min}$	0,308	0,355	0,397	0,444	0,487	0,526	0,562	0,596	0,628
	$\rho_{l,zug}$ [%]	*0,377*	*0,435*	*0,487*	*0,544*	*0,596*	*0,644*	*0,688*	*0,730*	*0,770*
28	$v_{Rd,c,min}$	0,304	0,351	0,392	0,439	0,481	0,519	0,555	0,589	0,620
	$\rho_{l,zug}$ [%]	*0,372*	*0,430*	*0,481*	*0,537*	*0,589*	*0,636*	*0,680*	*0,721*	*0,760*
29	$v_{Rd,c,min}$	0,300	0,347	0,388	0,433	0,475	0,513	0,548	0,582	0,613
	$\rho_{l,zug}$ [%]	*0,368*	*0,425*	*0,475*	*0,531*	*0,582*	*0,628*	*0,672*	*0,712*	*0,751*
30	$v_{Rd,c,min}$	0,297	0,343	0,383	0,428	0,469	0,507	0,542	0,575	0,606
	$\rho_{l,zug}$ [%]	*0,364*	*0,420*	*0,469*	*0,525*	*0,575*	*0,621*	*0,664*	*0,704*	*0,742*

Tafel 6.11b Mindestquerkrafttragfähigkeit für Platten bis *d* = 100 cm

d [cm]	Beton C	12/15	16/20	20/25	25/30	30/37	35/45	40/50	45/55	50/60
≤ 20	$v_{Rd,c,min}$	0,343	0,396	0,443	0,495	0,542	0,586	0,626	0,664	0,700
	$\rho_{l,zug}$ [%]	*0,420*	*0,485*	*0,542*	*0,606*	*0,664*	*0,717*	*0,767*	*0,814*	*0,858*
30	$v_{Rd,c,min}$	0,297	0,343	0,383	0,428	0,469	0,507	0,542	0,575	0,606
	$\rho_{l,zug}$ [%]	*0,364*	*0,420*	*0,469*	*0,525*	*0,575*	*0,621*	*0,664*	*0,704*	*0,742*
40	$v_{Rd,c,min}$	0,270	0,312	0,349	0,390	0,428	0,462	0,494	0,524	0,552
	$\rho_{l,zug}$ [%]	*0,331*	*0,383*	*0,428*	*0,478*	*0,524*	*0,566*	*0,605*	*0,642*	*0,676*
50	$v_{Rd,c,min}$	0,253	0,292	0,327	0,365	0,400	0,432	0,462	0,490	0,516
	$\rho_{l,zug}$ [%]	*0,310*	*0,358*	*0,400*	*0,447*	*0,490*	*0,529*	*0,566*	*0,600*	*0,632*
60	$v_{Rd,c,min}$	0,240	0,277	0,310	0,347	0,380	0,410	0,439	0,465	0,490
	$\rho_{l,zug}$ [%]	*0,294*	*0,340*	*0,380*	*0,425*	*0,465*	*0,503*	*0,537*	*0,570*	*0,601*
70	$v_{Rd,c,min}$	0,198	0,228	0,255	0,285	0,312	0,337	0,361	0,383	0,403
	$\rho_{l,zug}$ [%]	*0,178*	*0,205*	*0,230*	*0,257*	*0,281*	*0,304*	*0,325*	*0,344*	*0,363*
80	$v_{Rd,c,min}$	0,159	0,184	0,205	0,230	0,252	0,272	0,291	0,308	0,325
	$\rho_{l,zug}$ [%]	*0,099*	*0,115*	*0,128*	*0,144*	*0,157*	*0,170*	*0,182*	*0,193*	*0,203*
90	$v_{Rd,c,min}$	0,155	0,179	0,200	0,223	0,244	0,264	0,282	0,299	0,316
	$\rho_{l,zug}$ [%]	*0,097*	*0,112*	*0,125*	*0,139*	*0,153*	*0,165*	*0,176*	*0,187*	*0,197*
100	$v_{Rd,c,min}$	0,151	0,174	0,195	0,218	0,238	0,258	0,275	0,292	0,308
	$\rho_{l,zug}$ [%]	*0,094*	*0,109*	*0,122*	*0,136*	*0,149*	*0,161*	*0,172*	*0,183*	*0,192*

Für Platten mit Nutzhöhen $d \leq 20$ cm und $\sigma_{cp} = 0$ kann als „durchgängige" Bemessungshilfe – d. h. Querkrafttragfähigkeit unter Berücksichtigung des Längsbewehrungsgrades gemäß Gl. (6.37) und als Mindestwert nach Gl. (6.38) – Abb. 6.28 genutzt werden. Eingangswert ist der maßgebende Längsbewehrungsgrad, Ablesewert ist dann die bezogene Querkrafttragfähigkeit $v_{Rd,c} = V_{Rd,c} / (b_w \cdot d)$. Vielfach genügt es aber auch, ohne Berechnung von ρ_l direkt die Mindestquerkrafttragfähigkeit in Abhängigkeit von der jeweiligen Betonfestigkeitsklasse abzulesen und mit der einwirkenden Querkraft zu vergleichen.

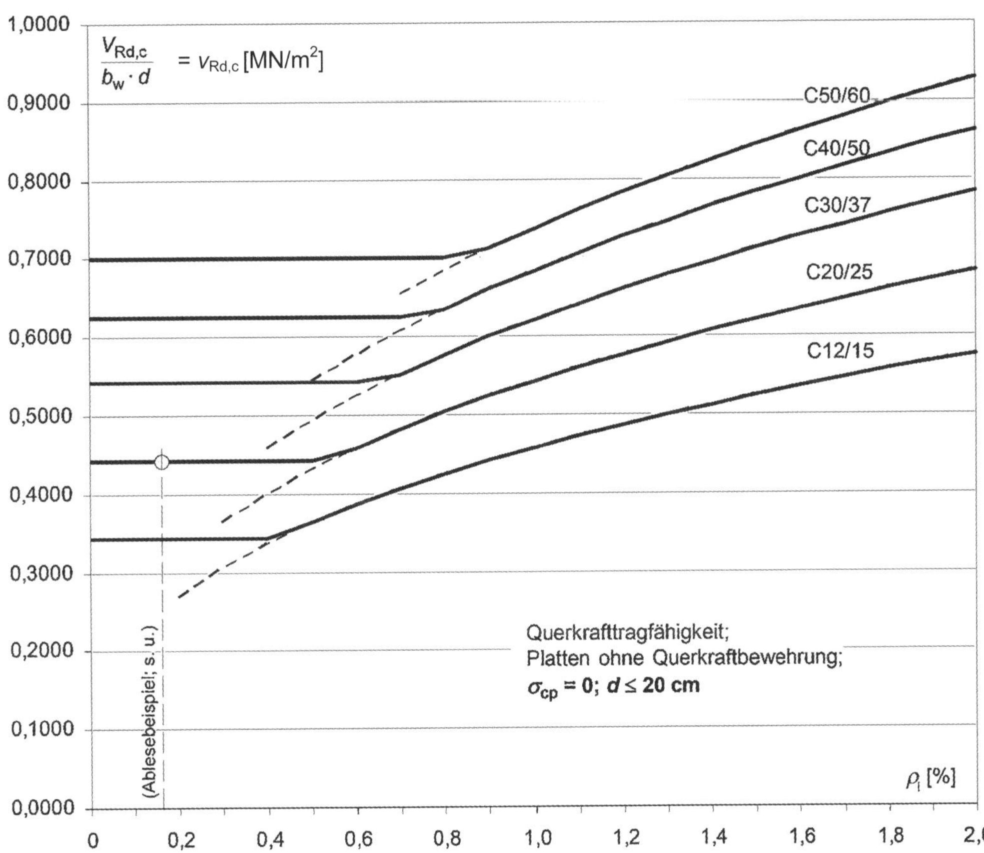

Ablesebeispiele (vgl. nächste Seite)

Beispiel 1 Platte mit d = 18 cm, V_{Ed} = 36,6 kN/m, Beton C20/25
(Voraussetzung für Abb. 6.28 mit $d \leq 20$ cm und $\sigma_{cp} = 0$ erfüllt)
Mindestquerkrafttragfähigkeit $v_{Rd,c,min} \approx 0{,}44$ MN/m²
$V_{Rd,c} = 0{,}44 \cdot 1{,}0 \cdot 0{,}18 = 0{,}0792$ MN/m = 79,2 kN/m
Nachweis: V_{Ed} = 36,6 kN/m < $V_{Rd,c}$ = 79,2 kN/m
→ keine Querkraftbewehrung erforderlich

Beispiel 2 Platte wie vorher, Längsbewehrungsgrad ρ_l = 0,0016 (s. nächste Seite)
$v_{Rd,c} \approx 0{,}44$ MN/m²
Weiterer Rechengang wie vorher.

Abb. 6.28 Querkrafttragfähigkeit von Platten ohne Querkraftbewehrung ($d \leq 20$ cm, $\sigma_{cp} = 0$)

Beispiel 1

Für die dargestellte einfeldrige Deckenplatte soll die Tragfähigkeit für Querkraft nachgewiesen werden. Aus einer hier nicht dargestellten Biegebemessung (s. hierzu Abschnitt 6.1) erhält man in Feldmitte a_{sl} = 5,70 cm²/m, die Bewehrung soll gestaffelt werden, so dass am Endauflager nur noch die Hälfte der maximalen Feldbewehrung vorhanden ist.

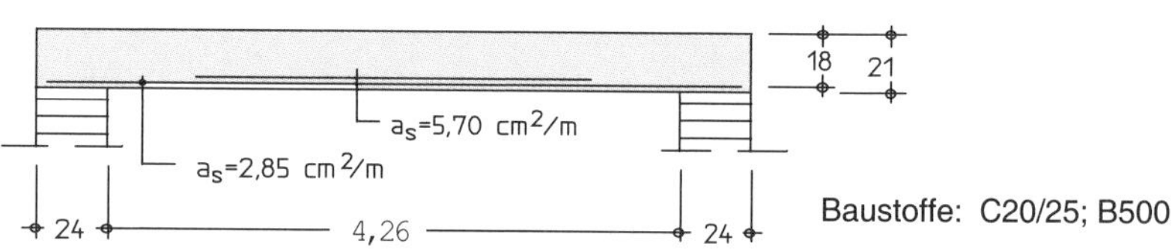

System und Belastung

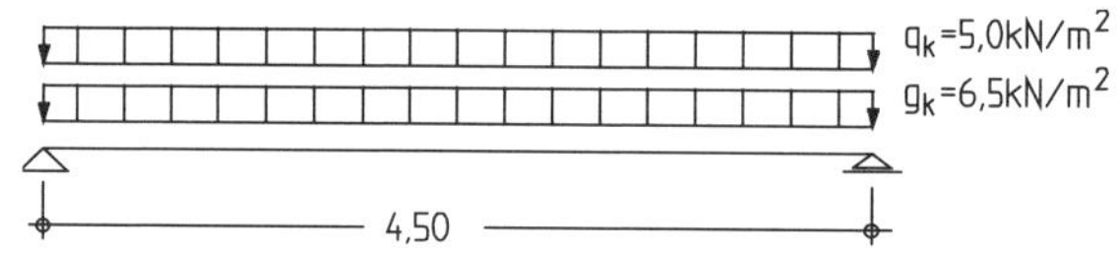

Bemessungsquerkraft

$$V_{\mathrm{Ed,l}} = -V_{\mathrm{Ed,r}} = 0{,}5 \cdot (\gamma_G \cdot g_k + \gamma_Q \cdot q_k) \cdot l = 0{,}5 \cdot (1{,}35 \cdot 6{,}5 + 1{,}5 \cdot 5{,}0) \cdot 4{,}50$$
$$= 0{,}5 \cdot 16{,}3 \cdot 4{,}50 = 36{,}6 \text{ kN/m}$$

Bemessung

Ohne Querkraftbewehrung aufnehmbare Querkraft

a) Mindestquerkrafttragfähigkeit

$V_{\mathrm{Rd,c,min}} = (\kappa_1/\gamma_c) \cdot (k^3 \cdot f_{ck})^{0,5} \cdot b_w \cdot d$ | vgl. Gl. (6.38) für $\sigma_{cp} = 0$

$k = 2$; $\kappa_1 = 0{,}0525$ | für $d \leq 200$ mm (k) bzw. $d \leq 600$ mm (κ_1)

$V_{\mathrm{Rd,c,min}} = (0{,}0525/1{,}5) \cdot (2{,}0^3 \cdot 20)^{0,5} \cdot 1{,}0 \cdot 0{,}18 = 0{,}0797$ MN/m = 79,7 kN/m

$V_{\mathrm{Rd,c,min}} > V_{\mathrm{Ed,l}} = 36{,}6$ kN/m

$\Rightarrow$ keine Querkraftbewehrung erforderlich. | Nachweis näherungsweise in der theoretischen Auflagerlinie; sichere Seite.

b) Querkrafttragfähigkeit gem. Gl. (6.37)

Der Nachweis erübrigt sich, da Fall a) bereits erfüllt ist. Nachfolgender Rechengang nur zur Demonstration

$V_{\mathrm{Rd,c}} = (0{,}15/\gamma_C) \cdot k \cdot (100\rho_l \cdot f_{ck})^{1/3} \cdot b_w \cdot d$ | vgl. Gl. (6.37) für $\sigma_{cp} = 0$

$k = 2$ | für $d \leq 200$ mm

$\rho_l = 2{,}85 / (100 \cdot 18) = 0{,}0016$ | Es darf nur die am Endauflager verankerte Längsbewehrung berücksichtigt werden.

$d = 0{,}18$ m

$V_{\mathrm{Rd,c}} = (0{,}15/1{,}5) \cdot 2 \cdot (0{,}16 \cdot 20)^{1/3} \cdot 1 \cdot 0{,}18 = 0{,}0531$ MN = 53,1 kN

$V_{\mathrm{Rd,c}} > V_{\mathrm{Ed,0}}$

$\Rightarrow$ keine Querkraftbewehrung erforderlich. | Nachweis in theoretischen Auflagerlinie, s. vorher.

Der Nachweis der Druckstrebe $V_{\mathrm{Rd,max}}$ ist bei Stahlbetonplatten im Allgemeinen entbehrlich (hier ohne Nachweis).

Beispiel 2

Für eine zweifeldrige Deckenplatte soll nachgewiesen werden, dass auf Querkraftbewehrung verzichtet werden kann. In einer Bemessung für Biegung wurde für die Innenstütze eine (obere) Biegezugbewehrung von a_{sl} = 3,85 cm²/m ermittelt (s. [Geistefeldt/Goris – 93]); weitere Angaben zur Biegezugbewehrung und zu den gewählten Baustoffen können der nachfolgenden Darstellung entnommen werden.

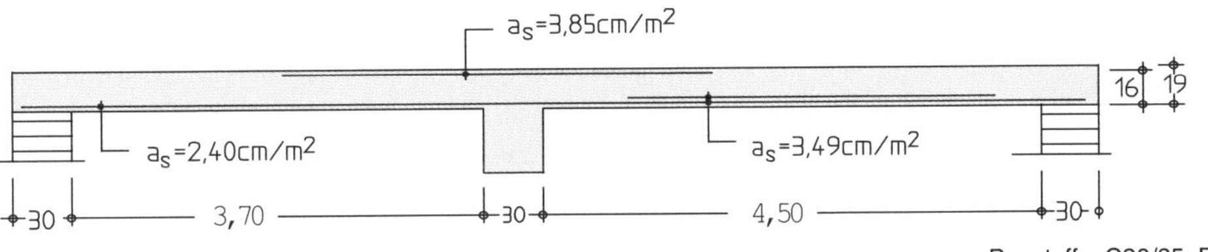

Baustoffe: C20/25; B500

System und Belastung

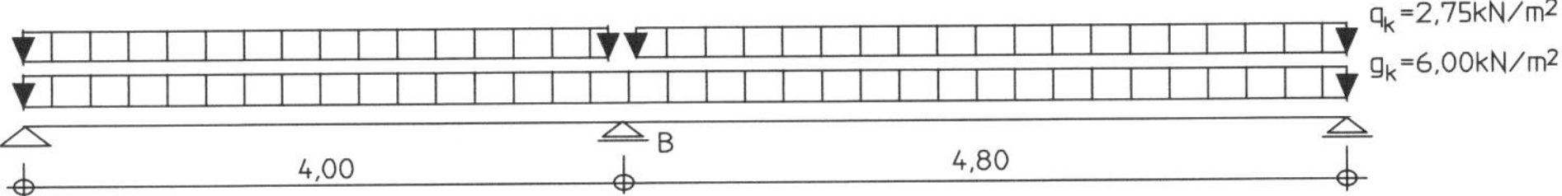

Bemessungsquerkraft

Die ungünstigste Querkraft tritt an der rechten Seite der Stütze B auf (rechnerische Ermittlung mit [Schneider – 22]).

$$V_{Ed,Br} = 0{,}729 \cdot (\gamma_G \cdot g_k + \gamma_Q \cdot q_k) \cdot l_1 = 0{,}729 \cdot (1{,}35 \cdot 6{,}0 + 1{,}5 \cdot 2{,}75) \cdot 4{,}0 = 35{,}6 \text{ kN/m}$$

Bemessung

a) Mindestquerkrafttragfähigkeit

$V_{Rd,c,min} = (\kappa_1/\gamma_C) \cdot (k^3 \cdot f_{ck})^{0,5} \cdot b_w \cdot d$	vgl. Gl. (6.38) für $\sigma_{cp} = 0$
$k = 2;\ \kappa_1 = 0{,}0525$	für $d \leq 200$ mm (k) bzw. $d \leq 600$ mm (κ_1)

$$V_{Rd,c,min} = (0{,}0525/1{,}5) \cdot (2{,}0^3 \cdot 20)^{0,5} \cdot 1{,}0 \cdot 0{,}16 = 0{,}0708 \text{ MN/m} = 70{,}8 \text{ kN/m}$$

$$V_{Rd,c,min} > V_{Ed,l} = 35{,}6 \text{ kN/m}$$

$\Rightarrow$ keine Querkraftbewehrung erforderlich

b) Querkrafttragfähigkeit gem. Gl. (6.37)

Nachweis erübrigt sich, da Fall a) erfüllt, Rechengang nur zur Demonstration

$V_{Rd,c} = (0{,}15/\gamma_C) \cdot k \cdot (100\rho_l \cdot f_{ck})^{1/3} \cdot b_w \cdot d$	vgl. Gl. (6.37) für $\sigma_{cp} = 0$
$k = 2$	für $d \leq 200$ mm
$\rho_l = 3{,}85/(100 \cdot 16) = 0{,}0024$	Bewehrungsgrad der Biegezugbewehrung (hier: **obere** Bewehrung); die Bewehrung muss ab der Nachweisstelle mindestens noch mit ($d + l_{bd}$) vorhanden sein.

$$V_{Rd,c} = 0{,}10 \cdot 2{,}0 \cdot (100 \cdot 0{,}0024 \cdot 20)^{1/3} \cdot 1{,}00 \cdot 0{,}16 = 0{,}0540 \text{ MN/m} = 54{,}0 \text{ kN/m} > V_{Ed}$$

$\Rightarrow$ keine Querkraftbewehrung erforderlich

Auf einen Nachweis der Druckstrebe $V_{Rd,max}$ kann verzichtet werden.

6.2.5 Bauteile mit Querkraftbewehrung

6.2.5.1 Querkraftbeanspruchung der Balkenstege

Bei Bauteilen mit Querkraftbewehrung erfolgt die Lastabtragung über ein Stabwerk, bestehend aus dem Ober- und Untergurt der Biegedruckzone und -zugzone sowie aus geneigten Betondruckstreben und vertikalen oder geneigten Zugstreben, die Ober- und Untergurt miteinander verbinden. Bei der Querkraftbemessung werden die Betondruckstrebe und die Querkraftbewehrung zur Aufnahme der Zugstrebenkräfte nachgewiesen.

Die Gleichungen der Querkraftbemessung sollen an einem Fachwerkmodell gemäß Abb. 6.29 zunächst für den Sonderfall eines Balkens mit lotrechter Querkraftbewehrung gezeigt werden. Bei einer Beanspruchung infolge einer mittig angreifenden Einzellast ergeben sich die für die Knoten 1 und 2 dargestellten Druck- und Zugstrebenkräfte. Für die Betonspannungen σ_{cd} der Druckstrebe und Stahlspannung σ_{sd} der Zugstrebe erhält man (s. a. [Geistefeldt/Goris – 93]):

$$\sigma_{cd} = \frac{V_{Ed}}{\sin\theta} \cdot \frac{1}{z \cdot \sin\theta \cdot \cot\theta} \cdot \frac{1}{b_w} = \frac{V_{Ed}}{b_w \cdot z} \cdot \frac{1+\cot^2\theta}{\cot\theta} \leq \nu_1 \cdot f_{cd} \tag{6.39}$$

$$\sigma_{sd} = \frac{V_{Ed}}{z \cdot \cot\theta} \cdot \frac{1}{A_{sw}/s_w} = \frac{V_{Ed}}{A_{sw}/s_w} \cdot \frac{1}{z \cdot \cot\theta} \leq f_{yd} \tag{6.40}$$

Die maximale Tragfähigkeit ergibt sich bei Erreichen der Materialfestigkeiten, der Streckgrenze f_{yd} der Querkraftbewehrung auf der einen Seite und der zulässigen Druckfestigkeit $\nu_1 f_{cd}$ in der Betondruckstrebe auf der anderen Seite.

Die maximal von der Druckstrebe aufnehmbare Querkraft $V_{Rd,max}$ beträgt mit $V_{Ed} = V_{Rd,max}$

$$V_{Rd,max} = \nu_1 \cdot f_{cd} \cdot b_w \cdot z \cdot \frac{1}{\tan\theta + \cot\theta} \tag{6.41}$$

Ebenso erhält man die größte von der Querkraftbewehrung aufnehmbare Querkraft $V_{Rd,sy}$

$$V_{Rd,s} = (A_{sw}/s_w) \cdot f_{yd} \cdot z \cdot \cot\theta \tag{6.42}$$

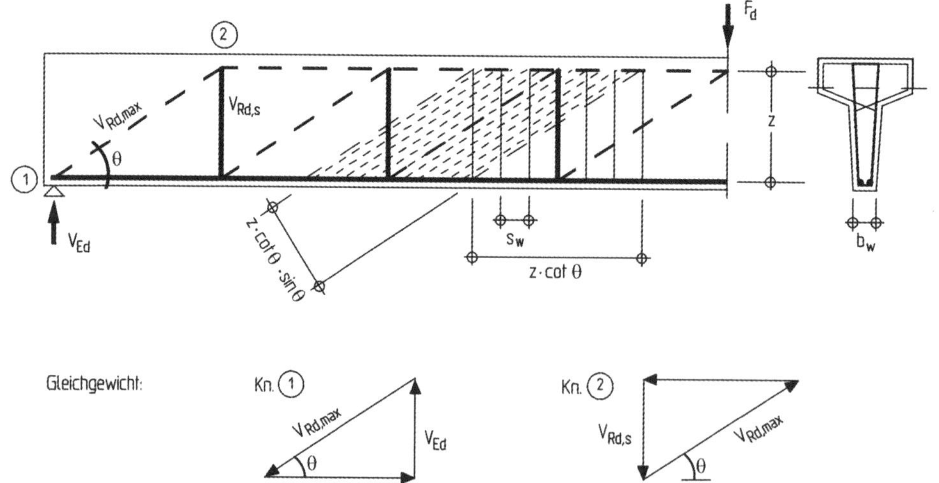

Abb. 6.29 Fachwerkmodell für Bauteile mit lotrechter Querkraftbewehrung

Wie zu sehen ist, hat der Neigungswinkel θ der Druckstrebe einen maßgeblichen Einfluss auf die Bauteilwiderstände. In der klassischen Fachwerkanalogie nach *Mörsch* ist θ = 45°. Bei geringer Querkraftbeanspruchung können sich jedoch deutlich flachere Winkel einstellen, die zu einer starken Reduzierung der Querkraftbewehrung führen. Erst bei hoher Querkraftbeanspruchung stellt sich zur Sicherstellung der Druckstrebentragfähigkeit ein Winkel von etwa 45° ein.

Die aus Gleichgewichtsgründen möglichen Winkel θ können jedoch nicht ohne Weiteres zugrunde gelegt werden, da auch die Verträglichkeit der Verzerrungen infolge von Bügeldehnung, Längsdehnung der Gurte und Strebenstauchung (vgl. [Reineck – 01]) zu beachten ist.

Wie bereits im Abschnitt 6.2.1 ausgeführt, sind in dem Fachwerkmodell nach Abb. 6.29 neben den hier angesprochenen Druck- und Zugstrebennachweisen der Querkraftbemessung allerdings zusätzlich die Gurtkräfte, die bereits beim Nachweis für Biegung als Betondruckkraft und Stahlzugkraft bemessen wurden, zu korrigieren. Dies soll an einem Fachwerkmodell mit Belastung durch eine Einzellast in Feldmitte und bei lotrechter Querkraftbewehrung erläutert werden (s. Abb. 6.29 und 6.30).

Wie Abb. 6.30 zu entnehmen ist, ergeben sich größere Zuggurtkräfte als mit $F_{sd} = M_{Ed}/z$ ermittelt, und zwar um den Betrag $\Delta F_{sd} = 0{,}5 \cdot |V_{Ed}| \cdot (\cot\theta - \cot\alpha)$, vgl. Gl. (6.33). In der praktischen Bemessung wird diese Vergrößerung durch die sog. Versatzmaßregelung (vgl. auch Band 2) berücksichtigt; hierbei wird die (M_{Ed} /z)-Linie *horizontal* verschoben um das Versatzmaß

$$a_l = 0{,}5 \cdot z \cdot (\cot\theta - \cot\alpha) \qquad (6.43)$$

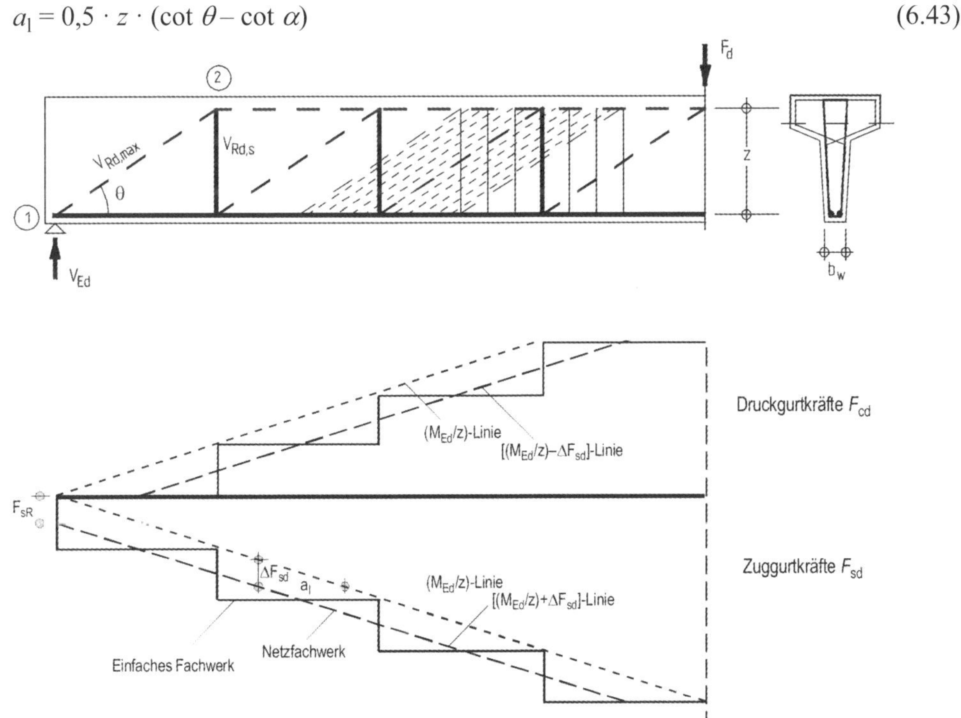

Abb. 6.30 Gurtkräfte des Fachwerkmodells

In EC 2-1-1 ist die Querkrafttragfähigkeit rechnerisch wie folgt festgelegt[18]:

- Bauteile mit ***lotrechter Querkraftbewehrung***
  - Bemessungswiderstand $V_{Rd,max}$

$$V_{Rd,max} = \frac{\alpha_{cw} \cdot v_1 \cdot f_{cd} \cdot b_w \cdot z}{\tan\theta + \cot\theta} \tag{6.44}$$

α_{cw} = 1 (vgl. EC 2-1-1/NA, 6.2.3)
v_1 = 0,75 · (1,1 – f_{ck}/500) ≤ 0,75 (d. h. bis C50/60 gilt v_1 = 0,75)
b_w kleinste Stegbreite; bei Stegen mit Spanngliedern s. EC 2-1-1
θ Neigungswinkel der Druckstrebe (s. u.)

  - Bemessungswert $V_{Rd,s}$

$$V_{Rd,s} = a_{sw} \cdot f_{yd} \cdot z \cdot \cot\theta \tag{6.45}$$

a_{sw} Querschnitt der Querkraftbewehrung je Längeneinheit ($a_{sw} = A_{sw} / s_w$)
z innerer Hebelarm, im Allg. $z \approx 0{,}9 \cdot d$; z darf jedoch nicht größer als $z = (d - 2c_{v,l})$ bzw. $z = (d - c_{v,l} - 30$ mm) angenommen werden (mit $c_{v,l}$ als Verlegemaß der Längsbewehrung in der Druckzone; der größere Wert ist maßgebend)
θ Neigungswinkel der Druckstrebe:

$$\cot\theta \le \frac{1{,}2 + 1{,}4\,\sigma_{cd} / f_{cd}}{1 - V_{Rd,cc} / V_{Ed}} \begin{cases} \ge 1{,}00 \text{ [19]} \\ \le 3{,}00 \end{cases}$$

$$V_{Rd,cc} = c \cdot 0{,}48 \cdot f_{ck}^{1/3} \cdot [1 - 1{,}2 \cdot (\sigma_{cd} / f_{cd})] \cdot b_w \cdot z$$

c = 0,50
$\sigma_{cd} = N_{Ed} / A_c$ (N_{Ed} > 0 für Längsdruck)

Bei Längszugbeanspruchung sollte cot θ = 1,0 eingehalten werden.

Näherungsweise darf gesetzt werden:

cot θ = 1,2 für reine Biegung und für Biegung mit Längsdruckkraft
cot θ = 1,0 für Biegung und Längszugkraft

- Bauteile mit unter einem Winkel α gegen die Trägerachse ***geneigter Querkraftbewehrung***
  - Bemessungswiderstand $V_{Rd,max}$

$$V_{Rd,max} = v_1 \cdot f_{cd} \cdot b_w \cdot z \cdot \frac{\cot\theta + \cot\alpha}{1 + \cot^2\theta} \tag{6.46}$$

  - Bemessungswert $V_{Rd,sy}$

$$V_{Rd,s} = a_{sw} \cdot f_{yd} \cdot z \cdot \sin\alpha \cdot (\cot\theta + \cot\alpha) \tag{6.47}$$

mit α als Neigung der Querkraftbewehrung.

Die Druckstrebe wird im Fachwerkmodell auf eine Breite $z \cdot \cot\theta$ (s. Abb. 6.30) durch Bügel wieder hochgehängt. Zumindest etwa auf diese Bereichslänge sollte $V_{Rd,sy}$ bzw. die Querkraftbewehrung a_{sw} konstant sein.

---

[18] Bei balkenartigen Tragwerken ist generell eine (Mindest-)Querkraftbewehrung anzuordnen, auch wenn sie rechnerisch nicht erforderlich ist. Sie beträgt im Regelfall (Sonderfälle und weitere Erläuterungen s. Band 2):

$$a_{sw,min} = \rho_{w,min} \cdot (b \cdot \sin\alpha)$$

mit $\rho_{w,min} = 0{,}16 \cdot f_{cm} / f_{yk}$.

[19] Bei geneigter Querkraftbewehrung ist $0{,}58 \le \cot\theta \le 3{,}00$ zulässig.

Mit den Bemessungsgleichungen (6.44) und (6.45) wird bei Beachtung der Mindestbewehrung berücksichtigt (vgl. Abb. 6.31):

- die vom Beton aufnehmbare Schubrisslast, die nach Rissbildung zur Vermeidung eines Querkaftversagens von der Mindestquerkaftbewehrung aufgenommen werden muss (Bereich 1 in Abb. 6.31a)
- die aus Gründen der Verträglichkeit erforderliche Begrenzung des Neigungswinkels θ der Druckdiagonale (s. vorher; Bereich 2 in Abb. 6.31a)
- der zur Erfüllung der Druckstrebentragfähigkeit erforderliche Druckstrebenneigungswinkel θ bei Erreichen des „Plastizitätskreises" (Bereich 3 in Abb. 6.31a)

Wie in Abb. 6.31a zu sehen ist, wird im Bereich 2 die Querkrafttragfähigkeit durch eine um den Betontraganteil $V_{\mathrm{Rd,cc}}$ gegenüber der Rissneigung cot β_{r} = 1,2 (bzw. β_{r} = 40°) versetzte Gerade beschrieben. Im Bereich 3 wird der plastische Gleichgewichtszustand bzw. die Tragfähigkeit der Betondruckstrebe maßgebend. Umgekehrt kann bei sehr kleiner Querkraftbeanspruchung der Betontraganteil größer als die vorhandene Querkraft sein; in den Fällen wird dann die Mindestbewehrung maßgebend.

Längsdruckspannungen (σ_{cd} > 0) wirken sich auf die erforderliche Querkaftbewehrung günstig aus (bei Längszugspannungen ist cot θ = 1,0 einzuhalten), die Grenztragfähigkeit der Druckstrebe wird hierdurch jedoch nicht beeinflusst, vgl. Abb. 6.31b.

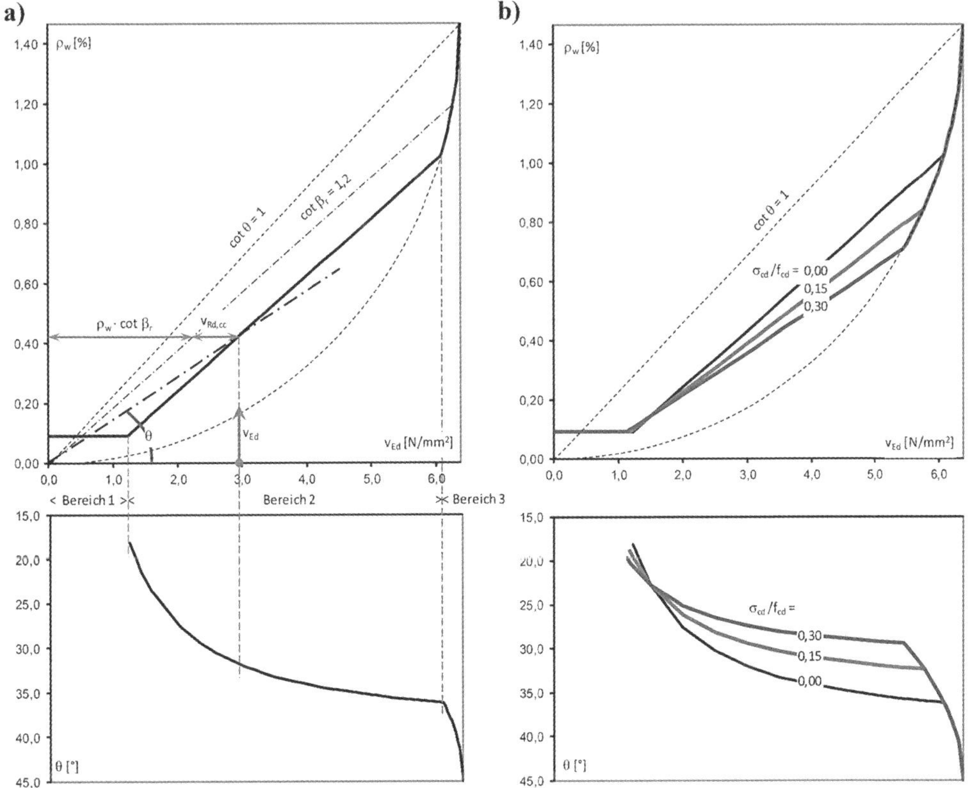

Abb. 6.31 Bemessungsdiagramm für Bauteile mit Querkraftbewehrung (lotr. Bügel; Beton C30/37) a) Längsspannung $\sigma_{\mathrm{cd}} = 0$ b) Längsspannung σ_{cd} = 0, 0,15 und 0,30 (Druck)

Einfluss unterschiedlicher Druck- und Zugstrebenneigungswinkel

Wie aus den Gln. (6.44) bis (6.47) hervorgeht, wird die Querkrafttragfähigkeit neben der Druckstrebenneigung θ durch den Neigungswinkel α der Querkraftbewehrung beeinflusst.

Bei Balken werden vorwiegend vertikale Bügel eingebaut. Mit geneigten Bügeln kann man jedoch im Idealfall die Schubrisse senkrecht kreuzen; sie sind daher materialsparender, allerdings ist der Einbau arbeitsintensiver. Außerdem gibt es noch die Möglichkeit, an den Auflagern nicht mehr benötigte Biegezubewehrung aufzubiegen, in der Druckzone zu verankern und sie als Querkraftbewehrung anzusetzen; Schrägaufbiegungen müssen jedoch grundsätzlich durch Bügel ergänzt werden.

Der Einfluss unterschiedlicher Neigungswinkel α ist in Abb. 6.32 dargestellt. Wie zu sehen ist, werden deutlich höhere Tragfähigkeiten erreicht bei gleichzeitiger Reduzierung der erforderlichen Querkaftbewehrung.

Bei geneigter Querkraftbewehrung darf die Druckstrebe steiler als 45° ($\cot\theta < 1$) gewählt werden. Bei einem Neigungswinkel $\theta_{opt} = 90° - \alpha/2$ wird jeweils die maximale Druckstrebentragfähigkeit erreicht (d. h. bei $\alpha = 90° \rightarrow \theta_{opt} = 45°$, bei $\alpha = 60° \rightarrow \theta_{opt} = 60°$ und bei $\alpha = 45° \rightarrow \theta_{opt} = 67{,}5°$; letzterer Wert darf jedoch wegen $\cot\theta > 0{,}58$ bzw. $\theta < 60°$ nicht ausgenutzt werden).

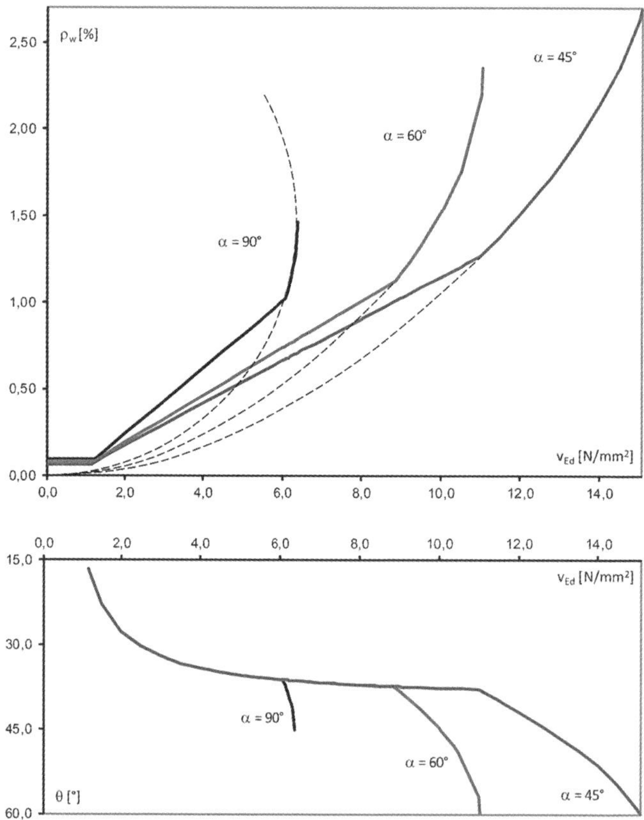

Abb. 6.32 Einflüsse auf die erforderliche Querkaftbewehrung und die Druckstrebentragfähigkeit bei unterschiedlichen Neigungswinkeln α der Querkraftbewehrung (Beton C30/37; $\sigma_{cd} = 0$)

Bemessungstabellen und -diagramm

Die Querkrafttragfähigkeit nach Gln. (6.44) und (6.45) kann mit Tafel 6.12 nachgewiesen werden. Statt der (ungenaueren) Diagrammablesung können auch die Zahlenwerte in Tafel 6.13 benutzt werden. Der Punkt, an dem der Druckstrebennachweis maßgebend wird, ist mit $v_{Ed,max*}$ bezeichnet, der zugehörige Bewehrungsgrad mit $\rho_{w,max*}$ (eine Bemessung oberhalb von $v_{Ed,max*}$ führt zu unwirtschaftlichen Ergebnissen und wird daher nicht empfohlen). Wie in Tafel 6.12 zu sehen ist, kann zwischen den Werten für $\rho_{w,min}$ und $\rho_{w,max*}$ geradlinig interpoliert werden; allerdings ist bei Beton < C30 zu beachten, dass im Übergangbereich von $\rho_{w,min}$ zu ρ_w die Bedingung cot $\theta < 3{,}0$ zunächst noch maßgebend wird (s. Detail A in Tafel 6.12).

Tafel 6.12 Querkraftbewehrungsgrad $\rho_w = A_{sw}/(s_w \cdot b_w)$ in Abhängigkeit von der Beanspruchung $v_{Ed} = V_{Ed}/(b_w \cdot z)$ (für $\alpha = 90°$, B500, Normalbeton ≤ C50/60; $\sigma_{cd} = 0$)

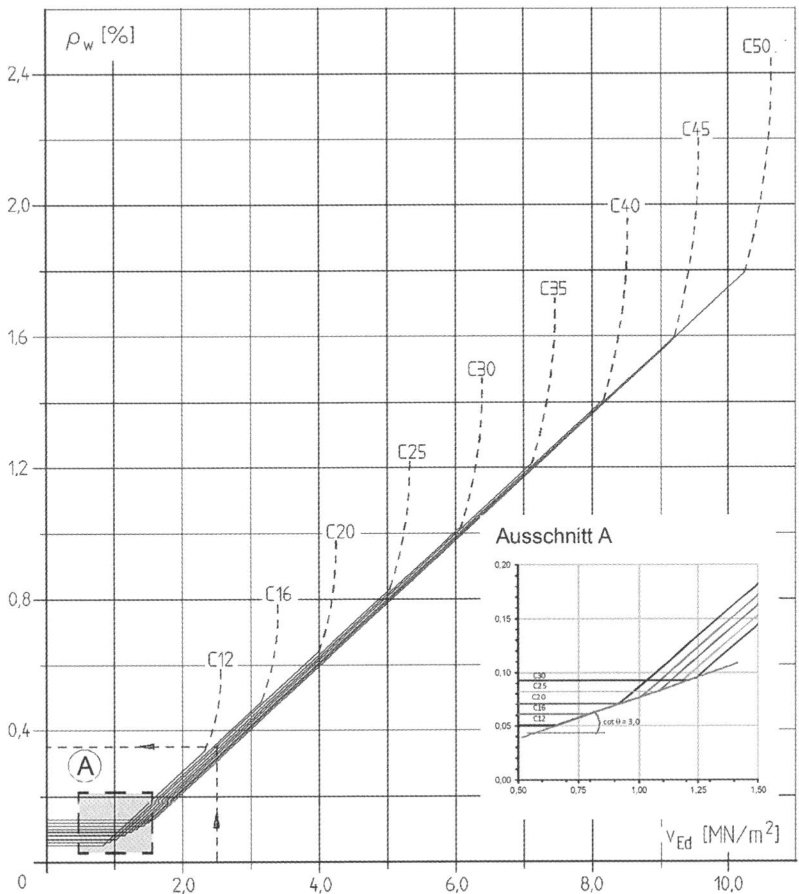

Ablesebeispiel

Plattenbalken mit $z = 0{,}48$ m und $b_w = 0{,}30$ m aus Beton C30/37. Bemessungswert der Querkraft

$V_{Ed} = 351$ kN $\rightarrow$ $v_{Ed} = V_{Ed}/(b_w \cdot z) = 0{,}351/(0{,}30 \cdot 0{,}48) = 2{,}44$ MN/m²

$\Rightarrow$ $\rho_w = 0{,}34$ % $\rightarrow$ $a_{sw} = 0{,}0034 \cdot 30 \cdot 100 = 10{,}2$ cm²/m

[cot $\theta = 2{,}44/(435 \cdot 0{,}0034) = 1{,}65$]

Die Druckstrebentragfähigkeit ist gegeben (Maximalwert für C30/37 $v_{Rd,max} > 6{,}0$ MN/m², s. Tafel).

Tafel 6.13 Querkraftbewehrung $\rho_w = A_{sw} / s_w \cdot b_w$) und Druckstrebenwinkel cot θ in Abhängigkeit von $v_{Ed} = V_{Ed} / (b_w \cdot z)$ (für $\alpha = 90°$, B500, Normalbeton ≤ C50/60; $\sigma_{cd} = 0$)

a) Übersicht

Beton	C12/15	C16/20	C20/25	C25/30	C30/37	C35/45	C40/50	C45/55	C50/60
v_{Ed}	0,812	0,923	1,020	1,130	1,229	1,317	1,406	1,485	1,568
$\rho_{w,min}$	0,050	0,061	0,071	0,082	0,093	0,102	0,112	0,121	0,131
	↕	ρ_w kann zwischen v_{Ed} und $v_{Ed,max*}$ geradlinig interpoliert werden (s. Interpolationstafel)							↕
$v_{Ed,max*}$	2,308	3,150	3,988	5,032	6,074	7,117	8,158	9,200	10,2
$\rho_{w,max*}$	0,337	0,488	0,640	0,830	1,021	1,214	1,406	1,600	1,794
$v_{Ed,max}$	2,550	3,400	4,250	5,313	6,375	7,438	8,500	9,563	10,63
$\rho_{w,max}$	0,587	0,782	0,978	1,222	1,466	1,711	1,955	2,199	2,444

b) Interpolationstabelle zwischen $\rho_{w,min}$ und $\rho_{w,max*}$

C12/15 v_{Ed}	C12/15 ρ_w / *cot θ*	C16/20 v_{Ed}	C16/20 ρ_w / *cot θ*	C20/25 v_{Ed}	C20/25 ρ_w / *cot θ*	C25/30 v_{Ed}	C25/30 ρ_w / *cot θ*	C30/37 v_{Ed}	C30/37 ρ_w / *cot θ*	C35/45 v_{Ed}	C35/45 ρ_w / *cot θ*	C40/50 v_{Ed}	C40/50 ρ_w / *cot θ*	C45/55 v_{Ed}	C45/55 ρ_w / *cot θ*	C50/60 v_{Ed}	C50/60 ρ_w / *cot θ*
0,851	0,051	0,923	0,061	1,017	0,070	1,135	0,083	1,231	0,093	1,317	0,102	1,406	0,112	1,485	0,121	1,568	0,131
1,0	0,086 *2,663*	1,0	0,076 ***3,025***														
1,5	0,182 *1,894*	1,5	0,172 *2,011*	1,5	0,163 *2,121*	1,5	0,153 *2,255*	1,5	0,145 *2,386*	1,5	0,137 *2,518*	1,5	0,130 *2,650*	1,5	0,124 *2,785*		
2,0	0,278 *1,655*	2,0	0,267 *1,720*	2,0	0,258 *1,780*	2,0	0,249 *1,849*	2,0	0,240 *1,913*	2,0	0,233 *1,975*	2,0	0,226 *2,035*	2,0	0,220 *2,094*	2,0	0,214 *2,151*
2,308	0,337 *1,575*	2,5	0,363 *1,583*	2,5	0,354 *1,623*	2,5	0,345 *1,668*	2,5	0,336 *1,710*	2,5	0,329 *1,749*	2,5	0,322 *1,787*	2,5	0,316 *1,822*	2,5	0,310 *1,857*
		3,0	0,459 *1,503*	3,0	0,450 *1,533*	3,0	0,440 *1,566*	3,0	0,432 *1,597*	3,0	0,425 *1,625*	3,0	0,418 *1,652*	3,0	0,411 *1,677*	3,0	0,406 *1,701*
		3,150	0,488 *1,485*	3,5	0,546 *1,474*	3,5	0,536 *1,501*	3,5	0,528 *1,525*	3,5	0,520 *1,547*	3,5	0,514 *1,568*	3,5	0,507 *1,587*	3,5	0,501 *1,606*
				3,988	0,640 *1,434*	4,0	0,632 *1,455*	4,0	0,624 *1,475*	4,0	0,616 *1,493*	4,0	0,609 *1,510*	4,0	0,603 *1,526*	4,0	0,597 *1,541*
						4,5	0,728 *1,422*	4,5	0,720 *1,438*	4,5	0,712 *1,454*	4,5	0,705 *1,468*	4,5	0,699 *1,481*	4,5	0,693 *1,493*
						5,0	0,824 *1,396*	5,0	0,815 *1,410*	5,0	0,808 *1,424*	5,0	0,801 *1,436*	5,0	0,795 *1,447*	5,0	0,789 *1,458*
						5,032	0,830 *1,394*	5,5	0,911 *1,388*	5,5	0,904 *1,400*	5,5	0,897 *1,410*	5,5	0,891 *1,420*	5,5	0,885 *1,430*
								6,0	1,007 *1,370*	6,0	1,000 *1,381*	6,0	0,993 *1,390*	6,0	0,986 *1,399*	6,0	0,981 *1,407*
								6,074	1,021 *1,368*	6,5	1,095 *1,365*	6,5	1,089 *1,373*	6,5	1,082 *1,381*	6,5	1,076 *1,389*
										7,0	1,191 *1,352*	7,0	1,184 *1,359*	7,0	1,178 *1,367*	7,0	1,172 *1,373*
										7,117	1,214 *1,349*	7,5	1,280 *1,347*	7,5	1,274 *1,354*	7,5	1,268 *1,360*
												8,0	1,376 *1,337*	8,0	1,370 *1,343*	8,0	1,364 *1,349*
												8,158	1,406 *1,334*	8,5	1,466 *1,333*	8,5	1,460 *1,338*
														9,0	1,561 *1,326*	9,0	1,556 *1,331*
														9,200	1,600 *1,323*	9,5	1,651 *1,323*
																10	1,747 *1,316*
																10,24	1,794 *1,313*

6.2.5.2 Anschluss von Druck- und Zuggurten

Bei Plattenbalken oder Hohlkästen müssen Platten, die als Druck- oder Zuggurt mitwirken, schubfest an den Steg angeschlossen werden. Ebenso wie in Balkenstegen ist der schubfeste Anschluss über Druck- und Zugstreben sicherzustellen.

Das Zusammenwirken der Druck- und Zugstreben in einem Druckgurt und der Anschluss dieses „Obergurt"-Fachwerks an den Steg sind an dem einfachen Modell in Abb. 6.33 zu erkennen. Im Rahmen einer Bemessung ist der Nachweis zu erbringen, dass die Druckstrebentragfähigkeit nicht überschritten wird und die Querbewehrung die Zugstrebenkraft aufnehmen kann.

Nach EC 2-1-1 ist daher der Nachweis zu erbringen, dass die einwirkende Längsschubkraft V_{Ed} die Tragfähigkeiten $V_{Rd,max}$ und $V_{Rd,s}$ nicht überschreitet:

$$V_{Ed} \leq V_{Rd,max} \tag{6.48a}$$

$$V_{Ed} \leq V_{Rd,s} \tag{6.48b}$$

Einwirkende Längsschubkraft

Die einwirkende Längsschubkraft V_{Ed} wird ermittelt aus:

$$V_{Ed} = \Delta F_d \tag{6.49}$$

Dabei ist ΔF_d die Längskraftdifferenz, die in einem einseitigen Gurtabschnitt auf der Länge Δx auftritt; diese Länge ist in EC 2-1-1 als diejenige Abschnittslänge definiert, in der die Längsschubkraft als konstant angenommen werden kann. Im Allgemeinen darf die Abschnittslänge nicht größer sein als der halbe Abstand zwischen Momentennullpunkt und Momentenhöchstwert; bei nennenswerten Einzellasten sollte die Abschnittslänge nicht über die Querkraftsprünge hinausgehen.

Für die Ermittlung der Längskraftdifferenz ΔF_d ist zu unterscheiden, ob die Gurtkräfte ΔF_{cd} eines Druckgurts bzw. ΔF_{sd} eines Zuggurts benötigt werden (s. nachfolgend).

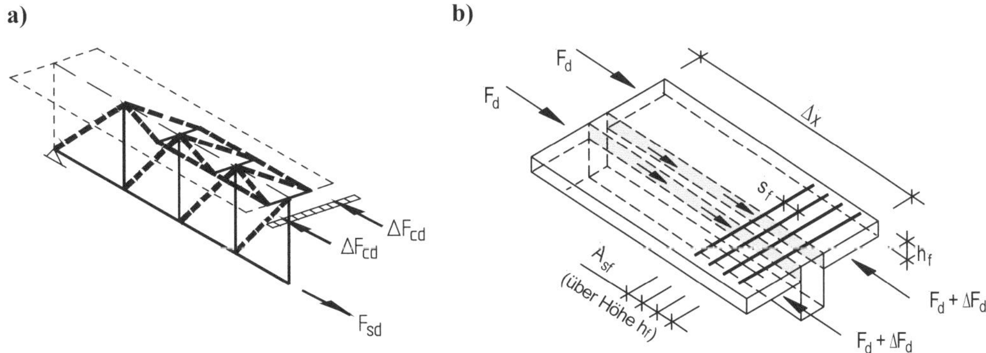

Abb. 6.33 Anschluss eines Gurtes an einem Steg
a) Einfaches Fachwerkmodell (Platte als Druckplatte)
b) Bezeichnungen

Die *Druckgurtkraft* ΔF_{cd} des abliegenden Flansches erhält man im betrachteten Querschnitt bei reiner Biegung (ohne Längskraft) aus:

$$\Delta F_{cd} = \frac{M_{Ed}}{z} \cdot \frac{F_{ca}}{F_{cd}} \tag{6.50a}$$

Hierin sind (s. a. Abb. 6.33):

M_{Ed} Bemessungsmoment
z Hebelarm der inneren Kräfte
F_{ca} Betondruckkraft im abliegenden Flansch
F_{cd} gesamte Betondruckkraft

Bei Lage der Dehnungs-Nulllinie in der Platte ($x \leq h_f$) gilt

$$\Delta F_{cd} = \frac{M_{Ed}}{z} \cdot \frac{A_{ca}}{A_{cc}} = \frac{M_{Ed}}{z} \cdot \frac{b_a}{b} \tag{6.50b}$$

mit A_{ca} als Druckzonenfläche des abliegenden Flansches und A_{cc} als gesamte Druckzonenfläche.

Die *Zugkraft* ΔF_{sd} der in den Flansch ausgelagerten Biegezugbewehrung ergibt sich bei „reiner" Biegung zu:

$$\Delta F_{sd} = \frac{M_{Ed}}{z} \cdot \frac{A_{sa}}{A_s} \tag{6.51}$$

Hierin sind:

A_{sa} Fläche der im Flansch ausgelagerten Zugbewehrung des betrachteten Gurtstreifens
A_s Gesamtfläche der Zugbewehrung

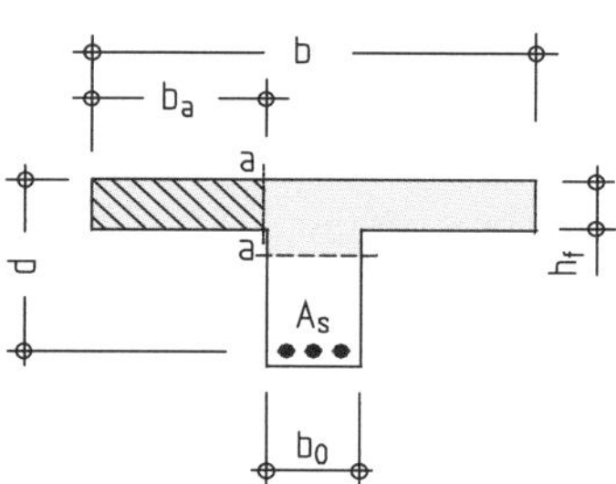

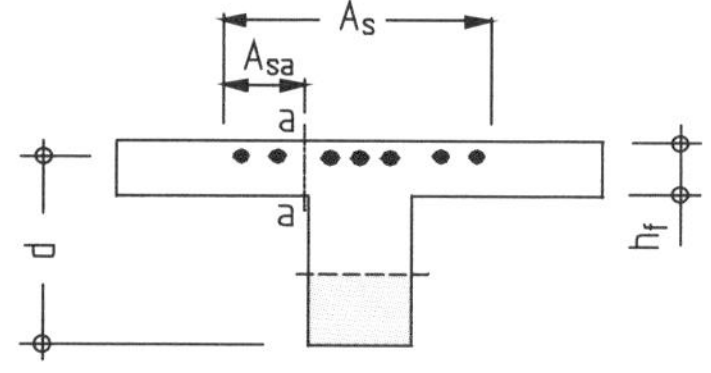

Abb. 6.34 Bezeichnungen für Druckgurt (oben) und Zuggurt (unten)

Schubtragfähigkeit des Gurtanschlusses bei Anordung von Schubbewehrung

Die Druckstreben- und Zugstrebentragfähigkeit des Gurtanschlusses wird nach Abschnitt 6.2.5 nachgewiesen. Dabei ist jedoch $b_w = h_f$ und $z = \Delta x$ zu setzen. Der Neigungswinkel der Druckstrebe darf dabei vereinfachend für einen Zuggurt zu cot $\theta_f = 1{,}0$ und in Druckgurten zu cot $\theta_f = 1{,}2$ gesetzt werden.

Für $\alpha = 90°$, d. h. für eine senkrecht zum Steg verlaufende Anschlussbewehrung, erhält man mit den zuvor genannten Neigungswinkeln θ für einen Druckgurt und einen Zuggurt die nachfolgend zusammengestellten Tragfähigkeitsgleichungen:

- Druckgurt

$$V_{Rd,max} = 0{,}492 \cdot \nu_1 \cdot f_{cd} \cdot h_f \cdot \Delta x \tag{6.52}$$
$$V_{Rd,s} = a_{sf} \cdot f_{yd} \cdot \Delta x \cdot 1{,}2 \tag{6.53a}$$
bzw.
$$a_{sf} \geq \Delta F_{cd} / (f_{yd} \cdot \Delta x \cdot 1{,}2) \tag{6.53b}$$

- Zuggurt

$$V_{Rd,max} = 0{,}5 \cdot \nu_1 \cdot f_{cd} \cdot h_f \cdot \Delta x \tag{6.54}$$
$$V_{Rd,s} = a_{sf} \cdot f_{yd} \cdot \Delta x \cdot 1{,}0 \tag{6.55a}$$
bzw.
$$a_{sf} \geq \Delta F_{sd} / (f_{yd} \cdot \Delta x) \tag{6.55b}$$

Schub zwischen Gurt und Steg sowie Querbiegung der Platte

Bei kombinierter Beanspruchung durch Schub zwischen Gurt und Steg und Querbiegung der Platte ist der größere erforderliche Stahlquerschnitt anzuordnen, der sich entweder aus Scheibenschub $a_{sf,Schub}$ gem. Gln. (6.53) bzw. (6.55) oder aus der Bewehrung für Querbiegung $a_{sl,Platte}$ und der Hälfte der Schubbewehrung ergibt (vgl. EC 2-1-1, 6.2.4(5)). Abbildung 6.35 zeigt die prinzipielle Bewehrungsanordnung mit Biegezug oben, wenn die Schubbewehrung jeweils zur Hälfte auf Ober- und Unterseite der Platte verteilt werden kann.

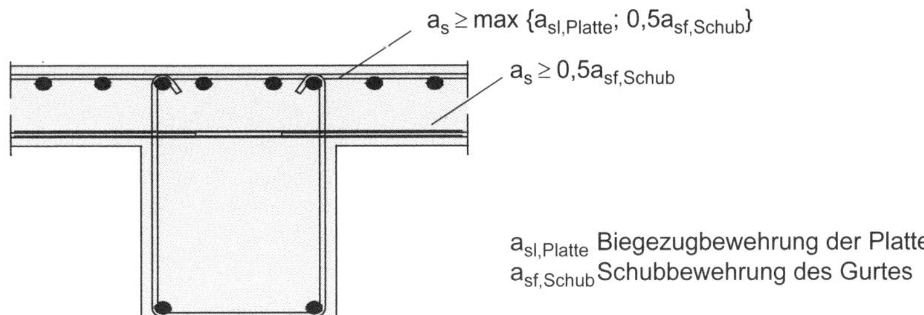

Abb. 6.35 Interaktion der Bewehrung aus Plattenbiegung und Scheibenschub

Verzicht auf Schubbewehrung

In Bereichen mit $v_{Ed} = \Delta F_d / (h_f \cdot \Delta x) \leq k \cdot f_{ctd}$ – mit $k = 0{,}4$ – ist jedoch keine zusätzliche Bewehrung zur Biegebewehrung erforderlich.

Schub zwischen Gurt und Steg sowie Querkraft in der Platte

Bei einer stärkeren Querkraftbeanspruchung der Platte ist zusätzlich eine Interaktion der Querkraftdruckstreben aus Scheibenschub (Schubbeanspruchung des angeschlossenen Gurts) und Plattenschub (Querkraftdruckstrebe in der Platte) zu berücksichtigen (EC 2-1-1/NA, 6.2.4(5)). Sie wird wie folgt durchgeführt

$$\frac{V_{Ed,Platte}}{V_{Rd,max,Platte}} + \frac{V_{Ed,Scheibe}}{V_{Rd,max,Scheibe}} \leq 1 \qquad (6.56)$$

mit $V_{Ed,Platte}$ Querkraftbeanspruchung der Platte

$V_{Rd,max,Platte}$ max. Querkrafttragfähigkeit der Platte (s. Gl. (6.44) bzw. (6.46))

$V_{Ed,Scheibe}$ Schubbeanspruchung des Gurts

$V_{Rd,max,Scheibe}$ max. Schubtragfähigkeit des Gurts (s. Gln. (6.52) und (6.54))

Beispiele zu den Abschnitten 6.2.5.1 und 6.2.5.2

Beispiel 1

Der dargestellte Unterzug ist für Querkraft zu bemessen. Die Querkraftbewehrung soll aus lotrechten Bügeln bestehen.

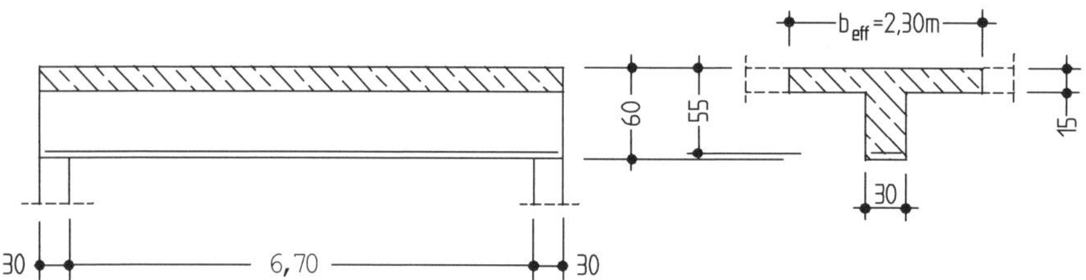

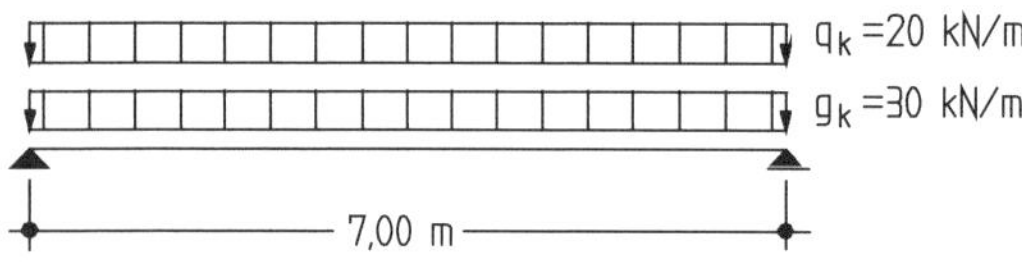

C20/25; B500

Bemessungsquerkraft

$V_{Ed,0} = V_{Ed,l} = -V_{Ed,r} = -0,5 \cdot (1,35 \cdot 30 + 1,5 \cdot 20) \cdot 7,0 = -0,5 \cdot 70,5 \cdot 7,0 = 247$ kN

$V_{Ed} = 247 - 70,5 \cdot (0,15 + 0,55) = 198$ kN (Abstand d vom Auflagerrand)

- *Bemessung des Balkensteges*

Nachweis der Druckstrebe

$V_{Rd,max} = \nu_1 \cdot f_{cd} \cdot b_w \cdot z / (\cot\theta + \tan\theta)$	Für lotr. Querkaftbewehrung; s. Gl. (6.44)
$\nu_1 \cdot f_{cd} = 0,75 \cdot 11,3 = 8,50$ MN/m²	Beton C20/25
$b_w = 0,30$ m	Kleinste Querschnittsbreite
$z \approx 0,9 \cdot 0,55 = 0,49$ m	Entspricht $(d - 2c_{v,l})$ bei $c_{v,l} = 3$ cm
$\cot\theta = 1,2 / (1 - V_{Rd,cc} / V_{Ed})$	Für $\sigma_{cd} = 0$; s. Erläuterung zu Gl. (6.45)
$V_{Rd,cc} = c \cdot 0,48 \cdot f_{ck}^{1/3} \cdot b_w \cdot z$ $= 0,24 \cdot 20^{1/3} \cdot 0,3 \cdot 0,49 = 0,096$ MN	$c_j = 0,5$
$\cot\theta = 1,2 / (1 - 0,096 / 0,247) = 1,96$	Neigungswinkel $\theta = 27°$
$V_{Rd,max} = 8,50 \cdot 0,3 \cdot 0,49 / (0,51 + 1,96)$ $= 0,506$ MN $= 506$ kN	$V_{Rd,max}$ darf in keinem Querschnitt des Bauteils überschritten werden (hier: $V_{Ed,0}$)
$V_{Rd,max} > V_{Ed,0} = 247$ kN	

Nachweis der Zugstrebe (Querkraftbewehrung)

$V_{Rd,s} = a_{sw} \cdot f_{yd} \cdot z \cdot \cot\theta$	Für lotr. Querkraftbewehrung; s. Gl. (6.45)
$a_{sw} \geq V_{Ed} / (\cot\theta \cdot z \cdot f_{yd})$	
$\cot\theta = 1,96$	$\cot\theta$ wie oben
$f_{yd} = 500 / 1,15 = 435$ MN/m²	
$a_{sw} \geq 0,198 / (1,96 \cdot 0,49 \cdot 435)$ $= 4,74 \cdot 10^{-4}$ m²/m $= 4,74$ cm²/m	V_{Ed} im Abstand d vom Auflagerrand

- *Schub zwischen Balkensteg und Druckgurt*

Aufzunehmender Längsschub (Bemessungswert)

$V_{\mathrm{Ed}} = \Delta F_{\mathrm{d}}$

$\Delta F_{\mathrm{d}} = F_{\mathrm{d,2}} - F_{\mathrm{d,1}}$ Längskraftdifferenz auf der Länge Δx

$F_{\mathrm{d,1}} = 0$ Stelle 1: Auflagerlinie

$F_{\mathrm{d,2}} = (M_{\mathrm{Ed}} / z) \cdot (F_{\mathrm{ca}} / F_{\mathrm{cd}})$ Stelle 2: Abstand x = 1,75 m von A (s.u.)

$M_{\mathrm{Ed}} = 324$ kNm Moment an der Stelle 2

$F_{\mathrm{ca}} / F_{\mathrm{cd}} \approx b_{\mathrm{a}} / b_{\mathrm{eff}}$ Vgl. Gl. (6.50b)

$b_{\mathrm{eff}} = 2{,}30$ m

$b_{\mathrm{a}} = (2{,}30 - 0{,}30) / 2 = 1{,}00$ m

$b_{\mathrm{a}} / b_{\mathrm{eff}} = 1{,}00/2{,}30 = 0{,}43$ 43 % der Gesamtquerkraft sind anzuschließen

$F_{\mathrm{d,2}} = (324 / 0{,}49) \cdot 0{,}43 = 284$ kN

$\Delta F_{\mathrm{d}} = 284 - 0 = 284$ kN

Aufnehmbarer Längsschub (Bemessungswert)

Druckstrebennachweis

$V_{\mathrm{Rd,max}} = \nu_1 \cdot f_{\mathrm{cd}} \cdot h_{\mathrm{f}} \cdot \Delta x / (\cot\theta + \tan\theta)$ Vgl. Gl. (6.52)

$\cot\theta = 1{,}2$ Näherung für eine Druckgurt

$\Delta x = 1{,}75$ m Halber Abstand zwischen $M = 0$ und M_{max}

$V_{\mathrm{Rd,max}} = 8{,}5 \cdot 0{,}15 \cdot 1{,}75 / (1{,}20 + 0{,}83)$

$= 1{,}098 \text{ MN} > \Delta F_{\mathrm{d}} = 0{,}284$ MN

Zugstrebennachweis

$V_{\mathrm{Rd,s}} = a_{\mathrm{sf}} \cdot f_{\mathrm{yd}} \cdot \Delta x \cdot \cot\theta \geq \Delta F_{\mathrm{d}}$ Vgl. Gln. (6.53a) und (6.53b)

$a_{\mathrm{sf}} \geq 0{,}284 / (435 \cdot 1{,}75 \cdot 1{,}20)$

$= 3{,}11 \cdot 10^{-4}\ \mathrm{m^2/m} = 3{,}11\ \mathrm{cm^2/m}$

Die erforderliche Bewehrung ist jeweils zur Hälfte auf Ober- und Unterseite zu verteilen, eine Bewehrung aus Querbiegung ist zusätzlich anzuordnen (s. a. Abb. 6.35).

Beispiel 2

Der nachfolgend dargestellte Einfeldträger mit Kragarm (vgl. [Geistefeldt/Goris – 93]) ist für Querkraft an den Stützen A und B_{l} zu bemessen, Anschluss des Zug- und Druckgurts ist nachzuweisen.

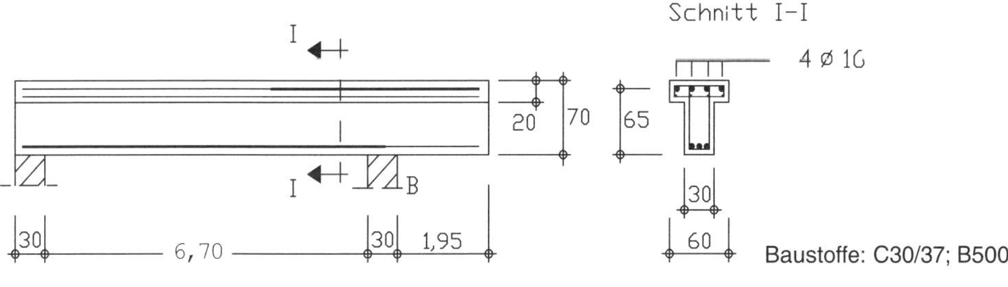

System und Belastung

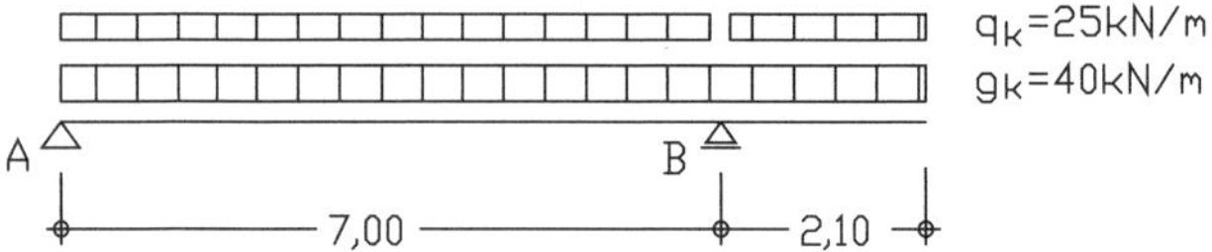

Bemessung am Auflager B_l

- *Querkraftbemessung für den Balkensteg*

  Aufzunehmende Querkraft V_{Ed}

  $V_{Ed,bl} = -0{,}5 \cdot (1{,}35 \cdot 40 + 1{,}5 \cdot 25) \cdot 7{,}00 - (1{,}35 \cdot 40 + 1{,}5 \cdot 25) \cdot 2{,}10^2 / (2 \cdot 7{,}0) = -349$ kN

  $|V_{Ed}| = 349 - (1{,}35 \cdot 40 + 1{,}5 \cdot 25) \cdot 0{,}80 = 276$ kN (im Abstand d vom Auflagerrand)

  Bemessungswerte der aufnehmbaren Querkraft (für lotrechte Bügel, d. h. $\alpha = 90°$).

  – Nachweis der Druckstrebe

  $V_{Rd,max} = \nu_1 \cdot f_{cd} \cdot b_w \cdot z / (\cot\theta + \tan\theta)$

  $\nu_1 f_{cd} = 0{,}75 \cdot 17{,}0 = 12{,}8$ MN/m²

  $z = 0{,}9\,d = 0{,}9 \cdot 0{,}65 = 0{,}59$ m

  $\leq d - 2\,c_{v,l} = 0{,}65 - 0{,}06 = 0{,}59$ m (für $c_{v,l} = 0{,}03$ m; Annahme)

  $V_{Rd,cc} = 0{,}24 \cdot f_{ck}^{1/3} \cdot b_w \cdot z = 0{,}24 \cdot 30^{1/3} \cdot 0{,}3 \cdot 0{,}59 = 0{,}132$ MN

  $\cot\theta = 1{,}2 / (1 - V_{Rd,cc} / V_{Ed}) = 1{,}2 / (1 - 0{,}132 / 0{,}349) = 1{,}93$

  $V_{Rd,max} = 12{,}8 \cdot 0{,}3 \cdot 0{,}59 \cdot 10^3 / (1{,}93 + 0{,}52) = 925 \text{ kN} > V_{Ed} = 349$ kN

  – Nachweis der Querkraftbewehrung

  $V_{Rd,s} = a_{sw} \cdot f_{yd} \cdot z \cdot \cot\theta$

  $a_{sw} = V_{Ed} / (f_{yd} \cdot z \cdot \cot\theta) = 276 / (43{,}5 \cdot 0{,}59 \cdot 1{,}93) = 5{,}57$ cm²/m

- *Schub zwischen Balkensteg und Zuggurt*

  Aufzunehmender Längsschub V_{Ed}

  $V_{Ed} = \Delta F_d$

  $\Delta F_d = (M_{Ed} / z) \cdot (A_{sa} / A_s)$

  $(M_{Ed}/z) = 202 / (0{,}9 \cdot 0{,}65) = 345$ kN ($|M_{Ed,bl}| = (1{,}35 \cdot 40 + 1{,}5 \cdot 25) \cdot 2{,}10^2/2 = 202$ kNm)

  $(A_{sa} / A_s) = 1/4$ (je 1∅16 ist ausgelagert; s. Skizze vorher)

  $V_{Ed} = \Delta F_d = 345 \cdot (1/4) = 86{,}3$ kN

  Aufnehmbarer Längsschub

  – Druckstrebennachweis

  $V_{Rd,max} = \nu_1 \cdot f_{cd} \cdot h_f \cdot \Delta x / (\cot\theta + \tan\theta)$

  $\cot\theta = 1{,}0$ (Näherung für Zuggurt)

  $\Delta x = 0{,}63$ m (Abstand zwischen $M = 0$ und $M = M_b$)[20]

  $V_{Rd,max} = 12{,}8 \cdot 0{,}2 \cdot 0{,}63 / (1{,}0 + 1{,}0) = 0{,}806 \text{ MN} \gg V_{Ed}$

[20] Abweichend von EC 2-1-1, wonach für Δx der halbe Abstand zwischen $M = 0$ und $M = M_b$ einzusetzen ist. Theoretisch müsste eine Abschnittslänge von $\Delta x = 0{,}63/2 = 0{,}32$ m untersucht werden und ΔF_d aus der Längskraft (Zuggurtkraft) an den Abschnittsenden berechnet werden. Im Rahmen dieses Beispiels wird auf diese „genauere" Untersuchung verzichtet. Momentennullpunkt aus Nebenrechnung.

– Zugstrebennachweis

$V_{Rd,s} = a_{sf} \cdot f_{yd} \cdot \Delta x \cdot \cot\theta \geq V_{Ed}$

$a_{sf} \geq 0{,}0863 / (435 \cdot 0{,}63 \cdot 1{,}0) = 3{,}15 \cdot 10^{-4}\ m^2/m = 3{,}15\ cm^2/m$

Die Bewehrung wird gleichmäßig auf Ober- und Unterseite verteilt; zusätzlich ist die Mindestbewehrung zu überprüfen.

Bemessung am Auflager A

- *Querkraftbemessung für den Balkensteg*

Bemessungswert der Querkraft V_{Ed}

$V_{Ed,a} = +\,0{,}5 \cdot (1{,}35 \cdot 40 + 1{,}5 \cdot 25) \cdot 7{,}00 - 1{,}35 \cdot 40 \cdot 2{,}10^2 / (2 \cdot 7{,}00) = 303\ kN$

$V_{Ed} = 303 - (1{,}35 \cdot 40 + 1{,}5 \cdot 25) \cdot 0{,}80 = 230\ kN$ (im Abstand d vom Auflagerrand)

Bemessungswerte der aufnehmbaren Querkraft (für lotrechte Bügel, d. h. $\alpha = 90°$).

– Nachweis der Druckstrebe

$V_{Rd,max} = \nu_1 \cdot f_{cd} \cdot b_w \cdot z / (\cot\theta + \tan\theta)$

$\cot\theta = 1{,}2 / (1 - 0{,}132 / 0{,}303) = 2{,}13 < 3$ (vgl. Erl. zu Gl. (6.45))

$V_{Rd,max} = 12{,}8 \cdot 0{,}3 \cdot 0{,}59 \cdot 10^3 / (2{,}13 + 0{,}47) = 871\ kN > V_{Ed,a} = 303\ kN$

– Nachweis der Querkraftbewehrung

$a_{sw} = V_{Ed} / (f_{yd} \cdot z \cdot \cot\theta) = 230 / (43{,}5 \cdot 0{,}59 \cdot 2{,}13) = 4{,}21\ cm^2/m$

- *Schub zwischen Balkensteg und Zuggurt*

Aufzunehmender Längsschub V_{Ed}

$V_{Ed} = \Delta F_d$

$\Delta F_d = F_{d,2} - F_{d,1}$

Es ist die Längskraftdifferenz zwischen dem Auflager A (Stelle 1) und dem halben Abstand bis zum Momentenmaximum (Stelle 2) zu bestimmen. In einer hier nicht dargestellten Nebenrechnung wurde das Momentenmaximum an der Stelle $x = 3{,}32$ m ermittelt, die Stelle 2 liegt somit im Abstand $x = 1{,}66$ m vom Auflager A. Das Moment an dieser Stelle beträgt:
$M_{Ed,x=1,66} = 303 \cdot 1{,}66 - (1{,}35 \cdot 40 + 1{,}5 \cdot 25) \cdot 1{,}66^2/2 = 376{,}9\ kNm$

$F_{d,x=1,66} = (M_{Ed} / z) \cdot (F_{ca} / F_{cd})$ $\qquad (M_{Ed} / z) \approx 376{,}9 / (0{,}9 \cdot 0{,}65) = 644\ kN$

$= 644 \cdot 0{,}25 = 161\ kN$ $\qquad (F_{ca} / F_{cd}) \approx 0{,}15/0{,}60 = 0{,}25$

$F_{d,x=0} = 0$

$\Delta F_d = 161 - 0 = 161\ kN$

Aufnehmbarer Längsschub

– Druckstrebennachweis

$V_{Rd,max} = \nu_1 \cdot f_{cd} \cdot h_f \cdot \Delta x / (\cot\theta + \tan\theta)$

$\cot\theta = 1{,}2$ — Näherung für Druckgurt

$\Delta x = 1{,}66\ m$ — halber Abstand zwischen $M = 0$ und M_{max}

$V_{Rd,max} = 12{,}8 \cdot 0{,}20 \cdot 1{,}66 / (1{,}2 + 0{,}83) = 2{,}093\ MN > V_{Ed} = 0{,}161\ MN$

– Zugstrebennachweis

$a_{sf} \geq 0{,}161 / (435 \cdot 1{,}66 \cdot 1{,}2) = 1{,}86 \cdot 10^{-4}\ \text{m}^2/\text{m} = 1{,}86\ \text{cm}^2/\text{m}$

Bewehrung gleichmäßig auf Ober- und Unterseite verteilen, eine Mindestbewehrung ist zu beachten.

Beispiel 3

Belastung eines Unterzugs durch eine große Einzellast, das Eigengewicht des Trägers sei vernachlässigbar klein. Die Querkraftbewehrung soll aus lotrechten Bügeln (α = 90°) bestehen.

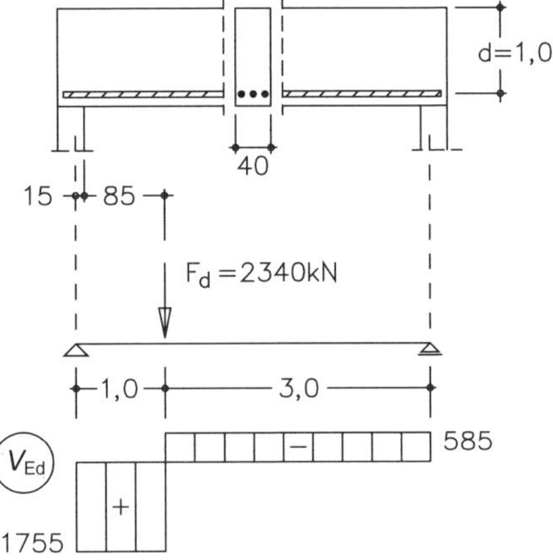

Nachweis der Druckstrebe

$V_{Rd,max} = \nu_1 \cdot f_{cd} \cdot b_w \cdot z / (\cot\theta + \tan\theta)$

$\nu_1 \cdot f_{cd} = 0{,}75 \cdot (0{,}85 \cdot 35/1{,}5) = 14{,}9\ \text{MN/m}^2$

$b_w = 0{,}40\ \text{m}$

$z = 0{,}87 \cdot 1{,}0 = 0{,}87\ \text{m}$ (*z* wurde der – hier nicht dargestellten – Biegebemessung entnommen)

$\cot\theta = 1{,}2 / (1 - V_{Rd,cc} / V_{Ed})$

$V_{Rd,cc} = 0{,}24 \cdot 35^{1/3} \cdot 0{,}4 \cdot 0{,}87 = 0{,}273\text{MN}$

$\cot\theta = 1{,}2 / (1 - 0{,}273 / 1{,}755) = 1{,}42 \rightarrow \theta = 35°$

Dieser ermittelte Druckstrebenwinkel ist nicht möglich, da die Druckstrebe dann das Bauteil verlässt. Es wird daher gewählt

$\cot\theta = z/a = 0{,}87/1{,}00 = 0{,}87$ ($a = 0{,}85 + 0{,}15 = 1{,}00$ m; s. Darstellung)

$V_{Rd,max} = 14{,}9 \cdot 0{,}4 \cdot 0{,}87 / (0{,}87 + 1{,}15) = 2{,}567\ \text{MN} > V_{Ed,l} = 1{,}755\ \text{MN}$

Nachweis der Querkraftbewehrung

$V_{Rd,s} = A_{sw} \cdot f_{yd}$ (für $\alpha = 90°$)

$A_{sw} \geq V_{Ed,w} / f_{yd}$

$V_{Ed,w} = \beta \cdot V_{Ed,0}$

$\beta = a_v / (2d) = 0{,}85 / (2 \cdot 1{,}0) = 0{,}43$ (*x* Abstand der Einzellast vom Auflagerrand)

$V_{Ed,w} = 0{,}43 \cdot 1755 = 755\ \text{kN}$

$A_{sw} \geq 0{,}755 / 435 \cdot 10^4 = 17{,}4\ \text{cm}^2$ (anzuordnen auf eine Länge von $0{,}75a_v$)

Hinweis: Die dargestellte Vorgehensweise wird der Bemessung nur bedingt gerecht. Es handelt sich im vorliegenden Fall um einen sog. Diskontinuitätsbereich, für den eine Bemessung mit Stabwerkmodellen sachgerecht ist. Es wird auf die ausführlichen Erläuterungen im Band 2 verwiesen.

Beispiel 4

Der dargestellte einfeldrige Plattenbalken ist durch eine Gleichstreckenlast und durch eine auflagernahe Einzellast belastet.

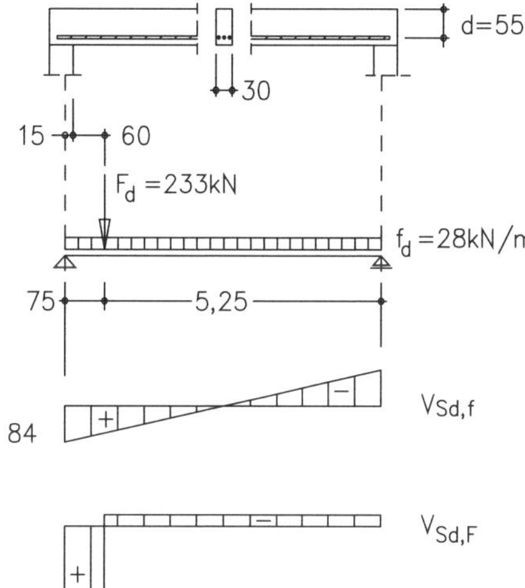

System, Belastung und Bemessungsquerkräfte (für die Streckenlast f_d und die Einzellast F_d)

Baustoffe: C25/30; B500

Nachweis der Druckstrebe

$V_{Rd,max} = \nu_1 \cdot f_{cd} \cdot b_w \cdot z / (\cot\theta + \tan\theta)$

$\nu_1 \cdot f_{cd} = 0{,}75 \cdot (0{,}85 \cdot 25/1{,}5) = 10{,}6\ \text{MN/m}^2$

$b_w = b = 0{,}30\ \text{m}$

$z = 0{,}9 \cdot d = 0{,}9 \cdot 0{,}55 = 0{,}50\ \text{m}$

$> d - c_{v,l} - 0{,}03 = 0{,}55 - 0{,}035 - 0{,}03$ — Annahme: $c_{v,l} = 3{,}5$ cm

$= \mathbf{0{,}48\ m}$ — kleinerer Wert ist maßgebend

$\cot\theta = 1{,}2 / (1 - V_{Rd,cc} / V_{Ed})$

$V_{Rd,cc} = 0{,}24 \cdot 25^{1/3} \cdot 0{,}3 \cdot 0{,}48 = 0{,}101\ \text{MN}$

$\cot\theta = 1{,}2 / (1 - 0{,}101 / 0{,}294) = 1{,}83 < 3{,}0$ — $V_{Ed} = 0{,}084 + 0{,}210 = 0{,}294\ \text{MN}$

$\cot\theta = 1{,}5$ (gewählt)[21)]

$V_{Rd,max} = 10{,}6 \cdot 0{,}30 \cdot 0{,}48 / (1{,}5 + 0{,}67) = 0{,}704\ \text{MN} > V_{Ed} = 0{,}294\ \text{MN}$

Nachweis der Querkraftbewehrung

$V_{Rd,s} = a_{sw} \cdot f_{yd} \cdot z \cdot \cot\theta$ — Bügel mit $\alpha = 90°$

$a_{sw,f} \geq V_{Ed,f} / (\cot\theta \cdot z \cdot f_{yd})$ — Bewehrungsanteil für Streckenlast

$V_{Ed,f} = 84 - 28 \cdot (0{,}15 + 0{,}55) = 64{,}4\ \text{kN}$ — Abstand d vom Auflagerrand

$a_{sw,f} \geq 0{,}0644 / (1{,}5 \cdot 0{,}48 \cdot 435) = 2{,}06 \cdot 10^{-4}\ \text{m}^2/\text{m} = 2{,}06\ \text{cm}^2/\text{m}$

$A_{sw,F} \geq V_{Ed,F} / f_{yd}$ — Bewehrungsanteil für Einzellast

$V_{Ed,F} = \beta \cdot 210 = (0{,}60/(2 \cdot 0{,}55)) \cdot 210 = 114{,}5\ \text{kN}$

$A_{sw,F} \geq 0{,}1145 / 435 \cdot 10^4 = 2{,}63\ \text{cm}^2$ — Anzuordnen auf $0{,}75 a_v = 45$ cm

[21)] Gewählter steilerer Druckstrebenneigungswinkel, der zur Lastabtragung der Einzellast erforderlich ist.

6.2.6 Besonderheiten bei Kreisquerschnitten

Die Widerstandsformeln der Querkraftnachweise beziehen sich genau genommen nur auf Rechteckquerschnitte bzw. profilierte Querschnitte gemäß EC 2-1-1, Bild 6.5. Der gegenüber diesen Querschnittsformen abweichende Kraftfluss in Trägern mit Kreisquerschnitt erfordert eine Erweiterung des Fachwerkmodells zur Querkraftbemessung.

Der Nationale Anhang zu EC 2-1-1, 6.2.3 erlaubt für Kreisquerschnitte die übliche Nachweisführung mit einem äquivalenten Rechteckquerschnitt mit der wirksamen Breite b_w. Als wirksame Breite ist dabei die kleinste Breite senkrecht zum Hebelarm z anzusetzen – also die kleinste Querschnittsbreite zwischen Druckresultierender und Bewehrungsschwerpunkt. Diese Regelung entspricht der bisherigen NABau-Auslegung zur Querkraftbemessung von Kreisquerschnitten nach DIN 1045-1 [NABau-Ausl-1045 – 09]. Ergänzend wird eine vereinfachte Näherungslösung in [DAfStb-H.630 – 18] aufgezeigt.

Ausführlich wird das Thema in [Bender – 10, Bender et al. – 10] behandelt. Die nachfolgenden Ausführungen geben die dortigen Näherungen für die Bemessung von Bauteilen im Zustand II wieder (angepasst an die Schreibweise des EC 2-1-1).

Bauteile ohne Querkraftbewehrung

Der Widerstand kann additiv aus einem Traganteil des rein biegebeanspruchten Bauteils $V_{Rd,c}$ und einem Anteil aus Normalkraftwirkung V_{Nd} ermittelt werden. Drucknormalkräfte wirken dabei traglaststeigernd und sind daher mit dem unteren Teilsicherheitsbeiwert anzusetzen.

Der Nachweis kann geführt werden über

$$V_{Ed} \leq V_{Rd,c} + V_{Nd} \tag{6.57}$$

mit: $V_{Rd,c}$ = Querkrafttragfähigkeit eines biegebeanspruchten Querschnitts

$$V_{Rd,c} = 0{,}13 \cdot k \cdot (100 \cdot \rho_l)^{0,42} \cdot f_{ck}^{1/3} \cdot D \cdot z \tag{6.58}$$

mit: $k = 1 + \sqrt{200/d} \leq 2{,}0$

D = Bauteildurchmesser

z = Hebelarm der inneren Kräfte

ρ_l = Längsbewehrungsgrad

$$\rho_l = 0{,}5 \cdot \frac{A_{s,tot}}{A_c} = 2 \cdot \frac{A_{s,tot}}{\pi \cdot D^2}$$

Die Nutzhöhe d ist aus dem Abstand zwischen dem Schwerpunkt der Zugkraft und dem Druckrand zu ermitteln, für den Hebelarm z gilt der Abstand zwischen der resultierenden Betondruckkraft und Stahlzugkraft (Näherung bei Kreisquerschnitten: $z \approx 0{,}75 \cdot D \cdot (1 - d_1 / D)^{1,7}$ [Bender – 10]).

V_{Nd} = Tragwiderstand aus Normalkraft (Sprengwerk- bzw. Bogentragwirkung)

$$V_{Nd} = \lambda \cdot N_{Ed} \tag{6.59}$$

mit: N_{Ed} = Bemessungswert der Längskraft (Druck positiv)

λ = Neigung des Sprengwerks; es gilt

bei einer Einzellast: $\lambda = f / l_{max}$

bei Gleichstreckenlast: $\lambda_{min} \leq \lambda \leq \lambda_{max}$

λ linear interpoliert mit $\lambda_{min} = 0$ bei $M = \max$ und $\lambda_{max} = 2f / l_{max}$ bei $M = 0$

f Ausmitte der Druckresultierenden im Querschnitt mit max M und l_{max} als Abstand zwischen Momentennullpunkt und -maximum

Bauteile mit Querkraftbewehrung

Ringförmige Einzelbügel

Wesentlich für den gegenüber Rechteckquerschnitten abweichenden Schubfluss ist die in Kreisquerschnitten ringförmige Querkraftbewehrung, aus der Umlenkkräfte in den Beton eingeleitet werden (Abb. 6.36). Es ergeben sich sowohl höhere Zugspannungen in der Querkraftbewehrung als auch höhere Druckspannungen im Beton.

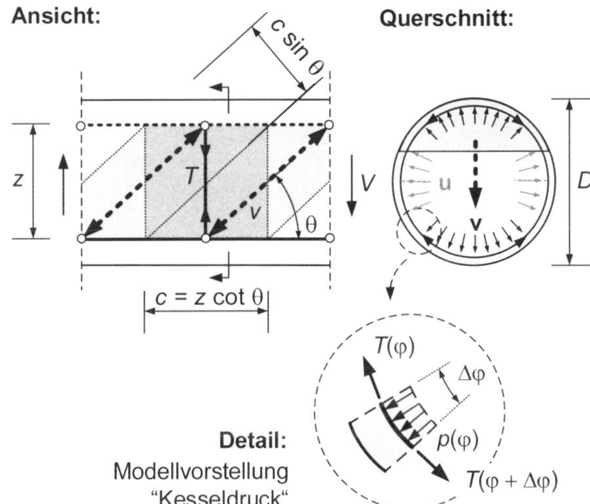

Abb. 6.36
Lastabtrag bei Bauteilen mit Kreisquerschnitt (aus [Bender et al. – 10])

Dementsprechend werden die Widerstände in den Bemessungsgleichungen über einen Wirksamkeitsfaktor α_k reduziert. Die Höhe des Faktors hängt von der Beanspruchung ab und bewegt sich in einem Intervall $0{,}715 \leq \alpha_k \leq 0{,}785$. Vereinfacht kann $\alpha_k = 0{,}75$ angesetzt werden. Für ringförmige Einzelbügel ergibt sich:

$$V_{Rd,s} = \alpha_k \cdot a_{sw} \cdot f_{yd} \cdot z \cdot \cot\theta \quad \text{(Zugstrebe)} \quad (6.60)$$

$$V_{Rd,max} = \alpha_k \cdot \frac{D \cdot z \cdot \alpha_{cw} \cdot \nu_1 \cdot f_{cd}}{\cot\theta + \tan\theta} \quad \text{(Druckstrebe)} \quad (6.61)$$

mit:

$\alpha_k = 0{,}75$ Wirksamkeitsfaktor für Kreisquerschnitte

a_{sw} Querkraftbewehrung je Längeneinheit

z Hebelarm der inneren Kräfte – mögliche Näherung bei Kreisquerschnitten: $z \approx 0{,}75 \cdot D \cdot (1 - d_1 / D)^{1{,}7}$ (nach [Bender – 10])

$\alpha_{cw} \cdot \nu_1 \cdot f_{cd}$ Festigkeit der Betondruckstrebe

$\cot\theta$ Druckstrebenneigungswinkel (Berechnung wie bei Rechteckquerschnitten, mit $b_w = 0{,}9\,D$)

Die Berechnung des Druckstrebenneigungswinkels erfolgt hier konservativ konform zu EC 2-1-1, 6.2.3 wie für Rechteckquerschnitte über die Berechnung des Rissreibungsanteils $V_{Rd,cc}$, bei dessen Ermittlung bei Kreisquerschnitten als Breite $b_w = 0{,}9\,D$ anzusetzen ist.

Alternativ kann ein wirtschaftlicherer, additiver Ansatz durch Anrechnung der Querkrafttragfähigkeit eines Bauteils ohne Querkraftbewehrung ($V_{Ed} \leq V_{Rd,c} + V_{Nd} + V_{Rd,s}$) unter Anwendung der Gln. (6.57) bis (6.60) erfolgen [Bender et al. – 10, DGGT EA-Pfähle –12]. In diesem Fall ist bei der Ermittlung von $\cot\theta$ der Rissreibungsanteil $V_{Rd,cc} = 0$ kN zu setzen.

Wendelbewehrung

Bei Bohrpfählen und Rundstützen wird die Querkraftbewehrung häufig in Form von Wendeln ausgeführt. So unterscheidet sich die Wendel aufgrund der alternierenden Schenkelneigung grundsätzlich von lotrechten, jedoch auch von einseitig geneigten Einzelbügeln. Der aus den Normen bekannte Neigungseinfluss der Zugstrebe (Winkel α) ist daher nicht direkt auf eine Wendel übertragbar.

Wendelschenkel sind in einer Bauteilhälfte günstig – also entgegen den Schubrissen – und in der anderen Bauteilhälfte ungünstig – also zu den Schubrissen – geneigt. Bei einer Wendelbewehrung interagieren somit günstige und ungünstige Wirkungsweisen, welche über Fachwerkmodelle für jede Bauteilhälfte getrennt betrachtet werden können (Abb. 6.37).

Wendelneigungen mindern Querkrafttragfähigkeiten weiter ab. Der Einfluss der Wendelneigung ist in Abb. 6.38 als Bezugswert zugehöriger Tragfähigkeiten dargestellt. Minderungen der Zugstrebentragfähigkeit sind bei praxisüblichen Wendelneigungen gering ($\sin\alpha$).

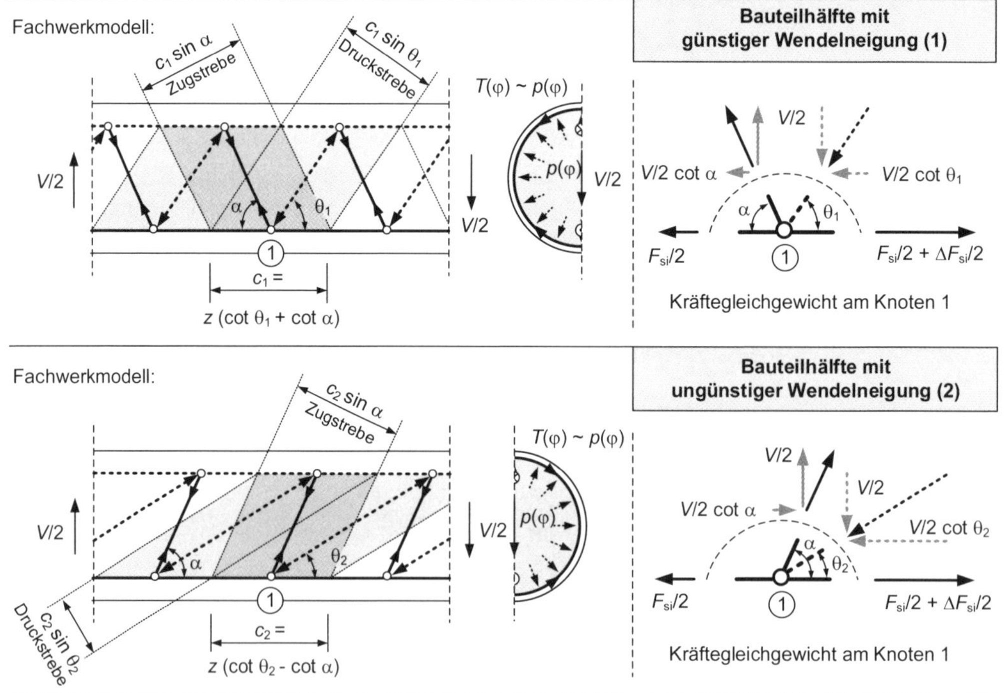

Abb. 6.37 Fachwerkmodelle je Bauteilhälfte bei alternierender Wendelneigung [Bender et al. – 10]

Minderungen von $V_{Rd,max}$ sind ausgeprägter – aufgrund der der gedrungenen Form von Kreisquerschnitten jedoch meist nicht bemessungsrelevant. Unter Berücksichtigung der Wendelneigung α erhält man die Querkraftwiderstände:

$$V_{Rd,s,\alpha} = V_{Rd,s} \cdot \sin\alpha \tag{6.62}$$

$$V_{Rd,max,\alpha} = V_{Rd,max} \cdot \frac{\cot^2\theta + 1}{(\cot\theta + \cot\alpha)^2 + 1} \tag{6.63}$$

mit: $V_{Rd,s}$ Querkraftwiderstand der Zugstrebe (ringförmige Einzelbügel) nach Gl. (6.60)
$V_{Rd,max}$ Querkraftwiderstand der Druckstrebe (ringförmige Einzelbügel) nach Gl. (6.61)
α Wendelneigung
$\cot\theta$ Druckstrebenneigungswinkel (Berechnung wie bei Rechteckquerschnitten, mit $b_w = 0{,}9\,D$)

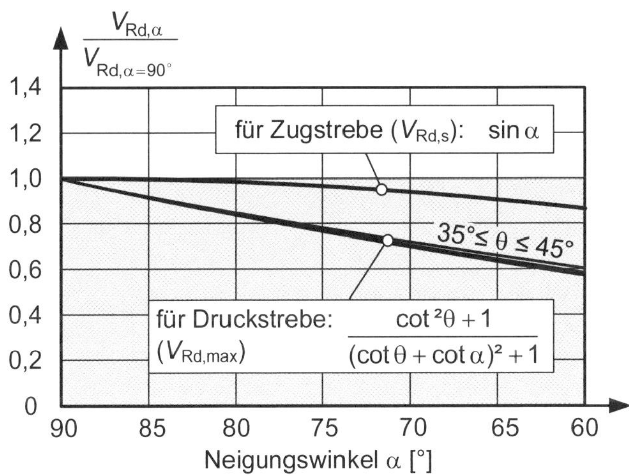

Abb. 6.38
Einfluss der Wendelneigung auf die Zug- und Druckstrebentragfähigkeit (aus [Bender et al – 10])

Mindestquerkraftbewehrung

Bei balkenartigen Bauteilen ist stets eine Mindestquerkraftbewehrung anzuordnen. Bei Bauteilen mit Kreisquerschnitt sind hierbei die Minderungen der Tragfähigkeiten infolge ringförmiger Einzelbügel oder Wendeln zu berücksichtigen.

$$a_{sw} \geq \rho_{w,min} \cdot b_w \cdot \frac{1}{\alpha_k \cdot \sin\alpha} \tag{6.64}$$

mit: $\rho_{w,min}$ Mindestschubbewehrungsgrad = $0{,}16 \cdot f_{ctm} / f_{yk}$
b_w wirksame Breite bei Kreisquerschnitten = $0{,}9\,D$
α_k Wirksamkeitsfaktor für Kreisquerschnitte = 0,75
$\sin\alpha$ Einfluss der Wendelneigung α

6.2.7 Schub- und Verbundfugen

6.2.7.1 Einführung

In Fugen zwischen Betonbauteilen ist die Schubkraftübertragung nachzuweisen. Fugen können dabei senkrecht zur Beanspruchung oder in Richtung der Beanspruchung angeordnet sein (Abb. 6.39; vgl. [Fingerloos/Litzner – 05]). Je nach Lage der Fuge zur Beanspruchungsrichtung tritt eine Biegeschubbeanspruchung auf (z. B. bei vertikalen Betonierfugen in biegebeanspruchten Bauteilen) oder eine Längsschubbeanspruchung (z. B. bei mit Ortbeton ergänzten Fertigplatten).

Nachfolgend werden zunächst die Fugen parallel zur Systemachse (Abschnitt 6.2.7.2) behandelt, im Abschnitt 6.2.7.3 wird dann auf die Fugen senkrecht zur Beanspruchungsrichtung eingegangen.

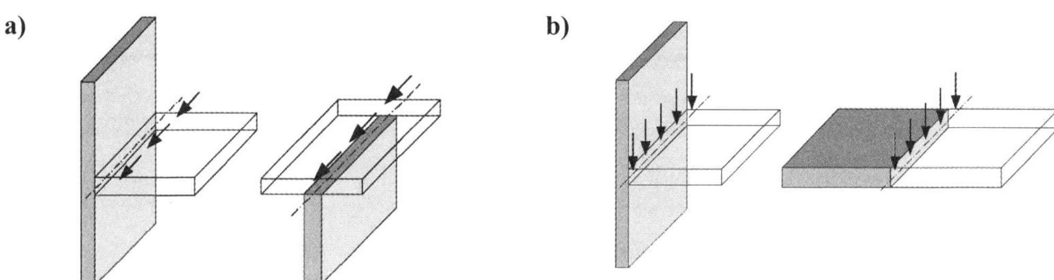

Abb. 6.39 Verbundfuge parallel (a) und senkrecht (b) zur Bauteilachse

6.2.7.2 Fugen parallel zur Systemachse

Grundlagen

Der Tragwiderstand $v_{Rd,j}$ von schubbeanspruchten Fugen setzt sich aus verschiedenen Mechanismen und Traganteilen zusammen:

$$v_{Rd,j} = v_{Rd,c} + v_{Rd,r} + v_{Rd,s} \tag{6.65}$$

$v_{Rd,c}$ Traganteil aus Adhäsion und mikromechanischer Verzahnung (Haftverbund)
$v_{Rd,r}$ Traganteil infolge Reibung in der Fuge
$v_{Rd,s}$ Traganteil der Bewehrung

Grundlage des semi-empirischen Ansatzes ist die Bemessungsgleichung in DIN EN 1992-1-1. Die Tragmechanismen nach Gl. (6.65) sind prinzipiell in Abb. 6.40 dargestellt (vgl. [Fingerloos/Zilch – 08]).

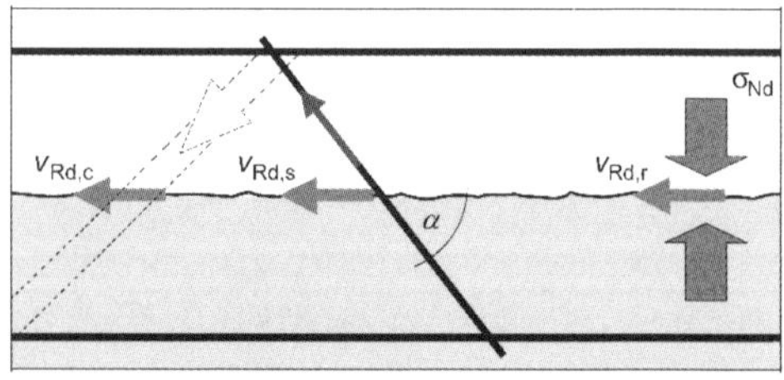

Abb. 6.40 Tragmechanismen der Verbundfuge

Die Traganteile sind in EC 2-1-1 wie folgt definiert

- Adhäsionsanteil: $v_{\mathrm{Rdi,c}} = c \cdot f_{\mathrm{ctd}}$ (6.66a)
- Reibungsanteil: $v_{\mathrm{Rdi,r}} = \mu \cdot \sigma_{\mathrm{n}}$ (6.66b)
- Bewehrungsanteil: $v_{\mathrm{Rdi,s}} = a_{\mathrm{si}} \cdot f_{\mathrm{yd}} \cdot (1{,}2\ \mu \cdot \sin\alpha + \cos\alpha)$ (6.66c)

mit c als Rauigkeitsbeiwert in Abhängigkeit von der Fugenbeschaffenheit, σ_{n} als Normalspannung senkrecht zur Fuge (Druck pos.!) und μ als Reibungsbeiwert (weitere Erl. s. Gl. (6.68)).

Der Einfluss einer Verbundbewehrung wird über den Traganteil $v_{\mathrm{Rdi,s}}$ erfasst. Dabei wird unterstellt, dass die Verbundbewehrung die Streckgrenze f_{yk} erreicht. Die Bewehrung wird mit zwei Komponenten berücksichtigt:

- die horizontale Komponente $v_{\mathrm{Rdi,sh}} = a_{\mathrm{si}} \cdot f_{\mathrm{yd}} \cdot \cos\alpha$
  Sie wirkt in Richtung der Verbundkraft; vgl. hierzu Abb. 6.39.
- die vertikale Komponente $v_{\mathrm{Rdi,sv}} = \mu \cdot a_{\mathrm{si}} \cdot f_{\mathrm{yd}} \cdot \sin\alpha$
  Sie wird mit der sog. Schub-Reibungs-Theorie begründet. Dieser liegt die Vorstellung zugrunde, dass es bei einer gegenseitigen horizontalen Verschiebung d_{h} der Fugenränder auch zu einer vertikalen Verschiebung d_{v} infolge der Rauigkeit der Fuge kommt, die zu einer (Vor-)Spannung der Verbundbewehrung und damit zu einer Druckspannung auf die Fuge führt. Letztere aktiviert dann die Reibungskraft (vgl. Abb. 6.41).

Abb. 6.41 Erläuterung zur Schub-Reibungs-Theorie, lotr. Verbundbewehrung (vgl. [Jähring – 06])

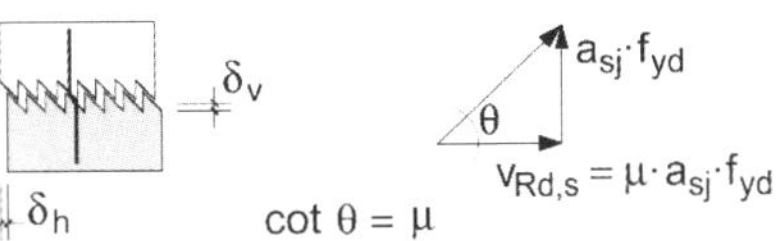

Nachweis nach EC 2-1-1 – Einwirkung

Die aufzunehmende Bemessungsschubkraft v_{Edi} darf die aufnehmbare v_{Rdi} nicht überschreiten. Der Bemessungswert der aufzunehmenden Schubkraft je Längeneinheit v_{Edi} ergibt sich zu

$$v_{\mathrm{Edi}} = \beta_{\mathrm{l}} \cdot V_{\mathrm{Ed}} / (z \cdot b_{\mathrm{i}}) \qquad (6.67)$$

mit

β_{l} Quotient aus der Längskraft im Aufbeton und der Gesamtlängskraft (Gesamtlängskraft infolge Biegung: M_{Ed}/z)

V_{Ed} Bemessungsquerkraft

z Hebelarm der inneren Kräfte. Hierfür darf näherungsweise $z = 0{,}9\ d$ gesetzt werden; ist die Verbundbewehrung gleichzeitig Querkraftbewehrung, ist zusätzlich $z = (d - 2\ c_{\mathrm{v,l}})$ bzw. $z = (d - c_{\mathrm{v,l}} - 30\ \mathrm{mm})$ zu beachten (s. Abschnitt 6.2.5).

b_{i} Breite der Verbundfuge

Das zugrunde liegende Modell der Fugenbemessung eines Plattenbalkens zeigt Abb. 6.42. In Abb. 6.42a liegt die gesamte Betondruckkraft F_{cd} im Aufbeton, die Fuge ist demnach mit $\beta_{\mathrm{l}} = 1$ zu bemessen; in Abb. 6.42b liegt ein Anteil der Betondruckkraft im Fertigteil ($F_{\mathrm{cd,w}}$), die Fuge muss dann nur für den Anteil $F_{\mathrm{cd,f}}$ im Aufbeton, d. h. mit $\beta_{\mathrm{l}} < 1$, bemessen werden. Zusätzlich ist aber immer die Querkraftbemessung des monolithischen Gesamtquerschnitts ohne Abminderungen durchzuführen.

a)

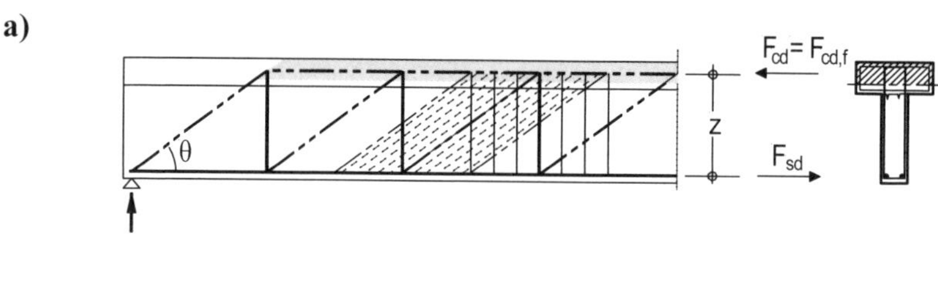

b)

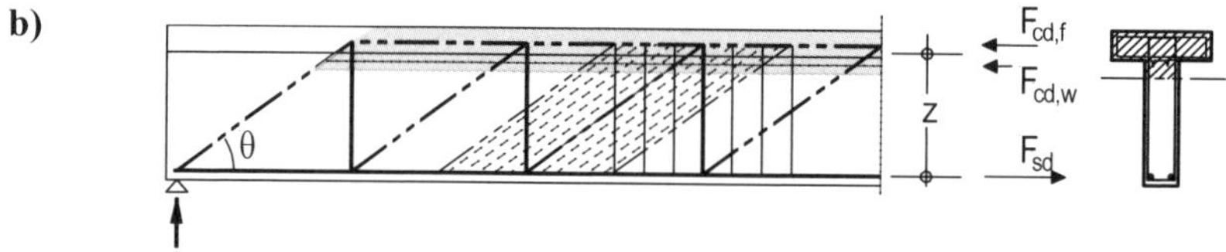

Abb. 6.42 Modell für die Fugenbemessung
a) Gesamte Betondruckkraft F_{cd} liegt im Aufbeton → $\beta_l = 1{,}0$
b) Gurtanteil der Betondruckkraft ($F_{cd,f}$ im Aufbeton, Steganteil ($F_{cd,w}$) im Fertigteil → $\beta_l < 1{,}0$

Wie auch bei der Querkraftbemessung des Balkensteges darf die günstige Wirkung einer direkten Krafteinleitung der Druckstrebe bei direkter Lagerung berücksichtigt werden. Der Bemessungswert der Schubkraft $v_{Ed,i}$ wird dann im Abstand d_i vom Auflagerrand bestimmt; d_i ergibt sich dabei aus der Nutzhöhe bis zur Verbundfuge (s. Abb. 6.43).

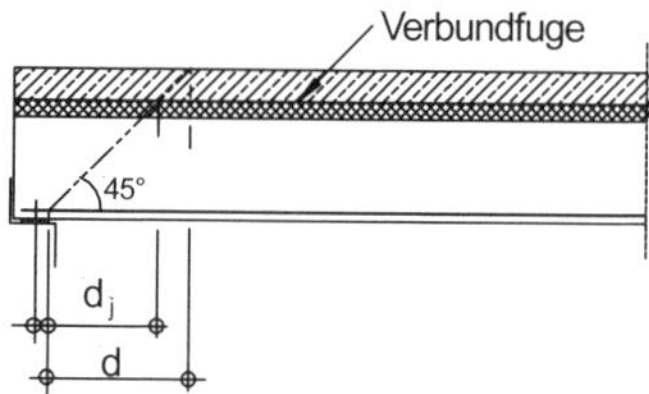

Abb. 6.43 Bemessungsschnitt bei direkter Lagerung

Nachweis nach EC 2-1-1 – Tragfähigkeit

Die Tragfähigkeit wird entscheidend durch die **Fugenbeschaffenheit** bzw. -rauigkeit beeinflusst. Es wird unterschieden:

- *sehr glatte Fuge*, wenn gegen Stahl, Kunststoff oder glatte Holzschalungen betoniert wird oder wenn der erste Betonierabschnitt mit einer Konsistenz ≥ F5 betoniert wird
- *glatte Fuge*, die abgezogen oder im Gleit- bzw. Extruderverfahren hergestellt wird oder die nach dem Verdichten ohne weitere Behandlung bleibt
- *raue Fuge,* bei der die Oberfläche mit mind. 3 mm Rauigkeit mit ca. 40 mm Abstand ausgeführt wird; alternativ kann nachgewiesen werden (vgl. Abb. 6.44a):
  - mittlere Rautiefe $R_t \geq 1{,}5$ mm oder
  - maximale Profilkuppenhöhe $R_p \geq 1{,}1$ mm
- *verzahnte Fuge,* die eine Verzahnung nach Abb. 6.44b aufweist (mit $0{,}8 \leq h_1/h_2 \leq 1{,}25$); eine Verzahnung liegt auch vor, wenn bei Gesteinskörnung $d_g \geq 16$ mm das Korngerüst mind. 6 mm tief freigelegt wird oder die mittlere Rautiefe $R_t \geq 3{,}0$ mm bzw. die max. Profilkuppenhöhe $R_p \geq 2{,}2$ mm ist

a) raue Fuge

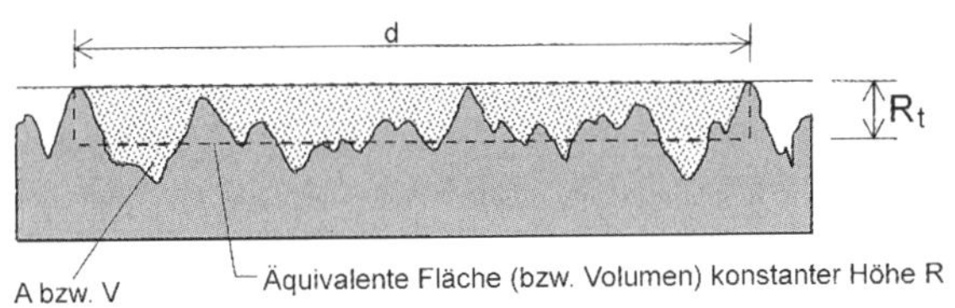

Mittlere Rautiefe
$R_t > 1{,}5$ mm

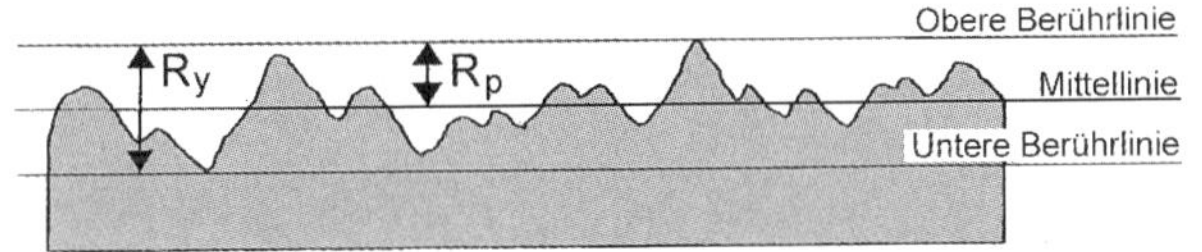

Profilkuppenhöhe
$R_p > 1{,}1$ mm

b) verzahnte Fuge

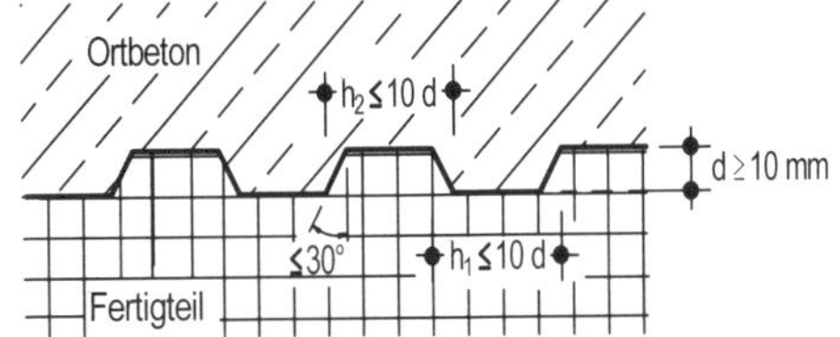

Abb. 6.44 Fugenausbildung bei Ausführung als raue Fuge (a) und Fuge mit Verzahnung (b)

Die **Tragfähigkeit** bzw. die aufnehmbare Bemessungsschubkraft ohne Anordnung oder mit Anordnung einer Verbundbewehrung ergibt sich zu:

$$v_{\text{Rdi}} = [\, c \cdot f_{\text{ctd}} + \mu \cdot \sigma_{\text{n}} \,] + v_{\text{Rdi,s}} \leq v_{\text{Rdi,max}} \qquad (6.68)$$

$f_{\text{ctd}} = \alpha_{\text{ct}} \cdot f_{\text{ctk;0,05}} / \gamma_{\text{C}}$
Bemessungswert der Betonzugfestigkeit (in N/mm²) des Ortbetons oder des Fertigteils; der kleinere Wert ist maßgebend; mit $\alpha_{\text{ct}} = 0{,}85$

σ_{n} Normalspannung senkrecht zur Fuge mit $\sigma_{\text{n}} = n_{\text{Ed}} / b \leq 0{,}6 \cdot f_{\text{cd}}$ (Druck pos.!)

c Beiwert nach Tafel 6.14
(bei dynamischer Beanspruchung gilt generell $c = 0$)

μ Beiwert der Schubreibung nach Tafel 6.14

$$v_{\text{Rdi,s}} = (A_{\text{s}} / A_{\text{i}}) \cdot f_{\text{yd}} \cdot (1{,}2\, \mu \cdot \sin \alpha + \cos \alpha) \qquad (6.68a)$$

Traglastanteil der Verbundbewehrung

A_{s} Querschnitt der die Fuge kreuzenden Bewehrung je Längeneinheit

A_{i} Verbundfläche

α Neigung der Bewehrung gegen die Kontaktfläche Ortbeton / Fertigteil mit $45° \leq \alpha \leq 90°$

Tafel 6.14 Beiwerte c und μ

Oberfläche	c	μ
verzahnt	0,50	0,9
rau	0,40[a)]	0,7
glatt	0,20[a)]	0,6
sehr glatt	0	0,5

a) Bei Zug senkrecht zur Fuge und bei Fugen zwischen nebeneinanderliegenden Fertigteilen ohne Verbindung durch Mörtel oder Kunstharz gilt $c = 0$.

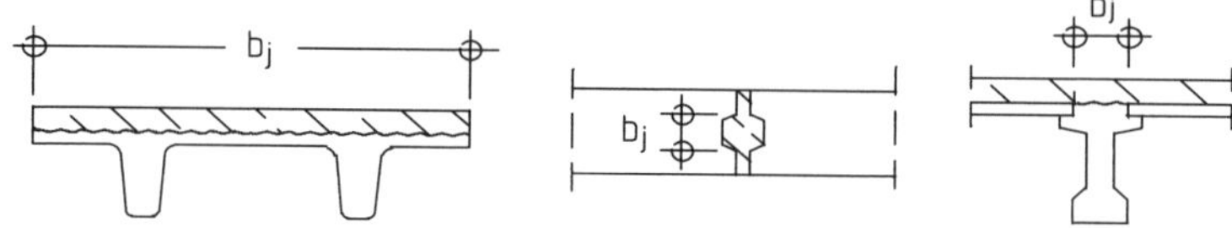

Abb. 6.45 Breite $b = b_i$ der Kontaktfuge

Der Bemessungswert der max. aufnehmbaren Schubkraft beträgt:

$$v_{Rdj,max} = 0{,}5 \cdot \nu \cdot f_{cd} \qquad (6.68b)$$

ν Abminderungsfaktor; hierfür gilt
- $\nu = 0{,}70$ für verzahnte Fugen
- $\nu = 0{,}50$ für raue Fugen
- $\nu = 0{,}20$ für glatte Fugen
- $\nu = 0$ für sehr glatte Fugen; der Reibungsanteil $\mu \cdot \sigma_n$ in Gl. (6.68) darf ausgenutzt werden (maximal jedoch nur $v_{Rdi,max}$ für glatte Fugen)

Die Verbundbewehrung ist kraftschlüssig nach beiden Seiten der Kontaktfläche zu verankern. Die Bewehrung darf abgestuft verteilt werden.

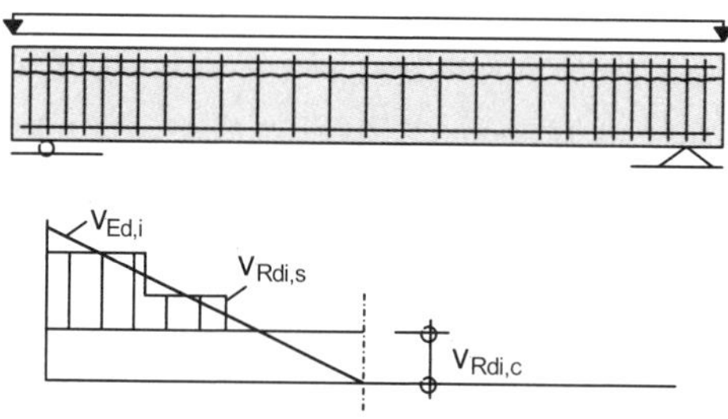

Abb. 6.46 Staffelung der Verbundbewehrung

Falls rechnerisch keine Verbundbewehrung erforderlich ist, sind konstruktive Maßnahmen zu beachten (s. a. [DAfStb-H400 – 88]). Forderungen einer Zulassung, des Brandschutzes etc. sind zu berücksichtigen.

Die aufnehmbare Querkraft von *ausbetonierten Fugen in Scheiben* aus Platten- oder Wandbauteilen kann analog ermittelt werden. Die Bemessungsschubkraft sollte jedoch für die mittlere Scheibenkraft v_{Rd} zwischen Platten auf

$b \cdot 0{,}15$ N/mm² für raue und glatte Fugen,
$b \cdot 0{,}10$ N/mm² für sehr glatte Fugen

begrenzt werden.

Bemessungshilfen für die Ermittlung von Verbundbewehrung sind nachfolgend wiedergegeben, die Anwendung wird in Beispielen gezeigt.

Tafel 6.15 Verbundbewehrung $\rho_{w,i}$ bei glatter Fuge und $\sigma_n = 0$; C12/15 bis C50/60
B500 (mit f_{yd} = **435 MN/m²**), α = **90°** (lotr. Verbundbewehrung)*)

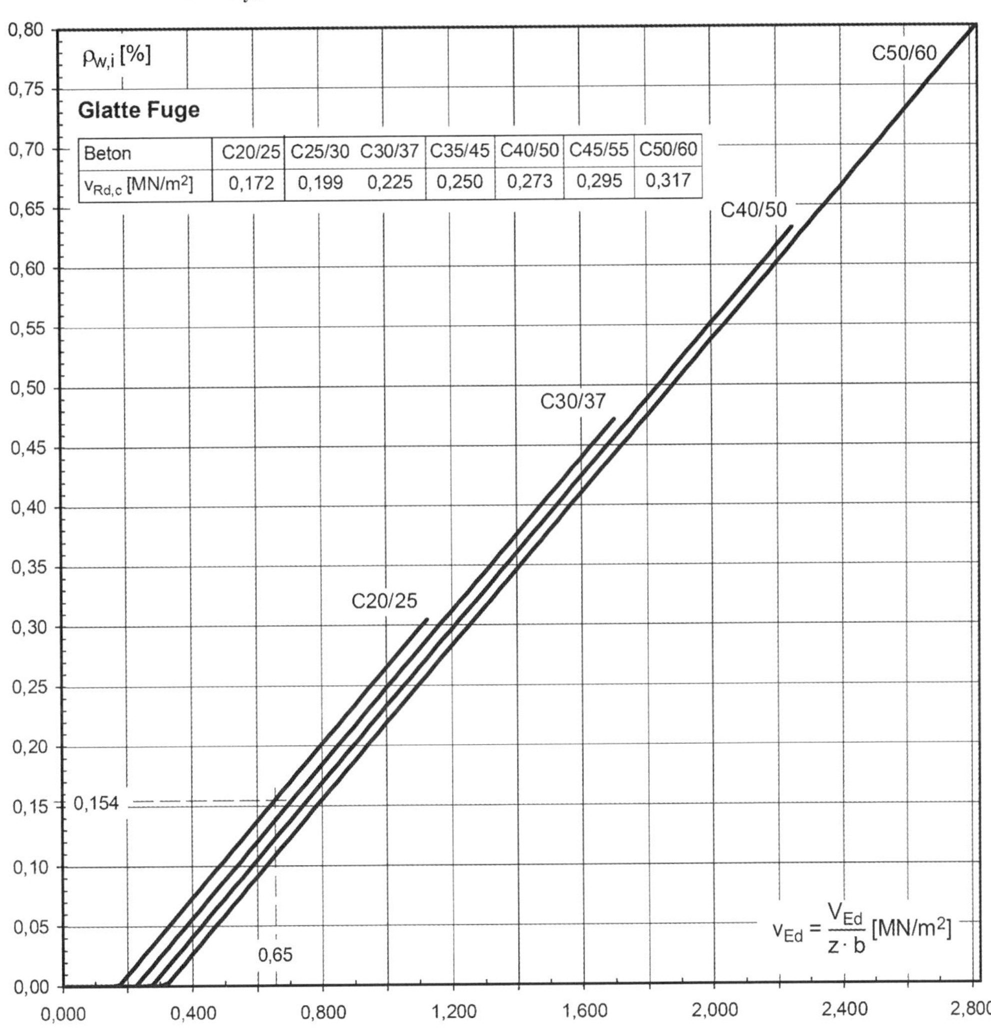

Beton	C20/25	C25/30	C30/37	C35/45	C40/50	C45/55	C50/60
$v_{Rd,c}$ [MN/m²]	0,172	0,199	0,225	0,250	0,273	0,295	0,317

Ablesebeispiel

V_{Ed} = 78,0 kN/m; z = 0,12 m; b_i = 1,0 m/m; C20/25

v_{Ed} = $v_{Ed,i}$ = 78,0 · 10⁻³ / (0,12 · 1,0) = 0,65 MN/m²

> $v_{Rd,c}$ = 0,172 MN/m² (s. Tabelle in Tafel 6.15 für Beton C20/25)

→ Verbundbewehrung erforderlich

$\rho_{w,i}$ = 0,154 % (Tafel 5.15 bei lotrechter Verbundbewehrung; s. o.)

a_{sw} = 0,154 · 100 = 15,4 cm²/m²

*) Konstruktive Regelungen (Mindestbewehrung, Anordnung und Ausbildung der Bügel usw.) sind zusätzlich zu beachten.

Tafel 6.16 Verbundbewehrung $\rho_{w,i}$ bei rauer Fuge und $\sigma_n = 0$; C12/15 bis C50/60 B500 (mit f_{yd} **= 435 MN/m²**), α **= 90°** (lotr. Verbundbewehrung)*)

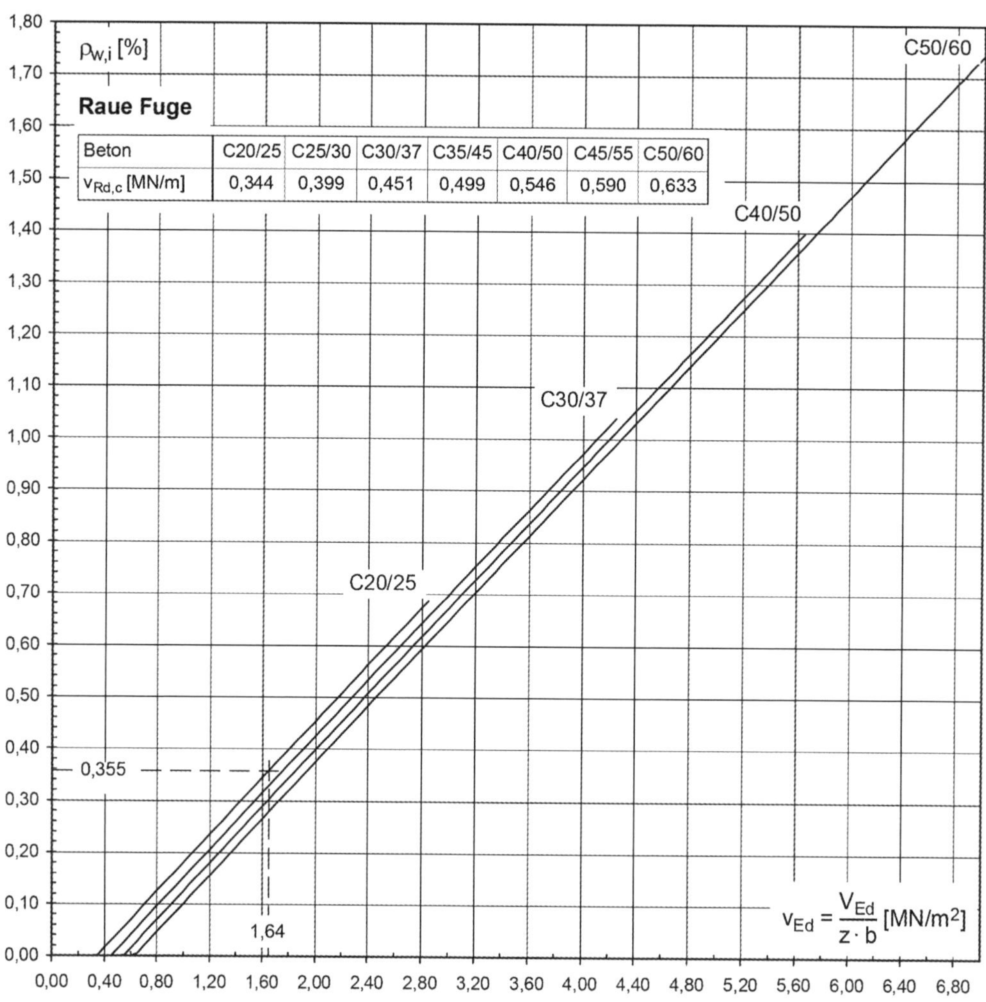

Beton	C20/25	C25/30	C30/37	C35/45	C40/50	C45/55	C50/60
$v_{Rd,c}$ [MN/m]	0,344	0,399	0,451	0,499	0,546	0,590	0,633

Ablesebeispiel

V_{Ed} = 156 kN; z = 0,34 m; b_i = 0,28 m; C20/25

$v_{Ed} = v_{Ed,j}$ = 156 · 10⁻³ / (0,34 · 0,28) = 1,64 MN/m²

> $v_{Rd,c}$ = 0,344 MN/m (s. Tabelle in Tafel 6.16 für Beton C20/25)

→ Verbundbewehrung erforderlich

$\rho_{w,i}$ = 0,355 % (Tafel 6.16 bei lotrechter Verbundbewehrung; s. o.)

a_{sw} = 0,355 · 28 = 9,94 cm²/m

*) Konstruktive Regelungen (Mindestbewehrung, Anordnung und Ausbildung der Bügel usw.) sind zusätzlich zu beachten.

Beispiel 1
(vgl. [Goris/Schmitz – 13])

Stahlbetondecke über 3 Felder, üblicher Hochbau, Ausführung als Teilfertigdecke (s. Darstellung); im Rahmen des Beispiels soll die Verbundfuge nachgewiesen werden.

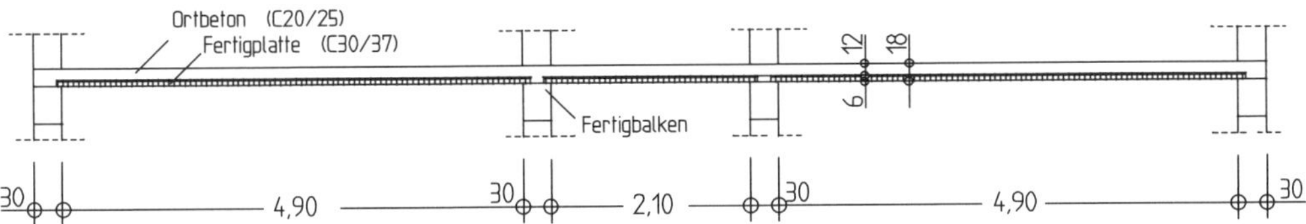

System, Belastung, Schnittgrößen

Statisches System: Dreifeldträger mit Stützweiten l_1 = 5,20 m, l_2 = 2,40 m und l_3 = 5,20 m
Belastung: g_k = 6,00 kN/m²
q_k = 5,00 kN/m² → $g_d + q_d$ = 15,60 kN/m²
Schnittgrößen: s. nachfolgende Tabelle (charakteristische Werte!)

Lastfall	M_B kNm/m	M_C kNm/m	V_A kN/m	V_{Bl} kN/m	V_{Br} kN/m	V_{Cl} kN/m	V_{Cr} kN/m	V_D kN/m
1 g_k	-13,16	-13,16	13,06	-18,14	7,20	-7,20	18,14	-13,06
2 q_{k1}	-11,86	1,87	10,72	-15,28	5,72	5,72	-0,36	-0,36
3 q_{k2}	-0,98	-0,98	-0,19	-0,19	6,00	-6,00	0,19	0,19
4 q_{k3} (A B C D)	1,87	-11,86	0,36	0,36	-5,72	-5,72	15,28	-10,72

Nachweis an Stütze A

$V_{Ed,A} = 1,35 \cdot 13,06 + 1,50 \cdot (10,72 + 0,36) = 34,25$ kN/m
$V_{Ed} = 34,25 - 15,60 \cdot (0,15 + 0,035) = 31,40$ kN/m

In der Kontaktfuge zu übertragende Gurtlängskraft

$v_{Ed,i} = \beta_1 \cdot V_{Ed} / (z \cdot b_i)$

$\beta_1 = F_{cd,f} / F_{cd} = 1$
$z \approx 0,9d = 0,9 \cdot 0,155 = 0,14$ m
$b_i = 1,0$ m/m

$v_{Ed,i} = 1 \cdot 31,4 \cdot 10^{-3} / (0,14 \cdot 1,0) = 0,224$ MN/m²

Bemessungswert der aufnehmbaren Schubkraft bei Verzicht auf Verbundbewehrung

$v_{Rdi,c} = c \cdot f_{ctd} + \mu \cdot \sigma_n$

$c = 0,2$
$f_{ctd} = 0,85 \cdot 1,5 / 1,5 = 0,85$ MN/m²
$\sigma_n = 0$

$v_{Rdi,c} = 0,2 \cdot 0,85 = 0,170$ MN/m² $< v_{Ed,i}$ → Verbundbewehrung erforderlich.

Der Bemessungswert der aufnehmbaren Schubkraft bei Anordnung von Verbundbewehrung

$v_{Rdi} = [\, c \cdot f_{cd} + \mu \cdot \sigma_n \,] + (A_s / A_i) \cdot f_{yd} \cdot (1{,}2\, \mu \cdot \sin \alpha + \cos \alpha) \geq v_{Ed,i}$

$\alpha = 45°$ — Gitterträger als Verbundbewehrung mit einer Neigung α = 45° für die die Fuge kreuzende Bewehrung

$\mu = 0{,}6$ — Glatte Fuge; nach Angabe des Werkes

$\sigma_n = 0$

$$a_s \geq \frac{v_{Ed,i} - c \cdot f_{ctd}}{f_{yd} \cdot (1{,}2\mu \cdot \sin\alpha + \cos\alpha)}$$

Streckgrenze mit f_{yk} = 420 MN/m² (nach Zulassung, Diagonalen aus B500 glatt; vgl. auch [Land – 03])

$$= \frac{0{,}224 - 0{,}170}{365 \cdot \left(1{,}2 \cdot 0{,}60 \cdot 0{,}707 + 0{,}707\right)} \cdot 10^4$$

$= 1{,}22$ cm²/m²

Zusätzlich sind konstruktive Regelungen zu beachten; s. Anmerkungen nächste Seite.

Nachweis an Stütze B_l

$|V_{Ed,Bl}| = 1{,}35 \cdot 18{,}14 + 1{,}50 \cdot (15{,}28 + 0{,}19) = 47{,}69$ kN/m

$V_{Ed} = 47{,}69 - (1{,}35 \cdot 6{,}00 + 1{,}50 \cdot 5{,}00) \cdot (0{,}30/2 + 0{,}035) = 44{,}80$ kN/m

In der Kontaktfuge zu übertragende Gurtlängskraft

$v_{Ed,i} = 1 \cdot 44{,}80 \cdot 10^{-3} / (0{,}14 \cdot 1{,}0) = 0{,}320$ MN/m²

Ohne Verbundbewehrung aufnehmbare Schubkraft

$v_{Rdi,c} = 0{,}170$ MN/m²

Wegen $v_{Rdi,c} = 0{,}170$ MN/m² < $v_{Ed,i} = 0{,}320$ MN/m² ist Verbundbewehrung erforderlich.

Der Bemessungswert der aufnehmbaren Schubkraft bei Anordnung von Verbundbewehrung

$v_{Rdi} = [\, c \cdot f_{ctd} + \mu \cdot \sigma_n \,] + (A_s / A_i) \cdot f_{yd} \cdot (1{,}2\, \mu \cdot \sin \alpha + \cos \alpha) \geq v_{Ed,i}$

$\alpha = 45°$

$\mu = 0{,}6$

$\sigma_n = 0$

$$a_s \geq \frac{v_{Ed,i} - c \cdot f_{ctd}}{f_{yd} \cdot (1{,}2\mu \cdot \sin\alpha + \cos\alpha)}$$

$$= \frac{0{,}320 - 0{,}170}{365 \cdot \left(1{,}2 \cdot 0{,}60 \cdot 0{,}707 + 0{,}707\right)} \cdot 10^4$$

$= 3{,}38$ cm²/m²

Nachweis an Stütze B_r

$V_{Ed,Br} = 1{,}35 \cdot 7{,}20 + 1{,}50 \cdot (5{,}72 + 6{,}00) = 27{,}3$ kN/m

$V_{Ed} = 27{,}3 - (1{,}35 \cdot 6{,}00 + 1{,}50 \cdot 5{,}00) \cdot (0{,}30/2 + 0{,}035) = 24{,}4$ kN/m

In der Kontaktfuge zu übertragende Gurtlängskraft

$v_{Ed,i} = 1 \cdot 24{,}4 \cdot 10^{-3} / (0{,}14 \cdot 1{,}0) = 0{,}174$ MN/m²

Bemessungswert der aufnehmbaren Schubkraft bei Verzicht auf Verbundbewehrung

$v_{Rdi,c} = 0{,}170$ MN/m²

Wegen $v_{Rdi,c} = 0{,}170$ MN/m² < $v_{Ed,i} = 0{,}174$ MN/m² ist Verbundbewehrung erforderlich.

Bemessungswert der aufnehmbaren Schubkraft bei Anordnung von Verbundbewehrung

$$a_s \geq \frac{v_{\text{Ed,i}} - c \cdot f_{\text{ctd}}}{f_{\text{yd}} \cdot (1{,}2\mu \cdot \sin\alpha + \cos\alpha)} = \frac{0{,}174 - 0{,}170}{365 \cdot \left(1{,}2 \cdot 0{,}60 \cdot 0{,}707 + 0{,}707\right)} \cdot 10^4 = 0{,}10 \text{ cm}^2/\text{m}^2$$

Konstruktiver Hinweis:

Falls am Endauflager keine Wandauflasten vorhanden sind, ist in jedem Falle eine Verbundsicherungsbewehrung in einer Größe von 6 cm²/m auf einer Randstreifenbreite von 75 cm entlang der Endauflagerlinie anzuordnen (ggf. sind zusätzlich bauaufsichtliche Zulassungen, Brandschutz u. a. zu beachten); vgl. EC 2-1-1/NA, 10.9.3(17).

Beispiel 2

Für den dargestellten Plattenbalken soll die Querkraft an der maßgebenden Stelle am Auflagerrand nachgewiesen werden (Annahme: Auflagerung auf Elastomerlager mit $b = 20$ cm). Der Nachweis wird im Rahmen des Beispiels nur für den Endzustand geführt.

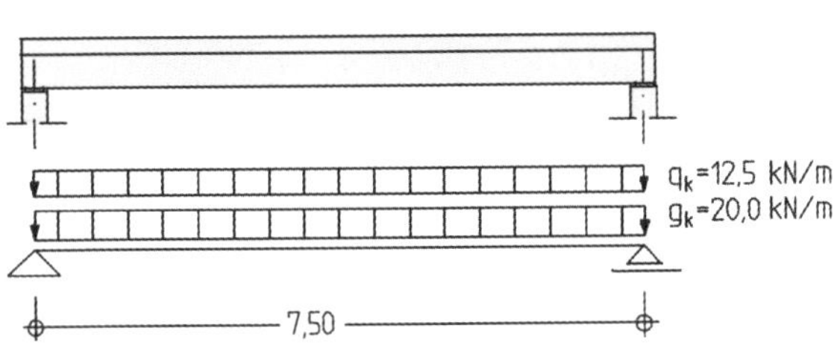

Baustoffe:

Beton: C20/25 (Ortbeton)
C30/37 (Fertigteile)

Betonstahl: B500

Belastung (Bemessungslast)

$f_d = 1{,}35 \cdot 20 + 1{,}5 \cdot 12{,}5 = 45{,}75$ kN/m

Querkraft V_{Ed}

$V_{\text{Ed,0}} = 172$ kN (theor. Auflagerlinie)

$V_{\text{Ed}} \;= 172 - 45{,}75 \cdot (0{,}10 + 0{,}40) = 149$ kN (Abstand d vom Rand; s. n. S.)
$V_{\text{Ed,i}} = 172 - 45{,}75 \cdot (0{,}10 + 0{,}25) = 156$ kN (Abstand d_i vom Rand; s. n. S.)

Die Schubbemessung bzw. der Nachweis der Verbundfuge soll für folgende Fälle durchgeführt werden:

a) für den monolithisch hergestellten Träger
b) für eine Fertigteillösung mit schmaler Verbundfuge

a) Bemessung für den monolithischen Träger

Es gilt der nachfolgend dargestellte Querschnitt (s. n. S.) mit einer Stegbreite $b_w = 38$ cm und einer Nutzhöhe $d = 40$ cm.

Zugstrebe $V_{\text{Rd,sy}}$ *bzw. Querkraftbewehrung* a_{sw}

$a_{\text{sw}} \geq V_{\text{Ed}} / (f_{\text{yd}} \cdot z \cdot \cot\theta)$

$\cot\theta = 1{,}2 / (1 - V_{\text{Rd,cc}} / V_{\text{Ed}})$ $\quad(\sigma_{\text{cd}} = 0)$

$V_{\text{Rd,cc}} = 0{,}24 \cdot f_{\text{ck}}^{1/3} \cdot b_w \cdot z$

$z = 0{,}9 \cdot d \leq (d - 2c_{\text{v,l}})$

$= 0{,}9 \cdot 0{,}40 = 0{,}36 \text{ m} > 0{,}40 - 2 \cdot 0{,}03 = 0{,}34$ m (Annahme: $c_{\text{v,l}} = 3{,}0$ cm)

$V_{\text{Rd,cc}} = 0{,}24 \cdot 20^{1/3} \cdot 0{,}38 \cdot 0{,}34 = 0{,}0842$ MN

$\cot\theta = 1{,}2 / (1 - 0{,}0842 / 0{,}149) = 2{,}76 \;(< 3{,}0)$

$a_{sw} = 0{,}149 / (435 \cdot 0{,}34 \cdot 2{,}76) = 3{,}65 \cdot 10^{-4}\ m^2/m = 3{,}65\ cm^2/m$

Druckstrebe $V_{Rd,max}$

$V_{Rd,max} = \nu_1 \cdot f_{cd} \cdot b_w \cdot z / (\tan\theta + \cot\theta)$

$V_{Rd,max} = 0{,}75 \cdot (0{,}85 \cdot 20 / 1{,}5) \cdot 0{,}38 \cdot 0{,}34 / (0{,}36 + 2{,}76) = 0{,}352\ MN > V_{Ed,0} = 0{,}172\ MN$

b) Bemessung für den Fertigteilträger mit Ortbetonergänzung

Die Ortbetonplatte ist über eine „schmale" Fuge (b_i = 28 cm) mit dem Fertigteilbalken verbunden; es wird die Verbundfuge nachgewiesen. Die Verbundfuge soll rau ausgeführt werden.

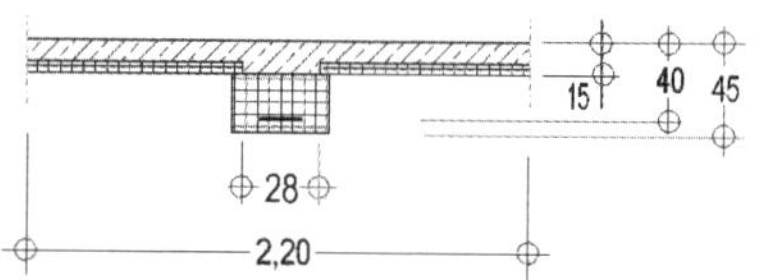

Aufzunehmende Bemessungsschubkraft

$v_{Ed,0} = V_{Ed,0} / z = 0{,}172 / (0{,}34 \cdot 0{,}28) \quad = 1{,}807\ MN/m$

$v_{Ed,i} = V_{Ed} / (z \cdot b_i) = 0{,}156 / (0{,}34 \cdot 0{,}28) = 1{,}639\ MN/m^2$

Nachweis der Druckstrebe

$v_{Rdi,max} = 0{,}5 \cdot \nu \cdot f_{cd}$

$\nu = 0{,}50$ für raue Fugen

$v_{Rdi,max} = 0{,}5 \cdot 0{,}5 \cdot (0{,}85 \cdot 20 / 1{,}5) = 2{,}833\ MN/m^2 > v_{Ed,0} = 1{,}807\ MN/m$

Nachweis der Verbundbewehrung

$v_{Rdi} = [c \cdot f_{ctd} + \mu \cdot \sigma_n] + (A_s / A_i) \cdot f_{yd} \cdot (1{,}2\,\mu \cdot \sin\alpha + \cos\alpha) \geq v_{Ed,i}$

$c \cdot f_{ctd} = 0{,}4 \cdot (0{,}85 \cdot 1{,}5/1{,}5) = 0{,}340$

$\alpha = 90°$ lotr. Verbundbewehrung

$\mu = 0{,}7$ raue Fuge

$\sigma_n = 0$

$$a_s \geq \frac{v_{Ed,i} - c \cdot f_{ctd}}{f_{yd} \cdot (1{,}2\mu \cdot \sin\alpha + \cos\alpha)}$$

$$= \frac{1{,}639 - 0{,}340}{435 \cdot (1{,}2 \cdot 0{,}70 \cdot 1 + 0)} \cdot 0{,}28 \cdot 10^4 = 9{,}95\ cm^2/m^2$$

Bei der konstruktiven Durchbildung ist zu beachten, dass wegen der gegenüber dem Steg schmaleren Verbundfuge ggf. zusätzliche Kappenbügel o. Ä. im Fertigteil erforderlich werden.

6.2.7.3 Fugen senkrecht zur Systemachse

Fugen *senkrecht zur Systemachse* sind von ihrer Wirkungsweise mit Biegerissen vergleichbar, so dass ein „normaler" Querkraftnachweis nach EC 2-1-1 geführt wird. Allerdings sind dabei $V_{Rd,c}$ und $V_{Rd,cc}$ in Abhängigkeit von der Rauigkeit abzumindern. Die Fugen sind mindestens rau auszuführen.

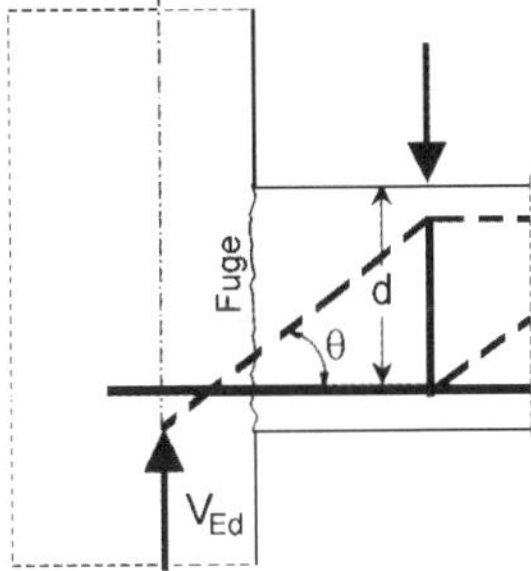

Abb. 6.47 Fuge senkrecht zur Bauteilachse

In EC 2-1-1/NA, 6.2.5(6) wird gefordert, dass die entsprechenden Nachweisgleichungen für die „normale" Querkraftbemessung (EC 2-1-1, Gln. (6.2), (6.7b) und (6.9) bzw. (6.14)) im Verhältnis (c / 0,50) – Beiwert c nach Abschnitt 6.2.7.2 – abgemindert werden.

Bei verzahnten Fugen liegt quasi-monolithisches Verhalten vor, so dass die Querkraftbemessung ohne Einschränkung wie für monolithische Bauteile durchgeführt werden kann (ergibt sich automatisch mit $c = 0,5$ für die verzahnte Fuge). Bei rauen Fugen mit $c = 0,4$ erfolgt eine Abminderung um 20 %, glatte und sehr glatte Fugen sind nicht zulässig.

Die o. g. Bemessungsgleichungen lauten dann:

- Platten ohne Querkraftbewehrung

$$V_{Rd,c} = (c / 0,50) \cdot [(0,15/\gamma_C) \cdot k \cdot (100\rho_l \cdot f_{ck})^{1/3} + 0,12 \cdot \sigma_{cp}] \cdot b_w \cdot d \tag{6.69}$$

- Bauteile mit Querkraftbewehrung

  Maximale Druckstrebentragfähigkeit

$$V_{Rd,max} = (c/0,50) \cdot \frac{\nu_1 \cdot f_{cd} \cdot b_w \cdot z}{(\tan\theta + \cot\theta)} \tag{6.70}$$

  bzw. bei geneigter Querkraftbewehrung

$$V_{Rd,max} = (c/0,50) \cdot \nu_1 \cdot f_{cd} \cdot b_w \cdot z \frac{(\cot\theta + \cot\alpha)}{(1 + \cot^2\theta)} \tag{6.71}$$

  mit der Druckstrebenneigung gemäß Gl. (5.41), jedoch mit

$$V_{Rd,cc} = (c / 0,50) \cdot 0,24 \cdot f_{ck}^{1/3} \cdot (1 - 1,2 \cdot (\sigma_{cd} - f_{cd})) \cdot b_w \cdot z \tag{6.72}$$

Diese Abminderungen gelten – entsprechend der Ausdehnung des Druckstrebenfeldes – mindestens bis zu einem Abstand ($0,5 \cdot \cot\theta \cdot d$).

Für sog. Verwahrkästen, d. h. vorgefertigte Bewehrungsanschlüsse, wird auf das DBV-Merkblatt „Rückbiegen von Betonstahl und Anforderungen an Verwahrkästen" (2008) verwiesen.

6.3 Bemessung für Torsion

6.3.1 Grundsätzliches

Ein rechnerischer Nachweis der Torsionsbeanspruchung ist im Allgemeinen nur erforderlich, wenn das statische Gleichgewicht von der Torsionstragfähigkeit abhängt („Gleichgewichtstorsion"). Wenn in statisch unbestimmten Systemen Torsion nur aus Einhaltung von Verträglichkeitsbedingungen auftritt („Verträglichkeitstorsion"), darf auf eine Berücksichtigung der Torsionssteifigkeit bei der Schnittgrößenermittlung verzichtet werden. Es ist jedoch eine konstruktive Torsionsbewehrung in Form von Bügeln und Längsbewehrung vorzusehen, um eine übermäßige Rissbildung zu vermeiden (s. EC 2-1-1, 6.3.1(2)). Die Anforderungen einer Rissbreitenbegrenzung und der Konstruktionsregeln für Torsionsbewehrung nach EC 2-1-1, 7.3 und 9.2 sind jedoch zu beachten.

Die inneren Tragsysteme bei Torsions- und bei Querkraftbeanspruchung unterscheiden sich nicht grundsätzlich. Bei reiner oder überwiegender Torsion sind die Betondruckstreben jedoch wendelartig gerichtet. Die – theoretisch – ebenfalls wendelartig gerichteten Zugstrebenkräfte werden aus baupraktischen Gründen üblicherweise durch eine senkrecht und längs zur Bauteilachse angeordnete Bewehrung abgedeckt, also durch Bügel und durch eine über den Umfang verteilte oder in den Ecken konzentrierte Längsbewehrung. Eine wendelartige Bewehrung empfiehlt sich schon wegen einer möglichen Verwechslungsgefahr nicht (eine „falsch" orientierte Wendel ist wirkungslos!). In Abb. 6.48 ist ein entsprechendes Fachwerkmodell dargestellt (vgl. [Leonhardt-T1 – 73]); die wendelartig verlaufenden Betondruckstreben stehen in den Knotenpunkten mit der orthogonalen Bügelbewehrung und mit in den Ecken konzentrierten Längsstäben im Gleichgewicht.

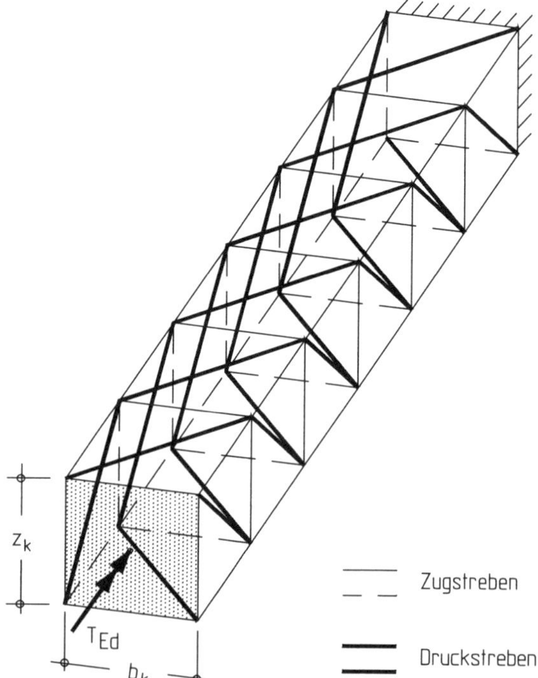

Abb. 6.48 Fachwerkmodell für reine Torsion bei einer parallel und senkrecht zur Bauteilachse angeordneten Bewehrung

Die Torsionstragfähigkeit wird nach EC 2-1-1 unter Annahme eines dünnwandigen, geschlossenen Querschnitts bestimmt. Vollquerschnitte werden durch gleichwertige dünnwandige Querschnitte ersetzt; auch bei Vollquerschnitten bildet sich im Zustand II ein inneres Tragsystem aus, bei dem die Torsionsbeanspruchung im Wesentlichen nur durch die äußere Betonschale in Verbindung mit der Bügelbewehrung und der Längsbewehrung aufgenommen wird.

Querschnitte von komplexerer Form (z. B. T-Querschnitte) können in dünnwandige Teilquerschnitte aufgeteilt werden. Die Gesamttorsionstragfähigkeit berechnet sich dann als Summe der Tragfähigkeiten der Einzelelemente. Die Aufteilung des angreifenden Torsionsmomentes T_{Ed} auf die einzelnen Querschnittsteile darf i. Allg. im Verhältnis der Steifigkeiten der ungerissenen Teilquerschnitte erfolgen:

$$M_{Ti} = M_T \cdot \; (I_{Ti} / \Sigma I_{Ti})$$

Angaben zu den Steifigkeitswerten (Zustand I) können Tafel 6.17 entnommen werden.

6.3.2 Nachweis bei reiner Torsion

Die Schubkraft $V_{Ed,T}$ inf. des Torsionsmomentes T_{Ed} in einer Ersatzwand wird berechnet aus:

$$V_{Ed,T} = T_{Ed} \cdot z \,/\, (2 \cdot A_k) \qquad (6.73)$$

Dabei ist A_k die Fläche, die durch die Mittellinie u_k des (Ersatz-)Hohlquerschnitts eingeschlossen ist, und z die Höhe einer Wand, die durch den Abstand der Schnittpunkte mit den angrenzenden Wänden definiert ist (s. Abb. 6.49). Die Mittellinie verläuft durch die Mitten der Längsstäbe in den Ecken.

Die Wanddicke $t_{eff,i}$ des Hohlkastens bzw. des Ersatzhohlkastens ist nach EC 2-1-1 gleich dem doppelten Abstand von der Mittellinie bis zur Außenfläche (s. hierzu Abb. 6.49), bei Hohlkästen jedoch nicht größer als die tatsächliche Wanddicke

$$t_{eff,i} = 2\, d_1 \leq \text{vorhandene Wanddicke} \qquad (6.74)$$

mit d_1 Schwerpunktabstand der Längsstäbe in den Ecken vom Rand der Außenfläche.

Tafel 6.17 Torsionsflächenmoment I_T und Widerstandsmoment W_T

Querschnittsform	I_T	W_T
Kreis (d)	$0{,}0982\, d^4$	$0{,}1963\, d^3$
Rechteck (h > b)	$\alpha\, b^3 h$	$\beta\, b^2 h$
Hohlkasten (h, b, t_1, t_2, t_3, t_4)	$\dfrac{4 \cdot b \cdot h}{\frac{1}{b} \cdot \left(\frac{1}{t_1} + \frac{1}{t_2}\right) + \frac{1}{h} \cdot \left(\frac{1}{t_3} + \frac{1}{t_4}\right)}$	$2 \cdot b\, h \cdot t_{min}$

h / b	1,00	1,50	2,00	3,00	5,00	10,0	∞
α	0,140	0,196	0,229	0,263	0,291	0,313	0,333
β	0,208	0,231	0,246	0,267	0,291	0,313	0,333

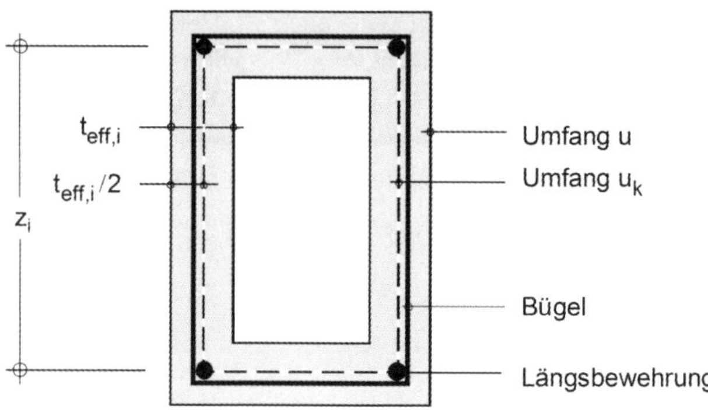

Abb. 6.49 Hohlkastenquerschnitt zur Bestimmung der Torsionstragfähigkeit

Tragfähigkeitsnachweise bei reiner Torsion

Das aufzunehmende Torsionsmoment T_{Ed} muss folgende Bedingungen erfüllen:

$$T_{Ed} \leq T_{Rd,max} \tag{6.75}$$

$$T_{Ed} \leq T_{Rd,s} \tag{6.76}$$

Es sind:

$T_{Rd,max}$ Bemessungswert des durch die Betondruckstrebe aufnehmbaren Torsionsmomentes

$T_{Rd,s}$ Bemessungswert des durch die Bewehrung (Längsbewehrung und Bügel) aufnehmbaren Torsionsmomentes

Tragfähigkeit der Druckstrebe $T_{Rd,max}$

Die maximale Tragfähigkeit der Druckstrebe $T_{Rd,max}$ erhält man nach EC 2-1-1:

$$T_{Rd,max} = \nu \cdot f_{cd} \cdot 2\,A_k \cdot t_{eff} / (\cot\theta + \tan\theta) \tag{6.77}$$

Dabei ist θ der Neigungswinkel der Druckstrebe (s. nachfolgend); der Abminderungsbeiwert ν für die Betondruckfestigkeit ergibt sich zu (vgl. auch Abschnitt 6.2.5):

$\nu = 0{,}525$ (EC 2-1-1/NA, 6.2.2(6))

Der Neigungswinkel θ der Druckstrebe sollte bei reiner Torsion oder bei überwiegender Torsion entsprechend dem tatsächlichen Tragverhalten zu 45° gewählt werden (s. Abschnitt 6.3.3).

Nachweis der Zugstrebe $T_{Rd,s}$

Wie bereits erläutert und aus dem Fachwerkmodell nach Abb. 6.48 hervorgeht, sind als Torsionsbewehrung geschlossene Bügel und über den Querschnittsumfang verteilte Längsstäbe notwendig. Das aufnehmbare Torsionsmoment $T_{Rd,s}$ ergibt sich daher aus zwei Anteilen, nämlich (s. hierzu EC 2-1-1, 6.3.2):

– Bügelbewehrung:

$$T_{Rd,sw} = (A_{sw}/s_w) \cdot f_{yd} \cdot 2\,A_k \cdot \cot\theta \tag{6.78}$$

– Längsbewehrung:

$$T_{Rd,sl} = (A_{sl}/u_k) \cdot f_{yd} \cdot 2\,A_k \cdot \tan\theta \tag{6.79}$$

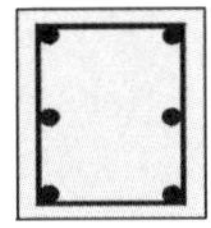

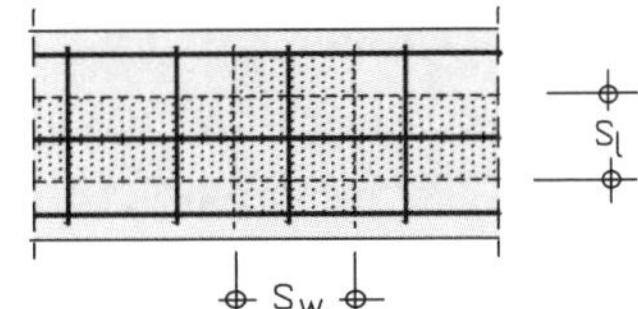

Abb. 6.50 Torsionsbewehrung als Bügel- und Längsbewehrung

Mit $T_{Ed} = T_{Rd,s}$ lässt sich aus Gln. (6.78) und (6.79) auch unmittelbar die erforderliche Bügel- und Längsbewehrung bestimmen:

– Bügelbewehrung

$$\frac{A_{sw}}{s_w} \geq \frac{T_{Ed}}{2 \cdot A_k \cdot f_{yd} \cdot \cot\theta} \tag{6.80}$$

– Längsbewehrung

$$\frac{A_{sl}}{u_k} \geq \frac{T_{Ed}}{2 \cdot A_k \cdot f_{yd} \cdot \tan\theta} \quad \text{oder} \quad \Sigma A_{sl} \geq \frac{T_{Ed} \cdot u_k}{2 \cdot A_k \cdot f_{yd} \cdot \tan\theta} \tag{6.81}$$

Es sind (s. a. Abb. 6.50):

A_{sw} / s_w Querschnitt der Bügelbewehrung bezogen auf den Abstand in Trägerlängsrichtung
A_{sl} / u_k Querschnitt der Torsionslängsbewehrung bezogen auf den Umfang der Fläche A_k
f_{yd} Bemessungswert der Streckgrenze für die Bügel- bzw. Längsbewehrung

Die Bügel müssen geschlossen sein (ggf. mit Übergreifung l_0 gestoßen werden). Die Längsbewehrung sollte gleichmäßig über den Umfang verteilt werden, mindestens aber sollte ein Längsstab in jeder Ecke des vorhandenen Querschnitts angeordnet werden. Die Forderungen bzgl. einer Mindestbewehrung, zur Bewehrungsanordnung und gegebenenfalls zur Rissbreitenbegrenzung sind zusätzlich zu beachten.

6.3.3 Kombinierte Beanspruchung

Tragwerke mit reiner Torsionsbeanspruchung kommen in der Praxis kaum vor. Die Torsionsbeanspruchung wird im Allgemeinen überlagert mit einer gleichzeitigen Biege- und Querkraftbeanspruchung. In vielen baupraktischen Fällen wird man dennoch das Tragverhalten nicht genauer erfassen müssen. Man kann sich vielmehr mit vereinfachenden Regeln begnügen, die darauf beruhen, dass die Beanspruchungsarten getrennt betrachtet werden; die gegenseitige Beeinflussung wird dann über vereinfachende Interaktionsregeln berücksichtigt.

Biegung und/oder Längskraft mit Torsion

Bei großen Biegemomenten – insbesondere bei Hohlkästen – ist ein Nachweis der Hauptdruckspannung erforderlich; die Hauptdruckspannungen werden aus dem mittleren Längsbiegedruck und der Schubspannung bestimmt.

Für die *Längsbewehrung* erfolgt eine getrennte Ermittlung der Bewehrung aus Biegung und/oder Längskraft und Torsion; die ermittelten Anteile sind zu addieren. In der Biegedruckzone kann die Torsionslängsbewehrung entsprechend den vorhandenen Längsdruckkräften bzw. -spannungen abgemindert werden, in Zuggurten ist die Torsionslängsbewehrung infolge Torsion zu der übrigen Bewehrung zu addieren.

Querkraft und Torsion

Die *Druckstrebentragfähigkeit* unter der kombinierten Beanspruchung aus Torsion T_{Ed} und Querkraft V_{Ed} wird nach EC 2-1-1, 6.3.2 nachgewiesen über:

– für Kompaktquerschnitte

$$\left(\frac{T_{\mathrm{Ed}}}{T_{\mathrm{Rd,max}}}\right)^2+\left(\frac{V_{\mathrm{Ed}}}{V_{\mathrm{Rd,max}}}\right)^2\leq 1 \tag{6.82}$$

– für Kastenquerschnitte

$$\left(\frac{T_{\mathrm{Ed}}}{T_{\mathrm{Rd,max}}}\right)+\left(\frac{V_{\mathrm{Ed}}}{V_{\mathrm{Rd,max}}}\right)\leq 1 \tag{6.83}$$

Die günstigere Interaktionsregel nach Gl. (6.82) für Kompaktquerschnitte resultiert daher, dass die Schubspannungen aus Querkraft und Torsion nicht am gleichen inneren Tragsystem ermittelt werden (für Querkraft steht die gesamte Stegbreite, für Torsion nur der Randbereich zur Verfügung). Im Falle von Kastenquerschnitten ist dies jedoch nicht der Fall, da sich die Druckstrebenbeanspruchungen aus Querkraft und Torsion im stärker beanspruchten Steg addieren.

Die *Bügelbewehrung* wird zunächst getrennt für Querkraft und Torsion ermittelt; die so ermittelten Anteile sind dann zu addieren.

Der *Druckstrebenneigungswinkel* kann für den Anteil infolge Torsion mit einem Druckstrebenwinkel θ = 45° ermittelt werden. Die Neigung kann jedoch genauer ermittelt werden (EC 2-1-1/NA, 6.3.2(2)), indem der Druckstrebenwinkel θ für die kombinierte Beanspruchung aus Querkraft und Torsion nach den Regelungen des Abschnitt 6.2.5 für den Schubfluss $V_{\mathrm{Ed,T+V}}$ jedes Teilquerschnitts entsprechend Gl. (6.84) bestimmt wird. Mit dem so ermittelten bzw. gewählten Winkel θ ist der Nachweis sowohl für Querkraft als auch für Torsion zu führen.

Die Schubkraft $V_{\mathrm{Ed,T+V}}$ in den (Ersatz-)Wänden ergibt sich wie folgt

$$V_{\mathrm{Ed,T+V}}=V_{\mathrm{Ed,T}}+\frac{V_{\mathrm{Ed}}\cdot t_{\mathrm{eff}}}{b_{\mathrm{w}}} \tag{6.84}$$

Hinzuweisen ist noch darauf, dass für den Neigungswinkel θ bei überwiegender Torsion etwa 45° gewählt werden sollten (s. a. Abschnitt 6.3.2). Für die Torsionsbewehrung führt ein flacher Winkel θ auch nicht unbedingt zu einer geringeren Bewehrung, da sich für $\theta < 45°$ zwar eine geringere Bügelbewehrung, gleichzeitig jedoch eine erhöhte Längsbewehrung ergibt.

Verzicht auf einen Nachweis

Bei näherungsweise rechteckförmigen Vollquerschnitten und bei kleiner Schubbeanspruchung kann auf einen rechnerischen Nachweis der Bewehrung verzichtet werden, falls

$$T_{\mathrm{Ed}}\leq\frac{V_{\mathrm{Ed}}\cdot b_{\mathrm{w}}}{4{,}5} \tag{6.85}$$

$$V_{\mathrm{Ed}}+\frac{4{,}5\cdot T_{\mathrm{Ed}}}{b_{\mathrm{w}}}\leq V_{\mathrm{Rd,c}} \tag{6.86}$$

eingehalten sind (s. EC 2-1-1/NA, 6.3.2(5)). Es ist jedoch immer die Mindestschubbewehrung zu beachten.

Beispiel 1

Der dargestellte Kragarm wird durch eine exzentrisch angreifende Einzellast (Bemessungslast) beansprucht. Das Beispiel ist in modifizierter und verkürzter Form in [Schneider – 22] enthalten

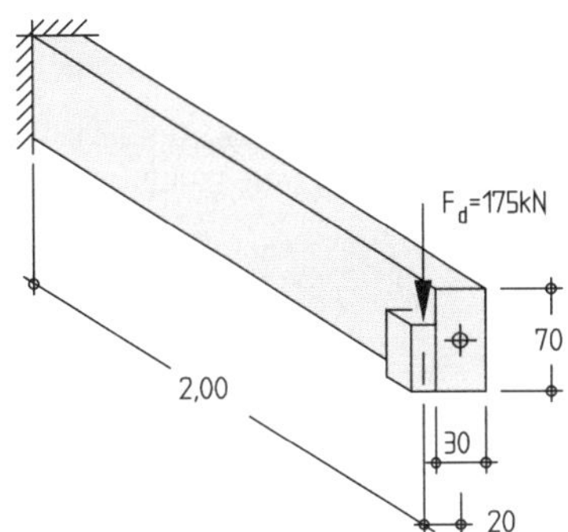

Baustoffe: Beton C20/25, Betonstahl B500

Schnittgrößen
(Eigenlast sei vernachlässigt)

$M_{Ed} = -175 \cdot 2{,}00 = -350$ kNm
$V_{Ed} = -175$ kN
$T_{Ed} = 175 \cdot 0{,}20 = 35$ kNm

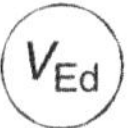

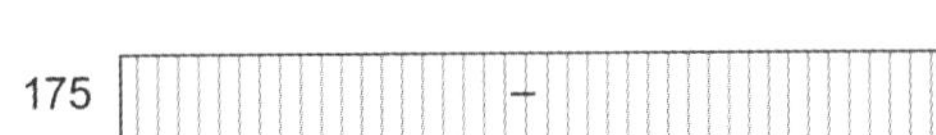

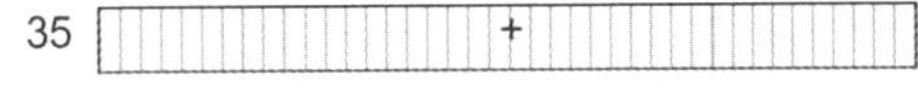

T_{Ed} 35 +

Bemessung

- **Biegebemessung**

  Die Biegebemessung erfolgt für eine angenommene Nutzhöhe von $d = 65$ cm

  $M_{Eds} = M_{Ed} = 350$ kNm (wegen $N_{Ed} = 0$)

  $$k_d = \frac{d}{\sqrt{M_{Eds}/b}} = \frac{65{,}0}{\sqrt{350/0{,}30}} = 1{,}90 \quad \rightarrow \; k_s = 2{,}72; \;\; \zeta = 0{,}85$$

  $A_s = k_s \cdot M_{Eds}/d + N_{Ed}/43{,}5 = 2{,}72 \cdot 350 / 65{,}0 = 14{,}6 \text{ cm}^2$

- **Bemessung für Querkraft, Torsion (und Biegung)**

  Nachweis der Druckstrebe

  – Querkraft (V_{Ed})

  $V_{Rd,max} = \nu_1 \cdot f_{cd} \cdot b_w \cdot z / (\cot\theta + \tan\theta)$

  $\nu_1 \cdot f_{cd} = 0{,}75 \cdot 11{,}3 = 8{,}50 \text{ MN/m}^2$

  $b_w = 0{,}30$ m; $z \approx 0{,}85 \cdot 0{,}65 = 0{,}55$ m (aus Biegebemessung; s. o.)

  $\cot\theta = 1{,}2$ (Näherung nach Abschnitt 6.2.5; genauere Berechnung s. Beispiel 2)

  $V_{Rd,max} = 8{,}50 \cdot 0{,}30 \cdot 0{,}55 / (1{,}20 + 0{,}83) = 0{,}690 \text{ MN} > V_{Ed} = 0{,}175 \text{ MN}$

– Torsion (T_{Ed})

$T_{Rd,max} = \nu \cdot f_{cd} \cdot 2\,A_k \cdot t_{eff} / (\cot\theta + \tan\theta)$

$\nu \cdot f_{cd} = 0{,}525 \cdot 11{,}3 = 5{,}95$ MN/m²

$t_{eff} = 0{,}10$ m (Schwerpunktabstand der Längsbewehrung $d_1 = 5$ cm; s. Abb. 6.49)

$A_k = (0{,}7 - 0{,}1) \cdot (0{,}3 - 0{,}1) = 0{,}60 \cdot 0{,}20 = 0{,}12$ m²

$\cot\theta = 1{,}0$ (Näherung nach Abschnitt 6.2.3; genauerer Nachweis s. Bsp. 2)

$T_{Rd,max} = 5{,}95 \cdot 0{,}12 \cdot 2 \cdot 0{,}10 / (1{,}0 + 1{,}0) = 0{,}071$ MNm $> T_{Ed} = 0{,}035$ MNm

– Querkraft und Torsion ($V_{Ed} + T_{Ed}$)

$(V_{Ed}/V_{Rd,max})^2 + (T_{Ed}/T_{Rd,max})^2 = (175/690)^2 + (35/71)^2 = 0{,}31 < 1$

Die Druckstrebentragfähigkeit unter der Beanspruchung aus Querkraft und Torsion ist gegeben.

– Biegung und Torsion

Der Nachweis der schiefen Hauptdruckspannungen ist bei üblichen Vollquerschnitten im Allgemeinen entbehrlich.

Nachweis der Bewehrung

– Querkraft

$a_{sw} \geq (V_{Ed}/z) / (\cot\theta \cdot f_{yd}) = (0{,}175 / 0{,}55) \cdot 10^4/(1{,}20 \cdot 435) = 6{,}10$ cm²/m

– Torsion

Bügelbewehrung: $a_{sw} \geq (T_{Ed} / 2\,A_k) / (\cot\theta \cdot f_{yd})$
$= (0{,}035 / 2 \cdot 0{,}12) \cdot 10^4 / (1{,}0 \cdot 435) = 3{,}35$ cm²/m

Längsbewehrung: $a_{sl} \geq (T_{Ed} / 2\,A_k) / (\tan\theta \cdot f_{yd})$
$= (0{,}035 / 2 \cdot 0{,}12) \cdot 10^4 / (1{,}0 \cdot 435) = 3{,}35$ cm²/m
(a_{sl} ist auf den Umfang $u_k = 2 \cdot (0{,}60 + 0{,}20) = 1{,}60$ m zu verteilen)

Bewehrungswahl und Bewehrungsskizze

Querkraft und Torsion

$a_{sw} = 6{,}10 + 2 \cdot 3{,}35 = 12{,}8$ cm²/m (bezogen auf einen 2-schnittigen Bügel; für Torsion liegt ein 1-schnittiger Bügel vor)

gew.: $d_{s,bü} = 12$ mm, $s_{bü} = 18$ cm (= 12,6 cm²/m)

Biegung und Torsion

oben: $A_{sl} = 14{,}6 + 3{,}35 \cdot 0{,}20 = 15{,}3$ cm²
gew.: 4 ∅ 20 + 2 ∅ 16

seitlich: $A_{sl} = 3{,}35 \cdot 0{,}60 = 2{,}01$ cm²
gew. 2 ∅ 10 (zzgl. anteilige Reserve aus den Eckstäben)

unten: $A_{sl} = 3{,}35 \cdot 0{,}20 = 0{,}67$ cm²
gew.: 2 ∅ 16

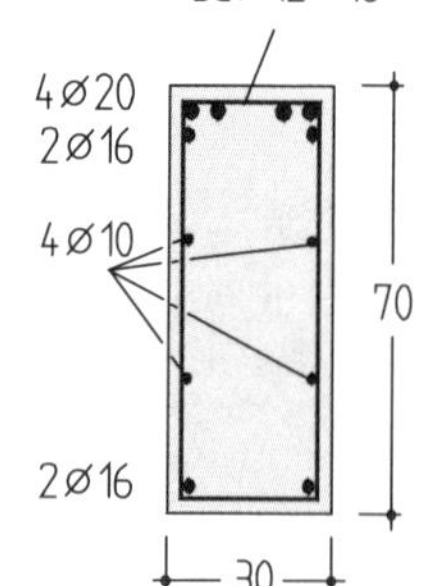

Beispiel 2

Es gilt die Aufgabenstellung nach Beispiel 1; abweichend von der dort dargestellten Lösung soll jedoch als *alternative* Lösung der Druckstrebenneigungswinkel genauer ermittelt werden.

Druckstrebennachweis

– Querkraft (V_{Ed})

$V_{Rd,max} = \nu_1 \cdot f_{cd} \cdot b_w \cdot z / (\cot\theta + \tan\theta)$

$\nu_1 \cdot f_{cd} = 0{,}75 \cdot (0{,}85 \cdot 20 / 1{,}5) = 8{,}50$ MN/m²

$b_w = 0{,}30$ m; $z \approx 0{,}55$ m

$\cot\theta = 1{,}2 / (1 - V_{Rd,c} / V_{Ed,T+V})$ (für $\sigma_{cd} = 0$)

$V_{Rd,cc} = c \cdot 0{,}48 \cdot f_{ck}^{1/3} \cdot t_{eff} \cdot z = 0{,}24 \cdot 20^{1/3} \cdot 0{,}10 \cdot 0{,}55 = 0{,}036$ MN

$V_{Ed,T} = T_{Ed} \cdot z / (2\,A_k) = 0{,}035 \cdot 0{,}60 / (2 \cdot 0{,}12) = 0{,}088$ MN (s. Gl. (6.73))

$V_{Ed,V} = 0{,}175 \cdot 0{,}10 / 0{,}30 = 0{,}058$ MN (Querkraftanteil für eine Wand des gedachten Hohlquerschnitts)

$\cot\theta = 1{,}2 / (1 - 0{,}036 / 0{,}146) = 1{,}59$

$V_{Rd,max} = 8{,}50 \cdot 0{,}3 \cdot 0{,}55 / (1{,}59 + 0{,}63) = 0{,}632 \text{ MN} = 632 \text{ kN} > V_{Ed} = 175$ kN

– Torsion (T_{Ed})

$T_{Rd,max} = \nu \cdot f_{cd} \cdot 2\,A_k \cdot t_{eff} / (\cot\theta + \tan\theta)$

$t_{eff} = 0{,}10$ m; $A_k = 0{,}12$ m² (wie Beispiel 1)

$\cot\theta = 1{,}59$ (wie oben)

$T_{Rd,max} = 5{,}95 \cdot 0{,}12 \cdot 2 \cdot 0{,}10 / (1{,}59 + 0{,}63) = 0{,}064 \text{ MNm} > T_{Ed} = 0{,}035$ MNm

– Querkraft und Torsion ($V_{Ed} + T_{Ed}$)

$(V_{Ed} / V_{Rd,max})^2 + (T_{Ed} / T_{Rd,max})^2 = (175 / 632)^2 + (35 / 64)^2 = 0{,}38 < 1$

Nachweis der Bewehrung

– Querkraft

$a_{sw} \geq (V_{Ed} / z) / (\cot\theta \cdot f_{yd}) = (0{,}175/0{,}55) \cdot 10^4 / (1{,}59 \cdot 435) = 4{,}60$ cm²/m

– Torsion

$a_{sw} \geq (T_{Ed} / 2\,A_k) / (\cot\theta \cdot f_{yd}) = (0{,}035 / 2 \cdot 0{,}12) \cdot 10^4 / (1{,}59 \cdot 435) = 2{,}11$ cm²/m

$a_{sl} \geq (T_{Ed} / 2\,A_k) / (\tan\theta \cdot f_{yd}) = (0{,}035 / 2 \cdot 0{,}12) \cdot 10^4 / (0{,}63 \cdot 435) = 5{,}32$ cm² /m

(verteilt auf $u_k = 2 \cdot (0{,}60 + 0{,}20) = 1{,}60$ m)

Bewehrungswahl und Bewehrungsskizze

Querkraft und Torsion

$a_{sw} = 4{,}60 + 2 \cdot 2{,}11 = 8{,}82$ cm²/m

gew.: $d_{s,bü} = 10$ mm, $s_{bü} = 18$ cm (= 8,73 cm²/m)

Biegung und Torsion

oben: $A_{sl} = 14{,}6 + 5{,}32 \cdot 0{,}20 = 15{,}7$ cm²

gew.: 4 ∅ 20 + 2 ∅ 20

seitlich: $A_{sl} = 5{,}32 \cdot 0{,}60 = 3{,}19$ cm²

gew. 2 ∅ 12 (zzgl. anteilige Reserve aus den Eckstäben)

unten: $A_{sl} = 5{,}32 \cdot 0{,}20 = 1{,}06$ cm² → gew.: 2 ∅ 16

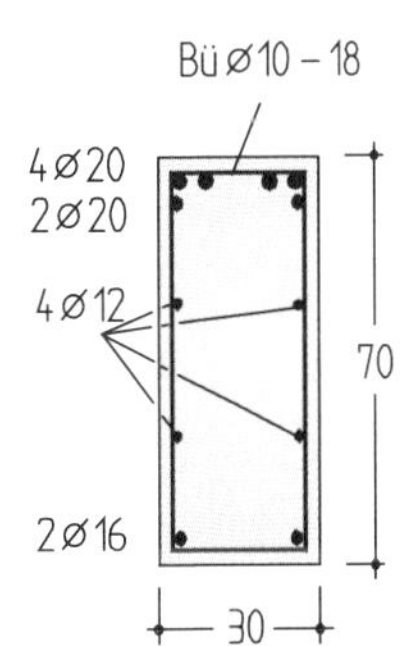

6.4 Nachweis auf Durchstanzen

6.4.1 Allgemeines

Beim Durchstanzen handelt es sich um einen Sonderfall der Querkraftbeanspruchung von plattenartigen Bauteilen, bei dem ein Betonkegel im hochbelasteten Stützenbereich gegenüber den übrigen Plattenbauteilen heraus„gestanzt" wird. Aus Versuchen geht hervor, dass der Durchstanzkegel im Allgemeinen eine Neigung von 30° bis 35° aufweist (bei Fundamenten allerdings auch steiler bis zu Neigungen von ca. 45°; vgl. z. B. [DAfStb-H.371 – 86], [DAfStb-H.387 – 87]).

Bei punktgestützten Platten erfolgt die Lastabtragung von Querkräften und Biegemomenten bei geringen Beanspruchungen zunächst radial und in gleicher Richtung; über den Stützen entstehen dabei radial verlaufende Biegerisse. Diese Rissbildung führt zu einer Veränderung der Steifigkeit und zu einer Umlagerung der Biegemomente in tangentialer Richtung. Bei weiterer Laststeigerung entstehen daher zusätzliche tangential bzw. ringförmig um die Stütze

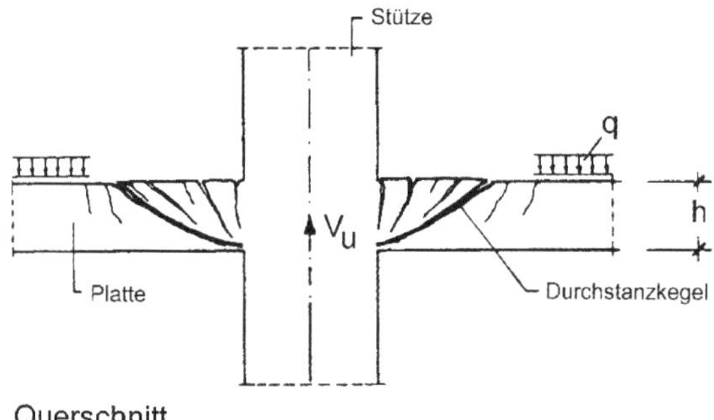

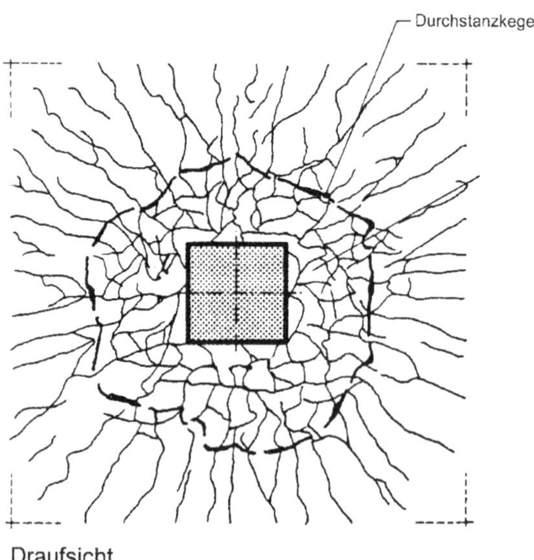

Abb. 6.51 Rissbild beim Durchstanzen über eine Innenstütze im Versagenszustand

verlaufende Risse, aus denen im äußeren Bereich sich etwa unter 30° bis 35° geneigte Schubrisse entwickeln (s. Abb. 6.51). Dies führt zu einer starken Einschnürung der Druckzone am Stützenrand. Bei Platten ohne Schubbewehrung wird die Querkraft dann im Wesentlichen von der eingeschnürten Druckzone und dem dabei gebildeten Druckring aufgenommen. Die Tragfähigkeit wird mit Versagen des Druckrings überschritten, es kommt zum typischen Abschervorgang. (Weitere Erläuterungen und Hintergründe s. z. B. [Andrä/Avak – 99].)

Nach EC 2-1-1 gelten für das Durchstanzen die Grundsätze des Tragfähigkeitsnachweises für Querkraft, jedoch mit Ergänzungen. Grundsätzlich ist nachzuweisen, dass die einwirkende Querkraft v_{Ed} den Widerstand v_{Rd} nicht überschreitet:

$$v_{Ed} \leq v_{Rd} \tag{6.87}$$

Ein Bemessungsmodell für den Nachweis gegen Durchstanzen ist in Abb. 6.52 dargestellt.

Der Nachweis der aufnehmbaren Querkraft erfolgt längs festgelegter Rundschnitte, außerhalb der Rundschnitte gelten die Regelungen für Querkraft (s. Abschnitt 6.2).

6.4.2 Lasteinleitungsfläche und Nachweisstellen

6.4.2.1 Grundsätzliches

Die Festlegungen für das Durchstanzen mit den kritischen Rundschnitten gelten für folgende Formen von Lasteinleitungsflächen A_{load}:

- kreisförmige mit einem Durchmesser $u_0 \leq 12\,d$
- rechteckige mit einem Umfang $u_0 \leq 12\,d$ und mit einem Verhältnis Länge zu Breite ≤ 2
- beliebige andere Formen, die sinngemäß wie oben genannt begrenzt werden

(d mittlere Nutzhöhe der Platte).

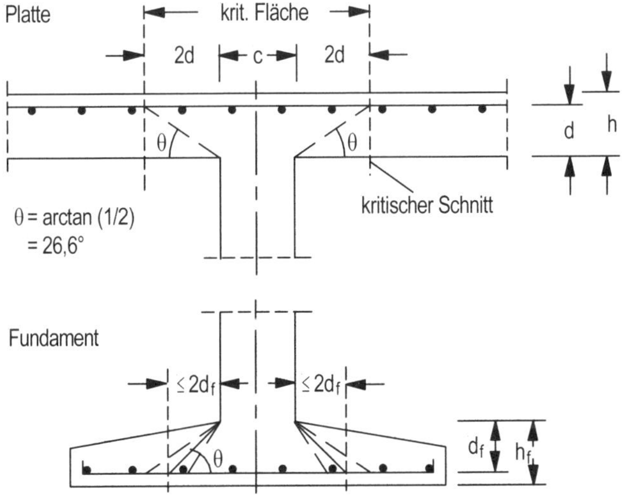

Abb. 6.52 Bemessungsmodell für den Nachweis der Sicherheit gegen Durchstanzen

Die Lasteinleitungsfläche darf sich nicht im Bereich anderweitig verursachter Querkräfte und nicht in der Nähe von anderen konzentrierten Lasten befinden, sodass sich die kritischen Rundschnitte überschneiden.

Der kritische Rundschnitt für runde oder rechteckige Lasteinleitungsflächen ist – mit Ausnahme von Fundamenten, s. Abschnitt 6.4.8 – als Schnitt im Abstand 2,0 d vom Rand der Lasteinlei-

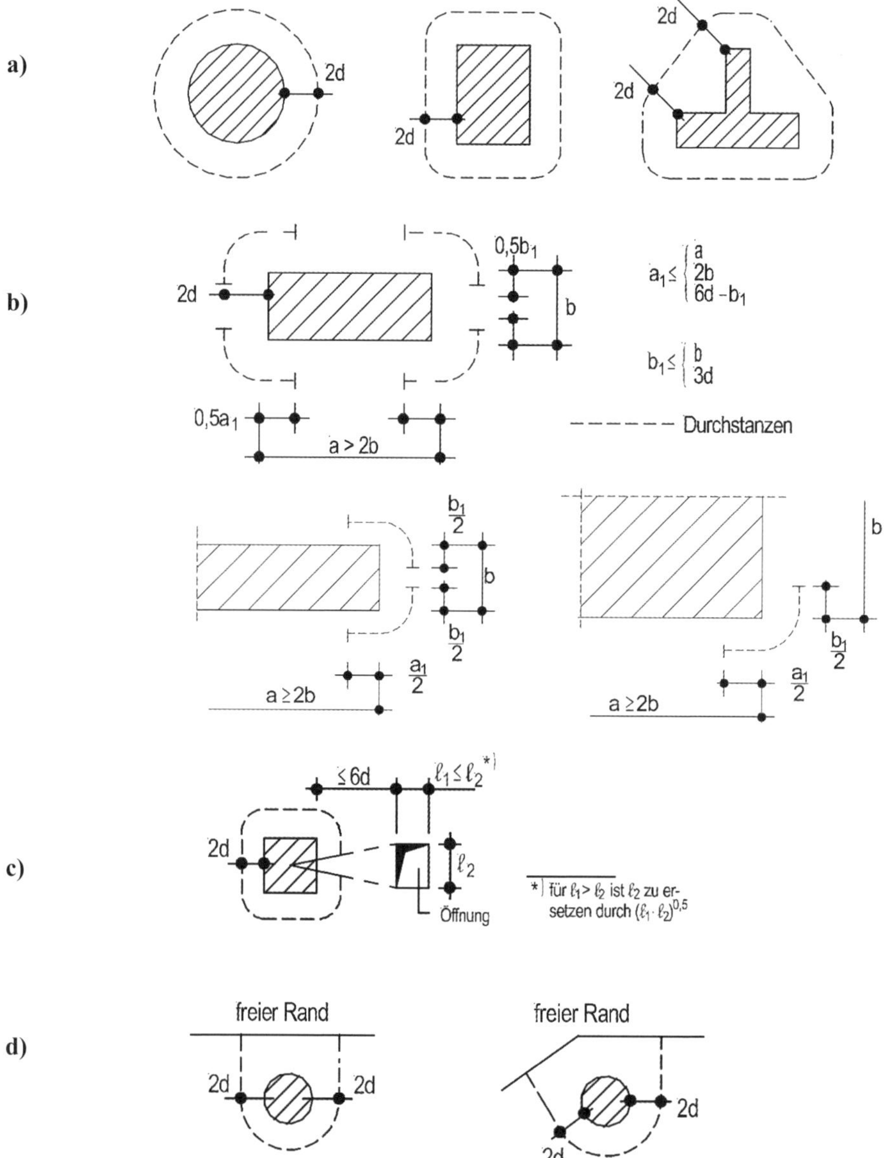

Abb. 6.53 Kritische Rundschnitte
a) „Regel"fälle
b) bei breiten Stützen mit $a / b > 2$ sowie bei Wandenden und Wandecken
c) in der Nähe von Öffnungen
d) für Rand- und Eckstützen

tungsfläche festgelegt (s. Abb. 6.53a). Die kritische Fläche A_{cont} ist die Fläche innerhalb des kritischen Rundschnitts mit dem Umfang u_1. Weitere Rundschnitte innerhalb und außerhalb der kritischen Fläche sind affin zum kritischen Rundschnitt anzunehmen.

Wenn die oben genannten Bedingungen bezüglich der Form der Lastaufstandsfläche bei Auflagerungen auf Wänden oder Stützen mit Rechteckquerschnitt nicht erfüllt sind, dürfen nur die in Abb. 6.53b dargestellten reduzierten kritischen Rundschnitte in Ansatz gebracht werden. Dargestellt ist der Fall einer „breiten" Stütze, eines Wandendes sowie einer Wandecke. Diese Begrenzung der Lasteinleitungsfläche führt zu einem nicht geschlossenen Rundschnitt. Der gegenüber der normalen Querkraftbemessung um 40 % erhöhte Durchstanzwiderstand (vgl. Abschnitt 6.4.4 und 6.4.5) darf nur auf diese begrenzte Rundschnittlänge angesetzt werden. Der vereinfachte Nachweis nach EC 2-1-1 sieht vor, dass hierauf die gesamte Auflagerkraft bezogen wird. Eine Erhöhung der Tragfähigkeit kann erreicht werden, indem für die über den kritischen Rundschnitt hinausgehenden Bereiche der normale Querkraftwiderstand angesetzt wird. Die Querkraftverläufe sind dann jedoch genauer zu erfassen und die Beanspruchungen z. B. sektorweise mit Lasteinzugsflächen zu ermitteln (vgl. [DAfStb-H.600 – 11]).

Bei Lasteinleitungsflächen in der Nähe eines freien Randes gilt der in Abb. 6.53d dargestellte kritische Rundschnitt, der jedoch nicht größer als der „planmäßige" Rundschnitt gemäß Abb. 6.53a sein darf. Bei einem Randabstand $\geq 3\,d$ ist der „Normal"bereich maßgebend, der Lasterhöhungsfaktor β für eine Rand- oder Eckstütze nach Abschnitt 6.4.3 ist jedoch zu beachten. Wenn der Randabstand weniger als d beträgt, ist eine besondere Randbewehrung vorzusehen.

In der Nähe von Öffnungen, bei denen die kürzeste Entfernung zwischen dem Rand der Lasteinleitungsfläche und dem Rand der Öffnung $6\,d$ nicht überschreitet, ist ein Teil des maßgebenden Rundschnitts als unwirksam zu betrachten (s. hierzu die reduzierten kritischen Rundschnitte in Abb. 6.53c).

6.4.2.2 Platten mit Stützenkopfverstärkungen

Die Durchstanztragfähigkeit kann, z. B. bei Platten mit sehr großen Stützenlasten, durch die Ausbildung einer Stützenkopfverstärkung in Form einer lokalen Vergrößerung der Plattendicke gesteigert werden. Die Ausführung der Stützenkopfverstärkung kann für rechteckige und kreisförmige Stützen in gevouteter oder abgestufter Form erfolgen (Abb. 6.54). Grundsätzlich vergrößert sich der kritische Rundschnitt infolge der Stützenkopfverstärkung, so dass je nach Dimensionierung der Stützenkopfverstärkung (Abmessungen l_H und h_H) ganz oder teilweise auf eine Durchstanzbewehrung verzichtet werden kann.

Lage und Anzahl der zu betrachtenden kritischen Rundschnitte sind von dem Verhältnis l_H / h_H abhängig. Entsprechend werden gemäß EC 2-1-1, 6.4.2/NA kurze und lange Stützenkopfverstärkungen unterschieden.

Kurze Stützenkopfverstärkungen: $l_H < 1{,}5\,h_H$

Bei Platten mit kurzen Stützenkopfverstärkungen ist ein Nachweis der Durchstanztragfähigkeit nur außerhalb der Stützenkopfverstärkung erforderlich. Die Stützenkopfverstärkung stellt damit unmittelbar eine Vergrößerung der Lasteinleitungsfläche A_{load} dar.

Der Abstand r_{cont} des kritischen Rundschnitts vom Schwerpunkt der Stützenquerschnittsfläche beträgt:

$$r_{cont} = 2 \cdot d + l_H + 0{,}5 \cdot c \tag{6.88}$$

mit: d Nutzhöhe der Platte
l_H Abstand des Stützenrands vom Rand der Stützenkopfverstärkung
c Querschnittsabmessung der Stütze

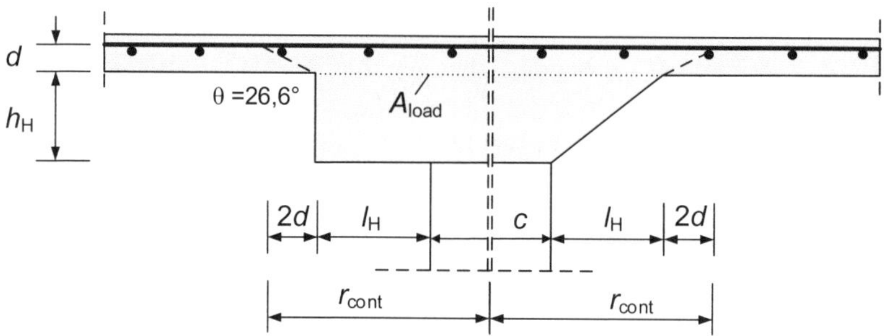

Abb. 6.54 Platte mit kurzer Stützenkopfverstärkung mit $l_H < 1{,}5\ h_H$

Lange Stützenkopfverstärkungen: $l_H \geq 1{,}5\ h_H$

Bei Platten mit langen Stützenkopfverstärkungen ist zusätzlich zu dem kritischen Rundschnitt außerhalb der Stützenkopfverstärkung ($r_{cont,ext} = r_{cont}$ nach Gl. (6.88)) ein Nachweis im kritischen Rundschnitt $r_{cont,int}$ innerhalb der Stützenkopfverstärkung zu führen. Bei der Ermittlung des Abstands $r_{cont,int}$ sind in Abhängigkeit der Abmessungen der Stützenkopfverstärkung unterschiedliche Lastausbreitungswinkel $\theta_{int} = 26{,}6°$ bzw. $33{,}7°$ zu unterscheiden.

Man erhält:

$$r_{cont,int} = 1{,}5 \cdot d_H + 0{,}5 \cdot c \quad \text{für } 1{,}5\ h_H \leq l_H \leq 2{,}0\ h_H \quad (\theta_{int} = 33{,}7°) \tag{6.89}$$

$$r_{cont,int} = 2{,}0 \cdot d_H + 0{,}5 \cdot c\,\text{f} \quad \text{für } l_H > 2{,}0\ h_H \quad (\theta_{int} = 26{,}6°) \tag{6.90}$$

mit: d_H Nutzhöhe der Stützenkopfverstärkung im Stützenanschnitt ($d_H = d + h_H$)
c Querschnittsabmessung der Stütze
h_H Höhe der Stützenkopfverstärkung bis Deckenunterkante im Stützenanschnitt

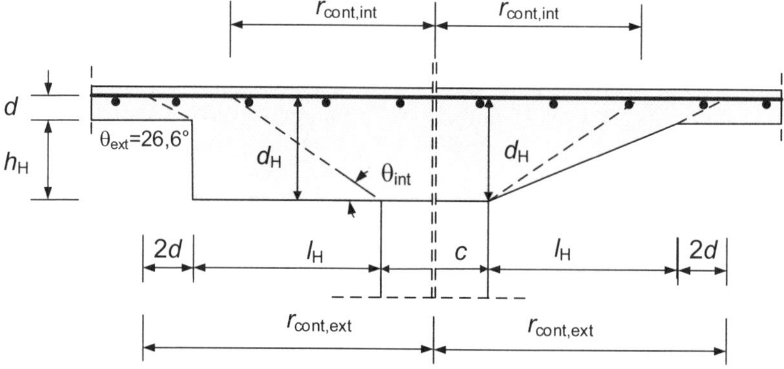

Abb. 6.55 Platte mit langer Stützenkopfverstärkung mit $l_H \geq 1{,}5\ h_H$

Für Stützenkopfverstärkungen mit 1,5 $h_H \leq l_H \leq 2{,}0\ h_H$ darf zudem bei der Ermittlung der Durchstanztragfähigkeit ohne Durchstanzbewehrung der Widerstand $v_{Rd,c}$ nach Abschnitt 6.4.4 proportional im Verhältnis $u_{2,0dH}$ / $u_{1,5dH}$ der Rundschnittumfänge (im Abstand 2,0 d_H und 1,5 d_H vom Stützenanschnitt) vergrößert werden.

Der Verlauf der Rundschnitte im Grundriss ist grundsätzlich außerhalb und innerhalb der Stützenkopfverstärkung affin zu den Regeln nach Kapitel 6.4.2.1 anzunehmen (vgl. Abb. 6.56).

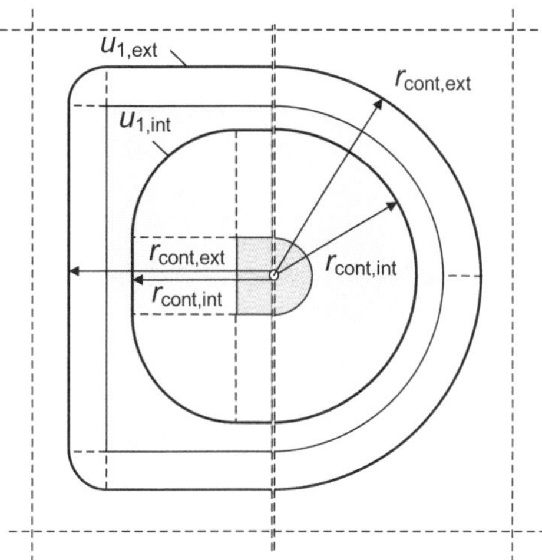

Abb. 6.56
Verlauf der Rundschnitte im Grundriss für Platten mit Stützenkopfverstärkung (hier für $l_H \geq 1{,}5\ h_H$)

links: für rechteckige Stütze mit Kopfverstärkung
rechts: für kreisförmige Stütze mit Kopfverstärkung

6.4.3 Nachweisverfahren

Einwirkende Querkraft v_{Ed}

Die auf einen kritischen Schnitt bezogene Bemessungsquerkraft wird ermittelt aus

$$v_{Ed} = \beta \cdot V_{Ed} / (u \cdot d) \qquad (6.91)$$

V_{Ed} Bemessungswert der gesamten aufzunehmenden Querkraft
u Umfang des betrachteten Rundschnitts
d mittlere Nutzhöhe = $(d_x + d_y)/2$ mit d_x und d_y als Nutzhöhe der Platte in x- und y-Richtung.
β Beiwert zur Berücksichtigung der Auswirkung von Momenten in der Lasteinleitungsfläche. Ohne genaueren Nachweis gilt für unverschiebliche Systeme unter Gleichlast mit Stützweitenunterschieden von max. bis zu 25 % (vgl. DAfStb-H.525) näherungsweise:

β = 1,10 bei Innenstützen
β = 1,40 bei Randstützen
β = 1,50 bei Eckstützen
β = 1,35 bei Wandenden
β = 1,20 bei Wandecken

Eine Reduzierung der Querkraft infolge auflagernaher Einzellast ist nicht zulässig.

Bei unregelmäßigen Stützweitenverhältnissen – insbesondere auch bei verschieblichen Systemen – ist die Querkraftverteilung genauer zu bestimmen. Dies kann über die bezogene Längskraftausmitte M_{Ed}/V_{Ed} im Bereich des Knotens und in Abhängigkeit von den Stützen- und Plattenabmessungen erfolgen; es gilt jedoch mindestens $\beta = 1{,}10$ (Berechnungsverfahren s. EC 2-1-1, 6.4.3; vgl. a. Abschnitt 6.4.8).

Der Bemessungswert der einwirkenden Querkraft V_{Ed} in Gl. (6.91) darf bei *Fundamenten* um die Bodenpressung innerhalb der kritischen Fläche reduziert werden, da sich in diesem Bereich die Sohlpressungen direkt zur Stütze hin abstützen können und somit keine Durchstanzbeanspruchungen erzeugen. Allerdings trifft der bei Platten beobachtete Neigungswinkel des Durchstanzkegels unter etwa 30° bis 35° (s. Abb. 6.51) bei Fundamenten nicht zu; es treten steilere Neigungswinkel von etwa 45° auf. Dies muss dadurch erfasst werden, dass kritische Rundschnitte im Abstand $< 2d$ zu untersuchen sind (s. hierzu Abschnitt 6.4.8).

In [DAfStb-H.425 – 92] wird für elastisch gebettete Fundamentplatten empfohlen, den Abzugswert nur aus dem Mittelwert der auf die gesamte Fundamentfläche bezogenen Bodenpressung zu bestimmen und nicht etwa aus den ggf. höheren Bodenpressungen, die sich im Bereich der Stütze bzw. der kritischen Fläche einstellen können.

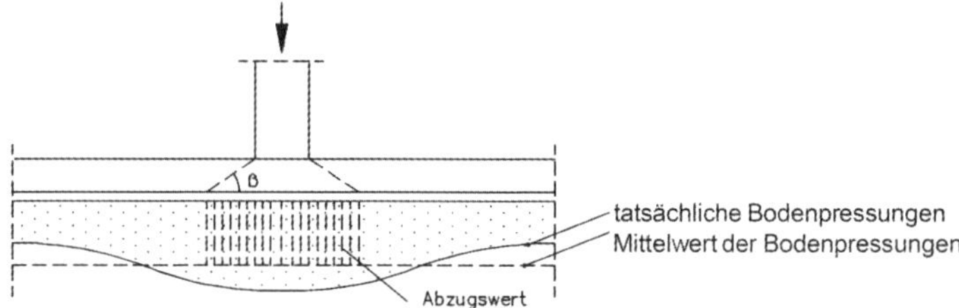

Bemessungswert des Widerstands v_{Rd}

Der Bemessungswiderstand v_{Rd} wird durch einen der nachfolgenden Werte bestimmt:

- $v_{Rd,c}$ Bemessungswert der Querkrafttragfähigkeit längs des *kritischen* Rundschnitts einer Platte ohne Durchstanzbewehrung
- $v_{Rd,max}$ Bemessungswert der maximalen Querkrafttragfähigkeit längs des *kritischen* Schnitts einer Platte mit Schubbewehrung
- $v_{Rd,cs}$ Bemessungswert der Querkrafttragfähigkeit mit Durchstanzbewehrung
- $v_{Rd,c,out}$ Bemessungswert der Querkrafttragfähigkeit längs des *äußeren* Rundschnitts, außerhalb des durchstanzbewehrten Bereichs.

Übersicht über die erforderlichen Nachweise

Im Einzelnen sind folgende Nachweise zu führen:

- Platten und Fundamente ohne Durchstanzbewehrung
  Im kritischen Rundschnitt ist nachzuweisen: $v_{Ed} \leq v_{Rd,c}$ (6.92)
- Platten und Fundamente mit Durchstanzbewehrung
  Es ist nachzuweisen, dass folgende Bedingungen eingehalten sind
  - im kritischen Rundschnitt: $v_{Ed} \leq v_{Rd,max}$ (6.93a)
  - in inneren Rundschnitten: $v_{Ed} \leq v_{Rd,cs}$ (6.93b)
  - im äußeren Rundschnitt: $v_{Ed} \leq v_{Rd,c,out}$ (6.93c)

6.4.4 Punktförmig gestützte Platten und Fundamente ohne Durchstanzbewehrung

Die Durchstanztragfähigkeit von Platten ohne Querkraftbewehrung wird analog zum Nachweis für Querkraft (Bauteile ohne Querkraftbewehrung, s. Abschnitt 6.2.4) geführt. Wegen des mehrachsigen Spannungszustands im Durchstanzbereich kann jedoch der Faktor C_{Rdc} erhöht werden.

Man erhält als Bemessungswiderstand $v_{Rd,c}$ (s. EC 2-1-1, Gl. (6.47)):

$$v_{Rd,c} = C_{Rdc} \cdot k \cdot (100\rho_l \cdot f_{ck})^{1/3} + 0{,}10\ \sigma_{cp} \geq v_{min} + 0{,}10\ \sigma_{cp} \quad (6.94)$$

Hierin sind

$C_{Rdc} = 0{,}18 / \gamma_C$ im Allgemeinen

$C_{Rdc} = 0{,}18 / \gamma_C \cdot (0{,}1\ u_0 / d + 0{,}6)$ für Innenstützen mit $u_0 / d < 4$
bei Fundamenten und Bodenplatten s. Abschnitt 6.4.8

$k = 1 + \sqrt{200/d} \leq 2$ (mit d in mm)

$d = (d_x + d_y) / 2$ (mittlere Nutzhöhe)

$\rho_l = \sqrt{\rho_{lx} \cdot \rho_{ly}} \leq 0{,}02$
$\leq 0{,}50 \cdot f_{cd} / f_{yd}$

ρ_{lx}, ρ_{ly} Bewehrungsgrad der verankerten Zugbewehrung in x- und y-Richtung auf eine Breite gleich der Stützenbreite zzgl. $3d$ je Seite

$\sigma_{cp} = (\sigma_{cp,x} + \sigma_{cp,y}) / 2$ Betonspannung innerhalb des kritischen Rundschnitts

$\sigma_{cp,x} = N_{Ed,x} / A_{c,x}$ $N_{Ed,x}$ und $N_{Ed,y}$ als mittlere Längskraft infolge Last oder

$\sigma_{cp,y} = N_{Ed,y} / A_{c,y}$ Vorspannung (als Druckkraft positiv)

$v_{min} = (\kappa_1 / \gamma_C) \cdot (k^3 \cdot f_{ck})^{0,5}$ (vgl. Gl. (6.38))

$\kappa_1 = 0{,}0525$ für $d \leq 60$ cm

$\kappa_1 = 0{,}0375$ für $d \geq 80$ cm (Zwischenwerte interpolieren)

Wenn die Tragfähigkeit $v_{Rd,c}$ überschritten wird, ist eine Durchstanzbewehrung anzuordnen.

6.4.5 Platten mit Durchstanzbewehrung

Wenn eine Durchstanzbewehrung erforderlich wird, ist längs mehrerer Rundschnitte zu bemessen. Zusätzlich ist nachzuweisen, dass der Bemessungswert $v_{Ed,u1}$ längs des *kritischen* Rundschnitts den Größtwert $v_{Rd,max}$ nicht überschreitet.

Maximaltragfähigkeit

Die Maximaltragfähigkeit $v_{Rd,max}$ ist im *kritischen* Rundschnitt u_1 nachzuweisen:

$$v_{Ed,u1} \leq v_{Rd,max} = 1{,}4 \cdot v_{Rd,c,u1} \quad (6.95)$$

Verlegebereich der Durchstanzbewehrung

Durchstanzbewehrung ist bis zu einem Abstand ($u_{out} - 1{,}5d$) zu verlegen. Im Abstand u_{out} muss die Bedingung erfüllt sein, dass die einwirkende Schubspannung $v_{Ed,out}$ den Wert $v_{Rd,c,out}$ nicht überschreitet:

$$v_{Ed,out} = \beta \cdot V_{Ed} / (u_{out} \cdot d) \leq v_{Rd,c,out} = v_{Rd,c} \text{ bzw.} \quad (6.96a)$$

$$u_{out} = \beta \cdot V_{Ed} / (v_{Rd,c} \cdot d) \quad (6.96b)$$

mit $v_{Rd,c}$ nach Gl. (6.94), jedoch mit $C_{Rdc} = 0{,}15 / \gamma_C$ (analog zur Querkraftbemessung).

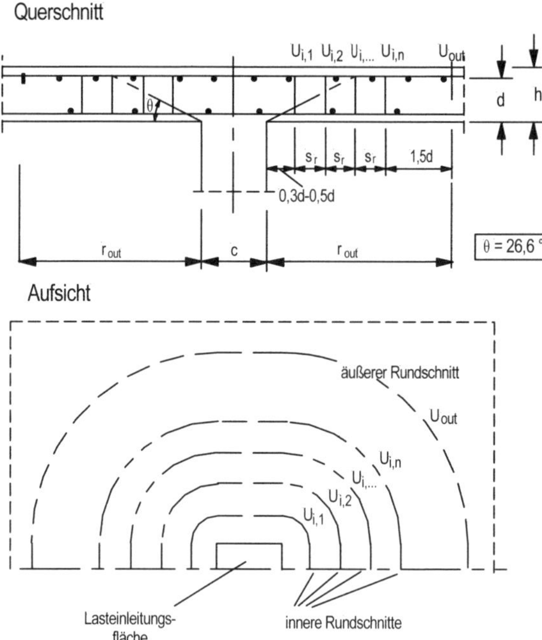

Abb. 6.57 Rundschnitte zur Bemessung der Durchstanzbewehrung bei lotrechter Anordnung

Durchstanzbewehrung

Die Durchstanztragfähigkeit wird im Abstand $u_1 = 2\,d$ nachgewiesen; sie ergibt sich nach EC 2-1-1/NA zu:

$$v_{Rd,cs} = 0{,}75\ v_{Rd,c} + [1{,}5 \cdot (d\,/\,s_r) \cdot A_{sw} \cdot f_{ywd,ef}\,/\,(u_1 \cdot d)] \cdot \sin\alpha \text{ bzw.} \quad (6.97)$$

$$A_{sw} = (v_{Ed} - 0{,}75\ v_{Rd,c}) \cdot d \cdot u_1\,/\,[1{,}5 \cdot (d\,/\,s_r) \cdot f_{ywd,ef} \cdot \sin\alpha] \quad (6.98)$$

u_1 Umfang des kritischen Nachweisschnitts im Abstand 2 d

s_r radialer Abstand der Bewehrungsreihe mit $s_r \le 0{,}75\,d$
(bei unterschiedlichen Abständen ist für s_r ungünstig der maximale Abstand anzusetzen)

$v_{Rd,c}$ Betontraganteil nach Gl. (6.94)

$f_{ywd,ef}$ wirksamer Bemessungswert der Querkraftbewehrung mit $f_{ywd,ef} = 250 + 0{,}25\,d \le f_{ywd}$

Die ermittelte Bewehrung ist so lange anzuordnen, bis der Nachweis ohne Durchstanzbewehrung gelingt (s. vorher). Außerdem ist die Bewehrung in den ersten beiden Bewehrungsreihen mit dem Faktor $\kappa_{sw,i}$ zu erhöhen:

- Reihe 1 (Abstand $0{,}3 \cdot d \le a_1 \le 0{,}5 \cdot d$): $\kappa_{sw,i} = 2{,}5$
- Reihe 2 (mit $s_r \le 0{,}75d$): $\kappa_{sw,i} = 1{,}4$

Die Lage der zur berücksichtigenden Rundschnitte ist in Abb. 6.57 für lotrechte Bügel angegeben.

Das dargestellte Verfahren entspricht prinzipiell einer vereinfachten Schubkraftdeckung; der Anstieg der Schubspannungen zur Stütze hin wird über die Faktoren $\kappa_{sw,i}$ berücksichtigt (s. Abb. 6.58).

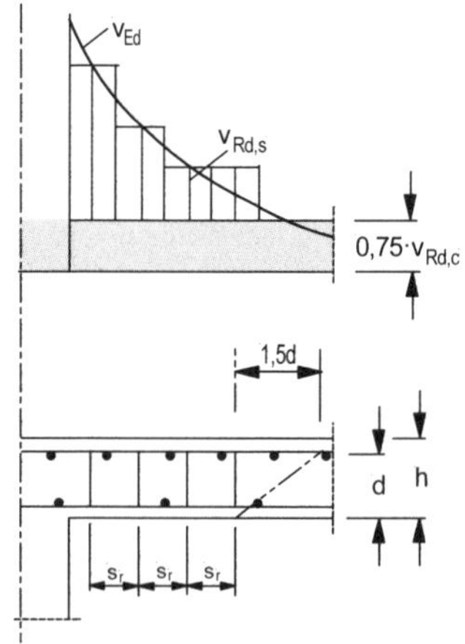

Abb. 6.58 „Schubkraftdeckung“

Querschnitt

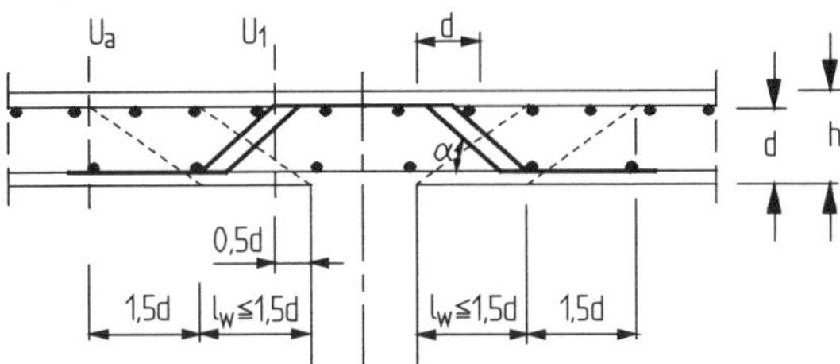

Aufsicht

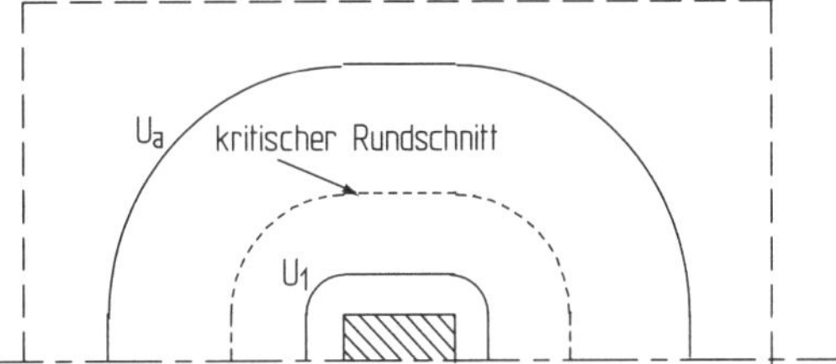

Abb. 6.59 Äußerer und innerer Rundschnitt zur Bemessung der Durchstanzbewehrung bei geneigter Anordnung

Schrägstäbe müssen zwischen $45° \leq \alpha \leq 60°$ gegen die Horizontale geneigt sein. Schrägstäbe dürfen nur im Bereich von 1,5 d um die Stütze angeordnet werden. Die erforderliche Bewehrung wird gemäß Gl. (6.92) bzw. (6.93) unter Berücksichtigung der Neigung α bestimmt.

Die aufgebogene Bewehrung darf mit $f_{ywd,ef} = f_{ywd}$ ausgenutzt werden. Bei einer einzelnen Reihe von Schrägstäben wird für das Verhältnis (d / s_r) in Gl. (6.97) der Wert 0,53 gesetzt.

Mindestdurchstanzbewehrung

Wenn Durchstanzbewehrung erforderlich ist, ist als Querschnitt je Bügelschenkel (oder gleichwertig) mindestens

$$A_{sw,min} = A_s \cdot \sin \alpha = 0{,}08 \cdot f_{ck}^{0,5} \cdot s_r \cdot s_t / (f_{yk} \cdot 1{,}5) \quad (6.99)$$

anzuordnen (weitere Hinweise und konstruktive Durchbildung finden sich im Band 2).

6.4.6 Mindestmomente für Platten-Stützen-Verbindungen

Zur Sicherstellung einer ausreichenden Querkrafttragfähigkeit, d. h., um sicherzustellen, dass sich die zuvor dargestellten Tragfähigkeiten einstellen, ist die Platte in x- und y-Richtung für folgende Mindestmomente je Längeneinheit zu bemessen:

$$m_{Edx} \geq \eta_x \cdot V_{Ed}$$
$$m_{Edy} \geq \eta_y \cdot V_{Ed} \quad (6.100)$$

V_{Ed} aufzunehmende Querkraft
η_x, η_x Beiwert nach Tafel 6.18

Diese Mindestmomente sollten jeweils in einem Bereich entsprechend Abb. 6.60 bzw. Tafel 6.18 angesetzt werden.

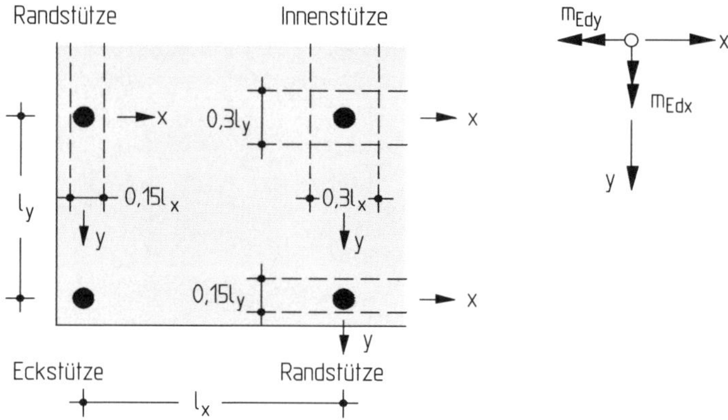

Abb. 6.60 Biegemomente m_{Edx} und m_{Edy} in Platten-Stützen-Verbindungen bei ausmittiger Belastung und mitwirkender Plattenbreite

Tafel 6.18 Momentenbeiwerte η für die Ermittlung von Mindestbiegemomenten

Lage der Stütze	η_x für m_{Edx}			η_y für m_{Edy}		
	Zug an Plattenoberseite [a]	Zug an Plattenunterseite	anzusetzende Plattenbreite	Zug an Plattenoberseite [a]	Zug an Plattenunterseite	anzusetzende Plattenbreite
Innenstütze	0,125	0	$0{,}30 \cdot l_y$	0,125	0	$0{,}30 \cdot l_x$
Randstütze, Plattenrand parallel zu x	0,25	0	$0{,}15 \cdot l_y$	0,125	0,125	je m Breite
Randstütze, Plattenrand parallel zu y	0,125	0,125	je m Breite	0,25	0	$0{,}15 \cdot l_x$
Eckstütze	0,50	0,50	je m Breite	0,50	0,50	je m Breite

[a] Plattenoberseite bezeichnet die der Lasteinleitungsfläche gegenüberliegende Seite der Platte (Plattenunterseite entsprechend die auf der Lasteinleitungsfläche liegende).

Bei *Einzelfundamenten* ist die Mindestbewehrung mindestens auf der Breite des kritischen Rundschnitts zu berücksichtigen (vgl. DIN 1045-1, 10.5.6(2); in EC 2-1-1 fehlt ein entsprechender Hinweis). Mittig auf dem Fundament angeordnete Stützen, die planmäßig zentrisch beansprucht sind, dürfen wie Innenstützen (mit η = 0,125) behandelt werden. In anderen Fällen ist unter Berücksichtigung der Ausmitten von einer Rand- bzw. Eckstütze auszugehen. Für den Durchstanznachweis sind die β-Faktoren nach Abschnitt 6.4.3 entsprechend zu berücksichtigen.

6.4.7 Beispiele zu den Abschnitten 6.4.2 bis 6.4.6

Beispiel 1 (vgl. [Schneider – 22])

Für das Innenfeld einer Flachdecke wurde die dargestellte statisch erforderliche Biegezugbewehrung ermittelt. Die Stützen haben quadratischen Querschnitt mit h / b = 30 / 30 cm. Für eine Stützkraft bzw. aufzunehmende Querkraft V_{Ed} = 450 kN soll der Durchstanznachweis geführt werden.

Bewehrung a_{sx} in x-Richtung

ø 14-10

21 24 20

Bewehrung a_{sy} in y-Richtung

ø 12-10

Baustoffe: C20/25
B500

(Feldbewehrung und Durchstanzbewehrung nicht dargestellt)

Mindestmomente

– Bewehrung

Biegebewehrungsgrad der zwei Richtungen x und y

x-Richtung: $\rho_{crit} = a_{sx} / d_x$ = 15,39/21 = 0,73 % (a_{sx} = 15,39 cm²/m bei ∅ 14 – 10)

y-Richtung: $\rho_{crit} = a_{sy} / d_y$ = 11,31/20 = 0,57 % (a_{sy} = 11,31 cm²/m bei ∅ 12 – 10)

– Mindestmomente (Nachweis nur für die – hier ungünstigere – y-Richtung)

$m_{Edy} \geq \eta \cdot V_{Ed} = 0{,}125 \cdot 450 = 56{,}3$ kNm/m (η = 0,125 für Innenstütze; Zug auf der Plattenoberseite)

$\mu_{Eds} = m_{Eds} / (b \cdot d^2 \cdot f_{cd}) = 0{,}0563 / (1{,}00 \cdot 0{,}20^2 \cdot 11{,}33) = 0{,}1242$

$\Rightarrow \omega = 0{,}1334$ (s. Tafel 6.3a)

$\min a_{sy} = \omega \cdot b \cdot d \cdot (f_{cd} / \sigma_{sd}) = 0{,}1334 \cdot 100 \cdot 20 \cdot (11{,}33/435) = 6{,}95$ cm²/m

Die Mindestbewehrung ist auf einer Breite $b_x = 0{,}3 \cdot l_x$ zu überprüfen. Die vorhandene Biegezugbewehrung (∅ 12 – 10 = 11,31 cm²/m) ist ausreichend.

Nachweis der Tragfähigkeit auf Durchstanzen

– Bemessungsquerkraft v_{Ed}

$v_{Ed} = V_{Ed} \cdot \beta / (u_1 \cdot d)$

$u_1 = 4 \cdot c + 2 \cdot \pi \cdot (2\,d)$

$= 4 \cdot 0{,}30 + 2 \cdot \pi \cdot (2 \cdot 0{,}205) = 3{,}78$ m

(ermittelt mit einer mittleren Nutzhöhe $d = d_m = 0{,}5 \cdot (21{,}0 + 20{,}0) = 20{,}5$ cm; weitere Abmessungen s. nebenstehende Abb. und Eingangsbemerkung)

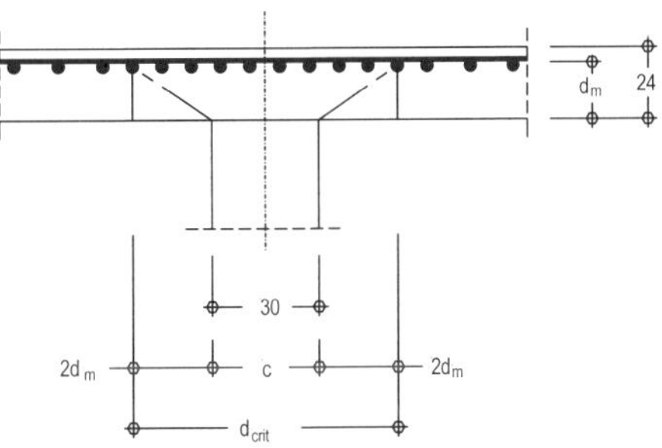

$v_{Ed} = 0{,}450 \cdot 1{,}10 / (3{,}78 \cdot 0{,}205)$

$= 0{,}639$ MN/m²

– Bemessungswiderstand:

$v_{Rd,c} = [(0{,}18/\gamma_C) \cdot k \cdot (100 \cdot \rho_l \cdot f_{ck})^{1/3}] \geq v_{min}$ (für $\sigma_{cd} = 0$)

$k = 1{,}99$ (für $d = d_m = 20{,}5$ cm)

$\rho_l = \sqrt{\rho_{lx} \cdot \rho_{ly}} = \sqrt{0{,}0073 \cdot 0{,}0057} = 0{,}0065 < 0{,}5 f_{cd} / f_{yd} = 0{,}5 \cdot 11{,}33 / 435 = 0{,}0130$

$v_{min} = (0{,}0525/\gamma_C) \cdot k^{3/2} \cdot f_{ck}^{1/2} = (0{,}0525/1{,}5) \cdot 1{,}99^{3/2} \cdot 20^{1/2} = 0{,}439$ MN/m²

$v_{Rd,c} = (0{,}18/1{,}5) \cdot 1{,}99 \cdot (100 \cdot 0{,}0065 \cdot 20)^{1/3} = 0{,}562$ MN/m² $< v_{Ed} = 0{,}639$ MN/m²

⇒ Durchstanzbewehrung erforderlich.

– Größter Durchstanzwiderstand bei Anordnung von Schubbewehrung:

$v_{Rd,max} = 1{,}4 \cdot v_{Rd,c} = 1{,}4 \cdot 0{,}562 = 0{,}787$ MN/m² $> v_{Ed} = 0{,}639$ MN/m²

⇒ Ausführung mit Durchstanzbewehrung zulässig.

– Ermittlung der erforderlichen Durchstanzbewehrung:

Es wird zunächst der Rundschnitt u_{out} festgelegt, für den Durchstanzbewehrung nicht erforderlich wird.

$u_{out} = \beta \cdot V_{Ed} / (v_{Rd,c} \cdot d) = 1{,}10 \cdot 0{,}450 / (0{,}562 \cdot (0{,}15 / 0{,}18)^{22)} \cdot 0{,}205) = 5{,}15$ m

$u_{out} = 5{,}15 \text{ m} = 4 \cdot 0{,}30 + 2\,\pi \cdot r_{out} \rightarrow r_{out} = 0{,}63$ m

Die letzte Bewehrungsreihe ist im Abstand (u_{out} – 1,5d) vom Stützenrand anzuordnen, im vorliegenden Fall also im Abstand 0,63 – 1,5 · 0,205 = 0,32 m bzw. im Abstand 1,6d.

Es wird eine erste Reihe im Abstand a_1 = 0,4d, eine zweite Reihe im Abstand 1,0d und eine dritte Reihe im Abstand 1,6d vom Stützenrand angeordnet (entspricht je s_r = 0,6 d). Für *lotrechte* Bügel erhält man damit

$A_{sw} = (v_{Ed} - 0{,}75\, v_{Rd,c}) \cdot d \cdot u_1 / [1{,}5 \cdot (d / s_r) \cdot f_{ywd,ef}]$

$u_1 = 3{,}78$ m; $v_{Ed} = 0{,}639$ MN/m² (s. o.)

$f_{ywd,ef} = 250 + 0{,}25d = 250 + 0{,}25 \cdot 205 = 301$ MN/m²

$d / s_r = (d / 0{,}6d) = 1{,}67$ (für s_r ist der maximale Abstand einzusetzen)

$A_{sw} = (0{,}639 - 0{,}75 \cdot 0{,}561) \cdot 0{,}205 \cdot 3{,}78 / (1{,}5 \cdot 1{,}67 \cdot 301) = 2{,}24 \cdot 10^{-4}$ m² = 2,24 cm²

Erste Bügelreihe $A_{sw} = 2{,}5 \cdot 2{,}24 = 5{,}60$ cm² (2,5-facher Wert)

Zweite Bügelreihe $A_{sw} = 1{,}4 \cdot 2{,}24 = 3{,}13$ cm² (1,4-facher Wert)

Dritte Bügelreihe $A_{sw} = 1{,}0 \cdot 2{,}24 = 2{,}24$ cm² (1,0-facher Wert)

Mindestbewehrung und Regelungen zur baulichen Durchbildung

Als Mindestdurchstanzbewehrung ergibt sich gemäß EC 2-1-1, 9.4.3(2) z. B. für die zweite Bügelreihe mit s_r = 0,6d und einem gegenseitigen tangentialen Abstand von 1,5d für einen Bügelschenkel

$A_{sw,min} = 0{,}08 \cdot f_{ck}^{0,5} \cdot s_r \cdot s_t / (f_{yk} \cdot 1{,}5)$

$= 0{,}08 \cdot 20^{0,5} \cdot (0{,}6 \cdot 0{,}205) \cdot (1{,}5 \cdot 0{,}205)/(500 \cdot 1{,}5) \cdot 10^4 = 0{,}18$ cm²

Als Durchmesser ist bei Bügeln $d_s \leq 0{,}05 \cdot d = 0{,}05 \cdot 205 = 10{,}3$ mm einzuhalten.

Auf weitere Nachweise zur baulichen Durchbildung wird im Rahmen des Beispiels verzichtet.

22) Abminderung (0,15 / 0,18), da im äußeren Rundschnitt die Querkrafttragfähigkeit maßgebend ist.

Beispiel 2

Es gelten die im Beispiel 1 dargestellten Voraussetzungen. Abweichend von dem dort gezeigten Rechengang soll die Durchstanzbewehrung als Schrägaufbiegung ausgeführt werden.

Nachweis der Tragfähigkeit auf Durchstanzen

- Bemessungsquerkraft v_{Ed}
  $v_{Ed} = 0{,}639$ MN/m² (wie Beispiel 1)
- Bemessungswiderstand:
  $v_{Rd,c} = 0{,}562 \text{ MN/m}^2 < v_{Ed} = 0{,}639 \text{ MN/m}^2$
  ⇒ Durchstanzbewehrung erforderlich.
- Größter Durchstanzwiderstand bei Anordnung von Schubbewehrung:
  $v_{Rd,max} = 1{,}4 \cdot v_{Rd,c} = 0{,}787 \text{ MN/m}^2 > v_{Ed} = 0{,}639 \text{ MN/m}^2$
  ⇒ Ausführung mit Durchstanzbewehrung zulässig.
- Ermittlung der erforderlichen Durchstanzbewehrung:
  Breite des Bereichs mit erforderlicher Durchstanzbewehrung
  $(r_{out} - 1{,}5d) = 0{,}32 \text{ m} > 1{,}5d = 1{,}5 \cdot 0{,}205 = 0{,}31 \text{ m} \Rightarrow$
  Ausführung ausschließlich mit Schrägstäben ist damit nicht ganz zulässig, die Überschreitung ist allerdings sehr gering, so dass der Rechengang fortgesetzt wird.

  $A_{sS} = (v_{Ed} - 0{,}75\, v_{Rd,c}) \cdot d \cdot u_1 / [1{,}5 \cdot (d / s_r) \cdot f_{ywd,ef} \cdot \sin\alpha]$

  $f_{ywd,ef} = f_{ywd} = 435 \text{ MN/m}^2$ (für eine aufgebogene Bewehrung)
  $d / s_r = 0{,}53$ (bei einer Reihe von Schrägstäben; EC 2-1-1/NA, 6.4.5)
  $\sin\alpha = 0{,}707$ (Schrägaufbiegung unter 45°)

  $A_{sS} = (0{,}639 - 0{,}75 \cdot 0{,}561) \cdot 0{,}205 \cdot 3{,}78 / (1{,}5 \cdot 0{,}53 \cdot 435 \cdot 0{,}707)$
  $= 6{,}92 \cdot 10^{-4} \text{ m}^2 = 6{,}92 \text{ cm}^2$

  gew.: 5 ∅ 8 je Richtung (vorh $A_s = 2 \times 5 \cdot 2 \cdot 0{,}503 = 10{,}1 \text{ cm}^2$)

  Auf einen Nachweis der Mindestschubbewehrung wird an dieser Stelle verzichtet.

Nebenstehende Skizze zeigt die gewählte Anordnung der Durchstanzbewehrung (links sind jeweils die gewählten Maße, rechts die Anforderungen nach EC 2-1-1 dargestellt).

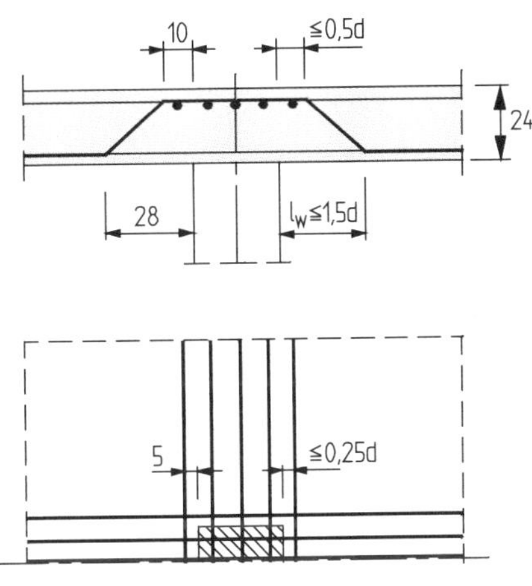

Beispiel 3

Die Innenstütze der Flachdecke aus Beispiel 1 soll aufgrund einer größeren Stützenlast $V_{Ed} = 600$ kN mit einer Stützenkopfverstärkung ausgeführt werden. Es ist nachzuweisen, dass mit der Stützenkopfverstärkung gemäß nachfolgender Abbildung eine Ausführung der Flachdecke ohne Durchstanzbewehrung zulässig ist.

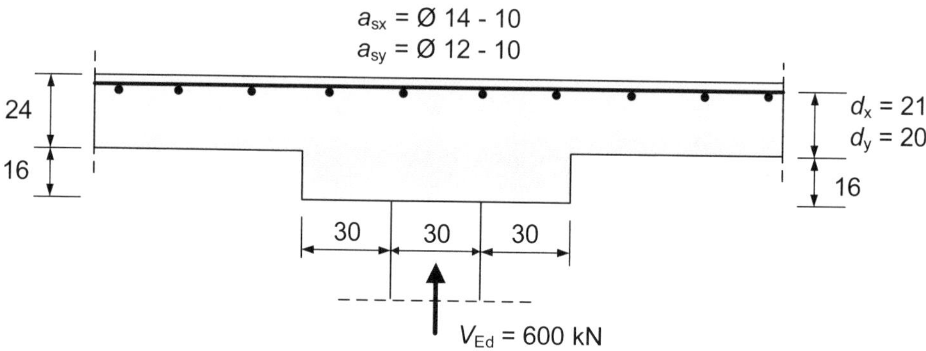

Kritische Rundschnitte

$l_H / h_H = 30/16 = 1{,}875 > 1{,}5$

$\rightarrow$ lange Stützenkopfverstärkung, es ist ein äußerer und innerer Rundschnitt zu betrachten.

- äußerer Rundschnitt

$r_{cont,ext} = r_{cont} = 2 \cdot d + l_H + 0{,}5 \cdot c = 2 \cdot 0{,}205 + 0{,}30 + 0{,}5 \cdot 0{,}3 = 0{,}86\,\text{m} \quad (d = d_m = 0{,}205\text{m})$

$u_{1,ext} = 4 \cdot (c + 2 \cdot l_H) + 2 \cdot (2 \cdot d) \cdot \pi = 4 \cdot (0{,}3 + 2 \cdot 0{,}3) + 2 \cdot (2 \cdot 0{,}205) \cdot \pi = 6{,}18\,\text{m}$

- innerer Rundschnitt

$1{,}5 \leq l_H / h_H = 1{,}875 \leq 2{,}0$ ($\rightarrow$ Rundschnitt im Abstand 1,5 d_H vom Stützenanschnitt)

$r_{cont,int} = 1{,}5 \cdot d_H + 0{,}5 \cdot c = 1{,}5 \cdot 0{,}365 + 0{,}5 \cdot 0{,}3 = 0{,}70\,\text{m} \qquad (d_H = h_H + d_m = 0{,}365\text{m})$

$u_{1,int} = 4 \cdot c + 2 \cdot (1{,}5 \cdot d_H) \cdot \pi = 4 \cdot 0{,}3 + 2 \cdot (1{,}5 \cdot 0{,}365) \cdot \pi = 4{,}64\,\text{m}$

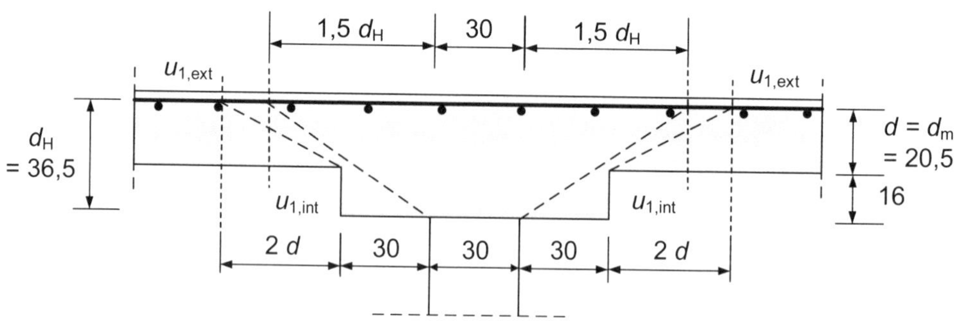

Bemessungsquerkraft v_{Ed}

– im äußeren Rundschnitt: $v_{Ed,ext} = \dfrac{V_{Ed} \cdot \beta}{u_{1,ext} \cdot d} = \dfrac{0{,}600 \cdot 1{,}1}{6{,}18 \cdot 0{,}205} = 0{,}521 \text{ MN/m}^2$

– im inneren Rundschnitt: $v_{Ed,int} = \dfrac{V_{Ed} \cdot \beta}{u_{1,int} \cdot d_H} = \dfrac{0{,}600 \cdot 1{,}1}{4{,}64 \cdot 0{,}365} = 0{,}390 \text{ MN/m}^2$

Nachweis der Tragfähigkeit auf Durchstanzen

– im äußeren Rundschnitt:

$v_{Rd,c,ext} = 0{,}562 \text{ MN/m}^2$ $(= v_{Rd,c}$ aus Beispiel 1$) > v_{Ed,ext} = 0{,}521 \text{ MN/m}^2$

→ keine Durchstanzbewehrung erforderlich!

– im inneren Rundschnitt:

$v_{Rd,c,int} = (0{,}18/\gamma_c) \cdot k \cdot (100 \cdot \rho_l \cdot f_{ck})^{1/3} \geq v_{min}$

$k = 2{,}0$ (für $d = d_H = 36{,}5$ cm)

$\rho_l = \sqrt{\rho_{lx} \cdot \rho_{ly}} = \sqrt{0{,}0042 \cdot 0{,}0031} = 0{,}0036 < 0{,}5 \cdot f_{cd} / f_{yd} = 0{,}0130$

$\rho_{lx} = a_{sx} / d_{Hx} = 15{,}39 / 37 = 0{,}42\,\%$

$\rho_{ly} = a_{sy} / d_{Hy} = 11{,}31 / 36 = 0{,}31\,\%$

$v_{min} = (0{,}0525/\gamma_c) \cdot k^{3/2} \cdot f_{ck}^{1/2} = (0{,}0525/1{,}5) \cdot 2{,}0^{3/2} \cdot 20^{1/2} = 0{,}443 \text{ MN/m}^2$

$v_{Rd,c,int} = (0{,}18/1{,}5) \cdot 2{,}0 \cdot (100 \cdot 0{,}0036 \cdot 20)^{1/3} = 0{,}463 \text{ MN/m}^2 > v_{Ed,int} = 0{,}390 \text{ MN/m}^2$

→ keine Durchstanzbewehrung erforderlich!

Hinweis:

Auf die zulässige Vergrößerung des Widerstands $v_{Rd,c,int}$ für Stützenkopfverstärkungen mit $1{,}5\, h_H \leq l_H \leq 2{,}0\, h_H$ proportional zu dem Verhältnis $u_{2,0dH} / u_{1,5dH}$ (hier: $5{,}79 / 4{,}64 = 1{,}25$) der Rundschnittumfänge kann hier verzichtet werden.

6.4.8 Besonderheiten bei Fundamenten

Aus Versuchen ist bekannt, dass sich bei Fundamenten steilere Durchstanzkegel einstellen als bei Flachdecken. Eine Neigung von 1 : 2 wie bei Flachdecken (vgl. Abb. 6.52) ist daher für Fundamente nicht mehr gerechtfertigt; es sind dann auch Rundschnitte in einem Bereich $< 2d$ zu untersuchen (vgl. z. B. [Hegger/Siburg – 10]).

Allerdings darf bei Fundamenten und Bodenplatten die einwirkende Querkraft V_{Ed} um die Resultierende ΔV_{Ed} aus den Bodenpressungen innerhalb der kritischen Fläche reduziert werden (vgl. Abb. 6.61).

Die Lage des kritischen Schnitts a_{crit} ist iterativ zu ermitteln, da mit wachsendem a_{crit} sowohl die aufnehmbare Schubspannung als auch die Einwirkungen kleiner werden. Maßgebend ist der Schnitt mit dem kleinsten Widerstand v_R. Vereinfachend darf jedoch für schlanke Fundamente mit $a_\lambda > 2d$ auf eine Iteration verzichtet werden und der Nachweis im Abstand $a_{crit} = 1{,}0d$ geführt werden, allerdings dürfen dann die Sohlpressungen nur zur Hälfte abgezogen werden (vgl. DIN EN 1992-1-1/NA:2013). Bei gedrungenen Fundamenten mit $a_\lambda \leq 2$ ist jedoch generell zu iterieren.

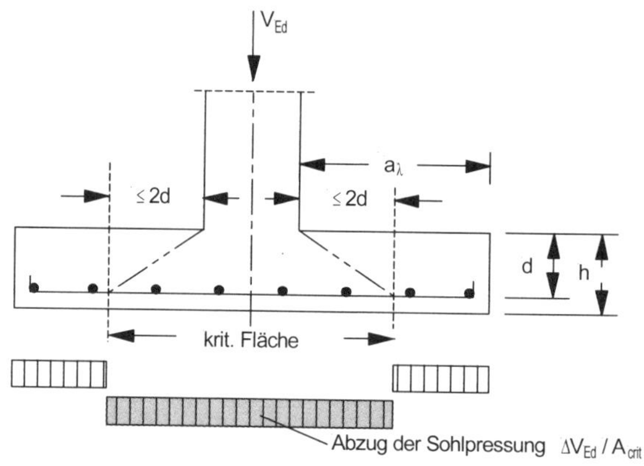

Abb. 6.61 Kritische Fläche, Nachweisschnitt im Abstand $\leq 2{,}0d$

Einwirkungen

Für *mittige* Belastung wird die reduzierte Schubspannung ermittelt aus

$$v_{Ed} = \beta \cdot V_{Ed,re} / (u \cdot d) \tag{6.101}$$

mit

$V_{Ed,red} = V_{Ed} - \Delta V_{Ed}$

β Lasterhöhungsfaktor (s. Erl. zu Gl. 6.91); es sollte in jedem Falle mindestens $\beta = 1{,}10$ berücksichtigt werden

u kritischer Umfang im Abstand a_{crit} vom Stützenrand; für a_{crit} gilt in Abhängigkeit von der Fundamentschlankheit $\lambda_f = a_\lambda / d$

- $\lambda_f > 2$: a_{crit} darf (!) im Abstand $= 1{,}0d$
- $\lambda_f \leq 2$: a_{crit} ist iterativ im Bereich $\leq 2d$ zu bestimmen

Bei *ausmittiger* Belastung ist β nach EC 2-1-1/NA, 6.4.4(2) zu bestimmen. Für eine einachsige Ausmitte gilt

$$\beta = 1 + k \cdot \frac{M_{\text{Ed}}}{V_{\text{Ed}}} \cdot \frac{u}{W} \geq 1{,}10$$

V_{Ed} = $V_{\text{Ed,red}}$ (reduzierte einwirkende Querkraft)

u = u_{crit} (Umfang des kritischen Rundschnitts)

W plastisches Widerstandsmoment des kritischen Rundschnitts; für Rechteckstützen gilt (s. Skizze):

$= c_1^2 / 2 + 2 \cdot c_2 \cdot a_{\text{crit}} + c_1 \cdot c_2 + \pi \cdot a_{\text{crit}} \cdot c_1 + 4 \cdot a_{\text{crit}}^2$

mit c_1 als Stützenabmessung parallel zur Lastausmitte und c_2 senkrecht dazu

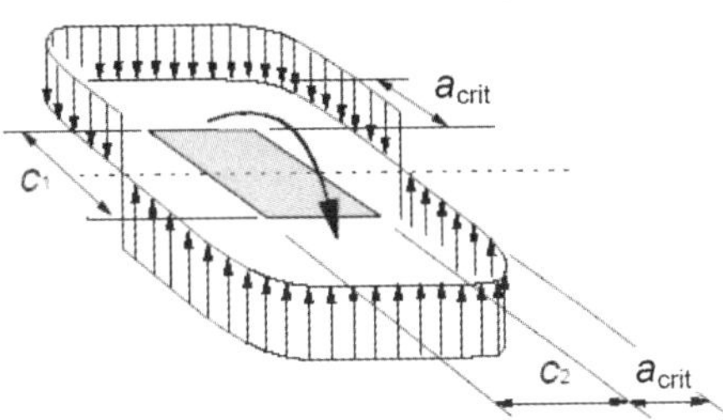

vollplastischer Zustand

k Beiwert in Abhängigkeit von den Stützenabmessungen c_1/c_2 (s. nachf. Tabelle); der Beiwert gibt den Anteil des Momentes an, der durch eine nicht rotationssymmetrische Schubspannungsverteilung übertragen wird

Beiwerte k bei rechteckiger Lasteinleitung

c_1 / c_2	$\leq 0{,}5$	1,0	2,0	$\geq 3{,}0$
k	0,45	0,60	0,70	0,80

Bei zweiachsiger Lastausmitte gilt analog (vgl. EC 2-1-1/NA, Gl. 6.39.1)

$$\beta = 1 + \sqrt{\left(k_{\text{x}} \frac{M_{\text{Ed,x}}}{V_{\text{Ed}}} \cdot \frac{u}{W_{\text{x}}}\right)^2 + \left(k_{\text{y}} \frac{M_{\text{Ed,y}}}{V_{\text{Ed}}} \cdot \frac{u}{W_{\text{y}}}\right)^2}$$

Alternativ kann auch nach EC 2-1-1, Gl. (6.43) für rechteckige Innenstützen direkt angegeben werden (Randstützen s. EC 2-1-1, 6.4.3(4)):

$$\beta = 1 + 1{,}8 \cdot \sqrt{\left(\frac{e_{\text{y}}}{c_2 + 2 \cdot a_{\text{crit}}}\right)^2 + \left(\frac{e_x}{c_1 + 2 \cdot a_{\text{crit}}}\right)^2}$$

mit e_{y} und e_{x} als Lastausmitte $M_{\text{Ed}} / V_{\text{Ed}}$ jeweils bezogen auf y- und x-Achse (die Ausmitte e_{y} resultiert aus einem Moment um die x-Achse und e_{x} aus einem Moment um die y-Achse).

Für Innenstützen mit Kreisquerschnitt gilt (EC 2-1-1, Gl. (6.42)):

$$\beta = 1 + 0{,}6 \cdot \pi \frac{e}{D + 2a_{\text{crit}}}$$

mit D als Stützendurchmesser.

Die dargestellten Gleichungen setzen voraus, dass ein geschlossener kritischer Rundschnitt geführt werden kann.

Bei einer klaffenden Fuge unter Bemessungseinwirkungen im Rundschnittbereich darf eine Berechnung mit Sektorlasteinzugsflächen erfolgen. Der Abzugswert des Sohldrucks ergibt sich dann jeweils in jedem Sektor separat. Es wird auf EC 2-1-1/NA verwiesen; weitere Erläuterungen s. insbes. [Hegger/Sieburg – 11].

Tragfähigkeit

Fundamente ohne Durchstanzbewehrung

In Gleichung (6.102) ist der Faktor $C_{Rd,c}$ gemäß EC 2-1-1/NA mit $0{,}15 / \gamma_C$ – also geringer als für Flachdecken – festgelegt; wegen des Einflusses der Schlankheit auf die Tragfähigkeit wird mit dem höheren Beiwert für Flachdecken das nach EC 2-1-1 geforderte Zuverlässigkeitsniveau für Fundamente nicht erreicht (vgl. auch [Hegger et al. – 08]). Außerdem ist die Fundamentschlankheit zu berücksichtigen.

Der Widerstand ergibt sich für $\sigma_{cp} = 0$ zu (s. EC 2-1-1, 6.4.4 (2)):

$$v_{Rd,c} = C_{Rd,c} \cdot k \cdot (100\rho_l \cdot f_{ck})^{1/3} \cdot (2d / a_{crit}) \geq v_{min} \cdot (2d / a_{crit}) \qquad (6.102)$$

mit $C_{Rd,c} = 0{,}15/\gamma_C$

a_{crit} Abstand des kritischen Schnitts zum Stützenrand
(weitere Formelzeichen wie vorher)

Ausführlichere Erläuterungen am Beispiel (siehe S. 230).

Fundamente mit Durchstanzbewehrung

Bei Fundamenten mit Durchstanzbewehrung darf bei den ersten beiden Bewehrungsreihen der Betontraganteil $v_{Rd,c}$ nicht berücksichtigt werden. Die Bewehrungsmenge wird gleichmäßig auf beide Reihen – anzuordnen im Abstand $0{,}3d$ und $0{,}8d$ – verteilt:

- Bügelbewehrung: $\beta \cdot V_{ed,red} \leq V_{Rd,s} = A_{sw,1+2} \cdot f_{ywd,eff}$
- Schrägaufbiegungen: $\beta \cdot V_{ed,red} \leq V_{Rd,s} = 1{,}3\, A_{sw,1+2} \cdot f_{ywd} \cdot \sin \alpha$

Bei weiteren Bewehrungsreihen ist je Reihe 33 % von $A_{sw,1+2}$ anzuordnen. Der Abzug der Bodenpressungen darf mit der Fundamentfläche innerhalb der betrachteten Bewehrungsreihe erfolgen.

Lage des kritischen Rundschnitts

Wie zuvor ausgeführt, ist bei Fundamenten i. d. R. der kritische Rundschnitt iterativ[23)] zu bestimmen. Für eine einfache direkte Bestimmung des maßgebenden kritischen Rundschnitts kann das in Abb. 6.62a dargestellte Diagramm benutzt werden, das Diagramm in Abb. 6.62b liefert die sich ergebenden Tragfähigkeiten.

23) Die Vereinfachung, bei einer Schlankheit $\lambda_f > 2$ den Abstand a_{crit} vereinfachend im Abstand $1{,}0\,d$ anzusetzen, führt häufig zu unwirtschaftlichen Ergebnissen, da dann die Bodenpressungen innerhalb des Durchstanzkegels nur zur Hälfte abgezogen werden dürfen, während bei einer genaueren Bestimmung der Abzug der Bodenpressungen in voller Größe berücksichtigt werden darf.

Mit dem Diagramm nach Abb. 6.62a wird zunächst der maßgebend Rundschnitt a_{crit} in Abhängigkeit vom Seitenverhältnis L_x / L_y = c_x / c_y der Fundament- und Stützenabmessungen bestimmt. Dabei ist zu überprüfen, dass a_{crit} innerhalb der Fundamentabmessungen liegt und $\leq 2d$ ist. Abbildung 6.62b erlaubt dann die direkte Bestimmung des Durchstanzwiderstandes, wobei die Abzugsfläche innerhalb des Durchstanzkegels bereits berücksichtigt ist.

Bezüglich weiterer Hilfsmittel wird auf [Schmitz/Goris – 13] verwiesen.

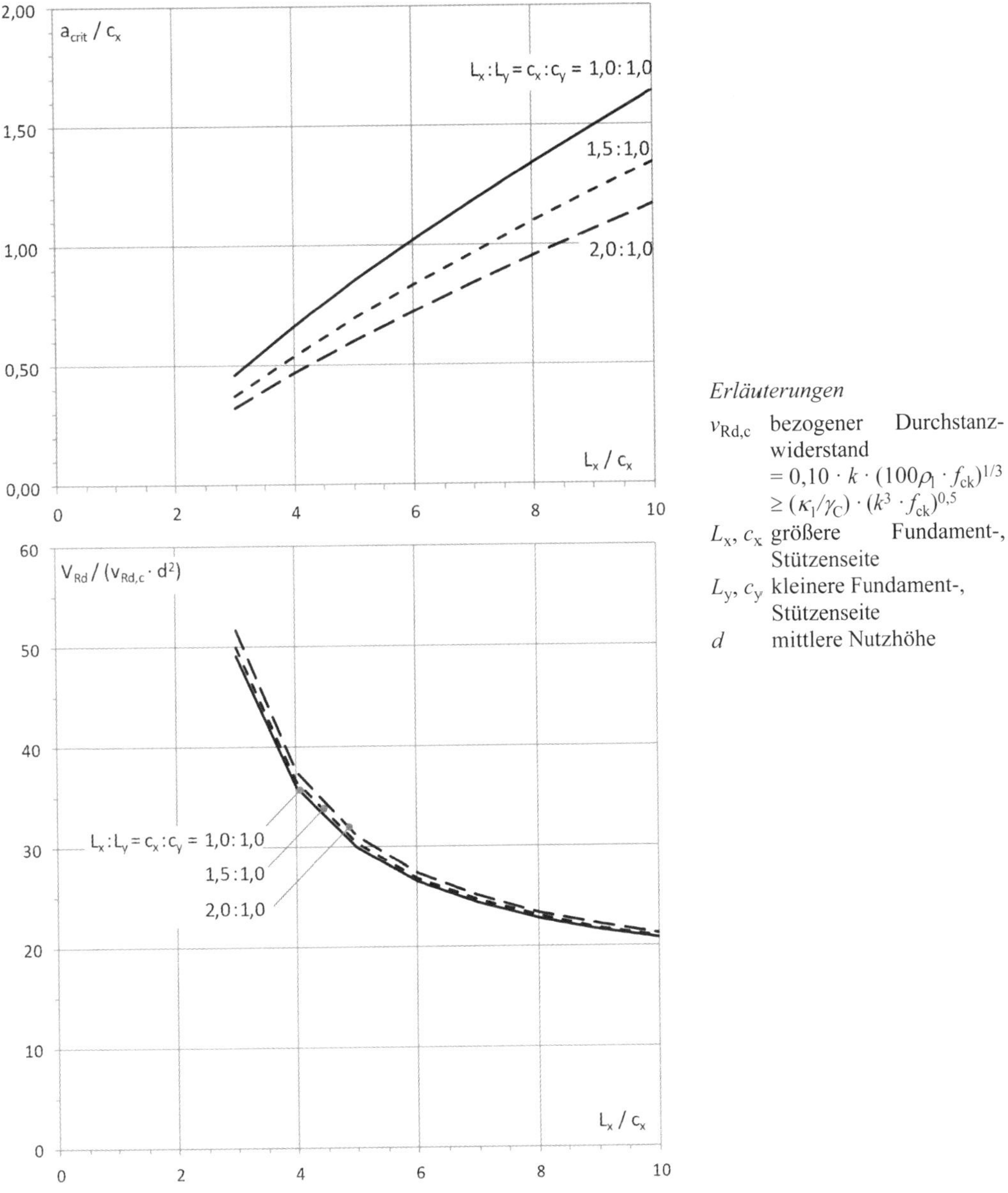

Abb. 6.62 Lage des maßgebenden Rundschnitts und Durchstanzwiderstand bei Fundamenten

Beispiel 1

Mittig belastetes Einzelfundament nach Abbildung (vgl. [Geistefeldt/Goris – 93]), es wird nur der Nachweis gegen Durchstanzen gezeigt; die dargestellte Bewehrung ergibt sich aus einer – hier nicht dargestellten – Biegebemessung.

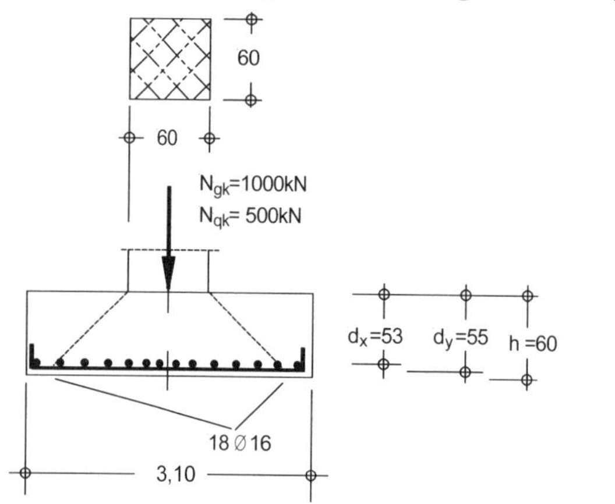

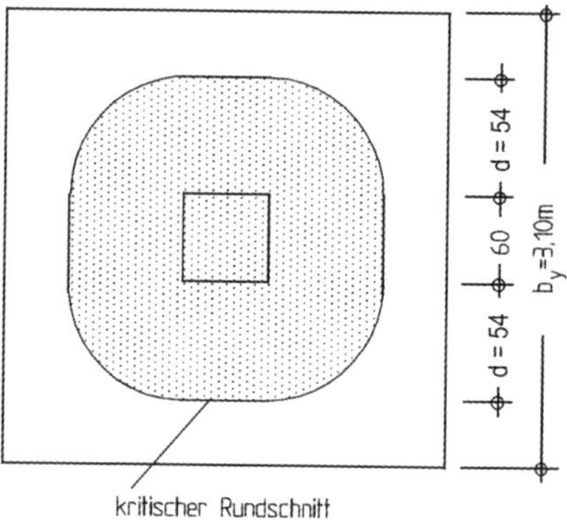

Baustoffe: C30/37; B500

Maßgebender Nachweisschnitt

Wegen $\lambda_f = a_\lambda / d = 1{,}25/0{,}54 = 2{,}31 > 2$: a_{crit} darf (!) im Abstand 1,0 d gewählt werden.

Einwirkung v_{Ed}

$V_{Ed,red} = V_{Ed} - \Delta V_{Ed}$

$V_{Ed} = N_{Ed} = 1{,}35 \cdot 1\,000 + 1{,}50 \cdot 500 = 2\,100$ kN

$\sigma_0 = 2{,}10 / (3{,}1 \cdot 3{,}1) = 0{,}219$ MN/m²

$A_{crit} = 0{,}6^2 + 4 \cdot (0{,}6 \cdot 0{,}54) + \pi \cdot 0{,}54^2 = 2{,}57$ m²

$V_{Ed,red} = 2{,}10 - \mathbf{0{,}5} \cdot 0{,}219 \cdot 2{,}57 = 1{,}82$ MN

$v_{Ed} = \beta \cdot V_{Ed,red} / (u \cdot d)$

$u = 2 \cdot (0{,}6 + 0{,}6) + 2 \cdot \pi \cdot 0{,}54 = 5{,}79$ m

$v_{Ed} = 1{,}10 \cdot 1{,}82 / (5{,}79 \cdot 0{,}54) = 0{,}640$ MN/m²

V_{Ed} darf um die Resultierende der Bodenpressungen innerhalb der kritischen Fläche abgemindert werden.

Wegen Näherung $a_{crit} = d$ darf der Abzugswert nur zu 50 % angesetzt werden.
Lasterhöhungsfaktor mind. $\beta = 1{,}10$

Bemessungswiderstand $v_{Rd,c}$

$v_{Rd,c} = (0{,}15/\gamma_C) \cdot k \cdot (100\rho_l \cdot f_{ck})^{1/3} \cdot 2d/a \geq v_{min} \cdot 2d/a$

$k = 1 + (200/540)^{0{,}5} = 1{,}61$

$d = 0{,}54$ m

$\rho_l = (\rho_{lx} \cdot \rho_{ly})^{0{,}5}$

$\rho_{lx} = 36{,}2/(310 \cdot 53) = 0{,}0022$

$\rho_{ly} = 36{,}2/(310 \cdot 55) = 0{,}0021$

Mittelwert der Nutzhöhen
Längsbewehrung 18 Ø 16 auf ganzer Fundamentbreite (hier < als Stützenabmessung zzgl. 3d pro Seite).

$\rho_l = (0{,}0022 \cdot 0{,}0021)^{0{,}5} = 0{,}0022$

$v_{min} = (\kappa_1 / \gamma_C) \cdot (k^3 \cdot f_{ck})^{0{,}5} = (0{,}0525 / 1{,}5) \cdot (1{,}61^3 \cdot 30)^{0{,}5} = 0{,}392$ MN/m²

$v_{Rd,c} = 0{,}10 \cdot 1{,}61 \cdot (0{,}22 \cdot 30)^{1/3} \cdot (2 \cdot 0{,}54 / 0{,}54) = 0{,}604$ MN/m²

$< 0{,}392 \cdot (2 \cdot 0{,}54 / 0{,}54) = 0{,}784$ MN/m² (größerer Wert ist maßgebend)

Nachweis

$v_{Ed} = 0{,}640$ MN/m $< v_{Rd,c} = 0{,}784$ MN/m $\Rightarrow$ Nachweis erfüllt.

Beispiel 1a

Wie Beispiel 1, der maßgebende kritische Rundschnitt soll „genauer“ bestimmt werden, der Nachweis erfolgt mit Abb. 6.62a.

Maßgebender Nachweisschnitt

$L_x / c_x = 3{,}10/0{,}60 = 5{,}17$
$L_x / L_y = c_x / c_y = 1{,}0$ $\Big\} \; a_{crit} / c_x = 0{,}87$

$a_{crit} = 0{,}87 \cdot 0{,}60 = 0{,}52$ m

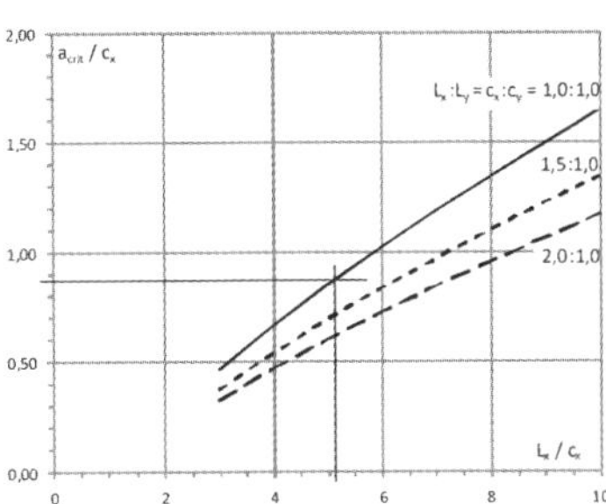

V_{Ed} darf um die Resultierende der Bodenpressungen innerhalb der kritischen Fläche voll abgemindert werden.

Einwirkung v_{Ed}

$V_{Ed,red} = V_{Ed} - \Delta V_{Ed}$

$V_{Ed} = N_{Ed} = 2100$ kN

$\sigma_0 = 2{,}10 / (3{,}1 \cdot 3{,}1) = 0{,}219$ MN/m²

$A_{crit} = 0{,}6^2 + 4 \cdot (0{,}6 \cdot 0{,}52) + \pi \cdot 0{,}52^2 = 2{,}46$ m²

$V_{Ed,red} = 2{,}10 - 0{,}219 \cdot 2{,}46 = 1{,}56$ MN

$v_{Ed} = \beta \cdot V_{Ed,red} / (u \cdot d)$

$u = 2 \cdot (0{,}6 + 0{,}6) + 2 \cdot \pi \cdot 0{,}52 = 5{,}66$ m

$v_{Ed} = 1{,}10 \cdot 1{,}56 / (5{,}66 \cdot 0{,}54) = 0{,}561$ MN/m²

Bemessungswiderstand $v_{Rd,c}$

$v_{Rd,c} = (0{,}15 / \gamma_C) \cdot k \cdot (100 \cdot \rho_l \cdot f_{ck})^{1/3} \cdot 2\,d / a \geq v_{min} \cdot 2\,d / a$

k, d, ρ_l, v_{min} wie vorher

$v_{Rd,c} = 0{,}10 \cdot 1{,}61 \cdot (0{,}22 \cdot 30)^{1/3} \cdot (2 \cdot 0{,}54/0{,}52) = 0{,}627$ MN/m²
$< 0{,}392 \cdot (2 \cdot 0{,}54/0{,}52) = 0{,}814$ MN/m² (größerer Wert ist maßgebend)

Nachweis

$v_{Ed} = 0{,}561$ MN/m² $< v_{Rd,c} = 0{,}814$ MN/m² $\Rightarrow$ Nachweis erfüllt.

Beispiel 1b

Wie Beispiel 1a, Nachweis mit Bemessungshilfen nach Abb. 6.62b.

Der *maßgebender Nachweisschnitt* ergibt sich wie im Beispiel 1a, die Bestimmung von a_{crit} ist jedoch entbehrlich.

Bemessungswiderstand V_{Rd}

$L_x / c_x = 3{,}10/0{,}60 = 5{,}17$
$L_x / L_y = c_x / c_y = 1{,}0$ $\Big\} \; V_{Rd} / (v_{Rd,c} \cdot d^2) = 29{,}5$

$V_{Rd} = 29{,}5 \cdot v_{Rd,c} \cdot d^2$

$v_{Rd,c} = (0{,}15 / \gamma_C) \cdot k \cdot (100 \cdot \rho_l \cdot f_{ck})^{1/3} \geq v_{min}$

$v_{Rd,c} = 0{,}10 \cdot 1{,}61 \cdot (0{,}22 \cdot 30)^{1/3} = 0{,}302$ MN/m²
$< v_{min} = (\kappa_1 / \gamma_C) \cdot (k^3 \cdot f_{ck})^{0{,}5}$
$= (0{,}0525 / 1{,}5) \cdot (1{,}61^3 \cdot 30)^{0{,}5} = 0{,}392$ MN/m²

$V_{Rd} = 29{,}5 \cdot 0{,}392 \cdot 0{,}54^2 = 3{,}37$ MN $< \beta \cdot V_{Ed} = 2{,}31$ MN

V_{Ed} mit Lasterhöhungsfaktor β und ohne Abzugswert ΔV_{Ed} (bereits bei V_{Rd} berücksichtigt)

Beispiel 2

Das im Bsp. 1 gezeigte Fundament kann wegen sehr guter Baugrundverhältnisse von den Außenabmessungen her deutlich reduziert werden. Es gelten die zuvor gemachten Angaben. In einer Biegebemessung wurde die nachfolgend dargestellte Bewehrung ermittelt.

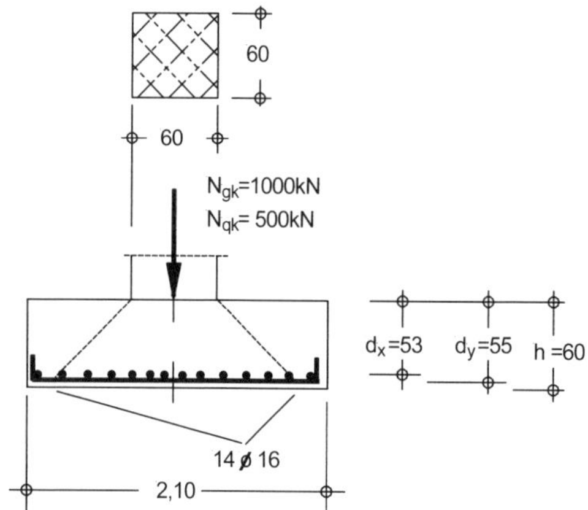

Baustoffe: C30/37; B500

Maßgebender Nachweisschnitt

Wegen $\lambda_f = a_\lambda / d = 0{,}75 / 0{,}54 = 1{,}39 < 2$ ist a_{crit} iterativ im Bereich $\leq 2d$ zu bestimmen.

Einwirkung v_{Ed}

$V_{Ed,red} = V_{Ed} - \Delta V_{Ed}$

$V_{Ed} = N_{Ed} = 1{,}35 \cdot 1\,000 + 1{,}50 \cdot 500 = 2\,100$ kN

$\sigma_0 = 2{,}10 / (2{,}1 \cdot 2{,}1) = 0{,}476$ MN/m²

$A_{crit} = 0{,}6^2 + 4 \cdot (0{,}6 \cdot a_{crit}) + \pi \cdot a_{crit}^2$

$V_{Ed,red} = 2{,}10 - 0{,}476 \cdot [0{,}6^2 + 4 \cdot (0{,}6 \cdot a_{crit}) + \pi \cdot a_{crit}^2]$

$v_{Ed} = \beta \cdot V_{Ed,red} / (u \cdot d)$

$u_{crit} = 2 \cdot (0{,}6 + 0{,}6) + 2\,\pi \cdot a_{crit}$

$v_{Ed} = 1{,}10 \cdot V_{Ed,red} \,/ [(2{,}40 + 2\pi \cdot a_{crit}) \cdot 0{,}54]$

Bemessungswiderstand

$v_{Rd,c} = (0{,}15/\gamma_c) \cdot k \cdot (100 \cdot \rho_l \cdot f_{ck})^{1/3} \cdot (2d / a_{crit}) \geq v_{min} \cdot (2d / a_{crit})$

k, d, v_{min} wie Bsp. 1

$\rho_l = 28{,}1/(210 \cdot 54) = 0{,}0025$

$v_{Rd,c} = 0{,}10 \cdot 1{,}61 \cdot (0{,}25 \cdot 30)^{1/3} \cdot (2 \cdot 0{,}54 / a_{crit}) = 0{,}315 \cdot (2 \cdot 0{,}54 / a_{crit})$

$< 0{,}392 \cdot (2 \cdot 0{,}54/a_{crit})$

Iteration

$a_{crit} = 0{,}60d$: $v_{Ed} = 0{,}644$ MN/m²; $v_{Rd,c} = 1{,}307$ MN/m² → $v_{Rd,c} / v_{Ed} = 2{,}031$

$a_{crit} = 0{,}63d$: $v_{Ed} = 0{,}614$ MN/m²; $v_{Rd,c} = 1{,}245$ MN/m² → $v_{Rd,c} / v_{Ed} =$ **2,028**

$a_{crit} = 0{,}70d$: $v_{Ed} = 0{,}547$ MN/m²; $v_{Rd,c} = 1{,}120$ MN/m² → $v_{Rd,c} / v_{Ed} = 2{,}048$

Nachweis

$v_{Ed} = 0{,}614$ MN/m² $< v_{Rd,c} = 1{,}245$ MN/m² ⇒ Nachweis erfüllt.

Beispiel 3

Das im Beispiel 2 gezeigte Fundament sei zusätzlich durch eine Biegemoment M_{Ed} = 200 kNm beansprucht. Es wird vereinfachend die zuvor ermittelte Biegezugbewehrung angenommen.

Maßgebender Nachweisschnitt

Wegen $\lambda_f = a_\lambda / d = 0{,}75/0{,}54 = 1{,}39 < 2 \rightarrow a_{crit}$ ist iterativ im Bereich $\leq 2\ d$ zu bestimmen.

Einwirkung v_{Ed}

$$v_{Ed} = \beta \cdot V_{Ed,red} / (u \cdot d)$$

$$V_{Ed,red} = 2{,}10 - 0{,}476 \cdot [0{,}6^2 + 4 \cdot (0{,}6 \cdot a_{crit}) + \pi \cdot a_{crit}^2]$$

$$\beta = 1 + k \cdot \frac{M_{Ed}}{V_{Ed,red}} \cdot \frac{u}{W} \geq 1{,}10$$

$$W = c_1^2/2 + 2 \cdot c_2 \cdot a_{crit} + c_1 \cdot c_2 + \pi \cdot a_{crit} \cdot c_1 + 4\, a_{crit}^2$$
$$= 0{,}60^2/2 + 2 \cdot 0{,}60 \cdot a_{crit} + 0{,}60 \cdot 0{,}60 + \pi \cdot a_{crit} \cdot 0{,}60 + 4a_{crit}^2$$
$$= 0{,}54 + 3{,}08 a_{crit} + 4\, a_{crit}^2$$

$$u = u_{crit} = 2 \cdot (0{,}6 + 0{,}6) + 2\,\pi \cdot a_{crit} = 2{,}40 + 2\,\pi \cdot a_{crit}$$

$$d = 0{,}54 \text{ m}$$

Nach Iteration (s. u.) erhält man als maßgebenden Abstand a_{crit} = 0,34 m; hierfür ergibt sich:

$$V_{Ed,red} = 2{,}10 - 0{,}476 \cdot [0{,}6^2 + 4 \cdot (0{,}6 \cdot 0{,}34) + \pi \cdot 0{,}34^2] = 1{,}367 \text{ MN}$$

$$u_{crit} = 2{,}40 + 2\,\pi \cdot 0{,}34 = 4{,}54 \text{ m}$$

$$\beta = 1 + \overset{k = 0,6}{0{,}6} \cdot \frac{200}{1367} \cdot \frac{4{,}54}{2{,}051} = 1{,}194 \geq 1{,}10 \qquad k = 0{,}6 \quad W = 0{,}54 + 3{,}08 \cdot 0{,}34 + 4 \cdot 0{,}34^2 = 2{,}051 \text{ m}^3$$

$$v_{Ed} = 1{,}194 \cdot 1{,}367 / (4{,}54 \cdot 0{,}54) = 0{,}666 \text{ MN/m}^2$$

Bemessungswiderstand

$$v_{Rd,c} = (0{,}15 / \gamma_C) \cdot k \cdot (100 \cdot \rho_l \cdot f_{ck})^{1/3} \cdot (2d / a_{crit}) \geq v_{min} \cdot (2d / a_{crit})$$

k, d, v_{min}, ρ_l wie Bsp. 2

Mit a_{crit} = 0,34 m als maßgebenden Abstand:

$$v_{Rd,c} = 0{,}10 \cdot 1{,}61 \cdot (0{,}25 \cdot 30)^{1/3} \cdot (2 \cdot 0{,}54 / 0{,}34) = 0{,}315 \cdot (2 \cdot 0{,}54 / 0{,}34) = 1{,}00 \text{ MN/m}^2$$
$$< 0{,}392 \cdot (2 \cdot 0{,}54 / 0{,}34) = 1{,}24 \text{ MN/m}^2$$

Nachweis

$v_{Ed} = 0{,}666 \text{ MN/m}^2 < v_{Rd,c} = 1{,}24 \text{ MN/m}^2 \Rightarrow$ Nachweis erfüllt.

Iteration

Die Iteration wurde mit EDV-Unterstützung aus [Goris/Schmitz – 13] durchgeführt. Die nebenstehende Grafik zeigt das Ergebnis der einzelnen Iterationsschritte. Der maßgebende Nachweisschnitt wurde im Abstand 0,34 m vom Stützenrand gefunden.

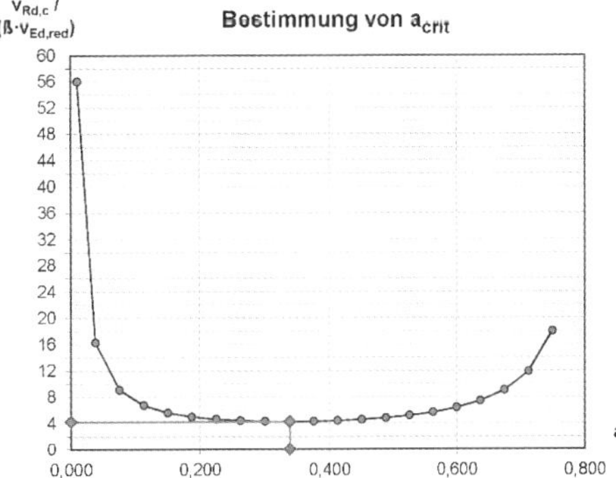

Beispiel 4

Wie Beispiel 1, Bemessungslast jedoch $N_{Ed} = 3300$ kN.

Maßgebender Nachweisschnitt

Wegen $\lambda_f = a_\lambda / d = 1{,}25 / 0{,}54 = 2{,}31 > 2$ dürfte der Nachweis im Abstand $1{,}0d$ geführt werden. Es wird jedoch der „genauere" Wert $a_{crit} = 0{,}87 \cdot 0{,}60 = 0{,}52$ m gewählt (vgl. Bsp. 1a).

Einwirkung v_{Ed}

$V_{Ed,red} = V_{Ed} - \Delta V_{Ed}$

$V_{Ed} = N_{Ed} = 3{,}30$ MN

$\Delta V_{Ed} = (3{,}3/3{,}1^2) \cdot (0{,}6^2 + 4 \cdot 0{,}6 \cdot 0{,}52 + \pi \cdot 0{,}52^2) = 0{,}844$ MN

$V_{Ed,red} = 3{,}30 - 0{,}844 = 2{,}456$ MN

$v_{Ed} = \beta \cdot V_{Ed,red} / (u \cdot d)$

$u = 2 \cdot (0{,}6 + 0{,}6) + 2 \cdot \pi \cdot 0{,}52 = 5{,}67$ m

$v_{Ed} = 1{,}10 \cdot 2{,}456 / (5{,}67 \cdot 0{,}54) = 0{,}882$ MN/m²

V_{Ed} wird um die Resultierende der Bodenpressungen innerhalb der kritischen Fläche abgemindert. Wegen „genauerer" Ermittlung von a_{crit} darf der Abzugswert voll angesetzt werden.

Lasterhöhungsfaktor $\beta = 1{,}10$

Bemessungswiderstand $v_{Rd,c}$

$v_{Rd,c} = (0{,}15 / \gamma_C) \cdot k \cdot (100 \cdot \rho_l \cdot f_{ck})^{1/3} \cdot 2d / a \geq v_{min} \cdot 2d / a$

$k = 1{,}61$; $d = 0{,}54$ m; $\rho_l = 0{,}0022$; $v_{min} = 0{,}392$ MN/m² Wie im Beispiel 1

$v_{Rd,c} = 0{,}1 \cdot 1{,}61 \cdot (0{,}22 \cdot 30)^{1/3} \cdot (2 \cdot 0{,}54/0{,}52) = 0{,}627$ MN/m²

$< 0{,}392 \cdot (2 \cdot 0{,}54/0{,}52) = 0{,}814$ MN/m² Größerer Wert ist maßgebend

Nachweis

$v_{Ed} = 0{,}882$ MN/m² $> v_{Rd,c} = 0{,}814$ MN/m² (nicht erfüllt)

$v_{Ed} = 0{,}882$ MN/m² $< v_{Rd,max} = 1{,}4 \cdot 0{,}814$ MN/m² $= 1{,}140$ MN/m²

⇒ Ausführung mit Durchstanzbewehrung zulässig.

Ermittlung der Durchstanzbewehrung

Es werden lotrechte Bügel gewählt. Für die erste und zweite Reihe gilt (s. vorher)

$\beta \cdot V_{Ed,red} \leq V_{Rd,s} = A_{sw,1+2} \cdot f_{ywd,eff}$ bzw.

$A_{sw,1+2} = \beta \cdot V_{Ed,red} / f_{ywd,eff}$

$f_{ywd,eff} = 250 + 0{,}25d = 250 + 0{,}25 \cdot 540 = 385$ N/mm² (< 435 N/mm²)

$A_{sw,1+2} = 1{,}10 \cdot 2{,}456 / 385 = 70{,}2 \cdot 10^{-4}$ m² $= 70{,}2$ cm²

1. Reihe: Abstand $0{,}3\,d = 0{,}3 \cdot 54 \approx 16$ cm vom Stützenrand
   $a_{sw,1} = A_{sw,1} / u_1 = (70{,}2/2) / (4 \cdot 0{,}60 + 2\pi \cdot 0{,}16) = 10{,}29$ cm²/m
   gew.: ∅ 14 – 15 (= 10,26 cm²/m)
2. Reihe: Abstand $0{,}8\,d = 0{,}8 \cdot 54 \approx 43$ cm vom Stützenrand
   $a_{sw,2} = (70{,}2/2) / (4 \cdot 0{,}60 + 2\pi \cdot 0{,}43) = 6{,}87$ cm²/m
   gew.: ∅ 14 – 20 (= 7,70 cm²/m)

Überprüfung, ob noch eine weitere Reihe erforderlich ist.

$V_{Ed,red} = V_{Ed} - \Delta V_2 = 3{,}300 - 0{,}343 \cdot (0{,}6^2 + 4 \cdot (0{,}6 \cdot 0{,}43) + \pi \cdot 0{,}43^2 = 2{,}417$ MN

$u_{out} = \beta \cdot V_{Ed,red} / (v_{Rd,c} \cdot d) = 1{,}1 \cdot 2{,}417 / (0{,}882 \cdot 0{,}54) = 5{,}58$ m

$> (u_2 + 1{,}5d) = 4 \cdot 0{,}60 + 2\pi \cdot (0{,}43 + 1{,}5 \cdot 0{,}54) = 10{,}2$ m

Eine weitere Reihe ist daher nicht erforderlich.

6.5 Verformungsbeeinflusste Grenzzustände der Tragfähigkeit (Knicksicherheitsnachweise)

6.5.1 Unverschieblichkeit und Verschieblichkeit von Tragwerken

Der Gleichgewichtszustand von Tragwerken und von Bauteilen unter Längsdruck muss unter Berücksichtigung der Auswirkungen von Bauteilverformungen nachgewiesen werden. Die gegenseitigen Verschiebungen von Stabenden sind nach EC 2-1-1, 5.2.8(6) ohne Bedeutung und dürfen vernachlässigt werden, wenn die Auswirkungen der Bauteilverformungen die Tragfähigkcit um nicht mehr als 10 % verringern.

Tragwerke gelten als unverschieblich, wenn sie hinreichend ausgesteift sind. In ausreichend ausgesteiften Tragwerken müssen die aussteifenden Bauteile eine große Steifigkeit haben, um alle Horizontallasten aufzunehmen, die auf das Tragwerk wirken, und in die Fundamente weiterzuleiten, so dass die Tragfähigkeit der auszusteifenden Tragwerksteile sichergestellt wird.

Sofern kein genauerer Nachweis geführt wird, dürfen Tragwerke, die durch lotrechte Bauteile ausgesteift sind, als unverschieblich angesehen werden, wenn

- die lotrechten aussteifenden Bauteile annähernd symmetrisch angeordnet sind und nur kleine vernachlässigbare Verdrehungen um die Bauteilachse zulassen
- die Bedingungen nach Gl. (6.103) erfüllt sind (die „Labilitätszahl“ muss für jede der beiden Gebäudehauptachsen y und z erfüllt sein):

$$\frac{F_{\mathrm{V,Ed}} \cdot H^2}{\sum E_{\mathrm{cd}} I_{\mathrm{c}}} \leq K_{\mathrm{i}} \cdot \frac{n_{\mathrm{s}}}{n_{\mathrm{s}} + 1{,}6} \tag{6.103}$$

H Gesamthöhe des Tragwerkes über OK Einspannebene (in EC 2 mit L bezeichnet)

n_s Anzahl der Geschosse

$F_{V,Ed}$ Summe aller Vertikallasten $F_{V,Ed,nj}$ im Gebrauchszustand (d. h. γ_F = 1), die auf die aussteifenden und auf die nicht aussteifenden Bauteile wirken

$E_{cd} I_c$ Summe der Nennbiegesteifigkeiten aller vertikalen aussteifenden Bauteile, die in der betrachteten Richtung wirken

K_i $= K_1 = 0{,}31$ im Allgemeinen

K_i $= K_2 = 0{,}62$, wenn in den aussteifenden Bauteilen die Betonzugspannung unter der maßgebenden Einwirkungskombination des Gebrauchszustandes den Wert f_{ctm} nicht überschreitet (mit f_{ctm} als mittlere Zugfestigkeit des Betons)

Wenn die lotrechten Bauteile nicht annähernd symmetrisch angeordnet sind oder nicht vernachlässigbare Verdrehungen zulassen, muss zusätzlich die Verdrehungssteifigkeit nachgewiesen werden.

Es wird auf die ausführlichen Erläuterungen im Band 2 (Kapitel 2) verwiesen.

Für die weitere Nachweisführung werden Bauteile als Einzeldruckglieder mit der Ersatzlänge l_0 betrachtet. Dies können sein:

- einzelne Druckglieder (z. B. einzeln stehende Kragstützen),
- Druckglieder als Teile eines Tragwerks, die jedoch für die Nachweisführung als Einzeldruckglieder betrachtet werden können (z. B. Druckglieder als Teil eines Gesamttragwerks).

6.5.2 Ersatzlänge l_0

Die *Ersatzlänge* l_0 von Einzeldruckgliedern ergibt sich aus $l_0 = \beta \cdot l_{col}$, wobei mit l_{col} die Stützenlänge zwischen den idealisierten Einspannstellen bezeichnet wird. Die Ersatzlänge ist von der Steifigkeit der Einspannung an den Enden des Einzeldruckgliedes und von der Verschieblichkeit der Enden des Druckglieds abhängig (s. nachfolgend).

Der Beiwert β ist für Regelfälle (sog. Eulerfälle) in Abb. 6.63 dargestellt. Die dabei angegebenen „realistischen" Beiwerte β berücksichtigen eine begrenzte Nachgiebigkeit der Einspannung ($k_1 = k_2 = 0{,}1$; s. nachfolgend).

Für Stützen in rahmenartigen Tragwerken mit elastischen Endeinspannungen kann die Ersatzlänge l_0 nach EC 2-1-1, 5.8.3.2 bestimmt werden. Danach ergibt sich

unverschiebliche Rahmen
$$l_0 = 0{,}5 \cdot l_{col} \cdot \sqrt{\left(1 + \frac{k_1}{0{,}45 + k_1}\right) \cdot \left(1 + \frac{k_2}{0{,}45 + k_2}\right)} \tag{6.104a}$$

verschiebliche Rahmen
$$l_0 = l_{col} \cdot \max\left\{\sqrt{\left(1 + 10 \cdot \frac{k_1 \cdot k_2}{k_1 + k_2}\right)}\ ;\ \left(1 + \frac{k_1}{1 + k_1}\right) \cdot \left(1 + \frac{k_2}{1 + k_2}\right)\right\} \tag{6.104b}$$

Die Beiwerte k_1 und k_2 ergeben sich als Summe der Stabsteifigkeiten $\Sigma\,(EI_{col}\,/\,l_{col})$ aller an einem Knoten elastisch eingespannter Druckglieder im Verhältnis zu der Summe der Drehwiderstandsmomente $\Sigma\,M_{R,i}$ infolge einer Knotendrehung φ (Einheitsdrehung $\varphi = 1$).

$$k_i = \frac{\Sigma EI_{col}\,/\,l_{col}}{\Sigma M_{R,i}}$$

Die Auswertung der Gleichungen (6.104a) und (6.104b) in Abhängigkeit von den Beiwerten k_i zeigt Abb. 6.64 (aus [Ehrigsen/Quast – 03]).

Die Ersatzlänge l_0 sollte für die Druckglieder mit der Steifigkeit des ungerissenen Betonquerschnitts, für die einspannenden Riegel jedoch nur mit der halben Steifigkeit ermittelt werden. Wegen Nachgiebigkeiten von Gründungen, einspannenden Bauteilen etc. ist eine starre Einspannung kaum realisierbar; Beiwerte k_1 bzw. k_2 kleiner als 0,1 werden daher nicht für die Anwendung empfohlen. Die auf diese Weise ermittelte Ersatzlänge ist in erster Linie nur für regelmäßige Rahmensysteme – s. Fußnote [24)] S. 238 – gedacht; weitere Hinweise s. DAfStb-H.630 und [Ehrigsen/Quast – 03].

	unverschieblich				verschieblich		
System	gelenkig / gelenkig	gelenkig / starr eingesp.	starr eingesp. / starr eingesp.	elast. eingesp. / elast. eingesp.	frei	starr eingesp. / starr eingesp.	elast. eingesp. / elast. eingesp.
β (theoretisch)	1,0	0,7	0,5	0,5 bis 1,0	2,0	1,0	1,0 bis ∞
β (realistisch)	1,0	0,76	0,59	0,59 bis 1,0	2,2	1,2	1,2 bis ∞

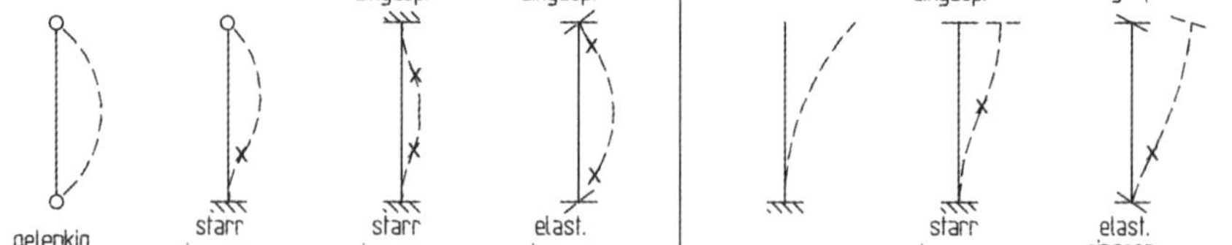

(x = Wendepunkte)

Abb. 6.63 Ersatzlänge für Regelfälle

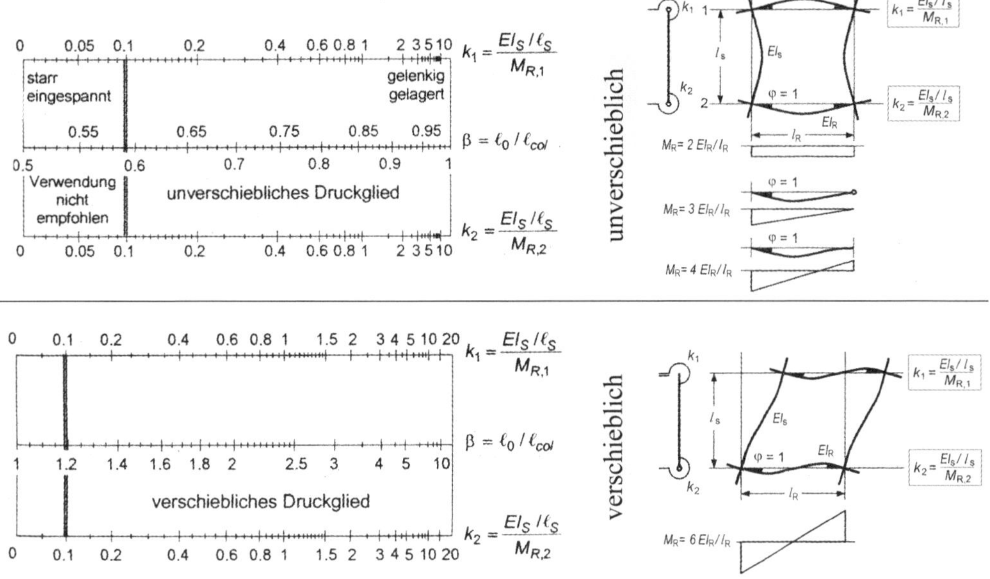

Abb. 6.64 Nomogramm zur Ermittlung der Ersatzlänge (nach [Ehrigsen/Quast – 03])

Beispiel 1 (qualitativ; Zahlenbeispiel s. nachfolgendes Beispiel 2)

Die Bedeutung einer Unverschieblichkeit bzw. Verschieblichkeit der Stützenenden wird an einem einfachen Beispiel erläutert. Es werden ein einfeldriger unverschieblicher und ein in Höhe des Rahmenriegels verschieblicher Zweigelenk-Rahmen einander gegenübergestellt.

Wenn die Riegelsteifigkeit I_b sehr viel größer als die Stützensteifigkeit I_{col} ist, sind die Stützen an ihren oberen Enden praktisch starr eingespannt. Wie zu sehen ist, ist die Ersatzlänge des verschieblichen Rahmens etwa dreimal so groß wie die des unverschieblichen.

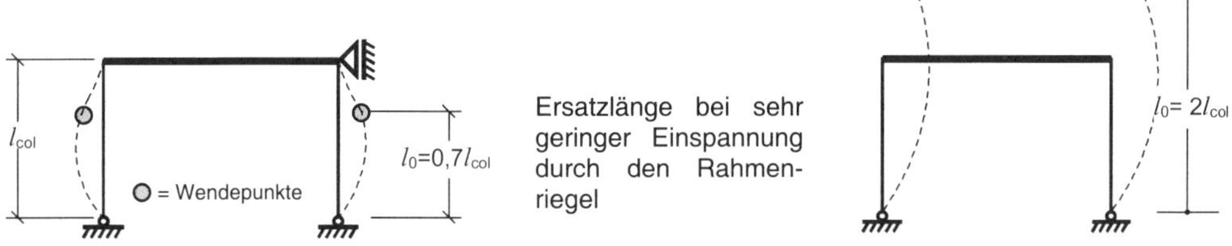

Bei einer im Verhältnis zur Stützensteifigkeit I_{col} sehr geringen Riegelsteifigkeit I_b liegt für die Stützen an den oberen Enden eine gelenkige Lagerung vor, es gelten die dargestellten Knickfiguren. Die Stützen des unverschieblichen Rahmens sind dann als Pendelstützen mit der Ersatzlänge $l_0 = l_{col}$ zu betrachten, der verschiebliche Zweigelenkrahmen wird dagegen instabil!

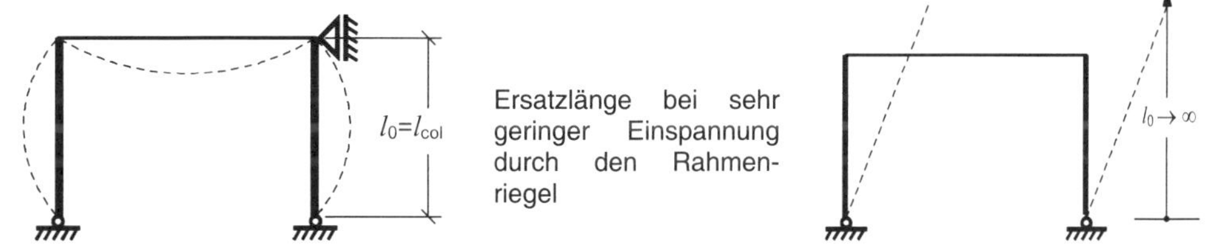

Beispiel 2

Regelmäßiger[24)] unverschieblicher Rahmen mit Abmessungen und Steifigkeiten nach Skizze. Es sollen die Ersatzlängen bestimmt werden.

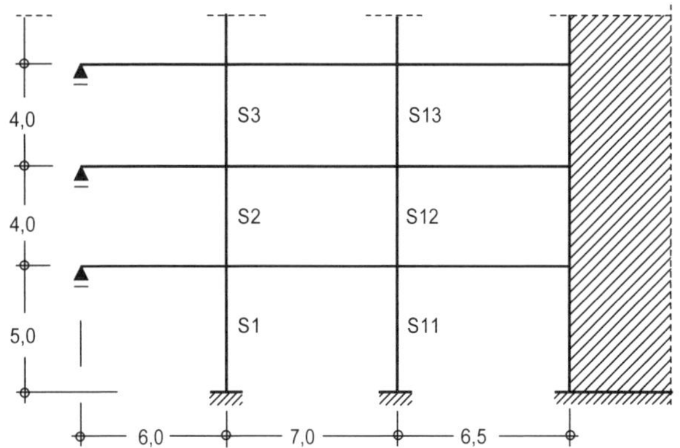

Steifigkeiten:
Riegel: EI_R = 400 MNm²
Stützen: $EI_{s1} = EI_{s11}$ = 200 MNm²
$EI_{s2} = EI_{s12}$ = 150 MNm²
$EI_{s3} = EI_{s13}$ = 125 MNm²

Allgemeiner Hinweis:
Die Riegelsteifigkeit ist bei der Berechnung der Ersatzlängen jeweils nur zur Hälfte anzusetzen (s. Erläuterungen vorher).

Rahmentragwerk der Beispielrechnung

Stütze S1

$k_1 = 0{,}10$ (gewählt; theoretisch: $k_1 = 0$)

$$k_2 = \frac{\Sigma EI_{col} / l_{col}}{\Sigma M_{R,i}} = \frac{200/5{,}0 + 150/4{,}0}{0{,}5 \cdot (3 \cdot 400/6{,}0 + 2 \cdot 400/7{,}0)} = 0{,}49 \qquad \rightarrow \beta = 0{,}68$$

$l_0 = \beta \cdot l_{col} = 0{,}68 \cdot 5{,}0 = 3{,}40$ m

Stütze S2

$$\left.\begin{aligned} k_1 &= \frac{\Sigma EI_{col} / l_{col}}{\Sigma M_{R,i}} = \frac{200/5{,}0 + 150/4{,}0}{0{,}5 \cdot (3 \cdot 400/6{,}0 + 2 \cdot 400/7{,}0)} = 0{,}49 \\ k_2 &= \frac{\Sigma EI_{col} / l_{col}}{\Sigma M_{R,i}} = \frac{150/4{,}0 + 125/4{,}0}{0{,}5 \cdot (3 \cdot 400/6{,}0 + 2 \cdot 400/7{,}0)} = 0{,}44 \end{aligned}\right\} \rightarrow \beta = 0{,}77$$

$l_0 = \beta \cdot l_{col} = 0{,}77 \cdot 4{,}0 = 3{,}08$ m

Stütze S12

$$\left.\begin{aligned} k_1 &= \frac{\Sigma EI_{col} / l_{col}}{\Sigma M_{R,i}} = \frac{200/5{,}0 + 150/4{,}0}{0{,}5 \cdot (3 \cdot 400/7{,}0 + 4 \cdot 400/6{,}5)} = 0{,}43 \\ k_2 &= \frac{\Sigma EI_{col} / l_{col}}{\Sigma M_{R,i}} = \frac{150/4{,}0 + 125/4{,}0}{0{,}5 \cdot (2 \cdot 400/7{,}0 + 4 \cdot 400/6{,}5)} = 0{,}38 \end{aligned}\right\} \rightarrow \beta = 0{,}74$$

$l_0 = \beta \cdot l_{col} = 0{,}74 \cdot 4{,}0 = 2{,}96$ m

---

24) Die Näherungsverfahren zur Ermittlung der Ersatzlänge (wie z. B. die Anwendung der Nomogramme nach Abb. 6.64) sind im Betonbau auf regelmäßige Rahmensysteme beschränkt. Als „regelmäßig“ gelten nach [DAfStb-H. 630] Rahmensysteme, bei denen die Stabkennzahl $\varepsilon = l_{col} \cdot (N_{Ed} / EI_{col})^{0,5}$ der Stützen in aufeinanderfolgenden Geschossen i und $(i + 1)$ die Bedingung $0{,}80 \leq \varepsilon_i / \varepsilon_{i+1} \leq 1{,}25$ eingehalten wird; die Steifigkeit der Stützen muss sich somit proportional zu der Belastung verhalten (vgl. [Ehrigsen/Quast – 03]).

6.5.3 Schlankheit λ und Grenzschlankheit λ_{lim}

Die Schlankheit λ dient als Maß für den Einfluss von Verformungen auf die Tragfähigkeit eines Druckglieds. Die Schlankheit wird ermittelt aus

$$\lambda = l_0 / i \tag{6.105}$$

$i = \sqrt{I / A}$ Flächenträgheitsradius
$l_0 = \beta \cdot l_{\text{col}}$ Ersatzlänge (auch „Knick"-Länge); s. Abschnitt 6.5.2
β Verhältnis der Ersatzlänge l_0 zur Stützenlänge l_{col}

Auf eine Untersuchung am verformten System darf verzichtet werden, falls der Einfluss der Zusatzmomente gering ist. Hiervon kann ausgegangen werden, wenn die nachfolgende Bedingung erfüllt ist (s. Abb. 6.65):

$$\lambda \leq \lambda_{\text{lim}} \tag{6.106a}$$

$$\text{mit: } \lambda_{\text{lim}} = 25 \quad \text{für } |n_{\text{Ed}}| \geq 0{,}41 \tag{6.106b}$$

$$\lambda_{\text{lim}} = 16 / \sqrt{|n_{\text{Ed}}|} \quad \text{für } |n_{\text{Ed}}| < 0{,}41 \tag{6.106c}$$

$$\text{mit: } n_{\text{Ed}} = \nu_{\text{Ed}} = N_{\text{Ed}} / (A_c \cdot f_{\text{cd}})$$

(*Hinweis*: In DIN 1045-1 ist als zusätzlicher Grenzwert $\lambda_{\text{crit}} \leq 25 \cdot (2 - e_{01}/e_{02})$ für elastisch eingespannte Einzeldruckglieder ohne Querlasten enthalten; dieses Kriterium entfällt und gilt nicht für eine Bemessung nach EC 2-1-1.)

Bei *zweiachsiger* Lastausmitte darf das Schlankheitskriterium für jede Richtung einzeln überprüft werden. Je nach Anwendungsfall sind dann die Auswirkungen nach Theorie II. Ordnung für beide Richtungen, für eine oder in keiner Richtung zu berücksichtigen.

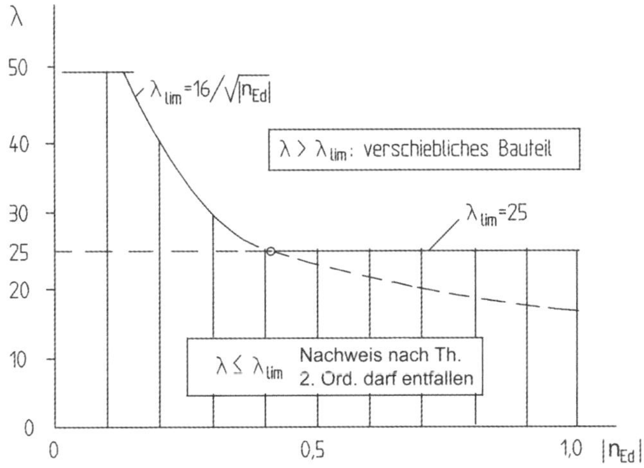

Abb. 6.65 Grenzschlankheit nach den Gln. (6.106a) bis (6.106c)

Beispiel

Randstützen eines unverschieblichen Rahmens nach Abbildung; es soll überprüft werden, ob eine Untersuchung nach Theorie II. Ordnung erforderlich ist.

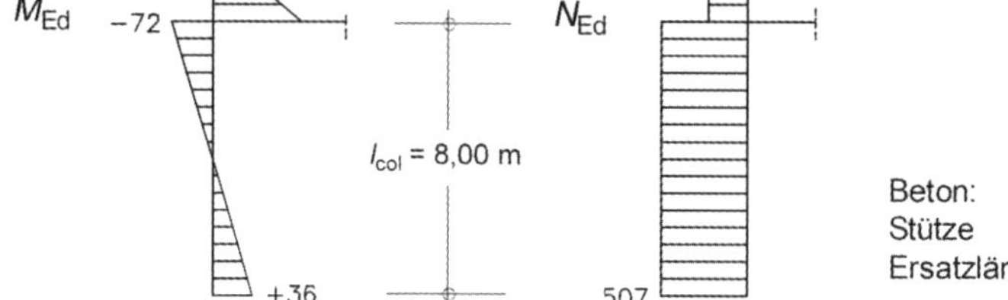

Beton: C20/25
Stütze 40 cm x 40 cm
Ersatzlänge: l_0 = 5,60 m

Schlankheit λ

$\lambda = l_0 / i = 5{,}60 / (0{,}289 \cdot 0{,}40) = 48$

$\lambda_{lim} = 16 / [0{,}28]^{0,5} = 30$ mit: $|n_{Ed}| = 0{,}507/(0{,}40 \cdot 0{,}40 \cdot 11{,}33) = 0{,}28 < 0{,}41$

Wegen $\lambda = 48 > \lambda_{lim} = 30$ ist ein Nachweis nach Theorie II. Ordnung erforderlich.

6.5.4 Vereinfachtes Bemessungsverfahren für Einzeldruckglieder
(Modellstützenverfahren)

In EC 2-1-1 werden zwei Verfahren zur Ermittlung der Schnittgrößen nach Theorie II. Ordnung genannt:

– *Verfahren mit Nennsteifigkeiten*

  Es werden Nennwerte der Biegesteifigkeit berücksichtigt, wobei Effekte aus Rissbildung, nichtlinearem Baustoffverhalten und Einflüsse des Kriechens zu berücksichtigen sind. (Das gilt auch für angrenzende Bauteile, für Boden-Bauwerk-Interaktionen usw.)

– *Verfahren mit Nennkrümmungen (Modellstützenverfahren)*

  Es eignet sich besonders für Einzelstützen mit konstanter Normalkraft und einer definierten Knicklänge. Das Verfahren wird nachfolgend ausschließlich behandelt.

Das *Modellstützenverfahren* gilt für folgende Druckglieder:

- rechteck- oder kreisförmige Querschnitte, die über die Stützenhöhe konstant sind (Beton- und Bewehrungsquerschnitt)
- planmäßige Lastausmitten $e_0 \geq 0{,}1 \cdot h$ (bei planmäßigen Lastausmitten $e_0 < 0{,}1 \cdot h$ liegt das Modellstützenverfahren auf der sicheren Seite; hierfür sind andere Verfahren geeigneter).

Die Modellstütze ist eine Kragstütze unter Biegung und Längskraft, wobei am Stützenfuß das maximale Moment auftritt. Die Gesamtausmitte im Schnitt A beträgt (s. Abb. 6.66):

$$e_{tot} = e_0 + e_i + e_2 \, (+\, e_c) \qquad (6.107)$$

mit

e_0 Lastausmitte nach Theorie I. Ordnung; $= M_{Ed} / N_{Ed}$ (s. Gln. (6.108a bis c))

e_i ungewollte Ausmitte nach Gl. (6.109)

e_2 Ausmitte nach Theorie II. Ordnung; s. Gl. (6.110)

e_c Kriechausmitte (s. folgende Seite)

Abb. 6.66 Modellstütze

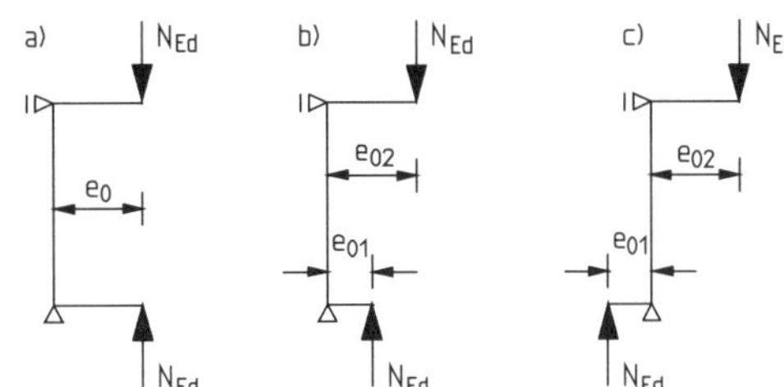

Abb. 6.67 Lastausmitte elastisch eingespannter, unverschieblicher Stützen

Lastausmitte e_0

Die Lastausmitte e_0 im maßgebenden Bemessungsschnitt wird allgemein ermittelt aus:

$$e_0 = M_{Ed} / N_{Ed} \tag{6.108a}$$

Für unverschieblich gehaltene, elastisch eingespannte Stützen ohne Querlasten (d. h. bei linearem Momentenverlauf) kann die planmäßige Lastausmitte e_0 im maßgebenden Schnitt mithilfe nachfolgender Gln. (6.108b) und (6.108c) ermittelt werden (s. hierzu Abb. 6.67):

– an beiden Enden gleiche Lastausmitten

$$e_0 = e_{01} = e_{02} \tag{6.108b}$$

– an beiden Enden unterschiedliche Lastausmitten

$$e_0 \geq 0{,}6\; e_{02} + 0{,}4\; e_{01} \text{ und } e_0 \geq 0{,}4\; e_{02} \quad \text{(der größere Wert ist maßgebend)} \tag{6.108c}$$

Für Gl. (6.108c) gilt $|e_{01}| \leq |e_{02}|$, die Ausmitten e_{01} und e_{02} sind mit Vorzeichen einzusetzen.

Imperfektionen e_i

Für Einzeldruckglieder dürfen Maßungenauigkeiten und Unsicherheiten bezüglich der Lage und Richtung von Längskräften durch eine Zusatzausmitte e_i, die in ungünstigster Richtung wirkt, erfasst werden. Als zusätzliche Lastausmitte gilt:

$$e_i = \theta_i \cdot l_0 / 2 \tag{6.109}$$

mit $\theta_i = 1 / (200 \cdot \alpha_h)$, wobei $0 \leq \alpha_h = 2 / l^{0,5} \leq 1{,}0$ (l in m) gilt.

Lastausmitte e_2

Die maximale Ausmitte nach Theorie II. Ordnung kann ermittelt werden aus:

$$e_2 = K_1 \cdot 0{,}1 \cdot l_0^2 \cdot (1/r) \tag{6.110}$$

In Gl. (6.110) sind:

$K_1 = (\lambda/10) - 2{,}5$ für $25 \leq \lambda \leq 35$

$K_1 = 1$ für $\lambda > 35$

$(1/r)$ = Stabkrümmung im maßgebenden Schnitt; näherungsweise gilt:

$$(1/r) = K_r \cdot K_\varphi \cdot (1/r_0) \tag{6.111}$$

In Gl. (6.111) sind:

$(1/r_0) = 2 \cdot \varepsilon_{yd} / (0{,}9 \cdot d)$

K_φ Beiwert zur Berücksichtigung des Kriechens (s. hierzu die ausführlichen Erläuterungen im Abschnitt 6.5.5)

K_r Beiwert zur Berücksichtigung der Krümmungsabnahme mit steigendem Längsdruck

$K_r = (N_{ud} - N_{Ed}) / (N_{ud} - N_{bal}) \leq 1$

N_{Ed} Bemessungswert der einwirkenden Längskraft (als Druckkraft positiv)

N_{ud} Bemessungswert der widerstehenden Längskraft für $M_{Ed} = 0$

$N_{ud} = f_{cd} \cdot A_c + f_{yd} \cdot A_s$

N_{bal} Aufnehmbare Längsdruckkraft bei größter Momententragfähigkeit des Querschnitts. Für symmetrisch bewehrte Rechteckquerschnitte näherungsweise $N_{bal} \approx 0{,}40 \cdot f_{cd} \cdot A_s$

ε_{yd} Bemessungswert der Stahldehnung an der Streckgrenze: $\varepsilon_{yd} = f_{yd} / E_s$

Der in Gl. (6.110) enthaltene Ansatz zur Ermittlung der Zusatzausmitte nach Theorie II. Ordnung ergibt sich aus (vgl. Abb. 6.68):

$$e_2 = \int \bar{M}(x) \cdot [(1/r)(x)] \cdot \mathrm{d}x \qquad (6.112)$$

Das Moment $\bar{M}(x)$ beträgt an der Einspannstelle $1 \cdot l$, der Verlauf ist dreieckförmig. Die Krümmung hat den Größtwert $(1/r)$ und zeigt längs der Stützenhöhe als Grenzfall einen dreieckförmigen oder einen rechteckförmigen Verlauf. Damit ergibt sich für die Ausmitte

$$e_2 \geq (^1/_3) \cdot l \cdot (1/r) \cdot l = (^1/_{12}) \cdot (1/r) \cdot l_0^2 \qquad (6.113)$$

$$\leq (^1/_2) \cdot l \cdot (1/r) \cdot l = (^1/_8) \cdot (1/r) \cdot l_0^2$$

bzw. im Mittel

$$e_2 \approx (^1/_{10}) \cdot (1/r) \cdot l_0^2 \qquad (6.114)$$

Diese Gleichung ist identisch mit Gl. (6.110), wenn man zusätzlich einen Faktor K_1 einführt, der den Übergang von nicht verformungsempfindlichen zu den stabilitätsgefährdeten Stützen berücksichtigt. Dieser Übergangsbereich ist bis $\lambda = 35$ definiert.

Der Krümmung gemäß Gl. (6.111) liegt der in Abb. 6.69 skizzierte Dehnungszustand mit maximaler Krümmung zugrunde. Man erhält

$$(1/r)_{max} = 2\,\varepsilon_{yd} / (0{,}9\,d)$$

Die rechnerisch größte Krümmung ist durch die Stelle im Interaktionsdiagramm gekennzeichnet, an der das Biegemoment seinen Größtwert erreicht. Dieser Punkt wird bei Rechteckquer-

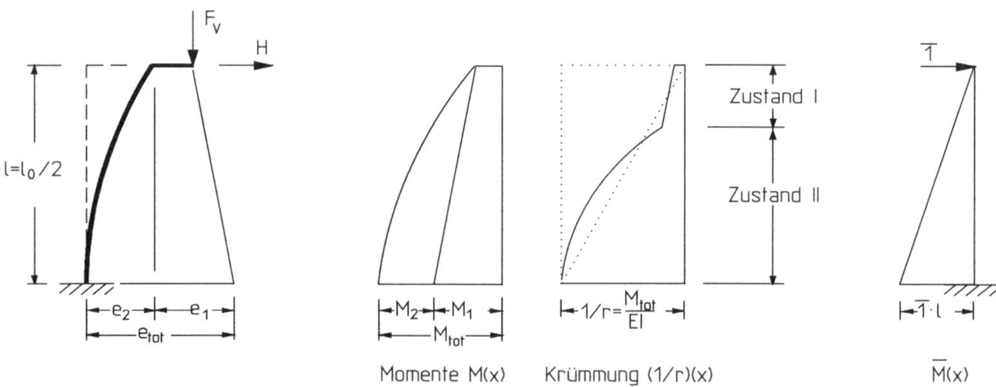

Abb. 6.68 Modellstütze und Ansätze zur Ermittlung der Verformungen

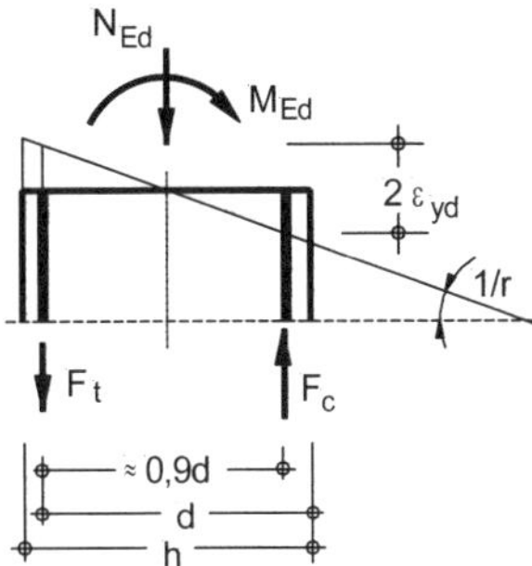

Abb. 6.69 Bemessungsmodell für die Ermittlung der Krümmung

schnitten mit symmetrischer Bewehrung bei einer Längskraft N_{bal} erreicht, die ca. 40 % der maximal vom Betonquerschnitt aufnehmbaren Druckkraft entspricht. Mit zunehmender Längsdruckkraft N_{Ed} nimmt die Krümmung ab. Die Abnahme der Krümmung $(1/r)$ bei größeren Längsdruckkräften wird durch den Korrekturfaktor K_r (s. Erläuterungen zu Gl. (6.111)) erfasst, der eine geradlinige Annäherung der tatsächlichen Krümmungsbeziehung darstellt (s. Abb. 6.70).

Die Ermittlung des Beiwerts K_r ist i. Allg. nur iterativ möglich, da K_r bzw. der in der Ermittlung von K_r enthaltene Wert N_{ud} von der – zunächst noch gesuchten – Bewehrung A_s abhängt. Eine geschlossene Lösung auf der Grundlage der genannten Ansätze ist jedoch mithilfe von Bemessungstafeln möglich ([Schneider – 22], [Goris/Schmitz – 13] u. a.).

Beispielhaft ist in Tafel 6.19 ein Diagramm aus [Schneider – 22] wiedergegeben. Eingangswert ist neben der bezogenen Längs(druck)kraft ν_{Ed} das bezogene Biegemoment $\mu_{Ed,1}$ nach Theorie I. Ordnung (zuzüglich der Zusatzmomente aus der ungewollten Ausmitte und – soweit relevant – aus der Kriechverformung). Für eine einfache Handhabung bzw. Ablesung – es wurde die Darstellungsweise der Interaktionsdiagramme beibehalten – musste für jede Schlankheit λ jeweils ein eigenes Diagramm aufgestellt werden; eine Interpolation zwischen zwei Diagrammen mit unterschiedlicher Schlankheit ist jedoch häufig nicht erforderlich, genügend genau kann der Ablesewert für die größere Schlankheit verwendet werden (weitere Hinweise s. [Goris/Schmitz – 13]). Die Anwendung der Bemessungshilfen wird nachfolgend im Beispiel erläutert.

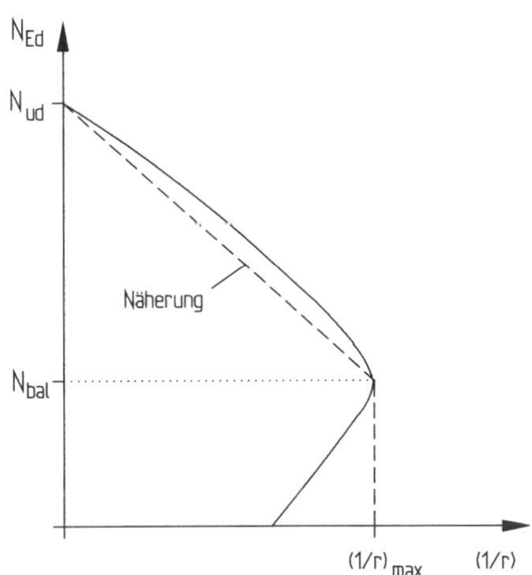

Abb. 6.70 Prinzipieller Krümmungsverlauf in Abhängigkeit von der Längskraft N_{Ed}

Beispiele

Die dargestellte, unverschieblich gehaltene Stütze ist zu bemessen. Es wird „einachsiges Knicken" unterstellt, ein Ausweichen senkrecht zur dargestellten Ebene wird ausgeschlossen. Es wird die Bemessung "von Hand" gezeigt (Beispiele 1 und 2) und die Anwendung von Bemessungshilfen erläutert (Beispiel 3).

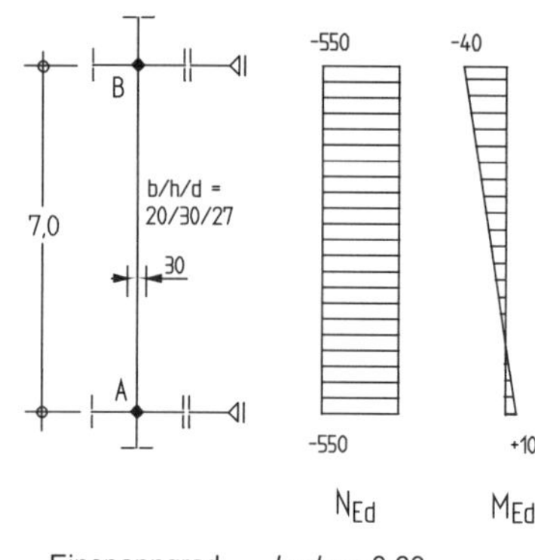

$l_0 = \beta \cdot l_{col} = 0{,}76 \cdot 7{,}0 = 5{,}32$ m

$\beta = 0{,}76$ aus Abb. 5.55 (mit $k_1 = 0{,}60$ und $k_2 = 0{,}35$)

$\lambda = l_0 / i = 532 / (0{,}289 \cdot 30) = 61$

$\lambda_{lim} = 26 < 61$

$\rightarrow$ KSNW erforderlich

Beispiel 1

Gesamtausmitte im kritischen Schnitt

$e_{tot} = e_0 + e_i + e_2$ — Gl. (6.108c)

$e_0 = 0{,}60 \cdot e_{02} + 0{,}4 \cdot e_{01} \geq 0{,}4 \cdot e_{02}$

$= (0{,}60 \cdot 40 - 0{,}40 \cdot 10) / 550 = 0{,}036 \text{ m} \geq 0{,}4 \cdot 40 / 550$

$e_i = \theta_i \cdot l_0 / 2$ — Gl. (6.109) und Erläuterungen

$= 0{,}0038 \cdot (5{,}32 / 2) = 0{,}010$ m

$e_2 = K_1 \cdot 0{,}1 \cdot l_0^2 \cdot (2 \cdot K_r \cdot \varepsilon_{yd} / 0{,}9d)$

$K_1 = 1{,}0$ — Gl. (6.110) für $\lambda > 35$

$K_r \leq 1{,}0$ — K_2 darf zu 1,0 angenommen werden (sichere Seite); genauere Ermittlung s. Bsp. 2

$\varepsilon_{yd} = \varepsilon_{yk} / \gamma_S = 0{,}0025 / 1{,}15 = 0{,}0022$

$$e_2 = 1 \cdot 0{,}1 \cdot 5{,}32^2 \cdot \frac{2 \cdot 1{,}0 \cdot 0{,}0022}{0{,}9 \cdot 0{,}27} = 0{,}051 \text{ m}$$

$e_{tot} = 0{,}036 + 0{,}010 + 0{,}051 = 0{,}097$ m

Bemessungsschnittgrößen

am Kopf: $N_{Ed} = 550$ kN; $M_{Ed} = 40{,}0$ kNm

am Fuß: $N_{Ed} = 550$ kN; $M_{Ed} = 10{,}0$ kNm

im kritischen Schnitt: $N_{Ed} = 550$ kN; $M_{Ed} = 0{,}097 \cdot 550 = 53{,}4$ kNm

Es ist zusätzlich zu überprüfen, ob die Schnittgrößen am Kopf und Fuß ohne Einfluss von Verformungen ungünstiger sind.

Bemessung

C20/25, B500, $d_1/h = 0{,}10$

$f_{cd} = 11{,}33$ MN/m²; $f_{yd} = 435$ MN/m²

$\nu_{Ed} = N_{Ed} / (b \cdot h \cdot f_{cd}) = -0{,}550 / (0{,}20 \cdot 0{,}30 \cdot 11{,}33) = -0{,}809$

$\mu_{Ed} = M_{Ed} / (b \cdot h^2 \cdot f_{cd}) = 0{,}0534 / (0{,}20 \cdot 0{,}30^2 \cdot 11{,}33) = 0{,}262$

$\rightarrow \omega_{tot} = 0{,}55$ — Ablesung in Tafel 6.7a (Druckkraft dort negativ!)

$A_{s,tot} = \omega_{tot} \cdot b \cdot h / (f_{yd} / f_{cd}) = 0{,}55 \cdot 20 \cdot 30 / (435 / 11{,}33) = 8{,}60 \text{ cm}^2$

$A_{s1} = A_{s2} = 4{,}30 \text{ cm}^2$

Beispiel 2

Gesamtausmitte im kritischen Schnitt

$e_{tot} = e_0 + e_i + e_2$ — wie Beispiel 1

$e_0 = 0{,}036$ m; $e_i = 0{,}010$ m

$e_2 = K_1 \cdot 0{,}1 \cdot l_2^2 \cdot (2 \cdot K_r \cdot \varepsilon_{yd} / 0{,}9d)$

$$K_r = \frac{N_{ud} - N_{Ed}}{N_{ud} - N_{bal}} \leq 1$$

K_r soll genauer bestimmt werden; die Bewehrung muss zunächst geschätzt werden; Annahme: $A_s = 6{,}3$ cm²

Annahme: $A_s = 6{,}3$ cm²

$N_{ud} = f_{cd} \cdot A_c + f_{yd} \cdot A_s = 11{,}33 \cdot 0{,}2 \cdot 0{,}3 + 435 \cdot 0{,}0063 = 0{,}950\,\text{MN}$

$N_{bal} \approx 0{,}40 \cdot f_{cd} \cdot A_c = 0{,}40 \cdot 11{,}33 \cdot 0{,}20 \cdot 0{,}30 = 0{,}272$ MN

$N_{Ed} = 0{,}550$ MN

$$K_r = \frac{0{,}950 - 0{,}550}{0{,}950 - 0{,}272} = 0{,}59$$

$$e_2 = 1 \cdot 0{,}1 \cdot 5{,}32^2 \cdot \frac{2 \cdot 0{,}59 \cdot 0{,}002}{0{,}9 \cdot 0{,}27} = 0{,}030 \text{ m}$$

$e_{tot} = 0{,}036 + 0{,}010 + 0{,}030 = 0{,}076$ m

Bemessung im kritischen Schnitt

für die Bemessung maßgebend; vgl. Beispiel 1

$N_{Ed} = 550$ kN; $M_{Ed} = 0{,}076 \cdot 550 = 41{,}8$ kNm

$\nu_{Ed} = N_{Ed} / (b \cdot h \cdot f_{cd}) = -0{,}550 / (0{,}20 \cdot 0{,}30 \cdot 11{,}33) = -0{,}809$

$\mu_{Ed} = M_{Ed} / (b \cdot h^2 \cdot f_{cd}) = 0{,}0418 / (0{,}20 \cdot 0{,}30^2 \cdot 11{,}33) = 0{,}205$ — s. Tafel 6.7a

$\rightarrow \omega_{tot} = 0{,}40$

$A_{s,tot} = \omega_{tot} \cdot b \cdot h / (f_{yd} / f_{cd}) = 0{,}40 \cdot 20 \cdot 30 / (435 / 11{,}33) = 6{,}25$ cm² — Bewehrung wurde richtig geschätzt

Beispiel 3: Direkte Bemessung einer Stütze mit Diagramm

Schnittgrößen nach Theorie I. Ordnung

$N_{Ed} = 550$ kN

$M_{Ed,1} = N_{Ed} \cdot (e_0 + e_i) = 550 \cdot (0{,}036 + 0{,}010) = 25{,}3$ kNm — Einschließlich ungewollter Ausmitte e_i (ggf. Kriechausmitte)

Bemessung

$\nu_{Ed} = N_{Ed} / (A_c \cdot f_{cd}) = -0{,}550 / (0{,}20 \cdot 0{,}30 \cdot 11{,}33) = -0{,}809$

$\mu_{Ed,1} = M_{Ed,1} / (A_c \cdot h \cdot f_{cd}) = 0{,}0253 / (0{,}20 \cdot 0{,}30^2 \cdot 11{,}33) = 0{,}124$

$\lambda = 61 \approx 60$ — Tafel 6.19

$\rightarrow \omega_{tot} = 0{,}40$

$A_{s,tot} = \omega_{tot} \cdot b \cdot h / (f_{yd} / f_{cd}) = 0{,}40 \cdot 20 \cdot 30 / (435 / 11{,}33) = 6{,}25$ cm²

Das vom Querschnitt aufnehmbare Gesamtmoment kann mit $\nu_{Ed} = -0{,}809$ und $\omega_{tot} = 0{,}40$ im Diagramm für $\lambda \leq 25$ abgelesen werden

$\rightarrow \mu_{Ed,2} = 0{,}21$

$\rightarrow M_{Ed,2} = 0{,}21 \cdot 0{,}20 \cdot 0{,}30^2 \cdot 11{,}33 \cdot 10^3 = 42{,}7$ kNm

Das Moment $M_{Ed,2}$ ist größer als das Moment am Stützenkopf und damit für die Bemessung der Stütze maßgebend.

Im Weiteren sind die Mindestbewehrung und konstruktive Regelungen zur baulichen Durchbildung zu beachten (hier ohne Nachweis).

6.5.5 Berücksichtigung des Kriechens

Kriechen ist insbesondere zu berücksichtigen, wenn die Schlankheit $\lambda > 50$ wird. Unter Kriechen versteht man die zeitabhängige Zunahme der Verformungen unter Dauerlasten. Die Auswirkungen des Kriechens werden demnach unter quasi-ständigen Einwirkungen gemäß Abschnitt 5.1.2 bestimmt.

Der Nachweis nach Theorie II. Ordnung wird i. d. R. zum Zeitpunkt t_∞ unter Bemessungslasten geführt. Die für diesen Zeitpunkt maßgebenden Verformungen können in drei Anteile unterteilt werden (vgl. Abb. 6.71; nach [DBV-14 – 07]):

- direkte Verformungen beim Aufbringen der (Dauer-)Last zum Zeitpunkt t_0
- Kriechverformungen unter konstanter Dauerlast von t_0 bis t_∞
- zusätzliche Verformungen durch Lasterhöhung bis zur Bemessungslast F_{Ed} zum Zeitpunkt t_∞

Es wird zunächst vereinfachend angenommen, dass linear-elastisches Materialverhalten vorliegt. Zur Bestimmung der maßgebenden Bemessungsausmitte sind zu den Direktverformungen zum Zeitpunkt t_0 und t_∞ die Kriechverformungen zu addieren, d. h., die Krümmung $\kappa = (1/r)$ ergibt sich zu (Spannungsumlagerungen vom Beton auf den Betonstahl vernachlässigt):

$$\kappa_{ges} = \kappa_0 + \kappa_\varphi + \kappa_1 = M_{perm} / (EI)_c + \varphi \cdot M_{perm} / (EI)_c + (M_{Ed} - M_{perm}) / (EI)_c$$

Ein direkter Weg mit einer Berechnung in einem Schritt führt zur Formulierung eines effektiven E-Moduls $E_{c,eff}$ bzw. Kriechzahl φ_{eff}:

$$\kappa_{ges} = M_{Ed} / (EI)_c \cdot (1+\varphi \cdot M_{perm} / M_{Ed}) = M_{Ed} / (EI)_c \cdot (1+\varphi_{eff}) \rightarrow$$

$$\varphi_{eff} = \varphi \cdot (M_{perm} / M_{Ed})$$

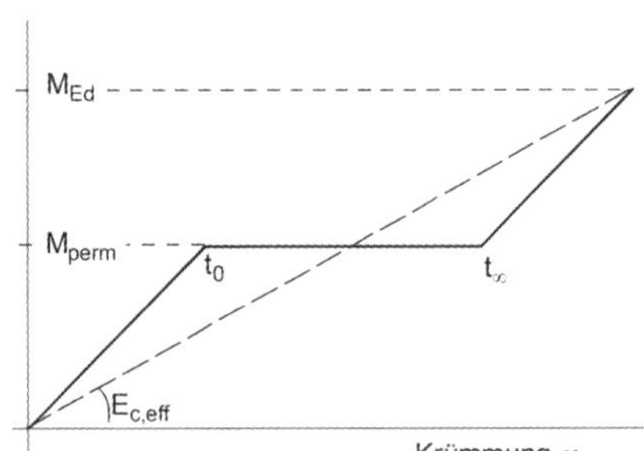

Abb. 6.71 Krümmungen bei linearem Materialverhalten

Ähnliche Zusammenhänge lassen sich unter Berücksichtigung der vorhandenen geometrischen und physikalischen Nichtlinearität aufstellen, es wird z. B. auf [DBV-14 – 07] verwiesen.

Die effektive Kriechzahl φ_{eff} müsste korrekterweise mit den Momenten nach Theorie II. Ordnung ermittelt werden. Nach EC 2-1-1 darf hierfür jedoch vereinfachend von Theorie I. Ordnung ausgegangen werden, so dass die Kriechauswirkungen bei Verfahren nach Theorie II. Ordnung mittels der effektiven Kriechzahl φ_{eff} berücksichtigt werden dürfen, die bestimmt wird aus:

$$\varphi_{eff} = \varphi_{\infty,to} \cdot M_{1,perm} / M_{1,Ed} \qquad (6.116)$$

mit $M_{1,perm}$ Moment unter quasi-ständiger Last (Gebrauchszustand) inkl. Imperfektion

$M_{1,Ed}$ Moment unter Bemessungslast (Grenzzustand der Tragfähigkeit) inkl. Imperfektion

$\varphi_{\infty,to}$ Endkriechzahl

Wenn genauere Berechnungsmodelle fehlen, darf das Kriechen dadurch berücksichtigt werden, dass alle Dehnungswerte des Betons im σ-ε-Diagramm – s. Abschnitt 5.3.1 – mit dem Faktor $(1 + \varphi_{eff})$ multipliziert werden.

Berücksichtigung des Kriechens beim Modellstützenverfahren

Das Kriechen kann bei Anwendung des Modellstützenverfahrens auf der Basis der zuvor definierten effektiven Kriechzahl φ_{eff} angewendet werden, wenn die Ausmitte e_2 mit einem zusätzlichen Faktor K_φ multipliziert wird:

$$e_2 = K_\varphi \cdot K_1 \cdot K_r \cdot \frac{2\,\varepsilon_{yd}}{0{,}9\,d} \cdot \frac{l_0^2}{10} \tag{6.117}$$

mit $K_\varphi = 1 + \beta \cdot \varphi_{eff} \geq 1$

β $= 0{,}35 + f_{ck} / 200 - \lambda / 150 \geq 0$

λ Schlankheit

φ_{eff} effektive Kriechzahl nach Gl. (6.116)

Weitere Formelzeichen wie vorher.

Mit dem Funktionswert K_φ werden dabei nicht nur Effekte des Kriechens berücksichtigt, sondern gleichzeitig wird das Modellstützenverfahren angepasst. Wie umfangreiche Parameterstudien gezeigt haben, liefert das Modellstützenverfahren mit steigender Schlankheit zunehmend konservative Ergebnisse. Konkret hat sich gezeigt, dass mit dem Modellstützenverfahren etwa ab $\lambda > 70$ auch bei einem Ansatz von $K_\varphi = 1$ (d. h. $\beta = 0$) das Kriechen ausreichend erfasst wird. Die Funktion des Wertes β zeigt daher insofern eine Merkwürdigkeit, als mit steigender Schlankheit β und damit K_φ kleiner wird, obwohl der Einfluss der Kriechauswirkungen größer wird.

Mit höheren Betonfestigkeiten nehmen die Kriechauswirkungen zu; dieser Effekt wird durch den Beiwert β direkt richtig dargestellt (s. Abb. 6.72).

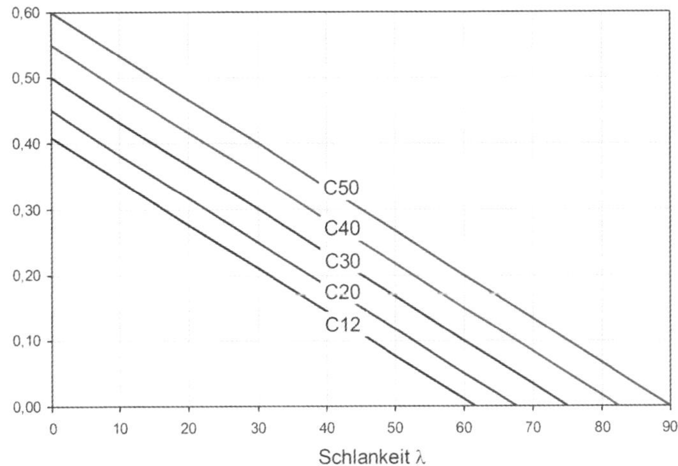

Abb. 6.72 Abminderungsbeiwert β

Die Anwendung von Gl. (6.117) wird nachfolgend ausführlich an einem Beispiel erläutert, weitere Hinweise s. auch dort.

Beispiel

Stütze einer Fertigteilhalle, die durch eine Horizontallast aus Wind W_k und durch exzentrisch angreifende Längskräfte infolge Eigenlasten N_{gk} und Schneelasten N_{sk} beansprucht ist. Die Stütze ist am Kopfende nicht gehalten und damit verschieblich.

Es wird angenommen, dass die Stütze nur in der x-z-Ebene ausweichen kann[25)].

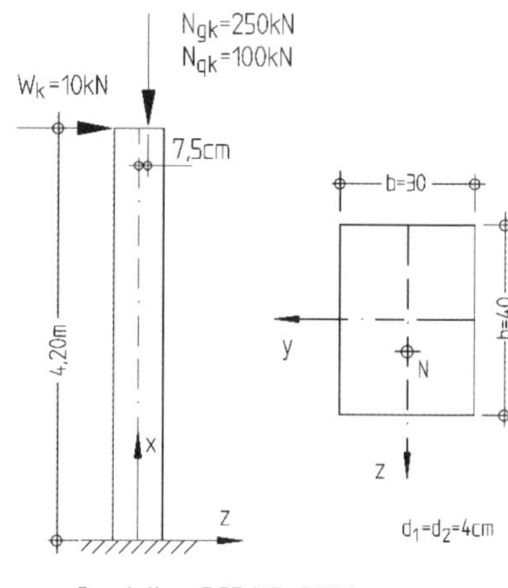

Baustoffe:

Beton C35/45 $\Rightarrow f_{ck} = 35{,}0$ MN/m²
$f_{cd} = 19{,}8$ MN/m²
Betonstahl B500 $\Rightarrow f_{yk} = 500$ MN/m²
$f_{yd} = 435$ MN/m²

Schnittgrößen nach Theorie I. Ordnung

Der weitere Berechnungsablauf wird im Rahmen des Beispiels nur für die Kombination mit Wind als Leiteinwirkung gezeigt (Kombinationsfaktor $\psi_0 = 0{,}7$ für die Schneelast N_{sk}).

$$N_{Ed} = 1{,}35 \cdot 250 + 1{,}50 \cdot 0 + 1{,}50 \cdot 0{,}7 \cdot 100 = 442{,}5 \text{ kN}$$
$$M_{Ed} = 1{,}35 \cdot 250 \cdot 0{,}075 + 1{,}5 \cdot 10 \cdot 3{,}20 + 1{,}5 \cdot 0{,}7 \cdot 100 \cdot 0{,}075 = 81{,}2 \text{ kNm}$$

Nachweis nach Theorie II. Ordnung

Schlankheit λ

$$\lambda = l_0 / i$$
$$l_0 = \beta \cdot l_{col} = 2{,}2 \cdot 3{,}20 = 7{,}04 \text{ m} \quad (\beta = 2{,}2; \text{ s. Abb. 6.63})$$
$$\lambda = 7{,}04/(0{,}289 \cdot 0{,}40) = 60{,}9$$
$$\lambda_{lim} = 16 / |n_{Ed}|^{0,5} = 16 / [0{,}4425 / (0{,}4 \cdot 0{,}3 \cdot 19{,}8)]^{0,5} = 37 > 25$$

Wegen $\lambda > 37$ ist ein Nachweis nach Theorie II. Ordnung erforderlich.

Ausmitte e_0

$$e_0 = M_{Ed} / N_{Ed} = 81{,}2 / 442{,}5 = 0{,}183 \text{ m}$$

Ungewollte Ausmitte e_i

$$e_i = \theta_i \cdot l_0 / 2$$
$$\theta_i = 1 / 200 \cdot (2 /) = 1 / (100 \cdot) = 0{,}0056 > 1 / 200 = 0{,}005 \text{ (maßg.)}$$
$$e_i = 0{,}005 \cdot 7{,}04 / 2 = 0{,}018 \text{ m}$$

25) Bzgl. „Zweiachsigen Knickens“ wird auf den folgenden Abschnitt 6.5.6 verwiesen.

Ausmitte e_2

$$e_2 = K_\varphi \cdot K_1 \cdot K_r \cdot \frac{2\varepsilon_{yd}}{0{,}9d} \cdot \frac{l_0^2}{10}$$

$K_\varphi = 1 + \beta \cdot \varphi_{eff}$

$\beta = 0{,}35 + 35/200 - 60{,}9/150 = 0{,}12$

$\varphi_{eff} = \varphi \cdot (M_{1,perm} / M_{1,Ed})$

$\varphi = 2{,}2$ grob abgeschätzt mit Tafel 5.10;
Parameter: $2A_c / u = 2 \cdot 30 \cdot 40 / ((30 + 40) \cdot 2) = 17$ cm,
C 35/45,
Innenbauteil (Annahme)

$M_{1,perm} = (M_{Gk} + \Sigma\, \psi_2 \cdot M_{Qk}) + e_i \cdot N_{perm}$ ($\psi_2 = 0$ für Wind und Schnee)
$= 250 \cdot 0{,}075 + 0{,}018 \cdot 250 = 23{,}25$ kNm

$M_{1,Ed} = M_{Ed} + e_i \cdot N_{Ed}$

$M_{Ed} = 81{,}2 + 0{,}018 \cdot 442{,}5 = 89{,}2$ kNm

$\varphi_{eff} = 2{,}2 \cdot 23{,}25 / 89{,}2 \approx 0{,}6$

$K_\varphi = 1 + 0{,}12 \cdot 0{,}6 = 1{,}07$

$K_1 = 1$ (wegen $\lambda > 35$)

$K_r = 1$ Abschätzung: $n_{Ed} = 0{,}4425 / (0{,}30 \cdot 0{,}40 \cdot 19{,}8) = 0{,}186 < n_{bal}$
→ wegen $n_{Ed} < n_{bal}$ gilt $K_r = 1$

$\varepsilon_{yd} = f_{yd} / E_s = 435 / 200\ 000 = 0{,}0022$

$$e_2 = 1{,}07 \cdot 1 \cdot 1 \cdot \frac{2 \cdot 0{,}0022}{0{,}9 \cdot 0{,}36} \cdot \frac{7{,}04^2}{10}$$

Schnittgrößen nach Theorie II. Ordnung

$N_{Ed} = 442{,}5$ kN

$M_{Ed} = (e_0 + e_i + e_2) \cdot N_{Ed} = (0{,}183 + 0{,}018 + 0{,}072) \cdot 442{,}5 = 120{,}8$ kNm

Bemessung

$d_1 / h = 0{,}04 / 0{,}40 = 0{,}10$

$\nu_{Ed} = -0{,}4425 / (0{,}30 \cdot 0{,}40 \cdot 19{,}8) = -0{,}186$

$\mu_{Ed} = 0{,}1208 / (0{,}30 \cdot 0{,}40^2 \cdot 19{,}8) = 0{,}127$

→ $\omega_{tot} = 0{,}15$ (s. Tafel 6.7a)

$A_{s,tot} = 0{,}15 \cdot 40 \cdot 30 / (435 / 19{,}8) = 8{,}2$ cm²

Zusätzlich ist die Mindestbewehrung zu überprüfen.

6.5.6 Stützen, die nach zwei Richtungen ausweichen können

Für Stützen, die nach zwei Richtungen ausweichen können, ist im Allgemeinen ein Nachweis für schiefe Biegung mit Längsdruck zu führen. Für einige Fälle liefern jedoch Näherungslösungen, die prinzipiell auf einer getrennten Untersuchung der beiden Hauptrichtungen beruhen, ausreichend sichere Ergebnisse. Hierzu gehört insbesondere der nachfolgende Sonderfall der überwiegenden Lastausmitte in eine der beiden Richtungen.

Für Druckglieder mit Rechteckquerschnitt sind nach EC 2-1-1 getrennte Nachweise in Richtung der beiden Hauptachsen y und z zulässig, wenn das Verhältnis der bezogenen Lastausmitten e_{0y} / b und e_{0z} / h eine der nachfolgenden Bedingungen erfüllt:

$$\lambda_y / \lambda_z \leq 2 \quad \text{und} \quad \lambda_z / \lambda_y \leq 2 \tag{6.118a}$$

$$(e_{0z} / h) / (e_{0y} / b) \leq 0{,}2 \quad \text{oder} \quad (e_{0y} / b) / (e_{0z} / h) \leq 0{,}2 \tag{6.118b}$$

e_{0y}, e_{0z} Lastausmitten in y- bzw. z-Richtung (ohne ungewollte Ausmitten e_i)

Der Lastangriff der resultierenden Längskraft N_{Ed} liegt bei Einhaltung der Bedingungen nach Gl. (6.118b) innerhalb des schraffierten Bereichs in Abb. 6.73a.

Getrennte Nachweise nach den zuvor genannten Bedingungen sind im Falle $e_{0z} > 0{,}2\ h$ allerdings nur dann zulässig, wenn der Nachweis in Richtung der schwächeren Achse y mit einer reduzierten Breite h_{red} geführt wird. Der Wert h_{red} darf unter der Annahme einer linearen Spannungsverteilung nach Zustand I bestimmt werden und ergibt sich für Rechtecke zu:

$$h_{red} = 0{,}5 \cdot h + h^2 / (12 \cdot e) \leq h \tag{6.119}$$

mit e als Ausmitte $e = e_{0z} + e_{iz}$

e_{0z} planmäßige Lastausmitte in z-Richtung

e_{iz} ungewollte Lastausmitte in z-Richtung

Gleichung (6.119) gilt für Rechteckquerschnitte unter Biegung mit Längsdruck, wenn e_{0z} und e_{iz} als Absolutwerte eingesetzt werden. Die Bedingungen für getrennte Nachweise mit reduzierter Breite h_{red} sind in Abb. 6.73b dargestellt.

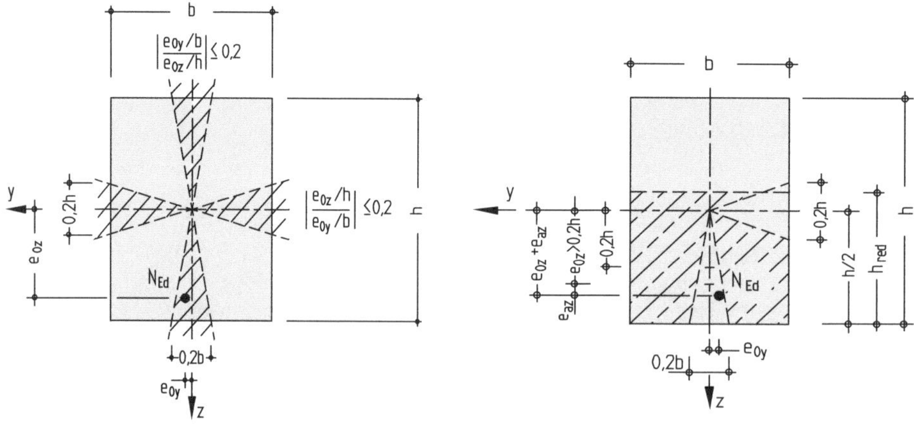

Abb. 6.73a Lage von N_{Ed} bei getrennten Nachweisen für beide Hauptachsen

Abb. 6.73b Getrennte Nachweise in y-Richtung bei $e_{0z} > 0{,}2h$

Beispiel

Die dargestellte Fertigteilstütze wird durch eine Horizontallast aus Wind W_k und durch exzentrisch angreifende Längskräfte infolge Eigenlasten N_{gk} und Nutzlasten N_{qk} beansprucht; eine Lastexzentrizität ist nur in z-Richtung vorhanden (s. unten stehendes Bild). Die Stütze kann in Richtung beider Hauptachsen ausweichen. Gesucht ist der Nachweis der Knicksicherheit (vgl. auch [Schneider – 22]).

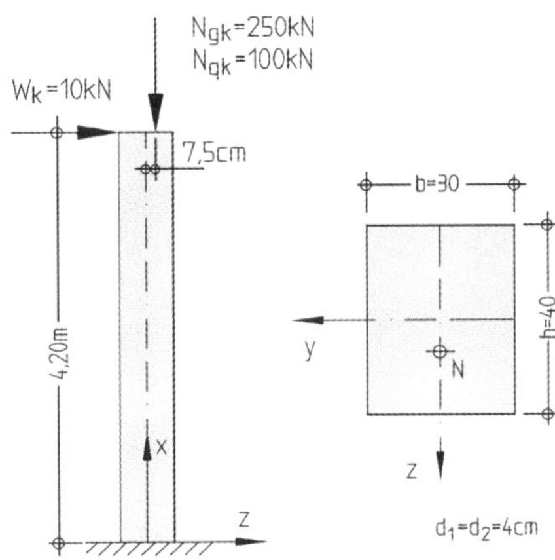

Baustoffe:

Beton	C35/45 ⇒	$f_{ck} = 35{,}0$ MN/m²
		$f_{cd} = 19{,}8$ MN/m²
Betonstahl	B500 ⇒	$f_{yk} = 500$ MN/m²
		$f_{yd} = 435$ MN/m²

Schnittgrößen nach Theorie I. Ordnung

Unter Berücksichtigung der Kombinationsfaktoren $\psi_0 = 0{,}6$ (Wind) und $\psi_0 = 0{,}7$ (Nutzlast in Verkaufsräumen) müssen die nachfolgenden drei Kombinationen untersucht werden (Biegemomente jeweils um y-Achse; Längskräfte absolut dargestellt):

Komb. 1: $N_{Ed} = 1{,}35 \cdot 250 + 1{,}50 \cdot 100 + 1{,}50 \cdot 0{,}6 \cdot 0 = 487{,}5$ kN

$M_{Ed} = 1{,}35 \cdot 250 \cdot 0{,}075 + 1{,}50 \cdot 100 \cdot 0{,}075 + 1{,}5 \cdot 0{,}6 \cdot 10 \cdot 4{,}2 = 74{,}4$ kNm

Komb. 2: $N_{Ed} = 1{,}35 \cdot 250 + 1{,}50 \cdot 0 + 1{,}50 \cdot 0{,}7 \cdot 100 = 442{,}5$ kN

$M_{Ed} = 1{,}35 \cdot 250 \cdot 0{,}075 + 1{,}5 \cdot 10 \cdot 4{,}20 + 1{,}5 \cdot 0{,}7 \cdot 100 \cdot 0{,}075 = 96{,}2$ kNm

Falls die Längskräfte aus Eigen- und Nutzlasten günstig wirken, ist außerdem zu untersuchen:

Komb. 3: $N_{Ed} = 1{,}00 \cdot 250 + 1{,}50 \cdot 0 + 0 \cdot 0{,}7 \cdot 100 = 250{,}0$ kN

$M_{Ed} = 1{,}00 \cdot 250 \cdot 0{,}075 + 1{,}50 \cdot 10 \cdot 4{,}20 + 0 \cdot 0{,}7 \cdot 100 \cdot 0{,}075 = 81{,}8$ kNm

Der weitere Berechnungsablauf – Nachweis nach Theorie II. Ordnung – wird im Rahmen dieses Beispiels nur für die Kombination 2 gezeigt.

Der Nachweis darf getrennt für beide Richtungen geführt werden, da

$(e_{0y} / b) / (e_{0z} / h) = 0 < 0{,}2$

Die Lastausmitte $e_{0z} = M_{Ed} / N_{Ed} = 96{,}2 / 442{,}5 = 0{,}217$ m (Komb. 2; s. o.) ist jedoch größer als $0{,}2\,h = 0{,}2 \cdot 0{,}40 = 0{,}08$ m; d. h., dass beim Nachweis in Richtung der schwächeren Achse die (Druckzonen-)Breite reduziert werden muss (s. hierzu nachfolgende Berechnung für die y-Richtung).

Knicken in z-Richtung

Ungewollte Ausmitte e_i

$e_i = \theta_i \cdot l_0 / 2$

$\theta_i = 1 / (100 \cdot 4{,}2^{0,5}) = 0{,}0049$

$e_i = 0{,}0049 \cdot (2 \cdot 4{,}2 / 2) = 0{,}020$ m

Kriechen

$K_\varphi = 1 + \beta \cdot \varphi_{eff}$

$\beta = 0{,}35 + 35 / 200 - 80 / 150 < 0$

($\lambda = 80$, s. u.)

$K_\varphi = 1 \rightarrow$ keine Erhöhung von e_2

Schnittgrößen nach Theorie I. Ordnung

$N_{Ed} = 442{,}5$ kN

$M_{Ed,1} = M_{Ed,0} + e_i \cdot N_{Ed}$

$= 96{,}2 + 0{,}020 \cdot 442{,}5$

$= 105{,}1$ kNm

Wirksame Breite

Eine Reduzierung der Breite b ist nur für den Nachweis um die schwächere Hauptachse (s. rechts) erforderlich.

$b = 0{,}30$ m

Bemessung

$d_1 / h = 0{,}04 / 0{,}40 = 0{,}10$

$\lambda = l_0 / i = 2{,}2 \cdot 4{,}20 / (0{,}289 \cdot 0{,}40) = 80$

$\nu_{Ed} = -0{,}4425 / (0{,}30 \cdot 0{,}40 \cdot 19{,}8) = -0{,}186$

$\mu_{Ed,1} = 0{,}1051 / (0{,}30 \cdot 0{,}40^2 \cdot 19{,}8) = 0{,}111$

$\rightarrow \omega_{tot} = 0{,}22$ (s. S. 244; Tafel für $\lambda = 80$)

$A_{s,tot} = 0{,}22 \cdot 40 \cdot 30 / (435 / 19{,}8) = 12{,}0$ cm²

Das vom Querschnitt aufnehmbare Gesamtmoment*) wird bei $\nu_{Ed} = -0{,}186$ u. $\omega_{tot} = 0{,}22$ im Diagramm für $\lambda \leq 25$ abgelesen

$\rightarrow \mu_{Ed,2} = 0{,}16$

$M_{Ed,2} = 0{,}16 \cdot 0{,}30 \cdot 0{,}40^2 \cdot 19{,}8 \cdot 10^3$

$= 152$ kNm

Bewehrungsskizze

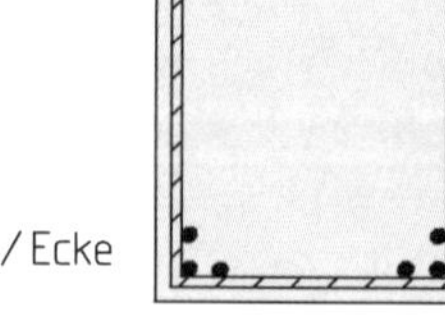

Knicken in y-Richtung

Ungewollte Ausmitte e_i; Kriechausmitte e_c

$e_i = 0{,}020$ m(wie links)

Kriechen

$K_\varphi = 1 + \beta \cdot \varphi_{eff}$

$\beta = 0{,}35 + 35/200 - 107/150 < 0$

($\lambda = 107$, s. u.)

$K_\varphi = 1 \rightarrow$ keine Erhöhung von e_2

Schnittgrößen nach Theorie I. Ordnung

$N_{Ed} = 442{,}5$ kN

$M_{Ed,1} = M_{Ed,0} + e_i \cdot N_{Ed}$

$= 0 + 0{,}020 \cdot 442{,}5$

$= 8{,}9$ kNm

Wirksame Breite

Reduzierung der (Druckzonen-)Breite h auf h_{red} unter der Ausmitte $e = e_{0z} + e_{iz}$:

$e = 0{,}217 + 0{,}020 = 0{,}237$ m

$h_{red} = 0{,}5\, h + h^2/(12 \cdot e)$

$= 0{,}5 \cdot 0{,}4 + 0{,}4^2/(12 \cdot 0{,}237) = 0{,}256$ m

Bemessung

$b_1 / b = 0{,}04 / 0{,}30 = 0{,}133$

$\lambda = l_0 / i = 2{,}2 \cdot 4{,}20 / (0{,}289 \cdot 0{,}30) = 107$

$\nu_{Ed} = -0{,}4425 / (0{,}256 \cdot 0{,}30 \cdot 19{,}8) = -0{,}291$

$\mu_{Ed,1} = 0{,}0089 / (0{,}256 \cdot 0{,}30^2 \cdot 19{,}8) = 0{,}020$

$\rightarrow \omega_{tot} = 0{,}20$ (Ablesung für $b_1/b = 0{,}15$ u. $\lambda \approx 110$; Tafel hier nicht abgedruckt)

$A_{s,tot} = 0{,}20 \cdot 25{,}4 \cdot 30 / (435 / 19{,}8) = 6{,}9$ cm²

Das vom Querschnitt aufnehmbare Gesamtmoment[26)] wird mit $\nu_{Ed} = -0{,}291$ u. $\omega_{tot} = 0{,}20$ im Diagramm für $\lambda \leq 25$ abgelesen

$\rightarrow \mu_{Ed,2} = 0{,}17$

$M_{Ed,2} = 0{,}17 \cdot 0{,}254 \cdot 0{,}30^2 \cdot 19{,}8 \cdot 10^3$

$= 77$ kNm

26) Die anschließenden Bauteile – hier: Fundament – sind für die Gesamtmomente $M_{Ed,2}$ (einschließlich der Zusatzmomente nach Theorie II. Ordnung) zu bemessen.

Tafel 6.19 Bemessungsdiagramme nach dem Modellstützenverfahren; Querschnitt und Bewehrungsanordnung nach Skizze; C12/15 bis C50/60, B500 mit γ_S = 1,15 (aus [Goris/Schmitz – 13])

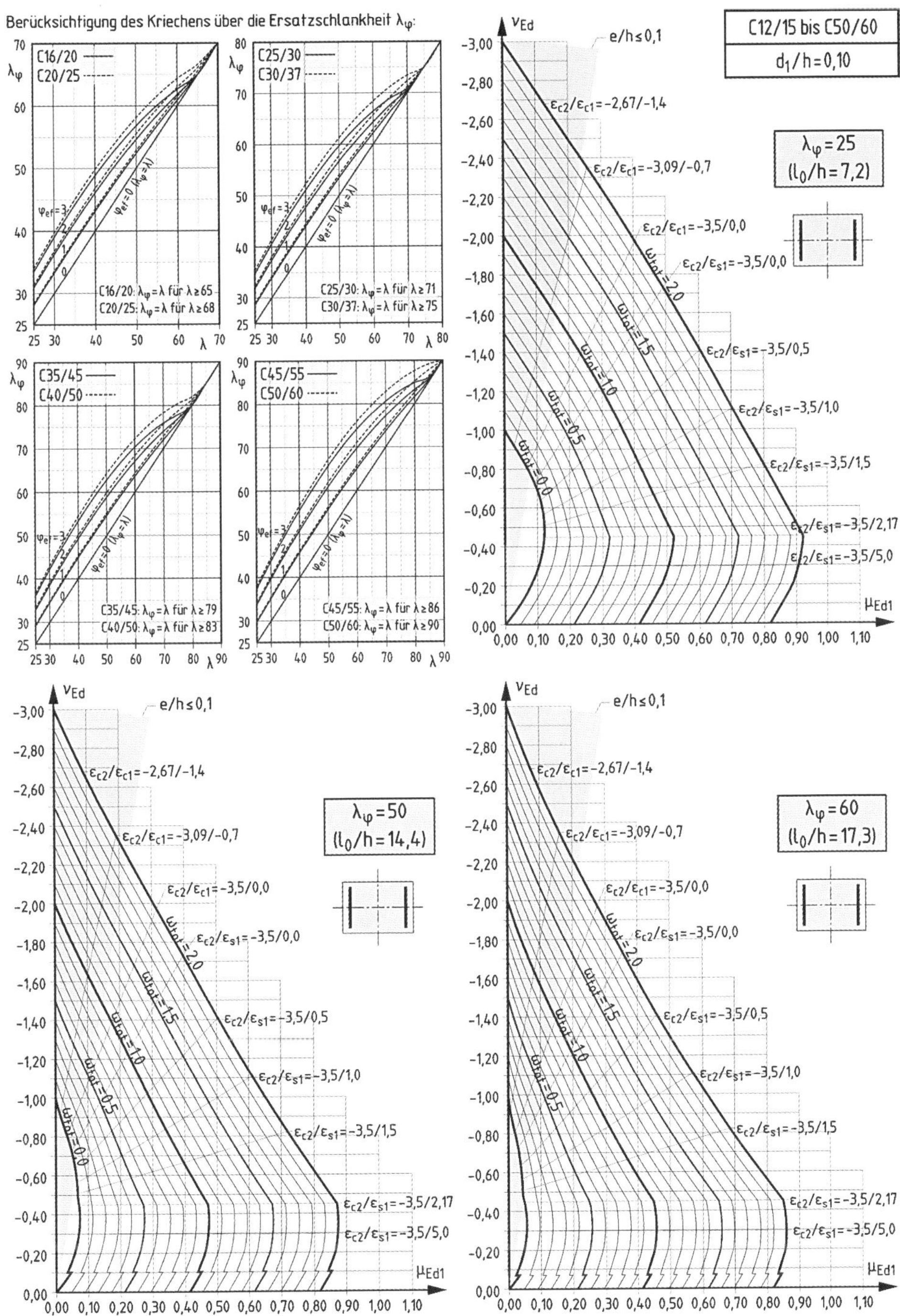

Tafel 6.19 (Fortsetzung)

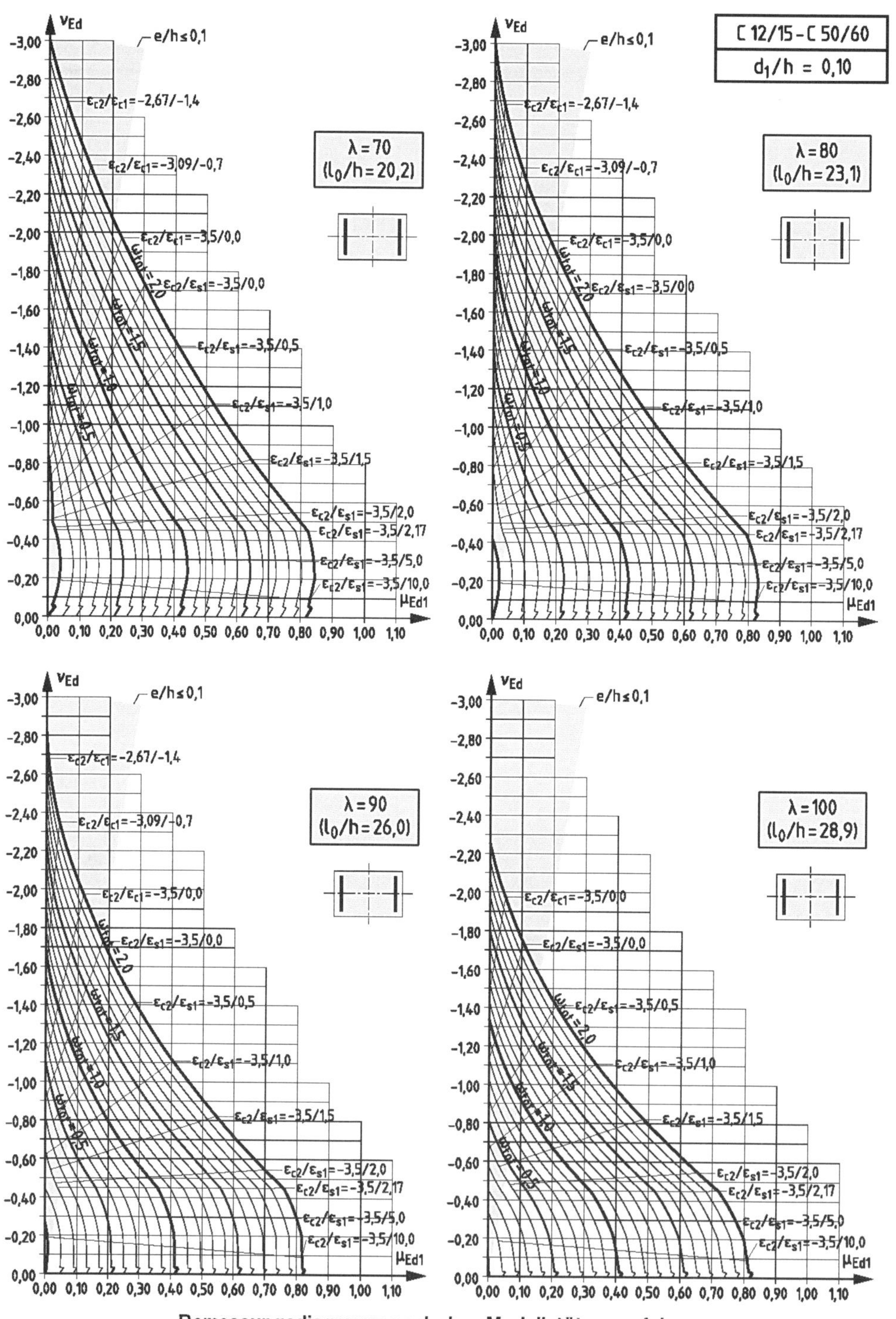

Bemessungsdiagramm nach dem Modellstützenverfahren

Tafel 6.19 (Fortsetzung)

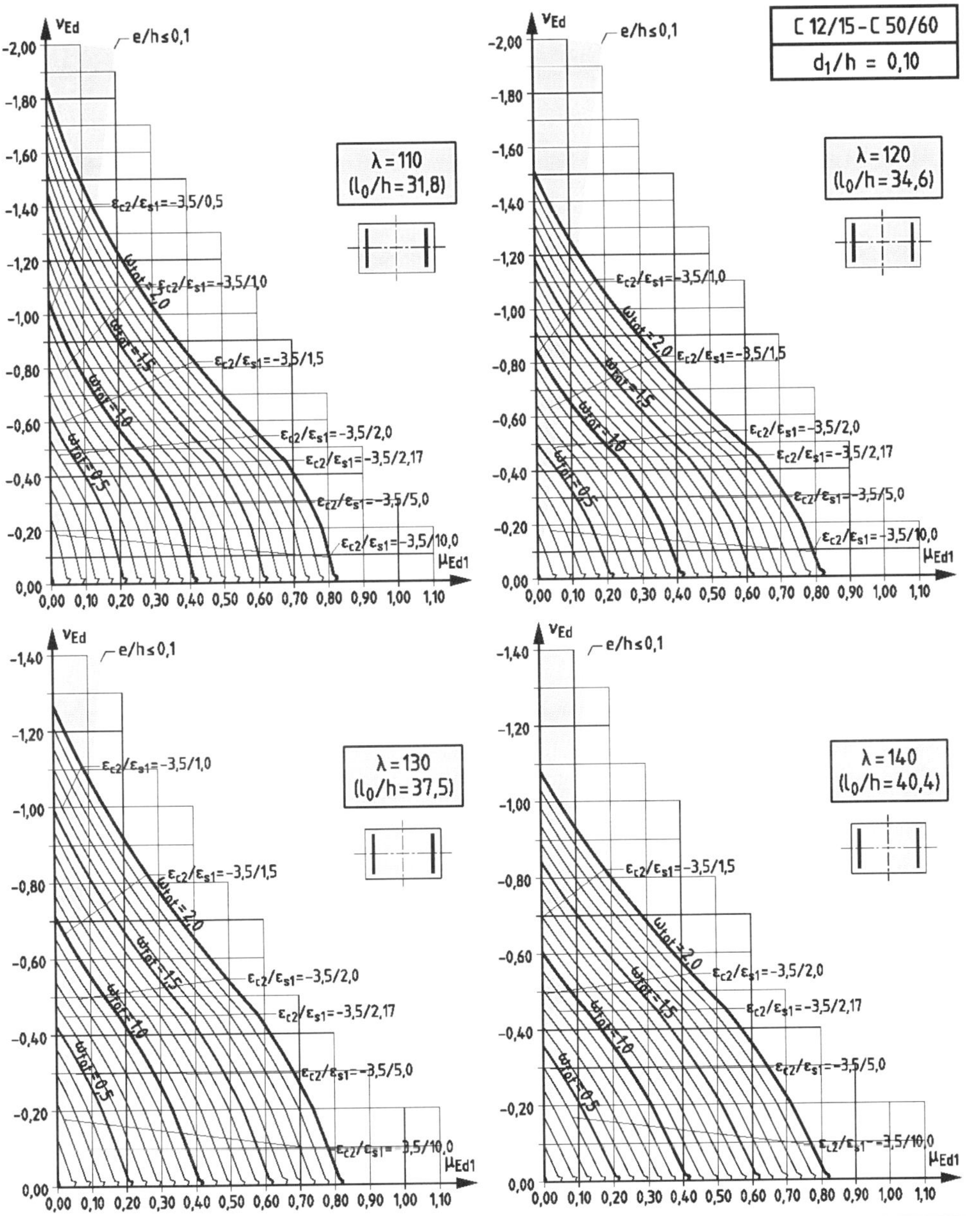

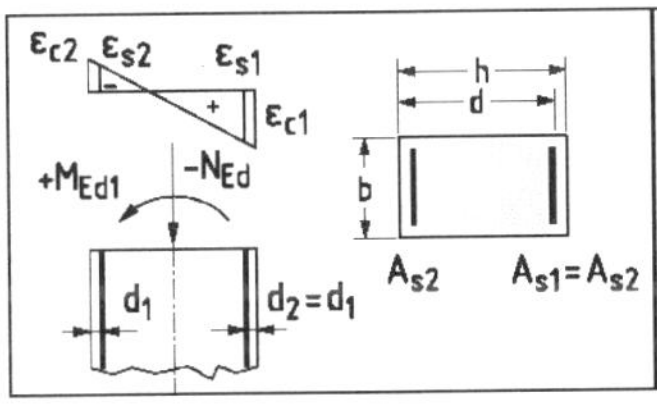

C 12/15 – C 50/60

$d_1/h = 0{,}10$

$\lambda = 110$ ($l_0/h = 31{,}8$)

$\lambda = 120$ ($l_0/h = 34{,}6$)

$\lambda = 130$ ($l_0/h = 37{,}5$)

$\lambda = 140$ ($l_0/h = 40{,}4$)

Achsen: ν_{Ed} – μ_{Ed1}; $e/h \leq 0{,}1$

ε_{c2}, ε_{s2}, ε_{s1}, ε_{c1}; $+M_{Ed1}$, $-N_{Ed}$; h, d, b; A_{s2}, $A_{s1} = A_{s2}$; d_1, $d_2 = d_1$	M_{Ed1}: Biegemoment nach Theorie I. Ordnung einschließlich ungewollter Lastausmitte und Kriechausmitte. $M_{Ed1} = M_{Ed0} + N_{Ed} \cdot (e_a + e_c)$	$\nu_{Ed} = \dfrac{N_{Ed}}{b \cdot h \cdot f_{cd}}$ $\mu_{Ed1} = \dfrac{M_{Ed1}}{b \cdot h^2 \cdot f_{cd}}$	$\omega_{tot} = \dfrac{A_{s,tot}}{b \cdot h} \cdot \dfrac{f_{yd}}{f_{cd}}$ $A_{s,tot} = \omega_{tot} \cdot \dfrac{b \cdot h}{f_{yd}/f_{cd}}$

Bemessungsdiagramm nach dem Modellstützenverfahren

6.5.7 Druckglieder aus unbewehrtem Beton

Unbewehrte Wände und (Rechteck-)Stützen sind nur bis zu einer Schlankheit von $\lambda \leq 85$ bzw. bei Pendelstützen oder zweiseitig gehaltenen Wänden bis zum Verhältnis $l_w / h_w \leq 25$ zulässig (l_w, h_w s. u.). Sie sind stets als „schlank“ zu betrachten, verformungsbedingte Zusatzmomente sind zu berücksichtigen. Bei Schlankheiten $\lambda < 8{,}5$ (bzw. $l_{col} / h < 2{,}5$ bei 2-seitig gehaltenen Wänden) darf der Einfluss nach Theorie II. Ordnung vernachlässigt werden (EC 2-1-1, 12.6.5).

Ersatzlänge l_0

Die Ersatzlänge l_0 einer Wand oder eines Einzeldruckglieds ergibt sich aus

$$l_0 = \beta \cdot l_w \tag{6.120}$$

mit l_w als Länge des Druckglieds und β als von den Lagerungsbedingungen abhängiger Beiwert. Der Beiwert β kann wie folgt angenommen werden:

- (Pendel-)Stütze: $\beta = 1$
- Kragstützen und -wände: $\beta = 2$
- bei zwei-, drei- und vierseitig gehaltenen Wänden: β nach Tafel 6.20.

Für Tafel 6.20 gelten folgende Voraussetzungen

- Die Wand darf keine Öffnungen aufweisen, deren Höhe 1/3 der lichten Wandhöhe oder deren Fläche 1/10 der Wandfläche überschreitet. Andernfalls sind bei drei- und vierseitig gehaltenen Wänden die zwischen den Öffnungen liegenden Teile als zweiseitig gehalten anzusehen.
- Die Quertragfähigkeit darf durch Schlitze oder Aussparungen nicht beeinträchtigt werden.
- Die aussteifenden Querwände müssen mindestens aufweisen
  - eine Dicke von 50 % der Dicke h_w der ausgesteiften Wand,
  - die gleiche Höhe l_w wie die ausgesteifte Wand,
  - eine Länge l_{ht} von mindestens $l_w / 5$ der lichten Höhe der ausgesteiften Wand,
  - auf der Länge l_{ht} dürfen keine Öffnungen vorhanden sein.

Tafel 6.20 Beiwerte β zur Ermittlung der Ersatzlänge l_0 von zwei-, drei- und vierseitig gehaltenen Wänden (aus EC 2-1-1, 12.6.5.1)

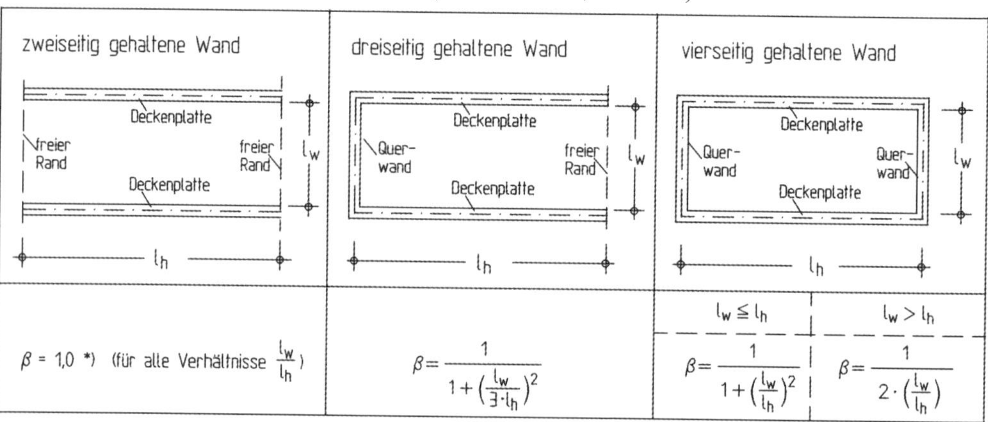

*) Der Beiwert darf bei zweiseitig gehaltenen Wänden auf $\beta = 0{,}85$ vermindert werden, die am Kopf- und Fußende durch Ortbeton und Bewehrung biegesteif angeschlossen sind, sodass die Randmomente vollständig aufgenommen werden können.

Klaffende Fuge

Für stabförmige unbewehrte Bauteile mit Rechteckquerschnitt ist die Ausmitte der Längskraft in der maßgebenden Einwirkungskombination des Grenzzustandes der Tragfähigkeit auf $e_d / h < 0{,}4$ zu begrenzen (Duktilitätskriterium). Bei der Bemessungsausmitte e_d sind die ungewollte Ausmitte und die Ausmitte nach Theorie II. Ordnung zu berücksichtigen.

Vereinfachtes Bemessungsverfahren für Wände und Einzeldruckglieder

Die aufnehmbare Längskraft $N_{Rd,\lambda}$ von schlanken Stützen oder Wänden wird ermittelt aus (Kriechen darf in der Regel vernachlässigt werden):

$$N_{Rd,\lambda} = b \cdot h \cdot f_{cd,pl} \cdot \Phi \qquad (6.121)$$

$$\Phi = 1{,}14 \cdot (1 - 2e_{tot} / h) - 0{,}020 \cdot l_0 / h \leq 1 - 2e_{tot} / h$$

$$e_{tot} = e_0 + e_i \ (+ e_c)$$

$$f_{cd,pl} = \alpha_{cc,pl} \cdot f_{ck} / \gamma_C \text{ mit } \alpha_{cc,pl} = 0{,}70 \text{ und } \gamma_C = 1{,}50$$

Φ Traglastfunktion zur Berücksichtigung der Auswirkungen nach Theorie II. Ordnung auf die Tragfähigkeit von Druckgliedern unverschieblicher Tragwerke (s. a. [Schneider – 22])

e_0 Lastausmitte nach Theorie I. Ordnung unter Berücksichtigung von Momenten infolge einer Einspannung in anschließende Decken, infolge von Wind etc.

e_i ungewollte Lastausmitte; näherungsweise darf hierfür angenommen werden $e_i = l_0 / 400$

Eine Bemessung unbewehrter Betonstützen unter Berücksichtigung der Zusatzausmitten nach Theorie II. Ordnung kann unmittelbar mit nachfolgender Tafel 6.21 erfolgen (das Duktilitätskriterium $e_d / h \leq 0{,}4$ – s. vorher – ist zusätzlich zu beachten).

Tafel 6.21 Bemessungsdiagramm für unbewehrte Stützen

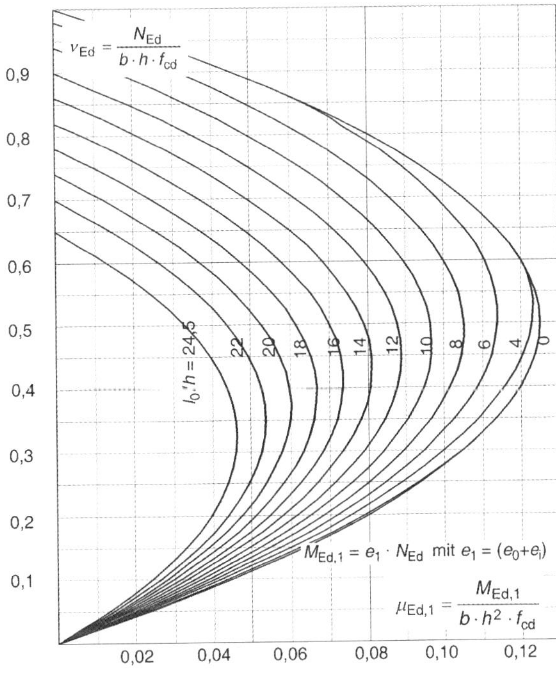

6.5.8 Kippen schlanker Träger

Unter Kippen versteht man das seitliche Ausweichen des gedrückten Gurtes schlanker Biegeträger. Das Problem des Kippens gewinnt aufgrund der Optimierung der Wirtschaftlichkeit mit immer filigraneren Bauteilen im Stahlbetonbau zunehmend an Bedeutung. In der Baupraxis ist der Nachweis der Kippsicherheit insbesondere bei im Fertigteilbau üblichen schlanken Hallendachbindern zu führen.

Das seitliche Ausweichen v des Druckgurtes (Abb. 6.74) ist mit dem Stabilitätsversagen von Druckgliedern vergleichbar. Einhergehend wird eine Verdrehung θ des Gesamtquerschnitts in Abhängigkeit seiner Torsionssteifigkeit hervorgerufen.

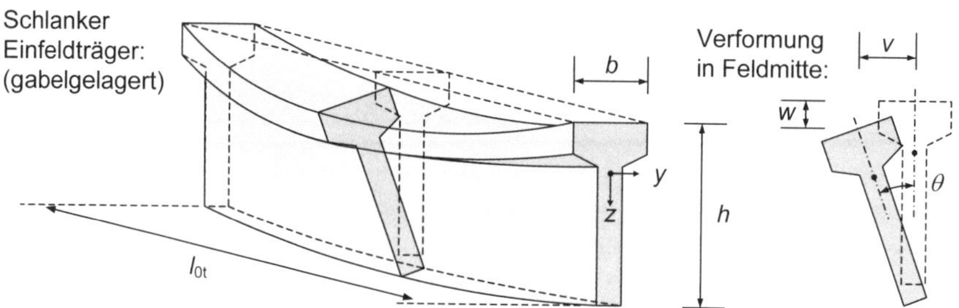

Abb. 6.74 Seitliches Ausweichen des gedrückten Gurtes (Kippen) schlanker Träger

Es handelt sich somit um ein verformungsbeeinflusstes Traglastproblem nach Theorie II. Ordnung, wobei infolge des seitlichen Ausweichens zweiachsige Biegung im Querschnitt hervorgerufen wird. Als kippgefährdet werden Träger eingestuft, bei denen die Tragfähigkeit unter Berücksichtigung der Verformungseinflüsse nach Theorie II. Ordnung (zweiachsige Biegung) gegenüber der einachsigen Tragfähigkeit um mehr als 10 % vermindert wird. Gemäß EC 2 erfolgt diese Beurteilung über ein vereinfachtes Schlankheitskriterium.

6.5.8.1 Vereinfachter Nachweis der Kippsicherheit nach EC 2

Die Sicherheit gegen seitliches Ausweichen schlanker Träger darf nach EC 2-1-1 ohne genauere Berücksichtigung der Auswirkungen nach Theorie II. Ordnung als ausreichend angenommen werden, wenn folgende Voraussetzungen erfüllt sind:

– für die ständige Bemessungssituation

$$b \geq \sqrt[4]{\left(\frac{l_{0t}}{50}\right)^3 \cdot h} \quad \text{und} \quad b \geq \frac{h}{2{,}5} \tag{6.122a}$$

– für die vorübergehende Bemessungssituation

$$b \geq \sqrt[4]{\left(\frac{l_{0t}}{70}\right)^3 \cdot h} \quad \text{und} \quad b \geq \frac{h}{3{,}5} \tag{6.122b}$$

mit:
- b Breite des Druckgurtes
- h Höhe des Trägers im mittleren Bereich von l_{0t}
- l_{0t} Länge des Druckgurtes zwischen den seitlichen Abstützungen [m]

In [DafStb-H.600 – 11] wird empfohlen, die Näherungsgleichungen nach EC 2 nur für Trägerlängen $l_{0t} \leq 30$ m anzuwenden. Hintergrund ist die Herleitung der Grenzwerte auf Basis einer Serienrechnung kippgefährdeter Stahlbeton- und Spannbetonträger [Pauli – 90], welche ausschließlich diesen Werte- und Erfahrungsbereich abdeckt. Zudem setzt die Anwendung der Näherungsgleichungen eine verdrehsteife Auflagerung (z. B. Gabellagerung) voraus. Anforderungen an den Nachweis der Auflagerkonstruktion enthält Abschnitt 6.5.8.3.

Sind die Voraussetzungen nach Gl. (6.122) nicht erfüllt, sind Einflüsse nach Theorie II. Ordnung zu berücksichtigen und ein genauerer Nachweis der Kippsicherheit erforderlich.

6.5.8.2 Genauerer Nachweis der Kippsicherheit (Theorie II. Ordnung)

EC 2 enthält keine detaillierten Vorgaben zur Berücksichtigung des seitlichen Ausweichens schlanker Träger nach Theorie II. Ordnung. Der Fachliteratur können jedoch zahlreiche Näherungsverfahren entnommen werden. Einen Überblick hierzu gibt [Deneke et al. – 85].

Nachfolgend werden zwei in der Praxis gängige und für Handrechnungen handhabbare Verfahren für den Nachweis der Kippsicherheit (im Endzustand) vorgestellt:

- Verfahren nach *Stiglat* [Stiglat – 71, Stiglat – 91]
- Verfahren nach *Mann* [Mann – 76, Mann – 85]

Darüber hinaus sind die Verfahren nach [König/Pauli – 92] sowie [Mehlhorn et al. – 91] zu nennen, welche sich insbesondere für eine computergestützte Berechnung eignen. Für den Nachweis der Kippsicherheit im Montagezustand von Fertigteilträgern (aufgehängte Träger) wird auf das Verfahren nach *Lebelle* [Deneke et al. – 85] verwiesen.

Verfahren nach *Stiglat* [Stiglat – 71, Stiglat – 91]

Ausgangspunkt des Verfahrens nach *Stiglat* ist die Berechnung des ideellen Kippmomentes $M_{y,Ki}$, welches dem kritischen Moment bei Auftreten seitlichen Ausweichens (Kippen) des Biegeträgers entspricht. Unter der Voraussetzung linear-elastischen Materialverhaltens gilt:

$$M_{y,Ki} = \eta \cdot \frac{k_1 \cdot k_2 \cdot k_3}{l_{0t}} \cdot E_{cm} \cdot \sqrt{EI_z \cdot GI_T \cdot \frac{I_y}{I_y - I_z}} \tag{6.123a}$$

bzw. mit $G = E/(2 \cdot (1 + \mu)) = E/2{,}4 = 0{,}417 \cdot E$ (für $\mu = 0{,}2$)

$$M_{y,Ki} = \eta \cdot \frac{k_1 \cdot k_2 \cdot k_3}{l_{0t}} \cdot E_{cm} \cdot \sqrt{0{,}417 \cdot I_z \cdot I_T \cdot \frac{I_y}{I_y - I_z}} \tag{6.123b}$$

mit:

η	Abminderungsfaktor zur Berücksichtigung einer über die Trägerlänge veränderlichen Querschnittshöhe nach Tafel 6.22a
k_1, k_2, k_3	Beiwerte zur Berücksichtigung der Lagerungsbedingungen und Belastungsart nach Tafel 6.22b
l_{0t}	Länge des Druckgurtes zwischen den seitlichen Abstützungen
I_y, I_z	Flächenträgheitsmomente des Gesamtquerschnitts im Zustand I (ohne Ansatz der Bewehrung)
I_T	Torsionsträgheitsmoment des Gesamtquerschnitts, nach *Stiglat* sind 60-% des Wertes im Zustand I anzusetzen

Der Einfluss einer veränderlicher Querschnittshöhe über die Trägerlänge wird in Gl. (6.123) über den Beiwert η berücksichtigt, welcher entsprechend Tafel 6.22a der Abminderung der Kipplast von Trägern veränderlicher Höhe gleichgesetzt werden kann [Steinle et al. – 16]. Die Querschnittswerte sowie die k-Beiwerte nach Tafel 6.22b sind im Falle einer veränderlichen Trägerhöhe an der Stelle mit der maximalen Querschnittshöhe zu ermitteln.

Tafel 6.22 Beiwerte für die Ermittlung des ideellen Kippmoments

a) *Abminderung η der Kipplast von Trägern veränderlicher Querschnittshöhe (Satteldachträger)*

h_A h_M $L = l_{0t}$	Abminderungsfaktor η für ein Verhältnis h_A/h_M			
	1,0	0,75	0,5	0,25
Rechteckquerschnitt	1,0	0,87	0,74	0,61
I-Querschnitt (doppeltsymmetrisch)	1,0	0,96	0,82	0,73

b) *k- Beiwerte zur Berücksichtigung der Langerungsbedingungen und Belastungsart*

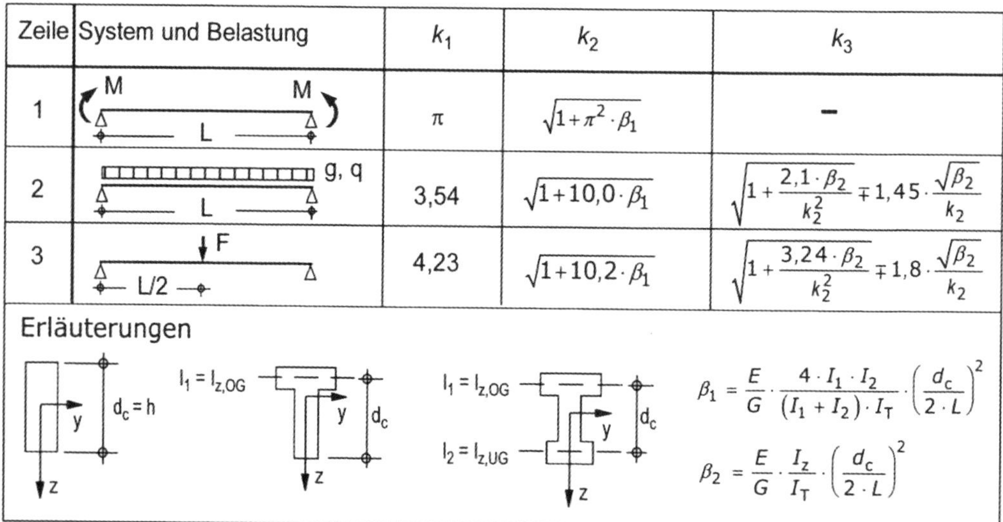

Zeile	System und Belastung	k_1	k_2	k_3
1	M M L	π	$\sqrt{1+\pi^2 \cdot \beta_1}$	–
2	g, q L	3,54	$\sqrt{1+10{,}0 \cdot \beta_1}$	$\sqrt{1+\frac{2{,}1 \cdot \beta_2}{k_2^2} \mp 1{,}45 \cdot \frac{\sqrt{\beta_2}}{k_2}}$
3	F L/2	4,23	$\sqrt{1+10{,}2 \cdot \beta_1}$	$\sqrt{1+\frac{3{,}24 \cdot \beta_2}{k_2^2} \mp 1{,}8 \cdot \frac{\sqrt{\beta_2}}{k_2}}$

Erläuterungen

$$\beta_1 = \frac{E}{G} \cdot \frac{4 \cdot I_1 \cdot I_2}{(I_1 + I_2) \cdot I_T} \cdot \left(\frac{d_c}{2 \cdot L}\right)^2$$

$$\beta_2 = \frac{E}{G} \cdot \frac{I_z}{I_T} \cdot \left(\frac{d_c}{2 \cdot L}\right)^2$$

Für die Ermittlung von k_3 gilt das Minus- bzw. Pluszeichen bei einem Lastangriff ober- bzw. unterhalb des Schubmittelpunktes.

Materielle Nichtlinearitäten des Betons werden nach [Stiglat – 71, Stiglat – 91] über die kritische Tragspannung σ_T eines den Druckgurt idealisierenden Vergleichsdruckstabes berücksichtigt (Abb. 6.75). Das ideelle Kippmoment ist daher im Rahmen der Nachweisführung im Verhältnis der kritischen Tragspannung σ_T und der – infolge des Kippmoments hervorgerufenen – maximalen Druckspannung σ_{Ki} im Gurt abzumindern. Der Nachweis erfolgt auf Basis des globalen Sicherheitskonzeptes über eine Gegenüberstellung des kritischen Kippmomentes mit dem einwirkenden Biegemoment. Eine ausreichende Sicherheit gegen Kippen besteht somit, wenn gilt:

$$\gamma \cdot M_{\text{Eky}} \leq M_{\text{y,K}} = \frac{\sigma_{\text{T}}}{\sigma_{\text{Ki}}} \cdot M_{\text{y,Ki}} \tag{6.124}$$

mit: γ globaler Sicherheitsbeiwert (im Allgemeinen: $\gamma = 2{,}0$; für Rechteckquerschnitte: $\gamma = 2{,}5$ [Backes – 95])

M_{Eky} charakteristischer Wert des einwirkenden Biegemoments

$M_{\text{y,K(i)}}$ (ideelles) Kippmoment des Biegeträgers

$\sigma_{\text{Ki}} = \dfrac{M_{\text{y,Ki}}}{W_{\text{y,o}}}$ = max. Randspannung im Druckgurt infolge des ideellen Kippmoments

σ_{T} Tragspannung des Vergleichsdruckstabes nach Abb. 6.75

Eingangswerte zur Ermittlung der Tragspannung σ_{T} des Vergleichsdruckstabes nach Abb. 6.75 sind die Betonfestigkeitsklasse und die Vergleichsschlankheit

$$\lambda_{\text{V}} = \pi \cdot \sqrt{\frac{E_{\text{cm}}}{\sigma_{\text{Ki}}}} \; . \tag{6.125}$$

Zur Anwendbarkeit des Verfahrens nach *Stiglat* wurden, basierend auf zahlreichen Vergleichsrechnungen zur Traglast kippgefährdeter Stahlbeton- und Spannbetonträger, umfangreiche Untersuchungen durchgeführt ([Backes – 95], [Kolodziejczyk – 15]). Das Verfahren führt für den Großteil der baupraktisch relevanten Anwendungsbereiche zu sicheren Ergebnissen und wird als zuverlässig und wirtschaftlich bewertet.

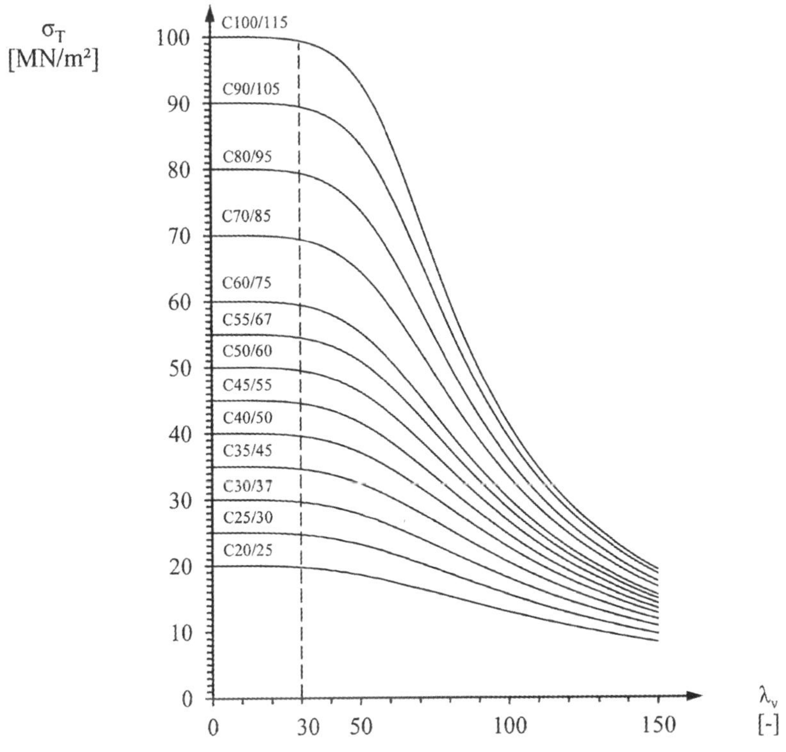

Abb. 6.75 Tragspannung σ_{T} in Abhängigkeit der Vergleichsschlankheit λ_{V} (aus [Goris – 16])

Verfahren nach *Mann* [Mann – 76, Mann – 85]

Wie bei dem Verfahren nach *Stiglat* wird auch bei dem Verfahren nach *Mann* der Nachweis der Kippsicherheit auf das Knicken des Obergurtes zurückgeführt. Die Nachweisform unterscheidet sich jedoch grundsätzlich, da [Mann – 76, Mann – 85] eine Verstärkung des Druckgurtes durch Anordnung einer Druckbewehrung erlaubt. Das Verfahren basiert auf der Knicklastberechnung eines dem Druckgurt äquivalenten Druckstabes (A_o, $I_{z,o}$) (Abb. 6.76). Es mündet in einer erneuten Biegebemessung des Querschnitts im GZT, wobei – vergleichbar dem Knicken von Stützen in zwei Richtungen – unter Berücksichtigung verformungsbeeinflusster Querbiegung mit einer reduzierten Ersatzbreite $\overline{b}$ des Druckgurtes zu bemessen ist.

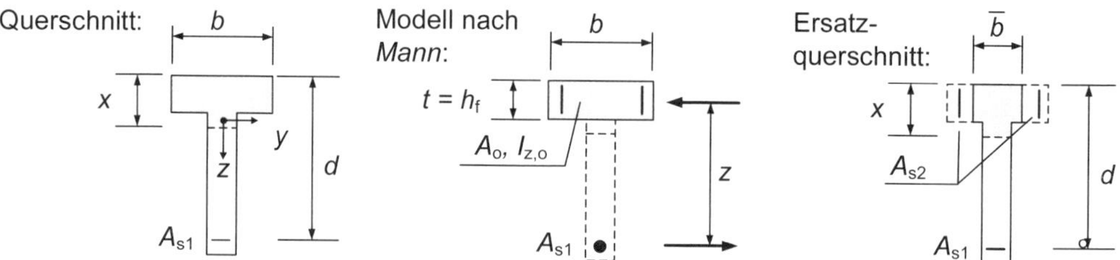

Abb. 6.76 Querschnittsdefinitionen und Modellannahmen des Verfahrens nach *Mann*

Die Ersatzbreite des Druckgurtes lässt sich über einen Abminderungsbeiwert $\overline{\omega}$ ermitteln.

$$\overline{b} = 1{,}25 \cdot \overline{\omega} \cdot b \quad \text{für Rechteckquerschnitte} \tag{6.126a}$$

$$\overline{b} = 1{,}00 \cdot \overline{\omega} \cdot b \quad \text{für profilierte Querschnitte} \tag{6.126b}$$

$\overline{\omega}$ kann Abb. 6.77 entnommen werden und ist als Ergebnis einer Knicklastberechnung des äquivalenten Druckstabes im Wesentlichen von der Steifigkeit bzw. der ideellen Schlankheit $\overline{\lambda}$ des Druckgurtes, einer bezogenen Vorverformung m_0 sowie von dem geometrischen Bewehrungsgrad ρ_0 im Druckgurt abhängig. ρ_0 ist vorgängig abzuschätzen (und ggf. iterativ zu korrigieren). Für die Eingangswerte $\overline{\lambda}$ und m_0 gilt:

Ideelle Schlankheit des Druckgurtes:

$$\overline{\lambda} = \frac{l_{0t}}{i_{z,o} \cdot \sqrt{\xi \cdot (0{,}5 + \chi)}} \tag{6.127}$$

Momentenverlauf	Beiwert ξ
	1,00
	1,12
	1,35
	1,77

mit: ξ Beiwert in Abhängigkeit des Momentenverlaufs (s. Tabelle, rechts)

$$i_{z,o} = \sqrt{\frac{I_{z,o}}{A_o}} \quad \text{Trägheitsradius des Druckgurtes} \tag{6.128}$$

$$\chi = \frac{l_{0t}}{\pi \cdot z} \cdot \sqrt{\frac{G \cdot I_{T,o}}{E \cdot I_{z,o}}} = \frac{l_{0t}}{\pi \cdot z} \cdot \sqrt{0{,}417 \cdot \frac{I_{T,o}}{I_{z,o}}} \tag{6.129}$$

z innerer Hebelarm (aus Biegebemessung oder vereinfacht über den Abstand zum Schwerpunkt der Druckgurtfläche (mit: $z = d - t/2$))

A_o Druckgurtfläche $= b \cdot t$

$I_{T,o}$ Torsionsträgheitsmoment des Druckgurtes $= \alpha \cdot b \cdot t^3$

$I_{z,o}$ Flächenträgheitsmoment des Druckgurtes $= b^3 \cdot t / 12$

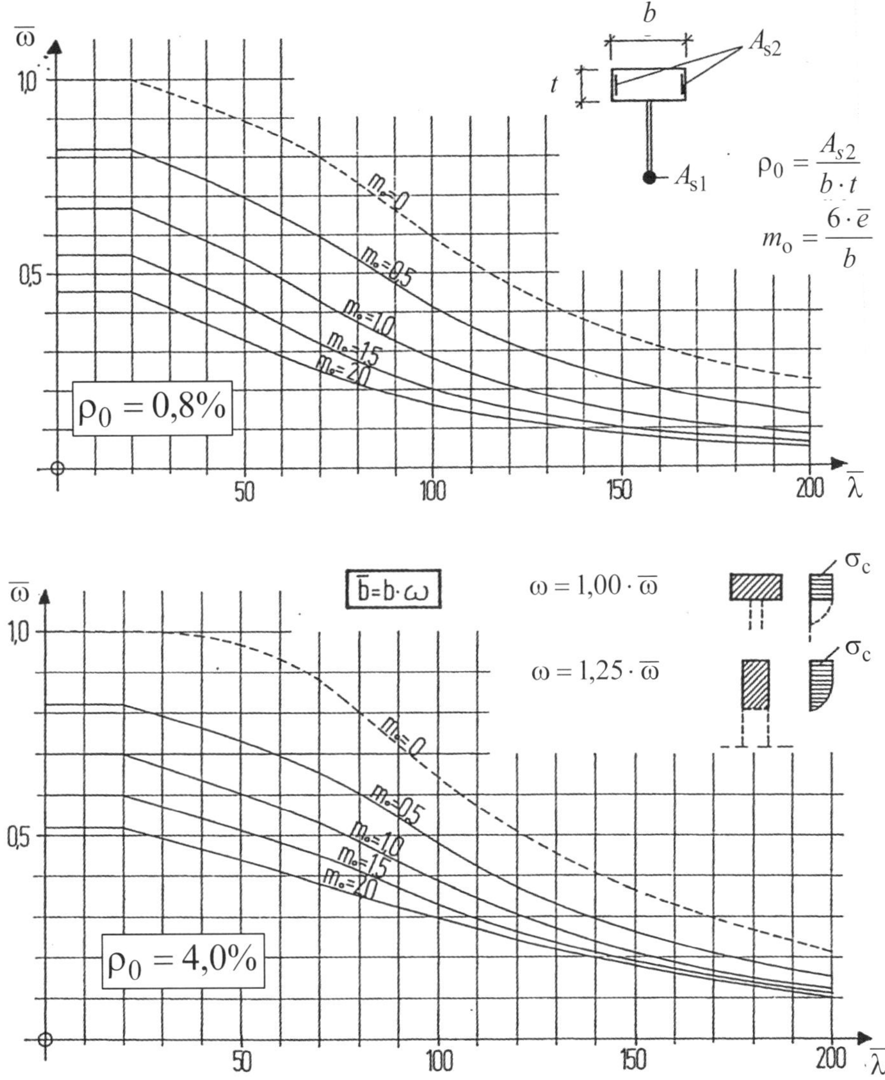

Abb. 6.77 Abminderungsbeiwert $\bar{\omega}$ zur Ermittlung der Ersatzbreite $\bar{b}$ des Druckgurtes

Bei der Ermittlung der ideellen Schlankheit und der Querschnittswerte ist für die Druckgurthöhe t die Druckzonenhöhe x aus der vorgängigen Biegebemessung im GZT anzusetzen ($t = x$). Die Gleichungen setzen konform zur Idealisierung nach [Mann – 76, Mann – 85] eine rechteckige Druckgurtfläche voraus – jedoch darf bei Plattenbalkenquerschnitten mit Nulllinie im Steg der Steganteil des Druckgurtes auf der sicheren Seite liegend vernachlässigt werden; es gilt dann: $t = h_f$ (vgl. Abb. 6.76). Alternativ ist die Berücksichtigung des Steganteils über die Ermittlung der Querschnittswerte für einen T-förmigen Gurtquerschnitt möglich, wobei der Rechengang dann deutlich aufwendiger wird. Ergänzende Erläuterungen und Hinweise hierzu sind [Mann – 85] und [Kolodziejczyk – 15] zu entnehmen.

Bezogene Vorverformung und ideelle Ausmitte des Druckgurtes:

Bei dem Verfahren nach *Mann* sind Ausführungsungenauigkeiten in Form geometrischer Imperfektionen bzw. Vorverformungen über die ideelle Ausmitte m_o nach Gl. (6.130) zu berücksichtigen.

$$m_o = \frac{6 \cdot \bar{e}}{b} \quad \text{und} \quad \bar{e} = e_o \cdot \left[1 + \frac{0{,}4}{\xi} \cdot \left(\chi - 1 + \frac{1}{2 \cdot \chi} - \chi \cdot \frac{e_u}{e_o} \right) \right] \tag{6.130}$$

mit: $e_o = e_{o1} + e_{o2}$

e_{o1} Vorverformung des Obergurtes infolge Querschnittsverdrehung $e_{o1} = \theta \cdot z = 0{,}01 \cdot z$

e_{o2} Vorverformung des Obergurtes infolge Horizontalauslenkung $e_{o2} = 1{,}0\ \text{cm} \ldots 3{,}0\ \text{cm}$

$e_u \leq 0{,}0\,\text{cm}$ Vorverformung des Untergurtes

Die nach EC 2 anzusetzende geometrische Imperfektion einer seitlichen Auslenkung von $l_{0t}/300$ erweist sich bei Anwendung des Verfahrens nach *Mann* als sehr konservativ und ist hier nicht zu berücksichtigen.

Nachweis der Kippsicherheit (Biegebemessung des Ersatzquerschnitts)

Der Nachweis der Kippsicherheit des Trägers wird in der praktischen Umsetzung über eine ergänzende Biegebemessung des Ersatzquerschnitts im GZT geführt. Es ist zunächst zu überprüfen, ob eine Anordnung zusätzlicher Druckbewehrung infolge der nun reduzierten Gurtbreite zur Sicherstellung der Kippsicherheit des Trägers erforderlich ist. Der Nachweis erfolgt unter Berücksichtigung des Sicherheits- und Nachweiskonzeptes nach EC 2 in der Form:

$$\bar{\mu}_{Eds} = \frac{M_{Eds,y}}{\bar{b} \cdot d^2 \cdot f_{cd}} \tag{6.131}$$

wenn $\bar{\mu}_{Eds} \leq \mu_{Eds,lim}$ $(\xi_{lim} = 0{,}45)$ → Kippsicherheitsnachweis ohne Anordnung einer Druckbewehrung erfüllt!

$\bar{\mu}_{Eds} > \mu_{Eds,lim}$ $(\xi_{lim} = 0{,}45)$ → Anordnung einer Druckbewehrung zur Sicherstellung der Kippsicherheit erforderlich!

mit: $M_{Eds,y}$ Bemessungswert des bezogenen Biegemoments um die y-Achse

$\bar{b}$ Ersatzbreite des Druckgurtes nach Gl. (6.126)

Sofern das Kriterium nach Gl. (6.131) eine Druckbewehrung erfordert, lässt sich diese mithilfe der bekannten Bemessungsverfahren unter Berücksichtigung der Ersatzbreite $\bar{b}$ ermitteln. Bei (annähernd) rechteckförmiger Druckzonenfläche gelingt dies mithilfe des mechanischen Bewehrungsgrads ω_2, welcher den Bemessungstafeln für Rechteckquerschnitte mit Druckbewehrung (Grenzwert: $\xi_{lim} = 0{,}45$) entnommen werden kann. Man erhält:

$$\bar{A}_{s2} = \omega_2 \cdot \bar{b} \cdot d \cdot \frac{f_{cd}}{f_{yd}} \tag{6.132}$$

Bei Plattenbalken mit Nulllinie im Steg und ausgeprägt T-förmiger Druckzonenfläche ist bei Anwendung dieses Verfahrens die Druckzonenfläche in eine äquivalente rechteckförmige

Druckzonenfläche der Breite $\overline{b_i} = \overline{b} \cdot \lambda_i$ nach [DAfStb-H.220 – 79] zu überführen. Alternativ dürfen bei schlanken Plattenbalken konservativ konform zur Idealisierung nach [Mann – 76, Mann – 85] der Steganteil vernachlässigt und die resultierende Druckkraft (M_{Eds}/z) ausschließlich dem Flansch bzw. Obergurt zugeordnet werden. In diesem Fall folgt für die erforderliche Druckbewehrung

$$\overline{A}_{s2} = \frac{1}{f_{yd}}\left(\frac{M_{Eds}}{z} - F_{cd}\right) = \frac{1}{f_{yd}}\left(\frac{M_{Eds}}{d - 0{,}5 \cdot h_f} - f_{cd} \cdot \overline{b} \cdot h_f\right) \geq 0\,, \tag{6.133}$$

sofern die Tragreserven des Obergurtes ($F_{cd} = f_{cd} \cdot \overline{b} \cdot h_f$) nicht zur Aufnahme der resultierenden Druckkraft ausreichen.

Die Fläche $\overline{A}_{s2}$ der Druckbewehrung nach Gl. (6.132) bzw. (6.133) bezieht sich auf den Querschnitt mit fiktiver Ersatzbreite und ist abschließend mit

$$\text{erf } A_{s2} = \overline{A}_{s2} \cdot \frac{b}{\overline{b}} \tag{6.134}$$

auf die reale Gurtbreite des Querschnitts umzurechnen. A_{s2} ist entsprechend Abb. 6.76 je zur Hälfte seitlich in dem Druckgurt anzuordnen.

6.5.8.3 Nachweis der Auflagerkonstruktion

Kippgefährdete schlanke Träger werden im Fertigteilbau üblicherweise über torsionssteife Gabeln gelagert. Die Einleitung des Kippmoments in die Gabellagerung erfolgt über seitliche Vermörtelung oder seitliche Anordnung von Elastomerlagern. Das durch seitliches Ausweichen des Obergurtes hervorgerufene Torsionsmoment T_{Ed} lässt sich für den Nachweis der Gabel in ein Kräftepaar gemäß Abb. 6.78 aufteilen. Für die Ermittlung des Torsionsmomentes ist gemäß EC 2-1-1/NA als geometrische Imperfektion ein seitliches Ausweichen von $l_{eff}/300$ zu berücksichtigen. Darüber hinaus ist nach [Steinle et al. – 16] zur Sicherstellung einer ausreichenden Verdrehsteifigkeit der Gabel die Auflagerkonstruktion mindestens für das Torsionsrissmoment des Trägers zu bemessen.

$$T_{Ed} = \max \begin{cases} V_{Ed} \cdot \dfrac{l_{eff}}{300} \\ f_{ctm} \cdot W_T \end{cases} \tag{6.135}$$

mit:
- V_{Ed} Bemessungswert der Auflagerkraft
- l_{eff} effektive Stützweite des Trägers
- f_{ctm} Mittelwert der Betonzugfestigkeit
- W_T Torsionswiderstandsmoment des Querschnitts (im Zustand I)

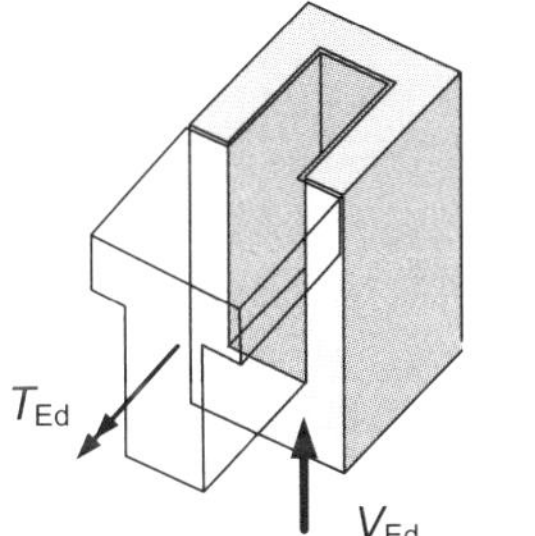

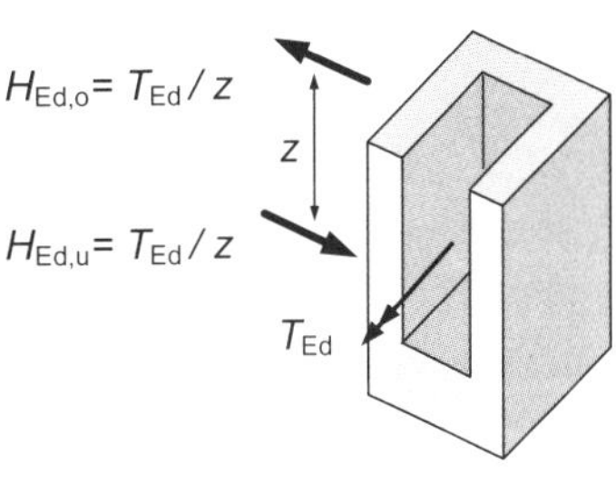

Abb. 6.78
Gabellagerung von schlanken Trägern und einwirkende Kräfte

Beispiel

Für den dargestellten gabelgelagerten Fertigteilträger sind eine Biegebemessung sowie der Nachweis der Kippsicherheit zu führen.

System und Querschnitt:

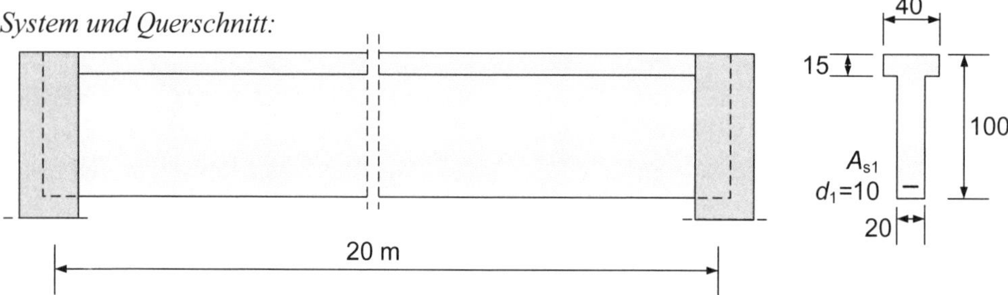

Belastung: $g_k = 8{,}5$ kN/m, $q_k = 6{,}0$ kN/m
Baustoffe: Beton C35/45, Betonstahl B500

Biegebemessung im GZT

$$M_{Eds} = M_{Ed} = (1{,}35 \cdot 8{,}5 + 1{,}5 \cdot 6{,}0) \cdot 20^2 / 8 = 1023{,}75\,\text{kNm}$$

$$\mu_{Eds} = \frac{1{,}02375}{0{,}4 \cdot 0{,}9^2 \cdot 19{,}83} = 0{,}159 \rightarrow \xi = 0{,}216 \rightarrow x = 0{,}216 \cdot 0{,}9 = 0{,}194\,\text{m} > h_f = 0{,}15\,\text{m}$$

Bemessung für Plattenbalken ($h_f/d = 0{,}167 \approx 0{,}15$; $b_f/b_w = 2$)

$$\omega_1 = 0{,}1754 \rightarrow \text{erf } A_{s1} = \frac{1}{435} \cdot 0{,}1754 \cdot 0{,}4 \cdot 0{,}9 \cdot 19{,}83 \cdot 10^4 = 28{,}8\,\text{cm}^2$$

gew.: 6 Ø 25 (= 29,45 cm²; 2-lagige Anordnung)

Nachweis der Kippsicherheit

Vereinfachter Nachweis der Kippsicherheit nach EC 2

$$b \geq \frac{h}{2{,}5} = \frac{1{,}0}{2{,}5} = 0{,}40\,m \leq 0{,}40\,m$$ (Kriterium eingehalten)

$$b \geq \sqrt[4]{\left(\frac{l_{0t}}{50}\right)^3} \cdot h = \sqrt[4]{\left(\frac{20}{50}\right)^3} \cdot 1{,}0 = 0{,}50\,\text{m} > 0{,}40\text{m}$$ (Kriterium nicht eingehalten)

Der vereinfachte Nachweis nach EC 2 ist nicht erfüllt. Es ist ein genauerer Nachweis der Kippsicherheit erforderlich!

Genauerer Nachweis der Kippsicherheit nach dem Verfahren nach Stiglat

- Querschnittswerte des Gesamtquerschnitts (im Zustand I)

$A = 0{,}230$ m²
$I_y = 21{,}435 \cdot 10^{-3}$ m⁴, $W_{y,o} = 4{,}822 \cdot 10^{-2}$ m³
$I_z = 1{,}367 \cdot 10^{-3}$ m⁴
$I_T = 0{,}6 \cdot 2{,}709 \cdot 10^{-3}\ \text{m}^4 = 1{,}625 \cdot 10^{-3}\ \text{m}^4$ (60% des Wertes im Zustand I)

- Berechnung des ideellen Kippmoment:

$$M_{y,Ki} = \eta \cdot \frac{k_1 \cdot k_2 \cdot k_3}{l_{0t}} \cdot E_{cm} \cdot \sqrt{0{,}417 \cdot I_z \cdot I_T \cdot \frac{I_y}{I_y - I_z}}$$

Beiwerte nach Tafel 6.22:

$\eta = 1$ (konstante Querschnittshöhe über die Trägerlänge)

$k_1 = 3{,}54$ (Belastung durch Gleichstreckenlast)

$k_2 = \sqrt{1 + 10{,}0 \cdot \beta_1} = 1$ (mit: $\beta_1 = 0$, da $I_2 = 0$)

$$k_3 = \sqrt{1 + \frac{2{,}1 \cdot \beta_2}{k_2^2} \mp 1{,}45 \cdot \frac{\sqrt{\beta_2}}{k_2}}$$

mit: $$\beta_2 = \frac{E}{G} \cdot \frac{I_z}{I_T} \cdot \left(\frac{d_c}{2 \cdot l_{0t}}\right)^2 = 2{,}4 \cdot \frac{I_z}{I_T} \cdot \left(\frac{d_c}{2 \cdot l_{0t}}\right)^2$$

mit: $d_c = h - h_f/2 = 1{,}00 - 0{,}15/2 = 0{,}925$ m

$$\beta_2 = 2{,}4 \cdot \frac{1{,}367 \cdot 10^{-3}}{1{,}625 \cdot 10^{-3}} \cdot \left(\frac{0{,}925}{2 \cdot 20}\right)^2 = 1{,}080 \cdot 10^{-3}$$

Aufgrund eines Lastangriffs oberhalb des Schubmittelpunktes ist bei der Ermittlung von k_3 das Minuszeichen anzusetzen.

$$k_3 = \sqrt{1 + \frac{2{,}1 \cdot 1{,}080 \cdot 10^{-3}}{1^2} - 1{,}45 \cdot \frac{\sqrt{1{,}080 \cdot 10^{-3}}}{1}} = 0{,}953$$

$E_{cm} = 34000$ MN/m² (C35/45)

$$M_{y,Ki} = 1 \cdot \frac{3{,}54 \cdot 1 \cdot 0{,}953}{20} \cdot 34000 \cdot \sqrt{0{,}417 \cdot 1{,}367 \cdot 10^{-3} \cdot 1{,}625 \cdot 10^{-3} \cdot \frac{21{,}435 \cdot 10^{-3}}{(21{,}435 - 1{,}367) \cdot 10^{-3}}}$$

$$= 5{,}705 \text{ MNm}$$

– Abminderung des ideellen Kippmoment in Abhängigkeit der Tragspannung:

$$M_{y,K} = \frac{\sigma_T}{\sigma_{Ki}} \cdot M_{y,Ki}$$

mit: $$\sigma_{Ki} = \frac{M_{y,Ki}}{W_{y,o}} = \frac{5{,}705}{4{,}822 \cdot 10^{-2}} = 118{,}31 \text{ MN/m}^2$$

σ_T Tragspannung des Vergleichsdruckstabes nach Abb. 6.75

Eingangswert: $$\lambda_V = \pi \cdot \sqrt{\frac{E_{cm}}{\sigma_{Ki}}} = \pi \cdot \sqrt{\frac{34000}{118{,}31}} = 53{,}26$$

→ Ergebnis der Ablesung für C35/45: $\sigma_T = 32$ MN/m²

$$M_{y,K} = \frac{32}{118{,}31} \cdot 5{,}705 = 1{,}543 \text{ MNm}$$

– Kippsicherheitsnachweis:

$\gamma \cdot M_{Eky} \leq M_{y,K}$ mit: $\gamma = 2{,}0$ (globaler Sicherheitsbeiwert)

$M_{Eky} = (8{,}5 + 6{,}0) \cdot 20^2 / 8 = 725 \text{ kNm}$

$2{,}0 \cdot 725 = 1450 \text{ kNm} < 1543 \text{ kNm}$ → Nachweis der Kippsicherheit erfüllt!

Genauerer Nachweis der Kippsicherheit nach dem Verfahren nach Mann

Der Nachweis der Kippsicherheit ist unter Anwendung des Verfahrens nach *Stiglat* erfüllt, so dass eine weitere Nachweisführung nicht erforderlich ist. Dennoch soll nachfolgend zur Veranschaulichung des Rechengangs der Nachweis der Kippsicherheit zusätzlich nach dem alternativ anwendbaren Verfahren nach *Mann* geführt werden.

– Querschnittswerte des Druckgurtes:

  Nach *Mann* darf bei profilierten Trägern als Druckgurt vereinfachend der Obergurt unter Vernachlässigung des Steganteils der Druckzone angesetzt werden:

$$A_o = b \cdot t = b \cdot h_f = 0{,}4 \cdot 0{,}15 = 0{,}06\,\text{m}^2$$
$$I_{T,o} = \alpha \cdot b \cdot t^3 = 0{,}252 \cdot 0{,}4 \cdot 0{,}15^3 = 0{,}34 \cdot 10^{-3}\ \text{m}^4$$
$$I_{z,o} = b^3 \cdot t/12 = 0{,}4^3 \cdot 0{,}15/12 = 0{,}80 \cdot 10^{-3}\ \text{m}^4$$

– Ermittlung der ideellen Schlankheit des Druckgurtes:

$$\bar{\lambda} = \frac{l_{0t}}{i_{z,o} \cdot \sqrt{\xi \cdot (0{,}5 + \chi)}} = \frac{20}{0{,}1155 \cdot \sqrt{1{,}12 \cdot (0{,}5 + 3{,}25)}} = 84{,}49$$

mit: $\xi = 1{,}12$ (parabelförmiger Momentenverlauf)

$$i_{z,o} = \sqrt{\frac{I_{z,o}}{A_o}} = \sqrt{\frac{0{,}80 \cdot 10^{-3}}{0{,}06}} = 0{,}1155\,\text{m}$$

$$\chi = \frac{l_{0t}}{\pi \cdot z} \cdot \sqrt{0{,}417 \cdot \frac{I_{T,o}}{I_{z,o}}}$$ mit: $z = d - t/2 = 0{,}9 - 0{,}15/2 = 0{,}825$ m

$$\chi = \frac{20}{\pi \cdot 0{,}825} \cdot \sqrt{0{,}417 \cdot \frac{0{,}34 \cdot 10^{-3}}{0{,}80 \cdot 10^{-3}}} = 3{,}25$$

– Ermittlung der ideellen Ausmitte des Druckgurtes:

Vorverformung: $$\bar{e} = e_o \cdot \left[1 + \frac{0{,}4}{\xi} \cdot \left(\chi - 1 + \frac{1}{2 \cdot \chi} - \chi \cdot \frac{e_u}{e_o}\right)\right]$$

mit: $e_o = e_{o1} + e_{o2} = 0{,}01 \cdot z + 0{,}01$ m (Annahme) $= 0{,}01 \cdot 0{,}825 + 0{,}01 = 0{,}01825$ m

$e_u = 0$ m

$$\bar{e} = 0{,}01825 \cdot \left[1 + \frac{0{,}4}{1{,}12} \cdot \left(3{,}25 - 1 + \frac{1}{2 \cdot 3{,}25} - 0\right)\right] = 0{,}0339\,\text{m}$$

ideelle Ausmitte: $$m_o = \frac{6 \cdot \bar{e}}{b} = \frac{6 \cdot 0{,}0339}{0{,}4} = 0{,}51$$

– Ermittlung der Ersatzbreite des Druckgurtes:

$\bar{b} = 1{,}00 \cdot \bar{\omega} \cdot b$ (für profilierte Querschnitte)

mit: $\bar{\omega}$ Abminderungsbeiwert nach Abb. 6.77

Eingangswerte: $\bar{\lambda} = 84{,}49$; $m_o = 0{,}51$

Ablesung für $\rho_0 = 0{,}8$ % (Annahme, s. unten): $\rightarrow \bar{\omega} = 0{,}5$

$\bar{b} = 1{,}00 \cdot 0{,}5 \cdot 0{,}4 = 0{,}2\,\text{m}$

Die Ermittlung von $\overline{\omega}$ erfolgte unter der Annahme eines geometrischen Druckbewehrungsgrads von $\rho_0 = 0{,}8$ %. Mit

$$\rho_0 = \frac{A_{s2}}{b \cdot t} = \frac{4{,}52}{40 \cdot 15} \approx 0{,}8\%$$

entspricht dies gemäß untenstehender Bewehrungsskizze dem geometrischen Bewehrungsgrad der konstruktiven Eckstäbe 4 Ø 12 (= 4,52 cm²) im Obergurt.

– Nachweis der Kippsicherheit (Überprüfung der Erfordernis einer Druckbewehrung)

Grenzwert $\mu_{\text{Eds,lim}}$:

Aus $\overline{b}/b_w = 0{,}20/0{,}20 = 1$ (rechteckförmige Druckzonenfläche) und $\xi_{\text{lim}} = 0{,}45$ folgt:

$\rightarrow$ $\mu_{\text{Eds,lim}} = 0{,}296$

$$\overline{\mu}_{\text{Eds}} = \frac{M_{\text{Eds}}}{\overline{b} \cdot d^2 \cdot f_{\text{cd}}} = \frac{1{,}02375}{0{,}2 \cdot 0{,}9^2 \cdot 19{,}83} = 0{,}319 \geq \mu_{\text{Eds,lim}} = 0{,}296$$

$\rightarrow$ Grenzwert (knapp) überschritten!

$\rightarrow$ Anordnung einer Druckbewehrung zur Sicherstellung der Kippsicherheit erforderlich!

– Erforderliche Druckbewehrung zu Sicherstellung der Kippsicherheit:

Die Ermittlung der Druckbewehrung erfolgt mithilfe der bekannten Bemessungstafeln für Rechteckquerschnitte.

Ablesung für $\overline{\mu}_{\text{Eds}} = 0{,}319$; $\xi = 0{,}45$ und $d_2/d = 0{,}5 \cdot t/d = 0{,}083 \approx 0{,}10$: $\rightarrow$ $\omega_2 = 0{,}026$

$$\overline{A}_{s2} = \omega_2 \cdot \overline{b} \cdot d \cdot \frac{f_{\text{cd}}}{f_{\text{yd}}} = 0{,}026 \cdot 0{,}2 \cdot 0{,}9 \cdot \frac{19{,}83}{435} \cdot 10^4 = 2{,}13\,\text{cm}^2$$

$$\text{erf } A_{s2} = \overline{A}_{s2} \cdot \frac{b}{\overline{b}} = 2{,}13 \cdot \frac{0{,}4}{0{,}2} = 4{,}26\,\text{cm}^2 < 4{,}52\,\text{cm}^2$$

$\rightarrow$ Nachweis der Kippsicherheit ohne weitere Zulagen mit den (konstruktiven) Eckstäben im Obergurt (4 Ø 12 = 4,52 cm²) erfüllt!

Bewehrungsskizze:

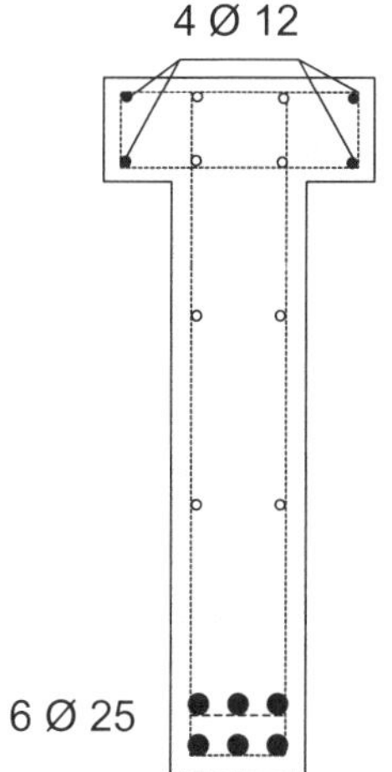

6.6 Nachweis gegen Ermüdung

6.6.1 Einführung

Unter zyklischer (= zeitlich wiederkehrender) Belastung ist eine Schädigung des Materialgefüges zu beobachten, auch wenn die auftretenden Spannungen weit unter der statischen Festigkeit liegen. Diese Erscheinungsform wird mit Ermüden bezeichnet, das insbesondere bei großen Spannungsamplituden, häufiger Lastspielzahl und/oder schwingenden Einwirkungen zum Versagen führen kann. Tragende Bauteile, die beträchtlichen Spannungsänderungen aus nicht vorwiegend ruhenden Einwirkungen unterworfen sind, müssen daher gegen Ermüdung bemessen werden.

Grundsätzlich ist zu unterscheiden zwischen Materialermüden infolge

- kurzzeitiger Wechselbeanspruchung (geringe Anzahl von Lastzyklen) mit hoher Amplitute (z. B. bei Erdbeben),
- dauerhafter Wechselbeanspruchung mit einer großen Anzahl von Lastwechseln und relativ geringer Amplitude.

Im Rahmen des Ermüdungsnachweises wird nur die zweite Versagensart – d. h. bei vielfachen Lastwechseln – betrachtet. Zu untersuchen sind dabei insbesondere Bauteile, bei denen der Anteil der nicht vorwiegend ruhenden Belastung im Verhältnis zur „ruhenden" relativ groß ist und damit nicht vernachlässigt werden kann. Als Beispiel hierfür können genannt werden:

- Brücken (fließender Verkehr)
- Türme, Hochhäuser (böiger Wind)
- Bauteile in Industrieanlagen (Kranbahnen, Maschinenfundamente, mit schweren Fahrzeugen befahrene Decken)
- Schleusen, Bauteile unter Welleneinwirkungen

Umgekehrt folgt hieraus, dass für alle Bauteile mit nur geringer wechselnder Beanspruchung (= vorwiegend ruhende Belastung) ein Nachweis gegen Ermüdung sich erübrigt. Nach EC 2-1-1 gilt daher, dass für Tragwerke des üblichen Hochbaus im Allgemeinen kein Nachweis gegen Ermüdung geführt werden muss.

Bei statischer Überbelastung erfolgt das Stahlversagen mit Vorankündigung, d. h. mit Rissbildung im Beton und mit deutlichen plastischen Verformungen. Im Gegensatz dazu zeigt das Ermüdungsversagen keine Vorankündigung; es können weder Rissbildungen noch Rissfortpflanzungen von außen beobachtet werden.

Der Nachweis gegen Ermüdung gehört zwar zu den Grenzzuständen der Tragfähigkeit, allerdings wird er mit $\gamma_{F,fat} = 1{,}0$ geführt, da hierfür die Gesamtsumme der während der Lebensdauer auftretenden Schädigungen versagensursächlich ist; extreme, einmalig auftretende Beanspruchungen, die ein Tragwerk mit γ_F-facher Sicherheit aufnehmen können muss, tragen nur wenig zur Gesamtschädigung bei (vgl. [DAfStb-H.525 – 03]).

6.6.2 Grundlagen des Ermüdungsnachweises

Die ersten grundlegenden Untersuchungen zum Ermüdungsverhalten wurden von *Wöhler* für metallische Werkstoffe durchgeführt; die Ermüdungsfestigkeit wird bis heute mit der nach ihm benannten Wöhler-Linie beschrieben. Im Versuch werden Werkstoffproben einer zyklischen Belastung mit i. d. R. konstanter Oberspannung und Schwingbreite unterworfen. Der Zusammenhang zwischen aufgebrachter Schwingbreite und Lastspielzahl kennzeichnet die Ermüdungsfestigkeit.

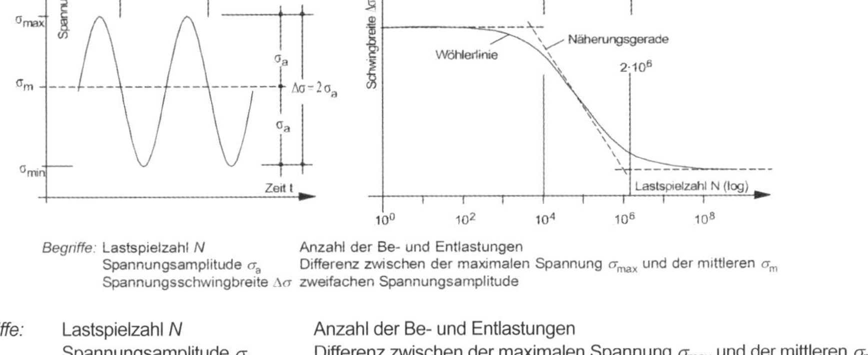

Begriffe: Lastspielzahl N — Anzahl der Be- und Entlastungen
Spannungsamplitude σ_a — Differenz zwischen der maximalen Spannung σ_{max} und der mittleren σ_m
Spannungsschwingbreite $\Delta\sigma$ zweifachen Spannungsamplitude

Abb. 6.79 Begriffe und Wöhlerlinie für Stahl

In der Wöhlerlinie für Betonstahl werden drei Bereiche unterschieden:

- Bereich der Kurzzeitfestigkeit bis ca. 10^4 Lastspiele
- Bereich der Zeitfestigkeit zwischen 10^4 und $2 \cdot 10^6$
- Bereich der Quasi-Dauerfestigkeit[27)] bei mehr als $2 \cdot 10^6$

Der Übergang von der Zeitfestigkeit zur Quasi-Dauerfestigkeit erfolgt fließend, in den schematischen Darstellungen werden jedoch fest definierte Knickpunkte der Wöhlerlinie angenommen. Für diese Knickpunkte wird die ertragbare Schwingbreite $\Delta\sigma$ in Abhängigkeit von der zugehörigen Lastspielzahl N angegeben.

Die Ermüdung der Baustoffe wird durch Akkumulation von Schädigungen über die Lebensdauer des Bauteils herbeigeführt. Aufgrund des unterschiedlichen Verhaltens ist der Nachweis gegen Ermüdung getrennt für Beton und Betonstahl zu führen.

Für **Betonstahl** ist die Spannungsschwingbreite $\Delta\sigma$ die wichtigste Einflussgröße der Ermüdungsfestigkeit. Weitere Parameter, die in EC 2-1-1 berücksichtigt werden, sind Stabkrümmungen, Schweißungen und Koppelungen, Korrosion und Stabdurchmesser.

Bei **Beton** hängt das Ermüdungsverhalten im Gegensatz zu Stahl nicht nur von der Spannungsschwingbreite, sondern auch von der Ober- und Unterspannung ab. Die Ermüdungsfestigkeit hängt außerdem von der Betondruckfestigkeit (Festigkeitsklasse) ab.

[27)] Eine von der Lastspielzahl unabhängige Dauerschwingfestigkeit gibt es bei Betonstahl nicht, da die Wöhlerkurve beständig weiter fällt; es wird daher der Begriff „Quasi-Dauerschwingfestigkeit" gewählt.

6.6.3 Nachweis nach EC 2-1-1

6.6.3.1 Nachweis und Nachweisstufen

Nachweisverzicht

Der Nachweis auf Ermüdung braucht für viele Tragwerke, insbesondere des Hochbaus, nicht geführt zu werden. Nach EC 2-1-1 und [DIN-FB102 – 03] kann der Nachweis beispielsweise entfallen für

- Tragwerke des üblichen Hochbaus,
- Geh- und Radwegbrücken,
- Bogen- und Rahmentragwerke mit einer Erdüberdeckung ≥ 1,0 m bei Straßenbrücken,
- Fundamente von Straßenbrücken,
- Widerlager, Pfeiler und Stützen, die nicht biegesteif mit dem Überbau verbunden sind.

Nachweisstufen

Der Nachweis der Ermüdung erfolgt nach EC 2-1-1 auf der Basis eines expliziten Betriebsfestigkeitsnachweises. Dieser zeichnet sich durch eine hohe Genauigkeit, aber auch durch einen großen Rechenaufwand aus. Für die praktische Umsetzung werden zwei vereinfachte Verfahren angeboten, die auf der Basis des genaueren Betriebsfestigkeitsnachweises entwickelt wurden:

- *Nachweisstufe 1:*

  Begrenzung der Spannungsschwingbreiten nach EC 2-1-1, Abschnitt 6.8.6
  Der Nachweis der Spannungsschwingbreite für Beton und Stahl erfolgt mit den Einwirkungen des Gebrauchszustandes (lineares Werkstoffverhalten). Die Dauerfestigkeit wird durch Begrenzung der Spannungen auf ein niedriges Niveau sichergestellt.

- *Nachweisstufe 2:*

  Vereinfachter Betriebsfestigkeitsnachweis
  Es wird ein vereinfachter Betriebsfestigkeitsnachweis mit schädigungsäquivalenten Spannungen geführt, die auf der Basis von realitätsnahen Lastmodellen ermittelt werden.

- *Nachweisstufe 3:*

  Expliziter Betriebsfestigkeitsnachweis
  Es wird ein expliziter Betriebsfestigkeitsnachweis auf der Basis der Palmgren-Miner-Hypothese durchgeführt.

Nachfolgend wird nur der vereinfachte Nachweis nach EC 2-1-1, Abschnitte 6.8.6 und 6.8.7 dargestellt.

6.6.3.2 Spannungsermittlung

Die Ermittlung der Spannungen erfolgt unter Vernachlässigung der Zugfestigkeit des Betons auf der Grundlage gerissener Querschnitte.

Bei Bauteilen mit Querkraftbewehrung sind die Kräfte in der Bewehrung und im Beton auf der Grundlage eines Fachwerkmodells zu ermitteln. Die Spannungsschwingbreite für die Querkraftbewehrung darf mit einer Druckstrebenneigung $\tan\theta_{\text{fat}} = (\tan\theta)^{0,5}$ mit θ nach Abschnitt 6.2.5 ermittelt werden.

6.6.3.3 Vereinfachtes Nachweisverfahren

Der Nachweis wird mit den *Einwirkungskombinationen des Grenzzustandes der Gebrauchstauglichkeit* entsprechend Abschnitt 5.1.2 geführt (obwohl der Nachweis den Grenzzuständen der Tragfähigkeit zuzuordnen ist). Der Nachweis gilt als erfüllt, wenn in der häufigen Einwirkungskombination die Spannungsschwankungen bzw. die Ober- und Untergrenze der Spannungen folgende Grenzwerte nicht überschreiten:

- Ungeschweißte Bewehrungsstäbe unter Zugbeanspruchung:

  $\Delta\sigma_s \leq 70$ N/mm²

- Geschweißte Betonstähle oder Spanngliedkopplungen:

  $\sigma_{c,frequ} \leq 0$ (In diesen Bereichen muss unter der häufigen Einwirkungskombination der Querschnitt vollständig unter Druckbeanspruchung stehen.)

  (Eine Vorspannkraft darf bei diesem Nachweis nur mit 75 % des Mittelwertes der Vorspannkraft $P_{m,t}$ berücksichtigt werden.)

- Beton unter Druckbeanspruchung:

$$\frac{|\sigma_{c,max}|}{f_{cd,fat}} \leq 0,5 + 0,45 \cdot \frac{|\sigma_{c,min}|}{f_{cd,fat}} \begin{cases} \leq 0,9 \text{ bis C50/60} \\ \leq 0,8 \text{ ab C55/67} \end{cases} \tag{6.136}$$

Dabei ist

$\sigma_{c,max}$ max. Betondruckspannung unter häufigen Einwirkungen (Druck positiv)

$\sigma_{c,min}$ min. Betondruckspannung am Ort von $\sigma_{c,max}$; bei Zugspannungen ist $\sigma_{c,min} = 0$ zu setzen.

$f_{cd,fat} = \beta_{cc}(t_0) \cdot f_{cd} \cdot (1 - 0,004 \cdot f_{ck})$; modifizierte Betondruckfestigkeit

$\beta_{cc}(t_0) = e^{s \cdot (1 - \sqrt{28/t_0})}$; Beiwert für die Nacherhärtung

(s = 0,20 für Zement der Klasse R, s = 0,25 der Klasse N und s = 0,38 der Klasse S)

t_0 Zeitpunkt der Erstbelastung des Betons in Tagen

- Beton unter Querkraftbeanspruchung bei Bauteilen mit Querkraftbewehrung:

  Der Nachweis für Beton unter Druckbeanspruchung gilt auch für die Druckstrebe von querkraftbeanspruchten Bauteilen mit Querkraftbewehrung; die Betondruckfestigkeit $f_{cd,fat}$ ist dann jedoch zusätzlich mit ν_1 nach Abschnitt 6.2.5 abzumindern.

- Beton unter Querkraftbeanspruchung bei Bauteilen ohne Querkraftbewehrung:

– für $\frac{V_{Ed,min}}{V_{Ed,max}} \geq 0$:

$$\frac{|V_{Ed,max}|}{|V_{Rd,c}|} \leq 0,5 + 0,45 \cdot \frac{|V_{Ed,min}|}{|V_{Rd,c}|} \begin{cases} \leq 0,9 \text{ bis C50/60} \\ \leq 0,8 \text{ ab C55/67} \end{cases} \tag{6.137a}$$

– für $\frac{V_{Ed,min}}{V_{Ed,max}} < 0$:

$$\frac{|V_{Ed,max}|}{|V_{Rd,c}|} \leq 0,5 - \frac{|V_{Ed,min}|}{|V_{Rd,c}|} \tag{6.137b}$$

mit

$V_{Ed,max}$ Bemessungswert der maximalen Querkraft unter häufiger Kombination

$V_{Ed,min}$ Bemessungswert der minimalen Querkraft (am Ort von $V_{Ed,max}$)

$V_{Rd,c}$ Bemessungswert der aufnehmbaren Querkraft nach Abschnitt 6.2.4

Beispiel

Zweifeldträger unter dynamischer Einzellast in Feldmitte (beide Lasten sollen nur gleichzeitig wirken können); es ist der Ermüdungsnachweis für Biegung und für Querkraft zu führen.

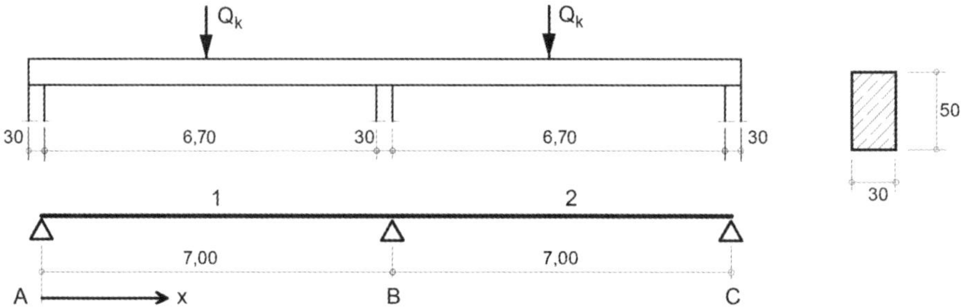

Belastung:	Eigenlast, Ausbaulast	g_k = 10,0 kN/m
	Einzellasten	Q_k= 50,0 kN/Feld (inkl. dynamischer Faktoren)
Baustoffe:	Beton C30/37, Betonstahl B500 (B) d. h. hochduktil	

Der Ermüdungsnachweis wird im Rahmen des Beispiels nur an der Stütze B geführt (näherungsweise und auf der sicheren Seite in der theoretischen Auflagerlinie).

Schnittgrößen

$M_{g,k} = -61{,}3$ kNm; min $M_{Q,k} = -65{,}8$ kNm, max $M_{Q,k} = 0$ kNm,
$V_{g,k} = -43{,}8$ kN; min $V_{Q,k} = -34{,}4$ kN, max $V_{Q,k} = 0$ kN

Bemessung im Grenzzustand der Tragfähigkeit

Biegung (Nutzhöhe $d = 45$ cm)

$|M_{Ed}| = 1{,}35 \cdot 61{,}3 + 1{,}50 \cdot 65{,}8 = 181{,}5$ kNm $\rightarrow$ erf $A_s = 10{,}1$ cm²
gew.: 4 ∅ 20 = 12,6 cm²

Querkraft:

$|V_{Ed}| = 1{,}35 \cdot 43{,}8 + 1{,}50 \cdot 34{,}4 = 110{,}7$ kN

Querkraftbew.: $a_{sw} \geq V_{Ed} / (\cot\theta \cdot z \cdot f_{yd})$

$\cot\theta = 1{,}2 / (1 - V_{Rd,cc} / V_{Ed})$

$V_{Rd,cc} = c \cdot 0{,}48 \cdot f_{ck}^{1/3} \cdot b_w \cdot z$

$= 0{,}5 \cdot 0{,}48 \cdot 30^{1/3} \cdot 0{,}3 \cdot 0{,}9 \cdot 0{,}45 \cdot 10^3 = 90{,}6$ kN

$\cot\theta = 1{,}2 / (1 - 90{,}6 / 110{,}7) = 6{,}60 > \underline{3{,}0}$

$a_{sw} \geq V_{Ed}/(\cot\theta \cdot z \cdot f_{yd}) = 0{,}1107 / (3{,}0 \cdot 0{,}9 \cdot 0{,}45 \cdot 435) \cdot 10^4 = 2{,}1$ cm²/m

gew.: ∅ 8 / 25 cm = 4 cm²/m

Druckstrebe: $V_{Rd,max} = \nu_1 \cdot f_{cd} \cdot b_w \cdot z / (\cot\theta + \tan\theta)$

$= 0{,}75 \cdot 17{,}0 \cdot 0{,}30 \cdot 0{,}9 \cdot 0{,}45 \cdot 10^3 / (3 + 1/3) = 464 \text{ kN} > 119 \text{ kN}$

Nachweis gegen Ermüdung

Schnittgrößen für den Ermüdungsnachweis:

Für den Ermüdungsnachweis werden die Schnittgrößen der häufigen Einwirkungskombination im Grenzzustand der Gebrauchstauglichkeit benötigt:

$$E_{d,frequ} = E\,[G_k \oplus \psi_{1,1} \cdot Q_{k1} \oplus \psi_{2,2} \cdot Q_{k2} \ldots]$$

Es wird angenommen, dass der Kombinationbeiwert $\psi_{1,1} = 0{,}5$ sei, weitere Beiwerte zur Berücksichtigung eines Ermüdungslastspektrums seien nicht zu berücksichtigen.

$\max |M_{d,freq}| = 61{,}3 + 0{,}50 \cdot 65{,}8 = 94{,}2$ kNm

$\min |M_{d,freq}| = 61{,}3 - 0 = 61{,}3$ kNm

$\max |V_{d,freq}| = 43{,}8 + 0{,}50 \cdot 34{,}4 = 61{,}0$ kN

$\min |V_{d,freq}| = 43{,}8 - 0 = 43{,}8$ kN

Nachweis für den Bewehrungsstahl

Die Ermittlung der Längsspannungen im Zustand II kann mit Abschn. 7.1 erfolgen (s. dort). Hier wird jedoch die Spannungsermittlung mit den Excel-Tool *Spannung* aus [Schneider – 22] durchgeführt, eine ggf. vorhandene Druckbewehrung wird vereinfachend nicht berücksichtigt.

- Biegung

$\max M_{d,freq} = 94{,}2 \text{ kNm} \rightarrow \sigma_s = 193 \text{ N/mm}^2$

$\min M_{d,freq} = 61{,}3 \text{ kNm} \rightarrow \sigma_s = 125 \text{ N/mm}^2$

$\Delta\sigma_{d,freq} = 193 - 125 = 68 \text{ N/mm}^2 < \text{zul } \Delta\sigma_s = 70 \text{ N/mm}^2$ → Nachweis erfüllt.

- Querkraftbewehrung

$\sigma_{sw} = V / (\cot \theta_{fat} \cdot z \cdot a_{sw,vorh})$

$\tan \theta_{fat} = (\tan \theta)^{1/2}$ (s. Abschn. 6.6.3.2)

$\cot \theta = 3{,}0 \rightarrow \cot \theta_{fat} = 1 / \tan \theta_{fat} = 1 / (1/3)^{1/2} = 1{,}732$

$\Delta\sigma_{sw} = (\max V_{d,freq} - \min V_{d,freq}) / (\cot \theta_{fat} \cdot z \cdot a_{sw,vorh})$

$= (0{,}0610 - 0{,}0438) / (1{,}732 \cdot 0{,}9 \cdot 0{,}45 \cdot 4{,}0 \cdot 10^{-4})$

$= 61{,}3 \text{ N/mm}^2 < \text{zul } \Delta\sigma_s = 70 \text{ N/mm}^2$ → Nachweis erfüllt.

Nachweis für den Beton

- Biegung

$\max M_{d,freq} = 94{,}2 \text{ kNm} \rightarrow \sigma_c = 8{,}82 \text{ N/mm}^2$ (Druck)

$\min M_{d,freq} = 61{,}3 \text{ kNm} \rightarrow \sigma_c = 5{,}74 \text{ N/mm}^2$ (Druck)

$f_{cd,fat} = \beta_{cc}(t_0) \cdot f_{cd} \cdot (1 - 0{,}004 \cdot f_{ck})$

$\beta_{cc} = 1{,}0$ (Beginn der zyklischen Belastung bei $t_0 = 28$ Tagen)

$f_{cd,fat} = 1{,}0 \cdot 17{,}0 \cdot (1 - 0{,}004 \cdot 30) = 14{,}9 \text{ N/mm}^2$

$$\frac{|\sigma_{c,max}|}{f_{cd,fat}} \leq 0{,}5 + 0{,}45 \cdot \frac{|\sigma_{c,min}|}{f_{cd,fat}} \leq 0{,}9$$

$$\frac{8{,}82}{14{,}9} = 0{,}59 < 0{,}5 + 0{,}45 \cdot \frac{5{,}74}{14{,}9} = 0{,}67 < 0{,}9$$ → Nachweis erfüllt.

- Querkraftbewehrung

$\sigma_{cd} = V \cdot (\cot \theta + \tan \theta) / (b_w \cdot z)$

$\sigma_{c,max} = 0{,}0610 \cdot (3{,}0 + 0{,}33) / (0{,}30 \cdot 0{,}9 \cdot 0{,}45) = 1{,}67 \text{ N/mm}^2$

$\sigma_{c,min} = 0{,}0438 \cdot (3{,}0 + 0{,}33) / (0{,}30 \cdot 0{,}9 \cdot 0{,}45) = 1{,}20 \text{ N/mm}^2$

Die Betondruckfestigkeit wird bei Querkraftbeanspruchung mit $\nu_1 = 0{,}75$ abgemindert.

$f_{cd,fat} = 0{,}75 \cdot 14{,}9 = 11{,}2 \text{ N/mm}^2$

$$\frac{1{,}67}{11{,}2} = 0{,}15 < 0{,}5 + 0{,}45 \cdot \frac{1{,}20}{11{,}2} = 0{,}55 < 0{,}9$$ → Nachweis erfüllt.

6.7 Stabwerkmodelle

Hinweis:

Das Bemessen und Konstruieren mit Stabwerkmodellen wird ausführlich im Band 2 dargestellt, da insbesondere in diesem Fall Konstruktion und Bemessungsmodell stark voneinander abhängen. Nachfolgend sind daher nur zur Abrundung des Abschnitts „Bemessung" einige wenige Bemessungsgrundlagen dargestellt. Ausführliche Erläuterungen mit Beispielen einschl. Bewehrungszeichnungen folgen im Band 2.

Grundsätzliches

Berechnungsverfahren mit Stabwerkmodellen eignen sich insbesondere für Diskontinuitäten von Geometrie und/oder Belastung (sog. D-Bereiche). Es wird z. B. auf Scheiben, Konsolen, D-Bereiche von Balken (Ausklinkungen, große Einzellasten u. Ä.) angewendet. Hierbei werden die Tragwerke bzw. Tragwerksteile durch Stabwerkmodelle dargestellt, die aus

- Betondruckstreben und Zugstreben sowie
- verbindenden Knoten

bestehen.

Stabwerkmodelle sollten sich in etwa an der Spannungsverteilung nach der linearen Elastizitätstheorie orientieren. Die Zugstreben müssen nach Lage und Richtung mit der zugehörigen Bewehrung übereinstimmen.

Bemessung der Betondruckstreben und Zugstreben

Die Druckstreben des Stabwerksmodells sind für Druck und Querzug zu bemessen. Die Querzugkraft F_{td} entsteht dabei aus der Einschnürung eines Druckfeldes an einem Knoten. F_{td} kann mit Hilfe eines *örtlichen* Stabwerkmodells bestimmt werden.

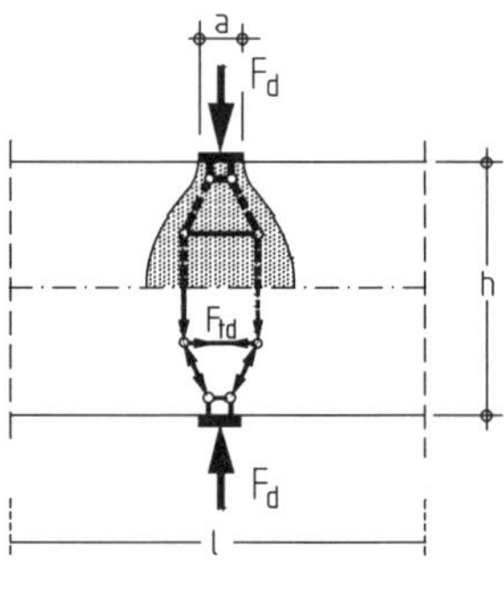

Abb. 6.80 Einschnürung des Druckfeldes und Querzugkräfte F_{td}

Der Bemessungswert der *Druckstrebenfestigkeit* ist für Normalbeton wie folgt zu begrenzen:

$\sigma_{Rd,max} = 1{,}00 \cdot f_{cd}$ für ungerissene Betondruckzonen

$\sigma_{Rd,max} = 0{,}6 \cdot \nu' \cdot f_{cd}$ bei Druckstreben in gerissenen Bereichen

mit $\nu' = 1{,}25$ bei parallelen Rissen

$\nu' = 1{,}00$ bei kreuzenden Rissen

$\nu' = 0{,}875$ bei starker Rissbildung mit Querkraft V und Torsion T

Bei Druckstreben, deren Druckfelder sich zu konzentrierenden Knoten hin stark einschnüren, erübrigen sich die Nachweise der Druckspannungen, wenn die angrenzenden Knoten nachgewiesen werden. Für die Bewehrung der Zugstreben und zur Aufnahme der Querzugspannungen in Druckstreben ist der Bemessungswert der *Stahlspannung* bei Betonstahl auf $\sigma_s = f_{yk} / \gamma_s$ zu begrenzen. Die Bewehrung ist bis zu den Knoten ungeschwächt durchzuführen. Die Verankerungslänge der Bewehrung beginnt im Druck-Zug-Knoten am Knotenanfang. Weitere Hinweise s. EC 2-1-1.

Bemessung der Knoten

In konzentrierten Knoten sind die Druckspannungen wie folgt zu begrenzen:

- $\sigma_{Rd,max} = 1{,}10 \cdot f_{cd}$
  in Druckknoten ohne Verankerung von Zugstreben
- $\sigma_{Rd,max} = 0{,}75 \cdot f_{cd}$
  in Druck-Zug-Knoten mit Verankerungen von Zugstreben, wenn alle Winkel zwischen Druck- und Zugstreben mindestens 45° betragen (vgl. Abb. 6.71; entnommen aus [Schmitz – 11])

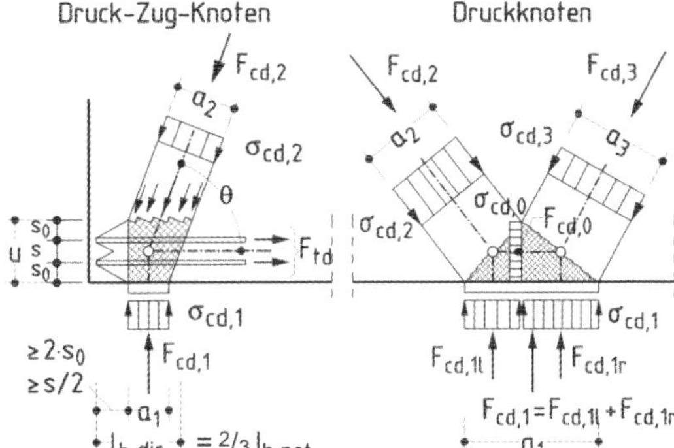

Abb. 6.81 Druck- und Zugstreben am Knoten

Bei Knoten mit Abbiegungen von Bewehrung (Rahmenecken o. Ä., siehe Abb. 6.82) ist der zulässige Biegerollendurchmesser nachzuweisen.[28)] Diese Regelungen gelten auch für Bereiche konzentrierter Krafteinleitung in Tragwerken, die in den übrigen Bereichen nicht mit Stabwerkmodellen berechnet werden.

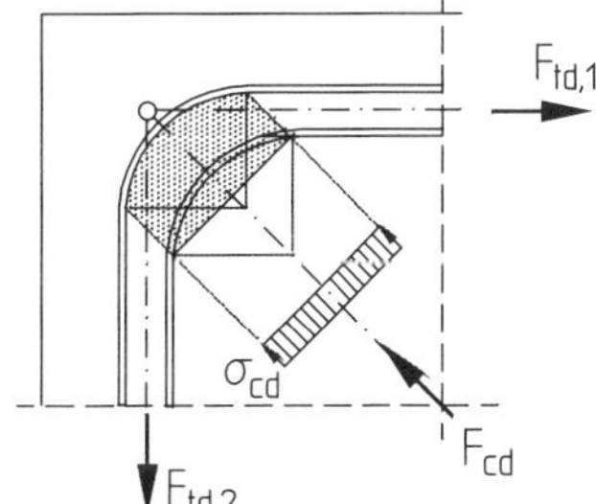

Abb. 6.82 Knoten an der Rahmenecke bei mehrlagiger Bewehrung

[28)] Bei einlagiger Bewehrung Einhaltung des Biegerollenradius für abgebogene Stäbe, bei mehrlagiger Bewehrung rechnerischer Nachweis. Weitere Hinweise s. a. DAfStb-H.525.

6.8 Ausblick: Eurocode 2 der 2. Generation

6.8.1 Biegung und Längskraft

6.8.1.1 Grundlagen der Nachweisführung

Die grundlegenden mechanischen Annahmen und Prinzipien der Bemessung für Biegung und Längskraft bleiben nach prEC 2-1-1:2021 bestehen. Auswirkungen auf die Bemessung haben jedoch die in Abschnitt 5.4.3 beschriebenen Änderungen der zugrunde zu legenden Ausgangswerte der Bemessung für Beton und Betonstahl. Zusammengefasst sind dies:

- Modifizierte Ermittlung des Bemessungswertes der Betondruckfestigkeit f_{cd} nach Gl. (5.18). Dies kann für normalfeste Betone zu bis zu 17 % höheren und für hochfeste Betone zu bis zu 13 % niedrigeren Bemessungswerten im Vergleich zum aktuellen EC 2-1-1 führen (vgl. Abb. 5.8a).
- Der Verlauf der Spannungs-Dehnung-Beziehung für Beton wird künftig für alle Festigkeitsklassen und somit einheitlich für normal- und hochfeste Betone über das Parabel-Rechteck-Diagramm mit den Grenzdehnungen $\varepsilon_{c2} = -2$ ‰ und $\varepsilon_{cu2} = -3{,}5$ ‰ sowie $n = 2$ beschrieben (vgl. Abb. 5.8.b).
- Die Grenzdehnung $\varepsilon_{cu2} = -3{,}5$ ‰ darf künftig auch für überwiegend druckbeanspruchte Bauteile ausgenutzt werden. Eine Begrenzung der Dehnung im Punkt C des Dehnungsbereichs 5 auf –2,0 ‰ bzw. –2,2 ‰ ist künftig nicht mehr vorgesehen (vgl. Abb. 6.83).
- Für Betonstahl wird in prEC 2-1-1:2021 eine Grenzdehnung $\varepsilon_{du} \leq 0{,}9\varepsilon_{uk}$ mit einer Höchstspannung $f_{td} = k \cdot f_{yd}$ abhängig von der Duktilitätsklasse (Klasse A: $\varepsilon_{uk} = 25$ ‰; Klasse B: $\varepsilon_{uk} = 50$ ‰, Klasse C: $\varepsilon_{uk} = 75$ ‰) oder alternativ bei Ansatz des horizontalen Astes der Spanungs-Dehnungs-Linie ($f_{td} = f_{yd}$) mit $\varepsilon_{ud} \to \infty$ definiert. Voraussichtlich bleibt auf nationaler Ebene die Vereinfachung einer einheitlichen Definition von $\varepsilon_{ud} =$ 25 ‰ für alle Duktilitätsklassen weiterhin möglich.

Auswirkungen auf Bemessungsverfahren, -hilfen und -ergebnisse sind je nach Dehnungsbereich unterschiedlich zu bewerten.

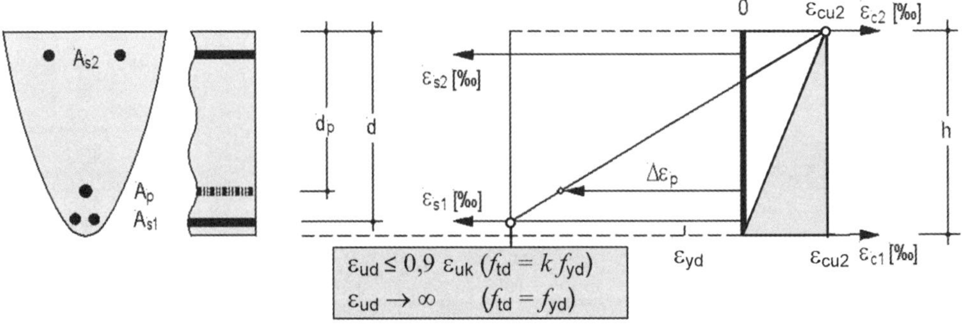

Abb. 6.83 Zulässige Dehnungsverteilung (Änderungen nach prEC 2-1-1:2021 grau hinterlegt)

6.8.1.2 Mittige Zugkraft und Zugkraft mit geringer Ausmitte (Dehnungsbereich 1)

Unter mittiger Zugkraft bzw. Zugkraft mit geringer Ausmitte ergeben sich formal und im Bemessungsergebnis keine Änderungen. Die Nachweise dürfen konform zu Abschnitt 6.1.2 unter Ansatz des Bemessungswertes der Streckgrenze f_{yd} des Betonstahls geführt werden.

6.8.1.3 Biegung und Längskraft (Dehnungsbereiche 2 bis 4)

Das iterative Bemessungsverfahren nach Abschnitt 6.1.3.1 ist unter Berücksichtigung der modifizierten Bemessungswerte von Festigkeiten und Grenzdehnungen des Betons und Betonstahls nach prEC 2-1-1:2021 unmittelbar anwendbar. Hierbei können die Hilfswerte α_R und k_a nach Tafel 6.1 unverändert für die Ermittlung der Lage und Größe der resultierenden Betondruckkraft genutzt werden. Tafel 6.1 ist zudem künftig sowohl für normalfeste als auch für hochfeste Betone gültig.

Setzt man für den Betonstahl die Verwendung eines üblichen B500 und eine vereinfachte Dehnungsbegrenzung auf ε_{ud} = 25 ‰ voraus, können künftig auch die dimensionslosen Bemessungshilfen nach den Tafeln 6.2 und 6.3 (nicht jedoch das dimensionsgebundene k_d-Verfahren) unverändert verwendet werden. Bei der Ermittlung der Eingangswerte für das Allgemeine Bemessungsdiagramm (Tafel 6.2) und die Bemessungstafel mit dimensionslosen Beiwerten (Tafel 6.3) sowie bei der abschließenden Berechnung der erforderlichen Bewehrungsmenge muss nun jedoch der modifizierte Bemessungswert der Betondruckfestigkeit f_{cd} nach prEC 2-1-1:2021 berücksichtigt werden. Die Bemessungshilfen sind (bei einer Dehnungsbegrenzung auf ε_{ud} = 25 ‰) auch für Betonstähle anderer Festigkeiten anwendbar. Es muss dann jedoch bei der abschließenden Berechnung der erforderlichen Bewehrung die der Stahldehnung zugehörige Spannung des verwendeten Betonstahls berücksichtigt werden (siehe hierzu auch Band 2, Abschnitt 7.4.2).

Auswirkungen der nach prEC 2-1-1:2021 für normalfeste Betone bis zu 17 % höheren und für hochfeste Betone bis zu 13 % niedrigeren Betondruckfestigkeiten auf erforderliche Bewehrungsmengen bleiben bei überwiegender Biegung gering. Gleiches gilt für den Einfluss der Grenzdehnungen des Betonstahls, welcher in den je nach Duktilitätsklasse und Spannungs-Dehnungs-Linie möglichen Wertebereichen 22,5 ‰ $\leq \varepsilon_{ud} \leq \infty$ im Hinblick auf den inneren Hebelarm (siehe hierzu auch Abb. 6.2) und somit erforderliche Bewehrungsmengen vernachlässigbar ist. Entsprechend ist auch in Zukunft im Rahmen der Bemessung eine für alle Duktilitätsklassen vereinfachte Dehnungsbegrenzung des Betonstahls auf ε_{ud} =25 ‰ vertretbar. Ohne diese Vereinfachung sind die aktuellen Bemessungshilfen künftig nicht mehr gültig und trotz geringer Auswirkungen auf die Bemessungsergebnisse je Duktilitätsklasse zu modifizieren.

6.8.1.4 Mittige Druckkraft und Druckkraft mit kleiner Ausmitte (Dehnungsbereich 5)

Bei der Ermittlung der Querschnittstragfähigkeiten unter mittiger Druckkraft und Druckkraft mit kleiner Ausmitte geht der Bemessungswert der Betondruckfestigkeit unmittelbar in die Berechnung des Betontraganteils ein. Im Vergleich zum aktuellen EC 2-1-1 führt dies

- bei normalfestem Beton durch erhöhte Bemessungswerte f_{cd} zu geringeren erforderlichen Bewehrungsmengen und
- bei hochfestem Beton durch reduzierte Bemessungswerte f_{cd} zu höheren erforderlichen Bewehrungsmengen.

Ergänzend zu berücksichtigen ist, dass nach prEC 2-1-1:2021 künftig eine Steigerung der Druckfestigkeit um Δf_{cd} durch günstige Umschnürungseffekte einer Bügelbewehrung angesetzt werden darf, was sich wiederum günstig auf die erforderlichen Bewehrungsmengen auswirkt. Details und Voraussetzungen zur Ermittlung von Δf_{cd} sind prEC 2-1-1:2021, Abschnitt 8.1.4 zu entnehmen.

6.8.1.5 Symmetrische bewehrte Querschnitte unter Biegung und Längskraft

Bei der Bemessung symmetrisch bewehrter Querschnitte unter Biegung und Längskraft sind die geänderten Voraussetzungen und Annahmen gemäß Abschnitt 6.8.1.1 zu beachten.

Entsprechend sind die bekannten Interaktionsdiagramme mit Einführung der 2. Generation des EC 2-1-1 hierauf anzupassen. Auswirkungen auf die Anwendung der bekannten Interaktionsdiagramme werden nachfolgend vorab zusammengefasst:

- Bei Verwendung eines normalfesten Betons und eines Betonstahls B500 mit einer Grenzdehnung ε_{ud} = 25 ‰ bleiben die aktuellen Interaktionsdiagramme in den Dehnungsbereichen 1–4 identisch. Lediglich im Dehnungsbereich 5 ergeben sich mit der nun zulässigen Ausnutzung der Betongrenzdehnung ε_{cu2} = –3,5 ‰ erforderliche Modifizierungen. Diese betreffen jedoch nur geringfügig den Verlauf der Interaktionslinien und somit den Bewehrungsgrad ω selbst, sondern vielmehr die dem Bemessungsergebnis zugeordnete Dehnungsverteilung im Querschnitt.
- Die Möglichkeit der Ausnutzung der Betongrenzdehnung von ε_{cu2} = –3,5 ‰ im Dehnungsbereich 5 wird künftig vor allem bei Verwendung von hochfester Bewehrung (> B500) relevant. Durch die erhöhte Grenzdehnung kann bei überwiegender Druckbeanspruchung künftig rechnerisch auch ein Fließen und somit Ausnutzung einer hochfesten Druckbewehrung sichergestellt werden. Nach aktueller Norm gelingt dies aufgrund der Dehnungsbegrenzung im Punkt C auf –2,0 ‰ bzw. –2,2 ‰ nicht unmittelbar (Hintergründe hierzu siehe auch Band 2, Abschnitt 7.4.2).
- Bei hochfesten Betonen ändern sich die Interaktionsdiagramme grundlegend, da der Verlauf der Spannungs-Dehnungs-Linien nun dem normalfester Betone entspricht. Unter Berücksichtigung von Nettoquerschnittswerten sind künftig die Interaktionsdiagramme für normal- und hochfeste Betone identisch. Jedoch sind bei Verwendung hochfester Betone in der Regel Bruttoquerschnittswerte zu berücksichtigen, was auch künftig für jede Festigkeitsklasse differenzierte Interaktionsdiagramme erfordern wird.

6.8.2 Bemessung für Querkraft

6.8.2.1 Grundlagen der Nachweisführung

Nach prEC 2-1-1:2021 geht man im Rahmen der Bemessung für Querkraft wieder auf eine Formulierung der Nachweisführung auf Basis von Schubspannungen – vergleichbar mit der damaligen DIN 1045:1988 (vgl. Band 3, Abschnitt 5.3.3) – zurück. Dies gilt künftig einheitlich auch für die Nachweise von Verbundfugen, Torsion sowie Durchstanzen.

Der Nachweis der Querkrafttragfähigkeit ist erbracht, wenn die einwirkende Schubspannung

$$\tau_{\text{Ed}} = \frac{V_{\text{Ed}}}{b_{\text{w}} \cdot z} \quad \text{mit: } z = 0{,}9 \cdot d \tag{6.138}$$

infolge des Bemessungswertes der einwirkenden Querkraft V_{Ed} den Schubspannungswiderstand τ_{Rd} des Querschnitts bzw. Bauteils unterschreitet.

Hierbei darf ein genauerer Nachweis für Bauteile ohne und mit Querkraftbewehrung (s. Abschnitt 6.8.2.2 und 6.8.2.3) entfallen, wenn gilt:

$$\tau_{\text{Ed}} \leq \tau_{\text{Rdc,min}} \quad = \text{Mindestschubspannungswiderstand [MN/m}^2\text{]} \tag{6.139}$$

$$\text{mit: } \tau_{\text{Rdc,min}} = \frac{11}{\gamma_{\text{V}}} \cdot \sqrt{\frac{f_{\text{ck}}}{f_{\text{yd}}} \cdot \frac{d_{\text{dg}}}{d}} \tag{6.140}$$

γ_{V} = 1,4 = Teilsicherheitsbeiwert für den Querkraftwiderstand (vgl. Tafel 5.14c)
d_{dg} = 16 mm + $D_{\text{lower}} \leq$ 40 mm (für Beton mit $f_{\text{ck}} \leq$ 60 MN/m²)
D_{lower} = kleinster zulässiger Wert von D für die gröbste Körnungsfraktion im Beton

Der Mindestschubwiderstand $\tau_{\text{Rdc,min}}$ hängt ausschließlich von den Materialeigenschaften sowie der Nutzhöhe d des Querschnitts ab. Hierbei geht über den Faktor d_{dg}/d künftig unmittelbar auch die Betonzusammensetzung – im Speziellen der minimal zulässige Korndurchmesser D_{lower} der gröbsten Gesteinskörnungsfraktion – ein. Liegen hierzu keine genauen Angaben vor, kann für übliche Betonrezepturen ein Wert von D_{lower} = 2 mm und somit d_{dg} = 18 mm eine in den meisten Fällen abdeckende und somit im Hinblick auf die Querkraftbemessung konservative Annahme darstellen.

Ist der vereinfachte Nachweis nach Gl. (6.139) nicht erfüllt, muss vergleichbar dem Vorgehen nach aktuellem EC 2-1-1, ein genauerer Nachweis

- für Bauteile ohne Querkraftbewehrung in der Form

$$\tau_{\text{Ed}} \leq \tau_{\text{Rd,c}} \tag{6.141}$$

- bzw. für Bauteile mit Querkraftbewehrung in der Form

$$\tau_{\text{Ed}} \leq \tau_{\text{Rd,sy}} \quad \text{(Nachweise der Zugstrebe)} \tag{6.142}$$

$$\tau_{\text{Ed}} \leq \tau_{\text{Rd,max}} \quad \text{(Nachweis der Druckstrebe)} \tag{6.143}$$

geführt werden.

Unabhängig vom Ergebnis der Nachweisführung nach den Gln. (6.138) bis (6.143) sind stets die Anforderungen an die Mindestquerkraftbewehrung für Platten und Balken zu prüfen und zu berücksichtigen (siehe hierzu Band 2, Abschnitt 4.7).

6.8.2.2 Bauteile ohne Querkraftbewehrung

Im Rahmen des genaueren Nachweises für Bauteile ohne Querkraftbewehrung gehen bei der Ermittlung des Querkraftwiderstandes

$$\tau_{\mathrm{Rd,c}} = \frac{0{,}66}{\gamma_{\mathrm{V}}} \cdot \left(100 \cdot \rho_{\mathrm{l}} \cdot f_{\mathrm{ck}} \cdot \frac{d_{\mathrm{dg}}}{d}\right)^{1/3} - k_1 \cdot \sigma_{\mathrm{cp}} \geq \tau_{\mathrm{Rdc,min}} \tag{6.144}$$

mit: $k_1 = 0{,}07 + \dfrac{e_{\mathrm{p}}}{4 \cdot d} \leq 0{,}15$

$e_{\mathrm{p}} =$ Lastausmitte der Spannglieder (bzw. einer Drucknormalkraft) in Bezug zum Querschnittschwerpunkt

$\sigma_{\mathrm{cp}} = \dfrac{N_{\mathrm{Ed}}}{A_{\mathrm{c}}}$ (Druck negatives Vorzeichen!) mit: $\left|\sigma_{\mathrm{cp}}\right| < 0{,}2 \cdot f_{\mathrm{cd}}$

die bekannten Einflussgrößen von Längsbewehrungsgrad, Betonfestigkeit, Maßstabsfaktor sowie die die günstige Wirkung von Drucknormalkräften in die Berechnung ein. Der Aufbau von Gl. (6.144) lehnt sich formal an den aktuellen EC 2-1-1 an, unterscheidet sich jedoch insbesondere in der Definition des Vorfaktors, des Maßstabsfaktors d_{dg}/d (nun in Abhängigkeit des Größtkornparameters d_{dg}) sowie des Faktors k_1. Bei der Ermittlung von k_1 wird künftig – anstatt des Ansatzes einer Konstanten $k_1 = 0{,}12$ gemäß aktueller Norm – die Lastausmitte e_{p} einer Bogen- bzw. Sprengwerkwirkung explizit berücksichtigt. Bei Zugnormalkräften darf Gl. (6.144) nicht verwendet werden. Hier sind weitere Modifikationen zu beachten. Zudem erlaubt prEC 2-1-1:2021, für kürzere Bauteile mit Schubschlankheiten a/d < 4 den Querkraftwiderstand zu erhöhen. Diesbezüglich wird auf die Norm verwiesen.

Abbildung 6.84 stellt den Querkrafttragwiderstand $\tau_{\mathrm{Rd,c}}$ nach aktueller und künftiger Norm exemplarisch für eine Platte ohne Querkraftbewehrung ($d = 200$ mm, $\sigma_{\mathrm{cp}} = 0$) unter Variation des Längsbewehrungsgrades ρ_{l} sowie der Betonfestigkeitsklasse (Abb 6.84a) und des Größtkornparameters d_{dg} (Abb 6.84a) gegenüber.

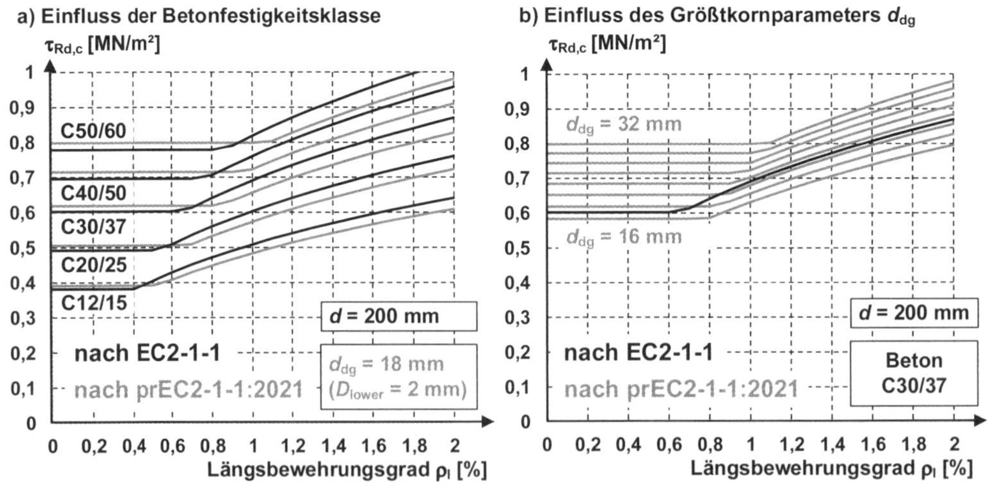

Abb. 6.84 Querkraftwiderstand einer Platte ($d = 200$ mm, $\sigma_{\mathrm{cp}} = 0$) ohne Querkraftbewehrung nach EC 2-1-1 und prEC 2-1-1:2021 im Vergleich

6.8.2.3 Bauteile mit Querkraftbewehrung

Bemessung des Steges

Für Bauteile mit Querkraftbewehrung basiert auch die künftige Normengeneration auf dem bekannten Fachwerkmodell nach Abschnitt 6.2.5. Die Widerstandsgleichungen für die Zug- und Druckstrebe sind prinzipiell mit EC 2-1-1 identisch, künftig jedoch entsprechend der Nachweisführung nach den Gl. (6.142) und (6.143) auf die Schubwiderstände

$$\tau_{\mathrm{Rd,sy}} = \rho_{\mathrm{w}} \cdot f_{\mathrm{ywd}} \cdot \cot\theta = \frac{a_{\mathrm{sw}}}{b_{\mathrm{w}}} \cdot f_{\mathrm{ywd}} \cdot \cot\theta \qquad \text{(Zugstrebe)} \qquad (6.145)$$

$$\tau_{\mathrm{Rd,max}} = \frac{v \cdot f_{\mathrm{cd}}}{\cot\theta + \tan\theta} \qquad \text{(Druckstrebe)} \qquad (6.146)$$

umformuliert. Bei dem Nachweis der Druckstrebe wird die Betondruckfestigkeit mit $v = 0{,}5$ ohne weitere Nachweise deutlich stärker reduziert als nach aktuell gültiger Norm ($v_1 = 0{,}75$). Eine genauere Berechnung von v ist bei Verwendung einer Bewehrung der Duktilitätsklasse B oder C möglich – jedoch aufwendig, da dann rechnerische Dehnungszustände des Bauteils berücksichtigt werden müssen.

Der Neigungswinkel der Druckstrebe darf zwischen

$$1 \le \cot\theta \le \cot\theta_{\mathrm{min}} \qquad (6.147)$$

frei gewählt werden, wobei im Sinne einer wirtschaftlichen Bemessung der Winkel θ unter Einhaltung der Nachweise von Zug- und Druckstrebe möglichst klein gewählt werden sollte. Nach prEC 2-1-1:2021 beträgt der minimal wählbare Neigungswinkel:

$\cot\theta_{\mathrm{min}} = 2{,}5$ bei Stahlbetonbauteilen ohne Normalkraft (konservativ auch bei Bauteilen mit geringer Drucknormalkraft ($|\sigma_{\mathrm{cp}}| < 3$ MN/m²) ansetzbar)

$\cot\theta_{\mathrm{min}} = 3{,}0$ bei Bauteilen, die durch eine erhebliche Drucknormalkraft ($|\sigma_{\mathrm{cp}}| \ge 3$ MN/m²) beansprucht werden und die als Ergebnis der Bemessung für Biegung und Normalkraft eine Höhe der Biegedruckzone x kleiner als $0{,}25d$ aufweisen (z. B. Bauteile mit Vorspannung).

$\cot\theta_{\mathrm{min}} = 2{,}5 - 0{,}1\ N_{\mathrm{Ed}}/|V_{\mathrm{Ed}}| \ge 1{,}0$ bei Bauteilen unter Zugnormalkraft.

Bei Querkraftbewehrung der Duktilitätsklasse A muss $\cot\theta_{\mathrm{min}}$ um 20 % reduziert werden.

Künftig ist eine Berechnung von $\cot\theta_{\mathrm{min}}$ in Abhängigkeit eines Betontraganteils $V_{\mathrm{Rd,cc}}$ also nicht mehr erforderlich, was die Nachweisführung vereinfacht. Lediglich für Sonderfälle, wie z. B. bei Bauteilen mit besonders hohen Drucknormalkräften und Druckzonenhöhen x größer als $0{,}25d$, sind komplexere, weiterführende Nachweise nach prEC 2-1-1:2021 vorgesehen.

Die Gln. (6.145) und (6.146) gelten für senkrechte Bügel. Bei geneigter Querkraftbewehrung sind die Gleichungen – dem aktuellen EC 2-1-1 (s. Gln. (6.46) und (6.47)) entsprechend – um den Einfluss der Bügelneigung α zu erweitern.

Anschluss von Druck- und Zuggurten

Die bekannten Nachweise des Anschlusses von Druck- und Zuggurten werden künftig auf Basis von Längsschubspannungen und -widerständen in der Form

$$\tau_{\mathrm{Ed}} = \frac{\Delta F_{\mathrm{d}}}{h_{\mathrm{f}} \cdot \Delta x} \leq \tau_{\mathrm{Rd}} \text{ mit} \tag{6.148}$$

$$\tau_{\mathrm{Rd,sy}} = \frac{a_{\mathrm{sf}}}{h_{\mathrm{f}}} \cdot f_{\mathrm{yd}} \cdot \cot \theta_{\mathrm{f}} \tag{6.149}$$

$$\tau_{\mathrm{Rd,max}} = \frac{v \cdot f_{\mathrm{cd}}}{\cot \theta_{\mathrm{f}} + \tan \theta_{\mathrm{f}}} \qquad \text{mit: } v = 0{,}50 \tag{6.150}$$

formuliert. Eine wesentliche Änderung betrifft den Neigungswinkel θ_{f}, welcher in den Wertebereichen

$$1 \leq \cot \theta_{\mathrm{f}} \leq 3{,}0 \qquad \text{in Druckgurten} \tag{6.151a}$$

$$1 \leq \cot \theta_{\mathrm{f}} \leq 1{,}25 \qquad \text{in Zuggurten} \tag{6.151b}$$

gewählt werden darf. Die Wahl des Maximalwertes von cot θ_{f} führt mit den – insbesondere in Druckgurten – höher ansetzbaren Werten im Vergleich zum aktuellen EC 2-1-1 künftig zu deutlich geringeren erforderlichen Bewehrungsmengen für die Anschlussbewehrung.

Schub in Verbundfugen

Die Nachweisführung für Schub in Verbundfugen ist grundsätzlich konform zu EC 2-1-1, wobei die bekannten Einflüsse von Adhäsion, Reibung und Verbundbewehrung formal abweichend erfasst werden.

Bei der Ermittlung der Tragfähigkeit der aufnehmbaren Bemessungsschubkraft v_{Rdi} – nach prEC 2-1-1:2021 nun mit τ_{Rdi} bezeichnet – wird künftig unterschieden zwischen:

– *Verbundfugen ohne Verbundbewehrung oder mit voll verankerter Verbundbewehrung:*

$$\tau_{\mathrm{Rdi}} = c_{\mathrm{v1}} \cdot \frac{\sqrt{f_{\mathrm{ck}}}}{\gamma_{\mathrm{C}}} + \mu_{\mathrm{v}} \cdot \sigma_{\mathrm{n}} + \frac{A_{\mathrm{si}}}{A_{\mathrm{i}}} \cdot f_{\mathrm{yd}} \cdot \left(\mu_{\mathrm{v}} \cdot \sin \alpha + \cos \alpha\right) \leq 0{,}25 f_{\mathrm{cd}} \tag{6.152a}$$

Hierbei muss, sofern eine Verbundbewehrung erforderlich ist, ein Fließen der kreuzenden Bewehrung durch eine ausreichende Verankerung sichergestellt sein.

– *Verbundfugen mit nicht voll verankerter Verbundbewehrung:*

$$\tau_{\mathrm{Rdi}} = c_{\mathrm{v2}} \cdot \frac{\sqrt{f_{\mathrm{ck}}}}{\gamma_{\mathrm{C}}} + \mu_{\mathrm{v}} \cdot \sigma_{\mathrm{n}} + \frac{A_{\mathrm{si}}}{A_{\mathrm{i}}} \cdot \left(k_{\mathrm{v}} \cdot f_{\mathrm{yd}} \cdot \mu_{\mathrm{v}} + k_{\mathrm{dowel}} \cdot \sqrt{f_{\mathrm{yd}} \cdot f_{\mathrm{cd}}}\right) \leq 0{,}25 f_{\mathrm{cd}} \tag{6.152b}$$

Gl. (6.152b) ist anzuwenden, wenn ein Fließen der kreuzenden Bewehrung, z. B. infolge unzureichender Verankerung, nicht sichergestellt werden kann. Dies ist meist bei lotrechten Schubverbindern der Fall.

Vorfaktoren der Nachweisgleichungen sind in Abhängigkeit der Fugenausbildung in Tafel 6.23 zusammengefasst. Ein Vergleich mit EC 2-1-1 zeigt:

- Für Verbundfugen ohne oder mit voll verankerter Verbundbewehrung wird dem Adhäsionsanteil künftig ein deutlich größerer Schubwiderstand zugeordnet. Anteile aus der Reibung bleiben weitestgehend identisch, so dass in Summe in der Regel geringere Verbundbewehrungsmengen erforderlich werden.

Tafel 6.23 Vorfaktoren in Abhängigkeit der Fugenausbildung nach prEC 2-1-1:2021

	Verbundfugen ohne Verbundbewehrung oder mit voll verankerter Verbundbewehrung		Verbundbewehrung mit nicht voll verankerter Verbundbewehrung		
Oberflächenrauheit	c_{v1}	μ_v	c_{v2}	k_v	k_{dowel}
verzahnt	0,37	0,9	-	-	-
sehr rau	0,19	0,9	0,15	0,5	0,9
Rau	0,15	0,7	0,075	0,5	0,9
Glatt	0,075	0,6	0	0,5	1,1
sehr glatt	0,0095	0,5	0	0	1,5

– Für Verbundfugen mit nicht voll verankerter Verbundbewehrung (häufig lotrechte Schubverbinder) werden die Anteile aus Adhäsion und Reibung deutlich reduziert (Abminderungsfaktor k_v). Jedoch wird künftig zusätzlich eine Dübelwirkung (*dowel effect*) der Verbundbewehrung bei der Ermittlung des Schubwiderstandes berücksichtigt.

6.8.3 Bemessung für Torsion

Die Bemessung für Torsion folgt dem zuvor beschriebenen Nachweiskonzept auf Basis von Schubspannung und bleibt – abgesehen von der Umformulierung auf Spannungsniveau – mit der Nachweisführung nach EC 2-1-1 identisch. Der Bemessungswert der einwirkenden Schubspannung infolge Torsion beträgt

$$\tau_{t,Ed,i} = \frac{T_{Ed}}{2 \cdot A_k \cdot t_{eff,i}} \qquad (6.153)$$

und muss mit

$$\tau_{t,Ed,i} \leq \tau_{t,Rd} = \min(\tau_{t,Rd,sw}, \tau_{t,Rd,sl}, \tau_{t,Rd,max}) \qquad (6.154)$$

den Torsionswiderstand der Druckstrebe

$$\tau_{t,Rd,max} = \frac{\nu \cdot f_{cd}}{\cot\theta + \tan\theta} \quad \text{mit: } \nu = 0{,}40 \text{ (abweichend von Querkraft!)} \qquad (6.155)$$

und die Torsionswiderstände der Zugstrebe

$$\tau_{t,Rd,sw} = \frac{A_{sw}/s_w}{t_{eff,i}} \cdot f_{ywd} \cdot \cot\theta \quad \text{(Bügelbewehrung)} \qquad (6.156)$$

$$\tau_{t,Rd,sl} = \frac{A_{sl}/u_k}{t_{eff,i}} \cdot f_{yd} \cdot \tan\theta \quad \text{(Längsbewehrung)} \qquad (6.157)$$

unterschreiten. Der Druckstrebenneigungswinkel darf in dem Wertebereich

$$1/\cot\theta_{min} \leq \cot\theta \leq \cot\theta_{min} \qquad (6.158)$$

frei gewählt werden. Hierbei muss die Wahl von $\cot\theta$ – auch wenn der Grenzwert $\cot\theta_{min}$ entsprechend den Vorgaben der Querkraftbemessung (Abschnitt 6.8.2.3) anzusetzen ist – nicht zwingend dem Druckstrebeneigungswinkel der Querkraftbemessung entsprechen. Die

Kombination von Querkraft und Torsion darf vereinfacht nach prEC 2-1-1:2021 mit einer linearen Interaktionsregel

$$\frac{\tau_{\mathrm{Ed,V}}}{\tau_{\mathrm{Rd,V}}} + \frac{\tau_{\mathrm{t,Ed,i}}}{\tau_{\mathrm{t,Rd}}} \leq 1 \tag{6.159}$$

erfolgen.

Alternativ ist ein genaueres Nachweisverfahren der Bemessung von Einzelwandelementen, welche die Interaktion von Biegung, Normalkraft, Querkraft und Torsion unmittelbar erfassen, möglich.

6.8.4 Nachweis auf Durchstanzen

6.8.4.1 Grundlagen der Nachweisführung

Der Nachweis auf Durchstanzen ist nach prEC 2-1-1:2021 mit wesentlichen Änderungen verbunden, welche nachfolgend vorab kurz zusammengefasst werden:

- Die Nachweisführung erfolgt künftig einheitlich für Platten und Fundamente.
- Hierbei beträgt der Abstand des kritischen Rundschnitts (Bemessungsrundschnitt) einheitlich $0{,}5d_{\mathrm{v}}$ (anstatt $2d$ bei Platten bzw. iterativer Ermittlung bei Fundamenten).
- Der Umfang des kritischen Rundschnitts wir künftig mit $b_{0,5}$ und der Stützenumfang mit b_0 (nach EC 2-1-1 *u bzw.* u_0) bezeichnet.
- Für Bauteile ohne Durchstanzbewehrung wird in Anlehnung an die Querkraftbemessung eine modifizierte Widerstandsgleichung verwendet.
- Für Bauteile mit Durchstanzbewehrung wird mit einem additiven Ansatz von Beton- und Stahltraganteil und deren Wichtung mittels Wirksamkeitsfaktoren ein fließender Übergang bei der Ermittlung des Durchstanzwiderstandes von Bauteilen ohne und mit Durchstanzbewehrung geschaffen.

Der Bemessungswert der Schubspannung im kritischen Rundschnitt (Bemessungsrundschnitt) beträgt:

$$\tau_{\mathrm{Ed}} = \frac{\beta_{\mathrm{e}} \cdot V_{\mathrm{Ed}}}{b_{0,5} \cdot d_{\mathrm{v}}} \tag{6.160}$$

β_{e} Beiwert zur Berücksichtigung der Auswirkung von Momenten in der Lasteinleitungsfläche ($\beta_{\mathrm{e}} = 1{,}15$ bei Innenstützen, $\beta_{\mathrm{e}} = 1{,}40$ bei Wandenden, alle weiteren Näherungswerte wie nach aktueller Norm, vgl. Abschnitt 6.4.3)

d_{v} mittlere Nutzhöhe = $(d_{\mathrm{vx}} + d_{\mathrm{vy}})/2$ mit d_{vx} und d_{vy} als Nutzhöhe der Platte in x- und y-Richtung (Hintergrund des Index v: Bei eingelassenen Stützenköpfen (Eindringtiefe des Stützenkopfes > d /20) ist d unter Berücksichtigung des wirksamen Abstützbereichs zu ermitteln; d_{v} ist dann bezogen auf die Oberkante des Stützenkopfes in der Druckzone, nicht auf die Unterkante der Platte).

Bei der Ermittlung von V_{Ed} dürfen alle günstig wirkenden Lasten auf der Zugseite des plattenförmigen Bauteils, der Sohldruck auf Gründungen und Bodenplatten und die

Umlenkkräfte in vorgespannten Platten innerhalb des Bemessungsrundschnitts von der Querkraft in Auflagermitte (Stützenlast) abgezogen werden. Darüber hinaus darf bei Fundamenten oder Bodenplatten ohne Durchstanzbewehrung der Sohldruck bis maximal $0{,}67d_v$ Abstand vom Stützenrand als Abzug berücksichtigt werden.

Nach prEC 2-1-1:2021 darf auf einen genaueren Nachweis des Durchstanzens verzichtet werden, wenn gilt:

$$\tau_{Ed} \leq \tau_{Rdc,min} \quad \text{mit: } \tau_{Rdc,min} \text{ nach Gl. (6.140) (Bemessung für Querkraft)} \tag{6.161}$$

Andernfalls sind genaue Nachweise für Bauteile ohne und mit Durchstanzbewehrung nach den folgenden Abschnitt 6.8.4.2 und 6.8.4.3 zu führen.

6.8.4.2 Platten und Fundamente ohne Durchstanzbewehrung

Der genaue Nachweis für Bauteile ohne Durchstanzbewehrung erfolgt in der Form

$$\tau_{Ed} \leq \tau_{Rd,c} \tag{6.162}$$

mit einem Bemessungswert des Schubspannungswiderstandes gegenüber Durchstanzen von

$$\tau_{Rd,c} = \frac{0{,}6}{\gamma_V} \cdot k_{pb} \cdot \left(100 \cdot \rho_l \cdot f_{ck} \cdot \frac{d_{dg}}{d_v}\right)^{1/3} \leq \frac{0{,}6}{\gamma_V} \cdot \sqrt{f_{ck}}\,. \tag{6.163}$$

Der Schubspannungswiderstand gegenüber Durchstanzen unterscheidet sich von dem gegenüber Querkraft im Wesentlichen durch einen reduzierten Vorfaktor und einen zusätzlich zu berücksichtigenden Gradientenbeiwert

$$1 \leq k_{pb} = 3{,}6 \cdot \sqrt{1 - \frac{b_0}{b_{0,5}}} \leq 2{,}5\,. \tag{6.164}$$

Dieser darf bei Wirkung von Drucknormalkräften oder Vorspannung zusätzlich erhöht werden und muss bei Wirkung von Zugnormalkräften reduziert werden. Diesbezüglich wird auf prEC 2-1-1:2021 verwiesen.

6.8.4.3 Platten und Fundamente mit Durchstanzbewehrung

Wird eine Durchstanzbewehrung erforderlich, so ist zunächst die Maximaltragfähigkeit im Bemessungsrundschnitt zu prüfen, mit:

$$\tau_{Ed} \leq \tau_{Rd,max} = \eta_{sys} \cdot \tau_{Rd,c} \tag{6.165}$$

$$\eta_{sys} = 1{,}15 \cdot \frac{d_{sys}}{d_v} + 0{,}63 \cdot \left(\frac{b_0}{d_v}\right)^{1/4} - 0{,}85 \cdot \frac{s_0}{d_{sys}}\,. \tag{6.166}$$

Der Koeffizient η_{sys} hängt vom gewählten Durchstanzbewehrungssystem ab. Hierbei schließt prEC 2-1-1:2021 künftig neben konventioneller Bügelbewehrung auch Doppelkopfbolzen explizit mit ein. Für spezielle Bewehrungssysteme muss η_{sys} jedoch weiterhin den entsprechenden Zulassungen entnommen werden. Die zur Ermittlung von η_{sys} erforderliche Nutzhöhe d_{sys} ist, neben weiteren benötigten Geometrieparametern, in Abb. 6.85 definiert.

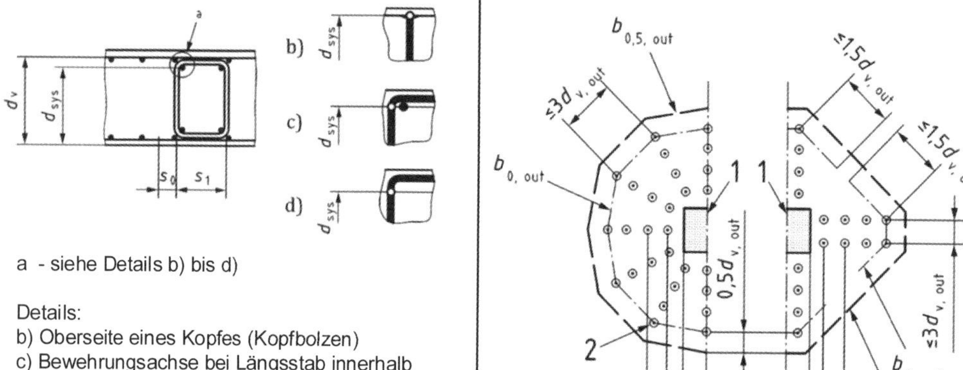

Abb. 6.85 Geometrieparameter und Bewehrungsanordnung gegen Durchstanzen nach prEC 2-1-1:2021 (Abbildungen aus [prEC 2-1-1:2021], Beschriftungen modifiziert und erweitert)

Die Durchstanzbewehrung ist in der Regel radial oder kreuzweise um den Stützenkopf anzuordnen, wobei der erforderliche Durchstanzbewehrungsgrad

$$\rho_\mathrm{w} = \frac{A_\mathrm{sw}}{s_\mathrm{r} \cdot s_\mathrm{t}} \tag{6.167}$$

über den Nachweis

$$\tau_\mathrm{Ed} \leq \tau_\mathrm{Rd,cs} \tag{6.168}$$

zu ermitteln ist. Der Durchstanzwiderstand mit Durchstanzbewehrung setzt sich mit

$$\tau_\mathrm{Rd,cs} = \eta_\mathrm{c} \cdot \tau_\mathrm{Rd,c} + \eta_\mathrm{s} \cdot \rho_\mathrm{w} \cdot f_\mathrm{ywd} \geq \rho_\mathrm{w} \cdot f_\mathrm{ywd} \tag{6.169}$$

aus den Traganteilen des Betons und der Durchstanzbewehrung additiv zusammen. Die Anteile gehen über die Wirksamkeitsfaktoren

$$\eta_\mathrm{c} = \frac{\tau_\mathrm{Rd,c}}{\tau_\mathrm{Ed}} \tag{6.170}$$

$$\eta_\mathrm{s} = \frac{d_\mathrm{v}}{150 \cdot \varnothing_\mathrm{s}} + \left(\frac{15 \cdot d_\mathrm{dg}}{d_\mathrm{v}}\right)^{1/2} \cdot \left(\frac{1}{\eta_\mathrm{c} \cdot k_\mathrm{pb}}\right)^{3/2} \leq 0{,}8 \tag{6.171}$$

unterschiedlich stark gewichtet in die Berechnung ein. Je größer der Anteil des Betontraganteils bezogen auf die einwirkende Schubkraft, desto höher darf dieser bei der Ermittlung des Durchstanzwiderstands angesetzt werden. Dies führt zu einem fließenden Übergang der Widerstandsgleichungen für Bauteile mit und ohne Durchstanzbewehrung, wie Abb. 6.86 als schematische Gegenüberstellung mit dem Nachweiskonzept nach EC 2-1-1 zeigt.

Die letzte Bewehrungsreihe ist gemäß Abb. 6.85 im Abstand $0{,}5d_\mathrm{v,out}$ vom äußeren Rundschnitt mit dem Umfang

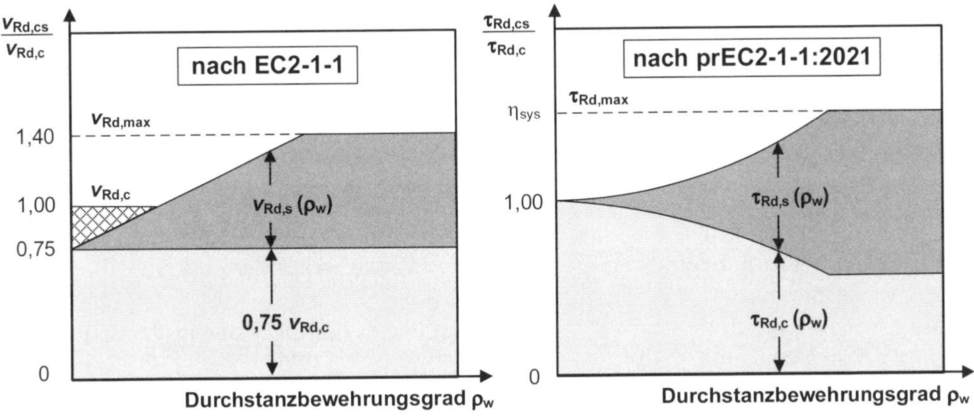

Abb. 6.86 Schematische Darstellung der Nachweiskonzepte gegen Durchstanzen nach EC 2-1-1 und prEC 2-1-1:2021 im Vergleich (Darstellung in Anlehnung an [Hegger – 21])

$$b_{0,5,\mathrm{out}} = b_{0,5} \cdot \left(\frac{d_\mathrm{v}}{d_{\mathrm{v,out}}} \cdot \frac{1}{\eta_\mathrm{c}} \right)^{3/2} \tag{6.172}$$

mit: $d_{\mathrm{v,out}} = d_\mathrm{v} - (h - d_{\mathrm{sys}})$ (abgeleitet aus Bild 8.24, prEC 2-1-1:2021) (6.173)

anzuordnen. Ein Nachweis des Durchstanzwiderstandes ohne Durchstanzbewehrung im äußeren Rundschnitt muss künftig nicht mehr geführt werden.

6.8.5 Verformungsbeeinflusste Grenzzustände der Tragfähigkeit

Zur Berücksichtigung verformungsbeeinflusster Grenzzustände der Tragfähigkeit sind in prEC 2-1-1:2021 folgende Berechnungsverfahren vorgesehen:

- das vereinfachte Verfahren mit Nennkrümmung, das ausschließlich lokale Auswirkungen nach Theorie II. Ordnung berücksichtigt
- ein Verfahren zur linear-elastischen Berechnung nach Theorie II. Ordnung, das entweder auf reduzierten Steifigkeitswerten oder auf einem Momenten-Vergrößerungsfaktor beruht

Das Nennkrümmungsverfahren nach prEC 2-1-1:2021 lehnt sich stark an das aktuelle Verfahren an, wird jedoch nur informativ in einem Anhang präzisiert. Verbindlichere Erläuterungen und Festlegungen sind erst mit Erarbeitung der Nationalen Anhänge zu erwarten, so dass auf eine ausführliche Darstellung zum jetzigen Zeitpunkt verzichtet wird.

7 Grenzzustände der Gebrauchstauglichkeit

7.1 Grundsätzliches

In den Grenzzuständen der Gebrauchstauglichkeit sind nachzuweisen bzw. auszuschließen (s. EC 2-1-1, Abschnitt 7):

- übermäßige Mikrorissbildung im Beton sowie nichtelastische Verformungen von Beton- und Spannstahl
- Risse im Beton, die das Aussehen, die Dauerhaftigkeit oder die ordnungsgemäße Nutzung beeinträchtigen können
- Verformungen und Durchbiegungen, die für das Erscheinungsbild oder die planmäßige Nutzung eines Bauteils selbst oder angrenzender Bauteile (leichte Trennwände, Verglasung, Außenwandverkleidung, haustechnische Anlagen) schädlich sind

Der Nachweis, dass ein Tragwerk oder Tragwerksteil diese Anforderungen erfüllt, erfolgt durch:

- Begrenzung von Spannungen (s. Abschnitt 7.2)
- Rissbreitenbegrenzungen (s. Abschnitt 7.3)
- Verformungsbegrenzungen (s. Abschnitt 7.4)

Diese Nachweise werden – von Ausnahmen abgesehen – rechnerisch nur für eine Beanspruchung aus Biegung und/oder Längskraft geführt, während für die Beanspruchungsarten Querkraft, Torsion, Durchstanzen diese durch konstruktive Regelungen erfüllt werden (beispielsweise über eine zweckmäßige Ausbildung und Anordnung der Bügelbewehrung). Der Nachweis erfolgt jeweils für Gebrauchslasten, und zwar je nach Nachweisbedingung für die seltene, häufige oder quasi-ständige Lastkombination (s. hierzu Abschnitt 5.1.2).

Häufig werden nur die Stahlspannungen der Biegezugbewehrung benötigt (insbesondere beispielsweise beim Nachweis zur Begrenzung der Rissbreite). Wenn keine allzu große Genauigkeit gefordert ist, können die Stahlspannungen im gerissenen Zustand genügend genau mit dem Hebelarm z der inneren Kräfte aus dem Tragfähigkeitsnachweis ermittelt werden (diese Abschätzung liegt allerdings im Allgemeinen auf der unsicheren Seite). Es gilt:

$$\sigma_{s1} \approx \left(\frac{M_s}{z} + N \right) \cdot \frac{1}{A_{s1}} \tag{7.1}$$

wobei M_s und N die auf die Biegezugbewehrung A_{s1} bezogenen Schnittgrößen in der maßgebenden Belastungskombination sind (N hier als Zugkraft pos.!).

Für eine genauere Berechnung und für die Berechnungen weiterer Größen (wie z. B. der Betondruckspannungen im Gebrauchszustand) werden jedoch i. d. R. alle Querschnittsgrößen benötigt.

Die *Querschnittsgrößen im Zustand I* können mit den aus der Festigkeitslehre bekannten Verfahren ermittelt werden. Der Einfluss der Bewehrung wird dabei unter Berücksichtigung der unterschiedlichen E-Moduln von Beton und Betonstahl berücksichtigt. Eine Zusammenstellung der maßgebenden Größen für Rechteckquerschnitt ist in Tafel 7.1a wiedergegeben.

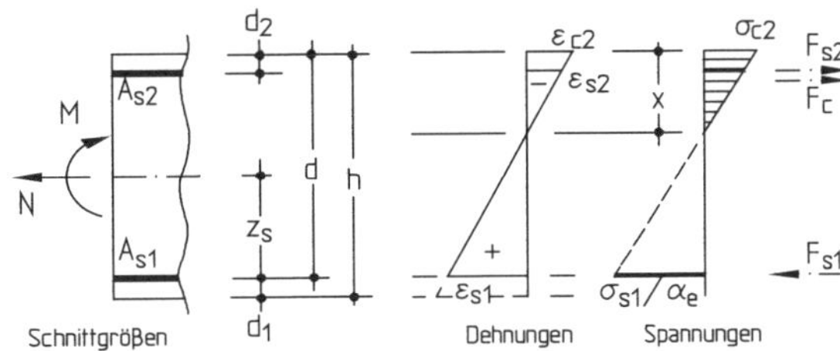

Abb. 7.1 Spannungs- und Dehnungsverlauf im Gebrauchszustand

Für die Ermittlung der *Querschnittsgrößen im Zustand II* geht man von dem in Abb. 7.1 dargestellten Dehnungs- bzw. Spannungsverlauf aus. Da bei Beton im Gebrauchszustand i. Allg. Stauchungen von etwa 0,3 bis 0,5 ‰ hervorgerufen werden, ist es genügend genau und gerechtfertigt, einen linearen Verlauf der Betonspannungen anzunehmen. Hierfür kann man in vielen praxisrelevanten Fällen direkte Lösungen für die Druckzonenhöhe, die Randspannung, den Hebelarm der inneren Kräfte etc. angeben, die bei den rechnerischen Nachweisen im Einzelnen benötigt werden. Mit den in Abb. 7.1 dargestellten Bezeichnungen erhält man für den Rechteckquerschnitt:

$$N = -|F_c| - |F_{s2}| + F_{s1} \tag{7.2a}$$

$$M_s = |F_c| \cdot (d - x/3) + |F_{s2}| \cdot (d - d_2) \tag{7.2b}$$

mit: $M_s = M - N \cdot z_s$

Die „inneren“ Kräfte lassen sich mit den Beton- und Stahlspannungen σ_c und σ_s bestimmen. Die Stahlspannungen σ_{s1} und σ_{s2} können jedoch auch über die Betondruckspannung σ_c ausgedrückt werden. Wegen der Linearität der Dehnungsverteilung und mit dem Hooke'schen Gesetz folgt

$$\varepsilon_{s1} = |\varepsilon_{c2}| \cdot (d/x - 1)$$

$$\rightarrow \quad \sigma_{s1} = |\sigma_{c2}| \cdot (d/x - 1) \cdot (E_s / E_c) \tag{7.3}$$

Ebenso erhält man die Stahlspannung σ_{s2} in Abhängigkeit von der Betonrandspannung σ_{c2}. Mit $\alpha_e = E_s / E_c$ als Verhältnis der Elastizitätsmoduln von Stahl und Beton erhält man somit die „inneren“ Kräfte

$$F_c = 0{,}5 \cdot x \cdot b \cdot \sigma_{c2} \tag{7.4a}$$

$$F_{s2} = A_{s2} \cdot \sigma_{s2} = A_{s2} \cdot [(\alpha_e - 1) \cdot \sigma_{c2} \cdot (1 - d_2/x)] \tag{7.4b}$$

$$F_{s1} = A_{s1} \cdot \sigma_{s1} = A_{s1} \cdot [\alpha_e \cdot |\sigma_{c2}| \cdot (d/x - 1)] \tag{7.4c}$$

Für den häufigen Sonderfall der „reinen“ Biegung (ohne Längskraft) und des Querschnitts ohne Druckbewehrung vereinfachen sich die Gleichungen entsprechend, und man erhält aus $\Sigma H = 0$ nach Gl. (7.2a)

$$0 = -0{,}5 \cdot x \cdot b \cdot |\sigma_{c2}| + A_{s1} \cdot [\alpha_e \cdot |\sigma_{c2}| \cdot (d/x - 1)]$$

$$\rightarrow \quad 0{,}5 \cdot x^2 \cdot b - A_{s1} \cdot [\alpha_e \cdot (d - x)] = 0$$

und aufgelöst nach der Druckzonenhöhe x

$$x = \frac{\alpha_e \cdot A_{s1}}{b} \cdot \left(-1 + \sqrt{1 + \frac{2bd}{\alpha_e \cdot A_{s1}}} \right) \tag{7.5}$$

Mit der bekannten Druckzonenhöhe lassen sich dann die weiteren gesuchten Größen bestimmen. In gleicher Weise ist bei Rechteckquerschnitten mit Druckbewehrung zu verfahren.

Man erhält dann für „reine“ Biegung – Biegung mit Längskraft s. nachfolgend – die in Tafel 7.1b für Rechteckquerschnitte und in Tafel 7.2 für Plattenbalken (ohne Herleitung) zusammengestellten Gleichungen, wobei die Druckzonenhöhe x nach Gl. (7.5) jedoch als bezogene Größe ξ dargestellt ist.

Hilfsmittel zur einfachen Ermittlung der bezogenen Größen ξ und κ und der Hilfsgrößen μ_c und μ_s für die Ermittlung der Betonrandspannung und der Stahlzugspannung sind in den Tafeln 7.4a und 7.4b zusammengestellt. Eingangswert ist jeweils der im Verhältnis der

Tafel 7.1a Zusammenstellung geometrischer Größen für die Ermittlung der Stahl- und Betonspannung σ_{s1} und σ_{c2} des Zustands I für Rechteckquerschnitte unter reiner Biegung im Gebrauchszustand

	Rechteckquerschnitt *ohne* Druckbewehrung	*mit* Druckbewehrung
1a	$\xi^I = \dfrac{0{,}5 + \alpha_e \cdot \rho^I \cdot d/h}{1 + \alpha_e \cdot \rho^I}$	$\xi^I = \dfrac{0{,}5 + \alpha_e \cdot \rho^I \cdot d/h \cdot \left(1 + \dfrac{A_{s2} \cdot d_2}{A_{s1} \cdot d}\right)}{1 + \alpha_e \cdot \rho^I \cdot (1 + A_{s2}/A_{s1})}$
1b	$\kappa^I = 1 + 12 \cdot (0{,}5 - \xi^I)^2$ $+12 \cdot \alpha_e \cdot \rho^I \cdot \left(d/h - \xi^I\right)^2$	$\kappa^I = 1 + 12 \cdot (0{,}5 - \xi^I)^2 + 12 \cdot \alpha_e \cdot \rho^I \cdot \left(d/h - \xi^I\right)^2$ $+12 \cdot \alpha_e \cdot \rho^I \cdot \dfrac{A_{s2}}{A_{s1}} \cdot \left(\xi^I - d_2/h\right)^2$
2a	$x^I = \xi^I \cdot h$	$x^I = \xi^I \cdot h$
2b	$z = d - x/3$	
3a	$\left\|\sigma_{c2}^I\right\| = \dfrac{M}{I^I} \cdot x^I$	$\left\|\sigma_{c2}^I\right\| = \dfrac{M}{I^I} \cdot x^I$
3b	$\sigma_{s1}^I = \dfrac{M}{I^I} \cdot (d - x^I) = \left\|\sigma_{c2}^I\right\| \cdot \dfrac{\alpha_e \cdot \left(d - x^I\right)}{x^I}$	$\sigma_{s1}^I = \dfrac{M}{I^I} \cdot (d - x^I) = \left\|\sigma_{c2}^I\right\| \cdot \dfrac{\alpha_e \cdot \left(d - x^I\right)}{x^I}$
4a	$I^I = \kappa^I \cdot b \cdot h^3/12$	$I^I = \kappa^I \cdot b \cdot h^3/12$
4b	$S^I = A_{s1} \cdot \left(d - x^I\right)$	$S^I = A_{s1} \cdot \left(d - x^I\right) - A_{s2} \cdot \left(x^I - d_2\right)$

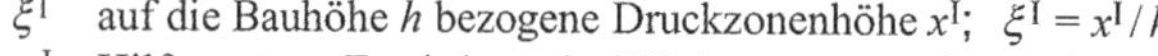

ξ^I auf die Bauhöhe h bezogene Druckzonenhöhe x^I; $\xi^I = x^I/h$

κ^I Hilfswert zur Ermittlung des Flächenmoments 2. Grades

ρ^I auf die Bauhöhe h bezogener Bewehrungsgrad; $\rho^I = A_{s1}/(b \cdot h)$

σ^I_{c2} größte Betonrandspannung des Gebrauchszustands

σ^I_{s1} Stahlzugspannung des Gebrauchszustands

I^I Flächenmoment 2. Grades (Trägheitsmoment) im Zustand I

S^I Flächenmoment 1. Grades (statisches Moment) der Bewehrung (Zustand I)

α_e Verhältnis der E-Modulen von Betonstahl E_s zu Beton $E_{c,eff}$

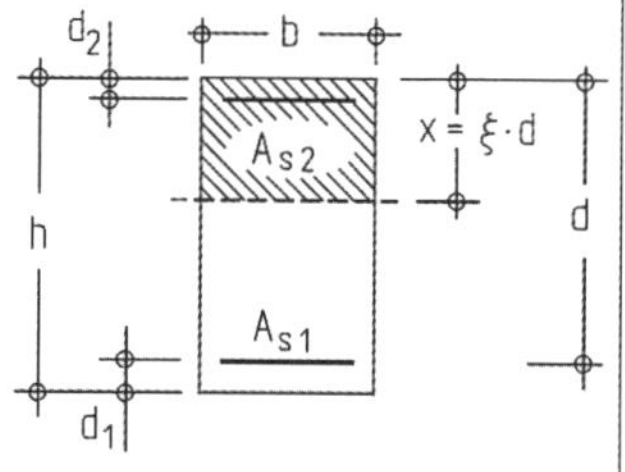

E-Moduln vervielfachte Bewehrungsgrad $\alpha_e\,\rho$ (Verhältniswert $\alpha_e = E_s/E_{cm}$; s. Tafel 7.3). Mit den Hilfswerten ξ und κ bzw. μ_c und μ_s können dann die weiteren Größen berechnet werden. Tafel 7.4a gilt für den Querschnitt ohne Druckbewehrung, in Tafel 7.4b wurde angenommen, dass die Druckbewehrung 50 % der Zugbewehrung beträgt.

Für die Berechnung der Spannungen sind ggf. Langzeiteinflüsse zu berücksichtigen. Unter der Annahme eines linearen Kriechverhaltens kann das Kriechen auch durch Abminderung des Elastizitätsmoduls für den Beton erfasst werden. Für den wirksamen E-Modul erhält man

$$E_{c,eff} = E_{cm} / (1+\varphi) \qquad (7.6)$$

mit den im Abschnitt 5.3.1 dargestellten Zusammenhängen.

Tafel 7.1b Zusammenstellung geometrischer Größen für die Ermittlung der Stahl- und Betonspannung σ_{s1} und σ_{c2} des Zustands II für Rechteckquerschnitte unter reiner Biegung im Gebrauchszustand

	Rechteckquerschnitt *ohne* Druckbewehrung	*mit* Druckbewehrung
1a	$\xi = -\alpha_e \cdot \rho + \sqrt{(\alpha_e \cdot \rho)^2 + 2 \cdot \alpha_e \cdot \rho}$	$\xi = -\alpha_e \cdot \rho \cdot \left(1 + \frac{A_{s2}}{A_{s1}}\right) + \sqrt{\left[\alpha_e \cdot \rho \cdot \left(1 + \frac{A_{s2}}{A_{s1}}\right)\right]^2 + 2 \cdot \alpha_e \cdot \rho \cdot \left(1 + \frac{A_{s2} \cdot d_2}{A_{s1} \cdot d}\right)}$
1b	$\kappa = 4 \cdot \xi^3 + 12 \cdot \alpha_e \cdot \rho \cdot (1-\xi)^2$	$\kappa = 4 \cdot \xi^3 + 12 \cdot \alpha_e \cdot \rho \cdot (1-\xi)^2 + 12 \cdot \alpha_e \cdot \rho \cdot \frac{A_{s2}}{A_{s1}} \cdot \left(\xi - \frac{d_2}{d}\right)^2$
2a	$x = \xi \cdot d$	$x = \xi \cdot d$
2b	$z = d - x/3$	
3a	$\lvert\sigma_{c2}\rvert = \frac{2M}{b \cdot x \cdot z}$	$\lvert\sigma_{c2}\rvert = \frac{6 \cdot M}{b \cdot x \cdot (3d - x) + 6 \cdot \alpha_e \cdot A_{s2} \cdot (d - d_2) \cdot (1 - d_2/x)}$
3b	$\sigma_{s1} = \frac{M}{z \cdot A_{s1}} = \lvert\sigma_{c2}\rvert \cdot \frac{\alpha_e \cdot (d-x)}{x}$	$\sigma_{s1} = \lvert\sigma_{c2}\rvert \cdot \frac{\alpha_e \cdot (d-x)}{x}$
4a	$I = \kappa \cdot b \cdot d^3/12$	$I = \kappa \cdot b \cdot d^3/12$
4b	$S = A_{s1} \cdot (d - x)$	$S = A_{s1} \cdot (d-x) - A_{s2} \cdot (x - d_2)$

ξ auf die Nutzhöhe d bezogene Druckzonenhöhe x; $\xi = x / d$
κ Hilfswert zur Ermittlung des Flächenmoments 2. Grades
ρ auf die Nutzhöhe d und Querschnittsbreite b bezogener Bewehrungsgrad; $\rho = A_{s1}/(b \cdot d)$
σ_{c2} größte Betonrandspannung des Gebrauchszustands
σ_{s1} Stahlzugspannung des Gebrauchszustands
I Flächenmoment 2. Grades (Trägheitsmoment) im Gebrauchszustand
S Flächenmoment 1. Grades (statisches Moment) der Bewehrung, bezogen auf die Schwerachse des gerissenen Querschnitts

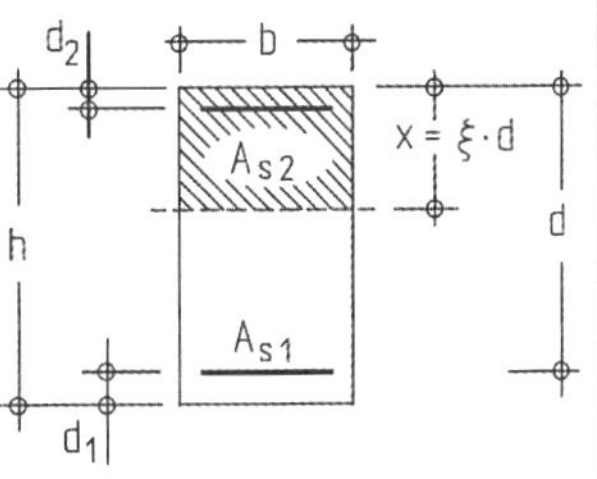

Tafel 7.2 Zusammenstellung geometrischer Größen für die Ermittlung der Stahl- und Betonspannung σ_{s1} und σ_{c2} des Zustands II für Plattenbalkenquerschnitte unter reiner Biegung im Gebrauchszustand

	Plattenbalkenquerschnitt *ohne* Druckbewehrung	*mit* Druckbewehrung
1a	$\xi = -A + \sqrt{A^2 + B}$ $A = \alpha_e \cdot \rho + \frac{h_f}{d} \cdot \left(\frac{b_f}{b_w} - 1 \right)$ $B = 2 \cdot \alpha_e \cdot \rho + \left(\frac{h_f}{d} \right)^2 \cdot \left(\frac{b_f}{b_w} - 1 \right)$	$\xi = -A + \sqrt{A^2 + B}$ $A = \alpha_e \cdot \rho \cdot \left(1 + \frac{A_{s2}}{A_{s1}} \right) + \frac{h_f}{d} \cdot \left(\frac{b_f}{b_w} - 1 \right)$ $B = 2 \cdot \alpha_e \cdot \rho \cdot \left(1 + \frac{A_{s2}}{A_{s1}} \right) + \left(\frac{h_f}{d} \right)^2 \cdot \left(\frac{b_f}{b_w} - 1 \right)$
1b	$\kappa = 4 \cdot \left[\frac{b_f}{b_w} \cdot \xi^3 - \left(\frac{b_f}{b_w} - 1 \right) \cdot \left(\xi - \frac{h_f}{d} \right)^3 \right]$ $+ 12 \cdot \alpha_e \cdot \rho \cdot (1 - \xi)^2$	$\kappa = 4 \cdot \left[\frac{b_f}{b_w} \cdot \xi^3 - \left(\frac{b_f}{b_w} - 1 \right) \cdot \left(\xi - \frac{h_f}{d} \right)^3 \right]$ $+ 12 \cdot \alpha_e \cdot \rho \cdot (1 - \xi)^2 + 12 \cdot \alpha_e \cdot \rho \cdot \frac{A_{s2}}{A_{s1}} \left(\xi - \frac{d_2}{d} \right)^2$
2	$x = \xi \cdot d$	$x = \xi \cdot d$
3a	$\lvert\sigma_{c2}\rvert = \frac{M}{I} \cdot x$	$\lvert\sigma_{c2}\rvert = \frac{M}{I} \cdot x$
3b	$\sigma_{s1} = \frac{M}{I} \cdot (d - x) \cdot \alpha_e = \lvert\sigma_{c2}\rvert \cdot \frac{\alpha_e \cdot (d - x)}{x}$	$\sigma_{s1} = \frac{M}{I} \cdot (d - x) \cdot \alpha_e = \lvert\sigma_{c2}\rvert \cdot \frac{\alpha_e \cdot (d - x)}{x}$
4a	$I = \kappa \cdot b_w \cdot d^3 / 12$	$I = \kappa \cdot b_w \cdot d^3 / 12$
4b	$S = A_{s1} \cdot (d - x)$	$S = A_{s1} \cdot (d - x) - A_{s2} \cdot (x - d_2)$

ξ auf die Nutzhöhe d bezogene Druckzonenhöhe x; $\xi = x / d$
κ Hilfswert zur Ermittlung des Flächenmoments 2. Grades
ρ auf die Nutzhöhe d und Querschnittsbreite b bezogener Bewehrungsgrad; $\rho = A_{s1} / (b_w \cdot d)$
σ_{c2} größte Betonrandspannung des Gebrauchszustands
σ_{s1} Stahlzugspannung des Gebrauchszustands
I Flächenmoment 2. Grades im Zustand II (Gebrauchszustand)
S Flächenmoment 1. Grades (statisches Moment) der Bewehrung, bez. auf die Schwerachse des gerissenen Querschnitts

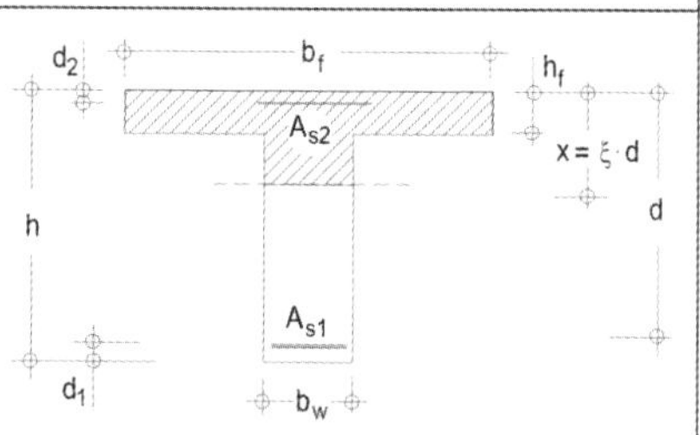

Tafel 7.3 E-Moduln von Beton und Verhältnis $\alpha_e = E_s/E_{cm}$

f_{ck} in N/mm²	12	16	20	25	30	35	40	45	50
E_{cm}[a)] in N/mm²	27 000	29 000	30 000	31 000	33 000	34 000	35 000	36 000	37 000
α_e[a)]	7,41	6,90	6,67	6,45	6,06	5,88	5,71	5,56	5,41

[a)] Die angegebenen E-Moduln gelten für Normalbeton. Das Kriechen des Betons kann für Verformungsberechnungen durch Berücksichtigung eines effektiven E-Moduls $E_{c,eff} = E_{cm} / (1+\varphi)$ abgeschätzt werden (φ Kriechbeiwert; s. Abschnitt 5.3.1); der α_e-Wert ist dann mit $(1+\varphi)$ zu multiplizieren.

Zu beachten ist, dass für den Nachweis von Betondruck- und Stahlzugspannungen im Gebrauchszustand (s. nachfolgenden Abschnitt 7.2) in der Regel unterschiedliche Zeitpunkte maßgebend sind. Während für die Betondruckspannungen in der Regel der Zeitpunkt $t = 0$ maßgebend ist (d. h. $\alpha_e = E_s / E_{cm}$), gilt für den Nachweis der Stahlzugspannungen häufig der Zeitpunkt $t = \infty$, so dass $\alpha_e = E_s / E_{eff}$ zu setzen ist.

Spannungsnachweis bei Biegung mit Längskraft

Ein geschlossener Ansatz führt zu einer kubischen Gleichung. Zur Vereinfachung wird deshalb eine Iteration empfohlen. In den Gleichungen nach Tafel 7.1 wird A_{s1} durch den vom Biegemoment M_s allein verursachten Bewehrungsanteil A_{sM} (s. Gl. (7.7)) und M durch das auf die Zugbewehrung bezogene Moment M_s ersetzt.

$$A_{sM} = A_{s1} - (N / \sigma_{s1}) \qquad (7.7)$$

Die noch unbekannte Stahlspannung σ_{s1} muss zunächst geschätzt werden und wird so lange iterativ verbessert, bis eine ausreichende Übereinstimmung erreicht ist.

Alternativ empfiehlt sich die Berechnung mit EDV-Unterstützung; wertvolle Hilfen liefern die KIB-Tools „Stahlbetonbau“ in [Schneider – 22].

Beispiel

Es wird zunächst die Berechnung mithilfe der Gleichungen in Tafel 7.1 dargestellt. Die Anwendung von Tafeln 7.4a und 7.4b wird im Abschnitt 7.2 gezeigt.

Gegeben ist ein Rechteckquerschnitt ($b / h / d = 30 / 60 / 55$ cm) aus C30/37 mit einer Biegezugbewehrung von $A_{s1} = 22{,}0$ cm². Für die Schnittgrößen $M = 300$ kNm und $N = -100$ kN (Druck) des Gebrauchszustands sollen die Stahlzugspannungen mit $\alpha_e = 15$ ermittelt werden.

Stahlspannung σ_{s1} — $\sigma_{s1} = 275$ MN/m² $= 27{,}5$ kN/cm²
(Die gesuchte Stahlspannung muss zunächst geschätzt werden.)

Bewehrungsanteil A_{sM} — $A_{sM} = A_{s1} - (N / \sigma_{s1}) = 22{,}0 - (-100/27{,}5) = 25{,}6$ cm²

Moment M_s — $M_s = M - N \cdot z_s = 300 - (-100) \cdot 0{,}25 = 325$ kNm

Druckzonenhöhe x — $x = 15 \cdot \dfrac{25{,}6}{30{,}0} \cdot \left[-1 + \sqrt{1 + 2 \cdot 30 \cdot 55/(15 \cdot 25{,}6)}\right] = 26{,}8\text{cm}$

Hebelarm z — $z = d - (x / 3) = 55 - 26{,}8 / 3 = 46{,}1$ cm

Stahlspannung σ_{s1} — $\sigma_{s1} = M_s / (A_{sM} \cdot z) = 325 / (25{,}6 \cdot 0{,}461) = 27{,}5$ kN/cm²

alternativ: $\sigma_{s1} = M_s / (A_{s1} \cdot z) + N / A_{s1} = 325 / (22 \cdot 0{,}461) - 100 / 22 = 27{,}5$ kN/cm²
(Die gesuchte Stahlspannung σ_{s1} wurde also richtig geschätzt; s. o.)

Tafel 7.4a Hilfswerte zur Ermittlung der Druckzonenhöhe x und des Flächenmomentes 2. Grades I sowie der Beton- und Betonstahlspannungen [Schmitz/Goris – 13] (Rechteckquerschnitte ohne Druckbewehrung im Zustand II unter reiner Biegung)

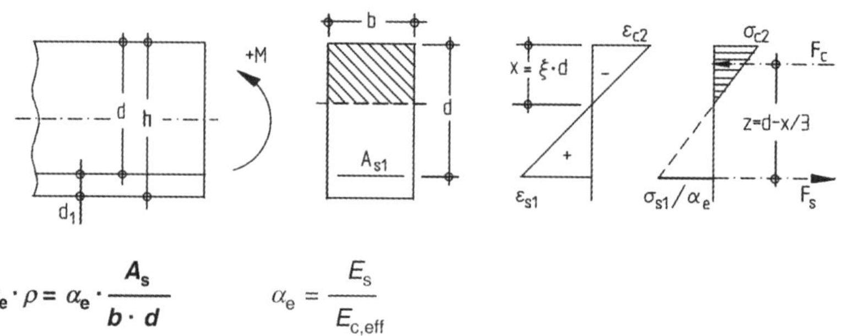

$$\alpha_e \cdot \rho = \alpha_e \cdot \frac{A_s}{b \cdot d} \qquad \alpha_e = \frac{E_s}{E_{c,eff}}$$

$\alpha_e \cdot \rho$	ξ	κ	μ_c	μ_s
0,01	0,132	0,100	0,063	0,010
0,02	0,181	0,185	0,085	0,019
0,03	0,217	0,262	0,101	0,028
0,04	0,246	0,332	0,113	0,037
0,05	0,270	0,398	0,123	0,045
0,06	0,292	0,460	0,132	0,054
0,07	0,311	0,519	0,139	0,063
0,08	0,328	0,575	0,146	0,071
0,09	0,344	0,628	0,152	0,080
0,10	0,358	0,678	0,158	0,088
0,11	0,372	0,727	0,163	0,096
0,12	0,384	0,773	0,168	0,105
0,13	0,396	0,818	0,172	0,113
0,14	0,407	0,860	0,176	0,121
0,15	0,418	0,902	0,180	0,129
0,16	0,428	0,942	0,183	0,137
0,17	0,437	0,980	0,187	0,145
0,18	0,446	1,018	0,190	0,153
0,19	0,455	1,054	0,193	0,161
0,20	0,463	1,089	0,196	0,169
0,21	0,471	1,123	0,199	0,177
0,22	0,479	1,156	0,201	0,185
0,23	0,486	1,188	0,204	0,193
0,24	0,493	1,220	0,206	0,201
0,25	0,500	1,250	0,208	0,208
0,26	0,507	1,280	0,211	0,216
0,27	0,513	1,308	0,213	0,224
0,28	0,519	1,337	0,215	0,232
0,29	0,525	1,364	0,217	0,239
0,30	0,531	1,391	0,218	0,247

$\alpha_e \cdot \rho$	ξ	κ	μ_c	μ_s
0,31	0,536	1,417	0,220	0,255
0,32	0,542	1,442	0,222	0,262
0,33	0,547	1,467	0,224	0,270
0,34	0,552	1,492	0,225	0,277
0,35	0,557	1,515	0,227	0,285
0,36	0,562	1,539	0,228	0,293
0,37	0,566	1,562	0,230	0,300
0,38	0,571	1,584	0,231	0,308
0,39	0,575	1,606	0,233	0,315
0,40	0,580	1,627	0,234	0,323
0,41	0,584	1,648	0,235	0,330
0,42	0,588	1,669	0,236	0,338
0,43	0,592	1,689	0,238	0,345
0,44	0,596	1,709	0,239	0,353
0,45	0,600	1,728	0,240	0,360
0,46	0,604	1,747	0,241	0,367
0,47	0,607	1,766	0,242	0,375
0,48	0,611	1,784	0,243	0,382
0,49	0,615	1,802	0,244	0,390
0,50	0,618	1,820	0,245	0,397
0,51	0,621	1,837	0,246	0,404
0,52	0,625	1,854	0,247	0,412
0,53	0,628	1,871	0,248	0,419
0,54	0,631	1,887	0,249	0,426
0,55	0,634	1,903	0,250	0,434
0,56	0,637	1,919	0,251	0,441
0,57	0,640	1,935	0,252	0,448
0,58	0,643	1,950	0,253	0,456
0,59	0,646	1,966	0,253	0,463
0,60	0,649	1,980	0,254	0,470

$$x = \xi \cdot d$$

$$I = \kappa \cdot b \cdot d^3 / 12$$

$$\sigma_{c2} = \frac{M}{b \cdot d^2 \cdot \mu_c} \qquad \sigma_{s1} = \frac{\alpha_e \cdot M}{b \cdot d^2 \cdot \mu_s}$$

Tafel 7.4b Hilfswerte zur Ermittlung der Druckzonenhöhe x und des Flächenmomentes 2. Grades I sowie der Beton- und Betonstahlspannungen [Schmitz/Goris – 13] (Rechteck mit Druckbewehrung – $A_{s2}/A_{s1} = 0{,}5$ – im Zustand II unter reiner Biegung)

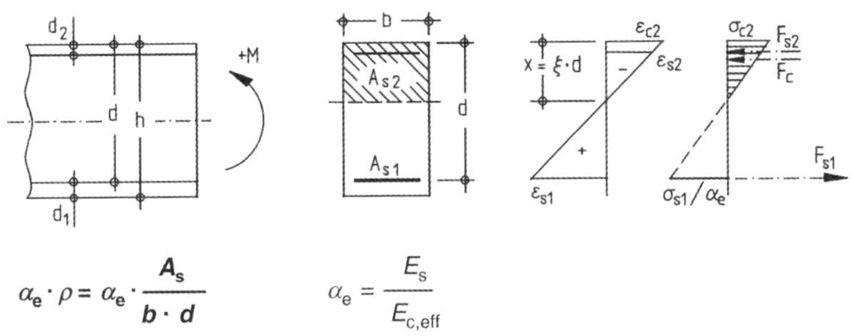

$$\alpha_e \cdot \rho = \alpha_e \cdot \frac{A_s}{b \cdot d} \qquad \alpha_e = \frac{E_s}{E_{c,eff}}$$

$A_{s2}/A_{s1} = 0{,}50$												
	$d_2/d = 0{,}05$				$d_2/d = 0{,}10$				$d_2/d = 0{,}15$			
$\alpha_e \cdot \rho$	ξ	κ	μ_c	μ_s	ξ	κ	μ_c	μ_s	ξ	κ	μ_c	μ_s
0,02	0,175	0,187	0,089	0,019	0,177	0,185	0,087	0,019	0,180	0,185	0,086	0,019
0,04	0,233	0,341	0,122	0,037	0,236	0,337	0,119	0,037	0,239	0,334	0,116	0,037
0,06	0,272	0,480	0,147	0,055	0,276	0,473	0,143	0,054	0,280	0,467	0,139	0,054
0,08	0,302	0,608	0,168	0,073	0,307	0,597	0,162	0,072	0,312	0,588	0,157	0,071
0,10	0,327	0,729	0,186	0,090	0,332	0,714	0,179	0,089	0,337	0,702	0,173	0,088
0,12	0,348	0,845	0,202	0,108	0,353	0,825	0,195	0,106	0,359	0,808	0,188	0,105
0,14	0,365	0,955	0,218	0,125	0,371	0,931	0,209	0,123	0,377	0,910	0,201	0,122
0,16	0,381	1,062	0,232	0,143	0,387	1,032	0,222	0,140	0,394	1,007	0,213	0,138
0,18	0,395	1,166	0,246	0,160	0,401	1,131	0,235	0,157	0,408	1,101	0,225	0,155
0,20	0,407	1,267	0,259	0,178	0,414	1,226	0,247	0,174	0,421	1,191	0,236	0,171
0,22	0,418	1,365	0,272	0,196	0,426	1,319	0,258	0,191	0,433	1,279	0,246	0,188
0,24	0,428	1,462	0,284	0,213	0,436	1,410	0,270	0,208	0,443	1,365	0,256	0,204
0,26	0,438	1,556	0,296	0,231	0,446	1,499	0,280	0,225	0,453	1,449	0,266	0,221
0,28	0,446	1,650	0,308	0,248	0,454	1,587	0,291	0,242	0,462	1,531	0,276	0,237
0,30	0,454	1,741	0,320	0,266	0,462	1,672	0,301	0,259	0,471	1,611	0,285	0,254
0,32	0,461	1,832	0,331	0,283	0,470	1,757	0,312	0,276	0,478	1,690	0,294	0,270
0,34	0,468	1,921	0,342	0,301	0,477	1,840	0,321	0,293	0,486	1,767	0,303	0,286
0,36	0,475	2,010	0,353	0,319	0,484	1,922	0,331	0,310	0,492	1,844	0,312	0,303
0,38	0,481	2,097	0,364	0,336	0,490	2,003	0,341	0,327	0,499	1,919	0,321	0,319
0,40	0,486	2,184	0,374	0,354	0,495	2,084	0,350	0,344	0,505	1,994	0,329	0,335
0,42	0,492	2,269	0,385	0,372	0,501	2,163	0,360	0,361	0,510	2,067	0,338	0,352
0,44	0,497	2,354	0,395	0,390	0,506	2,242	0,369	0,378	0,515	2,140	0,346	0,368
0,46	0,501	2,439	0,405	0,408	0,511	2,320	0,378	0,395	0,520	2,212	0,354	0,384
0,48	0,506	2,523	0,416	0,425	0,515	2,397	0,388	0,412	0,525	2,283	0,362	0,401
0,50	0,510	2,606	0,426	0,443	0,520	2,474	0,397	0,429	0,530	2,354	0,370	0,417
0,52	0,514	2,689	0,436	0,461	0,524	2,550	0,406	0,446	0,534	2,424	0,378	0,433
0,54	0,518	2,771	0,446	0,479	0,528	2,626	0,414	0,464	0,538	2,494	0,386	0,450
0,56	0,521	2,853	0,456	0,497	0,532	2,701	0,423	0,481	0,542	2,563	0,394	0,466
0,58	0,525	2,934	0,466	0,515	0,535	2,776	0,432	0,498	0,546	2,631	0,402	0,483
0,60	0,528	3,015	0,476	0,533	0,539	2,850	0,441	0,515	0,549	2,699	0,410	0,499

$$x = \xi \cdot d \qquad \sigma_{s1} = \frac{\alpha_e \cdot M}{b \cdot d^2 \cdot \mu_s} \qquad \sigma_{c2} = \frac{M}{b \cdot d^2 \cdot \mu_c}$$

$$I = \kappa \cdot b \cdot d^3 / 12$$

7.2 Spannungsbegrenzung im Gebrauchszustand

Durch große Betondruckspannungen und Stahlspannungen im Gebrauchszustand wird die Gebrauchstauglichkeit und Dauerhaftigkeit nachteilig beeinflusst. In EC 2-1-1, 7.2 werden daher unter bestimmten Voraussetzungen die Nachweise von Spannungen verlangt:

- im Beton

  unter der seltenen Einwirkungskombination in den Expositionsklassen XD 1 bis 3, XF 1 bis 4 und XS 1 bis 3:

  $$\sigma_c \leq 0{,}60\, f_{ck} \qquad (7.8a)$$

  für die quasi-ständige Kombination, falls die Gebrauchstauglichkeit, die Tragfähigkeit oder Dauerhaftigkeit durch Kriechen wesentlich beeinflusst werden:

  $$\sigma_c \leq 0{,}45\, f_{ck} \qquad (7.8b)$$

- im Betonstahl

  unter der seltenen Kombination bei Lasteinwirkung

  $$\sigma_s \leq 0{,}80\, f_{yk} \qquad (7.9a)$$

  für reine Zwangseinwirkungen

  $$\sigma_s \leq 1{,}00\, f_{yk} \qquad (7.9b)$$

Durch die Begrenzung der Betondruckspannungen nach Gl. (7.8a) sollen übermäßige Querzugspannungen in der Betondruckzone verhindert werden, die zu Längsrissen führen können. Die Einhaltung der Betondruckspannungen nach Gl. (7.8b) soll einer erhöhten und überproportionalen Kriechverformung begegnen.

Stahlspannungen unter Gebrauchslasten oberhalb der Streckgrenze – Gln. (7.9a) und (7.9b) – führen im Allgemeinen zu großen und ständig offenen Rissen im Beton. Die Dauerhaftigkeit wird dadurch nachteilig beeinflusst.

Die Spannungsermittlung erfolgt im Allgemeinen im gerissenen Zustand (s. Abschnitt 7.1). Ein ungerissener Zustand kann nur angenommen werden, wenn die berechneten Zugspannungen unter den seltenen Einwirkungen (ggf. unter Berücksichtigung von Zwangseinwirkungen) die Betonzugfestigkeit $f_{ct,eff}$ nicht überschreiten (nach EC 2-1-1 darf $f_{ct,eff} = f_{ctm}$ gesetzt werden (ggf. auch $f_{ctm,fl}$)). Langzeiteinflüsse müssen ggf. zusätzlich berücksichtigt werden.

Ein rechnerischer Nachweis der Spannungen ist dennoch in vielen Fällen nicht erforderlich, da diese Gesichtspunkte bereits weitestgehend im Bemessungskonzept von EC 2-1-1 enthalten sind. Die Nachweise dürfen daher für nicht vorgespannte Tragwerke des üblichen Hochbaus entfallen, falls die nachfolgend angegebenen Bemessungs- und Konstruktionsregeln eingehalten werden:

- Die Bemessung für den Grenzzustand der Tragfähigkeit erfolgt nach EC 2-1-1, 6.
- Die bauliche Durchbildung erfolgt nach EC 2-1-1, Abschnitte 8 und 9 (insbesondere die Festlegung für die Mindestbewehrung).
- Die linear-elastisch ermittelten Schnittgrößen werden im Grenzzustand der Tragfähigkeit um nicht mehr als 15 % umgelagert.

Beispiel

Kragarm mit Belastung aus Eigenlast g_k, Schneelast s_k und angehängter veränderlicher Einzellast Q_k; an der Einspannstelle sollen die Betondruckspannungen gemäß Gl. (7.8a) und (7.8b) sowie die Stahlzugspannungen nach Gl. (7.9a) nachgewiesen werden.

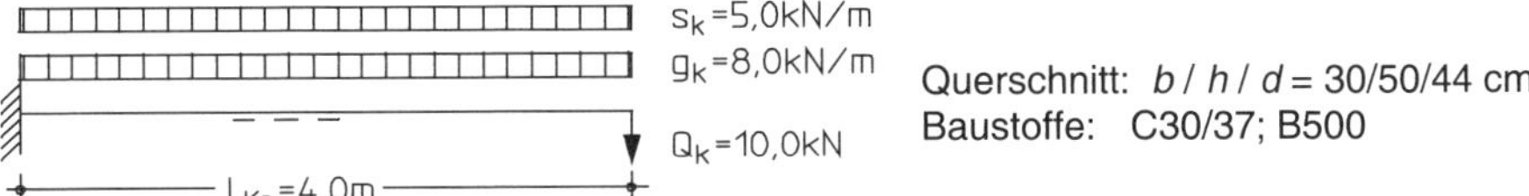

Es liegen zwei unabhängige veränderliche Lasten vor; hierfür gelten als Kombinationsfaktoren

- für Schnee (Ort bis NN +1000 m): ψ_0 / ψ_1 / ψ_2 = 0,5 / 0,2 / 0,0
- für eine sonstige veränderliche Einwirkung: ψ_0 / ψ_1 / ψ_2 = 0,8 / 0,7 / 0,5

Biegebemessung im Grenzzustand der Tragfähigkeit

Es ist zunächst eine Biegebemessung im Grenzzustand der Tragfähigkeit durchzuführen; maßgebende Lastfallkombination (vgl. Abschnitt 5.1.1.1, Beispiel 2):

$M_{Ed} = -1{,}35 \cdot 8{,}0 \cdot 4{,}0^2 / 2 - 1{,}50 \cdot 5{,}0 \cdot 4{,}0^2 / 2 - 1{,}50 \cdot 0{,}8 \cdot 10 \cdot 4{,}0 = -194{,}4$ kNm

$M_{Eds} = M_{Ed}$ (wegen $N_{Ed} = 0$)

$$k_d = \frac{d}{\sqrt{M_{Eds}/b}} = \frac{44{,}0}{\sqrt{194{,}4/0{,}30}} = 1{,}73 \quad \rightarrow \quad k_s = 2{,}60 \qquad \text{(Tafel 6.4a)}$$

$A_s = k_s \cdot M_{Eds} / d + N_{Ed} / 43{,}5 = 2{,}60 \cdot 194{,}4 / 44{,}0 + 0 = 11{,}5$ cm²

gew.: 4 ∅ 20 (= 12,6 cm²)

Nachweis der Betondruckspannungen im Gebrauchszustand (Zeitpunkt $t = 0$)

- Seltene Kombination (vgl. Abschnitt 5.1.2, Beispiel)

$M_{E,rare} = -8{,}0 \cdot 4{,}0^2 / 2 - 5{,}0 \cdot 4{,}0^2 / 2 - 0{,}8 \cdot 10 \cdot 4{,}0 = -136{,}0$ kNm

$\sigma_{c2} = M_{E,rare} / (b \cdot d^2 \cdot \mu_c)$

$\alpha_e = 6{,}1$ (s. Tafel 7.3)

$\alpha_e \cdot \rho = 6{,}1 \cdot [12{,}6 / (30 \cdot 44)] = 0{,}058 \rightarrow \mu_c = 0{,}130$ (s. Tafel 7.4a)

$\sigma_{c2} = 0{,}136 / (0{,}30 \cdot 0{,}44^2 \cdot 0{,}130) = 18{,}0 \text{ MN/m}^2 \leq 0{,}6 \cdot 30 = 18{,}0 \text{ MN/m}^2$

- Quasi-ständige Kombination (vgl. Abschnitt 4.1.2, Beispiel)

$M_{E,perm} = -8{,}0 \cdot 4{,}0^2 / 2 - 0 - 0{,}5 \cdot 10 \cdot 4{,}0 = -84{,}0$ kNm

$\alpha_e \cdot \rho = 0{,}058 \rightarrow \mu_c = 0{,}130$ (s. o.)

$\sigma_{c2} = 0{,}084 / (0{,}30 \cdot 0{,}44^2 \cdot 0{,}130) = 11{,}1 \text{ MN/m}^2 < 0{,}45 \cdot 30 = 13{,}5 \text{ MN/m}^2$

Nachweis der Stahlzugspannungen im Gebrauchszustand (Zeitpunkt $t = \infty$)

- Seltene Kombination

$M_{E,rare} = -136{,}0$ kNm (wie vorher)

$\sigma_{s1} = \alpha_e \cdot M_{E,rare} / (b \cdot d^2 \cdot \mu_s)$

$\alpha_e \approx 15$ (bei $\varphi = 2{,}5$)

$\alpha_e \cdot \rho = 15 \cdot [12{,}6 / (30 \cdot 44)] = 0{,}143 \rightarrow \mu_s = 0{,}123$ (s. Tafel 7.4a)

$\sigma_{s1} = 15 \cdot 0{,}136 / (0{,}30 \cdot 0{,}44^2 \cdot 0{,}123) = 286 \text{ MN/m}^2 < 0{,}8 \cdot 500 = 400 \text{ MN/m}^2$

7.3 Begrenzung der Rissbreiten

7.3.1 Rissarten und Rissursachen

Bei Stahlbeton- und Spannbetonbauteilen werden die Trag- und Verformungseigenschaften durch das Zusammenwirken der Baustoffe Stahl und Beton bestimmt. Die im Vergleich zur Druckfestigkeit geringe Zugfestigkeit des Betons führt oberhalb eines bestimmten Beanspruchungsniveaus in der Zugzone zu Rissbildungen. Von diesem Zeitpunkt an muss der Stahl, wie auch in der Bemessung vorausgesetzt, die Zugkräfte allein aufnehmen. Eine Rissbildung in Betontragwerken ist unter der Wirkung von Zug- bzw. Biegebeanspruchungen nahezu unvermeidbar. Rissbildung in Betontragwerken stellt eine normale, für diese Bauart typische Erscheinung dar (vgl. [DBV-MRiss – 06] u. a.).

Die Rissbreite ist jedoch angemessen zu begrenzen, um

- die Bewehrung vor Korrosion zu schützen (Dauerhaftigkeit),
- ein befriedigendes optisches Erscheinungsbild zu gewährleisten,
- eine angemessene Gebrauchseigenschaft sicherzustellen (z. B. Wasserundurchlässigkeit).

Die Beschränkung der Rissbreite wird im Wesentlichen durch Anordnung einer Mindestbewehrung und Wahl eines geeigneten Stabdurchmessers und Stababstandes gewährleistet.

Eine Übersicht über typische Risse und ihre Erscheinungsmerkmale zeigt Tafel 7.5 (nach [DBV-MRiss – 06]). Unterscheiden kann man dabei nach:

a) Rissen infolge der rheologischen Eigenschaften des Betons (Tafel 7.5a)
b) Rissen infolge von „äußeren" Kräften bzw. Zwang (Tafel 7.5b)

Risse nach a) können durch die Bauausführung maßgeblich beeinflusst werden, wie z. B. durch eine geeignete Betonzusammensetzung, ausreichende Nachbehandlung. Risse infolge von äußeren Lasten werden durch geeignete Wahl und Anordnung der Bewehrung auf ein zulässiges Maß begrenzt, bei Zwangsbeanspruchung ist je nach Art eine Beeinflussung sowohl über die Konstruktion als auch über die Bauausführung möglich.

Tafel 7.5a Rissarten infolge der rheologischen Eigenschaften des Betons

Erscheinungsform	Beschreibung
Oberflächige Netzrisse	Die Risse treten vor allem an der Oberfläche von flächigen Bauteilen auf. Sie verlaufen in der Regel „ungeordnet", die Risstiefe ist meist gering.
Schwindrisse	Infolge von Schwinden treten die Risse dort auf, wo die Verformungen behindert werden. Die Risse gehen in der Regel durch die ganze Bauteildicke und verlaufen gerichtet oder „wild".
Setzrisse (Risse längs der Bewehrung)	Die Risse verlaufen parallel und oberhalb einer obenliegenden Bewehrung an nicht geschalten Bauteilflächen. Je nach Ursache entstehen Fehlstellen unterhalb der Bewehrung.

Tafel 7.5b Rissarten infolge von äußeren Lasten und/oder Zwang

Erscheinungsform	Beschreibung
Trenn-risse	Die Risse verlaufen durch den gesamten Querschnitt; sie treten bei zentrischem Zug oder bei Zug mit kleiner Ausmitte auf.
Biege-risse M	Biegerisse verlaufen etwa senkrecht zur Biegezugbewehrung; sie beginnen am Zugrand und enden im Bereich der Dehnungsnulllinie.
Sammel-risse	Im Wirkungsbereich der Bewehrung (Randbereich) entstehen verteilte Risse senkrecht zur Bewehrung; wenige Risse dringen bis zur Nulllinie vor. Sie treten bei stark bewehrten Randzonen infolge von Biegung und/oder Zug bzw. bei dicken Bauteilen infolge von Zwangsbeanspruchung auf.
Schub-risse	Schubrisse entstehen im Bereich großer Querkraftbeanspruchung und verlaufen schräg zur Stabachse (entsprechend der Neigung der Hauptzugspannung etwa unter 45°). Sie können sich aus Biegerissen entwickeln.
Verbundrisse	Verbundrisse können im Verankerungsbereich der Bewehrung auftreten. Die Risse öffnen sich zunächst senkrecht zur Bewehrung, hieraus entwickeln sich dann parallel zur Bewehrung verlaufende Risse.
Spaltzugrisse	Die Risse verlaufen parallel zu den Hauptdruckspannungen. Sie treten z. B. bei Teilflächenbelastungen und Verankerungen von Spanngliedern auf.

Die am häufigsten beobachten Rissursachen sind in Tafel 7.6 zusammengestellt. Von den dort genannten Ursachen sollen nachfolgend insbesondere die Rissursachen gemäß Zeilen 2 bis 4 ausführlicher erläutert werden.

Mit **Schwinden** (vgl. Tafel 7.6, Zeilen 2 und 3) wird die Volumenverminderung von Beton durch Austrocknung bezeichnet. Das Austrocknen beginnt an der Außenfläche und schreitet nach innen fort. Die Außenfläche will sich zusammenziehen, wird aber durch das noch nicht ausgetrocknete Innere daran gehindert. Dieser im Frischbeton stattfindende Vorgang wird als *Frühschwinden* bezeichnet.

Die weitere Austrocknung über Wochen und Monate erfasst den gesamten Querschnitt und wird als *Trocknungsschwinden* bezeichnet. Mit dem Vorgang des *Schrumpfens* wird die chemische Bindung des Wassers in den Hydratationsprodukten des Zements bezeichnet; das Hydratationsprodukt hat dabei ein geringeres Volumen als die Ausgangstoffe Zement und

Tafel 7.6 Rissursachen (nach [DBV-MRiss – 06])

	Rissursache	Merkmale	Zeitpunkt der Rissbildung nach dem Betonieren	Beeinflussung der Risse
1	Setzen des Frischbetons	Längsrisse über der oberen Bewehrung; Rissbreite bis einige Millimeter, Risstiefe bis zu einigen Zentimetern	Innerhalb der ersten Stunden, solange der Beton plastisch verformbar ist	Betonzusammensetzung, Verarbeitung des Betons, Nachverdichten, Bauteilgeometrie
2	Frühschwinden	Oberflächenrisse, vor allem bei flächigen Bauteilen; Rissbreite u. U. > 1 mm, Risstiefe bis zu einigen cm	wie Zeile 1	Vorkehrungen gegen raschen Feuchtigkeitsverlust
3	Schwinden a) Schrumpfen b) Trocknungsschwinden	Oberflächenrisse, Trennrisse Biegerisse; Rissbreiten u. U. > 1 mm	a) nach einigen Tagen b) nach einigen Tagen bis zu mehreren Jahren	a) Betonzusammensetzung b) Betonzusammensetzung Bewehrung; Fugen
4	Abfließen der Hydratationswärme	wie Zeile 3	innerhalb der ersten Tage	Betonzusammensetzung; Nachbehandlungen; Bewehrung; Betonierabschnitte
5	Äußere Temperatureinwirkung	Biege- und Trennrisse, Rissbreiten u. U. > 1 mm; ggf. Oberflächenrisse	während der gesamten Lebensdauer bei Temperaturänderungen	Betonzusammensetzung; Bewehrung; Fugen; statisches System
6	Setzungen	Biege- und Trennrisse, Rissbreite u. U. > 1 mm	jederzeit bei Änderungen der Auflagerbedingungen	statisches System; Bewehrung
7	Eigenspannungen	je nach Ursache unterschiedlich	jederzeit beim Auftreten der Dehnungen	Bewehrung
8	Äußere Lasten (direkte Einw.)	Biege- oder Trennrisse; Schubrisse	jederzeit während der Nutzung	Bewehrung
9	Korrosion der Bewehrung	Risse entlang der Bew.; Absprengungen	nach mehreren Jahren	Dicke und Dichtheit der Betondeckung
10	Sonstige Ursachen wie z. B. Frost, chemische Vorgänge wie Alkalireaktion und Sulfattreiben.			

Wasser. Wird infolge des Schwindens bei entsprechender Verformungsbehinderung die Dehnfähigkeit des Betons überschritten, entstehen Risse, die nach Anzahl und Rissbreite wesentlich durch die wirksame Betonzugfestigkeit und den Bewehrungsgrad beeinflusst werden können.

Hydratationswärme entsteht bei der Betonerhärtung; sie fließt besonders bei massigen Bauteilen nur langsam ab, so dass das Innere der Bauteile erheblich stärker erwärmt wird als die äußere Schale. Die Temperaturunterschiede führen innerhalb des Querschnitts im Kern zu Druck- und in den Randzonen zu Zugspannungen (s. Abb. 7.2; vgl. [Z-Mb18 – 03]).

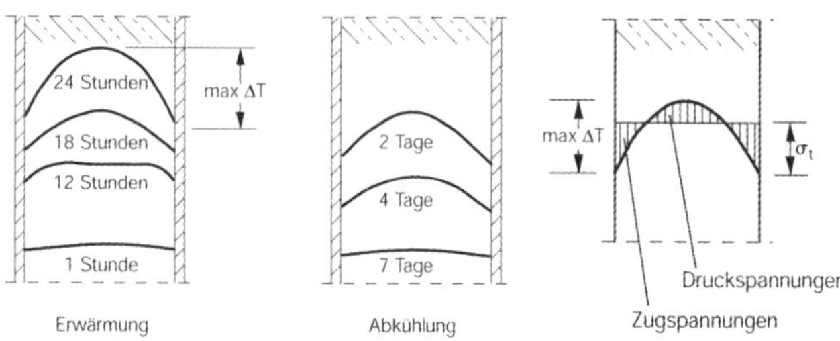

Abb. 7.2 Temperaturverlauf und Eigenspannung inf. ΔT

Temperaturunterschiede können auch zwischen zwei verschiedenen Bauteilen auftreten, z. B. wenn ein Bauteil als neuer Abschnitt auf einen alten Abschnitt betoniert wird (z. B. Stützwand auf ein bereits erhärtetes Fundament). Der frische Beton entwickelt Wärme, während der Beton des ersten Abschnitts bereits abgekühlt und erhärtet ist. Beim Abkühlen will sich das später betonierte Teil zusammenziehen, wird aber durch den Verbund mit dem ersten Abschnitt daran gehindert (s. Abb. 7.3 und 7.4; [Z-Mb18 – 03]).

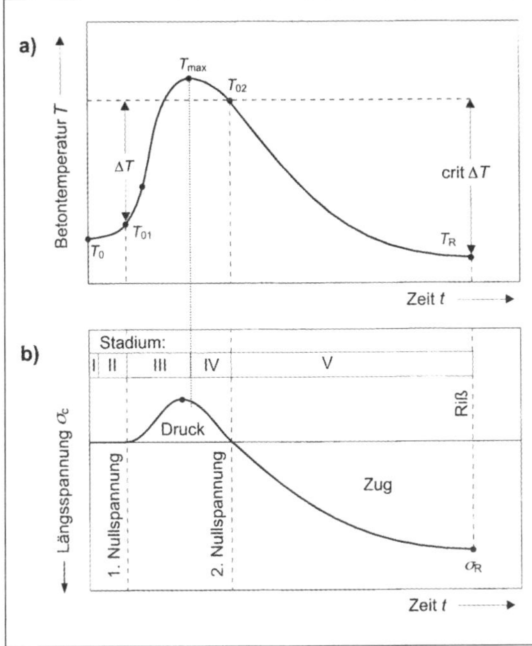

Stadium I $(0 \leq t < 2\ \text{h})$
Anfangsstadium bis zum Erstarrungsbeginn keine nennenswerte Temperaturerhöhung

Stadium II $(2\ \text{h} \leq t < 6\ \text{h})$
Hydratationsbeginn; Temperaturanstieg; noch keine nennenswerten Spannungen, da der Beton noch plastisch verformbar ist.

Stadium III $(6\ \text{h} \leq t < 9\ \text{h})$
Zunehmende Erwärmung mit gleichzeitigem Erstarrungsbeginn des Betons; es entstehen Druckspannungen, die wegen des noch geringen E-Moduls jedoch nur klein sind. Es wird die Höchsttemperatur T_{max} erreicht.

Stadium IV $(9\ \text{h} \leq t < 11\ \text{h})$
Abkühlung des Betons, Abbau der Druckspannungen

Stadium V $(11\ \text{h} \leq t < 15\ \text{h})$
Weitere Abkühlung und Entstehen von Zugspannungen. Rissbildung, falls die Zugfestigkeit σ_R erreicht und überschritten wird (in einer Wand entstehen Trennrisse).

Abb. 7.3 Temperatur- und Spannungsverlauf eines mittig auf Zwang beanspruchten Bauteils

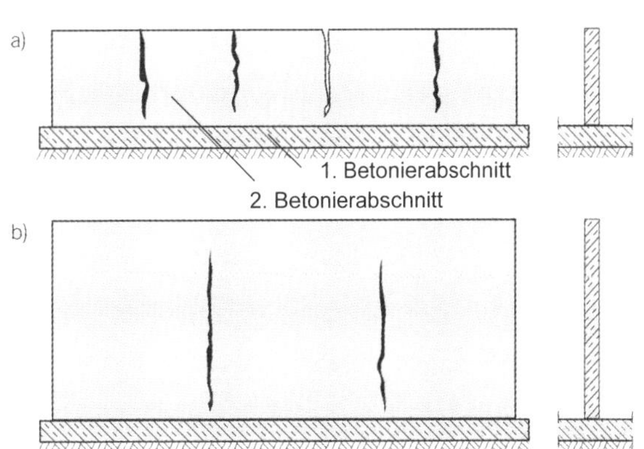

Abb. 7.4 Rissbildung infolge Abfließen der Hydratationswärme
a) bei langen (niedrigen) Wänden
b) bei hohen Wänden

In ähnlicher Weise lassen sich die Rissursachen infolge von **Eigenspannungen** (s. Tafel 7.6, Zeile 7) erläutern. Die weiteren angegebenen Rissursachen in Tafel 7.6 sind selbsterklärend, so dass hierauf nicht weiter eingegangen wird.

7.3.2 Kriterien für die Begrenzung der Rissbreite

Die Rissbildung ist so zu begrenzen, dass die ordnungsgemäße Nutzung des Tragwerks (Gebrauchstauglichkeit), die Dauerhaftigkeit und das „übliche" Erscheinungsbild[29] nicht beeinträchtigt werden. Für *Stahlbetonbauteile* gelten für die beiden letztgenannten Kriterien in Abhängigkeit von den Expositionsklassen die in Tafel 7.7 angegebenen Grenzwerte.

Tafel 7.7 Anforderung an die Rissbreitenbegrenzung für Stahlbetonbauteile

Expositionsklasse	Rechenwert der Rissbreite w_k
XC 1	0,4 mm
XC 2 – XC 4 XD 1 – XD 3 [a)] XS 1 – XS 3	0,3 mm

[a)] Bei XD 3 sind ggf. zusätzliche besondere Maßnahmen erforderlich.

Für die ordnungsgemäße Nutzung können keine pauschalen Festlegungen gemacht werden. Hier können beispielsweise Anforderungen an die Dichtigkeiten gegen Gase und Flüssigkeiten kleinere Rissbreiten erforderlich machen. EC 2-1-1 enthält hierzu keine konkreten Angaben, es wird auf weitere Literatur verwiesen (z. B. [DAfStb-Ri-WU – 17], [DAfStb-Ri-WgS – 04]).

7.3.3 Maßnahmen zur Begrenzung der Rissbildung

Rissfreie Bauteile sind – selbst vorgespannt – mit wirtschaftlich vertretbarem Aufwand nicht realisierbar. Im Normalfall ist daher das Ziel einer Bemessung die Begrenzung der Rissbreite auf ein unschädliches Maß.

Besonderes Augenmerk ist dabei auf Bauteile zu richten, die eine **erhöhte Wahrscheinlichkeit einer Rissbildung** aufweisen. Als Beispiel können genannt werden:

- *Arbeitsfugen*, die aufgrund des Herstellungsablaufs erforderlich werden. Risse lassen sich hier kaum vermeiden, da zwischen älterem und jüngerem Beton nur eine reduzierte Haftzugfestigkeit vorhanden ist. Darüber hinaus sind hier Zusatzbeanspruchungen aus Zwang zu erwarten (s. vorher).
- *Massige Bauteile*, da hierbei die Eigenspannungen besonders groß sind.
- *Querschnittssprünge*; dünne Bauteile schwinden schneller und reagieren auf Temperaturbeanspruchung unmittelbarer als dicke Bauteile. Die Verformungsbehinderung des dünnen Bauteils durch das dicke Bauteil führt zu Rissen im dünnen Bauteil.
- An *einspringenden Ecken, Aussparungen* u. a. m. entstehen Spannungsspitzen, die Ausgangspunkt für Risse sind.
- Im Einleitungsbereich von *konzentrierten Kräften* entstehen Querzugspannungen, die besonders bei großen Kräften zu Rissen führen können.

Für eine wirkungsvolle **Rissbreitenbegrenzung** kommen betontechnologische Maßnahmen, eine entsprechende Bemessung und Konstruktion sowie Maßnahmen während der Bauausführung zur Anwendung (vgl. [DBV-MRiss – 16], [Z-Mb18 – 03]).

[29] Für Sichtbetonflächen u. Ä. gelten besonderen Anforderungen; s. z. B. [DBV-MSicht – 04].

Betontechnologische Maßnahmen zielen in erster Linie darauf ab, Zwangsspannungen klein zu halten und damit eine übermäßige Rissbildung zu verhindern. Dazu gehören Maßnahmen zur Begrenzung von Temperaturrissen (geeignete Betonzusammensetzung z. B. mit niedriger Hydratationswärme, geeignete Frischbetontemperatur), von Setzrissen (Reduzierung des „Blutens") und von Schwindrissen (schwindarme Betonzusammensetzung).

Zu den *konstruktiven Maßnahmen* gehören neben der Rissbreitenbegrenzung durch Bewehrung, die nachfolgend schwerpunktmäßig behandelt wird, insbesondere eine zwangsarme Lagerung der Bauteile und die Anordnung von Fugen. Zwangsarme Lagerungen sind nur bedingt und in bestimmten Fällen möglich. Zur Begrenzung der Rissbreite eignen sich ggf. Bewegungsfugen oder auch Sollrissfugen. Fugen sollten nur im Bereich geringer Beanspruchung angeordnet werden. Für Wände von 2,5 m bis 3,5 m sind Fugenabstände von 5 m bis 8 m sinnvoll, bei Bauteilen mit Temperaturbeanspruchung (Stützwände) auch kürzere.

Bei der *Bauausführung* sind insbesondere Betonieranweisungen, Bewehrungsabnahme (planmäßiger Einbau und Lagesicherung der Bewehrung, Betonierbarkeit, Betondeckung der Bewehrung) und die ausreichende Nachbehandlung zu beachten.

7.3.4 Grundlagen zur Berechnung von Rissbreiten

Die Zusammenhänge bei der Rissbildung lassen sich am einfachen Modell eines Betonzugstabes erläutern, der auch als Ersatz für die Betonzugzone eines auf Biegung beanspruchten Balkens steht. Wird an diesem Zugstab eine Zugkraft F schrittweise gesteigert, lassen sich drei Bereiche unterscheiden (vgl. Abb 7.5):

a) **Zustand I** ($F < F_{cr}$):
Der Zugstab bleibt bis zum Erreichen der Zugfestigkeit des Betons ungerissen, Beton und Betonstahl haben die gleiche Dehnung, es gilt $F < F_{cr}$, die maximalen Dehnungen liegen etwa bei $\varepsilon_{cr} \approx 0{,}1$ ‰.

b) **Erstrissbildung** ($0{,}7F_{cr} \leq F \leq 1{,}3F_{cr}$):
Die Risskraft überschreitet in einzelnen Querschnitten die Betonzugfestigkeit. Im Riss fällt die Betondehnung auf null ab, gleichzeitig steigt die Stahldehnung auf den Wert des Zustands II an. Innerhalb der Einleitungslänge l_e wird die Stahlzugkraft über den Verbund in den Beton eingeleitet und der Betonstahl entlastet. Zwischen den Rissen sind die Dehnungen im Beton und Betonstahl wieder gleich (Zustand I).

c) **Abgeschlossenes Rissbild** ($F > 1{,}3F_{cr}$):
Es sind so viele Risse entstanden, dass die Betonstahlkraft im Riss nicht mehr vollständig in den Beton eingeleitet werden kann, die Einleitungslängen überschneiden sich. Weitere Risse können kaum noch entstehen, da die Betonzugfestigkeit zwischen den Rissen nicht mehr erreicht wird (abgeschlossenes Rissbild). Beton und Betonstahl weisen unterschiedliche Dehnungen auf.

Bei der Bestimmung der jeweiligen Rissbreite müssen die Bereiche der Erstrissbildung und des abgeschlossenen Rissbildes differenziert betrachtet werden. Grundsätzlich wird eine Rissbreite w als Produkt der Dehnungsdifferenz zwischen Betonstahl und Beton ($\varepsilon_{sm} - \varepsilon_{cm}$) und der doppelten Eintragungslänge $2l_e$ bzw. des Rissabstandes $s_{r,max}$ bestimmt[30].

[30] Allgemein gilt für eine Längenänderung $\Delta l = \varepsilon \cdot l$; bei der Rissbreitenberechnung ist $\Delta l = w$, $\varepsilon = (\varepsilon_{sm} - \varepsilon_{cm})$ und $l = 2l_e$ (Erstrissbildung) oder $s_{r,max}$ (abgeschlossenes Rissbild).

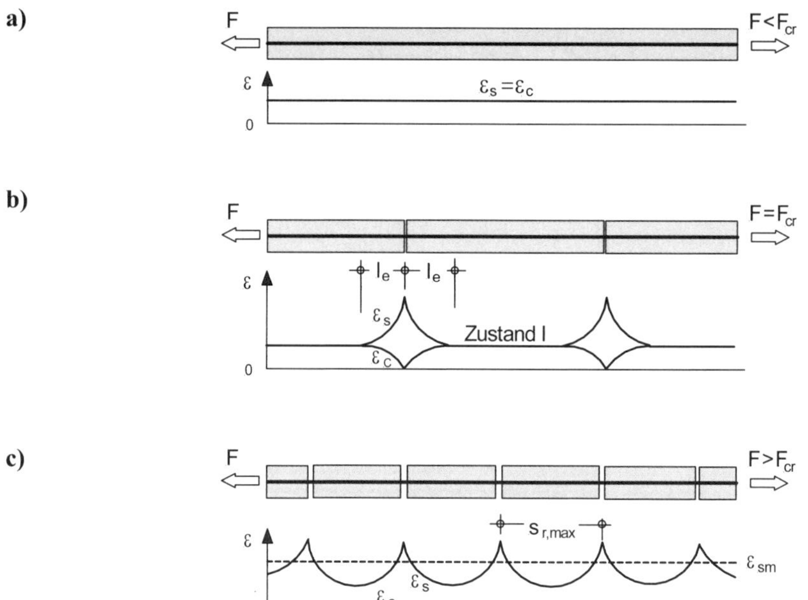

Abb. 7.5 Vorgänge bei der Rissbildung: Zustand I (a), Erstrissbildung (b) und abgeschlossenes Rissbild (c)

Im Bereich der *Erstrissbildung* (Abb. 7.5, Fall b) kann die Rissbreite w bestimmt werden aus

$$w = 2 \cdot l_e \cdot (\varepsilon_{sm} - \varepsilon_{cm}) \qquad (7.10)$$

Die Einleitungslänge l_e lässt sich bestimmen aus der Bedingung, dass die Kraft F_s (Zugkraft im Riss) mit der Betonverbundkraft $F_{c,b}$ identisch sein muss[31]:

$$F_s = F_{c,b}$$

$$F_s = \sigma_s \cdot A_s = (\pi\, d_s^2 / 4) \cdot \sigma_s$$

$$F_{c,b} = u_s \cdot \tau_{bm} \cdot l_e = (\pi\, d_s) \cdot \tau_{bm} \cdot l_e$$

u_s Umfang des Betonstahls
τ_{bm} Verbundspannung

$$l_e = \frac{\sigma_s \cdot d_s}{\tau_{bm} \cdot 4} \qquad (7.10a)$$

Die Dehnungsdifferenz $(\varepsilon_{sm} - \varepsilon_{cm})$ bzw. die Dehnungen ε_{sm} und ε_{cm} ergeben sich als Integration der Dehnungsverläufe über die Länge l_e; mit dem Völligkeitsbeiwert β_t zur Umwandlung der parabelförmigen Verläufe nach Abb. 7.5 in flächengleiche Rechtecke erhält man:

$$(\varepsilon_{sm} - \varepsilon_{cm}) = [\varepsilon_{s,II} - \beta_t \cdot (\varepsilon_{s,II} - \varepsilon_{s,I})] - \beta_t \cdot \varepsilon_{c,I}$$

mit $\varepsilon_{s,I} = \varepsilon_{c,I}$

$$(\varepsilon_{sm} - \varepsilon_{cm}) = \varepsilon_{s,II} \cdot (1 - \beta_t) = (\sigma_s / E_s) \cdot (1 - \beta_t) \qquad (7.10b)$$

[31] Die Betrachtungsweise ist nicht ganz korrekt, da über die Einleitungslänge nicht die gesamte Kraft F_s in den Beton eingeleitet wird, sondern „nur" die vom Beton aufzunehmende Kraft, d. h. Stahlzugkraft F_s im Riss abzüglich der vom Stahl aufnehmbaren Zugkraft im ungerissenen Beton (vgl. Abschnitt 2.3.1).

Analog gilt für eine *abgeschlossene Rissbildung*

$$w = s_{r,max} \cdot (\varepsilon_{sm} - \varepsilon_{cm}) \tag{7.11}$$

Der Rissabstand s_r liegt zwischen den Werten l_e und $2l_e$. Ausgehend von der auf der Länge l_e maximal in den Beton eintragbaren Zugkraft $F_{cr} = f_{ct} \cdot A_{ct}$ erhält man

$$l_e = 0{,}5 s_{r,max} = \frac{f_{ct} \cdot A_{ct}}{\tau_{bm} \cdot u_s}$$

und mit $u_s = \pi d_s$ sowie $A_{ct} = A_s / \rho = \pi d_s^2 / (4\rho)$

$$s_{r,max} = 2 \cdot \frac{f_{ct} \cdot \pi d_s^2 / 4}{\tau_{bm} \cdot \pi d_s \cdot \rho} = \frac{f_{ct} \cdot d_s}{2 \cdot \tau_{bm} \cdot \rho} \tag{7.11a}$$

Die Dehnungsdifferenz $(\varepsilon_{sm} - \varepsilon_{cm})$ bzw. die Dehnungen ε_{sm} und ε_{cm} ergeben sich analog zu Gl. (7.10b); man erhält

$$(\varepsilon_{sm} - \varepsilon_{cm}) = [\varepsilon_{s,II} - \beta_t \cdot (\varepsilon_{s,II} - \varepsilon_{s,I})] - \beta_t \cdot \varepsilon_{c,I}$$

wobei als oberster Wert für $(\varepsilon_{s,II} - \varepsilon_{s,I}) = A_c \cdot f_{ct} / (A_s \cdot E_s)$ und für $\varepsilon_{c,I} = A_c \cdot f_{ct} / (A_c \cdot E_c) = f_{ct} / E_c$ gesetzt werden kann. Damit ergibt sich:

$$\begin{aligned} \varepsilon_{sm} - \varepsilon_{cm} &= \frac{\sigma_s}{E} - \frac{\beta_t \cdot A_c \cdot f_{ct}}{A_s \cdot E_s} - \frac{\beta_t \cdot f_{ct}}{E_c} = \frac{\sigma_s - \beta_t \cdot (f_{ct} / \rho + \alpha_e \cdot f_{ct})}{E_s} \\ &= \frac{\sigma_s - \beta_t \cdot f_{ct} / \rho \cdot (1 + \alpha_e \cdot \rho)}{E_s} \end{aligned} \tag{7.11b}$$

Mit diesen Grundgleichungen lassen sich – nach weiteren Modifikationen und Verfeinerungen – Konstruktionsregeln für eine Begrenzung der Rissbreite herleiten (s. Abschnitt 7.3.6.1) und Rissbreiten rechnerisch bestimmen (s. Abschnitt 7.3.6.2).

Wie aus den zuvor erläuterten Zusammenhängen hervorgeht, muss für eine Rissbreitenbegrenzung zunächst mindestens so viel Bewehrung vorhanden sein, dass nach Rissbildung eine Krafteinleitung in den Beton möglich ist und die Bewehrung nicht ins Fließen gerät (*Mindestbewehrung*). Außerdem sollte die Bewehrung in der Lage sein, die Kraft im Riss auf möglichst kurzem Weg wieder in den Beton einzuleiten, um ein fein verteiltes Rissbild mit kleinen Abständen zu erzeugen (*Nachweis einer Rissbreite*). Dies ist offensichtlich in Abhängigkeit vom Stabdurchmesser erreichbar (s. Gln. (7.10a) und (7.11a)). Viele Stäbe mit kleinem Durchmesser sind für eine Rissbreitenbegrenzung besser geeignet als wenige mit großem Durchmesser, d. h. eine große Verbundfläche ist von Vorteil.

Anschauliches Beispiel:

Bewehrung 1: 4 ∅ 14 ($A_s = 6{,}16$ cm²; $u_s = 17{,}6$ cm)
Bewehrung 2: 2 ∅ 20 ($A_s = 6{,}28$ cm²; $u_s = 12{,}6$ cm)

Mit 4 ∅ 14 liegt nahezu dieselbe Querschnittsfläche wie mit 2 ∅ 20 vor, aber ein etwa 40 % größerer Umfang (= Verbundfläche).

Die Begrenzung der Rissbreite auf zulässige Werte wird erreicht durch:

- eine im Verbund liegende *Mindestbewehrung*, die ein Fließen der Bewehrung verhindert (s. Abschnitt 7.3.5)
- den Nachweis der *Rissbreitenbegrenzung* für die Mindestbewehrung und für die statisch erforderliche Bewehrung aus der Lastbeanspruchung (s. Abschnitt 7.3.6)

7.3.5 Mindestbewehrung

Eine Mindestbewehrung zur Begrenzung der Rissbreite ist immer dann rechnerisch nachzuweisen und anzuordnen, wenn eine Rissbildung infolge nicht berücksichtigter Zwangseinwirkungen oder Eigenspannungen nicht auszuschließen ist. Beispiele hierfür sind:

- Abfließen der Hydratationswärme (s. Abschnitt 7.3.1)
- Temperatureinwirkungen bei Dehnungsbehinderungen infolge statisch unbestimmter Lagerung, Bodenreibung u. a. m.
- Stützensenkungen bei Durchlaufträgern (statisch unbestimmte Lagerung)
- Zwang bei angeschlossenen Querschnittsteilen und bei hohen Balken (vgl. Tafel 7.5b).

Diese Zwangseinwirkungen werden häufig rechnerisch nicht nachgewiesen, sondern über die Mindestbewehrung abgedeckt. Diese Mindestbewehrung ist daher grundsätzlich anzuordnen, soweit eine genauere Berechnung nicht zeigt, dass Zwang nicht auftreten kann oder die Zwangsschnittgrößen die Betonzugfestigkeit nicht erreichen (im letzteren Fall muss dann die Mindestbewehrung für die nachgewiesene Zwangsschnittgröße bestimmt werden).

Eine Mindestbewehrung muss die bei Rissbildung in der Betonzugzone frei werdende Kraft aufnehmen können. Die erforderliche Mindestbewehrung wird nach folgender Gleichung bestimmt (s. Abb. 7.6):

$$A_s = k_c \cdot f_{ct,eff} \cdot A_{ct} / \sigma_s \qquad (7.12)$$

Dabei wird durch den Faktor k_c die unterschiedliche Spannungsverteilung in der Zugzone berücksichtigt. Wie Abb. 7.6 zu entnehmen ist, beträgt er für reine Biegung etwa 0,4 und für zentrischen Zug 1,0.

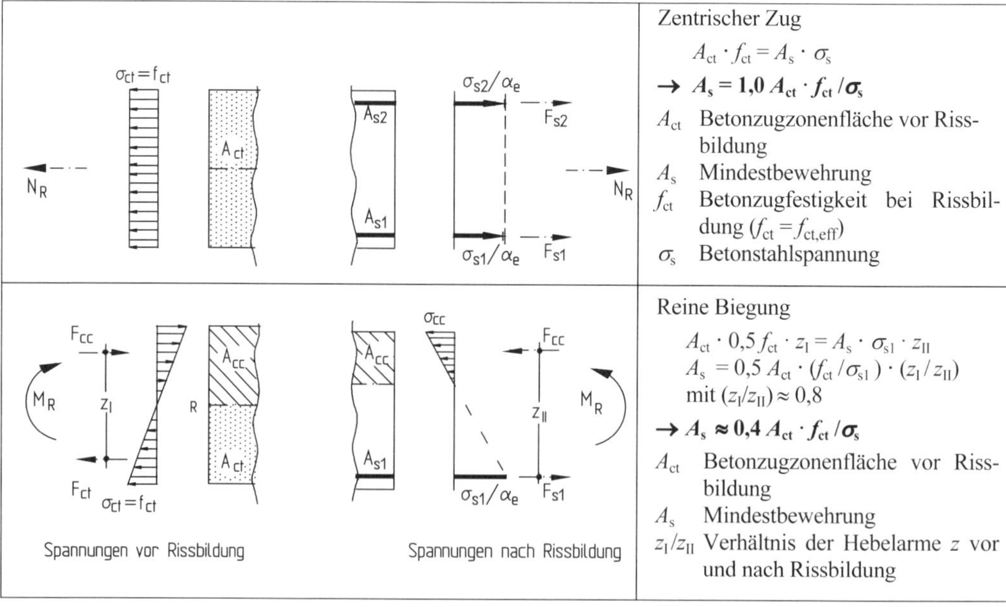

Abb. 7.6 Herleitung der Bemessungsgleichungen für die Mindestbewehrung von Stahlbetonquerschnitten (vgl. Gl. (7.13))

In Gl. (7.12) ist eine lineare Spannungsverteilung vorausgesetzt; eine Nichtlinearität wird durch einen Faktor k erfasst, so dass sich mit EC 2-1-1, 7.3.2 ergibt:

$$\boldsymbol{A_{s,min} = k_c \cdot k \cdot f_{ct,eff} \cdot A_{ct} / \sigma_s} \tag{7.13}$$

Hierin sind:

A_{ct} Betonzugzone unmittelbar vor der Rissbildung

σ_s Spannung in der Bewehrung unmittelbar nach der Rissbildung; σ_s wird in Abhängigkeit vom gewählten Durchmesser für die Mindestbewehrung nach Tafel 7.8a ermittelt.

$f_{ct,eff}$ wirksame Zugfestigkeit des Betons zum betrachteten Zeitpunkt. Als wirksame Zugfestigkeit $f_{ct,eff}$ gilt die mittlere Betonzugfestigkeit f_{ctm} beim Auftreten der Risse. Wenn Rissbildung nicht mit Sicherheit in den ersten 28 Tagen erfolgt, gilt für f_{ctm} als Mindestwert 3,0 N/mm² (bei Normalbeton). Bei früher Rissbildung innerhalb den ersten 28 Tagen darf ein niedrigerer Wert $f_{ctm}(t)$ angesetzt werden[32]. Dies ist in der Baubeschreibung, der Ausschreibung und den Ausführungsunterlagen anzugeben und bei der Festlegung des Betons zu berücksichtigen.

k_c Faktor zur Erfassung der Spannungsverteilung vor Erstrissbildung und Änderung des inneren Hebelarms beim Übergang in den Zustand II. Hierfür gilt:

- bei rechteckigen Querschnitten und Stegen von Plattenbalken und Hohlkästen
  - bei reinem Zug[33] $k_c = 1{,}0$
  - bei reiner Biegung[33] $k_c = 0{,}4$
- bei Zuggurten von Plattenbalken und Hohlkästen $k_c = \dfrac{0{,}9 F_{cr,Gurt}}{A_{ct} \cdot f_{ct,eff}} \geq 0{,}5$

  mit $F_{cr,Gurt}$ als Zugkraft im Gurt vor Rissbildung bei $f_{ct,eff}$. Bei unsymmetrischer Spannungsverteilung sollte die Zugkraft anteilig auf die Bewehrungslagen im Zuggurt verteilt werden.

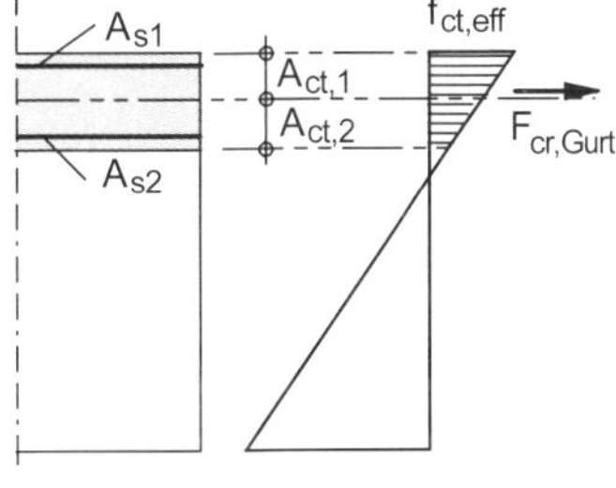

k Faktor zur Berücksichtigung einer nichtlinearen Spannungsverteilung
- bei äußerem Zwang (z. B. Setzung) $k = 1{,}0$
- bei innerem Zwang: Rechteckquerschnitt: $h \leq 30$ cm: $k = 0{,}8$; $h \geq 80$ cm: $k = 0{,}5$

(Zwischenwerte interpolieren; für h gilt der kleinere Wert von Höhe oder Breite)

---

32) Anhaltswerte für die Betonzugfestigkeit für Zwang aus Abfließen der Hydratationswärme bei mittlerer Festigkeitsentwicklung des Betons ($r < 0{,}5$), s. [DBV-MRiss – 16].

Bauteildicke h	$\leq 0{,}30$ m	$\leq 0{,}80$ m	$\leq 2{,}00$ m	$> 2{,}00$ m
Betonzugfestigkeit $f_{ct,eff}$	$0{,}65\, f_{ctm}$	$0{,}75\, f_{ctm}$	$0{,}85\, f_{ctm}$	$0{,}95\, f_{ctm}$

33) Der in EC 2-1-1 enthaltene Ansatz gestattet die generelle Berücksichtigung von Längskräften; es ist

$$k_c = 0{,}4 \cdot \left(1 - \frac{\sigma_c}{k_1 \cdot f_{ct,eff}}\right) \leq 1$$

Hierin sind

σ_c Betonspannung in Höhe der Schwerlinie des Querschnitts oder Teilquerschnitts im ungerissenen Zustand unter der Einwirkungskombination, die am Gesamtquerschnitt zur Erstrissbildung führt (positiv für Druck)

$k_1 = 1{,}5 \cdot h/h'$ für Drucklängskräfte

$k_1 = 2/3$ für Zuglängskräfte

$h' = h$ für $h < 1$ m bzw. $h' = 1$ m für $h \geq 1$ m

h Höhe des (Teil-)Querschnitts

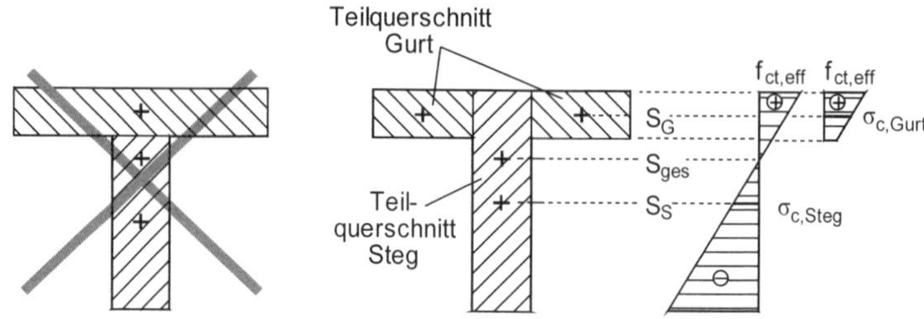

Abb. 7.7 Aufteilung eines Plattenbalkens in Teilquerschnitte bei negativer Biegebeanspruchung (über der Stütze); vgl. DAfStb-H.525

Bei profilierten Querschnitten (Hohlkästen, Plattenbalken) wird die Mindestbewehrung für jeden Teilquerschnitt (Gurte, Stege) einzeln nachgewiesen. Eine Zerlegung erfolgt dann so, dass an mindestens einem Querschnittsrand die Zugfestigkeit erreicht ist (s. Abb. 7.7).

Bei hohen Balkenstegen u. a. ist ein angemessener Teil der Bewehrung so über die Zugzone zu verteilen, dass die Bildung von breiten Sammelrissen vermieden wird.

Besonderheiten bei „dicken" Bauteilen

Bei dünnen Bauteilen hat sich am Ende der Einleitungslänge l_{es} die Kraft gleichmäßig über die ganze Bauteildicke verteilt. Eine Kraftausbreitung erfolgt etwa unter 1 : 2 (vgl. Abb. 7.8); an der Stelle, an der eine gleichmäßige Kraftausbreitung erfolgt ist, kommt es zum nächsten Riss.

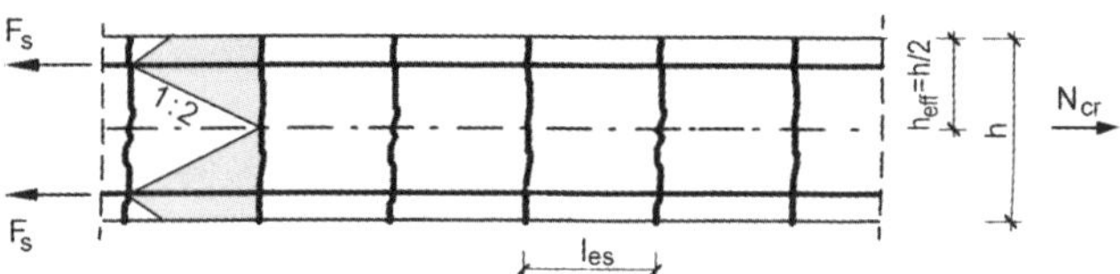

Abb. 7.8 Rissbildung bei dünnen Bauteilen

Bei dicken Bauteilen liegen die Bewehrungslagen so weit auseinander, dass am Ende der Einleitungslänge die Kraft sich nur über eine effektive Höhe h_{eff} und nicht gleichmäßig über die ganze Dicke ausgebreitet hat. Im Bereich von $A_{ct,eff}$ kommt es dann zu Sekundärrissen, während Primär- oder Trennrisse sich erst nach einer größeren Entfernung einstellen (vgl. Abb. 7.9).

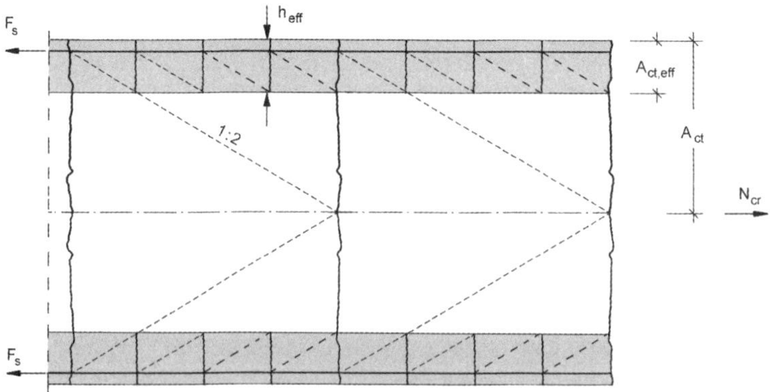

Abb. 7.9 Mechanismus der Rissbildung bei dicken Bauteilen

Die Kraft für die Sekundärrissbildung ist kleiner als die Trennrisskraft, entsprechend kann die Bewehrung reduziert werden, wobei allerdings zusätzlich nachzuweisen ist, dass in den Trennrissen die Bewehrung nicht ins Fließen gerät.

Es gilt daher für dicke Bauteile als Mindestbewehrung unter zentrischem Zwang (je Seite)

$$A_{s,min} = f_{ct,eff} \cdot A_{c,eff} / \sigma_s \geq k \cdot f_{ct,eff} \cdot A_{ct} / f_{yk} \qquad (7.13a)$$

mit $A_{c,eff} = h_{eff} \cdot b$ (Wirkungsbereich der Bewehrung mit h_{eff} in Abhängigkeit von der Bauteildicke nach Abb 7.10b)

$A_{ct} = 0{,}5 \cdot h \cdot b$ (Betonzugzonenfläche je Bauteilseite)

Es muss jedoch nicht mehr Mindestbewehrung eingelegt werden, als sich nach Gl. (7.13) ergibt. Der Nachweis der Rissbreite erfolgt durch eine Begrenzung des Stabdurchmessers; dabei muss der Grenzdurchmesser – abweichend von Gl. (7.15) – wie folgt modifiziert werden

$$d_s = d_s^* \cdot f_{ct,eff} / f_{ct0} \qquad (7.14)$$

wobei d_s^* in Abhängigkeit der gewählten Stahlspannung σ_s in Gl. (7.13a) aus Tafel 7.8a bestimmt wird. Alternativ kann auch σ_s in Abhängigkeit von der Rissbreite w_k (mm) bestimmt werden:

$$\sigma_s = (w_k \cdot 3{,}48 \cdot 10^6 / d_s^*)^{0,5} \qquad (7.14a)$$

Bei dicken Bauteilen können betontechnologische Maßnahmen sinnvoll sein, um Zwangsspannungen infolge Abfließens der Hydratationswärme gering zu halten, z. B. die Verwendung von langsam erhärtenden Betonen ($r \leq 0{,}3$) mit geringer Hydratationswärmeentwicklung. In diesen Fällen darf die ermittelte Mindestbewehrung mit dem Faktor 0,85 abgemindert werden. Die erforderlichen Maßnahmen sind in den Ausführungsplänen anzugeben. Bezüglich weiterer Erläuterungen wird auf die ausführlichen Darstellungen in [DBV-H.14 – 07] verwiesen.

7.3.6 Rissbreitenbegrenzung

7.3.6.1 Konstruktionsregeln

Ist eine Mindestbewehrung entsprechend Abschnitt 7.3.5 vorhanden, werden die Rissbreiten auf zulässige Werte entsprechend Tafel 7.7 begrenzt, wenn die nachfolgend wiedergegebenen Konstruktionsregeln eingehalten werden. Es wird jedoch darauf hingewiesen, dass entsprechend der Definition der Rechenwerte gelegentlich Risse mit größerer Breite auftreten können.

Bei einer Rissbreitenbeschränkung ohne direkte Berechnung werden in Abhängigkeit von der Stahlspannung die Durchmesser der Bewehrung oder die Stababstände begrenzt. Im Allg. werden die zulässigen Rissbreiten nicht überschritten, wenn

- bei einer Rissbildung infolge überwiegenden Zwangs die Gl. (7.15),
- bei einer Rissbildung infolge überwiegender Lastbeanspruchung entweder Gl. (7.16a) *oder* (7.16b) eingehalten werden.

Eingangswerte für die Ermittlung des Grenzdurchmessers aus Tafel 7.8a und des Grenzabstandes aus Tafel 7.8b sind die Stahlspannungen σ_s des Zustands II (gerissener Querschnitt); bei Stahlbetonbauteilen unter Zwangsbeanspruchung gilt die in Gl. (7.13) bzw. (7.13a) gewählte Stahlspannung, bei Lastbeanspruchung ist die Stahlspannung für die quasi-ständige Einwirkung zu ermitteln. Werden Betonstahlmatten mit $a_s \geq 6{,}0$ cm²/m in zwei Ebenen gestoßen, ist im Stoßbereich der Nachweis mit einer um 25 % erhöhten Stahlspannung zu führen.

Tafel 7.8a Grenzdurchmesser d_s* in mm bei Betonrippenstählen für Stahlbetonbauteile

Stahlspannung σ_s in N/mm²		160	200	240	280	320	360	400	450
Grenzdurchmesser	bei w_k = 0,40 mm	54	35	24	18	14	11	9	7
d_s* in mm	bei w_k = 0,30 mm	41	26	18	13	10	8	7	5
	bei w_k = 0,20 mm	27	17	12	9	7	5	4	3
	bei w_k = 0,15 mm	20	13	9	7	5	4	–	–
	bei w_k = 0,10 mm	14	9	6	4	–	–	–	–
Tafel gilt für E_s = 200 000 N/mm² und $f_{ct,eff}$ = 2,9 N/mm²; die Werte ergeben sich aus $d_s^* = w_k \cdot 3{,}48 \cdot 10^6 / \sigma_s^2$									

Tafel 7.8b Grenzstababstände $s_{l,lim}$ in mm bei Betonrippenstählen für Stahlbetonbauteile

Stahlspannung σ_s in N/mm²	160	200	240	280	320	360
bei w_k = 0,4 mm	300	300	250	200	150	100
bei w_k = 0,3 mm	300	250	200	150	100	50
bei w_k = 0,2 mm	200	150	100	50	–	–

Der mit Tafel 7.8a ermittelte Grenzdurchmesser d_s* wird mit Gln. (7.15) und (7.16a) in Abhängigkeit von der Bauteildicke bzw. vom Randabstand der Bewehrung modifiziert und muss außerdem bei Betonzugfestigkeiten $f_{ct,eff} < f_{ct0}$ herabgesetzt werden, da der Tafel 7.8a eine Zugfestigkeit f_{ct0} = 2,9 N/mm² zugrunde liegt (eine Erhöhung von d_s* bei $f_{ct,eff} > f_{ct0}$ sollte jedoch nur bei einem genaueren Nachweis über die Rissgleichung erfolgen; [DAfStb-H.425 – 92]).

Der Nachweis wird für Stahlbetonbauteile wie folgt erbracht:

– für die Mindestbewehrung bei *Zwangs*beanspruchung (bei dicken Bauteilen s. Gl. (7.14))

$$d_s \le d_{s,lim} = d_s^* \cdot \frac{k_c \cdot k \cdot h_t}{4 \cdot (h-d)} \cdot \frac{f_{ct,eff}}{f_{ct0}} \ge d_s^* \cdot \frac{f_{ct,eff}}{f_{ct0}} \qquad (7.15)$$

– bei *Last*beanspruchung

$$d_s \le d_{s,lim} = d_s^* \cdot \frac{\sigma_s \cdot A_s}{4 \cdot (h-d) \cdot b \cdot f_{ct0}} \ge d_s^* \cdot \frac{f_{ct,eff}}{f_{ct0}} \qquad (7.16a)$$

oder

$$s_l \le s_{l,lim} \qquad (7.16b)$$

Es sind

d_s*, $d_{s,lim}$ Grenzdurchmesser nach Tafel 7.8a; modifizierter Grenzdurchmesser
$s_{l,lim}$ Grenzstababstand nach Tafel 7.8b
h, d Bauteildicke, statische Nutzhöhe
h_t Höhe der Zugzone vor Rissbildung; bei zentr. Zwang gilt die halbe Höhe $h_t/2$
k_c; *k* Beiwerte nach Abschnitt 7.3.5
$f_{ct,eff}$; f_{ct0} wirksame Zugfestigkeit (s. Abschnitt 7.3.5); Bezugswert f_{ct0} = 2,9 N/mm²

Nach [Zilch/Rogge – 01] sollte der Nachweis nach Gl. (7.16b) nur bei Platten mit einlagiger Bewehrung angewendet werden. Bei Balken und bei mehrlagiger Bewehrung liegen die der Tafel 7.8b zugrunde liegenden Annahmen auf der unsicheren Seite. Hierfür sollte der vereinfachte Nachweis daher über den zulässigen Stabdurchmesser nach Gl. (7.16a) erfolgen.

Werden in einem Querschnitt Stäbe mit unterschiedlichen Durchmessern verwendet, darf ein mittlerer Stabdurchmesser $d_{sm} = \Sigma d_{s,i}^2 / \Sigma d_{s,i}$ angesetzt werden. Bei Betonstahlmatten mit Doppelstäben genügt der Nachweis des Einzelstabdurchmessers.

Beispiel 1

Für die dargestellte Winkelstützmauer wird der Nachweis der Rissbreitenbegrenzung geführt.

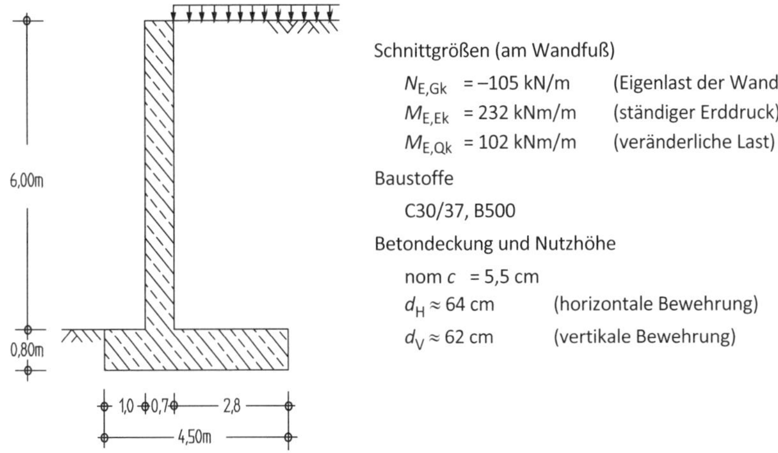

Biegebemessung im Grenzzustand der Tragfähigkeit

Es wird zunächst eine Biegebemessung im Grenzzustand der Tragfähigkeit durchgeführt.

$N_{Ed} = -1{,}00 \cdot 105 = -105$ kN/m (Eigenlast wirkt günstig!)

$M_{Ed} = 1{,}35 \cdot 232 + 1{,}50 \cdot 102 = 466$ kNm/m

$M_{Eds} = M_{Ed} - N_{Ed} \cdot z_s = 466 + 105 \cdot 0{,}27 = 495$ kNm/m

$\mu_{Eds} = M_{Eds} / (b \cdot d^2 \cdot f_{cd}) = 0{,}495 / (1{,}0 \cdot 0{,}62^2 \cdot 17{,}0) = 0{,}076$

$\rightarrow \quad \omega = 0{,}079; \; \sigma_{sd} = f_{yd} = 435$ MN/m² (s. Tafel 5.3a)

$A_s = (\omega \cdot b \cdot d \cdot f_{cd} + N_{Ed}) / \sigma_{sd} = (0{,}079 \cdot 1{,}0 \cdot 0{,}62 \cdot 17 - 0{,}105) / 435 \cdot 10^4 = 16{,}7$ cm²/m

gew.: $\varnothing$ 20 – 15 (= 20,9 cm²/m)

Rissbreitenbegrenzung im Grenzzustand der Gebrauchstauglichkeit

- ***Vertikale Bewehrung**, Nachweis für die **Lastbeanspruchung***

  Nachweis für die quasi-ständige Last mit $\psi_2 = 0{,}5$ („alle anderen Einwirkungen").

  $N_{perm} = -105$ kN/m

  $M_{perm} = 232 + 0{,}5 \cdot 102 = 283$ kNm/m

  $M_{s,perm} = 283 + 105 \cdot 0{,}27 = 311$ kNm/m

  Nachweis des gewählten Durchmessers d_s

  $$d_s \le d_{s,lim} = d_s^* \cdot \frac{\sigma_s \cdot A_s}{4 \cdot (h-d) \cdot b \cdot f_{ct0}} \ge d_s^* \cdot \frac{f_{ct,eff}}{f_{ct0}}$$

  $\sigma_s = (M_{s,perm} / z + N_{perm}) / A_s$ ($z \approx 0{,}9d = 0{,}9 \cdot 0{,}62 = 0{,}56$ m)

  $= (0{,}311/0{,}56 - 0{,}105) / (20{,}9 \cdot 10^{-4}) = 215$ MN/m²

  $d_s^* = 23$ mm (für $\sigma_s = 215$ MN/m²)

  $f_{ct,eff} = 2{,}9$ MN/m² (C30/37)

  $$d_{s,lim} = 23 \cdot \frac{215 \cdot 0{,}00209}{4 \cdot (0{,}70 - 0{,}62) \cdot 1{,}00 \cdot 2{,}9} = 11 < 23 \cdot \frac{2{,}9}{2{,}9} = 23 \text{ mm}$$

  $d_s = 20$ mm $< d_{s,lim} = 23$ mm $\rightarrow$ Nachweis erfüllt.

- ***Horizontale Mindestbewehrung***

Die Stützwand wird im frühen Betonalter durch das verformungsbehindernde Fundament (Arbeitsfuge) auf Zwang infolge Abfließens der Hydratationswärme beansprucht.

a) Nachweis mit Gl. (7.13)

$A_s = k_c \cdot k \cdot f_{ct,eff} \cdot A_{ct} / \sigma_s$

$k_c = 1{,}0$	(zentrischer Zwang)
$k = 0{,}56$	(interpoliert, k = 0,8 (h =30 cm) u. k = 0,5 (h=80 cm)
$f_{ct,eff} = 0{,}75 \cdot 2{,}9 = 2{,}175$ MN/m²	(Bei Zwang infolge Abfließen der Hydratationswärme 75 % der mittleren Betonzugfestigkeit, 30< $h \leq$ 80 cm)
$A_{ct} = 0{,}35 \cdot 1{,}00 = 0{,}35$ m²/m	(halbe Zugzonenfläche)
$\sigma_s = 220$ MN/m²	(gewählt)

$A_s = 1{,}0 \cdot 0{,}56 \cdot 2{,}175 \cdot 0{,}35 / 220 = 19{,}4 \cdot 10^{-4}$ m²/m = 19,4 cm²/m

b) Nachweis als „dickes" Bauteil mit Gl. (7.13a); alternativ

$A_s = f_{ct,eff} \cdot A_{c,eff} / \sigma_s \geq k \cdot f_{ct,eff} \cdot A_{ct} / f_{yk}$

$A_{c,eff} = h_{eff} \cdot b$ (h_{eff} für $h / d_1 = 70/6 = 11{,}7$ nach Abb. 7.10)

$h_{eff} = 0{,}1 \cdot h + 2{,}0 \cdot d_1 = 0{,}1 \cdot 0{,}70 + 2 \cdot 0{,}06 = 0{,}19$ m

$A_{c,eff} = 0{,}19 \cdot 1{,}0 = 0{,}19$ m²/m

Die weiteren Werte werden wie vorher – vgl. a) – angenommen.

$A_s = 2{,}175 \cdot 0{,}19 \cdot 10^4 / 220 =$ **18,8 cm²/m** $> 0{,}56 \cdot 2{,}175 \cdot 0{,}35 \cdot 10^4 / 500 = 8{,}5$ cm²/m

Der Nachweis nach b) ist geringfügig günstiger, er wird daher der weiteren Berechnung zugrunde gelegt.

gew.: ∅ 16 – 10 je Wandseite (= 20,11 cm²/m)

Nachweis des gewählten Durchmessers

$$d_s \leq d_{s,lim} = d_s^* \cdot \frac{f_{ct,eff}}{f_{ct0}}$$

$d_s^* = 22$ mm (Stahlbeton für $w_k = 0{,}3$ mm und $\sigma_s = 220$ MN/m²)

$d_{s,lim} = 22 \cdot 2{,}175/2{,}9 = 16{,}5$ mm

$d_s = 16$ mm $< d_{s,lim} = 16{,}5$ mm → Nachweis erfüllt.

- *Bewehrungsskizze*

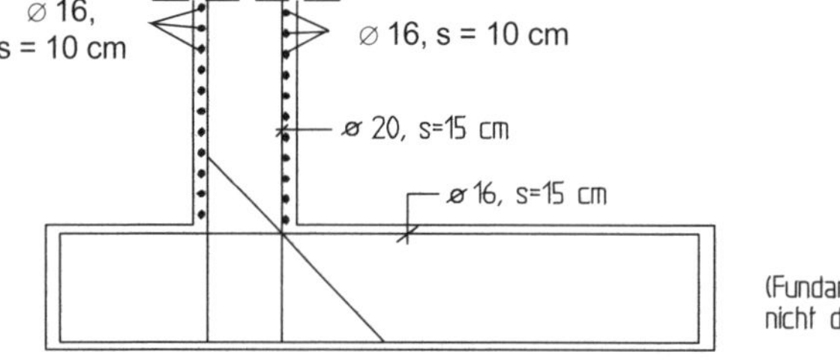

Hinweis: Der Nachweis der horizontalen Mindestbewehrung wird unter Abschnitt 7.3.6.2 – rechnerischer Nachweis zur Begrenzung der Rissbreite – fortgesetzt; s. dort.

Beispiel 2

Kragarm mit Belastung aus Eigenlast g_k, Schneelast s_k und angehängter veränderlicher Einzellast Q_k; Nachweis der Rissbreitenbegrenzung an der Einspannstelle für die Lastbeanspruchung.

Vorhandene Biegezugbewehrung: 4 ∅ 20 (= 12,6 cm²) (s. Abschnitt 7.2, Beispiel).

Nachweis der Rissbreitenbegrenzung für die Lastbeanspruchung
(Quasi-ständige Kombination, vgl. Abschnitt 7.2, Beispiel)

$M_{E,perm} = -8{,}0 \cdot 4{,}0^2 / 2 - 0 - 0{,}5 \cdot 10 \cdot 4{,}0 = -84{,}0$ kNm

$\alpha_e\ \rho = 15 \cdot 12{,}6 / (30 \cdot 44) = 0{,}143 \rightarrow \mu_s = 0{,}123$ (s. Abschnitt 7.2, Beispiel)

$\sigma_{s1} = 15 \cdot 0{,}084/(0{,}3 \cdot 0{,}44^2 \cdot 0{,}123) = 176$ MN/m² [34)]

$$d_s \le d_{s,\lim} = d_s^* \cdot \frac{\sigma_s \cdot A_s}{4 \cdot (h-d) \cdot b \cdot f_{ct0}} \ge d_s^* \cdot \frac{f_{ct,eff}}{f_{ct0}}$$

$d_s^* = 35$ mm (s. Tafel 7.8a)

$f_{ct,eff} = 2{,}9$ MN/m² (Tafel 7.6; C30/37 und $f_{ct,eff} = f_{ctm}$)

$$d_{s,\lim} = 35 \cdot \frac{176 \cdot 0{,}00126}{4 \cdot (0{,}50 - 0{,}44) \cdot 0{,}30 \cdot 2{,}9} = 37 \text{ mm}$$

$d_s = 20$ mm $< d_{s,\lim} = 36$ mm → Nachweis erfüllt.

Beispiel 3

Stützquerschnitt eines durchlaufenden Plattenbalkenträgers (vgl. [Goris/Schmitz – 13]). Für den Querschnitt soll die Mindestbewehrung (Zwangsbeanspruchung) bestimmt werden. Die Beanspruchung, die zur Rissbildung führen kann, soll erst nach Erreichen der 28-Tage-Festigkeit des Betons auftreten.

Für gegliederte Querschnitte wie Plattenbalken ist die Mindestbewehrung für jeden Teilquerschnitt (Gurt und Steg) nachzuweisen. Der Querschnitt wird in einen Gurt- und Steganteil zerlegt. Unmittelbar vor Rissbildung erhält man für Biegezwang und mit der Randzugspannung $f_{ct,eff} = 3{,}0$ MN/m² die dargestellte Spannungsverteilung.

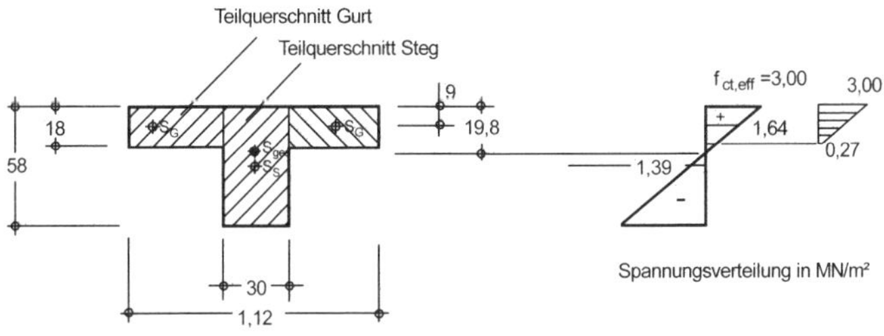

34) Näherungsweise und im Allg. genügend genau kann die Stahlspannung auch mit dem Hebelarm der inneren Kräfte $z \approx 0{,}9\,d = 0{,}9 \cdot 0{,}44 = 0{,}40$ m abgeschätzt werden und die Stahlspannung ermittelt werden aus $\sigma_{s1} = M_{E,perm} / (z \cdot A_s) = 0{,}084 / (0{,}40 \cdot 12{,}6 \cdot 10^{-4}) = 167$ N/mm² (für $N_{E,perm} = 0$).

Nachweis für den Gurt

$A_{s,min} = k_c \cdot k \cdot f_{ct,eff} \cdot A_{ct} / \sigma_s$

$k_c = 0{,}9\ F_{cr,Gurt} / (A_{ct} \cdot f_{ct,eff}) \geq 0{,}5$

$F_{cr,Gurt,o} = 0{,}5 \cdot (3{,}0 + 1{,}64) \cdot 0{,}09$ (wegen ungleichmäßiger Spannungsverteilung
$= 0{,}209$ MN/m wird k_c für die obere Bewehrung ermittelt)

$A_{ct} = 0{,}09 \cdot 1{,}00 = 0{,}09$ m²/m (halbe Plattendicke, je Meter Plattenbreite)

$f_{ct,eff} = 3{,}0$ MN/m² (s. u.)

$k_c = 0{,}9 \cdot 0{,}209/(0{,}09 \cdot 3{,}0) = 0{,}70 > 0{,}5$

$k = 1{,}0$ (es wird „äußerer" Zwang unterstellt)

$f_{ct,eff} = f_{ctm} = 3{,}0$ MN/m² (Mindestzugfestigkeit maßgebend)

$A_{ct} = 0{,}09 \cdot 1{,}00 = 0{,}09$ m²/m (halbe Plattendicke, je Meter Plattenbreite)

$\sigma_s = 425$ MN/m² (gewählt)

$A_{s,min} = 0{,}70 \cdot 1{,}0 \cdot 3{,}0 \cdot 0{,}09 / 425 = 0{,}000445$ m²/m $= 4{,}45$ cm²/m

gew.: ∅ 8 – 11 = 4,57 cm²/m (oben)

Nachweis des gewählten Durchmessers

$$d_s = d_s^* \cdot \frac{k_c \cdot k \cdot h_t}{4 \cdot (h-d)} \cdot \frac{f_{ct,eff}}{f_{ct,0}} \geq d_s^* \cdot \frac{f_{ct,eff}}{f_{ct,0}}$$

$d_s^* = 8$ mm (für $\sigma_s = 425$ MN/m² und $w_k = 0{,}4$ mm)

$$\frac{k_c \cdot k \cdot h_t}{4 \cdot (h-d)} < 1$$

$d_s = d_s^* \cdot (f_{ct,eff}/f_{ctm}) \approx 8{,}0$ mm (wegen $f_{ct,eff} = 3{,}0 \approx f_{ct,0} = 2{,}9$)

Mit der gewählten Bewehrung wird der Grenzdurchmesser eingehalten.

Analog gilt für untere Bewehrung mit $F_{cr,Gurt,u} = 0{,}5 \cdot (1{,}64 + 0{,}27) \cdot 0{,}09 = 0{,}086$ MN und $k_c = 0{,}9 \cdot 0{,}086 / (0{,}09 \cdot 3{,}0) = 0{,}29 < 0{,}5$ (d. h. Mindestwert maßgebend)

$A_{s,min} = 0{,}5 \cdot 1{,}0 \cdot 3{,}0 \cdot 0{,}09/425 = 0{,}000318$ m²/m $= 3{,}18$ cm²/m

gew.: ∅ 8 – 15 = 3,35 cm²/m (unten)

Auf einen Nachweis des gewählten Durchmessers kann verzichtet werden (s. o.).

Nachweis für den Steg

$A_{s,min} = k_c \cdot k \cdot f_{ct,eff} \cdot A_{ct} / \sigma_s$

$k_c = 0{,}4 \cdot [1 - \sigma_c / (k_1 \cdot f_{ct,eff}] \leq 1$

σ_c Betonspannung in der Schwerlinie des Teilquerschnitts

$k_1 = 1{,}50$ für Drucklängskraft für $h < 1$ m

$k_c = 0{,}4 \cdot [1 - 1{,}39/(1{,}50 \cdot 3{,}00)] = 0{,}28$ (für den Steg)

$k = 1{,}0$ (äußerer Zwang; s. o.)

$f_{ct,eff} = f_{ctm} = 3{,}0$ MN/m² (Mindestzugfestigkeit maßgebend)

$A_{ct} = 0{,}198 \cdot 0{,}30 = 0{,}059$ m²

$\sigma_s = 425$ MN/m² (gewählt)

$A_{s,min} = 0{,}28 \cdot 1{,}0 \cdot 3{,}0 \cdot 0{,}059 / 425 = 0{,}00012$ m² $= 1{,}2$ cm²

Im Rahmen des Beispiels ohne weitere Nachweise.

7.3.6.2 Rechnerische Ermittlung von Rissbreiten

Wie im Abschnitt 7.3.4 ausgeführt, ist bei der rechnerischen Ermittlung der Rissbreite zu unterscheiden zwischen der Erstrissbildung und dem abgeschlossenen Rissbild (in beiden Fällen ist eine ausreichende Mindestbewehrung nach Abschnitt 7.3.5 vorausgesetzt). Die in EC 2-1-1 angegebenen Berechnungsverfahren dürfen jedoch näherungsweise für beide Zustände angewendet werden; der Zusammenhang wird durch Einführung von oberen und unteren Schranken erreicht.

Für den Rissabstand erhält man durch Zusammenführen von Gl. (7.10a) – obere Grenze des Rissabstandes – und Gl. (7.11a) mit $s_{r,max} = 2\ l_e$ und dem Verhältnis Verbundfestigkeit zu Zugfestigkeit $\tau_{bm} / f_{ct} = 1{,}8$:

$$s_{r,\max} = 2 \cdot \frac{\sigma_s \cdot d_s}{\tau_{bm} \cdot 4} = \frac{\sigma_s \cdot d_s}{3{,}6 \cdot f_{ct}} \geq \frac{f_{ct} \cdot d_s}{2 \cdot \tau_{bm} \cdot \rho} = \frac{d_s}{3{,}6 \cdot \rho} \tag{7.17}$$

Die Dehnungsdifferenz $(\varepsilon_{sm} - \varepsilon_{cm})$ bestimmt man in analoger Weise durch Zusammenführen von Gl. (7.10b) und Gl. (7.11b). Mit $\beta_t = 0{,}4$ für dauernde oder sich wiederholende Belastung (für Kurzzeitbelastung beträgt $\beta_t = 0{,}6$) erhält man:

$$\left(\varepsilon_{sm} - \varepsilon_{cm}\right) = 0{,}6 \cdot \frac{\sigma_s}{E_s} \leq \frac{\sigma_s - 0{,}4 \cdot (f_{ct} / \rho) \cdot (1 + \alpha_e \cdot \rho)}{E_s} \tag{7.18}$$

In den Bemessungsgleichungen ist die Zugfestigkeit f_{ct} noch durch die effektive Zugfestigkeit $f_{ct,eff}$ und der Bewehrungsgrad ρ durch den effektiven Bewehrungsgrad ρ_{eff} zu ersetzen. Damit erhält man als *rechnerische Rissbreite* w_k die Bemessungsgleichungen nach EC 2-1-1 (in Gln. (7.19a) und (7.19b) kennzeichnet die linke Seite jeweils das abgeschlossene Rissbild und die rechte Seite die Erstrissbildung):

$$w_k = s_{r,max} \cdot (\varepsilon_{sm} - \varepsilon_{cm}) \tag{7.19}$$

Es sind

$$s_{r,\max} = \frac{d_s}{3{,}6 \cdot \rho} \leq \frac{\sigma_s \cdot d_s}{3{,}6 \cdot f_{ct,eff}} \tag{7.19a}$$

≤ 2 Maschen (bei Betonstahlmatten)

$$\left(\varepsilon_{sm} - \varepsilon_{cm}\right) = \frac{\sigma_s - 0{,}4 \cdot (f_{ct,eff} / \rho_{eff}) \cdot (1 + \alpha_e \cdot \rho_{eff})}{E_s} \geq 0{,}6 \cdot \frac{\sigma_s}{E_s} \tag{7.19b}$$

mit:

ρ_{eff} $= A_s / A_{eff}$ mit $A_{c,eff}$ als wirksame Zugzonenfläche nach Abb. 7.10; i. Allg. darf $h_{eff} = 2{,}5 d_1$ (konstant) verwendet werden

σ_s Betonstahlspannung für die maßgebende Einwirkungskombination

α_e $= E_s / E_{cm}$ Verhältnis der E-Moduln von Betonstahl und Beton

$f_{ct,eff}$ wirksame Zugfestigkeit

Vorstehende Gleichungen gehen von einer Dauerlast aus. Die Gleichungen könnten entsprechend modifiziert werden, wenn der Dauerstandeffekt nicht berücksichtigt werden soll (vgl. [DAfStb-H525 – 03]); hiervon wird jedoch eher abgeraten.

Der wirksamen Bewehrungsgrad ρ_{eff} berücksichtigt, dass bei dickeren Bauteilen nur in der äußeren, effektiven Betonzugzone die Rissabstände und die Rissbreite gering gehalten werden.

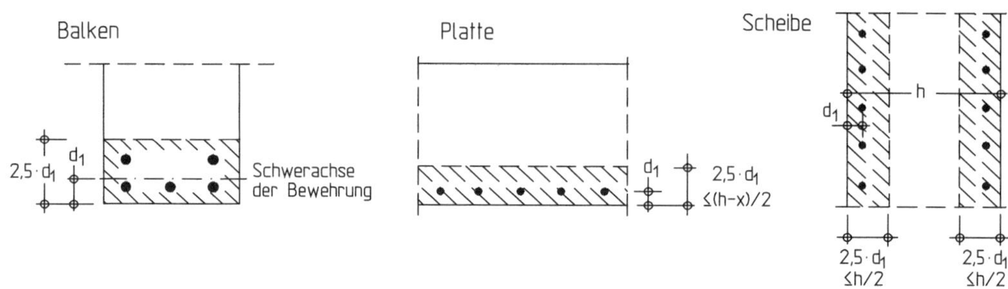

Effektive Dicke h_{eff}

a) $h_{eff} = 2{,}5 d_1$ (konstant)

b) h_{eff} in Abhängigkeit von der Bauteildicke:

Biegung			*Zentr. Zug*		
	$0 \leq h/d_1 < 10$:	$h_{eff} = 0{,}25\,h$		$0 \leq h/d_1 < 5{,}0$:	$h_{eff} = 0{,}50\,h$
	$10 \leq h/d_1 < 60$:	$h_{eff} = 0{,}05\,h + 2{,}0\,d_1$		$5{,}0 \leq h/d_1 < 30$:	$h_{eff} = 0{,}10\,h + 2{,}0\,d_1$
	$h/d_1 \geq 60$:	$h_{eff} = 5{,}0\,d_1$		$h/d_1 \geq 30$:	$h_{eff} = 5{,}0\,d_1$

Abb. 7.10 Wirkungszone der Bewehrung (s. Text)

Direkte Berechnung einer rissbreitenbegrenzenden Mindestbewehrung

Die Gleichungen (7.19a) und (7.19b) haben den Nachteil, dass die Bewehrung bereits bekannt sein muss. Für die Ermittlung der Mindestbewehrung unter Beachtung einer zulässigen Rissbreite sind sie daher weniger geeignet. Aus diesen Gleichungen lässt sich jedoch unmittelbar eine Gleichung zur direkten Berechnung der erforderlichen Bewehrung bei Zwang für eine nachzuweisende Rissbreite herleiten (vgl. [DAfStb-H.525 – 03]). Hierbei wird vereinfachend in Gl. (7.19b) der Ausdruck $(1 + \alpha_e \cdot \rho_{eff}) = 1$ gesetzt. Man erhält:

$$A_s = \sqrt{\frac{d_s \cdot F_{cr} \cdot (F_s - 0{,}4 \cdot F_{cr})}{3{,}6 \cdot E_s \cdot w_k \cdot f_{ct,eff}}} \qquad (7.20)$$

Hierbei sind

F_{cr} $= f_{ct,eff} \cdot A_{ct,eff}$; Risskraft der wirksamen Betonzugzonenfläche (bei „dünnen“ Bauteilen wird $A_{ct,eff} = A_{ct}$)

F_s Zugkraft, die von der Bewehrung aufzunehmen ist (s. u.)

$f_{ct,eff}$ wirksame Zugfestigkeit zum Betrachtungszeitpunkt

E_s $= 200\,000$ MN/m²; Elastizitätsmodul des Stahls

w_k Rechenwert der Rissbreite

Bei „innerer“ Zwangsbeanspruchung ist die von der Bewehrung aufzunehmende Zugkraft F_s üblicherweise gleich der gesamten Risskraft zu setzen (s. Gl. (7.13)). Bei eingeschnürten Bauteilen ist die Stahlzugkraft F_s jedoch getrennt für eine abgeschlossene Rissbildung zu ermitteln und größer als die Risskraft.

Beispiel: Winkelstützwand nach Abbildung (vgl. Abschnitt 7.3.6.1, Bsp. 1)

Winkelstützwand, die nach dem Erhärten der Fundamentplatte betoniert wird. Gesucht ist die *horizontale* Mindestbewehrung. Der Nachweis soll nur für eine Zwangsbeanspruchung im frühen Betonalter aus Abfließen der Hydratationswärme erfolgen.

Beton: C30/37
Zul. Rissbreite: $w_{zul} = 0{,}2$ mm (kein drückendes Wasser)

Es wird unterstellt, dass der Bemessungswert der Zwangsspannung die aufnehmbare Zugspannung überschreitet und damit Rissbildung auftritt (sie kann nur bei kurzen Wandabschnitten mit vielen Fugen vermieden werden).

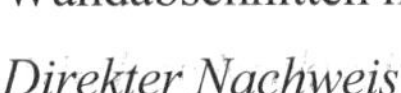

Direkter Nachweis

– Kraft der effektiven Zugzone je Wandseite

$F_{cr} = A_{c,eff} \cdot f_{ct,eff}$

$A_{c,eff} = 0{,}19$ m²/m (s. vorher; je Wandseite)

$f_{ct,eff} = 0{,}75 \cdot 2{,}9 = 2{,}175$ MN/m² (Rissbildung im frühen Alter)

$F_{cr} = 0{,}19 \cdot 2{,}175 = 0{,}413$ MN/m

– von der Bewehrung aufzunehmende Zugkraft (bezogen auf den halben Querschnitt)

$F_s = k_c \cdot k \cdot f_{ct,eff} \cdot A_{ct} = 1{,}0 \cdot 0{,}56 \cdot 2{,}175 \cdot 0{,}35 = 0{,}426$ MN/m

– Mindestbewehrung A_s und Rissbreitenbegrenzung
Nachweis mit Gl. (7.20); Annahme $d_s = 16$ mm.

$$A_s = \sqrt{\frac{d_s \cdot F_{cr} \cdot (F_s - 0{,}4 \cdot F_{cr})}{3{,}6 \cdot E_s \cdot w_k \cdot f_{ct,eff}}} = \sqrt{\frac{0{,}016 \cdot 0{,}413 \cdot (0{,}426 - 0{,}4 \cdot 0{,}413)}{3{,}6 \cdot 200\,000 \cdot 0{,}0002 \cdot 2{,}175}} \cdot 10^4 = 23{,}5 \text{ cm}^2/\text{m}$$

gew.: ∅ 16 – 8,5 (je Wandseite; vorh $A_s = 23{,}65$ cm²/m)

Zur Kontrolle wird die zu erwartenden Rissbreite w_k mit Gl. (7.19) überprüft.

$w_k = s_{r,max} \cdot (\varepsilon_{sm} - \varepsilon_{cm})$ (Gl. (7.19))

$s_{r,max} = d_s/(3{,}6 \cdot \rho_{eff}) \leq \sigma_s \cdot d_s/(3{,}6 \cdot f_{ct,eff})$ (Gl. (7.19a))

$\rho_{eff} = A_s/A_{c,eff} = 19{,}2 \cdot 10^{-4} / 0{,}19 = 0{,}0101$ (Kontr. mit $A_{s,erf}$; $A_{c,eff}$ wie oben)

$\sigma_s = F_s/A_s$ (Stahlspannung bei Rissbildung)

$F_s = 0{,}284$ MN/m (Gesamtzwangsschnittgröße, s. o.)

$\sigma_s = 0{,}284 / 0{,}00101 = 148$ MN/m²

$s_{r,max} = 1{,}6/(3{,}6 \cdot 0{,}0101) = 44 \text{ cm} < 148 \cdot 1{,}6/(3{,}6 \cdot 1{,}45) = 45$ cm

$\varepsilon_{sm} - \varepsilon_{cm} = [(\sigma_s - 0{,}4 \cdot (f_{ct,eff}/\rho_{eff}) \cdot (1 + \alpha_e \cdot \rho_{eff})] / E_s$ (Gl. (7.19b))

$\geq 0{,}6 \cdot \sigma_s/E_s$

$\alpha_e = E_s/E_{cm} = 200\,000 / 33\,000 = 6{,}1$ (Beton C30/37)

$\varepsilon_{sm} - \varepsilon_{cm} = [148 - 0{,}4 \cdot (1{,}45/0{,}0101) \cdot (1 + 6{,}1 \cdot 0{,}0101)] / 200\,000 = 0{,}44$ ‰

$= 0{,}6 \cdot 148 / 200\,000 = 0{,}44$ ‰

$w_k = 440 \cdot 0{,}00044 = 0{,}19 \text{ mm} < w_{k,zul} = 0{,}2$ mm Nachweis erfüllt.

Das geringfügig günstigere Ergebnis ist durch die Berücksichtigung des Faktors $(1 + \alpha_e \cdot \rho_{eff})$ in Gl. (7.19b) begründet; s. Erläuterungen zu Gl. (7.20).

7.4 Begrenzung der Verformungen

(vgl. auch [Goris – 04])

7.4.1 Grundsätzliches

Die Verformungen eines Tragwerkes müssen so begrenzt werden, dass sowohl die ordnungsgemäße Funktion als auch das Erscheinungsbild des Bauteils selbst oder angrenzender Bauteile (wie z. B. leichte nichttragende Trennwände, Verglasungen, Außenwandverkleidungen, haustechnische Anlagen) nicht beeinträchtigt werden. In bestimmten Fällen ist außerdem eine Begrenzung zur Vermeidung übermäßiger Schwingungen erforderlich.

In EC 2-1-1 werden nur Verformungen von biegebeanspruchten Bauteilen in vertikaler Richtung angesprochen, hinzuweisen ist jedoch darauf, dass auch Verdrehungen (Auflagerverdrehungen) kritisch werden können.

Bei den Verformungen in vertikaler Richtung werden unterschieden (vgl. Abb. 7.11):

- Durchhang:
  vertikale Bauteilverformung, bezogen auf die Verbindungslinie der Unterstützungspunkte
- Durchbiegung:
  vertikale Bauteilverformung, bezogen auf die Systemlinie des Bauteils (bei Schalungsüberhöhung, bezogen auf eine überhöhte Lage)

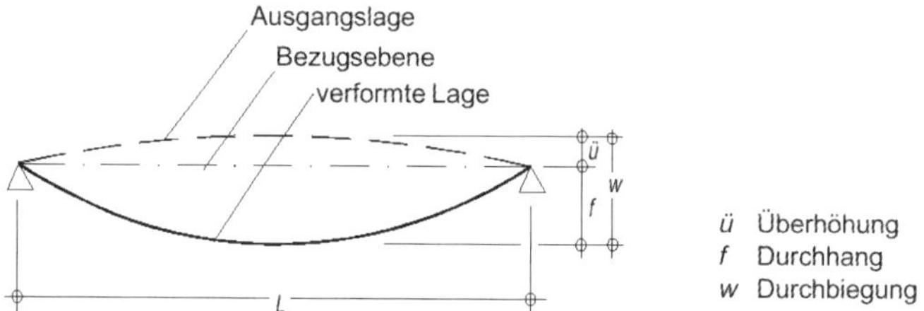

Abb. 7.11 Definition der Verformungen gemäß EC 2-1-1

Die Größe der Durchbiegungen hängt von einer Vielzahl von Einflussfaktoren ab. Neben der Bauteilgeometrie (Querschnitt, Stützweite, Lagerungsbedingungen) und der Belastung wird die Durchbiegung von den Materialeigenschaften (Druck- und Zugfestigkeit sowie Elastizitätsmodul des Betons, Betonstahlsorte) und den zeitabhängigen Größen (Kriechen, Schwinden) beeinflusst. Die aufgeführten Parameter sind streuende Größen, so dass die Durchbiegungen nicht exakt berechnet, sondern nur näherungsweise ermittelt und abgeschätzt werden können.

Zulässige und im Hinblick auf Schäden unbedenkliche Durchbiegungen können nicht generell angegeben werden. Je nach Tragwerk werden Grenzwerte zwischen 1 / 100 und 1 / 1 000 der Stützweite angegeben (vgl. DAfStb-H.525).

In EC 2-1-1 werden für übliche Bauwerke des Hochbaus die in ISO 4356 genannten Grenzwerte übernommen. In Abhängigkeit von der Stützweite l_{eff} als Verbindungslinie der Unterstützungspunkte – für Kragträger gilt $l_{eff} = 2,5\ l_{Kr}$ – wird eine Begrenzung auf folgende Grenzwerte empfohlen:

- 1/250 der Stützweite für den Bauteildurchhang, um ein angemessenes Erscheinungsbild und die Gebrauchstauglichkeit sicherzustellen
- 1/500 der Stützweite für die Durchbiegung zur Vermeidung von Schäden an angrenzenden Bauteilen wie z. B. leichte Trennwände, Verkleidungen, Verglasungen; die Durchbiegungsbegrenzung bezieht sich hierbei auf die nach dem Einbau dieser Bauteile auftretenden Verformungen.

Überhöhungen sind zulässig, um einen Teil oder den gesamten Durchhang auszugleichen. Die Schalungsüberhöhung sollte jedoch i. Allg. 1/250 der Stützweite nicht überschreiten.

Welche Größen von Verformungen das *Erscheinungsbild* nachhaltig ungünstig beeinflussen, hängt u. a. vom subjektiven Empfinden des Nutzers ab; allgemein gültige Aussagen sind hierzu daher kaum zu machen. Die *Gebrauchstauglichkeit* und Funktionalität einer Konstruktion kann durch zu große Verformungen nachhaltig ungünstig beeinflusst werden. Bei Entwässerungen ist Gefälle und Bauteildurchhang angemessen aufeinander abzustimmen. Besondere Überlegungen erfordern z. B. auch Maschinen und Geräte, bei denen Verformungen so zu begrenzen sind, dass die Funktionsfähigkeit nicht beeinträchtigt ist.

Bei den *Schäden an angrenzenden Bauteilen* sind insbesondere die an Trennwänden und vergleichbaren Bauteilen zu nennen. Typische Schadensbilder an Mauerwerkswänden sind in Abb. 7.12a dargestellt (entnommen aus [DAfStb-H.525 – 03]). Das in Abb. 7.12a (1) prinzipiell dargestellte Schadensbild veranschaulicht das Foto in Abb. 7.12b. Besonders empfindlich sind aufgrund der großen Sprödigkeit große Glasscheiben (Schaufenster).

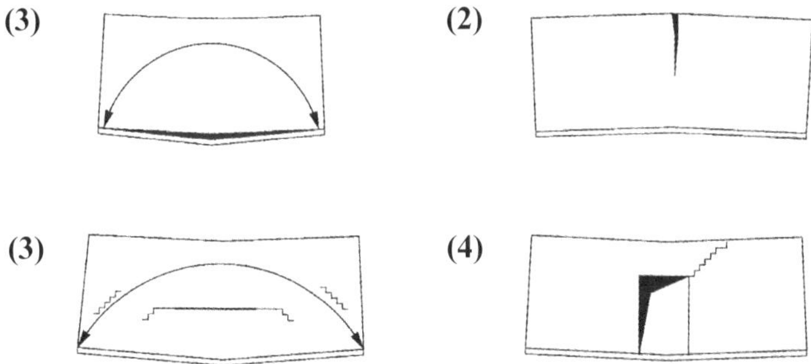

Abb. 7.12a Tragmechanismen und Schadensbilder bei Mauerwerk: Muldenlagerung einer kurzen Wand (1) und langen Wand (2), Sattellagerung (3), Wand mit Türöffnung (4) (aus [DAfStb-H.525 – 03])

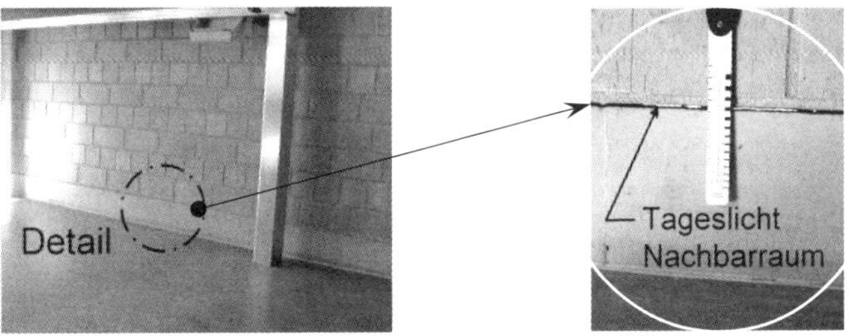

Abb. 7.12b Wand in Muldenlage mit Bogentragwirkung; die Wand folgt der Verformung der Decke weitgehend nicht (aus [Avak/Scheck – 04])

Eine Begrenzung der Verformungen, d. h. die Einhaltung der zuvor genannten Grenzen $L/250$ bzw. $L/500$, kann erfolgen

- durch Einhaltung von *Konstruktionsregeln* (Begrenzung der Biegeschlankheit),
- durch einen *rechnerischen Nachweis der Verformungen* unter Berücksichtigung des nichtlinearen Materialverhaltens und des zeitabhängigen Betonverhaltens. Die Ermittlung erfolgt mit der quasi-ständigen Einwirkungskombination (vgl. Abschnitt 5.1.2).

Wegen der einfachen Durchführbarkeit erfolgt der Nachweis in der Praxis sehr häufig durch die Begrenzung der Biegeschlankheit.

7.4.2 Konstruktionsregeln (Begrenzung der Biegeschlankheit)

7.4.2.1 Grundsätzliches

Eine „genaue" Verformungsberechnung ist wegen der Vielzahl der zu berücksichtigenden Parameter (s. vorher) sehr aufwändig. Insbesondere für „Von-Hand"-Berechnungen sind daher einfachere Lösungen gefragt.

Erste Lösungsansätze wurden in den 60er-Jahren von *Mayer/Rüsch* [DAfStb-H.193 – 67] veröffentlicht. Dabei wurden Bauschäden als Folge der Durchbiegung von Stahlbeton-Bauteilen erfasst und hieraus sog. Biegeschlankheitskriterien entwickelt, die eine schadensfreie Konstruktion gewährleisten sollten. Als rein empirisches Ergebnis wurden daraus für Platten des üblichen Hochbaus folgende Grenzen formuliert:

- $l_i / d \leq 35$ generell
- $l_i / d \leq 150/l_i$ bei höheren Anforderungen (z. B. Vermeidung von Schäden an nichttragenden Trennwänden)

mit d als Nutzhöhe und l_i als (Ersatz-)Stützweite, die bei einfeldrigen Platten gleich der tatsächlichen Stützweite und bei Durchlaufplatten gleich dem Abstand der Momentenullpunkte ist.

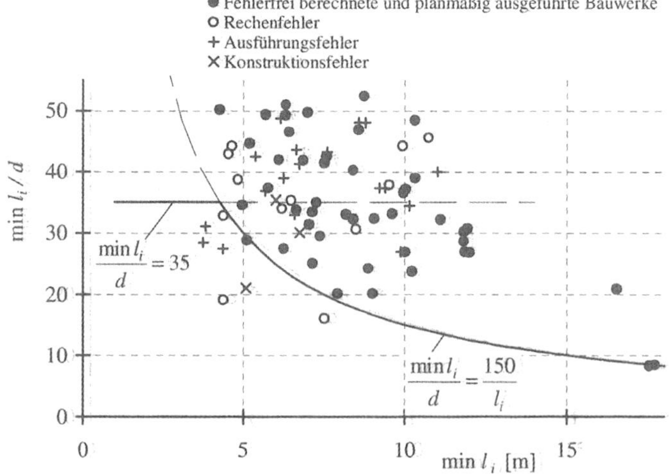

Abb. 7.13 Grenzschlankheiten von Stahlbetonbauteilen nach [DAfStb-H.193 – 67]

Diese Bedingungen haben dann Eingang in die Stahlbetonbau-Normung gefunden und sind auch noch in DIN 1045-1:2008 enthalten. Allerdings wird in [DAfStb-H.525 – 03] darauf hingewiesen, dass die Einhaltung der Biegeschlankheitskriterien nicht immer die geforderten Durchbiegungsbeschränkungen (*l*/250 bzw. *l*/500) gewährleistet.

Zu berücksichtigen ist außerdem, dass die heutigen Bauteile i. d. R. deutlich höher ausgenutzt werden als das zum Zeitpunkt der Untersuchungen von *Mayer/Rüsch* in den 60er-Jahren der Fall war. Das betrifft insbesondere den Betonstahl, der heute ausschließlich mit einer Streckgrenze f_{yk} = 500 N/mm² auf dem Markt ist, während früher teilweise Betonstahl mit einer Streckgrenze f_{yk} = 220 N/mm² zur Anwendung kam (die höhere Ausnutzung führt zu größerer Durchbiegung, s. hierzu Abschnitt 7.4.3). Eine Anwendung dieser Regelung erscheint daher nicht mehr gerechtfertigt.

7.4.2.2 Regelungen nach EC 2-1-1

Nach EC 2-1-1 müssen die Verformungen eines Tragwerkes so begrenzt werden, dass sie das Erscheinungsbild und die ordnungsgemäße Funktion nicht beeinträchtigen. In Abhängigkeit von der Stützweite l (bei Kragarmen mit $l = 2{,}5 \cdot l_k$) gilt für den Durchhang f bzw. für die Durchbiegung w unter der quasi-ständigen Last (s. vorher):

allgemein $f \leq l/250$ (7.21a)

im Hinblick auf Ausbauten (z. B. Trennwände) $w \leq l/500$ (7.21b)

mit f als vertikale Bauteilverformung, bezogen auf die Verbindungslinie der Unterstützungspunkte, und w als vertikale Bauteilverformung, bezogen auf die Systemlinie des Bauteils, bei Schalungsüberhöhung bezogen auf die überhöhte Lage (es gilt die nach dem Einbau der Ausbauten auftretende Verformung); vgl. Abb. 7.11. Eine Überhöhung der Schalung darf jedoch nicht größer als $l_i/250$ sein.

Aus rechnerischen Parameterstudien wird in EC 2-1-1, 7.4.2 als erforderliche Biegeschlankheit hergeleitet und formuliert:

$$\frac{l}{d} \leq K \cdot \left[11 + 1{,}5\sqrt{f_{ck}} \cdot \frac{\rho_0}{\rho} + 3{,}2\sqrt{f_{ck}} \cdot \left(\frac{\rho_0}{\rho} - 1 \right)^{3/2} \right] \leq (l/d)_{max} \quad \text{wenn } \rho \leq \rho_0 \qquad (7.22a)$$

$$\frac{l}{d} \leq K \cdot \left[11 + 1{,}5\sqrt{f_{ck}} \cdot \frac{\rho_0}{\rho - \rho'} + \frac{1}{12}\sqrt{f_{ck}} \cdot \left(\frac{\rho'}{\rho_0} \right)^{1/2} \right] \leq (l/d)_{max} \quad \text{wenn } \rho > \rho_0 \qquad (7.22b)$$

Es sind

l/d	Grenzwert der Biegeschlankheit (Verhältnis von Stützweite zu Nutzhöhe)
K	Beiwert zur Brücksichtigung des statischen Systems
ρ_0	$= f_{ck}^{0,5} \cdot 10^{-3}$ Referenzbewehrungsgrad
ρ	erf. Zugbewehrungsgrad in Feldmitte (bei Kragträgern am Einspannquerschnitt)
ρ'	erf. Druckbewehrungsgrad in Feldmitte (bei Kragträgern am Einspannquerschnitt)
f_{ck}	charakteristische Druckfestigkeit in N/mm²

$$\left(l/d\right)_{max} \leq \begin{cases} K \cdot 35 & \text{allgemein} \\ K^2 \cdot 150/l & \text{zusätzlich für Bauteile mit erhöhten Anforderungen } (l_i \text{ in m}) \text{ zur Vermeidung von Schäden an angrenzenden Bauteilen} \end{cases}$$

Die Auswertung von Gl. (7.22) ist für hoch beanspruchten (ρ = 1,5 %) und gering beanspruchten Beton (ρ = 0,5 %) in Tafel 7.9 enthalten. Gleichungen (7.22a) und (7.22b) gelten für eine Stahlspannung σ_s = 310 N/mm² im gerissenen Querschnitt in Feldmitte unter der maßgebenden Last im SLS. Die Spannung σ_s = 310 N/mm² ergibt sich unter der Annahme, dass die erforderliche Bewehrung mit σ_{sd} = 435 N/mm² und unter den 1,4-fachen maßgebenden charakteristischen Einwirkungen bestimmt wurde. Weiterhin wird ein Beton C30/37 angenommen.

Es ist zu sehen, dass mit den Tabellenwerten nach Tafel 7.9 relativ kleine Biegeschlankheiten und damit dicke Platten erhalten werden (beispielsweise für eine einfeldrige Platte einen Wert $(l / d) = 20$), die in der Konstruktionspraxis unüblich sind. Man wird daher in vielen Fällen die Biegeschlankheit mit Gl. (7.22) genauer bestimmen oder zumindest die nachfolgend aufgeführten Korrekturfaktoren berücksichtigen.

Die Werte der Gln. (7.22a) und (7.22b) dürfen bzw. müssen mit den nachfolgenden Faktoren k_i korrigiert werden (die Mindestwerte $(l / d)_{max}$ nach Gl. 7.22 sind davon unberührt):

$k_0 = 310/\sigma_s$, falls die Stahlspannung unter der Bemessungslast im GZG ≠ 310 N/mm²
Näherungweise darf auch $k_0 = 500 /(f_{yk} \cdot A_{s,req}/A_{s,prov})$ gesetzt werden mit $A_{s,req}$ als erforderliche und $A_{s,prov}$ als vorhandene Bewehrung.

$k_1 = 0{,}8$ bei gegliederten Querschnitten (Plattenbalken u. Ä.) mit $b_{eff}/b_w > 3$

$$k_2 = \begin{cases} 7{,}0/l_{eff} & \text{für Balken u. Platten mit } l \geq 7{,}0 \text{ m} \\ 8{,}5/l_{eff} & \text{für Flachdecken mit } l \geq 8{,}50 \text{ m} \end{cases} \quad \text{bei erhöhten Anforderungen } (l \text{ in m})$$

Der Beiwert K kann für häufig vorkommende Fälle der Tafel 7.9 entnommen werden. Bei vierseitig gestützten Platten ist die kleinere Stützweite maßgebend, bei dreiseitig gestützten Platten die Stützweite parallel zum freien Rand (ggf. auch die Kraglänge → Nachweis als Kragarm); für Flachdecken gelten die Werte auf der Basis der größeren Stützweite.

Tafel 7.9 Grundwerte der Biegeschlankheit *l/d* von Stahlbetonbauteilen

Statisches System	K	Beton hoch beansprucht ρ = 1,5 %	Beton gering beansprucht ρ = 0,5 %
ℓ	1,0	14	20
ℓ; Endfeld, min ℓ ≥ 0,8 max ℓ	1,3	18	26
ℓ; Innenfelder, min ℓ ≥ 0,8 max ℓ	1,5	20	30
Flachdecken (auf der Grundlage der größeren Stützweite)	1,2	17	24
ℓ_k ($\ell = \ell_k$)	0,4	6	8

Weitere Erläuterungen zum Nachweis der Verformung durch die Begrenzung der Biegeschlankheit sind in [DAfStb-H.630 – 18] zu finden, u. a. auch ergänzende Ablauf- und Hilfsdiagramme zur Auswertung der Gln. (7.22a) und (7.22b).

Darüber hinaus liefert [DAfStb-H.240 – 91] hilfreiche Hinweise, wenn statische Systeme von den Vorgaben gemäß Tafel 7.9 abweichen. Die Werte der Tafel 7.9 gelten für „regelmäßige" Systeme (Durchlaufträger mit einem Stützweitenverhältnis min $l \geq 0{,}8 \cdot \max l$, Kragarme mit annähernd starrer Einspannung). Wenn die zuvor genannten Anwendungsgrenzen nicht eingehalten werden, kann der Beiwert K mithilfe der Angaben in [DAfStb-H.240 – 91] ermittelt werden (die geänderten Bezeichnungen sind zu beachten; das Formelzeichen α in DAfStb-H.240 entspricht dem reziproken Beiwert K in Gln. 7.22a und b). Danach gilt:

- Durchlaufträger mit beliebigen Stützweiten

$$\frac{1}{K} = \alpha = \frac{1 + 4{,}8 \cdot (m_1 + m_2)}{1 + 4 \cdot (m_1 + m_2)} \tag{7.23a}$$

Grenze: $m_1 \geq -(m_2 + 5/24)$

- Kragbalken an Durchlaufträgern

$$\frac{1}{K} = \alpha = 0{,}8 \cdot \left[\frac{l}{l_k}\left(4 + 3\frac{l_k}{l}\right) - \frac{q}{q_k}\left(\frac{l}{l_k}\right)^3 (4m + 1) \right] \tag{7.23b}$$

Grenze: $m \leq \frac{q}{q_k} \cdot \left(\frac{l_k}{l}\right)^2 \cdot \left(1 + \frac{3}{4}\frac{l_k}{l}\right) - \frac{1}{4}$

In den Gln. (7.23a) und (7.23b) bedeuten (s. hierzu auch Abb. 7.14):

$m = M / q\, l^2$ bezogene Momente über den Stützen des betrachteten Innenfeldes (m_1, m_2 bzw. M_1, M_2) bzw. über der vom Kragarm abliegenden Stütze des anschließenden Innenfeldes (m, M); bezogene Momente mit Vorzeichen

q maßgebliche Gleichlast des untersuchten Feldes bzw. bei Kragträgern des an den Kragarm anschließenden Feldes

q_k maßgebliche Gleichlast des Kragarms

l Stützweite des untersuchten Feldes (bei Kragträgern des an den Kragarm anschl. Feldes)

l_k Kragarmlänge

Ergibt sich in Gl. (7.23) der Wert α erheblich größer als 2,4, ist von der Anwendung des vereinfachten Verfahrens abzuraten, es wird ein rechnerischer Nachweis der Verformungen empfohlen.

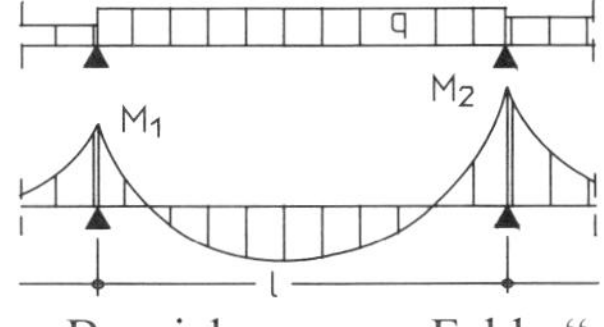

Bezeichnungen „Felder"

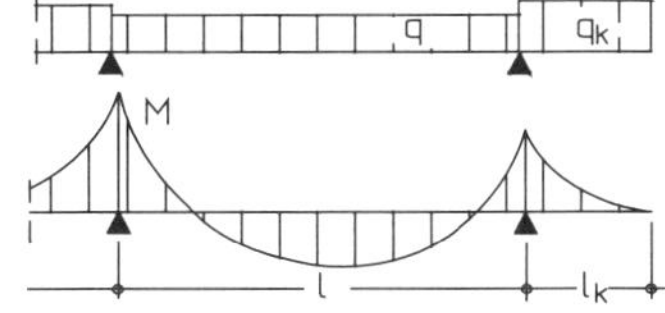

Bezeichnungen „Kragträger"

Abb. 7.14 Erläuterung der Bezeichnungen in Gln. (7.23a) und (7.23b)

Beispiel 1

Gegeben sei eine Einfeldplatte mit einer Stützweite $l = 4{,}50$ m und einer Nutzhöhe $d = 18$ cm, als Beton ist ein C20/25 vorhanden. Es sind leichte Trennwände vorhanden (erhöhte Anforderungen an die Durchbiegung). Als Ergebnis einer hier nicht dargestellten Biegebemessung hat sich ergeben:

$A_{s,erf} = 5{,}61\ \text{cm}^2/\text{m} \rightarrow \rho = 5{,}61/(18 \cdot 100) = 0{,}0031$

Gesucht ist der Nachweis zur Begrenzung der Verformungen (Biegeschlankheitskriterium). Mit $\rho_0 = f_{ck}^{0,5} \cdot 10^{-3} = 20^{0,5} \cdot 10^{-3} = 0{,}0045$ ist Gl. (7.22a) maßgebend:

$$\frac{l}{d} \leq K \cdot \left[11 + 1{,}5\sqrt{f_{ck}} \cdot \frac{\rho_0}{\rho} + 3{,}2\sqrt{f_{ck}} \cdot \left(\frac{\rho_0}{\rho} - 1 \right)^{3/2} \right] \leq (l/d)_{max}$$

$K = 1{,}0$ (Einfeldplatte)

$(l/d)_{max} = K^2 \cdot 150 / l$ (erhöhte Anforderungen)

$$\frac{l}{d} \leq 1{,}0 \cdot \left[11 + 1{,}5 \cdot \sqrt{20} \cdot \frac{0{,}0045}{0{,}0031} + 3{,}2 \cdot \sqrt{20} \cdot \left(\frac{0{,}0045}{0{,}0031} - 1 \right)^{3/2} \right] = \mathbf{25} < 1{,}0^2 \cdot (150/4{,}5) = 33$$

$l/d = 4{,}50 / 0{,}18 = 25 \leq 25 \rightarrow$ Nachweis erfüllt.

Beispiel 2

Dreifeldrige Platte mit Stützweiten von 4,50 m (s. Skizze) und mit einer Nutzhöhe $d = 15{,}5$ cm; es ist der Nachweis der Verformungsbegrenzung gesucht, wobei normale Anforderungen gelten sollen. Es wird nur das ungünstigere Endfeld nachgewiesen.

Annahme: Baustoffe C30/37; B500

Bewehrung $a_{s,req} = 3{,}60\ \text{cm}^2/\text{m}$; $a_{s,prov} = 4{,}00\ \text{cm}^2/\text{m}$

Gesucht ist der Nachweis zur Begrenzung der Verformungen (Biegeschlankheitskriterium).

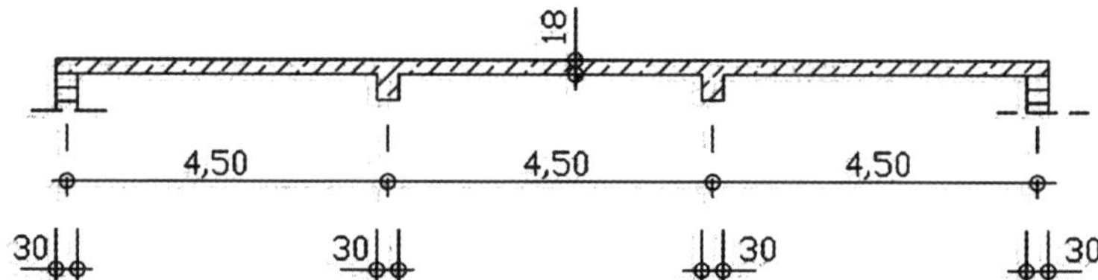

Mit Tafel 7.9 erhält man: $(l/d) = 26$ (Endfeld; Basiswert nach Tafel 7.9)

Dieser Wert darf wegen der vorhandenen „Überbewehrung" (d. h. $\sigma_s \neq 310\ \text{N/mm}^2$) mit dem Faktor k_0 korrigiert werden, vereinfachend im Verhältnis der Bewehrungen

$k_0 = 500 / (f_{yk} \cdot a_{s,req} / a_{s,prov}) = 4{,}00 / 3{,}60 = 1{,}11$

Damit erhält man die erforderliche Biegeschlankheit bzw. Nutzhöhe

$(l/d)_{erf} = 26 \cdot 1{,}11 = 29$

$d_{erf} \geq l/29 = 4{,}50 / 29 = 0{,}155\ \text{m} = d_{vorh}$ (Nachweis erfüllt)

Zusätzlich ist der Mindestwert $(l/d)_{max} = K \cdot 35 = 1{,}3 \cdot 35 = 45$ (normale Anforderungen) zu überprüfen (wird hier nicht maßgebend).

7.4.2.3 Einflussgrößen auf Verformungen

Wie aus Gl. (7.22) hervorgeht, hängt die erforderliche Biegeschlankheit und damit die Größe einer Verformung nennenswert vom Bewehrungsgrad und von der Betonfestigkeit ab. (Weitere Einflussgröße ist das statische System, das durch den Vorfaktor K in Gl. (7.22) erfasst wird.) Durch diese Einflussgrößen werden prinzipiell die Größe einer Beanspruchung, aber auch der Einfluss der Zugfestigkeit des Betons widergespiegelt. Dieser ist bei geringer Beanspruchung mit nur kleinen gerissenen Bereichen groß (eine um 20 % geringere Betonzugfestigkeit führt hier zu 20 % höheren Verformungen), bei größerer Beanspruchung und großen Bewehrungsgraden mit weiten Rissbildungsbereichen dagegen gering.

Bei geringen Ausnutzungs- bzw. Bewehrungsgraden (ab $\rho < 0{,}3$ %) können mit EC 2-1-1 sehr große Biegeschlankheiten und damit sehr dünne Plattenstärken erreicht werden, die den bisherigen Erfahrungsbereich verlassen. Um dies zu verhindern, gilt nach EC 2-1-1/NA zusätzlich die Regelung nach DIN 1045-1:2008 (s. Mindestwerte nach Gln. (7.22a) und (7.22b)), so dass unsinnige bzw. unterdimensionierte Konstruktionen ausgeschlossen sind (vgl. Abb. 7.15 f.).

Der Parameter „Bewehrungsgrad ρ" in Gl. (7.22) ist in Abb. 7.15 variiert. Die Darstellung gilt für frei drehbar gelagerte Einfeldplatten für eine Begrenzung der Verformungen auf L/500 (bei einer Anforderung von L/250 bleiben die erforderlichen Biegeschlankheiten unabhängig von der Stützweite konstant; s. horizontale Linie in der Darstellung). Weiterhin wurde der den Gln. (7.22a) und (7.22b) zugrunde liegende Beton C30/37 unterstellt.

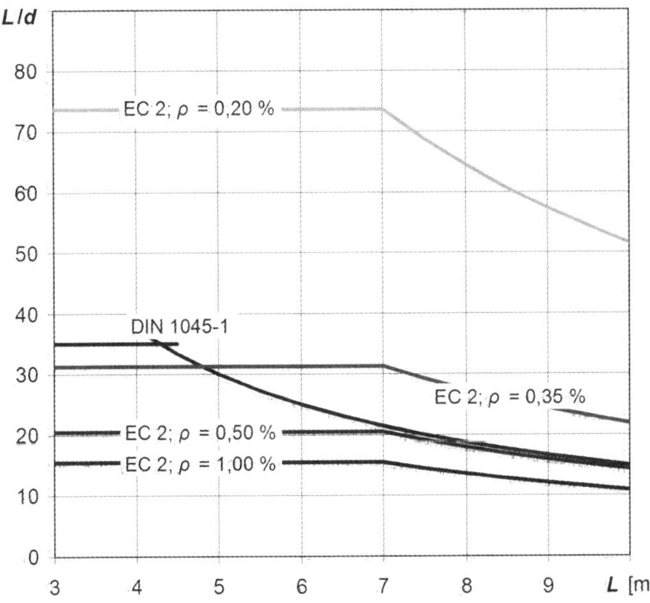

Abb. 7.15 Biegeschlankheit L / d von frei drehbar gelagerten Einfeldplatten bei einer Durchbiegungsbegrenzung auf L / 500, Beton C30/37 in Abhängigkeit von der Stützweite L (größere Biegeschlankheiten L / d als die nach DIN 1045-1 sind gem. EC 2-1-1/NA nicht zulässig)

Es ist zu sehen, dass der Einfluss der Bewehrung im Bereich niedriger Bewehrungsgrade, d. h. geringer Beanspruchung, beträchtlich ist. Weiterhin ist aber auch zu sehen, dass schon bei Bewehrungsgraden ab ca. 0,3 % nach EC 2-1-1 kleinere – mit zunehmenden Bewehrungsgraden deutlich kleinere – Biegeschlankheiten und damit dickere Plattenstärken gefordert werden als nach DIN 1045-1:2008.

Wie bereits ausgeführt, sind Biegeschlankheiten $L / d > 35$ bzw. $L / d > 150 / L$ baupraktisch kaum sinnvoll und wurden in der Vergangenheit in Deutschland nicht ausgeführt. Es wird im Nationalen Anhang EC 2-1-1/NA daher gefordert, dass mindestens die bekannten Grenzen nach DIN 1045-1 eingehalten werden müssen, so dass zusätzlich die Werte $(l/d)_{max}$ in Gln. (7.22a) und (7.22b) gelten.

Die Grenze, ab der der Nachweis $(l / d)_{max}$ ungünstiger ist, kann Abb. 7.16 und Abb. 7.17 entnommen werden (in der Darstellung ist die Linie jeweils mit „DIN 1045-1" bezeichnet). Danach ergibt sich für eine Durchbiegungsbegrenzung auf $L / 250$:

- Beton C20/25: $\rho_{lim} = 0{,}24$ %
- Beton C30/37: $\rho_{lim} = 0{,}32$ %
- Beton C40/50: $\rho_{lim} = 0{,}40$ %
- Beton C50/60: $\rho_{lim} = 0{,}47$ %

Aus Abb. 7.17 geht der Einfluss der Betonfestigkeit hervor. Es ist zu sehen, dass insbesondere bei niedrigen Bewehrungsgraden die Auswirkungen sehr hoch sind. Mit wachsender Betonfestigkeit werden die ungerissenen Bereiche größer und damit die Verformungen geringer.

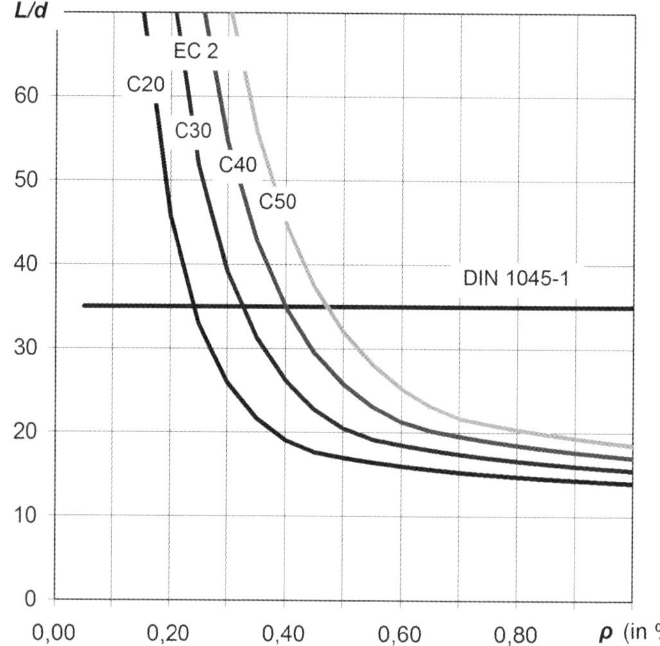

Abb. 7.16 Biegeschlankheit L / d von frei drehbar gelagerten Einfeldplatten bei einer Durchbiegungsbegrenzung auf $L / 250$ in Abhängigkeit von der Längsbewehrung ρ (größere Biegeschlankheiten L / d als die nach DIN 1045-1 sind gem. EC 2-1-1/NA nicht zulässig)

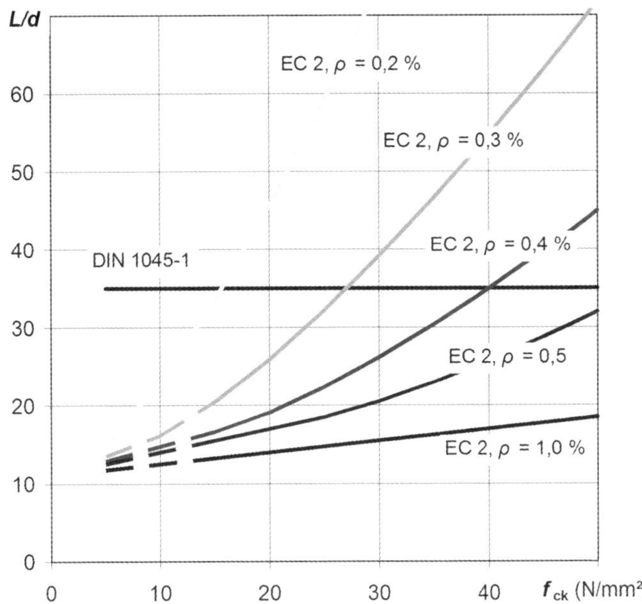

Abb. 7.17 Biegeschlankheit L / d von frei drehbar gelagerten Einfeldplatten bei einer Durchbiegungsbegrenzung auf L / 250 in Abhängigkeit von der Betonfestigkeit f_{ck} (größere Biegeschlankheiten L / d als die nach DIN 1045-1 sind gem. EC 2-1-1/NA nicht zulässig)

Es sei an dieser Stelle noch darauf hingewiesen, dass die Gl. (7.22) nicht alle maßgebenden Parameter erfassen kann. Hierzu gehören beispielsweise die Umgebungsbedingungen und der Belastungszeitpunkt. Das zeitabhängige Verhalten, insbesondere das Schwinden, verursacht beispielsweise bei Innenbauteilen größere Verformungen als bei Außenbauteilen. Für den Belastungszeitpunkt gilt, dass eine Ausschalfrist von mindestens t_0 = 14 Tage eingehalten werden sollte; ein früherer Erstbelastungszeitpunkt wirkt sich ungünstig mit deutlich größeren Verformungen aus. Wenn daher die Verformungen genauer bekannt sein müssen, ist immer eine rechnerische Ermittlung der Verformungen durchzuführen (s. hierzu Abschnitt 7.4.3).

7.4.2.4 Vordimensionierung der Biegeschlankheit

Für Vordimensionierungen ist das Verfahren nach EC 2-1-1 nur bedingt geeignet (wenn man nicht von der – i. d. R. konservativen – Näherung nach Tafel 7.9 Gebrauch macht), da der Bewehrungsgrad bekannt sein muss.

Wie bereits ausgeführt, hängt die Größe der Durchbiegungen von einer Vielzahl von Einflussgrößen ab; einfache Konstruktionsregeln, die für eine Vordimensionierung benötigt werden, können diese kaum erfassen, sondern gehen vielmehr von „Regelfällen“ des üblichen Hochbaus aus.

Die in [Krüger/Mertzsch – 03] aufgestellten Tafeln gehen zunächst vom üblichen Hochbau aus. Außerdem wird für Platten und Balken mit unterschiedlicher Beanspruchung bzw. unterschiedlichen Bewehrungsgraden ein differenzierter Ansatz gewählt. Für das Kriechverhalten wird eine Kriechzahl $\varphi \leq 2,5$ berücksichtigt. Weitere Hinweise s. nachfolgend.

Nachweis für Platten

Für Platten (nicht für Flachdecken!) gelten die nachfolgenden Empfehlungen unter der Voraussetzung, dass eine Verkehrslast von $q \leq 5{,}0$ kN/m² und eine Kriechzahl $\varphi \leq 2{,}50$ vorliegen. Es wird von üblicher Plattenbewehrung ausgegangen.

$$d \geq k_c \cdot L_i / \lambda_i \quad (7.24)$$

$L_i = \eta_1 \cdot L_{eff}$ mit $L_{eff} = L_{min} = L_y$ und η_1 nach Tafel 7.10a

$\lambda_i = k_2 - 3{,}65\, L_i + 0{,}15\, L_i^2$ mit $k_2 = 42{,}5$ für eine Begrenzung auf L / 250 (Tafel 7.10b)

$k_2 = 35{,}2$ für eine Begrenzung auf L / 500 (Tafel 7.10b)

$k_c = (20 / f_{ck})^{1/6}$ mit f_{ck} in MN/m²

Tafel 7.10a η_1-Beiwerte

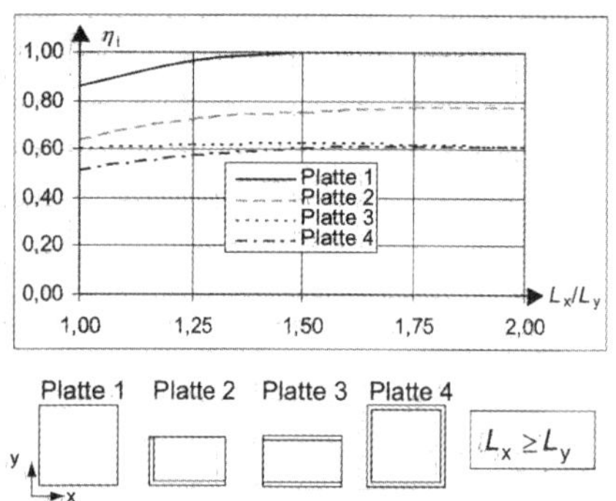

Tafel 7.10b λ_i-Werte bei Platten

zul. Durchbiegung	l_i	λ_i
l /250	≤ 4,0 m	29
	6,0 m	26
	8,0 m	23
	10,0 m	21
	12,0 m	19
l /500	≤ 4,0 m	23
	6,0 m	19
	8,0 m	16
	10,0 m	14
	12,0 m	13

Nachweis für Flachdecken

Für Flachdecken erfolgt der Nachweis wie bei Platten, jedoch mit $l_i = \alpha_1 \cdot l_{eff}$; dabei sind $\alpha_1 = 0{,}85$ und $l_{eff} = L_{max}$, d. h., der Nachweis erfolgt auf der Basis der größeren Stützweite.

Nachweis für Balken

Voraussetzung: Kriechzahl $\varphi \leq 2{,}50$, „übliche" Bewehrungsgrade (weitere Hinweise s. [Krüger/Mertzsch – 03])

$$d \geq (l_i / \lambda_i) \cdot k_c \quad \text{mit} \quad l_i = \alpha_1 \cdot l_{eff} \quad (7.25)$$

α_1 gemäß Tafel 7.10c

λ_i nach Tafel 7.10d

$k_c = (f_{ck0} / f_{ck})^{1/6}$ mit $f_{ck0} = 20$ N/mm²

Tafel 7.10c α_1-Beiwerte

Statisches System	α_1
frei drehbar gelagerter Endfeldträger	1,00
Endfeld eines Durchlaufträgers	0,80
Mittelfeld eines Balkens	0,70
Kragträger	2,50

Tafel 7.10d λ_i-Werte bei Balken

zul. Durchbiegung	l_i	λ_i
l / 250	≤ 4,0 m	28
	6,0 m	26
	8,0 m	23
	10,0 m	21
	12,0 m	19
l / 500	≤ 4,0 m	16
	6,0 m	15
	8,0 m	14
	10,0 m	13
	12,0 m	13

7.4.3 Rechnerischer Nachweis der Verformungen

7.4.3.1 Verfahren nach EC 2-1-1

Ein rechnerischer Nachweis der Verformungen wird für die *quasi-ständige* Last geführt. Zur Berechnungsmethode enthält EC 2-1-1 detailliertere Angaben im Abschnitt 7.4.3. Weitere Hinweise und Erläuterungen s. z. B. [DAfStb-H.630 – 18], [Krüger/Mertzsch – 03], [Fricke – 01].

Eine Durchbiegung erhält man durch numerische Integration der Krümmungen, die in mehreren Querschnitten zu berechnen ist. Als Näherung ist es jedoch auch zulässig, die Krümmung für den ungerissenen Querschnitt und den vollständig gerissenen Querschnitt zu berechnen und hieraus den tatsächlichen Wert wie folgt zu bestimmen:

$$(1/r)_{\mathrm{IIm}} = \zeta \cdot (1/r)_{\mathrm{II}} + (1-\zeta) \cdot (1/r)_{\mathrm{I}} \tag{7.26}$$

$(1/r)_{\mathrm{I}}$ Krümmung des ungerissenen Querschnitts
$(1/r)_{\mathrm{II}}$ Krümmung des vollständig gerissenen Querschnitts
ζ Verteilungsbeiwert; für Betonrippenstahl gilt nach EC 2-1-1, Gl. (7.19)
- a) ungerissen, d. h. $0 \le \sigma_s \le \sigma_{sr} \rightarrow \quad \zeta = 0$
- b) gerissen, d. h. $\sigma_{sr} \le \sigma_s \le f_{ym} \rightarrow \quad \zeta = 1 - \beta \cdot (\sigma_{sr} / \sigma_s)^2$
- β Lastbeiwert: 1,00 für Kurzzeitbelastung,
  0,50 für Dauerlasten
- σ_{sr} Stahlspannung unter dem Rissmoment M_{cr} im Zustand II
- σ_s vorhandene Stahlspannung im Riss im Zustand II

Der Quotient (σ_{sr} / σ_s) darf auch unmittelbar durch das Verhältnis (M_{cr} / M) – mit M als Biegemoment infolge der äußeren Last und M_{cr} als Rissmoment – ersetzt werden. Die Verhaltensvorhersage wird am ehesten erreicht, wenn als Betonzugfestigkeit der Mittelwert f_{ctm} angesetzt wird.

Kriechen kann über den effektiven E-Modul

$$E_{c,eff} = E_{cm} / (1 + \varphi(\infty, t_0)) \tag{7.27}$$

berücksichtigt werden (E_{cm}, φ s. Abschnitt 5). Die Formänderung infolge Schwindens wird ermittelt aus der Krümmung nach dem Ansatz

$$(1/r)_{cs} = \varepsilon_{cs} \cdot \alpha_e \cdot S / I \tag{7.28}$$

mit der Schwindzahl ε_{cs}, dem Verhältnis der E-Moduln $\alpha_e = E_s / E_{c,eff}$, S als statischem Moment der Bewehrung bezogen auf die Schwerachse des Querschnitts und I als Flächenmoment 2. Grades. Hilfsmittel zur rechnerischen Ermittlung dieser Werte sind in Tafel 7.1 enthalten.

Ein ähnlicher Ansatz ist auch im DAfStb-H.525 enthalten, weitere Hintergründe und Literaturempfehlungen s. auch dort.

Als Näherung kann man vielfach auch den Ansatz nach Gl. (7.26) direkt für die Durchbiegung f anwenden:

$$f = \zeta \cdot f_{\mathrm{II}} + (1-\zeta) \cdot f_{\mathrm{I}} \tag{7.29}$$

mit f_{I} als Durchbiegungen im Zustand I (ungerissen) und f_{II} im Zustand II (gerissen).

7.4.3.2 Näherungsverfahren

Näherungverfahren zur Berechnung der Bauteilverformungen sind beispielsweise in [Krüger/Mertzsch – 03] und [Stiglat – 95] wiedergegeben. In [Krüger/Mertzsch – 03] werden – ausgehend von den Verformungen des Zustandes I ohne Berücksichtigung des Langzeitverhaltens – die Bauteilverformungen unter folgenden Annahmen ermittelt:

- Spannungen und Dehnungen verhalten sich im Zustand I und II linear.
- Als Endkriechzahl wird $\varphi_\infty = 2{,}5$ angenommen, Belastungszeitpunkt $t_0 = 28$ Tage.
- Schwinden wird nicht berücksichtigt, es ist jedoch mit der seltenen Lastkombination zu rechnen.
- Als Beton wird ein C20/25 unterstellt, als Betonzugfestigkeit wird $f_{ct,fl} \geq f_{ctm}$ angesetzt (Anm.: Biegezugfestigkeit des Betons: $f_{ct,fl} = f_{ctm} \cdot [1 + 1{,}5 \cdot (h / 100)^{0,7}] / [1{,}5 \cdot (h / 100)^{0,7}]$).
- Eine Druckbewehrung wird nicht berücksichtigt.

Als Langzeitverformungen a_k^{II} unter Berücksichtigung der Rissbildung ergibt sich dann nach [Krüger/Mertzsch – 03]:

$$a_k^{II} = k_a \cdot a_0^I \qquad (7.30)$$

a_0^I Bauteilverformung im Zustand I zum Belastungszeitpunkt t_0

k_a Beiwert zur Berücksichtigung der Verformungsvergrößerung im Zustand II

$k_a = \psi \cdot \rho_s^{\omega} + 0{,}2$

mit $\rho_s = A_s/(b \cdot h)$ Bewehrungsgrad der Zugbewehrung (in %)

ψ, ω Beiwerte gem. Tab. (M_{rare} Moment unter seltener Last, M_{cr} Rissmoment)

Beiwerte ψ und ω

M_{rare}/M_{cr}	ψ	ω
1,2	4,0	–0,24
1,5	4,3	–0,35
2,4	4,7	–0,40

7.4.4 Berechnungsbeispiele

Beispiel 1

Für die in [Fricke – 01] dargestellte einfeldrige Platte sollen hier einige wesentliche Nachweise zur Verformungskontrolle geführt werden.

Gegeben: Abmessungen $L = 6{,}50$ m; $h / d = 32{,}5 / 30{,}0$ cm
Belastung $g_k = 9{,}13$ kN/m²; $q_k = 10{,}0$ kN/m² ($\psi_2 = 0{,}4$)
Baustoffe B500; C20/25 mit $E_{cm} = 31\,000$ MN/m² und $f_{ctm} = 2{,}2$ MN/m²
Biegezugbewehrung $A_{s,erf} = 12{,}0$ cm²/m; $A_{s,vorh} = 13{,}5$ cm²/m
Kriechen, Schwinden $\varphi_\infty = 2{,}5$; $\varepsilon_{cs,\infty} = -0{,}6$ ‰

Gesucht: Verformungsbegrenzung unter Einhaltung der Grenze $L / 250$

Anwendung von Konstruktionsregeln

Nach EC 2-1-1 erhält man bei $\rho_{vorh} = 13{,}5 / 30 = 0{,}45\ \% < 0{,}5\ \%$ (d. h. geringe Beanspruchung)

$$d^* \geq L / 20 = 6{,}5 / 20 = 0{,}325 \text{ m} \quad \text{(vgl. Tafel 7.9)}$$

Dieser Wert darf herabgesetzt werden, und zwar vereinfachend im Verhältnis

$(A_{s,erf}/A_{s,vorh}) = (12{,}0 / 13{,}5) = 0{,}90$

Es ergibt sich damit

$d \geq 0{,}325 \cdot 0{,}90 = 0{,}29$ m

Rechnerische Ermittlung (vgl. Abschnitt 7.4.3)

Kriechen wird mit dem eff. E-Modul $E_{c,eff} = E_{cm} / (1+\varphi) = 31\,000 / (1{,}0 + 2{,}5) \approx 9\,000$ MN/m² berücksichtigt; damit beträgt $\alpha_e = E_s / E_{c,eff} = 200\,000 / 9\,000 = 22$

Flächenwerte

Zustand I[35)] Hilfswerte $\rho_I = 13{,}5 / (32{,}5 \cdot 100) = 0{,}0042$

$$\xi_I = \frac{0{,}5 + 22 \cdot 0{,}0042 \cdot 30 / 32{,}5}{1 + 22 \cdot 0{,}0042} = 0{,}54$$

$$\kappa_I = 1 + 12 \cdot (0{,}5 - 0{,}54)^2 + 12 \cdot 22 \cdot 0{,}0042 \cdot (30 / 32{,}5 - 0{,}54)^2 \approx 1{,}20$$

Druckzonenhöhe $x_I = 0{,}54 \cdot 32{,}5 = 17{,}6$ cm

Flächenmoment 2. Grades $I_I = 1{,}20 \cdot 100 \cdot 32{,}5^3 / 12 = 343\,000$ cm⁴

Flächenmoment 1. Grades $S_I = 13{,}5 \cdot (30{,}0 - 17{,}6) = 167$ cm³

Zustand II Hilfswerte $\rho_{II} = 13{,}5 / (30{,}0 \cdot 100) = 0{,}0045$

$$\xi_{II} = -22 \cdot 0{,}0045 + \sqrt{(22 \cdot 0{,}0045)^2 + 2 \cdot 22 \cdot 0{,}0045} = 0{,}36$$

$$\kappa_{II} = 4 \cdot 0{,}36^3 + 12 \cdot 22 \cdot 0{,}0045 \cdot (1 - 0{,}36)^2 = 0{,}67$$

Druckzonenhöhe $x_{II} = 0{,}36 \cdot 30{,}0 = 10{,}8$ cm

Flächenmoment 2. Grades $I_{II} = 0{,}67 \cdot 100 \cdot 30{,}0^3 / 12 = 151\,000$ cm⁴

Flächenmoment 1. Grades $S_{II} = 13{,}5 \cdot (30{,}0 - 10{,}8) = 259$ cm³

Krümmungen

Durchbiegung unter quasi-ständiger Last; zugehöriges Biegemoment in Feldmitte:

$M_{perm} = (9{,}13 + 0{,}4 \cdot 10{,}0) \cdot 6{,}5^2 / 8 = 69{,}3$ kNm/m

Hierfür ergeben sich die folgenden Krümmungen $(1/r) = M / (E\,I)$

Zustand I Last + Kriechen $(1/r)_I = 69{,}3 / (9\,000\,000 \cdot 0{,}00343) = 2{,}24 \cdot 10^{-3}$ (1/m)

Schwinden $(1/r)_{I,cs} = 0{,}6 \cdot 10^{-3} \cdot 22 \cdot 0{,}000167 / 0{,}00343 = 0{,}64 \cdot 10^{-3}$ (1/m)

Zustand II Last + Kriechen $(1/r)_{II} = 69{,}3 / (9\,000\,000 \cdot 0{,}00151) = 5{,}10 \cdot 10^{-3}$ (1/m)

Schwinden $(1/r)_{II,cs} = 0{,}6 \cdot 10^{-3} \cdot 22 \cdot 0{,}000259 / 0{,}00151 = 2{,}26 \cdot 10^{-3}$ (1/m)

Zustand II (m) Es ist zunächst der Verteilungsbeiwert ζ zu bestimmen (hier vereinfachend über das Verhältnis von Rissmoment zu Maximalmoment; s. vorher)

$M_{cr} = f_{ctm} \cdot I_I / z_{c1} = 2{,}2 \cdot 0{,}00343 / (0{,}325 - 0{,}176) \cdot 10^3 = 50{,}6$ kNm

$\zeta = 1 - 0{,}5 \cdot (50{,}6 / 69{,}3)^2 = 0{,}73$

Last + Kriechen $(1/r)_{II,m} = (0{,}73 \cdot 5{,}10 + (1 - 0{,}73) \cdot 2{,}24) \cdot 10^{-3} = 4{,}33 \cdot 10^{-3}$ (1/m)

Schwinden $(1/r)_{IIm,cs} = (0{,}73 \cdot 2{,}26 + (1 - 0{,}73) \cdot 0{,}64) \cdot 10^{-3} = 1{,}82 \cdot 10^{-3}$ (1/m)

Die Gesamtkrümmung in Feldmitte beträgt damit $(4{,}33 + 1{,}82) \cdot 10^{-3} = 6{,}15 \cdot 10^{-3}$ (1/m)

35) Werte des Zustandes I unter Berücksichtigung der Bewehrung; s. z. B. [Litzner – 96].

Durchbiegung in Feldmitte

Unter der vereinfachenden Annahme, dass der Krümmungsverlauf affin zum Momentenverlauf ist, ergibt sich als Durchbiegung in Feldmitte (Überlagerung Dreieck mit Parabel):

$$f_{vorh} = (5 / 12) \cdot 1{,}63 \cdot 6{,}15 \cdot 10^{-3} \cdot 6{,}50 = 0{,}0271 \text{ m} = 2{,}71 \text{ cm}$$

$$f_{zul} = 650 / 250 = 2{,}6 \text{ cm}$$

Der Nachweis ist damit nicht ganz erfüllt.

Der dargestellte Berechnungsgang enthält eine auf der sicheren Seite liegende Annahme, nämlich dass der Krümmungsverlauf affin zum Momentenverlauf ist. Tatsächlich ist im Bereich geringer Momentenbeanspruchung von einem ungerissenen Bereich mit entsprechend geringeren Krümmungen auszugehen. Wie sich nachweisen lässt, ergibt sich unter Berücksichtigung dieser genaueren Betrachtung eine Durchbiegung von ca. 2,6 cm.

Für eine genauere Berechnung ist jedoch zu beachten, dass zunächst bei der Festlegung der ungerissenen Bereiche nicht die quasi-ständige Last, sondern die seltene Lastfallkombination zu berücksichtigen ist; unter dieser Lastfallkombination kann es zu Rissen in Bereichen kommen, die unter der quasi-ständigen Last als ungerissen zu betrachten wären.

Beispiel 2

In [Litzner – 96] wurde nach dem Affinitätsprinzip die Verformungsberechnung[36)] für eine zweifeldrige Platte durchgeführt.

Gegeben:	Abmessungen	$L_1 = 5{,}20$ m, $L_2 = 4{,}80$ m; $h / d = 19{,}0 / 16{,}5$ cm
	Belastung	$g_k = 6{,}00$ kN/m²; $q_k = 5{,}0$ kN/m² ($\psi_2 = 0{,}4$)
	Baustoffe	B500; C20/25 mit $E_{cm} = 31000$ MN/m² u. $f_{ctm} = 2{,}2$ MN/m²
	Biegezugbewehrung	$A_s = 5{,}13$ cm²/m
	Kriechen, Schwinden	$\varphi_\infty = 2{,}5$; $\varepsilon_{cs,\infty} = -0{,}6$ ‰
Gesucht:	Verformungsbegrenzung unter Einhaltung der Grenze $L / 250$	

Anwendung von Konstruktionsregeln

Wegen (min L / max L) = 4,8 / 5,2 = 0,92 > 0,8 darf das Endfeld eines Durchlaufträgers zugrunde gelegt werden. Mit der ermittelten Biegezugbewehrung $A_{s,erf} = 5{,}13$ cm²/m ergibt sich:

$$\rho = 5{,}13 / (16{,}5 \cdot 100) = 0{,}0031$$

Gesucht ist der Nachweis zur Begrenzung der Verformungen (Biegeschlankheitskriterium). Mit $\rho_0 = f_{ck}^{0,5} \cdot 10^{-3} = 20^{0,5} \cdot 10^{-3} = 0{,}0045$ ist Gl. (7.22a) maßgebend:

$$\frac{l}{d} \leq K \cdot \left[11 + 1{,}5\sqrt{f_{ck}} \cdot \frac{\rho_0}{\rho} + 3{,}2\sqrt{f_{ck}} \cdot \left(\frac{\rho_0}{\rho} - 1 \right)^{3/2} \right] \leq (l/d)_{max}$$

$K = 1{,}3$ (Endfeld eines Durchlaufträgers)

$(l / d)_{max} = K \cdot 35$ (normale Anforderungen)

$$\frac{l}{d} \leq 1{,}3 \cdot \left[11 + 1{,}5 \cdot \sqrt{20} \cdot \frac{0{,}0045}{0{,}0031} + 3{,}2 \cdot \sqrt{20} \cdot \left(\frac{0{,}0045}{0{,}0031} - 1 \right)^{3/2} \right] = \mathbf{33} < 1{,}3 \cdot 35 = 46$$

$l / d = 5{,}20 / 0{,}165 = 32 \leq 33 \rightarrow$ Nachweis erfüllt.

36) Es wird eine Verformung von 2,3 cm ermittelt, als zulässiger Wert gilt $f_{zul} = 5{,}20/250 = 0{,}021$ m = 2,1 cm.

Beispiel 3

Für eine einfeldrige Platte mit Auskragung soll die Durchbiegung an der Spitze der Kragplatte ermittelt und nachgewiesen werden. In einer hier nicht gezeigten Bemessung im Grenzzustand der Tragfähigkeit wurde die nachfolgend dargestellte Bewehrung ermittelt.

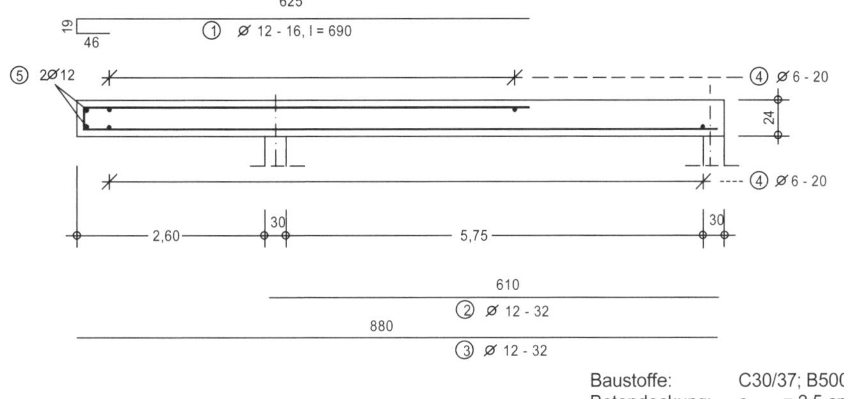

Baustoffe: C30/37; B500
Betondeckung: c_{nom} = 2,5 cm

Belastung:

$g_k = 7{,}0$ kN/m² (Eigenlast zzgl. ständige Ausbaulasten)
$q_k = 5{,}0$ kN/m² (Nutzlast einer Werkstatt mit leichtem Betrieb)

Der rechnerische Nachweis wird mit dem quasi-ständigen Lastanteil geführt. Die Nutzlast wird als „sonstige veränderliche Einwirkung" ($\psi_2 = 0{,}5$) eingestuft. Die größte Verformung an der Kragarmspitze entsteht bei der nachfolgend skizzierten Belastung.

Momentenverlauf für die quasi-ständige Last

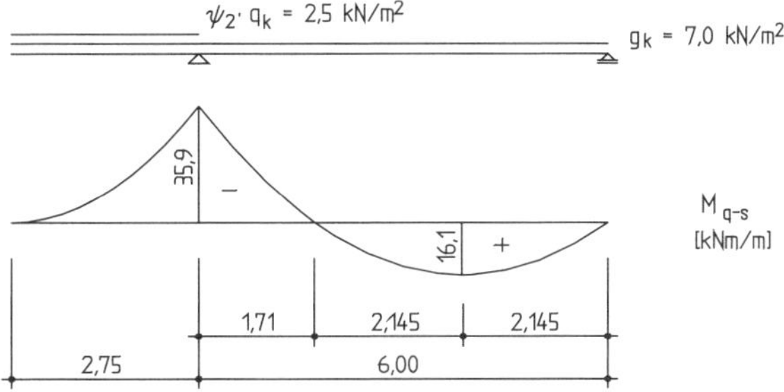

Materialkennwerte

C30/37 ⇒ $f_{ctm} = 2{,}9$ N/mm²; $E_{cm} = 33\,000$ N/mm² (Abschnitt 5.3.1, Tafel 5.9)

Kriech- und Schwindbeiwerte

Betonalter bei Belastungsbeginn: $t_0 = 28$ Tage; Umweltbedingung: Bauteil in feuchter Umgebung (relative Luftfeuchte RH = 80 %).

$2\,A_c / u = 2 \cdot 100 \cdot 24 / (2 \cdot 100) = 24$ cm ⇒ $\varphi_\infty = 1{,}7$ (Abschnitt 5.3.1, Tafel 5.11)
$\varepsilon_{cs\infty} = -0{,}29$ ‰ (Abschnitt 5.3.1, Tafel 5.12)

Das Kriechen wird unter Verwendung eines wirksamen E-Moduls abgeschätzt (s. Gl. (7.6))

$$E_{c,eff} = \frac{E_{cm}}{(1{,}0+\varphi)} = \frac{33000}{(1{,}0+1{,}7)} = 12\,200 \text{ N/mm}^2$$

Krümmung an der Stütze A

Krümmung infolge Last und Kriechen an der Stütze A

Zustand I (Ermittlung von *I* näherungsweise ohne Berücksichtigung der Bewehrung)

$$\left(\frac{1}{r}\right)_I = \frac{M_{q\text{-}s}}{E_{c,eff} \cdot I} = \frac{35{,}9 \cdot 10^{-3} \cdot 12}{12\,200 \cdot 0{,}24^3 \cdot 1{,}0} = 2{,}55 \cdot 10^{-3} \text{ [1/m]}$$

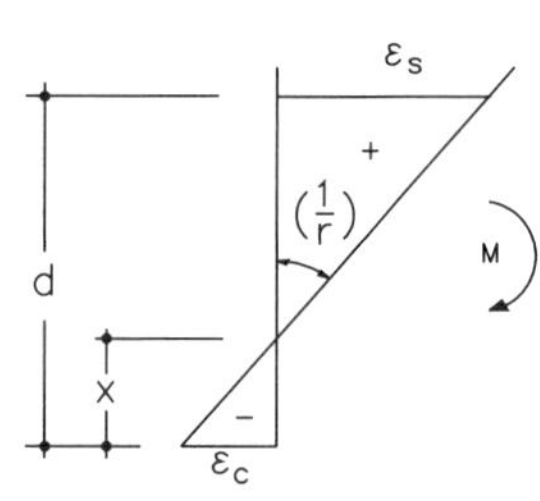

Zustand II (vollständig gerissener Zustand)

$$\left(\frac{1}{r}\right)_{II} = \frac{\varepsilon_s}{d-x}$$

$$\varepsilon_s = \sigma_s / E_s$$

$$\sigma_s = \frac{M_{q\text{-}s}}{z \cdot A_s} \qquad A_s = 7{,}07 \text{ cm}^2\text{/m} \qquad z = d - x/3$$

$$x = \alpha_e \cdot \frac{A_s}{b} \cdot \left[-1 + \sqrt{1 + \frac{2bd}{\alpha_e A_s}}\right] \qquad \alpha_e = \frac{E_s}{E_{c,eff}} = \frac{200\,000}{12\,200} = 16{,}4$$

$$= 16{,}4 \cdot \frac{7{,}07 \cdot 10^{-4}}{1{,}00} \cdot \left[-1 + \sqrt{1 + \frac{2 \cdot 1{,}0 \cdot 0{,}209}{16{,}4 \cdot 7{,}07 \cdot 10^{-4}}}\right] = 0{,}059 \text{ m}$$

$$z = d - x/3 = 0{,}209 - 0{,}059/3 = 0{,}189 \text{ m}$$

$$\sigma_s = \frac{35{,}9 \cdot 10^{-3}}{0{,}189 \cdot 7{,}07 \cdot 10^{-4}} = 269 \text{ MN/m}^2$$

$$\varepsilon_s = \frac{269}{200\,000} = 0{,}00135 = 1{,}35\ ‰$$

$$\left(\frac{1}{r}\right)_{II} = \frac{1{,}35 \cdot 10^{-3}}{0{,}209 - 0{,}059} = 9{,}00 \cdot 10^{-3} \text{ [1/m]}$$

Zustand „m“ (Überlagerung zwischen ungerissenem und vollständig gerissenem Zustand)

$$\left(\frac{1}{r}\right)_m = \zeta \cdot \left(\frac{1}{r}\right)_{II} + (1-\zeta) \cdot \left(\frac{1}{r}\right)_I \qquad \text{(s. Abschnitt 7.4.3, Gl. (7.26))}$$

$$\zeta = 1 - \beta \cdot \left(\frac{\sigma_{sr}}{\sigma_s}\right)^2 \qquad \text{(s. Abschnitt 7.4.3, Gl. (7.26))}$$

$$\sigma_{sr} = \frac{M_{cr}}{A_s \cdot z} \qquad M_{cr} = \frac{f_{ctm} \cdot b \cdot h^2}{6} = \frac{2{,}9 \cdot 1{,}0 \cdot 0{,}24^2}{6} = 0{,}0278 \text{ MNm/m}$$

$$= \frac{0{,}0278}{7{,}07 \cdot 10^{-4} \cdot 0{,}189} = 208 \text{ MN/m}^2$$

$\beta = 0{,}5$ (Dauerbelastung; s. Erl. zu Gl. (7.26))

$\zeta = 1 - 1{,}0 \cdot 0{,}5 \cdot (208/269)^2 = 0{,}70$

$(1/r)_m = 0{,}70 \cdot 9{,}00 \cdot 10^{-3} + (1 - 0{,}70) \cdot 2{,}55 \cdot 10^{-3} = 7{,}07 \cdot 10^{-3}$ [1 / m]

Krümmung infolge Schwinden an der Stütze A

Zustand I (ungerissener Zustand)

$$\left(\frac{1}{r}\right)_{\text{cs,I}} = \frac{\varepsilon_{\text{cs}} \cdot \alpha_{\text{e}} \cdot S}{I} \qquad \text{(s. Abschnitt 7.4.3, Gl. (7.28))}$$

$S = A_s \cdot z_s$ (auf die Schwerachse bez. statisches Moment der Bewehrung)

$= 7{,}07 \cdot 10^{-4} \cdot (0{,}209 - 0{,}24 / 2) = 0{,}0629 \cdot 10^{-3}\ \text{m}^3/\text{m}$

$I = b \cdot h^3 / 12 = 1{,}0 \cdot 0{,}24^3 / 12 = 1{,}152 \cdot 10^{-3}\ \text{m}^4/\text{m}$

$$\left(\frac{1}{r}\right)_{\text{cs,I}} = \frac{0{,}29 \cdot 10^{-3} \cdot 16{,}4 \cdot 0{,}0629 \cdot 10^{-3}}{1{,}152 \cdot 10^{-3}} = 0{,}26 \cdot 10^{-3}\ \text{m}^{-1}$$

Zustand II (vollständig gerissener Zustand)

$$\left(\frac{1}{r}\right)_{\text{cs,II}} = \frac{\varepsilon_{\text{cs}} \cdot \alpha_{\text{e}} \cdot S_{\text{II}}}{I_{\text{II}}}$$

$S_{\text{II}} = A_s \cdot (d - x)$ (statisches Moment der Bewehrung, bezogen auf die Nulllinie)

$= 7{,}07 \cdot 10^{-4} \cdot (0{,}209 - 0{,}059) = 0{,}1061 \cdot 10^{-3}\ \text{m}^3/\text{m}$

$I_{\text{II}} = \kappa \cdot I$

$\kappa = 0{,}435$ (vgl. Tafel 7.4 für $\alpha_e \cdot \rho_l = 16{,}4 \cdot 0{,}0034 = 0{,}056$)

$I_{\text{II}} = 0{,}435 \cdot 0{,}209^3 / 12 = 0{,}331 \cdot 10^{-3}\ \text{m}^4/\text{m}$

$$\left(\frac{1}{r}\right)_{\text{cs,II}} = \frac{0{,}29 \cdot 10^{-3} \cdot 16{,}4 \cdot 0{,}1061 \cdot 10^{-3}}{0{,}331 \cdot 10^{-3}} = 1{,}52 \cdot 10^{-3}\ \text{m}^{-1}$$

Zustand m (Überlagerung zwischen ungerissenem und vollständig gerissenem Zustand)

$$\left(\frac{1}{r}\right)_{\text{cs,m}} = \zeta \cdot \left(\frac{1}{r}\right)_{\text{cs,II}} + (1-\zeta) \cdot \left(\frac{1}{r}\right)_{\text{cs,I}}$$

$$= 0{,}70 \cdot 1{,}52 \cdot 10^{-3} + (1 - 0{,}70) \cdot 0{,}26 \cdot 10^{-3} = 1{,}14 \cdot 10^{-3}\ \text{m}^{-1}$$

Krümmung infolge Lasten, Kriechen und Schwinden an der Stütze A

$(1/r)_{\text{tot}} = (7{,}07 + 1{,}14) \cdot 10^{-3} = 8{,}21 \cdot 10^{-3}\ \text{m}^{-1}$

Krümmung im Feld

Die Krümmung für das zugehörige Feldmoment $M_{1,\text{q-s}} = 16{,}1$ kNm/m wird in analoger Weise berechnet. Auf eine ausführliche Darstellung des Rechengangs wird im Rahmen dieses Beispiels verzichtet. Nachfolgend sind die Ergebnisse an der Stütze A und im Feld gegenübergestellt.

	$M_{\text{q-s}}$	A_s	Krümmung (1 / r) Lasten u. Kriechen I	II	m	Schwinden I	II	m	Gesamtkr. m
	kNm/m	cm²/m	10^{-3} m^{-1}			10^{-3} m^{-1}			10^{-3} m^{-1}
Stütze A	35,9	7,07	2,55	9,00	7,07	0,26	1,52	1,14	8,21
Feld 1	16,1	7,07	1,15	4,02	2,59[a)]	0,26	1,52	1,89[a)]	3,48

[a)] Im Feld ist das Moment $M_{\text{q-s}}$ unter dem quasi-ständigen Lastanteil kleiner als das Rissmoment M_{cr}; es wird dennoch eine Rissbildung unterstellt (bei max. Belastung im Feld) und vereinfachend $\zeta = 0{,}5$ gesetzt.

Durchbiegung an der Kragarmspitze

Es wird näherungsweise ein parabelförmiger Krümmungsverlauf zwischen den ermittelten Extremwerten unterstellt. Die gesuchte Durchbiegung ergibt sich durch Überlagerung der Krümmungen mit dem virtuellen Momentenverlauf $\bar{M}$, der sich infolge der Größe $\bar{1}$ an der Kragarmspitze ergibt.

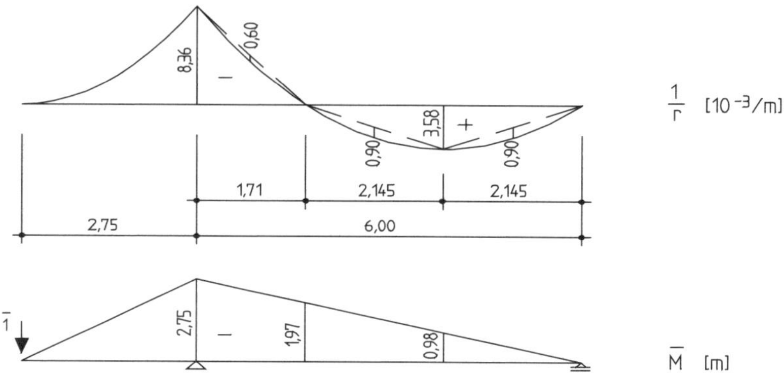

Durchbiegung f

$$f = \int \left(\frac{1}{r} \right) \cdot \bar{M} \cdot dx$$

$$\begin{array}{lll|r}
= +\frac{2,75}{4} \cdot 8,21 \cdot 10^{-3} \cdot 2,75 & & & 15,5 \cdot 10^{-3} \\
+\frac{1,71}{6} \cdot 8,21 \cdot 10^{-3} \cdot (2 \cdot 2,75 + 1,97) & -\frac{1,71}{3} \cdot 0,58 \cdot 10^{-3} \cdot (2,75 + 1,97) & & 15,9 \cdot 10^{-3} \\
-\frac{2,145}{6} \cdot 3,48 \cdot 10^{-3} \cdot (1,97 + 2 \cdot 0,98) & -\frac{2,145}{3} \cdot 0,87 \cdot 10^{-3} \cdot (1,97 + 0,98) & & -6,0 \cdot 10^{-3} \\
-\frac{2,145}{3} \cdot 3,48 \cdot 10^{-3} \cdot 0,98 & -\frac{2,145}{3} \cdot 0,87 \cdot 10^{-3} \cdot 0,98 & & -3,1 \cdot 10^{-3} \\
\hline
 & & \Sigma & 22,3 \cdot 10^{-3}
\end{array}$$

$f \approx 22 \cdot 10^{-3}$ m = **22** mm

Soweit durch die Verformungen das Erscheinungsbild oder die Gebrauchstauglichkeit beeinträchtigt wird, sind die Durchbiegungen zu beschränken. Es wird unterstellt, dass dies hier nur aus optischen Gründen erforderlich ist. Die zulässige Durchbiegung beträgt damit $f / l = 1 / 250$, wobei die Länge l bei Kragträgern gleich der 2,5-fachen Kraglänge gesetzt wird. Damit ergibt sich:

Nachweis der bleibenden Verformung

$$\frac{f}{l} = \frac{0,022}{2,5 \cdot 2,75} = \frac{1}{312} < \frac{1}{250} \Rightarrow \text{ Nachweis erfüllt.}$$

7.5 Ausblick: Eurocode 2 der 2. Generation

7.5.1 Spannungsbegrenzung im Gebrauchszustand

Anforderungen an die Spannungsbegrenzung im GZG sind in prEC 2-1-1:2021 den Nachweisen zur Begrenzung der Rissbreiten zugeordnet. Hierbei bleiben einzuhaltende Grenzwerte der Beton- und Betonstahlspannungen in den betreffenden Einwirkungskombinationen mit EC 2-1-1 identisch (siehe Abschnitt 7.2).

Lediglich der Grenzwert der Betonspannung unter der quasi-ständigen Einwirkungskombination, bei dessen Überschreitung die Nichtlinearität des Kriechens zu berücksichtigen ist, beträgt abweichend hiervon $0{,}40 f_{cm}(t_0)$ (anstatt aktuell $0{,}45 f_{ck}$). Genau genommen stellt dies jedoch eine allgemeine Anforderung zur Berücksichtigung der Kriecheinflüsse von Beton im Rahmen der Bemessung dar und ist nicht explizit den Nachweisen im GZG zugeordnet.

7.5.2 Begrenzung der Rissbreiten

Die Nachweise zur Begrenzung der Rissbreiten ändern sich nach prEC 2-1-1:2021 grundlegend. Die nachfolgenden Ausführungen konzentrieren sich hierbei auf die Anforderungen an die Mindestbewehrung sowie auf den vereinfachten Nachweis zur Begrenzung von Rissbreiten über die Einhaltung von Grenzstabdurchmessern oder -abständen. Darüber hinaus besteht künftig auch weiterhin die Möglichkeit eines genaueren Nachweises über eine direkte Berechnung der Rissbreite.

7.5.2.1 Grenzwerte der Rissbreiten und Wirkungsbereich der Bewehrung

Der Rechenwert w_k der Rissbreite entspricht für Stahlbetonbauteile – abhängig von der Expositionsklasse – auch künftig den in Tafel 7.7 angegebenen Werten. Jedoch werden die Nachweise nach prEC 2-1-1:2021 auf Basis des Grenzwertes der Oberflächenrissbreite $w_{lim,cal}$ geführt. Hierbei werden für Stahlbetonbauteile Grenzwerte

- zur Sicherstellung des Erscheinungsbildes

$$w_{lim,cal} = w_k = 0{,}4\,\text{mm} \qquad (7.31a)$$

- und zur Sicherstellung der Dauerhaftigkeit

$$w_{lim,cal} = k_{surf} \cdot w_k = k_{surf} \cdot 0{,}3\ \text{mm}\ \ (\text{bei XC 2–4, XD 1–3, XS 1–3}) \qquad (7.31b)$$

unterschieden. Der Faktor k_{surf} in Gl. (7.31b) erfasst mit

$$1{,}0 \le k_{surf} = \frac{c}{10\ \text{mm} + c_{min,dur}} \le 1{,}5 \qquad (7.31c)$$

eine vergrößerte Rissbreite an der Bauteiloberfläche und darf berücksichtigt werden, wenn die festgelegte, vorhandene Betondeckung c die Anforderungen an die Dauerhaftigkeit ($c_{min,dur}$) um mehr als 10 mm überschreitet.

Darüber hinaus werden künftig, vergleichbar den Erläuterungen zu dicken oder dickeren Bauteilen in Abschnitt 7.3.6, alle Nachweise zur Beschränkung der Rissbreite auf den Wirkungsbereich $A_{c,eff}$ der Bewehrung bezogen (Abb. 7.17). Die Definition des Wirkungsbereichs mit einer Höhe von

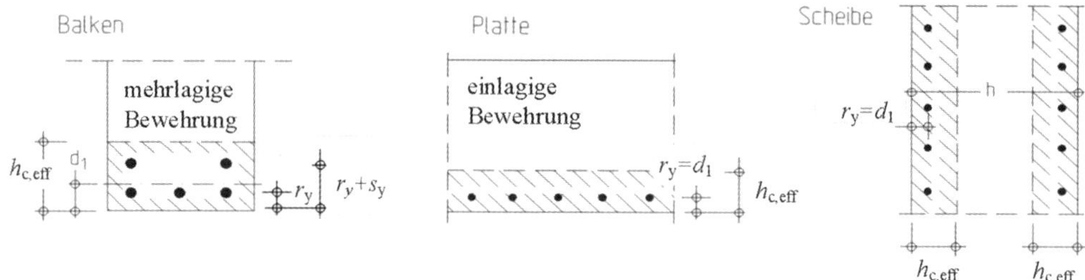

Abb. 7.17 Wirkungsbereich der Bewehrung nach prEC 2-1-1:2021

$$h_{c,eff} = \min\left(r_y + 5 \cdot d_s; 10 \cdot d_s; 3{,}5 \cdot r_y\right) \leq h - x \qquad \text{(bei einlagiger Bewehrung)} \qquad (7.32a)$$

$$h_{c,eff} = \min\left(r_y + 5 \cdot d_s; 10 \cdot d_s; 3{,}5 \cdot r_y\right) + s_y \leq h - x \qquad \text{(bei mehrlagiger Bewehrung)} \qquad (7.32b)$$

mit: r_y = Randabstand der ersten Bewehrungslage vom Betonzugrand
s_y = Achsabstand der Bewehrungslagen

unterscheidet sich hierbei vom aktuellen EC 2-1-1 (vgl. Abb. 7.10).

7.5.2.2 Mindestbewehrung zur Begrenzung der Rissbreiten

Auch nach prEC 2-1-1:2021 ist eine rissbreitenbegrenzende Mindestbewehrung in Bauteilen bzw. Querschnitten anzuordnen, in denen die Entstehung von Zug infolge nicht berücksichtigter Zwangseinwirkungen und Eigenspannungen zu erwarten ist bzw. nicht ausgeschlossen werden kann.

Grundsätzlich folgt die Ermittlung der Mindestbewehrung nach prEC 2-1-1:2021 dem Konzept des EC 2-1-1 (vgl. Gln. (7.12) und (7.13)); jedoch werden Einflüsse der Spannungsverteilungen im Querschnitt abweichend und nicht mehr unmittelbar über beanspruchungsabhängige Vorfaktoren (k bzw. k_c) erfasst. Stattdessen werden künftig je Beanspruchungsart (reine Biegung, reiner Zug, Biegung und Normalkraft) separate Gleichungen zur Ermittlung der Mindestbewehrung zur Verfügung gestellt. Hierbei ist die Mindestbewehrung

- $A_{s,min,w1}$ auf der stärksten zugbeanspruchten Seite des betrachteten (Teil-)Querschnitts
- $A_{s,min,w2}$ auf der geringsten zugbeanspruchten Seite des betrachteten (Teil-)Querschnitts

zu unterscheiden. Es gilt:

- *für reine Biegung:*

$$A_{s,min,w1} = 0{,}8 \cdot \frac{h - h_{c,eff}}{h} \cdot \frac{f_{ct,eff} \cdot A_{c,eff}}{\sigma_{s,lim}} \geq 0{,}2 \cdot k_h \cdot \frac{f_{ct,eff} \cdot A_c}{f_{yk}} \qquad (7.33a)$$

$$A_{s,min,w2} = 0 \qquad (7.33b)$$

- *für reinen Zug:*

$$A_{s,min,w1} = \frac{f_{ct,eff} \cdot A_{c,eff}}{\sigma_{s,lim}} \geq 0{,}5 \cdot k_h \cdot \frac{f_{ct,eff} \cdot A_c}{f_{yk}} \qquad (7.34a)$$

$$A_{s,min,w2} = A_{s,min,w1} \qquad (7.34b)$$

- *für eine Kombination von Biegung und Normalkraft:*

$$A_{\text{s,min,w1}} = \frac{0,3 \cdot N_{\text{Ed}}}{\sigma_{\text{s,lim}}} + 0,8 \cdot \frac{h - h_{\text{c,eff}}}{h} \cdot \frac{f_{\text{ct,eff}} \cdot A_{\text{c,eff}}}{\sigma_{\text{s,lim}}} \tag{7.35a}$$

Einzuhaltende Grenzwerte für $A_{\text{s,min,w1}}$:

$$\begin{matrix} \dfrac{0,3 \cdot N_{\text{Ed}}}{f_{\text{yk}}} + 0,2 \cdot k_{\text{h}} \cdot \dfrac{f_{\text{ct,eff}} \cdot A_{\text{c}}}{f_{\text{yk}}} \\ 0 \end{matrix} \leq A_{\text{s,min,w1}} \leq \max\left(\frac{f_{\text{ct,eff}} \cdot A_{\text{c}}}{\sigma_{\text{s,lim}}} ; 0,5 \cdot k_{\text{h}} \cdot \frac{f_{\text{ct,eff}} \cdot A_{\text{c}}}{f_{\text{yk}}} \right) \tag{7.35b}$$

$$A_{\text{s,min,w2}} = \frac{N_{\text{Ed}}}{\sigma_{\text{s,lim}}} - A_{\text{s,min,w1}} \begin{cases} \leq A_{\text{s,min,w1}} \\ \geq 0 \end{cases} \tag{7.35c}$$

In den Gln. (7.33) bis (7.35) berücksichtigt der Faktor

$$k_{\text{h}} = 0,8 - 0,6 \cdot \left(\min\{b; h\} - 0,3 \right) \begin{cases} \leq 0,8 \\ \geq 0,5 \end{cases} \tag{7.36}$$

die Auswirkungen ungleichmäßig verteilter Eigenspannungen (vergleichbar mit dem Faktor k nach EC 2-1-1), welche im (Teil-)Querschnitt (mit den Abmessungen b und h) zum Abbau der Rissschnittgröße führen.

Neben den beschriebenen formalen Veränderungen ist wesentlicher Unterschied im Nachweisverfahren, dass die zulässige Höchstspannung im Betonstahl nach Rissbildung rechnerisch wie folgt zu begrenzen ist:

$$\sigma_{\text{s,lim}} \leq \frac{2,4 \cdot f_{\text{ct,eff}}}{\left(h - h_{\text{c,eff}}\right)} \cdot \frac{h}{d_{\text{s}}} \cdot \left(-c + \sqrt{c^2 + 1,5 \cdot \frac{\left(1 - h_{\text{c,eff}}/h\right) \cdot E_{\text{s}} \cdot w_{\text{lim,cal}} \cdot d_{\text{s}}}{k_{\text{w}} \cdot k_{1/\text{r,simpl}} \cdot f_{\text{ct,eff}}}} \right) \tag{7.37}$$

mit $k_{\text{w}} = 1,7$

$$k_{1/\text{r,simpl}} = \begin{cases} 1,0 & \text{für reinen Zug} \\ 1,2 \cdot h/d - 0,1 & \text{für andere Situationen} \end{cases}$$

Zusätzlich ist der Nachweis zur Begrenzung der Rissbreite unter Berücksichtigung der gewählten Grenzspannung zu führen.

7.5.2.3 Vereinfachte Begrenzung von Rissbreiten (Konstruktionsregeln)

Der Nachweis zur Begrenzung der Rissbreite kann über eine direkte rechnerische Ermittlung der Rissbreite oder weiterhin vereinfacht über Einhaltung von Konstruktionsregeln in Form der Begrenzung des Stabdurchmessers oder -abstands erfolgen.

Der Nachweis ist sowohl für eine Zwangsbeanspruchung als auch für eine Lastbeanspruchung zu führen, wobei sich hierbei die vereinfachte Begrenzung der Rissbreite künftig ausschließlich in der anzusetzenden Stahlspannung nach Rissbildung unterscheidet:

- Stahlspannung unter Zwang: $\sigma_{\text{s}} = \sigma_{\text{s,lim}}$ nach Gl. (7.37)
- Stahlspannung unter Last σ_{s} im Zustand II für quasi-ständige Einwirkungskombination (z. B. Berechnung nach Abschnitt 7.1)

Nach prEC 2-1-1:2021 erfolgt die vereinfachte Begrenzung der Rissbreiten unter Zwangs- und/oder Lastbeanspruchung in nachfolgender Form durch eine

- *Begrenzung des Stabdurchmessers:*

$$d_s \le d_{s,\text{lim}} \quad \text{mit:} \tag{7.38a}$$

$$d_{s,\text{lim}} = \frac{2,1 \cdot \rho_s}{(r_y / d) \cdot k_{\text{fl,simpl}} \cdot k_{\text{b,simpl}}} \cdot \left(\frac{w_{\text{lim,cal}}}{k_w \cdot k_{1/r,\text{simpl}} \cdot 0,9 \cdot \sigma_s / E_s} - 1,5 \cdot c \right) \tag{7.38b}$$

oder ***alternativ*** durch eine

- *Begrenzung des Stababstandes:*

$$s_l \le s_{l,\text{lim}} \quad \text{mit:} \tag{7.39a}$$

$$s_{l,\text{lim}} = \frac{3,45 \cdot \rho_s}{(r_y^2 / d) \cdot k_{\text{fl,simpl}}^2 \cdot k_{\text{b,simpl}}^2} \cdot \left(\frac{w_{\text{lim,cal}}}{k_w \cdot k_{1/r,\text{simpl}} \cdot 0,9 \cdot \sigma_s / E_s} - 1,5 \cdot c \right)^2 \tag{7.39b}$$

Die k-Faktoren in den Gln. (7.38b) und (7.39b) sind wie folgt zu ermitteln:

$$k_w = 1,7$$

$$k_{1/r,\text{simpl}} = 25 \cdot (h / d - 1) \cdot \rho_s + 1,15 \cdot h / d - 0,15$$

entspricht ***nicht*** dem gemäß prEC 2-1-1:2021 identisch bezeichneten Faktor in Gl. (7.37)!

$$k_{\text{fl,simpl}} = \begin{cases} 1,0 & \text{wenn beide Seiten zugbeansprucht} \\ 1,0 - 3,5 \cdot r_y / h & \text{wenn eine Seite druckbeansprucht} \end{cases}$$

$$k_{\text{b,simpl}} = \begin{cases} 0,9 & \text{unter guten Verbundbedingungen} \\ 1,2 & \text{unter mäßigen Verbundbedingungen} \end{cases}$$

Zu beachten ist, dass sich der geometrische Längsbewehrungsgrad ρ_s auf die Bewehrung einer betrachteten zugbeanspruchten Seite bezieht. Sofern beide Seiten des (Teil-)Querschnitts unter Zug stehen, sind diese separat nachzuweisen. In diesem Fall darf bei der geringsten zugbeanspruchten Seite in den Gleichungen (7.38b) und (7.39b) dann $k_{\text{fl,simpl}}$ auf der sicheren Seite liegend gleich 1,0 gesetzt werden.

Zusammenfassend bleibt festzuhalten, dass sich die vereinfachten Nachweise zur Begrenzung der Rissbreite grundlegend ändern. Eine tabellarische Abschätzung von Grenzdurchmessern und -abständen wird künftig nur schwer möglich, da diese nach prEC 2-1-1:2021 von einer Vielzahl an Einzelparametern beeinflusst werden.

7.5.3 Begrenzung der Verformungen

Wie EC 2-1-1 sieht auch prEC 2-1-1:2021 grundsätzlich zwei Arten der Nachweisführung zur Begrenzung der Verformungen vor:

- vereinfachter Nachweis über die Begrenzung der Biegeschlankheit
- direkte Berechnung der Durchbiegung und Nachweis der Grenzwerte der Verformungen unter quasi-ständiger Einwirkungskombination

Vereinfachter Nachweis über die Begrenzung der Biegeschlankheit

Der Nachweis über die Begrenzung der Biegeschlankheit ist nach prEC 2-1-1:2021 nur bei Stahlbetonbalken oder -platten des üblichen Hochbaus erlaubt. Die Anwendung des Verfahrens wurde in prEC 2-1-1:2021 jedoch deutlich vereinfacht. Der für den Nachweis

$$l/d \leq (l/d)_{\text{max}} \tag{7.40}$$

einzuhaltende Grenzwert $(l/d)_{\text{max}}$ kann nun unmittelbar Tafel 7.11 entnommen werden. Eine recht aufwendige Berechnung der Grenzwerte entfällt somit künftig. Eingangswerte hierbei sind:

- der erforderliche mechanische Bewehrungsgrad ω_r (Index r = required = erforderlich) als Ergebnis der vorhergehenden Bemessung für Biegung im GZT (siehe Abschnitt 6.1.3)
- Verhältnis der charakteristischen Werte von Nutzlast und Gesamtlast

$$\frac{LL}{TL} = \frac{\text{life load}}{\text{total load}} = \frac{q_{\text{k}}}{g_{\text{k}} + q_{\text{k}}}$$

Zwischenwerte der Eingangswerte dürfen linear interpoliert werden. Zu beachten ist, dass die Grenzwerte in Tafel 7.11 unter der Voraussetzung einer maximal zulässigen Durchbiegung von $l/250$ abgeleitet wurden; bei hiervon abweichenden Anforderungen l/a sind die Grenzwerte mit dem Faktur $k_a = 250/a$ zu multiplizieren (entsprechend müssen bei einer Verformungsbegrenzung auf $l/500$ die Grenzwerte mit dem Faktor $k_a = 250/500 = 0{,}5$ reduziert werden).

Zudem gilt Tafel 7.11 nur für einachsig gespannte Systeme und schließt daher zweiachsig gespannte Platten ($l_{\text{max}} \leq 2 \cdot l_{\text{min}}$) und punktförmig gestützte Flachdecken nicht unmittelbar ein. Jedoch erlaubt prEC 2-1-1:2021 die Anwendung auch in diesen Fällen, wenn die Grenzwerte nach Tafel 7.11 mit den folgenden Faktoren multipliziert werden:

- für 2-achsig gespannte Platte (4-seitig auf Wänden gelagert): $k = \frac{1}{\sqrt[4]{1 - 0{,}65 \cdot \frac{l_{\text{min}}}{l_{\text{max}}}}}$
- für punktförmig gestützte Flachdecken: $k = \frac{1}{\sqrt[4]{1 + \left(\frac{l_{\text{min}}}{l_{\text{max}}}\right)^4}}$

Aufgrund der Berücksichtigung von dem mechanischen Bewehrungsgrad und der Belastungssituation ist die Anwendung des vereinfachten Verfahrens künftig etwas differenzierter und erlaubt unter gewissen Randbedingungen etwas höhere Grenzwerte der Biegeschlankheit als nach aktuellem EC 2-1-1.

Tafel 7.11 Grenzwert der Biegeschlankheit $(l/d)_{max}$ nach prEC 2-1-1:2021

Erforderlicher mechanischer Bewehrungsgrad								
$\omega_r = 0{,}3$			$\omega_r = 0{,}2$			$\omega_r = 0{,}1$		
LL/TL			*LL/TL*			*LL/TL*		
60 %	45 %	30 %	60 %	45 %	30 %	60 %	45 %	30 %
Gelenkig gelagerter Einfeldträger; gelenkig gelagerte, einachsig gespannte Einfeldplatte								
15	14	13	17	16	14	24	22	21
Endfeld eines durchlaufenden Balkens oder einer durchlaufenden einachsig gespannten Platte								
20	18	17	22	21	18	31	29	27
Mittelfeld eines durchlaufenden Balkens oder einer durchlaufenden einachsig gespannten Platte								
23	21	20	26	24	21	36	33	32
Kragträger								
6	5	5	6	6	5	9	8	8

Direkte Berechnung der Durchbiegung und Nachweis der Grenzwerte der Verformungen

Ist der vereinfachte Nachweis nicht erfüllt oder im Hinblick auf die Ausführung oder Wirtschaftlichkeit eine genauere Verformungsermittlung erforderlich, so sind eine direkte Berechnung der Durchbiegung unter der quasi-ständigen Einwirkungskombination und die Gegenüberstellung mit den zulässigen Grenzwerten ($l/250$ bzw. $l/500$) als Nachweis auch in prEC 2-1-1:2021 vorgesehen.

Hierbei ist weiterhin das allgemeine Verfahren nach Abschnitt 7.4.3.1 auf jede Art von Betontragwerk anwendbar. Die in der Baupraxis mittlerweile verbreitete computergestützte nichtlineare Verformungsberechnung (z. B. auf Basis der Finite-Elemente-Methode) gehört ebenfalls zu den allgemein anwendbaren Verfahren. Hierbei ist zwingend sicherzustellen, dass die Einflüsse materieller und geometrischer Nichtlinearitäten des Stahlbetontragwerks durch die EDV-Berechnung adäquat erfasst wird (s. hierzu auch Band 2, Abschnitt 8.2)

Ergänzend wird in prEC 2-1-1:2021 für Stahlbetonbalken und -platten des üblichen Hochbaus ein vereinfachtes Rechenverfahren auf Basis einer linear-elastischen Verformungsberechnung unter Verwendung von Bruttoquerschnittswerten neu in die Normung aufgenommen. Steifigkeitseinflüsse von Bewehrung und Rissbildung sowie zeitabhängige Einflüsse von Kriechen und Schwinden werden hierbei über entsprechende Steifigkeitskoeffizienten vereinfacht erfasst. Diesbezüglich wird auf prEC 2-1-1:2021 verwiesen.

8 Sicherstellung eines duktilen Bauteilverhaltens; Mindest- und Höchstbewehrung

Die Konstruktionsregeln und die Durchbildung der Bauteile werden in EC 2-1-1, Abschnitte 8 und 9 behandelt. Nachfolgend wird hiervon nur die Frage der Mindest- und Höchstbewehrung angesprochen (ausführliche Darstellung der Bewehrungsführung s. Band 2).

8.1 Überwiegend biegebeanspruchte Bauteile

8.1.1 Balken und balkenartige Tragwerke

Mindestbiegezugbewehrung [36)]

Das Versagen eines Bauteils ohne Vorankündigung bei Erstrissbildung muss vermieden werden (Duktilitätskriterium). Für Stahlbetonbauteile gilt dies als erfüllt, wenn eine Mindestbewehrung nach EC 2-1-1, Abschnitt 9 angeordnet wird.

Die Mindestbewehrung ist für das Rissmoment M_{cr} mit dem Mittelwert der Zugfestigkeit des Betons f_{ctm} und einer Stahlspannung $\sigma_s = f_{yk}$ zu berechnen. Ausgehend von dem in Abb. 8.1 dargestellten Spannungszustand vor und nach Rissbildung erhält man:

$$M_{Ed,I} = f_{ct} \cdot I_I / z_{I,c1} \equiv M_{cr,II} = F_{s1} \cdot z_{II} \qquad (8.1)$$

Mit $f_{ct} = f_{ctm}$ und $F_{s1} = A_{s,min} \cdot f_{yk}$, d. h., die Streckgrenze der Bewehrung darf ausgenutzt werden, ergibt sich für die Mindestbewehrung

$$A_{s,min} = M_{cr} / (z_{II} \cdot f_{yk}) \qquad (8.2)$$

mit

M_{cr} $= f_{ctm} \cdot I_I / z_{I,c1}$ (s. o.)

z_{II} Hebelarm der inneren Kräfte nach Rissbildung (Zustand II)

I_I Flächenmoment 2. Grades (Trägheitsmoment) vor Rissbildung (Zustand I)

$z_{I,c1}$ Abstand von der Schwerachse bis zum Zugrand vor Rissbildung (Zustand I)

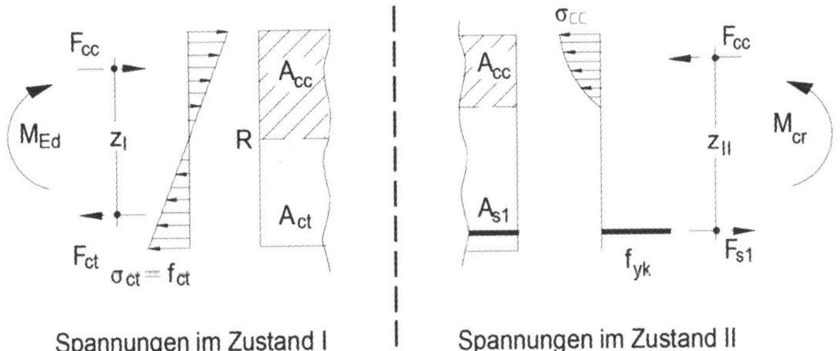

Abb. 8.1 Spannungszustand unmittelbar vor und nach Rissbildung

36) Die hier aufgeführte Mindestbewehrung (Duktilitätsbewehrung) ist nicht zu verwechseln mit der Mindestbewehrung zur Beschränkung der Rissbreite (s. Abschnitt 7.3). Die Duktilitätsbewehrung soll nur ein schlagartiges Versagen im Grenzzustand der Tragfähigkeit verhindern, sie stellt nicht die Gebrauchstauglichkeit und Dauerhaftigkeit sicher.

Hilfsmittel zur Ermittlung der Mindestbewehrung für Rechteckquerschnitte unter Biegebeanspruchung (ohne Längskraft) sind in Tafel 8.2 angegeben, weitere Hinweise s. dort.

Bei Beanspruchung durch Biegung mit Längskraft wird das Rissmoment bestimmt aus:

$$M_{cr} = (f_{ctm} - N / A_c) / W_c \qquad (8.3)$$

mit $N < 0$ als Druckkraft. Die erforderliche Mindestbewehrung ergibt sich dann

$$A_s = (M_{cr,s} / z + N) / f_{yk} \qquad (8.4)$$

mit $M_{cr,s} = M_{cr} - N \cdot z_s$ als auf die Bewehrung bezogenes „versetztes" Moment.

Zu beachten ist außerdem, dass die Duktilitätsbewehrung – ebenso die Mindestquerkraftbewehrung; s. nachf. – von der Betonzugfestigkeit abhängt und mit steigender Betonfestigkeit zunimmt. Eine nachträgliche Erhöhung der Betongüte ist daher durch Bewehrungsanpassung zu berücksichtigen. (Das gilt auch für die Mindestbewehrung zur Beschränkung der Rissbreite.)

Tafel 8.1 Mittelwert der Betonzugfestigkeit f_{ctm} (in N/mm²) für Normalbeton

f_{ck} in N/mm²	12	16	20	25	30	35	40	45	50
f_{ctm} in N/mm²	1,57	1,90	2,21	2,56	2,90	3,21	3,51	3,80	4,07

Tafel 8.2 Mindestbiegezugbewehrung[a)] von Rechteckquerschnitten für Normalbeton (Werte 10^4fach)

f_{ck} in N/mm²		12	16	20	25	30	35	40	45	50
$\frac{A_{s,min}}{b \cdot h}$	$d/h = 0{,}95$	6,13	7,43	8,62	10,00	11,29	12,51	13,68	14,80	15,87
	$d/h = 0{,}90$	6,47	7,84	9,10	10,56	11,92	13,21	14,44	15,62	16,76
	$d/h = 0{,}85$	6,85	8,30	9,63	11,18	12,62	13,99	15,29	16,54	17,74
	$d/h = 0{,}80$	7,28	8,82	10,23	11,87	13,41	14,86	16,24	17,57	18,85
	$d/h = 0{,}75$	7,77	9,41	10,92	12,67	14,30	15,85	17,33	18,74	20,11

a) Für die in Tafel 8.2 angegebenen Werte wurde angenommen, dass der Hebelarm z der inneren Kräfte genügend genau konstant mit $z \approx 0{,}9\ d$ abgeschätzt werden kann (i. d. R. sichere Seite; tatsächlich ist z vom jeweiligen Bewehrungsgrad, von der Größe und Lage einer – ggf. vorhandenen – Druckbewehrung usw. abhängig).

Anordnung der Mindestbewehrung

Die Mindestbewehrung ist gleichmäßig über die Zugzonenbreite sowie anteilmäßig über die Höhe der Zugzone zu verteilen. Stöße sind für die volle Zugkraft auszubilden. Für die Bewehrungsführung gilt:

- Feldbewehrung: Die erforderliche Mindestbewehrung muss zwischen den Endauflagern durchlaufen (hochgeführte Bewehrung darf nicht berücksichtigt werden). Sie ist mit der Mindestverankerungslänge an den Auflagern zu verankern.
- Stützbewehrung: Über den Innenauflagern ist die obere Mindestbewehrung in beiden anschließenden Feldern über eine Länge von mindestens einem Viertel der Stützweite einzulegen.
- Kragarme: Bei Kragarmen muss die Mindestbewehrung über die gesamte Kraglänge durchlaufen.

Die Mindestbewehrung ist ggf. auch bei der sog. Anschlussbewehrung zu berücksichtigen, wenn eine zu geringe Anschlussbewehrung zum spröden Versagen führen kann (z. B. bei einer Rahmenecke).

Verzicht auf die Mindestbewehrung

Eine ausreichende Duktilität kann ggf. auch über andere Maßnahmen sichergestellt werden. In diesen Fällen kann die Mindestbewehrung entfallen. Dies trifft zu für

- Gründungsbauteile ohne äußere Zwangsbeanspruchung, wenn die Schnittgrößen für äußere Lasten linear-elastisch ermittelt und alle Nachweise der Grenzzustände erfüllt werden,
- die Querrichtung von Streifenfundamenten, da sie in Querrichtung i. d. R. nicht als Biegebauteile wirken,
- die Biegezugbewehrung der Nebentragrichtung von Platten.

Konstruktive Einspannung

Zur Aufnahme einer *rechnerisch nicht berücksichtigten Einspannung* ist eine geeignete Bewehrung anzuordnen. Die Querschnitte der Endauflager sind dann für ein Stützmoment zu bemessen, das mindestens 25 % des benachbarten Feldmoments entspricht. Die Bewehrung muss, vom Auflageranschnitt gemessen, mindestens über 0,25 l des Endfeldes eingelegt werden.

Höchst(längs-)bewehrung / Umschnürung der Biegedruckzone

Die *Höchstbewehrung* im Querschnitt beträgt (gilt auch im Bereich von Übergreifungsstößen):

$$A_{s,max} = 0{,}08\, A_c \qquad (8.5)$$

Bei *hochbewehrten* Balken bis zum C50/60 sind zur Umschnürung der Biegedruckzone mindestens Bügel mit $d_s \geq 10$ mm mit Abständen $s_l \leq 0{,}25\, h$ bzw. 20 cm und $s_q \leq h$ bzw. 60 cm erforderlich; Balken gelten als hochbewehrt, wenn die Druckzone $x / d > 0{,}45$ ist.

Querkraftbewehrung

Ebenso wie bei der Biegezugbewehrung muss auch bei der Querkraftbewehrung der Übergang vom Zustand I zum Zustand II durch eine Mindestbewehrung abgedeckt werden, um ein schlagartiges Versagen bei Rissbildung auszuschließen.

Bei biegebeanspruchten Stahlbetonbauteilen ist davon auszugehen, dass die Zugzone gerissen ist und sich daher die schrägen Schubrisse aus den Biegerissen entwickeln.[37)] Nach Schubrissbildung und Übergang zum Fachwerkmodell muss die Querkraftbewehrung in der Lage sein, die Querkrafttragfähigkeit des Bauteils ohne Querkraftbewehrung zu sichern.

Für die Tragfähigkeit ohne Querkraftbewehrung wird der Mittelwert $V_{Rm,ct}$ angesetzt, der sich aus empirischen Untersuchungen und unter Verwendung von repräsentativen Werten für die Bauteilabmessungen und Bewehrungsgrade nach [DAfStb-H.525 – 03] ergibt zu:

$$V_{Rm,ct} = 0{,}44 \cdot f_{ck}^{1/3} \cdot b_w \cdot d \approx 0{,}44 \cdot f_{ctm} \cdot b_w \cdot d \qquad (8.6)$$

(vgl. auch Abschnitt 7.2.4, Gl. (7.33)).

[37)] Auf gegliederte Querschnitte mit vorgespannten Gurten, bei denen sich die Schubrisse unabhängig von den Biegerissen entwickeln können, wird hier nicht eingegangen; s. hierzu z. B. [DAfStb-H.525 – 03].

Diese Querkraft muss nach Schubrissbildung von der Querkraftbewehrung aufgenommen werden; für *lotrechte* Querkraftbewehrung erhält man mit Gl. (6.41) in Abschnitt 6.2.5, wobei hier jedoch die Streckgrenze der Bewehrung ausgenutzt werden darf (s. vorher),

$$V_{Rd,sy} = a_{sw} \cdot f_{yk} \cdot z \cdot \cot\theta = \rho_w \cdot b_w \cdot f_{yk} \cdot z \cdot \cot\theta \tag{8.7a}$$

mit $\rho_w = a_{sw} / b_w$; weiterhin gilt $\cot\theta = 3{,}0$ (es liegt geringe Querkraftbeanspruchung vor) und $z \approx 0{,}9d$, so dass sich ergibt:

$$V_{Rd,sy} = \rho_w \cdot b_w \cdot f_{yk} \cdot z \cdot 3{,}0 \tag{8.7b}$$

Durch Gleichsetzung von Gln. (8.6) und (8.7b) ergibt sich

$$\rho_w \cdot b_w \cdot f_{yk} \cdot z \cdot 3{,}0 = 0{,}44 \cdot f_{ctm} \cdot b_w \cdot d$$

$$\rho_w = 0{,}44 \cdot f_{ctm} \cdot b_w \cdot d \,/\, (b_w \cdot f_{yk} \cdot 0{,}9d \cdot 3{,}0) = 0{,}16 \cdot f_{ctm} \,/\, f_{yk} \tag{8.8}$$

EC 2-1-1, Gl. (9.4) formuliert entsprechend für balkenartige Tragwerke als *Mindestquerkraftbewehrung* (unter Berücksichtigung einer Neigung):

$$A_{sw} / s_w \geq \rho_w \cdot (b_w \cdot \sin\alpha) \tag{8.9}$$

mit ρ_w als Mindestbewehrungsgrad gemäß Gl. (8.8) bzw. Tafel 8.3 und α als Neigungswinkel der Querkraftbewehrung.

Schrägstäbe und Querkraftzulagen dürfen nur gleichzeitig mit Bügeln angeordnet werden; mindestens 50 % der aufzunehmenden Querkraft müssen durch Bügel abgedeckt sein.

Aus dem Fachwerkmodell ist ersichtlich, dass die Abstände der Zugstreben bzw. der Bügel von der Neigung der Druckstreben bestimmt sind (je steiler die Druckstrebe, desto enger wird der Zugstrebenabstand bzw. muss der Bügelabstand sein). Um eine kontinuierliche Abstützung der Druckstrebe zu ermöglichen, müssen daher *maximale Bügelabstände* eingehalten werden. Die in Tafel 8.4 abgegebenen Abstände gewährleisten, dass Schubrisse von Bügeln gekreuzt werden, d. h., dass zwischen zwei Bügeln keine Schubrisse entstehen.

Tafel 8.3 Mindestbewehrungsgrad min ρ_w der Querkraftbewehrung

Beton	12/15	16/20	20/25	25/30	30/37	35/45	40/50	45/55	50/60
ρ_w (‰)	0,51	0,61	0,70	0,83	0,93	1,02	1,12	1,21	1,31

Tafel 8.4 Höchstabstände der Querkraftbewehrung (Normalbeton bis C 50/60)

Schubbeanspruchung	Bügelabstände s_{max}		Schrägstäbe
	Längsabstand	Querabstand	Längsabstand [a]
$0 \leq V_{Ed} / V_{Rd,max} \leq 0{,}3$	$0{,}7\,h \leq 30$ cm	$1{,}0\,h \leq 80$ cm	$s_{max} \leq 0{,}5\,h\,(1 + \cot\alpha)$
$0{,}3 < V_{Ed} / V_{Rd,max} \leq 0{,}6$	$0{,}5\,h \leq 30$ cm	$1{,}0\,h \leq 60$ cm	
$0{,}6 < V_{Ed} / V_{Rd,max} \leq 1{,}0$	$0{,}25\,h \leq 20$ cm	$1{,}0\,h \leq 60$ cm	[a] Querabstand s. Bügel

Torsionsbewehrung

Für die Ausbildung der Torsionsbewehrung sind die folgenden Punkte zu beachten (vgl. EC 2-1-1, 9.2.3).

- Für die Torsionsbewehrung ist ein rechtwinkliges Bewehrungsnetz aus Bügeln und Längsstäben zu verwenden. Die Torsionsbügel sind durch Übergreifen zu schließen.
- Für die Bügelbewehrung gelten die in Tafel 8.3 angegebenen Mindestbewehrungsgrade. Die Bügelabstände sollten das Maß $u_k / 8$ nicht überschreiten (u_k Umfang des Kernquerschnitts); die Abstände nach Tafel 8.2 sind zusätzlich zu beachten.
- Die Längsbewehrung sollte keinen größeren Abstand als 35 cm haben, wobei in jeder Querschnittsecke mindestens ein Stab angeordnet werden sollte.

Beispiele

Beispiel 1

In einer hier nicht dargestellten Berechung wurde die statisch erforderliche Bewehrung ermittelt. Als Ergebnis wurde die dargestellte Bewehrung gewählt; es soll die Mindestbewehrung überprüft werden.

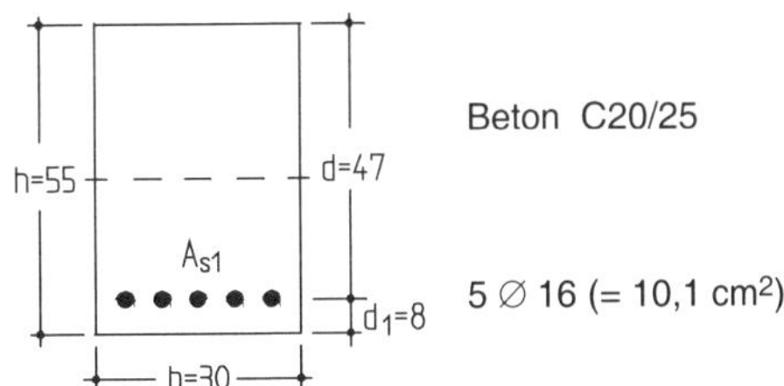

Mit $d / h = 47 / 55 = 0{,}85$ und einem Beton C20/25 ergibt sich mit Tafel 8.2:

$$A_{s,min} / (b \cdot h) = 9{,}63 \cdot 10^{-4}$$
$$A_{s,min} = 9{,}63 \cdot 10^{-4} \cdot 30 \cdot 55 = 1{,}59 \text{ cm}^2$$

Die Mindestbewehrung wird im vorliegenden Fall nicht maßgebend.

Beispiel 2

Für den dargestellten Plattenbalken soll die erforderliche Mindestbewehrung für Querkraft bestimmt werden (s. nebenstehende Skizze).

C20/25; B500

Für eine lotrechte Bügelbewehrung ergibt sich mit Gl. (8.9) und Tafel 8.3:

$$A_{sw} / s_w \geq \rho_w \cdot b_w = 0{,}70 \cdot 10^{-3} \cdot 30 \cdot 100 = 2{,}10 \text{ cm}^2/\text{m}$$

8.1.2 Vollplatten

Die nachfolgenden Festlegungen beziehen sich auf einachsig und zweiachsig gespannte Ortbeton-Vollplatten mit $l_{eff} \geq 5\ h$ und mit einer Breite $b \geq 5\ h$; Bauteile mit $b < 5\ h$ gelten als Balken.

Mindestabmessungen

Die Mindestdicke von Vollplatten beträgt im Allgemeinen 7 cm; für Platten mit Querkraftbewehrung ist jedoch zur Sicherstellung der Verankerung der Bügelbewehrung eine Dicke von mindestens 16 cm, für Platten mit Durchstanzbewehrung von 20 cm erforderlich.

Biegezugbewehrung

Für die Ausbildung der *Hauptbewehrung* (Mindest- und Höchstbewehrungsgrade usw.) gilt Abschnitt 8.1.1, soweit nachfolgend nichts anderes festgelegt ist. Bei Platten ist eine *Querbewehrung* mit einem Querschnitt von mindestens 20 % der Hauptbewehrung vorzusehen; bei Betonstahlmatten muss $d_s \geq 5$ mm sein.

Die *Stababstände* der Hauptbewehrung dürfen für Plattendicken $h \leq 15$ cm einen Abstand $s_l = 15$ cm und für $h \geq 25$ cm einen Abstand $s_l = 25$ cm nicht überschreiten (Zwischenwerte interpolieren); für die Querbewehrung gilt $s_q \leq 25$ cm.

Mindestens 50 % der maximalen Feldbewehrung sind über das Auflager zu führen und zu verankern. Bei einer teilweisen, rechnerisch nicht berücksichtigten Endeinspannung gilt Abschnitt 8.1.1. Am freien ungestützten Rand ist eine Bewehrung anzuordnen (s. Abb.). Bei Fundamenten und innenliegenden Bauteilen des üblichen Hochbaus darf hierauf verzichtet werden.

h
≥ 2h
freier Rand
Längsbewehrung
Steckbügel

Drillbewehrung

Bei drillsteifen Platten ist für die Bemessung der Eckbewehrung das Drillmoment zu berücksichtigen, in anderen Fällen sollte sie konstruktiv angeordnet werden. Als Drillbewehrung sollte bei vierseitig gelagerten Platten unter Berücksichtigung der vorhandenen Bewehrung angeordnet werden:

- Ecken mit zwei frei aufliegenden Rändern: a_{sx} in beiden Richtungen oben und unten
- Ecken mit einem frei aufliegenden und einem eingespannten Rand: 0,5 a_{sx} rechtwinklig zum freien Rand mit $a_{sx} = \max\ a_{s,Feld}$

(s. hierzu nebenstehende Skizze).

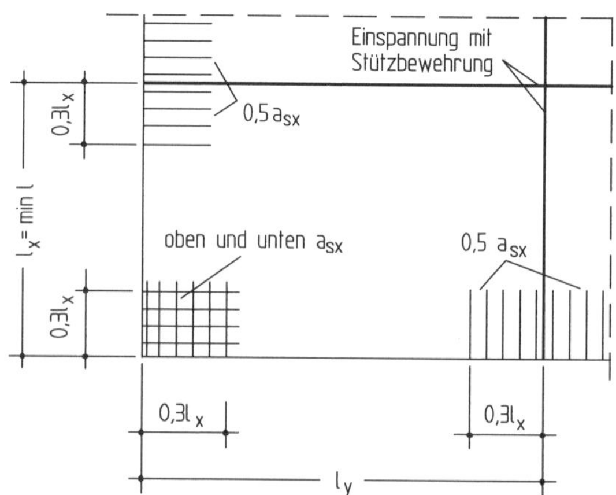

Bei anderen Platten, z. B. bei dreiseitig gelagerten Platten, ist ein rechnerischer Nachweis der Drillbewehrung erforderlich.

Querkraftbewehrung

Für die Querkraftbewehrung von Platten gilt Abschnitt 8.1.1 mit nachfolgenden Ergänzungen:

- Bei Platten mit $b\,/\,h > 5$ darf auf Querkraftbewehrung verzichtet werden, falls rechnerisch keine Querkraftbewehrung erforderlich ist. Falls Querkraftbewehrung erforderlich ist, gilt der 0,6-fache Wert nach Tafel 8.3.
- Bauteile mit $b\,/\,h < 4$ sind als Balken nach Abschnitt 8.1.1 zu betrachten.
- Bei Platten mit $5 \geq b\,/\,h \geq 4$ und ohne rechnerisch erforderliche Querkraftbewehrung gilt als Mindestbewehrung der 0,0-fache bis 1,0-fache Wert nach Tafel 8.3 (Zwischenwerte interpolieren).
- Bei Platten mit $5 \geq b\,/\,h \geq 4$ und mit rechnerisch erforderlicher Querkaftbewehrung ist der 0,6-fache bis 1,0-fache Wert nach Tafel 8.3 maßgebend.
- Querkraftbewehrung darf bei $V_{\mathrm{Ed}} \leq (1/3) \cdot V_{\mathrm{Rd,max}}$ vollständig aus Schrägstäben oder Schubzulagen bestehen, andernfalls gilt Abschnitt 8.1.1.
- Für den größten Längs- und Querabstand der Bügel gilt Tafel 8.4 (ohne Berücksichtigung der Absolutwerte in mm), der größte Längsabstand von Aufbiegungen beträgt $s_{\max} \leq h$.

Bewehrung bei punktförmig gestützten Platten

Zur Vermeidung eines fortschreitenden Versagens ist stets ein Teil der Feldbewehrung über die Stützstreifen hinwegzuführen bzw. dort zu verankern. Die Bewehrung ist im Bereich der Lasteinleitungsfläche anzuordnen (Abminderungen von V_{Ek} sind nicht zulässig) mit einem Mindestquerschnitt von

$A_{\mathrm{s}} = V_{\mathrm{Ed}}\,/\,f_{\mathrm{yk}}$ (V_{Ed} als Bemessungswert, ermittelt mit $\gamma_{\mathrm{F}} = 1$)

Durchstanzbewehrung

Es gelten die Regelungen für Querkraftbewehrung bei Platten mit folgenden Ergänzungen:

- Die Mindestdicke von Platten mit Durchstanzbewehrung beträgt 20 cm.
- Die Anordnung der Durchstanzbewehrung richtet sich nach unten stehender Skizze.
- Als Stabdurchmesser der Durchstanzbewehrung gilt $d_{\mathrm{s}} \leq 0{,}05\ d$ für Bügel und $d_{\mathrm{s}} \leq 0{,}08\ d$ für Schrägstäbe (mit d als Nutzhöhe der Platte in mm).
- Der Querschnitt eines Bügelschenkels muss mindestens betragen:
  $A_{\mathrm{sw,min}} = A_{\mathrm{s}} \cdot \sin\alpha = 0{,}08\, f_{\mathrm{ck}}^{0,5} \cdot s_{\mathrm{r}} \cdot s_{\mathrm{t}}\ /\ (1{,}5 \cdot f_{\mathrm{yk}})$
- Falls bei Bügeln nur eine Reihe als Durchstanzbewehrung rechnerisch erforderlich ist, so ist aus konstruktiven Gründen eine zweite Reihe anzuordnen.

b) Schrägstäbe als Durchstanzbewehrung

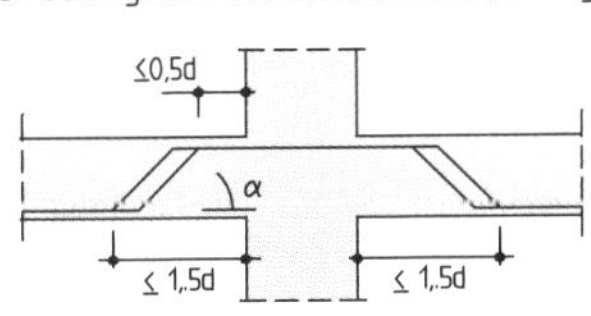

Schnitt

a) Bügel als Durchstanzbewehrung

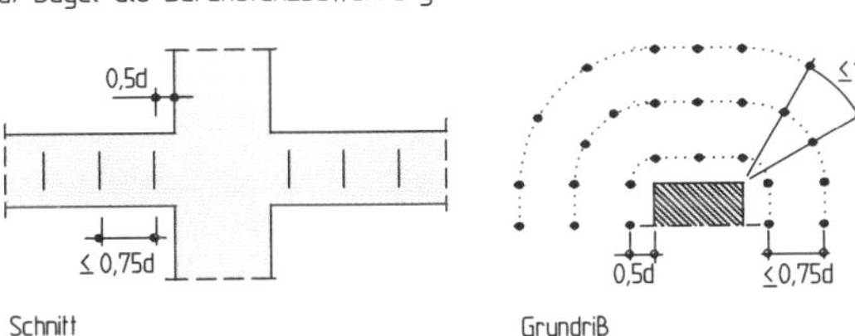

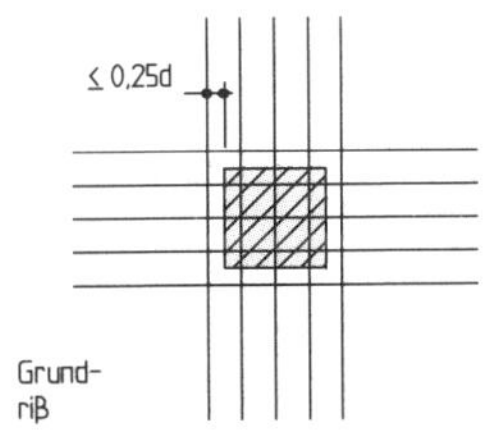

8.2 Überwiegend auf Druck beanspruchte Bauteile

8.2.1 Stützen

Bei Stützen ist das Verhältnis der größeren zur kleineren Querschnittsseite $b / h < 4$ (andernfalls handelt es sich um Wände).

Mindestabmessung

Für stehend hergestellte Ortbetonstützen gilt als kleinste Querschnittsabmessung $h_{min} = 20$ cm, für liegend hergestellte Fertigteilstützen $h_{min} = 12$ cm.

Längsbewehrung

Der Mindestdurchmesser beträgt $d_{s,l} \geq 12$ mm. Als *Mindestbewehrung* sind gefordert:

$$A_{s,min} \geq 0{,}15 \cdot |N_{ed}| / f_{yd}$$
$$\geq 0{,}003 \cdot A_c$$

mit A_c als Fläche des Betonquerschnitts und N_{ed} als Bemessungslängsdruckkraft. Als *Höchstbewehrung* gilt $A_{s,max} \leq 0{,}09 \cdot A_c$ (auch im Bereich von Stößen). In polygonalen Querschnitten ist mindestens 1 Stab je Ecke, in Kreisquerschnitten sind mindestens 6 Stäbe anzuordnen. Für den gegenseitigen Abstand der Längsstäbe gilt $s_l \leq 30$ cm (bei $b \leq 40$ cm – mit $h \leq b$ – genügt jedoch 1 Stab je Ecke).

Bügelbewehrung

Durch Bügel können max. 5 Stäbe in oder „in der Nähe der Ecke" (s. Skizze) gegen Ausknicken gesichert werden; für weitere Stäbe sind Zusatzbügel – mit höchstens doppeltem Abstand – erforderlich.

$$\text{Durchmesser} \quad d_{sbü} \geq \begin{cases} 6 \text{ mm (Stabstahl)} \\ 5 \text{ mm (Matte)} \\ d_{sl} / 4 \end{cases}$$

$$\text{Bügelabstand}^{1)} \quad s_{bü} \leq \begin{cases} 12\, d_{sl} \\ \min h \\ 30 \text{ cm} \end{cases}$$

Für $d_{sV} > 28$ mm s. DIN 1045-1, 13.5.3.

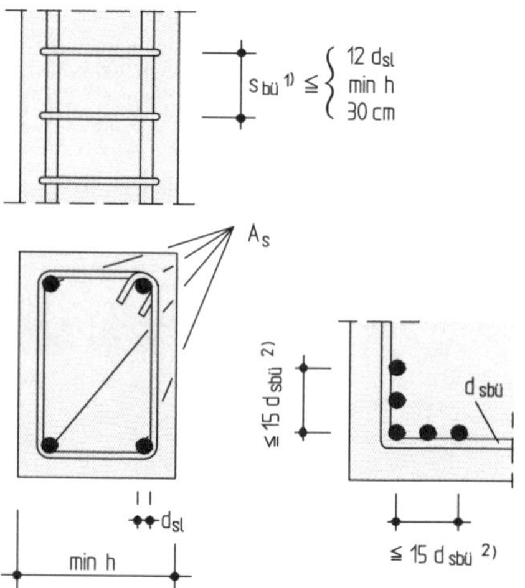

[1] Der Bügelabstand ist mit 0,6 zu multiplizieren:
- im Bereich unmittelbar unter und über Platten oder Balken auf einer Höhe gleich der größeren Stützenabmessung
- bei Übergreifungsstößen der Längsbewehrung mit $d_{sl} > 14$ mm

Bei Richtungsänderung der Längsbewehrung (z. B. Änderung der Stützenabmessung) sollte der Abstand der Querbewehrung unter Berücksichtigung der Umlenkkräfte ermittelt werden.

[2] „In der Nähe der Ecke" ist in DIN 1045 (Ausg. 88) mit dem 15-fachen Bügeldurchmesser definiert.

8.2.2 Wände

Nachfolgende Angaben gelten für Stahlbetonwände; für Wände aus Halbfertigteilen sind zusätzlich die jeweiligen Zulassungen zu beachten. Bei Wänden ist die waagerechte Länge größer als die 4-fache Dicke, andernfalls siehe Stützen.

Mindestwanddicken

Für die Mindestwanddicken gelten die Angaben in nachfolgender Tafel 8.5.

Lotrechte und waagerechte Bewehrung

Für die **lotrechte** Bewehrung gilt als Mindest- und Höchstbewehrung:

Mindestbewehrung	allgemein	$A_{s,min} \geq 0{,}0015 \cdot A_c$
	bei $\|N_{Ed}\| \geq 0{,}3\, f_{cd}\, A_c$ und bei schlanken Wänden:	$A_{s,min} \geq 0{,}0030 \cdot A_c$
Höchstbewehrung		$A_{s,max} \leq 0{,}040 \cdot A_c$

Der Bewehrungsgehalt an beiden Wandseiten sollte etwa gleich groß sein. Als zulässiger Stababstand gilt $s \leq 30$ cm und $s \leq 2\, h$ mit h als Wanddicke.

Die **waagerechte** Bewehrung muss i. Allg. 20 % der lotrechten Bewehrung, bei einer Längskraft $|N_{Ed}| \geq 0{,}3\, f_{cd}\, A_c$ und bei schlanken Wänden 50 % der lotrechten Bewehrung betragen. Die Stababstände dürfen den Wert $s \leq 35$ cm nicht überschreiten. Der Stabdurchmesser muss mindestens 1/4 des Durchmessers der Längsbewehrung betragen. Die waagerechte Bewehrung ist außen (zwischen der lotrechten Bewehrung und der Wandoberfläche) anzuordnen.

S-Haken, Steckbügel, Bügel

Wenn die Querschnittsfläche der lastabtragenden lotrechten Bewehrung $0{,}02 \cdot A_c$ übersteigt, sollte sie nach Abschnitt 8.2.1 verbügelt werden. Andernfalls gilt:

- Die außenliegende Bewehrung ist durch 4 S-Haken je m² zu sichern (bei dicken Wänden ggf. durch Steckbügel, die mindestens mit $0{,}5\, l_b$ im Inneren der Wand zu verankern sind).
- Bei Tragstäben mit $d_s \leq 16$ mm und bei einer Betondeckung $\geq 2d_s$ sind keine Maßnahmen erforderlich (in diesem Fall und stets bei Betonstahlmatten dürfen die druckbeanspruchten Stäbe außen liegen).
- An freien Rändern von Wänden mit $A_s \geq 0{,}003A_c$ sind die Eckstäbe durch Steckbügel zu sichern.

Tafel 8.5 Mindestwanddicke für tragende Wände

Betonfestigkeits-klasse	Herstellung	Mindestwanddicke (in cm) für Wände aus unbewehrtem Beton		Mindestwanddicke (in cm) für Wände aus Stahlbeton	
		Decken über Wände		Decken über Wände	
		nicht durchlaufend	durchlaufend	nicht durchlaufend	durchlaufend
C 12/15	Ortbeton	20	14	–	–
≥ C 16/20	Ortbeton	14	12	12	10
	Fertigteil	12	10	10	8

8.3 Unbewehrte Bauteile

Für stabförmige **unbewehrte Bauteile** mit Rechteckquerschnitt wird als Duktilitätskriterium gefordert, dass in der maßgebenden Einwirkungskombination des Grenzzustandes der Tragfähigkeit die Ausmitte der Längskraft auf

$$e_\mathrm{d} \,/\, h < 0{,}4$$

zu begrenzen ist. Für die Ausmitte e_d gilt die Gesamtausmitte $e_\mathrm{d} = e_\mathrm{tot}$ gemäß EC 2-1-1, Abschnitt 12.6, d. h., zusätzlich zur Ausmitte e_0 sind beispielsweise die ungewollte Ausmitte e_i und die Kriechausmitte e_φ zu berücksichtigen.

8.4 Ausblick: Eurocode 2 der 2. Generation

Nachfolgende Ausführungen beschränken sich auf die wesentlichen Änderungen mit Bezug zur Mindest- und Höchstbewehrung der Bauteile. Einen ausführlicheren Ausblick auf die bauliche Durchbildung der Bauteile sowie besondere Konstruktionsregeln nach prEC 2-1-1:2021 zeigt Band 2, Abschnitte 3.10 und 4.7.

Für **überwiegend biegebeanspruchte Bauteile** bleiben die Anforderungen an die Mindestbewehrung zur Sicherstellung eines duktilen Bauteilverhaltens weitgehend identisch. Die Gln. (8.1) bis (8.4) sind in dieser Form zwar nicht direkt in prEC 2-1-1:2021 benannt, können aber übereinstimmend mit den dortigen Vorgaben auch künftig verwendet werden.

Der Mindestschubbewehrungsgrad ist mit

$$\min \rho_\mathrm{w} = 0{,}08 \cdot \frac{\sqrt{f_\mathrm{ck}}}{f_\mathrm{yk}} \tag{8.10}$$

konform zum Basisdokument des aktuellen EC 2-1-1, jedoch abweichend vom aktuellen NA in Deutschland, definiert. Zum Vergleich sind die Mindestschubbewehrungsgrade in Tafel 8.6 für normalfeste Betone (und Verwendung eines Betonstahls B500A für die Querkraftbewehrung) gegenübergestellt. Nach prEC 2-1-1:2021 sind für Betonfestigkeitsklassen bis C20/25 höhere und ab C25/30 geringere Mindestschubbewehrungsgrade gefordert. Die Werte dürfen bei Verwendung einer Querkraftbewehrung der Duktilitätsklasse B um 10 % und bei der Duktilitätsklasse C um 20 % abgemindert werden.

Für **überwiegend auf Druck beanspruchte Bauteile** gibt Tafel 8.7 einen vergleichenden Überblick. Die Anforderungen an die Mindest- und Höchstbewehrung nach prEC 2-1-1:2021 entsprechen für Stützen dem Basisdokument des aktuellen EC 2-1-1; erneut mit Abweichungen

Tafel 8.6 Mindestschubbewehrungsgrad min ρ_w nach EC 2-1-1/NA und prEC 2-1-1:2021 im Vergleich (für Querkraftbewehrung aus Betonstahl B500A)

Betonfestigkeit f_ck [N/mm²]	12	15	20	25	30	35	40	45	50
min ρ_w [‰] EC 2-1-1/NA	0,51	0,61	0,7	0,83	0,93	1,02	1,12	1,21	1,31
min ρ_w [‰] prEC 2-1-1:2021	0,55	0,64	0,72	0,80	0,88	0,95	1,01	1,07	1,13

Tafel 8.7 Mindest- und Höchstbewehrung in Stützen und Wänden nach EC 2-1-1/NA und prEC 2-1-1:2021 im Vergleich

	EC 2-1-1/NA	**prEC 2-1-1:2021**
Stützen	*Mindestbewehrung:* $A_{s,min} \geq 0{,}15 \cdot \lvert N_{Ed}\rvert / f_{yd}$ $\geq 0{,}003 \cdot A_c$ *Höchstbewehrung* $A_{s,max} \leq 0{,}09 \cdot A_c$ (auch in Stoßbereichen) *Mindestanzahl an Längsstäben:* 1 an jeder Ecke bzw. 6 bei Kreisquerschnitten *Maximalabstand der Längsstäbe:* $s_l \leq 300$ mm	*Mindestbewehrung:* $A_{s,min} \geq 0{,}10 \cdot \lvert N_{Ed}\rvert / f_{yd}$ $\geq 0{,}002 \cdot A_c$ *Höchstbewehrung:* ohne Vorgaben *Mindestanzahl an Längsstäben:* 1 an jeder Ecke bzw. 6 bei Kreisquerschnitten *Maximalabstand der Längsstäbe:* $s_l \leq 200$ mm
Wände	*Mindestbewehrung (je Seite):* allgemein $A_{s,min} \geq 0{,}0015 \cdot A_c$ bei $\lvert N_{Ed}\rvert \geq 0{,}3 f_{cd} A_c$ und bei schlanken Wänden: $A_{s,min} \geq 0{,}0030 \cdot A_c$ *Höchstbewehrung (je Seite):* $A_{s,max} \leq 0{,}04 \cdot A_c$ *Maximalabstand der Längsstäbe:* $s_l \leq 300$ mm $\leq 2\,h$	*Mindestbewehrung (je Seite):* allgemein $A_{s,min} = 0{,}25 \cdot \frac{f_{ctm}}{f_{yk}} \cdot A_c$ *Höchstbewehrung (je Seite):* ohne Vorgaben *Maximalabstand der Längsstäbe:* $s_l \leq 400$ mm $\leq 3\,h$

zum NA in Deutschland. Nach prEC 2-1-1:2021 kann die Mindestbewehrung in Stützen im Vergleich zu aktuellen Regelungen um 1/3 reduziert werden. Gleichzeitig werden zulässige Höchstabstände der Längsbewehrung um 1/3 abgemindert, wodurch diesbezüglich die Anforderungen steigen.

Für Wände werden Mindestbewehrungsmengen künftig in Abhängigkeit der Betonzugfestigkeit definiert. Dies entspricht bei Verwendung eines Betonstahls B500 und von normalfesten Betonen einem Wertebereich von $A_{s,min} = 0{,}0008\,A_c$ (für einen Beton C12/15) bis $A_{s,min} = 0{,}0020\,A_c$ (für einen Beton C50/60). Es können als künftig festigkeitsabhängig geringere oder höhere Mindestbewehrungsmengen erforderlich werden. Vorgaben für die Höchstbewehrung werden keine gemacht. Zulässige Maximalabstände werden auf 400 mm bzw. 3 h vergrößert.

9 Normenverzeichnis, Literatur

Normenverzeichnis

DIN	Titel	Ausgabe
	a) Beton, Stahlbeton und Spannbeton	
EN 206	Beton – Festlegung, Eigenschaften, Herstellung und Konformität	2021-06
1045-2*)	Tragwerke aus Beton, Stahlbeton und Spannbeton; Teil 2: Beton; Festlegung, Eigenschaften, Herstellung und Konformität	2008-08
EN 13670	Ausführung von Tragwerken aus Beton	2011-03
1045-3*)	Tragwerke aus Beton, Stahlbeton und Spannbeton Teil 3: Bauausführung – Anwendungsregeln zu DIN EN 13670	2012-03
1045-3, Ber. 1*)	w. v. – Berichtigung 1	2013-07
1045-4*)	Tragwerke aus Beton, Stahlbeton und Spannbeton; Teil 4: Ergänzende Regeln für die Herstellung und Konformität von Fertigteilen	2012-02
1045-100	Bemessung und Konstruktion von Stahlbeton- und Spannbetonbauwerken *(mit Eurocode 2)* – Teil 100: Ziegeldecken	2017-09
1045-1000	Tragwerke aus Beton, Stahlbeton und Spannbeton – Teil 1000: Grundlagen und Betonbauqualitätsklassen (BBQ)	2023-08
1045-1	w. v. – Teil 1: Planung, Bemessung und Konstruktion	2023-08
1045-2	w. v. – Teil 2: Beton	2023-08
1045-3	w. v. – Teil 3: Bauausführung	2023-08
1045-4	w. v. – Teil 4: Betonfertigteile - Allgemeine Regeln	2023-08
1045-40	w. v. – Teil 40: Regeln für Betonfertigteile, die keiner spezifischen Norm entsprechen	2023-08
1045-41	w. v. – Teil 41: Anforderungen für die Verwendung von Betonfertigteilen in baulichen Anlagen	2023-08
EN 1992	Eurocode 2: Bemessung und Konstruktion von Stahlbeton- und Spannbetontragwerken	
-1-1	Teil 1-1: Allg. Bemessungsregeln und Regeln für den Hochbau	2011-01
-1-1/A1	w. v. – Änderung A1	2015-03
-1-1/NA	Teil 1-1; National festgelegte Parameter zu DIN EN 1992-1-1	2013-04
-1-1/NA/A1	w. v. – Änderung A1	2015-12
-1-2	Allgemeine Regeln – Tragwerksbemessung für den Brandfall	2010-12
-1-2/A1	w.v. – Änderung A1	2019-11
-1-2/NA	Teil 1-2: National festgelegte Parameter zu DIN EN 1992-1-2	2010-12
-1-2/NA/A1	w. v. – Änderung A1	2015-09
-1-2/NA/A2	w. v. – Änderung A2	2021-04
-2	Betonbrücken, Bemessungs- und Konstruktionsregeln	2010-12
-2/NA	National festgelegte Parameter zu DIN EN 1992-2	2013-04
-3	Silos und Behälterbauwerke aus Beton	2011-01
-3/NA	National festgelegte Parameter zu DIN EN 1992-3	2011-01
-4	Bemessung der Verankerungen von Befestigungen in Beton	2019-04
-4/NA	National festgelegte Parameter zu DIN EN 1992-4	2019-04

*) Normen werden durch Neufassung 2023-08 ersetzt.

Normenverzeichnis (Fortsetzung)

DIN	Titel	Ausgabe
	b) Betonstahl	
488	Betonstahl	
-1	Stahlsorten, Eigenschaften, Kennzeichnung	2009-08
-2	Betonstabstahl	2009-08
-3	Betonstahl in Ringen, Bewehrungsdraht	2009-08
-4	Betonstahlmatten	2009-08
-5	Gitterträger	2009-08
-6	Übereinstimmungsnachweis	2010-01
	c) Übergreifende Normen	
1055-100*)	Einwirkungen auf Tragwerke Teil 100: Grundlagen der Tragwerksplanung – Sicherheitskonzept und Bemessungsregeln	2001-03
1055-1*)	Einwirkungen auf Tragwerke Teil 1: Wichten und Flächenlasten von Baustoffen, Bauteilen und Lagerstoffen	2002-06
1055-2	Einwirkungen auf Tragwerke Teil 2: Bodenkenngrößen	2010-11
1055-3*)	Einwirkungen auf Tragwerke Teil 3: Eigen- und Nutzlasten für Hochbauten	2006-03
1055-4*)	Einwirkungen auf Tragwerke Teil 4: Windlasten	2005-03
1055-4, Ber. 1*)	w. v. – Berichtigung 1	2006-03
1055-5*)	Einwirkungen auf Tragwerke Teil 5: Schnee- und Eislasten	2005-07
1055-6*)	Einwirkungen auf Tragwerke Teil 6: Einwirkungen auf Silos und Flüssigkeitsbehälter	2005-03
1055-6, Ber. 1*)	w. v. – Berichtigung 1	2006-02
1055-7*)	Einwirkungen auf Tragwerke Teil 7: Temperatureinwirkungen	2002-11
1055-8*)	Einwirkungen auf Tragwerke Teil 8: Einwirkungen während der Bauausführung	2003-01
1055-9*)	Einwirkungen auf Tragwerke Teil 9: Außergewöhnliche Einwirkungen	2003-08
1055-10*)	Einwirkungen auf Tragwerke Teil 10: Einwirkungen infolge Krane und Maschinen	2004-07
EN 1990*)	Eurocode: Grundlagen der Tragwerksplanung	2010-12
EN 1990	Eurocode: Grundlagen der Tragwerksplanung	2021-10
EN 1990/NA	National festgelegte Parameter zu DIN EN 1990	2010-12
EN 1990/NA/A1	w. v. – Änderung A1	2012-08

*) Zurückgezogene Normen

Normenverzeichnis (Fortsetzung)

DIN	Titel	Ausgabe
EN 1991	Eurocode 1: Einwirkungen auf Tragwerke	
-1-1	Teil 1-1: Allgemeine Einwirkungen auf Tragwerke; Wichten, Eigengewicht und Nutzlasten im Hochbau	2010-12
-1-1/NA	National festgelegte Parameter zu DIN EN 1991-1-1	2010-12
-1-1/NA/A1	w.v. – Änderung A1	2015-05
-1-2	Teil 1-2: Allgemeine Einwirkungen – Brandeinwirkungen auf Tragwerke	2010-12
-1-2, Ber.1	w. v. – Berichtigung 1	2013-08
-1-2/NA	National festgelegte Parameter zu DIN EN 1991-1-2	2015-09
-1-3	Teil 1-3: Allg. Einwirkungen auf Tragwerke, Schneelasten	2010-12
-1-3/A1	w. v. – Änderung A1	2015-12
-1-3/NA	National festgelegte Parameter zu DIN EN 1991-1-3	2019-04
-1-4	Teil 1-4: Allg. Einwirkungen auf Tragwerke – Windlasten	2010-12
-1-4/NA	National festgelegte Parameter zu DIN EN 1991-1-4	2010-12
-1-5	Teil 1-5: Allgemeine Einwirkungen – Temperatureinwirkungen	2010-12
-1-5/NA	National festgelegte Parameter zu DIN EN 1991-1-5	2010-12
-1-6	Teil 1-6: Allg. Einwirkungen – Einwirkungen während der Bauausführung	2010-12
-1-6, Ber. 1	w. v. – Berichtigung 1	2013-08
-1-6/NA	National festgelegte Parameter zu DIN EN 1991-1-6	2010-12
-1-7	Teil 1-7: Allg. Einwirkungen – Außergewöhnliche Einwirkungen	2010-12
-1-7/A1	w. v. – Änderung A1	2014-08
-1-7/NA	National festgelegte Parameter zu DIN EN 1991-1-7	2019-09
-2	Teil 2: Verkehrslasten auf Brücken	2010-12
-2/NA	National festgelegte Parameter zu DIN EN 1991-2	2012-08
-3	Teil 3: Einwirkungen infolge von Kranen und Maschinen	2010-12
-3, Ber. 1	w. v. – Berichtigung 1	2013-08
-3/NA	Nationaler Anhang – National festgelegte Parameter zu DIN EN 1991-3	2019-02
-4	Teil 4 Einwirkungen auf Silos und Flüssigkeitsbehälter	2010-12
-4 Ber. 1	w. v. – Berichtigung 1	2013-08
-4/NA	Nationaler Anhang – National festgelegte Parameter zu DIN EN 1991-4	2010-12
prEN 1992-1-1	Eurocode 2: Bemessung und Konstruktion von Stahlbeton- und Spannbetontragwerken, Teil 1-1: Allgemeine Regeln – Regeln für Hochbauten, Brücken und Ingenieurbauwerke	2021-10

Literaturverzeichnis

[Andrä/Avak – 99] Andrä, H.-P.; Avak, R.: Hinweise zur Bemessung von punktgestützten Platten. In Avak/Goris (Hrsg.): Stahlbetonbau aktuell 1999, Werner Verlag

[Avak/Goris – 94] Avak, R.; Goris, A.: Bemessungspraxis nach EUROCODE 2, Zahlen- und Konstruktionsbeispiele, 1994, Werner Verlag, Düsseldorf

[Bachmann et al. – 10] Bachmann, H.; Steinle, A.; Hahn, V.: Bauen mit Betonfertigteilen im Hochbau. 2. Auflage; Ernst & Sohn, Berlin 2010

[Backes – 95] Backes, W.: Überprüfung der Güte eines praxisgerechten Näherungsverfahrens zum Nachweis der Kippsicherheit schlanker Stahlbeton- und Spannbetonträger. Beton- und Stahlbetonbau 1995, Heft 7 und 8. Ernst und Sohn, Berlin

[BBZ-Inst – 94] Bundesverband der Deutschen Zementindustrie (Hrsg.): Instandsetzen von Stahlbetonoberflächen. Schriftenreihe der Bauberatung Zement, 1994

[Bender – 10] Bender, M.: Zum Querkrafttragverhalten von Stahlbetonbauteilen mit Kreisquerschnitt. Dissertation Universität Bochum, 2010

[Bender et al. – 10] Bender, M.; Mark, P.; Stangenberg, F.: Querkraftbemessung für bügel- oder wendelbewehrte Bauteile mit Kreisquerschnitt. Beton- und Stahlbetonbau 2010, S. 421–432. Verlag Ernst & Sohn, Berlin

[Brameshuber – 11] Brameshuber, W.: Beton. In Goris/Hegger (Hrsg): Stahlbetonbau aktuell, Jahrbuch 2010, Bauwerk Verlag, Berlin

[Czerny – 96] Czerny, F.: Tafeln für Rechteckplatten. Beton-Kalender 1996, Verlag Ernst & Sohn, Berlin, 1995

[DAfStb-H.220 – 79] Deutscher Ausschuss für Stahlbeton, H. 220: Grasser / Kordina / Quast: Bemessung von Beton- und Stahlbetonbauteilen nach DIN 1045, Ausgabe 1978, 2. überarbeitete Auflage, 1979,Verlag Ernst & Sohn, Berlin

[DAfStb-H.240 – 91] Deutscher Ausschuss für Stahlbeton, Heft 240: Hilfsmittel zur Berechnung der Schnittgrößen und Formänderungen von Stahlbetontragwerken nach DIN 1045, Ausg. Juli 1988. 3. Auflage, 1991. Beuth Verlag, Berlin/Köln

[DAfStb-H.371 – 86] Deutscher Ausschuss für Stahlbeton, H. 371. Kordina; Nölting: Tragfähigkeit durchstanzgefährdeter Stahlbetonplatten. DAfStb-Heft 371, 1986, Verlag Ernst & Sohn, Berlin

[DAfStb-H.387 – 87] Deutscher Ausschuss für Stahlbeton, H. 387. Dieterle / Rostásy: Tragverhalten quadratischer Einzelfundamente aus Stahlbeton. 1987, Verlag Ernst & Sohn, Berlin

[DAfStb-H.399 – 93] Deutscher Ausschuss für Stahlbeton, H. 399. Eligehausen / Gerster: Das Bewehren von Stahlbetonbauteilen – Erläuterungen zu verschiedenen gebräuchlichen Bauteilen. 1993, Beuth Verlag, Berlin/Köln

[DAfStb-II.400 – 88] Deutschcr Ausschuss für Stahlbcton, H. 400: Erläutcrungcn zu DIN 1045, Beton- und Stahlbeton, Ausgabe 7.88; Beuth Verlag, Berlin/Köln

[DAfStb-H.411 – 90] Deutscher Ausschuss für Stahlbetonbau, H. 411. Mainka/Paschen: Untersuchungen über das Tragverhalten von Köcherfundamenten. 1990, Beuth Verlag, Berlin/Köln

[DAfStb-H.425 – 92] Deutscher Ausschuss für Stahlbeton, H. 425: Bemessungshilfen zu Eurocode 2 Teil 1, 2. ergänzte Auflage, 1992. Beuth Verlag, Berlin/Köln

[DAfStb-H.430 – 92] Deutscher Ausschuss für Stahlbeton, Heft 430: Standardisierte Nachweise von häufigen D-Bereichen, 1992. Beuth Verlag, Berlin/Köln

[DAfStb-H.466 – 96] Deutscher Ausschuss für Stahlbeton, Heft 466: Grundlagen und Bemessungshilfen für die Rissbreitenbeschränkung im Stahlbeton und Spannbeton, 1996. Beuth Verlag, Berlin/Köln

[DAfStb-H.525 – 03] Deutscher Ausschuss für Stahlbeton, Heft 525: Erläuterungen zu DIN 1045-1. 2003. Beuth Verlag, Berlin/Köln

[DAfStb-H.532 – 02] Deutscher Ausschuss für Stahlbeton, H. 532. Hegger/Roeser: Die Bemessung und Konstruktion von Rahmenecken. 2002. Beuth Verlag, Berlin

[DAfStb-H.600 – 11] Deutscher Ausschuss für Stahlbeton, Heft 600: Erläuterungen zum Eurocode 2. 2011. Beuth Verlag, Berlin/Köln

[DAfStb-H.630 – 18] Deutscher Ausschuss für Stahlbeton, H. 630: Bemessung nach DIN EN 1992 in den Grenzzuständen der Tragfähigkeit und der Gebrauchstauglichkeit, 2018, Beuth Verlag Berlin.

[DAfStb-H.631 – 19] Deutscher Ausschuss für Stahlbeton, H. 631: Hilfsmittel zur Schnittgrößenermittlung und zu besonderen Detailnachweisen bei Stahlbetontragwerken, 2019, Beuth Verlag Berlin.

[DAfStb-RiAlka – 07] Deutscher Ausschuss für Stahlbeton: Vorbeugende Maßnahmen gegen schädigende Alkalireaktionen im Beton (Alkali-Richtlinie). 2007

[DAfStb-RiWgS – 04] Deutscher Ausschuss für Stahlbeton: Richtlinie Betonbau beim Umgang mit wassergefährdenden Stoffen. 2004

[DAfStb-RiWU – 03] Deutscher Ausschuss für Stahlbeton: Richtlinie Wasserundurchlässige Bauwerke aus Beton. 2003

[DBV et al. – 10] Eurocode 2 für Deutschland. Gemeinschaftstagung DBV, DIN, VBI, VPI DAfStb, ISB; Tagungsband. Beuth Verlag, Ernst & Sohn, Berlin 2010

[DBV-BspHB – 11] Deutscher Beton- und Bautechnik-Verein: Beispiele zur Bemessung nach Eurocode 2. Band 1: Hochbau. 2011, Verlag Ernst & Sohn, Berlin

[DBV-H.14 – 07] Deutscher Beton- und Bautechnik-Verein: Weiterbildung Tragwerksplaner Massivbau. DBV-Heft 14, Berlin, 2007

[DBV-MAbst – 02] Deutscher Beton- und Bautechnik-Verein: Merkblatt Abstandhalter; 2002

[DBV-MCov – 02] Deutscher Beton- und Bautechnik-Verein: Merkblatt Betondeckung und Bewehrung; 2002

[DBV-MRiss – 06] Deutscher Beton- und Bautechnik-Verein: Merkblatt Begrenzung der Rissbildung im Stahlbeton- und Spannbetonbau; 2006

[DBV-MSicht – 04] Deutscher Beton- und Bautechnik-Verein: Merkblatt Sichtbeton; 2004

[DBV-MStütz – 02] Deutscher Beton- und Bautechnik-Verein: Merkblatt Unterstützungen; 2002

[DBV-MVerw – 08] Deutscher Beton- und Bautechnik-Verein: Merkblatt Rückbiegen von Betonstahl und Anforderungen an Verwahrkästen; 2008

[DBV et al. – 08] DIN 1045-1 Tragwerke aus Beton und Stahlbeton. Hrsg.: Deutscher Beton-Verein, Bundesvereinigung der Prüfingenieure, VBI, IfB. Beuth Verlag, 2008

[Deneke et al. – 85] Deneke, O., Holz, K. und Litzner, H.-U.: Übersicht über praktische Verfahren zum Nachweis der Kippsicherheit schlanker Stahlbeton- und Spannbetonträger. Beton- und Stahlbetonbau 1985, Verlag Ernst und Sohn, Berlin

[DGGT EAPfähle – 12] Deutsche Gesellschaft für Geotechnik e.V. (Hrsg.): EA-Pfähle Empfehlungen des Arbeitskreises „Pfähle". 2. Aufl., Januar 2012, Ernst und Sohn Berlin

[DIN – 81] Deutsches Institut für Normung: Grundlagen für die Sicherheitsanforderungen für bauliche Anlagen. 1981. Beuth Verlag, Berlin/Köln

[Eibl/Schmidt – 95] Eibl, J.; Schmidt-Hurtienne, B.: Grundlagen für ein neues Sicherheitskonzept. Die Bautechnik 8/1995, S. 501–506

[Ehrigsen/Quast – 03] Ehrigsen, O.; Quast, U.: Knicklängen, Ersatzlängen und Modellstützen. Beton- und Stahlbetonbau 2003, Heft 5, Verlag Ernst & Sohn, Berlin

[Fingerl./Litzner – 06] Fingerloos, F.; Litzner, H.-U.: Erläuterung zur Praktischen Anwendung der neuen DIN 1045-1. Beton-Kalender 2006, Verlag Ernst & Sohn, Berlin

[Fingerloos/Zilch – 08] Fingerloos, F.; Zilch, K.: Einführung in die Neuausgabe von DIN 1045-1. Beton- und Stahlbetonbau 2008, S. 221 f, Verlag Ernst & Sohn

[Fischer et al. – 03] Fischer, A.; Kramp, M.; Prietz, F; Rösler, M.: Stahlbeton nach DIN 1045-1. 2003, Verlag Ernst und Sohn

[Franz – 80] Franz: Konstruktionslehre des Stahlbetons. Band I, Grundlagen und Bauelemente, 4. Auflage, Springer-Verlag, Berlin 1980 und 1983

[Franz/Schäfer – 88] Franz; Schäfer; Hampe: Konstruktionslehre des Stahlbetons. Band II, Tragwerke, 2. Auflage, Springer-Verlag, Berlin, 1988 und 1991

[Fricke – 01] Fricke, K.-L.: Berechnungen der Durchbiegungen von Stahlbetonbauteilen; Praktische Anwendung im Ingenieurbüro. In: Avak/Goris: Stahlbetonbau aktuell, Jahrbuch 2001; Werner Verlag, 2001

[Fricke – 04] Fricke, K.-L.: Durchbiegungsberechnung an Stahlbetonträgern oder Schlankheitsnachweis? Beton- und Stahlbetonbau, 2004, Heft 1; Ernst und Sohn

[Geistefeldt/Goris – 93] Geistefeldt, H. / Goris, A.: Ingenieurhochbau – Teil 1: Tragwerke aus bewehrtem Beton nach EC 2, 1993, Werner Verlag, Düsseldorf, Beuth Verlag, Berlin

[Goris – 04] Goris, A.: Verformungen von Stahlbetonbauteilen. Der Sachverständige, Heft 9, 2004

[Goris – 08] Goris, A.: Schubkraftübertragung in Fugen nach DIN 1045-1:2008. In: mb-news, Juli 2008, Kaiserslautern

[Goris – 12] Goris, A.: Verformungen bei Stahlbetonplatten – Nachweismöglichkeiten, Vorhersagegenauigkeit, kritische Bewertung. In: mb-news, 5/2010, Kaiserslautern

[Goris – 14] Goris, A.: Zum Durchstanznachweis von Einzelfundamenten nach EC 2. Beton- und Stahlbetonbau 5/2015

[Goris – 15] Goris, A.: Bemessung von Stahlbetonbauteilen nach Eurocode 2. In: Hegger/ Mark (Hrsg.): Stahlbetonbau aktuell, Praxishandbuch 2015, Bauwerk/Beuth, Berlin 2015

[Goris/Schmitz – 13] Goris, A.; Schmitz, U. P.: Eurocode 2 digital. 4. Auflage, 2012, Werner Verlag, Köln

[Goris/Schmitz – 14] Goris, A.; Schmitz, U. P.: Bemessungstafeln nach Eurocode 2. 2. Auflage 2013, Werner Verlag, Düsseldorf

[Goris et al. – 12] Goris, A.; Müermann, M.; Voigt, J.: Bemessung von Stahlbetonbauteilen nach EC2-1-1. Stahlbetonbau aktuell, Praxishandbuch 2013, Bauwerk/Beuth, Berlin

[Grasser – 97] Grasser: Bemessung der Stahlbetonbauteile. Beton-Kalender 1997, Verlag Ernst & Sohn, Berlin

[Grünberg – 01] Grünberg, J.: Sicherheitskonzept und Einwirkungen nach DIN 1055 (neu). Stahlbetonbau aktuell, Jahrbuch 2001. Werner Verlag, Beuth Verlag.

[Hegger/Beutel – 03] Hegger; Beutel: Nachweis gegen Durchstanzen nach DIN 1045-1. In: Avak/Goris: Stahlbetonbau aktuell, Jahrbuch 2003; Bauwerk Verlag, 2003

[Hegger et al. – 10] Hegger, J.; Will, N.; Bertram, G.: Rissbreitenbegrenzung und Zwang – Grundlagen, Konstruktionsregeln, Nachweise in besonderen Fällen. In Hegger/Goris: Jahrbuch 2010, Bauwerk Verlag, Berlin

[Hegger/Siburg – 11] Hegger, J.; Siburg, C.: Hintergründe und Nachweise zum Durchstanzen nach Eurocde 2-NAD. In: Hegger/Goris: Jahrbuch 2011, Bauwerk Verlag, Berlin

[Hegger – 21] Hegger, J.: Eurocode 2 der zweiten Generation - Ein Überblick über die neuen Nachweisformate, 8. DAfStb-Jahrestagung, 28.09.2021.

[Jähring – 06] Jähring, A.: Auslegungen DIN 1045-1, Nachweis in den Grenzzuständen der Tragfähigkeit. Münchener Massivbau-Seminar 2006

[König/Pauli – 92] König; Pauli: Nachweis der Kippstabilität von schlanken Fertigteilträgern aus Stahlbeton und Spannbeton, Beton- und Stahlbetonbau Heft 5 und 6, 1992, Ernst & Sohn, Berlin

[König/Tue – 03] König, G.; Tue, N.: Grundlagen des Stahlbetonbaus. 2. Auflage, Teubner-Verlag, Stuttgart, 2003

[Kordina/Quast – 01] Kordina; Quast: Bemessung von schlanken Bauteilen für den durch Tragwerksverformungen beeinflussten Grenzzustand der Tragfähigkeit – Stabilitätsnachweis. Beton-Kalender 2001, Verlag Ernst & Sohn, Berlin

[Kolodziejcyk – 15] Kolodziejczyk, A.: Untersuchungen zum Kippen schlanker Stahlbeton- und Spannbetonträger beliebiger Geometrie mit der nichtlinearen FEM. Dissertation, TU Dortmund 2015

[Krüger/Mertzsch – 03] Krüger, W.; Mertzsch, O.: Verformungsnachweise – Erweiterte Tafeln zur Begrenzung der Biegeschlankheit. In: Avak/Goris: Stahlbetonbau aktuell, Jahrbuch 2003; Bauwerk Verlag, 2003

[Litzner – 96] Litzner, H.-U.: Grundlagen der Bemessung nach Eurocode 2 – Vergleich mit DIN 1045 u. DIN 4227, Beton-Kalender 1996, Verlag Ernst & Sohn, Berlin

[Litzner – 01] Litzner, H.-U.: Harmonisierung der technischen Regeln in Europa – die Eurocodes für den konstr. Ingenieurbau. Beton-Kalender 2001, Verlag Ernst & Sohn, Berlin

[Leonhardt – 73/77] Leonhardt, F.: Vorlesungen über Massivbau.
Teil 1, 2. Auflage 1973; Teil 2, 1974; Teil 3, 3. Auflage, 1977; Teil 4, korrigierter Nachdruck, 1977, Springer-Verlag, Berlin

[Lohm./Ebeling – 04] Lohmeyer; Ebeling: Weiße Wannen – einfach und sicher. Verlag Bau+Technik GmbH, Düsseldorf 2004

[Mann – 76] Mann: Kippnachweis und Kippaussteifung von schlanken Stahlbeton- und Spannbetonträgern, Beton- und Stahlbetonbau, 1976

[Mann – 85] Mann, W.: Anwendung des vereinfachten Kippnachweises auf T-Profile aus Stahlbeton, Beton- und Stahlbetonbau 80 (1985), Heft 9, S. 235–237

[Mayer/Rüsch – 67] Mayer; Rüsch: Bauschäden als Folge der Durchbiegung von Stahlbeton-Bauteilen. Deutscher Ausschuss für Stahlbeton, Heft 193, Ernst und Sohn, 1967

[Mehlhorn et al. – 91] Mehlhorn, G.; Röder, F.-K.; Schulz, J.-U.: Zur Kippstabilität vorgespannter und nicht vorgespannter, parallelgurtiger Stahlbetonträger mit einfach symmetrischem Querschnitt. Beton- und Stahlbetonbau 86 (1991), Heft 2 und 3, Ernst & Sohn, Berlin

[NABau-Ausl1045 – 12] Normenausschuss Bauwesen (NABau): Auslegungen zu DIN 1045-1 (6.2012)

[Pauli – 90] Pauli, W.: Versuche zur Kippstabilität an praxisgerechten Fertigteilträgern aus Stahlbeton und Spannbeton. Dissertation, TH Darmstadt, 1990

[Pieper/Martens – 66] Pieper, K./Martens, P.: Näherungsberechnung vierseitig gestützter durchlaufender Platten im Hochbau. Beton- und Stahlbetonbau 6/66 und 7/67, Verlag Ernst & Sohn

[Quast – 04] Quast, U.: Stützenbemessung. Beton-Kalender 2004, Verlag Ernst & Sohn

[Raupach et al. – 12] Raupach/Leißner: Baustoffe – Betonstahl, Spannstahl. In Goris/Hegger (Hrsg): Stahlbetonbau aktuell, Jahrbuch 2013, Bauwerk Verlag, Berlin

[Reineck – 05] Reineck, K.-H.: Modellierung der D-Bereiche von Fertigteilen, Beton-Kalender 2005, Verlag Ernst & Sohn, Berlin

[Reinhardt – 02] Reinhardt, H.-W.: Beton. Beton-Kalender 2002, Verlag Ernst & Sohn, Berlin

[Schießl – 97] Schießl, P.: Bemessung auf Dauerhaftigkeit – Brauchen wir neue Konzepte? Vortrag Betontag 1997, Deutscher Beton-Verein, 1997

[Schlaich/Schäfer – 01] Schlaich; Schäfer: Konstruieren im Stahlbetonbau. Beton-Kalender 2001, Verlag Ernst & Sohn, Berlin

[Schmidt – 08] Schmidt, Michael: Baustoffe, Beton. In Avak/Goris (Hrsg.), Stahlbetonbau aktuell, Praxishandbuch 2008, Bauwerk Verlag, Berlin

[Schmitz – 12] Schmitz, P. U.: Statik. In Goris/Hegger (Hrsg): Stahlbetonbau aktuell, Praxishandbuch 2008, Bauwerk Verlag, Berlin

[Schneider – 22] Schneider, Bautabellen für Ingenieure (Hrsg. A. Albert):
Kap. 5B: Goris/Bender/Fischer: Betonstahl und Spannstahl
Kap. 5C: Goris/Bender/Fischer: Stahlbeton- und Spannbetonbau nach EC 2
Kap. 5E: Schmitz/Goris/Bender: Bemessungs-/Konstruktionstafeln nach EC 2
25. Auflage, 2022, Reguvis, Köln

[Schriever – 79] Schriever, H.: Berechnung von Platten mit dem Einspanngradverfahren. Werner Verlag, Düsseldorf, 1979

[Steinle et al. – 16] Steinle, A.; Bachmann, H.; Tillmann, M.: Bauen mit Betonfertigteilen im Hochbau. Beton-Kalender 2016, Ernst und Sohn, Berlin

[Stiglat – 71] Stiglat, K.: Näherungsberechnung der kritischen Kipplast von Stahlbetonbalken, Die Buatechnik 1991. Beton- und Stahlbetonbau 74, 1979, S. 1–5

[Stiglat – 91] Stiglat, K.: Zur Näherungsberechnung der Kipplast von Stahlbeton- und Spannbetonträgern über Vergleichsschlankheiten. Beton und Stahlbetonbau, 1991

[Stiglat – 95] Stiglat, K.: Näherungsberechnung der Durchbiegungen von Biegetraggliedern aus Stahlbeton. Beton- und Stahlbetonbau 4/1995, S. 99–101

[Stiglat/Wippel – 83] Stiglat, K.; Wippel, H.: Platten. Verlag Ernst & Sohn, Berlin, 1983

[Stiglat/Wippel – 92] Stiglat, K.; Wippel, H.: Massive Platten. Beton-Kalender 1992, Verlag Ernst & Sohn, Berlin, 1991

[Strohbusch – 10] Strohbusch, J.: Beitrag zur Verformungsberechnung im Stahlbetonbau mit krit. Bewertung bestehender Regelungen. Dissertation Universität Siegen, 2010

[Tue/Pierson – 01] Tue; Pierson: Ermittlung der Rissbreite und Nachweiskonzept nach DIN 1045-1. Beton- und Stahlbetonbau, 5/2001, Verlag Ernst & Sohn

[Wommelsd. – 11/12] Wommelsdorff, O.; Albert, A.: Stahlbetonbau, Bemessung und Konstruktion. Teil 1: Grundlagen, biegebeanspruchte Bauteile, 2011; Teil 2: Stützen, Sondergebiete, 2012. Werner Verlag, Düsseldorf

[Zilch/Zehet. – 10] Zilch, K.; Zehetmaier, G.: Bemessung im konstruktiven Betonbau. 2. Auflage, Springer Verlag, Berlin 2010

[Z-MBl18 – 03] Bauberatung Zement (Hrsg.): Risse im Beton. Zement-Merkblatt Betontechnik, Nr. B 18, 2003

10 Stichwortverzeichnis